土木工程系列教材

建设工程造价管理

（第三版）

申琪玉　闫　辉　张海燕　编著

华南理工大学出版社
SOUTH CHINA UNIVERSITY OF TECHNOLOGY PRESS
·广州·

内容提要

“建设工程造价管理”是一门政策性、实践性、综合性、地区性很强的专业课程。本书重点介绍概论、建设工程定额、建设工程造价的构成、建设工程计价办法、工程量计算规则、工程造价文件的编制、工程项目建设各阶段的造价控制以及工程造价管理信息化等内容。

本书按照现行国家和省有关部门颁发的最新规范、标准、定额和计价办法等进行编写，力求做到内容新颖、结构完整、实用性和可操作性强。它既可作为高等院校土木工程、工程管理、工程造价等专业的教材，也可作为建设工程造价从业人员的参考书。

图书在版编目(CIP)数据

建设工程造价管理/申琪玉,闫辉,张海燕编著.—3版.—广州:华南理工大学出版社,2019.11(2022.7重印)
土木工程系列教材
ISBN 978-7-5623-6116-9

Ⅰ.①建… Ⅱ.①申… ②闫… ③张… Ⅲ.①建筑造价管理-高等学校-教材 Ⅳ.①TU723.3

中国版本图书馆CIP数据核字(2019)第204440号

Jianshe Gongcheng Zaojia Guanli(Di-San Ban)
建设工程造价管理(第三版)
申琪玉　闫　辉　张海燕　编著

出 版 人:柯　宁
出版发行:华南理工大学出版社
(广州五山华南理工大学17号楼,邮编510640)
http://hg.cb.scut.edu.cn　E-mail:scutc13@scut.edu.cn
营销部电话:020-87113487　87111048(传真)
策划编辑:赖淑华
责任编辑:骆　婷
印 刷 者:广州小明数码快印有限公司
开　　本:787mm×1092mm　1/16　印张:28.25　字数:706千
版　　次:2019年11月第3版　2022年7月第11次印刷
定　　价:65.00元

第三版前言

随着建筑业信息化、国际化的不断发展，以及新技术、新材料、新工艺的创新应用，建设工程造价管理面临着更加复杂的环境和严峻的挑战。本书根据《广东省房屋建筑与装饰工程综合定额2018》、《建设工程工程量清单计价规范》（GB 50500—2013）、《建筑工程建筑面积计算规范》（GB/T 50353—2013）、中华人民共和国财政部《基本建设财务规则》（财政部令〔2016〕第81号）、《基本建设项目竣工财务决算管理暂行办法》（财建〔2016〕503号）及《中央基本建设项目竣工财务决算审核批复操作规程》（财办建〔2018〕2号）等规范、定额、政策性文件进行全面修订。编者查阅大量最新文献资料，深入行业进行调研、分析案例，广泛讨论，多方求证，力求教材内容科学、严谨、系统、全面，能够指导全过程的建设工程造价管理。

本书由华南理工大学土木与交通学院申琪玉、闫辉、张海燕编著。其中，申琪玉编写第1章、第4章及第6章，闫辉编写第5章，张海燕编写第2章、第3章、第7章及第8章。全书由申琪玉进行审校和统稿。

由于编者水平有限，不足之处在所难免，恳请广大读者批评指正。

编　者

2019年8月

第二版前言

随着建设工程的发展日新月异，国家和地方针对工程计价的政策、规范、标准不断出现，“建设工程造价管理”专业教材也需要及时更新。本书根据《建设工程工程量清单计价规范》(GB 50500—2013)、《房屋建筑与装饰工程计量规范》(GB 50854—2013)、《广东省建筑与装饰工程综合定额》(2010)、《广东省建设工程计价通则》(2010) 等进行修订，力求做到内容新颖、结构完整、实用性强、可操作性强。

本书由华南理工大学土木与交通学院申琪玉、张海燕编著。申琪玉编写第 1 章、第 4 章、第 5 章及第 6 章，张海燕编写第 2 章、第 3 章、第 7 章及第 8 章。全书由申琪玉进行通编与定稿。

由于编者水平有限，不足之处在所难免，恳请广大读者批评指正。

编 者
2014 年 6 月

第一版前言

“建设工程概预算”是土木工程、工程管理、工程造价等专业的主要专业课之一，是加强学生工程造价技能的一门重要课程，同时也是我国注册造价工程师、注册监理工程师、注册建造师等执业资格考试的主要内容。通过本课程的学习，学生应能掌握工程定额的应用、建设工程造价的构成、建设工程计价办法、工程量计算规则、工程造价文件的编制、建设工程算量及计价软件的应用等内容。

“建设工程概预算”是一门政策性、实践性、综合性、地区性很强的专业课程。本书按照现行国家和省有关部门颁发的最新规范、标准定额和计价办法等进行编写，力求做到内容新颖、结构完整、实用性强、可操作性强。

本书由华南理工大学土木与交通学院申琪玉、张海燕编著。申琪玉编写第1章、第4章、第5章及第6章，张海燕编写第2章、第3章及第7章。全书由申琪玉进行审校和统稿。

由于编者水平有限，不足之处在所难免，恳请广大读者批评指正。

编　者

2009年10月

目　　录

第1章 概 论

1.1 基本建设

1.1.1 基本建设的概念

基本建设是指投资建造固定资产和形成物质基础的经济活动，凡是以新增工程效益或扩大生产能力为主要目的的新建、续建、改扩建、迁建、大型维修改造工程及相关工作均称为基本建设。例如，工厂、矿山、铁路、公路、水利项目、学校、医院、商场、住宅等工程的建设和设备的购置及其相关的工作都为基本建设。基本建设实质上是形成新的固定资产的经济活动，是实现社会扩大再生产的重要手段。

基本建设是一项物质资料生产的动态过程，就是将一定的物资、建筑材料、机器设备等通过建造、购置和安装等活动转化为固定资产，形成新的生产能力或具有使用效益的建设工作。与此相关的其他工作包括土地征用、拆迁、勘察、设计、监理及职工培训等。

1.1.2 基本建设的分类

从整个社会来看，基本建设是由一个个基本建设项目（简称建设项目）组成的。按照不同的分类标准，可将建设项目做如下分类。

1. 按建设项目在国民经济中的用途不同分类

按用途分类，就是按建设项目中单项工程的直接用途来划分，与单项工程无关的单纯购置，则按该项购置的直接用途来划分。

（1）生产性建设项目

生产性建设项目是指直接用于物质生产或满足物质生产需要的建设项目。它包括工业、建筑业、农业、林业、水利、气象、运输、邮电、商业或物资供应、地质资源勘探等建设项目。

（2）非生产性建设项目

非生产性建设项目，一般是指用于满足人民物质文化生活需要的建设项目。它包括住宅、文教卫生、科学实验研究、公共事业以及其他建设项目。

2. 按建设项目的建设性质不同分类

（1）新建项目

新建项目是指从无到有新开始建设的项目，或者对原有建设项目重新进行总体设计，经扩大建设规模后，其新增固定资产价值超过原有固定资产价值三倍以上的建设项目。

（2）续建项目

续建项目是指计划期以前已经正式开工建设而在计划期内继续施工的建设项目。计划期以前已全部停缓建，在计划期内又重新恢复施工的建设项目也属于续建项目。续建项目的多少可以反映上一计划期转入本期继续建设的在建规模。由于续建项目已消耗了一定的劳动量，为缩短其占用劳动量的时间，制定计划时一般应优先安排续建项目的建设。

（3）改扩建项目

改扩建项目是指现有的企业或事业单位在项目已有基础上，为了扩大原有主要产品的生产能力或效益，或增加新的产品生产能力和效益而扩建的生产车间、生产性工程、附属和辅助车间或非生产性工程；或者为了提高生产效率，改进产品质量或改变产品方向，对原有设备、工艺流程进行全面技术改造的项目。

（4）迁建项目

迁建项目是指原有企业或事业单位，由于各种原因，经有关部门批准搬迁到其他地方建设的项目，不论其是否维持原有规模，均称为迁建项目。

（5）大型维修改造工程

大型维修改造工程是指企业或事业单位为了提高经济和社会效益、提高产品质量、增加产品品种、促进产品升级换代、降低成本、节约能耗、加强资源综合利用和三废治理、劳保安全等，采用先进的、适用的新技术、新工艺、新设备、新材料等对现有设施、生产工艺条件进行升级维修和技术改造的项目。

（6）恢复项目

恢复项目是指因自然、战争或其他人为灾害等原因而遭到毁坏的固定资产，按原来规模重新建设或在恢复的同时进行扩建的工程项目。

应当指出，建设项目的性质是按照整个建设项目来划分的，一个建设项目在按总体设计全部建成之前，其性质一直不变。

3. 按建设项目建设总规模和投资的多少不同分类

按建设项目建设总规模和投资的多少不同可分为大、中、小型项目。其划分的标准各行各业并不相同，一般情况下，生产单一产品的企业，按产品的设计能力来划分；生产多种产品的企业，按主要产品的设计能力来划分；难以按生产能力划分的企业，按其全部投资额划分。

（1）工业建设项目一般按设计生产能力划分。如钢铁联合企业，年产钢量≥100 万 t 的为大型企业；年产钢量在 10 万～100 万 t 之间的为中型企业；年产钢量＜10 万 t 的为小型企业。又如水泥厂，年产水泥量≥100 万 t 的为大型企业；年产水泥量在 20 万～100 万 t 之间的为中型企业；年产水泥量＜20 万 t 的为小型企业。

（2）非工业建设项目不区分大型和中型，统称大中型项目。如日供水量在 11 万 t 以上的自来水厂、长度在 1000 m 以上的独立公路大桥、有 3000 名以上学生的新建高等院校等均属大中型项目。

4. 以计划年度为单位，按建设项目建设过程的不同分类

（1）筹建项目

筹建项目是指在计划年度内，只做准备，还不能开工的项目。

（2）施工项目

施工项目是指在计划年度内，正在施工的项目。

（3）投产项目

投产项目是指在计划年度内，全部竣工，并已投产或交付使用的项目。

（4）收尾项目

收尾项目是指在计划年度内，已经验收投产或交付使用、达到全部设计能力，但还遗留少量收尾工程的项目。

5. 按建设项目资金来源和渠道不同分类

（1）国家投资的建设项目

国家投资的建设项目又称财政投资的建设项目，是指国家预算直接安排投资的建设项目。

（2）银行信用筹资的建设项目

银行信用筹资的建设项目是指通过银行信用方式提供贷款建设的项目。

（3）自筹资金的建设项目

自筹资金的建设项目是指各地区、各单位按照财政制度提留、管理和自行分配用于固定资产再生产的资金进行建设的项目。它包括地方自筹、部门自筹和企业与事业单位自筹资金进行建设的项目。

（4）引进外资的建设项目

引进外资的建设项目是指利用外资进行建设的项目。外资的来源有借用国外资金和吸引外国资本直接投资。

（5）长期资金市场筹资的建设项目

长期资金市场筹资的建设项目是指利用国家债券筹资和社会集资（股票、国内债券、国内合资经营）投资的建设项目。

（6）项目融资模式的建设项目

项目融资模式的建设项目是指通过 BOT（Build Operate Transfer，建设—经营—转让）、TOT（Transfer Operate Transfer，移交—经营—移交）、PPP（Public Private Partnership，公共部门与私人企业合作）或 ABS（Asset Backed Securitization，资产收益证券化）等融资模式建设的项目，一般为基础设施项目。

1.1.3 基本建设的内容

基本建设的内容包括建筑工程，设备安装工程，设备购置，工具、器具及生产家具购置和其他基本建设工作。

1. 建筑工程

建筑工程包括厂房、仓库、住宅、商店、宾馆、影剧院、教学楼、办公楼等建筑物和矿井、公路、铁路、码头、桥梁等构筑物的建造，各种管道、电力和电信导线的敷设工程，设备基础、各种工业炉砌筑、金属结构工程、水利工程和其他特殊工程。

2. 设备安装工程

设备安装工程包括生产、动力、电信、起重、运输、传动、医疗、实验等各种机具设备的装配、安装工程，与设备相连的工作台、梯子等的安装工程，附属于被安装设备的管线敷设工程；被安装设备的绝缘、保温和油漆工程；安装设备的测试和无荷试车等。

3. 设备购置

设备购置包括一切需要安装和不需要安装的设备购买和加工制作。

4. 工具、器具及生产家具购置

工具、器具及生产家具购置包括车间、实验室等所应配备的，属于固定资产的各种工具、器具及生产家具的选购和加工制作。

5. 其他基本建设工作

其他基本建设工作包括上述内容以外的与基本建设相关的工作，如土地征购、拆迁补偿、勘察设计、工程监理、工程咨询、机构筹建、联合试车、生产职工培训等。

1.1.4 基本建设项目的层次划分

基本建设项目是一个庞大复杂而又完整配套的综合性产品。要进行工程造价文件的编制，必须对基本建设项目进行科学的分析与分解，找到便于准确计算各种资源消耗量及其价值的基本构成要素——简单的建筑产品，通过逐一计算和层层汇总，才能最后确定整个建设项目的工程造价。基本建设项目按照合理确定工程造价和基本建设管理工作的需要，从大到小划分为建设项目、单项工程、单位工程、分部工程、分项工程五个层次。

1. 建设项目

建设项目是指在一个或几个场地上，按一个设计意图，在一个总体设计或初步设计范围内，进行施工的各个单项工程的总和。组建建设项目的单位为建设单位，它在经济上实行独立核算，在行政上实行独立管理。在工业建筑中一般以一座工厂、矿区或联合性企业等为一个建设项目；在民用建筑中一般是以一所学校、医院、商场等为一个建设项目；在城市基础设施建设中一般是以一个独立的水源工程、排水工程、道路工程等为一个建设项目；在交通运输建设中一般是以一条铁路或公路线路，一座独立大桥、港口、机场等为一个建设项目。

凡属于一个总体设计中分期分批建设的主体工程、水电气供应工程、配套或综合利用工程都应合并为一个建设项目。不能把不属于一个总体设计的几个工程，归算为一个建设项目，也不能把同一个总体设计内的工程，按地区或施工单位分为几个建设项目。

2. 单项工程

单项工程又称为工程项目，指一个建设项目中，具有独立设计文件，竣工后可独立发挥生产能力或效益的工程。如工厂建设中的各个生产车间、办公大楼、食堂、职工宿舍等各项工程；非工业建设中一所学校的教学楼、图书馆、实验楼、学生宿舍、教工住宅等都是具体的单项工程项目。

单项工程是具有独立存在意义的一个完整工程，由多个单位工程组成。

3. 单位工程

单位工程是单项工程的组成部分，指在一个单项工程中，具有独立设计文件，可以独立组织施工，但竣工后不能独立发挥生产能力或效益的工程。如一幢教学楼中的土建工程、装饰工程、水暖工程、电器照明工程等，生产车间中的厂房建筑（土建工程）、设备安装工程、管道工程、电器工程等。每一个单位工程都是由许多分部工程组成的。

4. 分部工程

分部工程是单位工程的组成部分，是按照工程部位、路段长度及施工特点或施工任务将单位工程划分为若干分部工程。如一般土建工程的土石方工程、桩与地基基础工程、砌筑工程、混凝土与钢筋混凝土工程、金属结构工程、屋面及防水工程等。

5. 分项工程

分项工程是分部工程的组成部分，是按不同施工方法、材料、工序等将分部工程划分为若干分项工程。它用较为简单的施工方法就能完成，以适当的计量单位就可以计算工程量及其单价。如砌筑工程可划分为砌砖、砌块、砌石等，混凝土与钢筋混凝土工程可划分为现浇混凝土制作、现浇混凝土浇捣、预制混凝土构件制作、预制混凝土构件安装等。分项工程是为了便于计算建设工程造价和计算人工、材料和机具台班的消耗量而划分出来的一种基本子单元，也是大多数计价定额的基本计价单元。

综上所述，一个建设项目是由一个或几个单项工程组成的，一个单项工程是由几个单位工程组成的，一个单位工程由若干分部工程组成，一个分部工程又可划分为若干个分项工程。建设项目的划分层次如图1－1所示。

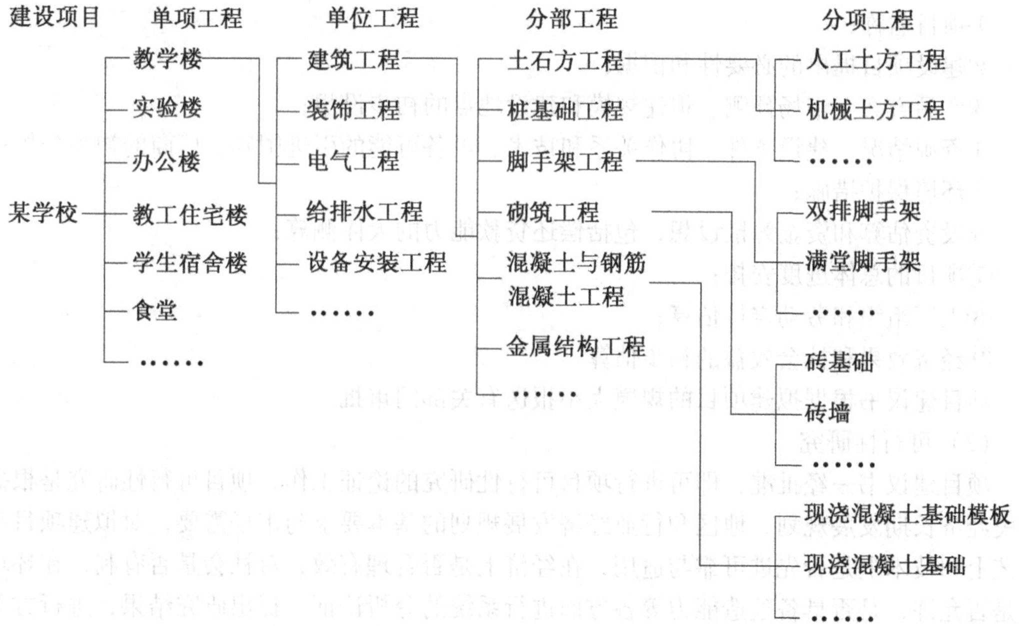

图1－1　建设项目的划分层次

1.1.5　基本建设程序

1. 基本建设程序的概念

基本建设程序指建设项目从决策、设计、施工到竣工验收、投入使用整个建设过程中各项工作必须遵循的先后次序。它反映工程建设各个阶段之间的内在联系，是从事建设工作的各有关部门和人员都必须遵守的程序。

工程建设活动是社会化生产，它具有产品体积庞大、建造场所基本固定、建设周期长、占用资源多的特点，牵涉面很广，内外协作关系复杂，且存在着活动空间有限和后续工作无法提前进行的矛盾。这就要求工程建设必须分阶段、按步骤地进行。这种规律是不可违反的，否则将会造成严重的资源浪费和经济损失。因此，世界各国对这一规律都十分重视，都对之进行了认真探索研究，很多国家还将研究成果以法律的形式固定下来，强制人们在从事工程建设活动时遵守，不能任意颠倒。建设项目的基本建设程序是工程建设过程客观规律的反映，是建设项目科学决策和顺利进行的重要保证。

2. 基本建设程序的内容

(1) 项目建议书

项目建议书是投资者根据国民经济的发展、工农业生产和人民物质生活与文化生活的需要，拟投资兴建某项工程，开发某项系列产品，并论证兴建该项目的必要性、可能性及兴建的目的、要求、计划等内容，写成书面报告，建议有关上级部门同意批准兴建该项目。项目建议书经批准后，可以进行详细的可行性研究工作，但并不表明项目非上不可，项目建议书不是项目的最终决策。

项目建议书应包括以下主要内容：

①项目名称；

②建设项目提出的必要性和依据；

③产品方案、市场预测、拟建规模和建设地点的初步设想；

④资源情况，建设条件，协作关系和技术、设备可能的引进国别、厂商的初步分析；

⑤环境保护措施；

⑥投资估算和资金筹措设想，包括偿还贷款能力的大体测算；

⑦项目的总体进度安排；

⑧工厂组织和劳动定员估算；

⑨经济效果和社会效益的初步估算。

项目建议书根据拟建项目的规模大小报送有关部门审批。

(2) 可行性研究

项目建议书一经批准，即可进行项目可行性研究的论证工作，项目可行性研究是根据国民经济长期发展规划、地区和行业经济发展规划的基本要求与市场需要，对拟建项目在工艺上和技术上是否先进可靠与适用，在经济上是否合理有效，对社会是否有利，在环境上是否允许，是否具备建造能力等各方面进行系统的分析论证，提出研究结果，进行方案优选。可行性研究报告经过批准，建设项目才算正式立项。

不同行业的建设项目，其可行性研究内容可以有不同的侧重，但一般要求具备以下基本内容：

①总论。综述项目概论，项目提出的背景，研究工作的目的、依据和范围，项目建议书的主要内容及审批意见，研究工作概况，推荐方案与研究结论，项目的主要技术经济指标。

②市场需求预测和拟建规模。包括国内外市场需求情况的预测，国内现有工厂生产能力的估计，产品销售预测、价格分析、产品竞争能力分析，产品方案和发展远景的技术经济比较及分析；拟建工程的最佳规模。

③原材料、燃料及资源情况。包括原料、辅助材料、燃料的种类、数量、来源和供应情况，公用资源设施的数量、供应方式和供应条件。

④建厂条件和厂址选择方案。包括厂址的地理自然条件（指位置、地形、海拔、地质、气象、水文）和社会经济现状，交通、运输及水、电、气、热等现状和发展趋势，生活设施状况和协作条件，厂址比较和选择意见，厂区总体布局方案等。

⑤设计方案。工艺路线的选择，包括技术来源和生产方法、主要技术工艺和设备选型方案的比较，引进技术和设备的必要性和来源国别，设备和国内外分交或合作制造方案的设想以及必要的工艺流程图；全厂布置方案的初步选择和土建工程总量的估算；公用辅助设施和厂内外交通运输方式的比较和初步选择意见；改扩建项目，要说明原固定资产能够利用的情况。

⑥环境保护与劳动安全。对项目建设地区的环境状况进行调查，预测项目对环境的影响，提出环境保护和“三废”治理的初步方案，提出劳动保护及安全生产等相关措施方案。

⑦企业组织、劳动定员和人员培训。

⑧项目实施进度建议。包括项目实施时期各阶段的进度安排建议，编制项目实施计划进度表。

⑨投资估算和资金筹措。包括项目总投资估算、主体工程及辅助配套工程估算、流动资金估算等。资金筹措应注明资金来源、筹措方式、各种资金所占比例、资金成本及贷款的偿付方式等。

⑩项目社会和经济效果综合评价与结论及建议。进行生产成本估算、项目财务评价、国民经济评价和社会评价，给出结论与建议。

国家发展和改革委员会规定可行性研究报告审批权限如下：大中型项目的可行性研究报告，按隶属关系由国务院主管部门或省、区、市提出审查意见，报国家发展和改革委员会审批，其中重大项目由国家发展和改革委员会审查后报国务院审批。国务院各部门直属及下放、直供项目的可行性研究报告，上报前要征求所在省、区、市的意见。小型项目的可行性研究报告，按隶属关系由国务院主管部门或省、区、市发展和改革委员会审批。

可行性研究报告的审批程序通常分为预审和复审。预审由预审主持单位负责进行，后报国家或地区发展和改革委员会或委托有资质的咨询机构或专家、相关部门进行评估论证，并根据评估意见进行审批或转报。对特别重大项目实行专家评议制度，对会给城市景观、市民生活和生态环境造成重大影响的项目实行听证。复审是为了杜绝可行性研究报告有原则性错误，或者研究的基础依据或社会环境发生重大变化时而举行的。

(3) 编制设计任务书

设计任务书是确定基本建设项目、编制设计文件的主要依据。它在基本建设程序中起主导作用，一方面将国民经济计划具体落实到一个建设项目上，另一方面是保证建设项目建立在资源和外部建设条件可靠的基础上。一切新建、改扩建项目，都要按照项目的隶属关系，由主管部门组织有关计划、设计等单位，编制设计任务书。

(4) 选择建设地点

建设地点的选择主要解决以下几个问题：一是工程地质、水文地质等自然条件是否可靠，二是建设用所需水、电、运输条件是否落实，三是项目建成投产后的原材料、燃料等是否满足要求。另外，对生产人员的生活条件、生产环境也要全面考虑。建设地点的选择，必须在综合调查研究、多个方案比较的基础上，提出选点报告。

（5）编制设计文件

根据建设项目的不同情况，我国的工程设计过程将一般工程项目分为两个阶段，即初步设计和施工图设计；对重大项目或技术复杂且缺乏经验的项目，可根据不同行业的特点和需要，增加技术设计（扩大初步设计）阶段，即初步设计、技术设计和施工图设计三段设计；有的简单的小型项目可直接进行施工图设计。设计是对拟建工程的实施在技术和经济上所进行的全面而详尽的安排，是工程建设计划的具体化，是组织施工的依据。设计质量直接关系到建设项目的质量，关系到工程造价的计价与管理，是工程建设决定性的环节。

①初步设计。初步设计是根据批准的可行性研究报告和设计基础资料，对工程进行系统研究，概略计算，做出总体安排，拿出具体实施方案。目的是在指定的时间、空间等限制条件下，在总投资控制的额度内和质量要求下，做出技术上可行、经济上合理的设计和规划。

初步设计的主要内容包括：设计依据，设计指导思想，建设规模，产品方案，工艺流程，设备选型，主要建筑物、构筑物，占地面积，征地数量，生产组织，劳动定员，建设工期，总概算等文字说明和图纸。

设计概算是控制建设项目总投资的主要依据。初步设计阶段，应当根据实际情况编制总概算（包括综合概算和单位工程概算）；有扩大初步设计阶段的，还应当编制修正总概算。初步设计是设计的第一阶段。如果初步设计提出的总概算超过可行性研究报告确定的总投资估算10%以上，要重新报批可行性研究报告。

建设项目的初步设计和设计概算，应按照不同的管辖级别由相应的主管部门审批。初步设计和设计概算未经批准的项目，一般不能进行施工图设计。

②技术设计。为了进一步解决初步设计中的重大技术问题，如工艺流程、建筑结构、设备选型等，根据初步设计和进一步的调查研究资料进行技术设计，这样做可以使建设工程设计更具体、更完善，技术指标更合理。

③施工图设计。在初步设计或技术设计的基础上进行施工图设计，使设计达到施工和安装的要求。施工图设计应结合实际情况，完整准确地表达出建筑物的外形、内部空间的分割、结构体系以及建筑系统的组成和周围环境的协调。按照有关规定，建设单位应将施工图设计文件报县级以上人民政府建设行政主管部门或其他有关部门审查，未经审查批准的施工图设计文件不得使用。

施工图设计完成以后，应根据施工图、施工组织设计和有关规定编制施工图预算书。施工图预算书是建设单位筹集建设资金、控制投资合理使用、拨付和结算工程价款的重要依据，是施工单位进行施工准备、拟定降低和控制施工成本措施的重要依据。

（6）建设准备

项目在开工建设之前，应当切实做好各项准备工作，其主要内容包括：征地、拆迁和场地平整；完成施工现场通水、通电、通路、通气、通信等工作；组织设备、材料订货；准备必要的施工图纸；建设工程报建；委托工程监理、工程咨询；组织施工招标投标，择优选定施工单位；办理施工许可证等。

(7) 工程施工安装

工程施工安装是建设项目付诸实施的重要一步，要按照施工顺序合理组织施工，施工单位应全力以赴，保证工程质量，按期完成工程建设任务。

新项目开工时间，是指建设项目设计文件中规定的任何一项永久性工程第一次正式破土开槽开始的日期。不需要开槽的工程，以建筑物基础的正式打桩作为正式开工。工程地质勘查、平整场地、拆除旧建筑物、临时建筑、施工用临时道路和水、电等施工不算正式开工。建设工期从新开工时间算起。

施工阶段一般包括建筑工程、装饰装修工程、给排水、采暖通风、电气照明、工业管道及设备安装等工程项目。施工过程中，施工单位必须严格按照设计施工图纸、施工合同、施工组织设计等要求，在确保工程质量、工期、成本、安全和环保等目标的前提下进行。施工中因工程需要变更时，应取得设计单位和建设单位的同意，出具设计变更通知。地下工程和隐蔽工程、基础和结构的关键部位，必须经过检查、验收合格，才能进行下一道工序。对不符合质量要求的工程，要及时采取措施，不留隐患。不合格的工程不得交工。

(8) 生产准备

对于生产性工程建设项目，生产准备是项目投产前由建设单位进行的一项重要工作。它是衔接建设和生产的桥梁，是项目由建设阶段转为生产经营阶段的必要条件，是确保项目建成后及时投产的基础。生产准备包括机构设置、人员配备和培训、技术准备、物资准备、外部协作条件等。

(9) 竣工验收、交付使用

竣工验收是工程建设过程的最后一环，是全面考核工程建设成果、检验设计和工程质量的重要步骤，也是工程项目由建设转入生产或使用的标志。凡列入固定资产投资计划的建设项目，不论新建、续建、改扩建、迁建等，具备投产条件和使用条件的，都要及时组织验收，并办理固定资产交付使用的移交手续。

按现行规定，建设项目的验收根据规模的大小和复杂程度可分为初步验收和竣工验收两个阶段进行。规模较大、较复杂的建设项目应先进行初验，然后进行全部建设项目的竣工验收。规模较小、较简单的项目，可以一次进行全部项目的竣工验收。

建设项目全部完成，经过各单项工程的验收，符合要求，由项目主管部门或建设单位向负责验收的单位提出竣工验收申请报告。验收委员会或验收组应由行业主管部门、建设单位、投资方、监理、设计、施工、质检、消防以及其他有关部门组成。验收委员会或验收组应对工程设计、施工和设备质量等方面作出全面评价，不合格的工程不予验收。对遗留问题提出具体解决意见，限期落实完成。验收委员会或验收组应向主管部门提出验收报告，验收报告的内容包括：竣工图和竣工工程决算表，工程造价竣工结算书，隐蔽工程记录，工程定位测量记录，设计变更资料，建筑物、构筑物各种实验记录，质量事故处理报告，交付使用财产表等有关资料。

(10) 建设项目后评价

建设项目后评价是工程项目竣工投产、生产运营或使用一段时间之后（一般为项目建成后1～3年），再对项目的立项决策、设计施工、竣工投产、生产使用等全过程进行系统总结评价的一种技术经济活动，是固定资产管理的一项重要的内容。通过建设项目后评价以达到肯定成绩、总结经验、研究问题、吸取教训、提出建议、改进工作、不断提高项目决策水平和投资效果的目的。

1.2 建设工程造价概述

1.2.1 建设工程造价的概念

建设工程造价是指工程的建设价格，是指为完成一个工程的建设，预期或实际所需的全部费用总和。它是根据不同设计阶段的设计图纸、各种定额、指标及各项费用的取费标准，预先计算拟建工程所需全部费用的经济文件。由此确定的每一个建设项目、单项工程或单位工程的建设费用，实质上就是相应工程的计划价格。

1.2.2 建设工程造价文件的分类

建设工程造价文件按建设项目所处的建设阶段分为投资估算、设计概算、修正概算、施工图预算、招标控制价、投标价、签约合同价、施工预算、工程结算和竣工财务决算等。

1. 投资估算

投资估算是在项目建议书阶段，建设单位向国家、省部或行业主管部门申请拟立建设项目时，为确定建设项目的投资总额而编制的经济文件。它是根据估算指标、类似工程的造价资料等进行编制的。投资估算是进行建设项目经济评价的基础，是判断项目可行性和进行项目决策的重要依据，是建设项目工程造价的控制目标限额。

2. 设计概算

设计概算是在初步设计或扩大初步设计阶段，由设计单位根据初步设计或扩大初步设计图纸、概算定额或概算指标、综合预算定额、取费标准、设计材料预算价格等资料编制和确定的建设项目从筹建到竣工验收交付使用所需全部费用的经济文件，包括建设项目总概算、单项工程综合概算、单位工程概算等。

3. 修正概算

修正概算是当采用三阶段设计时，在技术设计阶段，随着对初步设计内容的深化，对建设规模、结构性质、设备类型和数量等内容可能进行修改和变动，因此对初步设计总概算作相应的修正所形成的概算文件。一般情况下修正概算不能超过原已批准的概算投资额。

4. 施工图预算

施工图预算是当设计工作完成之后，由发包人（或设计单位）在工程开工之前根据施工图纸、施工组织设计、国家及地方颁发的工程预算定额和取费标准等有关规定、建设地区的自然和技术经济条件等资料，详细计算编制的单位工程或单项工程建设费用的文件。

施工图预算是实行工程招标、投标的重要依据。施工图预算一方面是发包人确定招标控制价的依据，另一方面也是承包人投标报价的依据。

5. 招标控制价

招标控制价是招标人根据国家或省级、行业建设主管部门颁发的有关计价依据和办法，以及拟定的招标文件和招标工程量清单，结合工程具体情况编制的招标工程的最高投标限价。

6. 投标价

投标价是投标人投标时响应招标文件要求报出的对已标价工程量清单汇总后标明的总价。

7. 签约合同价

签约合同价是发、承包双方在施工合同中约定的工程造价，包括分部分项工程费、其他项目费、规费和税金的合同总金额。

8. 施工预算

施工预算是承包人在签约合同价的控制下根据施工图纸、施工组织设计、施工定额、施工现场条件等资料，考虑了工程的目标利润等因素，计算编制的单位工程（或分部、分项工程）所需的资源消耗量及其相应费用的文件。施工预算是承包企业的内部预算。它是企业对单位工程实行计划管理，编制施工作业计划的依据；是企业对内实行工程项目经营目标承包，进行项目成本全面管理与核算的重要依据；是企业开展经济活动分析，进行施工计划成本与施工图预算造价对比的依据，以便对工程超支或节约情况进行科学的控制。

9. 工程结算

工程结算是发、承包双方根据合同约定，对合同工程在实施中、终止时、已完工后进行的合同价款计算、调整和确认。它包括中期结算、终止结算和竣工结算。

10. 竣工结算

竣工结算是发、承包双方依据国家有关法律、法规和标准规定，按照合同约定确定的最终工程造价。它是在一个单项工程或单位工程完工并经建设单位及有关部门验收合格后，由承包人以合同价为依据，并根据设计变更通知书、现场签证、预算定额、材料预算价格和取费标准及有关结算凭证等资料，按规定编制的向发包人办理结算工程价款的文件。

11. 竣工财务决算

竣工财务决算是在建设项目全部竣工并验收合格后，由发包人编制的，从项目筹建到建成投产或使用的全过程中实际支付的全部建设费用的技术经济文件。它是基本建设项目实际投资额和投资效果的反映，是作为核定新增固定资产和流动资产价值、国家或省市主管部门验收与交付使用的重要财务成本依据。

基本建设阶段与造价文件的对应关系如表 1 - 1 所示。由表可知，投资估算、设计概算、预算、合同价、工程结算和竣工财务决算等都是以建设产品价值的形态贯穿整个建设过程。它从申请建设项目、进行项目估算开始，然后通过若干环节来确定和控制基本建设投资，进行基本建设经济管理和承包企业经济核算，最后以决算形成发包人的新增资产价值。计价过程的各环节之间相互衔接，前者控制后者，后者补充前者，共同构成了一个完整的造价体系。投资估算、设计概算、施工图预算、招标控制价、投标价、工程结算和竣工财务决算均应由具有相应资质的工程造价咨询人编制，签约合同价由发、承包双方在施工合同中约定。

表 1－1　基本建设阶段与造价文件的对应关系

基本建设阶段		造价文件
项目建议书		投资估算
设计阶段	初步设计	设计概算
	技术设计	修正概算
	施工图设计	施工图预算
招投标阶段		招标控制价、投标价、签约合同价
施工阶段		施工预算、工程结算
竣工验收、交付使用		竣工结算、竣工财务决算

1.2.3　建设工程造价文件编制涉及的人员与规定

1. 建设工程造价文件编制涉及的人员

（1）发包人

具有工程发包主体资格和支付工程价款能力的当事人，以及取得该当事人资格的合法继承人。

（2）承包人

被发包人接受的具有工程施工承包主体资格的当事人，以及取得该当事人资格的合法继承人。

（3）工程造价咨询人

取得工程造价咨询资质等级证书，接受委托从事建设工程造价咨询活动的当事人，以及取得该当事人资格的合法继承人。

（4）造价工程师

取得造价工程师注册证书，在一个单位注册、从事建设工程造价活动的专业人员。

（5）造价员

取得全国建设工程造价员资格证书，在一个单位注册、从事建设工程造价活动的专业人员。

2. 建设工程造价文件编制的规定

（1）投资估算、设计概算、施工图预算、招标工程量清单、招标控制价、投标报价、工程计量、合同价款调整、合同价款结算与支付、工程造价鉴定及竣工决算等工程造价文件的编制与核对，应由具有专业资格的工程造价人员承担。

（2）承担工程造价文件的编制与核对的工程造价人员及其所在单位，应对工程造价文件的质量负责。

（3）建设工程发承包及实施阶段的计价活动应遵循客观、公正、公平的原则。

（4）建设工程发承包及实施阶段的计价活动，应符合国家现行有关规范、标准及工程所在地相关政策的规定。

3. 造价工程师职业道德行为准则

为了规范造价工程师的职业道德行为，提高行业声誉，造价工程师在执业中应信守以下职业道德行为准则：

（1）遵守国家法律、法规和政策，执行行业自律性规定，珍惜职业声誉，自觉维护国家和社会公共利益。

（2）遵守“诚信、公正、精业、进取”的原则，以高质量的服务和优秀的业绩，赢得社会和客户对造价工程师职业的尊重。

（3）勤奋工作，独立、客观、公正、正确地出具工程造价成果文件，使客户满意。

（4）诚实守信，尽职尽责，不得有欺诈、伪造、作假等行为。

（5）尊重同行，公平竞争，维护好同行之间的关系，不得采取不正当的手段损害、侵犯同行的权益。

（6）廉洁自律，不得索取、收受委托合同约定以外的礼金和其他财物，不得利用职务之便谋取其他不正当的利益。

（7）造价工程师与委托方有利害关系的应当回避，委托方有权要求其回避。

（8）知悉客户的技术和商务秘密，负有保密义务。

（9）接受国家和行业自律性组织对其职业道德行为的监督检查。

1.3 工程造价的特点及影响因素

1.3.1 工程造价的含义

工程造价即工程建造价格，即建设工程产品的价格。按照建设产品价格属性和价值的构成原理，工程造价有两种含义。第一种含义，工程造价是指建设一项工程预期开支或实际开支的全部固定资产投资费用，也就是一项工程通过建设形成相应的固定资产、无形资产和流动资金所需一次性投资费用的总和。第二种含义，工程造价是指工程价格，即为建成一项工程，预计或实际在土地市场、设备市场、技术劳务市场、建筑材料市场及发承包市场的交易活动中所形成的建筑安装工程价格和建设工程总价格。

工程造价的第一种含义是从投资者、发包人或业主的角度来定义的。投资者选定一个建设项目投资，为了获得预期的收益，就要在项目评估后进行项目决策，然后进行工程招标、勘察设计、工程监理、组织施工、工程咨询、竣工验收和交付使用等一系列建设管理活动。在建设活动中支付的全部费用形成了固定资产和无形资产，所有这些费用构成了工程造价。从这个意义上说，工程造价就是工程投资费用。非生产性建设项目的工程造价就是建设项目固定资产投资的总和，生产性建设项目的工程造价就是建设项目固定资产投资和流动资金投资的总和。

工程造价的第二种含义是从发包人、承包人的角度来定义的。在市场经济的条件下，工程造价以建筑产品这种特定的商品形式作为交易对象，通过招投标或其他交易方式，在各方进行反复测算的基础上，最终由市场形成的价格。其交易的对象，可以是一个很大的建设项目，也可以是一个单项工程，甚至也可以是整个建设工程中的某个阶段，如土地开发工程、建筑工程、装饰工程、安装工程等。随着经济发展中技术的进步，分工的细化和市场的完善，工程建设的中间产品也会越来越多，商品交换会更加频繁，工程价格的种类和形式也会更为丰富。通常，人们把工程造价的第二种含义认定为工程发承包价格，也称建筑安装工程造价，即完成一个建设项目（单位工程）的建筑工程、装饰工程、安装工程、设备及其他相关项目的全部费用。工程发承包价格是工程造价中一种重要的，也是最典型的价格形式。它是在建筑市场通过招投标和公平竞争，由需求主体——发包人和供给主体——承包人两个市场主体共同认可的价格。建筑安装工程造价在项目固定资产中占有50%～60%的份额，是工程建设中最活跃的部分，也是建筑市场交易的主要对象之一，因此，工程发承包价格被界定为工程造价的第二种含义，具有一定的现实意义。

工程造价的两种含义既是一个统一体，又是相互区别的。最主要的区别在于需求主体和供给主体在市场追求的经济利益不同，因而管理的性质和管理的目标不同。从管理性质上讲，前者属于投资管理范畴，后者属于价格管理范畴。从管理目标上讲，针对项目投资费用，投资者关注的是降低工程造价，以最小的投入获取最大的经济效益，因此，完善项目功能，提高工程质量，降低投资费用，按期交付使用，是投资者始终追求的目标。针对工程价格，承包人所关注的是利润，为此，他们追求的是较高的工程造价。不同的管理目标反映不同的经济利益，但它们之间的矛盾正是市场的竞争机制和利益风险机制的必然反映。正确理解工程造价的两种含义，是为了不断发展和完善工程造价的管理内容，提高工程造价的管理水平，推动工程建设的顺利进行。

1.3.2 工程造价的特点

工程建设的特殊性决定了工程造价具有以下特点：

1. 工程造价的大额性

任何一项建设项目，不仅实物形体庞大，耗费的资源数量多，构造复杂，而且造价高昂，动辄需要投资几百万、几千万甚至上亿元人民币的资金。工程造价的大额性涉及有关各个方面的重大经济利益，同时也对宏观经济产生重大影响。工程造价的数额越大，其节约的潜力就越大。所以，加强工程造价的管理可以取得巨大的经济效益，这也体现了工程造价管理的重要作用。

2. 工程造价的单个性

任何一个建设项目都有特定的用途，由于其功能、规模各不相同，使得每一项工程的结构、造型、平面布置、设备配置和内外装饰都有不同要求。工程所处地区、地段不同，其投资费用也不同。这些工程内容和实物形态的个体性和差异性，决定了工程造价的单个性，每一项工程都需要单独计价。

3. 工程造价的动态性

任何一项工程从决策到竣工交付使用，都有一个较长的建设期。在建设期间，存在许多影响工程造价的动态因素，如工程变更、设备材料价格、人工费用、索赔事件以及利率、汇率甚至于计价政策，都会影响工程造价的变动。所以，工程造价在整个建设期都处于不确定状态，不能事先确定其变化后的准确数值，只有在竣工结算和决算后，才能最终确定工程的实际价格。所以，工程造价必须考虑风险因素和可变因素。

4. 工程造价的层次性

工程造价的层次性取决于基本建设项目的层次划分。一个建设项目往往含有多个单项工程，一个单项工程又由多个单位工程组成。一个单位工程又可分为多个分部工程，一个分部工程又可分为多个分项工程。与此相对应，工程造价也应该反映这些层次组成。因此，工程造价是由建设工程总造价、单项工程造价、单位工程造价、分部工程造价和分项工程造价这五个层次组成。

5. 工程造价的地区性

工程项目是固定在大地上的，一般不能移动。工程项目具有地区性，工程造价也具有地区性。地区性使造价水平、计价因素、工程造价的可变性和竞争性等，均产生很大差异。这种差异既表现在国内、省内地区不同，则造价不同；也表现在国内、国外地区不同，则造价差异更大。所以，应充分注意工程造价的地区性。

6. 工程造价的专业性

建设工程按专业可分成许多类别，如房屋建筑与装饰工程、通用安装工程、市政工程、园林绿化工程、矿山工程等。不同的专业其工程计价具有不同的特点。各专业各有一套工程造价的管理模式、计价方法、计量标准和规定，计价的水平也有差别，由此导致了工程造价的多专业性。各专业工程造价之间的专业差别是客观事物的自然反映，是始终存在的，因此，工程造价的计价和管理必须考虑其专业性的特点。

1.3.3 工程造价的作用

工程造价涉及国民经济各部门、各行业，涉及社会再生产中的各个环节，在市场经济的条件下，工程造价的作用范围和影响程度，决定了工程造价在工程建设领域具有举足轻重的地位。

1. 工程造价是项目决策和投资控制的重要依据

建设工程投资大、生产和使用周期长，工程造价的大额性，决定了投资者必须对拟建项目进行详细的规划、测算。它不仅是项目决策的依据，同时也是筹集资金、控制投资的依据。

工程造价决定着项目的投资费用。投资者是否有足够的财务能力支付这笔费用，是否值得支付这项费用，是项目决策中要考虑的首要问题。如果建设工程的价格超过投资者的支付能力，就会迫使其放弃拟建的工程；如果项目投资的效果达不到预期的经济目标，其也会放弃拟建的工程。因此，工程造价在项目决策阶段成为项目财务分析和经济评价的重要依据。

工程造价在控制投资方面的作用非常明显。工程造价的层次性和动态性，决定了工程造价必须经过多次计价，最终通过竣工决算确定下来。每一次计价的过程就是对造价的控制过程，每一次估算都不能超过前一次的估算，这种控制是在投资者财务能力的限度内为取得既定的投资效益所必需的。建设工程造价对投资的控制也表现在利用各种定额、标准和参数，对建设工程造价的计算依据进行控制。在市场经济风险和利益机制的作用下，工程造价对投资的控制作用成为投资者的内部约束机制。

2. 工程造价是施工准备和成本控制的重要依据

建设工程的施工是完成投资项目的实施阶段，对承包人或建筑安装企业来说，工程造价的预算和结算，是进行施工前期准备和施工过程中成本控制的重要依据。

工程项目的实施决定着建设产品的最终完成和实现，在项目施工前有大量的现场准备工作和施工中的一些物质材料准备工作，如材料设备的订货、采购，劳动力的组织、调遣，预付款的拨付、使用等。这些都必须以建设项目工程造价的分析计算作为准备的依据。

成本控制是指通过控制手段，在达到预定的工程项目质量和工期要求的同时优化成本开支，将总成本控制在预算范围内。在承包人争取到工程项目，确定了签约合同价以后，承包人的经济效益就完全通过成本控制来实现。成本控制的主要工作是编制施工预算，依据施工组织设计编制预算成本，提供预算报告，分解成本目标；通过成本监督和成本跟踪，审核工程费用，确定工程款支付，做出实际成本报告，核算工程消耗的人工、材料、机具台班数量以及单价水平。

3. 工程造价是评价投资效果和项目经济效益的重要指标

建设工程造价是一个包含着多层次工程造价的指标体系，就一个工程项目来说，它既有建设项目的总造价，又包含单项工程的造价和单位工程的造价，同时也包含单位生产能力的造价，如每平方米建筑面积的造价等。在评价土地价格、建筑安装工程和设备价格的合理性时，就必须利用这个指标体系；在评价建设项目的偿贷能力、获利能力和宏观经济效益时，也要依据这个指标体系。工程造价能够为评价投资效果提供出多种评价指标，并能够形成新的价格信息，为以后类似工程项目提供参考。同时，工程造价也是评价建筑安装企业管理水平和经营效果的重要依据。

1.3.4 工程造价的计价特征

1. 计价的单件性

建设工程产品的价格既受到个体差别性的影响，也受到所在地区气候、地质、水文等自然条件和当地技术经济条件的影响，再加上不同地区工程造价费用构成的差异，这些决定了每项工程不会重复生产，其价格具有单件性。因此，建设工程产品不能像其他工业产品那样按品种、规格批量定价，必须按每一个建设产品单独计算造价。

2. 计价的阶段性、多次性

建设工程是一种特殊的经济活动，具有周期长、规模大、造价高的特点。其建设过程要按照工程建设程序分阶段进行。为了适应工程建设过程中不同阶段对造价的不同要求，同时适应工程项目管理的需要，在不同阶段，需要多次分阶段计算工程造价。这个计价过程也是逐步深化、逐步细化和逐步接近实际造价的过程。

3. 计价的统一性

工程造价计价的统一性，是由建设项目的特点所决定的。工程项目的建设，在国民经济发展中，占有十分重要的位置。因此，为完成国民经济的发展目标，就必须对建设项目进行规划、组织、调节和控制；对工程造价，也必须在一定范围内采用一种相对统一的计价办法进行衡量和管理，才能利用它对项目的决策方案、设计方案、投标报价、成本控制进行比选和评价。

目前，我国的工程造价计价办法有两种，一种是建设工程定额计价，另一种是工程量清单计价。定额计价的统一性，从适用范围和影响来看，有全国统一定额、地区统一定额和行业统一定额等，这些定额层次清楚，分工明确，按照统一的程序、统一的要求和统一的用途来制定、颁布和贯彻使用。工程量清单计价是按照国家标准《建设工程工程量清单计价规范》（GB 50500）的规定进行工程量清单的编制和投标报价，对工程量清单实行统一的项目编码、项目名称、项目特征、计量单位和工程量计算规则。工程造价计价的统一性，主要是指计价办法、计价程序的统一性，而不是指计价结果的统一性。

4. 计价的组合性

工程造价采用“组合计价”的计价方法。这种方法是将建设项目由大到小地进行分解，即将一个建设项目的施工任务分解为单项工程、单位工程、分部工程和分项工程。先进行分项工程计价，再进行组合，依此完成分部工程、单位工程、单项工程和建设项目的计价，再经过逐步组合和汇总，最后形成一个建设项目总的工程造价。工程造价的组合性，是由计价对象的组合性决定的，工程造价的组合计价过程如图1－2所示。

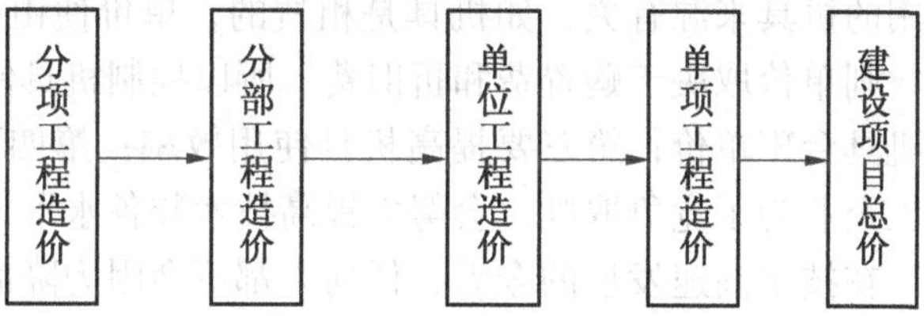

图1－2　工程造价的组合计价过程

1.3.5　工程造价的影响因素

建筑安装工程费用是工程建设中最活跃的部分，是工程造价最主要的构成要素，它是建筑市场交易行为的主要对象，也就是建设工程的承发包价格或第二种含义所指的工程造价。本节讨论的工程造价的影响因素主要是指建筑安装工程费用的影响因素。

工程造价的影响因素指对工程造价数量大小、变化、功能及管理产生影响的因素。进行工程计价、调整、结算和管理时，必须认真对待这些因素，以使工程造价正常发挥功能作用。影响工程造价的因素众多，主要有以下几种。

1. 工程成本的影响

（1）材料费的影响

在工程成本中，对工程造价影响最大的是材料费，一般占工程造价的60%～70%。材料费所占比重之所以很大，主要是因为工程体形庞大，耗用材料多。影响材料费的另一因素是材料单价，在市场经济条件下，材料单价受市场供应状况影响，呈浮动态势；材料单价的浮动影响了材料价格，又极大地影响工程成本，波及工程价格。控制工程造价，要把注意力放在控制材料价格上；控制材料成本时，要加强市场预测，采购质高价廉、适用的材料；在施工中，注意材料的现场管理，在储存、保管、领取、使用等各环节节约材料。

(2) 人工费的影响

人工费在工程成本中的地位仅次于材料费，虽然其所占比例远低于材料费，但对工程造价的影响却很关键，并呈现较为复杂的态势。人工费的多少取决于用工量和人工单价。由于工程施工手工劳动量大，用工多，故人工费支出相对较多。人工单价取决于劳动生产率和国家的分配政策。劳动生产率高，用工省，但人工单价高；国家的分配总趋势也是人工费逐渐提高以改善人民生活，故使人工单价呈逐渐提高趋势。通过控制人工费使工程成本和工程造价受控，首先要立足于企业现有的技术和工艺水平，对用工量进行准确估量，其次要对人工单价进行估计和控制。人工单价在目前由造价管理部门定期发布人工费信息，企业应注意努力提高劳动效率和做好分配奖惩工作，既节约开支，又能激励工人的劳动积极性。

(3) 施工机具使用费的影响

施工机具使用费占工程成本的比重根据工程特点和施工难易而不同，机具化水平越高，其占比越大，它在成本中的比重与人工费呈相反的趋势。随着机具化施工程度的提高，对机具使用费的管理越来越重要。施工机具使用费具体的反映就是机具台班费，机具台班单价的高低与采用的机具来源有关；如机具是租赁的，单价便由机具租赁市场决定；如机具是企业自有的，则单价取决于购置费和折旧费。所以控制机具使用费首先要优选机具来源；其次要估准机具台班单价；第三要提高机具使用效率；第四要加强保养与维护，提高机具完好率。施工企业为了竞争取胜，会努力提高技术装备水平，而提高技术装备水平会加大机具费成本。在技术高速发展的今天，任何人都不会因为降低成本而加大手工操作的比重；相反，技术越发达，机具费投入应越高，越要加强对机具台班费的节约，以降低机具使用费用。

2. 市场条件的影响

(1) 供求状况的影响

对于建筑安装工程造价，市场供求状况能影响的不是建筑产品，而是生产要素。在诸多生产要素中，人工费用长期处于小幅上升趋势，且不同的地区差异较大。人工费由于涉及国家的劳动政策和人民生活水平的增长，属政府调节，所以需求价格弹性指数较小。

受供求状况影响较大的是材料价格和机具台班价格，就某一种材料或某种机具设备来讲，有时供大于求，则价格降低；有时供小于求，则价格升高。当材料价格和机具台班费降低时，工程造价中的材料费和机具费减少；反之，当材料价格和机具台班费提高时，工程造价中的材料费和机具台班费增加。所以材料价格和机具台班费价格是有弹性的，既有供给弹性，又有需求弹性。

(2) 竞争状况的影响

建筑市场属于买方市场，施工力量供应远远大于施工需求，故建筑市场的竞争主要表现为承包商之间的竞争。承包商之间的竞争主要表现在价格上，在招标投标条件下，一般采用经评审的低价中标，所以低价成为中标的先决条件。这也使工程造价成为市场调节的最主要因素。

作为买方的发包人，会利用买方市场这一特殊的优势压价发包，并在施工过程中对工程变更和索赔导致的价格调整持保守态度。这种在合同上的不平等地位，使承包人承担着比发包人更大的价格风险，发包人利用担保的手段（投标担保、履约担保、预付款担保、保修担保等）向承包人大量转移风险。

3. 经营管理因素的影响

经营管理因素包含了计价依据、计价方式、合同种类、发包人和承包人的造价管理活动及效果、结算方式等。

（1）计价依据和计价方式的影响

对于发包人和承包人来说，计价依据并不完全相同，但最基本的计价所依据是图纸和合同。图纸的详略影响计价的准确程度。计价方式有定额计价、工程量清单计价，不同的计价方式会产生不同的计价结果。

（2）各类合同的影响

工程合同有总价合同、单价合同、可调价合同、成本加酬金合同等。不同种类的合同会使定价有不同结果，也会影响施工中合同价格变更的结果和风险分担的比例。

（3）结算方式的影响

工程结算方式很多，不同的结算方式及结算时的调整会导致竣工结算价格的差异。

4. 其他影响因素

影响工程造价的其他因素还有：

①建设行政主管部门的规定；

②国家的法律、法规、价格政策、金融政策、税收政策、建设政策、外汇政策等；

③固定资产投资规模、方向、结构及方式；

④国家及行业的技术发展水平、经济发展水平及宏观管理水平。

影响工程造价的因素有很多，工程造价无论是合同价还是结算价，都是大量影响因素综合的结果，许多因素之间有着千丝万缕的联系，不能孤立地处置某个因素。在进行工程造价管理时，应多角度、全方位地对待影响工程造价的各种因素。

思 考 题

1－1 什么是基本建设？它包括哪些内容？

1－2 基本建设项目的层次如何划分？

1－3 什么是基本建设程序？其内容有哪些？

1－4 建设工程造价文件按建设项目所处的建设阶段分为哪些类别？

1－5 工程造价的特点有哪些？

1－6 工程造价的计价特征有哪些？

1－7 简述建设工程造价文件编制涉及的人员与规定。

1－8 影响工程造价的因素有哪些？

第2章 建设工程定额

2.1 建设工程定额概述

在社会化生产中，为了完成某一合格产品，就必然要消耗（投入）一定量的活劳动与物化劳动。在社会生产发展的各个阶段，由于生产水平及生产关系不同，在产品生产中所消耗的活劳动与物化劳动的数量也就不同，然而在一定的生产条件下，总有一个相对合理的数额。规定完成某一合格单位产品所需消耗的活劳动与物化劳动的数量标准（或额度），就是生产性的定额。所谓“定”，就是规定；“额”，就是额度或限度。简单地讲，定额就是规定的额度或限度，即标准或尺度。

在现代社会经济生活和社会生活中，定额作为一种管理手段被广泛应用，例如分配领域的工资标准、生产和流通领域的原材料消耗标准、技术方面的设计标准等。定额已成为人们对社会经济进行计划、组织、指挥、协调和控制等一系列管理活动的重要依据。

2.1.1 建设工程定额的概念

建设工程定额是指在正常的施工条件下，完成单位合格产品所必须消耗的资源数量标准，主要包括在建设生产过程中所投入的人工、机械、材料和资金等生产要素的数量。建设工程定额反映了工程建设投入与产出的关系，它一般除了规定数量标准以外，还规定了具体的工作内容、质量标准和安全要求等。

“正常施工条件”是指绝大多数施工企业和施工队、班组，在合理组织施工的条件下所处的施工条件。正常的施工条件应该符合有关的技术规范，符合正确的施工组织和劳动组织条件，符合已经推广的先进的施工方法、施工技术和操作。它是施工企业和施工队（班组）应该具备也能够具备的施工条件。

“单位合格产品”中的“单位”是指定额子目中所规定的定额计量单位，如砖墙、混凝土以“m^3”为单位，钢筋以“t”为单位，门窗多以“m^2”为单位。“合格”是指施工生产所完成的成品或半成品必须符合国家或行业现行的施工验收规范和质量评定标准的要求。

在理解建设工程定额的概念时，必须注意以下两个问题：

第一，建设工程定额属于生产消费定额性质。工程建设是物质资料的生产过程，而物质资料的生产过程必然也是生产的消费过程。一个工程项目的建成，无论是新建、改建、扩建，还是恢复工程，都要消耗大量人力、物力和资金。建设工程定额所反映的正是在一定的生产力发展水平条件下，以产品质量标准为前提，完成工程建设中某项产品与各种生产消耗之间的特定数量关系。这种特定数量关系一经定额编制部门（或企业）确定，即成为工程建设中生产消耗的限量标准。这种限量标准是定额编制部门（或企业）对工程建设实施者在生产效率方面的一种要求，也是工程建设管理者（或生产者）用来编制工程计划、考核和评价建设成果的重要标准。

第二，建设工程定额的水平反映了当时的生产力发展水平。人们一般把定额所反映的资源消耗量的大小称为定额水平。定额水平受一定时期的生产力发展水平的制约。一般来说，生产力发展水平高，则生产效率高，生产过程中的消耗就少，定额所规定的资源消耗量应相应地降低，此种状况称为定额水平高；反之，生产力发展水平低，则生产效率低，生产过程中的消耗就多，定额所规定的资源消耗量就相应地提高，此种状况称为定额水平低。

2.1.2　建设工程定额的作用

定额是管理科学的基础，是现代管理科学中的重要内容和基本环节，在经济管理中发挥了重要作用：

(1) 定额是节约社会劳动、提高劳动生产率的重要手段。定额为生产者和经营管理人员树立了评价劳动成果和经营效益的标准尺度，同时也使广大职工明确了自己在工作中应该达到的具体目标。

(2) 定额是组织和协调社会化大生产的工具。借助定额实现生产要素的合理配置，以定额作为组织、指挥和协调社会生产的科学依据和有效手段，可保证社会生产持续、顺利地发展。

(3) 定额是宏观调控的依据。我国经济是以公有制为主体的，它既要充分发展市场经济，又要有计划地调节。这就需要利用一系列定额为预测、计划、调节和控制经济发展提供有技术根据的参数和可靠的计量标准。

(4) 定额在实现分配、兼顾效率与社会公平方面有巨大的作用。定额作为评价劳动成果和经营效益的尺度，也就成为资源分配、个人消费品分配的依据。

建设工程定额是经济生活中诸多定额中的一类。它除了具有一般定额的上述作用外，还在工程价格形成中起着重要的作用。目前，我国的工程招投标价格仍处于政府指导价和市场形成价格相结合的状态。无论是工程招投标还是工程价款的结算，实际确定工程造价时主要应用的有两种方法，其一是利用有关建设行政主管部门颁布的各地区定额（也称综合基价）；其二是利用本企业内部制定的企业定额，实际上这是少数管理水平较高的企业才能做到的。因此，事实上投标人的报价不仅仅依赖于它的实际生产成本，而且与统一的概预算定额有很大关系。当然，随着市场化水平的增加，企业定额的影响加大，统一概预算定额的影响将逐渐减少，最终发展到企业拥有自己的定额，政府有关部门制定的定额只起一个指导作用。

2.1.3　建设工程定额的分类

建设工程定额是工程建设中各类定额的总称，可以按照不同的原则和方法分类。

1. 按定额反映的生产要素消耗内容分类

按定额反映的生产要素消耗内容分类可把建设工程定额分为劳动消耗定额、材料消耗定额及机具台班消耗定额三种。

（1）劳动消耗定额。劳动消耗定额简称“劳动定额”，是指在正常的生产条件下，完成单位合格工程建设产品所需消耗的活劳动的数量标准。为了便于综合和核算，大多采用工作时间消耗量来计算劳动消耗的数量。所以，劳动定额的主要表现形式是时间定额，但同时也可表现为产量定额。时间定额与产量定额互为倒数。

（2）机具消耗定额。机具消耗定额是指为完成一定合格产品所规定的施工机具消耗的数量标准。由于我国机具消耗定额是以一台机具一个工作班为计量单位，所以又称为机具台班定额。机具消耗定额的主要表现形式是机具时间定额，但同时也以产量定额表现。

（3）材料消耗定额。材料消耗定额简称“材料定额”，是指完成一定合格产品所需消耗材料的数量标准。材料包括工程建设中使用的原材料、成品、半成品、构配件、燃料以及水、电等动力资源。材料作为劳动对象构成工程的实体，需用数量很大，种类很多。所以，材料消耗量的多少，消耗是否合理，不仅关系到资源的有效利用，影响市场供求状况，而且对建设工程的项目投资、建筑产品的成本控制都起着决定性的影响。

在工程建设领域，任何建设过程都要消耗大量人工、材料和机具，所以我们把劳动定额、材料消耗定额及机具台班消耗定额称为三大基本定额，它们是组成任何使用定额消耗内容的基础。三大基本定额都是计量性定额。

2. 按定额编制程序和用途分类

按照定额的编制程序和用途，可以把建设工程定额分为施工定额、预算定额、概算定额、概算指标、估算指标和工期定额等六种。

（1）施工定额。施工定额是以同一性质的施工过程——工序，作为研究对象，表示生产产品数量与时间消耗综合关系编制的定额。施工定额是施工企业组织生产和加强管理在企业内部使用的一种定额，属于企业定额的性质。施工定额反映了企业的施工水平、装备水平和管理水平，主要用于编制施工作业计划、施工预算、施工组织设计，签发施工任务单和限额领料单，作为考核施工单位劳动生产率水平、管理水平的标尺和确定工程成本、投标报价的依据。施工定额本身由劳动定额、机具定额和材料定额三个相对独立的部分组成，它是编制预算定额的基础。为了适应组织生产和管理的需要，施工定额的项目划分得很细，是建设工程定额中分项最细、定额子目最多的一种定额，也是建设工程定额中的基础性定额。

（2）预算定额。预算定额是以建筑物或构筑物各个分部分项工程为对象编制的定额。在我国现行的工程造价管理体制下，预算定额是由国家授权部门根据社会平均的生产力发展水平和生产效率水平编制的一种社会标准，它属于社会性定额。其内容包括劳动定额、机具台班定额、材料消耗定额三个基本部分，并列有工程费用，是一种计价的定额。从编制程序上看，预算定额是以施工定额为基础综合扩大编制的，同时它也是编制概算定额的基础。

预算定额是在编制施工图预算阶段，计算工程造价和计算工程中的劳动、机具台班、材料需要量时使用，它是调整工程预算和工程造价的重要基础，同时它也可以用作编制施工组织设计、施工技术财务计划的参考。

（3）概算定额。概算定额是以扩大的分部分项工程为对象编制的，计算和确定该工程项目的劳动、机具台班、材料消耗量所使用的定额，同时它也列有工程费用，也是一种计价性定额。概算定额是编制扩大初步设计概算、确定建设项目投资额的依据。概算定额的项目划分粗细，与扩大初步设计的深度相适应，一般是在预算定额的基础上综合扩大而成的，每一综合分项概算定额都包含了数项预算定额。

(4) 概算指标。概算指标是概算定额的扩大与合并，它是以整个建筑物和构筑物为对象，以更为扩大的计量单位来编制的。概算指标的内容包括劳动、机具台班、材料定额三个基本部分，同时还列出了各结构分部的工程量及单位建筑工程（以体积计或面积计）的造价，是一种计价定额。例如每 1000 m^2 房屋或构筑物、每 1000 m 管道或道路、每座小型独立构筑物所需要的劳动力、材料和机具台班的数量等。为了增加概算指标的适用性，也以房屋或构筑物的扩大的分部工程或结构构件为对象编制，称为扩大结构定额。

由于各种性质建设定额所需要的劳动力、材料和机具台班数量不一样，概算指标通常按工业建筑和民用建筑分别编制。工业建筑中又按各工业部门类别、企业大小、车间结构编制，民用建筑按照用途性质、建筑层高、结构类别编制。

概算指标的设定和初步设计的深度相适应。一般是在概算定额和预算定额的基础上编制的，比概算定额更加综合扩大。它是设计单位编制工程概算或建设单位编制年度任务计划、施工准备期间编制材料和机械设备供应计划的依据，也可供国家编制年度建设计划参考。

(5) 估算指标。投资估算指标是比概算定额更为综合、扩大的指标，往往以独立的单项工程或完整的工程项目为计算对象，编制内容是所有项目费用之和。它是在各类实际工程的概预算和决算资料的基础上通过技术分析和统计分析编制而成的，主要用于编制投资估算和设计概算，进行投资项目可行性分析、项目评估和决策，也可进行设计方案的技术经济分析，考核建设成本。

(6) 工期定额。工期定额是指在一定的经济和社会条件下，在一定时期内由建设行政主管部门制定并发布的工程项目建设消耗的时间标准。工期定额具有一定的法规性，对确定具体工程项目的工期具有指导意义，体现了合理建设工期，反映了一定时期国家、地区或部门不同建设项目的建设和管理水平。工期定额包括建设工期定额和施工工期定额两个层次。建设工期定额一般指建设项目中构成固定资产的单项工程、单位工程从正式破土动工至按设计文件建成，能验收交付使用过程所需要的时间标准。施工工期定额是指单项工程从基础破土动工（或自然地坪打基础桩）起至完成建筑安装工程施工全部内容，并达到国家验收标准之日止的全过程所需的日历天数。工期定额以日历天数为计量单位，而不是有效工作天数，也不是法定工作天数。

3. 按照投资的费用性质分类

按照投资的费用性质，建设工程定额可分为建筑工程定额、安装工程定额、工器具定额以及工程建设其他费用定额等。

(1) 建筑工程定额是建筑工程的施工定额、预算定额、概算定额、概算指标的统称。在我国的固定资产投资中，建筑工程投资占的比例有 60% 左右，因此，建筑工程定额在整个建设工程定额中所处的地位也就非常重要。

(2) 设备安装工程定额是安装工程施工定额、预算定额、概算定额和概算指标的统称。设备安装工程是对需要安装的设备进行定位、组合、校正、调试等工作的工程。在工业性的项目中，机械设备和电气设备安装工程占有重要地位。在非生产性的项目中，随着社会生活和城市设施日益现代化，设备安装工程量也在不断增加。因此，安装工程定额也是整个建设工程定额中的重要组成部分。

(3) 工器具定额是为新建或扩建项目投产运转首次配置的工具、器具数量标准。

(4) 工程建设其他费用定额是独立于建筑安装工程、设备和工器具购置之外的其他费用开支的标准，它的发生和整个项目的建设密切相关。其他费用定额按各项独立费用分别制定，如建设单位管理费定额、生产职工培训费定额、办公和生活家具购置费定额。

4. 按照管理权限和适用范围分类

按照管理权限和适用范围，建设工程定额可分为全国统一定额、行业统一定额、地区统一定额、企业定额、补充定额五种。

(1) 全国统一定额指由国家建设行政主管部门制定发布，在全国范围内执行的定额。如全国统一建筑工程基础定额、全国统一安装工程预算定额等。

(2) 行业统一定额指由国务院行业行政主管部门制定发布的，一般只在本行业和相同专业性质的范围内使用的定额。这种定额往往是为专业性较强的工业建筑安装工程制定的，如冶金工程定额、水利工程定额、铁路或公路工程定额等。

(3) 地区统一定额指由省、自治区、直辖市建设行政主管部门制定颁布的，只在规定的地区范围内使用的定额。它一般是根据各地区不同的气候条件、资源条件和交通运输条件等编制的，如 ××省房屋建筑与装饰工程预算定额、××省安装工程预算定额等。

(4) 企业定额指由施工企业根据自身的具体情况制定的，只在企业内部范围内使用的定额。企业定额是企业从事生产经营活动的重要依据，也是企业不断提高生产管理水平和市场竞争能力的重要标志。随着我国逐渐和国际惯例接轨，企业定额会发挥越来越重要的作用。

(5) 补充定额是指随着设计、施工技术的发展，现行定额不能满足需要的情况下，为了补充缺陷所编制的定额。补充定额只能在制定的范围内使用，可以作为以后修订定额的基础。

5. 按照专业分类

按照工程项目的专业类别，建设工程定额可以分为：房屋建筑与装饰工程定额、通用安装工程定额、公路工程定额、铁路工程定额、水利工程定额、市政工程定额、园林绿化工程定额等多种专业定额类别。

2.1.4 工程建设定额体系

在工程定额的分类中，我们可以看出各种定额之间的关系。它们相互区别、相互补充、相互联系，从而形成了一个与建设程序各阶段工作深度相适应、层次分明、分工有序、庞大的工程定额体系，如图 2－1 所示。

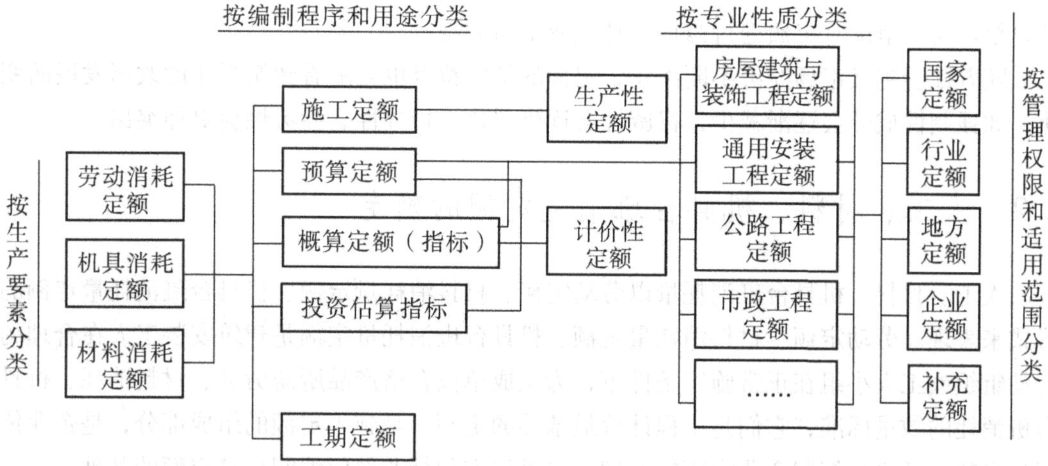

图 2－1　工程定额体系

2.1.5　建设工程定额的特点

1. 科学性

定额的科学性，首先表现在用科学的态度制定定额，尊重客观实际，定额水平合理；其次表现在制定定额的技术方法上，利用现代科学管理的成就，形成一套系统的、完整的、在工程实践中行之有效的方法；第三，表现在定额制定和贯彻一体化。制定是为了提供贯彻的依据，贯彻是为了实现管理的目标，也是对定额的信息反馈。

2. 系统性

定额是由各种内容结合而成的有机整体，有鲜明的层次和明确的目标。定额的系统性是由工程建设的特点决定的。工程建设本身的多种类、多层次决定了服务工程建设的定额的多种类、多层次。

3. 统一性

工程建设定额的统一性，主要由国家对经济发展有计划的宏观调控的职能决定的。工程建设定额的统一性按照其影响力和执行范围来看，有全国统一定额、行业统一定额、地区统一定额等。按照定额的制定、颁布和贯彻使用来看，有统一的程序、统一的原则、统一的要求和统一的用途。

4. 指导性

工程建设定额是由国家或其授权机关组织编制和颁发的一种综合消耗指标，它是根据客观规律的要求，用科学的方法编制而成的，因此在企业定额尚未普及的今天，它仍是工程造价确定和控制的重要指导性依据。在企业编制企业定额时，它也是重要的参考依据。

5. 相对稳定和时效性

建设工程定额中的任何内容都是一定时期技术发展和管理水平的反映，因而在一段时期内都表现出稳定的状态。稳定的时间有长有短，一般为 5 ～ 10 年。社会生产力的发展有一个由量变到质变的变动周期，当生产力向前发展了，原有定额不能适应生产需要时，就要根据新的情况对定额进行修订、补充或重新编制。

随着社会主义市场经济不断深化，定额的某些特点也会随着建筑行业的改革发展而变化，如强制性成分会逐渐减少，权威性会逐步弱化，指导性、参考性会更加突出。

2.2 人工、材料、机具台班消耗定额的确定

人工、材料、机具台班消耗量以劳动定额、材料消耗量定额、机具台班消耗量定额的形式来表现。劳动定额、材料消耗量定额、机具台班消耗量定额是建筑安装工人在合理的劳动组织或工人小组在正常施工条件下，为完成单位合格产品所需劳动、材料消耗、机具台班消耗的数量标准，它们是工程计价最基础的定额，是施工定额的组成部分，是企业依据自身的消耗水平编制企业定额的基础，也是地方和行业部门编制预算定额的基础。

2.2.1 施工过程

1. 施工过程的含义

施工过程就是在建设工地范围内所进行的生产过程。其最终目的是要建造、恢复、改建、移动或拆除工业、民用建筑物和构筑物的全部或一部分，如砖筑墙体、粉刷墙面、浇筑混凝土等都是施工过程。

建筑安装施工过程与其他物质生产过程一样，也包括一般所说的生产力三要素，即劳动者、劳动对象、劳动工具。也就是说，施工过程是由不同工种、不同技术等级的建筑安装工人完成的，并且必须有一定的劳动对象——建筑材料、半成品、配件、预制品等，一定的劳动工具——手动工具、小型机具和机械等。因此，完成一个施工过程，会有一定的人工、材料和机具台班消耗量。

每个施工过程结束后，会得到一定的产品，这种产品或者是改变了劳动对象的外表形态、内部结构或性质（制作和加工的结果），或者是改变了劳动对象在空间的位置（运输和安装的结果）。

2. 施工过程分类

研究施工过程，首先要对施工过程进行分类。对施工过程进行分类，目的是通过对施工过程的组成部分进行分解，并按其不同的劳动分工、工艺特点、复杂程度来区别和认识施工过程的性质和包含的全部内容。

（1）根据施工过程组织上的复杂程度，可以分解为工序、工作过程和综合工作过程。

① 工序是在组织上不可分割的，在操作过程中技术上属于同类的施工过程。工序的特征是：工作者不变，劳动对象、劳动工具和工作地点也不变。在工作中如有一项改变，那也就是说已经由这一项工序转入到另一项工序了。例如，砌砖墙的过程中有运砖、运灰浆、砌砖、勾缝等工序，钢筋加工有调直、去锈、切断、弯曲成形、绑扎等工序。

从施工的技术操作和组织观点看，工序是工艺方面最简单的施工过程。但是如果从劳动过程的观点看，工序又可以分解为较小的组成部分——操作和动作。例如，弯曲钢筋的

工序可分为下列操作：把钢筋放在工作台上，将旋钮旋紧，弯曲钢筋，放松旋钮，将弯好的钢筋搁在一边。操作本身又包括了更小的组成部分——动作。如“把钢筋放在工作台上”这个操作，就可以分解为以下“动作”：走向放钢筋处，拿起钢筋，拿了钢筋返回工作台，再将钢筋移到支座前面。而动作又是由许多动素组成的，动素是人体动作的分解。施工工序的组成见图 2－2。

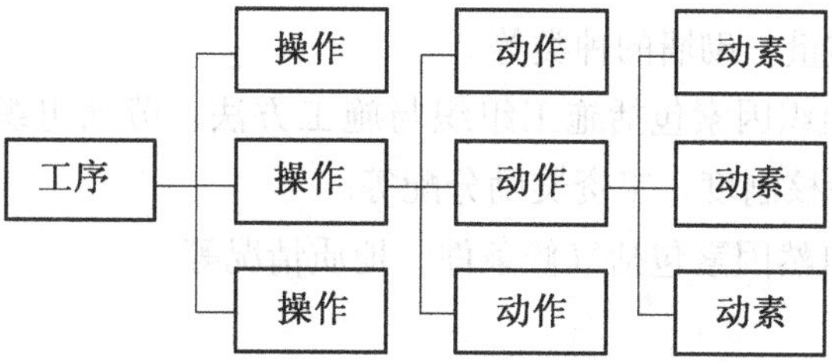

图 2－2　施工工序的组成

在编制施工定额时，工序是基本的施工过程，是主要的研究对象。测定定额时只要分解和标定到工序为止。如果进行某项先进技术或新技术的工时研究，就要分解到操作甚至动作为止，从中研究可改进操作或节约工时。

②工作过程是由同一工人或同一小组所完成的在技术操作上相互有机联系的工序的总合体。其特点是人员编制不变，工作地点不变，而材料和工具则可以变换，例如，砌墙和勾缝，抹灰和粉刷。

③综合工作过程是同时进行的、在组织上有机地联系在一起的，并且最终能获得一种产品的施工过程的总和。例如，浇灌混凝土结构的施工过程，是由调制、运送、浇灌和捣实等工作过程组成的。

（2）按照工艺特点，施工过程可以分为循环施工过程和非循环施工过程两类。凡各个组成部分按一定顺序一次循环进行，并且每经一次重复都可以生产出同一种产品的施工过程，称为循环施工过程；反之，若施工过程的工序或其组成部分不是以同样的次序重复，或者生产出来的产品各不相同，这种施工过程则称为非循环的施工过程。

（3）根据使用的工具设备的机械化程度，施工过程又可以分为手动施工过程和机械施工过程两类。

（4）按施工过程的性质不同，可以分为建筑过程、安装过程和建筑安装过程。建筑工程和安装工程往往交错进行，难以区别。在这种情况下进行的施工过程就称为建筑安装过程。

3. 施工过程的影响因素

施工过程中各个工序工时的消耗数值，即使在同一工地、同一工作环境条件下，也常常会由于施工组织、劳动组织、施工方法和施工者素质、情绪、技术水平的不同而有很大的差别。对单位建筑产品工时消耗产生影响的各种因素称为施工过程的影响因素。对施工过程影响因素进行分析，是为了在测定和整理定额数据时更合理地确定单位产品的劳动消耗量。

根据施工过程影响因素的产生和特点，可将施工过程的影响因素分为技术因素、组织因素和自然因素三类。

(1) 技术因素。技术因素包括产品的种类和质量要求，所用材料、半成品、构配件的类别、规格和性能，所用工具和机械设备的类别、型号、性能及完好情况。例如，砖墙砌筑施工过程的技术因素包括墙的垂直度、砂浆饱满度、砂浆厚度，门窗洞口的尺寸，原材料的种类、规格、质量，砌墙的种类等。

(2) 组织因素。组织因素包括施工组织与施工方法，劳动组织，工人技术水平、操作方法和劳动态度，考核制度，工资奖励分配等。

(3) 自然因素。自然因素包括气候条件、地质情况等。

2.2.2 时间研究

1. 时间研究的概念

时间研究是在一定的标准测定条件下，确定人们完成作业活动所需时间总量的一套程序和方法。其过程是：将生产过程中的某一项工作（工作过程）按照生产的工艺要求及顺序分解成一系列基本的操作（一般为工序），由若干名有代表性的操作人员把这些基本工序反复进行若干次，观测分析人员用秒表测出每一个工序所需要的时间。以此为基础，定出每项工序的标准时间。

2. 时间研究的作用

时间研究所产生的数据可作为编制劳动定额和机具消耗定额的依据，还可用于在施工活动中确定合适的人员或机具的配置水平，组织均衡生产；制定机具利用和生产成果完成标准；为制定奖励目标提供依据；确定标准的生产目标，为费用控制提供依据；检查劳动效率和定额的完成情况；作为优化施工方案的依据等。

3. 时间研究的任务

时间研究的主要任务是确定在既定的标准工作条件下的时间消耗标准，而根据使用上的要求，该时间消耗标准的计量单位一般为“工日”或“台班”。在8 h工作制的条件下，所谓“工日”是指一个工人的工作班延续时间，即一个工人在工作岗位8 h；所谓“台班”是指一台机具的工作班延续时间，即一台机械装备或仪器仪表在施工现场并正常工作8 h。为了确定完成工作的时间标准，有必要对工人或机具在工作班延续时间内的时间利用情况进行分析。

4. 工人工作时间分析

工人在工作班延续时间内消耗的工作时间按其消耗的性质分为两大类：必须消耗的时间和损失时间。必须消耗的时间是工人在正常施工条件下，为完成一定数量合格产品所必须消耗的时间，它是制定定额的主要根据。损失时间是与产品生产无关，但与施工组织和技术上的缺点有关，与工人或机具在施工过程中的个人过失或某些偶然因素有关的时间消耗。损失时间一般不能作为正常的时间消耗因素，在制定定额时一般不加以考虑。

工人工作时间的分类一般如图2－3所示。

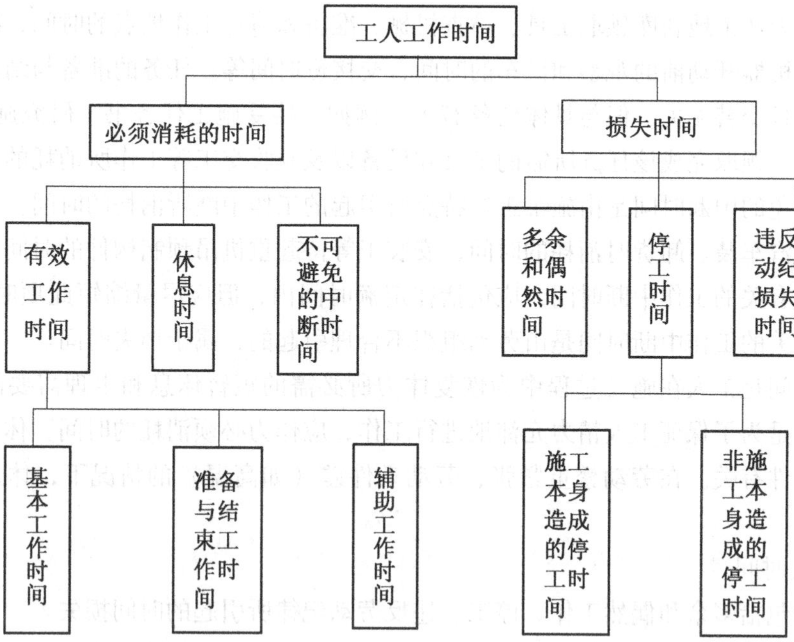

图2－3　工人工作时间分类图

（1）必须消耗的时间

从图2－3中可以看出，必须消耗的工作时间里，包括有效工作时间、休息和不可避免的中断时间的消耗。

①有效工作时间是从生产效果来看与产品生产直接有关的时间消耗，其中包括基本工作时间、辅助工作时间、准备与结束工作时间的消耗。

基本工作时间是工人完成一定产品的施工工艺过程所消耗的时间。通过这些工艺过程可以使材料改变外形，或改变材料的结构与性质等。基本工作时间所包括的内容依工作性质而各不相同。例如，砖瓦工的基本工作时间包括砌砖拉线、铲灰浆、砌砖、校验的时间。抹灰工的基本工作时间包括润湿表面、抹灰、抹平抹光的时间。工人操纵机械的时间也属基本工作时间。基本工作时间的长短和工作量大小成正比。

辅助工作时间是为保证基本工作能顺利完成所做的辅助性工作所消耗的时间。在辅助工作时间里，不能使产品的形状大小、性质或位置发生变化，例如施工过程中工具的校正和小修、机械的调整、搭设小型脚手架等所消耗的工作时间等。辅助工作时间的结束，往往是基本工作时间的开始。辅助工作一般是手工操作，但在半机械化的情况下，辅助工作是在机械运转过程中进行的，这时不应再计辅助工作时间的消耗。辅助工作时间的长短有时与工作量大小有关。

准备与结束工作时间是执行任务前或任务完成后所消耗的工作时间。例如，工作地点、劳动工具和劳动对象的准备工作时间，工作结束后的整理工作时间等。准备和结束工作时间的长短与所担负的工作量大小无关，但往往和工作内容有关。这项时间消耗分为班内的准备与结束工作时间，以及任务的准备与结束工作时间。班内的准备与结束工作时间包括：工人每天从工地仓库领取工具、检查机械、准备和清理工作地点的时间，准备安装设备的时间，机器开动前的观察和试车的时间，交接班时间等。任务的准备与结束工作时间与每个工作日交替无关，但与具体任务有关。例如，接受施工任务书，研究施工详图，接受技术交底，领取完成该任务所需的工具和设备以及验收交工等工作所消耗的时间。

②不可避免的中断时间是由施工工艺特点所引起的工作中断所消耗的时间。例如，汽车司机在等待汽车装、卸货时消耗的时间，安装工等待起重机吊预制构件的时间。与施工过程工艺特点有关的工作中断时间，应包括在定额时间内，但应尽量缩短此项时间消耗。与工艺特点无关的工作中断时间是由劳动组织不合理引起的，属于损失时间。

③休息时间是工人在施工过程中为恢复体力所必需的短暂休息和生理需要的时间消耗。这种时间是为了保证工人精力充沛地进行工作，应作为必须消耗的时间。休息时间的长短和劳动条件有关。在劳动繁重紧张、劳动条件差（如高温）的情况下，休息时间需要长一些。

（2）损失时间

损失时间包括多余和偶然工作、停工、违反劳动纪律所引起的时间损失。

多余工作是工人进行了任务以外的而又不能增加产品数量的工作。例如，对质量不合格的墙体返工重砌。多余工作的时间损失，一般都是由工程技术人员和工人的差错而引起的，不应计入定额时间中。

偶然工作也是工人在任务外进行的，但能够获得一定产品的工作。例如抹灰工不得不补上偶然遗留的墙洞等。由于偶然工作能获得一定产品，拟定定额时可适当考虑它的影响。

停工时间是工作班内停止工作造成的时间损失。停工时间按其性质可分为施工本身造成的停工时间和非施工本身造成的停工时间两种。前者是由施工组织不善、材料供应不及时、工作面准备工作做得不好、工作地点组织不良等情况引起的停工时间，在拟定定额时不应该计算；后者是由气候条件以及水源、电源中断等引起的停工时间，在拟定定额时应给予合理的考虑。

违反劳动纪律造成的工作时间损失，是指工人在工作班内的迟到早退、擅自离开工作岗位、工作时间内聊天或办私事等造成的时间损失。由于个别工人违反劳动纪律而影响其他工人无法工作的时间损失也包括在内。此项时间损失不应允许存在，因而定额中不能考虑。

5. 机械工作时间分析

在机械化施工过程中，对工作时间消耗的分析和研究除了要对工人工作时间的消耗进行分类研究之外，还需要分类研究机械工作时间的消耗。机械工作时间的消耗也分为必须消耗的时间和损失时间，如图 2－4 所示。

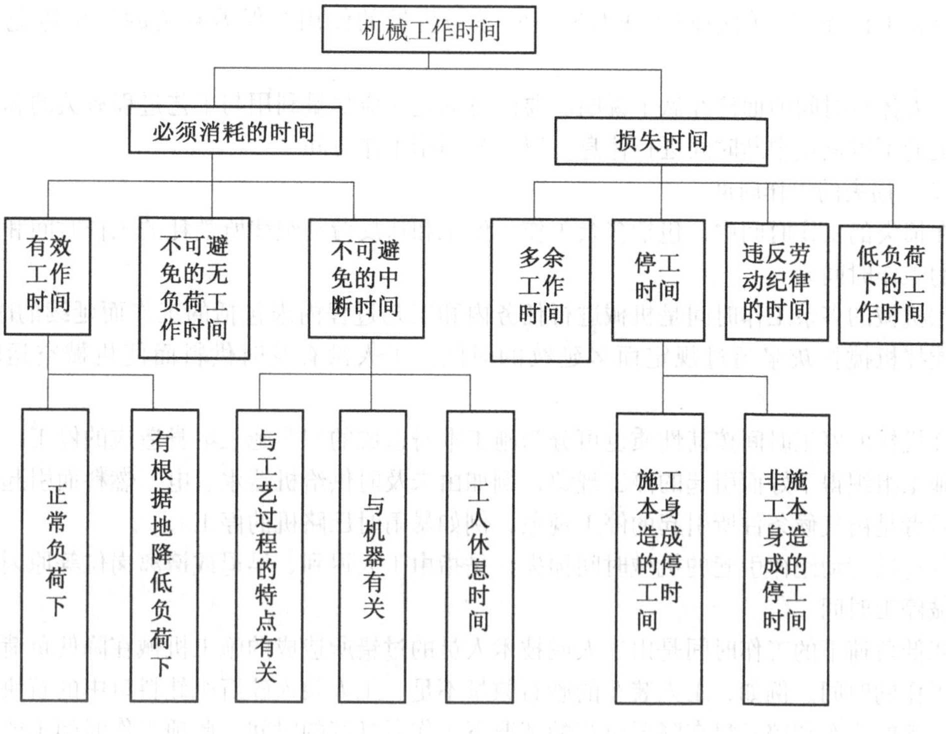

图 2－4　机械工作时间分类图

（1）机械必须消耗的工作时间

机械必须消耗的工作时间，包括有效工作、不可避免的无负荷工作和不可避免的中断三项时间消耗。

①有效工作时间包括在正常负荷下，有根据地降低负荷下工作的工时消耗。

正常负荷下的工作时间，是机械在与机械说明书规定的计算负荷相符的情况下进行工作的时间。

有根据地降低负荷下的工作时间，是在个别情况下机械由于技术上的原因在低于其计算负荷下工作的时间。例如，汽车运输质量轻而体积大的货物时，不能充分利用汽车的载重吨位；起重机吊装轻型结构时，不能充分利用其起重能力，因而低于其计算负荷。

②不可避免的无负荷工作时间是由施工过程的特点和机械结构的特点造成的机械无负荷工作时间。例如，载重汽车在工作班时间的单程“放空车”，筑路机在工作区末端调头等。

③不可避免的中断工作时间是与工艺过程的特点、机械的使用和保养、工人休息有关的不可避免的中断时间。

与工艺过程的特点有关的不可避免的中断工作时间，有循环的和定期的两种。循环的不可避免中断，是在机械工作的每一个循环中重复一次，例如汽车装货和卸货时的停车；定期的不可避免中断，是经过一定时期重复一次，例如把灰浆泵由一个工作地点转移到另一工作地点时的工作中断。

与机械有关的不可避免中断工作时间，是由工人进行准备与结束工作或辅助工作时，机械停止工作而引起的中断工作时间。它是与机械的使用与保养有关的不可避免中断时间。

工人休息时间前面已经做了说明。要注意的是，应尽量利用与工艺过程有关的和与机械有关的不可避免中断时间进行休息，以充分利用工作时间。

（2）损失的工作时间

在损失的工作时间中，包括多余工作、停工和违反劳动纪律所消耗的工作时间和低负荷下的工作时间。

①机械的多余工作时间是机械进行任务内和工艺过程内未包括的工作而延续的时间。例如搅拌机搅拌灰浆超过规定而多延续的时间，工人没有及时供料而使机械空运转的时间。

②机械的停工时间按其性质也可分为施工本身造成的和非施工本身造成的停工。前者是由施工组织得不好而引起的停工现象，例如由未及时供给机器水、电、燃料而引起的停工。后者是由气候条件所引起的停工现象，例如暴雨时压路机的停工。

③违反劳动纪律引起的机械时间损失，是指由工人迟到、早退或擅离岗位等原因引起的机械停工时间。

④低负荷下的工作时间是由工人或技术人员的过错所造成的施工机械在降低负荷的情况下工作的时间。例如，工人装车的砂石数量不足、工人装入碎石机轧料口中的石块数量不够引起的汽车和碎石机在降低负荷的情况下工作所延续的时间。此项工作时间不能作为计算时间定额的基础。

2.2.3 劳动定额的编制方法

定额测定是制定定额的一个主要步骤。测定定额是用科学的方法观察、记录、整理、分析施工过程，为制定建筑工程定额提供可靠依据。

前面已经提到，劳动定额的表达方式为时间定额和产量定额，二者之间互为倒数关系。拟定出时间定额，就可以计算出产量定额。时间定额是在拟定基本工作时间、辅助工作时间、不可避免的中断时间、准备与结束的工作时间，以及休息时间的基础上制定的，而这些时间的确定可通过计时观察法、类推比较法、统计分析法或经验估计法确定。

1. 计时观察法

计时观察法是研究工作时间消耗的一种技术测定方法。它以研究工时消耗为对象，以观察测时为手段，通过密集抽样和粗放抽样等技术进行直接的时间研究。计时观察法运用于建筑施工中，是以现场观察为特征，所以也称之为现场观察法。

计时观察法能够把现场工时消耗情况和施工组织技术条件联系起来加以考察。它在施工过程分类和工作时间分类的基础上，利用一整套方法对选定的过程进行全面观察、测时、计量、记录、整理和分析研究，以获得该施工过程的技术组织条件和工时消耗的有技术根据的基础资料，分析出工时消耗的合理性和影响工时消耗的具体因素，以及各个因素对工时消耗影响的程度。所以，它不仅能为制定定额提供基础数据，而且也能为改善施工组织管理、改善工艺过程和操作方法、消除不合理的工时损失和进一步挖掘生产潜力提供技术根据。

对施工过程进行观察、测时，计算实物和劳务产量，记录施工过程所处的施工条件和确定影响工时消耗的因素，这是计时观察法的三项主要内容和要求。

计时观察法种类很多，其中最主要的有以下几种。

(1) 测时法

测时法主要适用于测定那些定时重复的、循环工作的工时消耗，是精确度比较高的一种计时观察法。它可分为选择法和接续法两种。

① 选择法测时。选择法测时也称为间隔测时法，它是间隔选择施工过程中非紧密连接的组成部分（工序或操作）测定工时，精确度达 0.5 s。采用选择法测时，当被观察的某一循环工作的组成部分开始，观察者立即开动秒表；当该组成部分终止，则立即停止秒表。然后把秒表上指示的延续时间记录到选择法测时记录表上，并把秒针拨回到零点。下一组成部分开始，再开动秒表，如此依次观察，并依次记录延续时间。

采用选择法测时，应特别注意掌握定时点。记录时间时仍在进行的工作组成部分，应不予观察。当所测定的各工序或操作的延续时间较短时，连续测定比较困难，用选择法测时比较方便而且简单。

② 接续法测时。接续法测时也称作连续法测时，它是连续测定一个施工过程各工序或操作的延续时间。接续法测时每次要记录各工序或操作的终止时间，并计算出本工序的延续时间。

接续法测时比选择法测时准确、完善，但观察技术也较之复杂。它的特点是，在工作进行中和非循环组成部分出现之前一直不停止秒表，秒针走动过程中，观察者根据各组成部分之间的定时点，记录它的终止时间。由于这个特点，在观察时，要使用双针秒表，以便使其辅助针停止在某一组成部分的结束时间上。

(2) 写实记录法

写实记录法是一种研究各种性质的工作时间消耗的方法。采用这种方法，可以获得分析工作时间消耗的全部资料，是一种值得提倡的方法。写实记录法的观察对象，可以是一个工人，也可以是一个工人小组。测时用普通秒表进行，详细记录在一段时间内观察对象的各种活动及其时间消耗（起止时间），以及完成的产品量。写实记录法按记录时间的方法不同分为数示法、图示法和混合法三种。

①数示法写实记录。数示法的特征是用数字记录工时消耗，是三种写实记录法中精确度较高的一种，精确度达 5 s，可以同时对两个工人进行观察，观察的工时消耗记录在专门的数示法写实记录表中。数示法用来对整个工作班或半个工作班进行长时间观察，因此能反映工人或机器工作日全部情况。

②图示法写实记录。图示法是在规定格式的图表上用时间进度线条表示工时消耗量的一种记录方式，精确度可达 30 s，可同时对 3 个以内的工人进行观察。观察资料记入图示法写实记录表中。观察所得时间消耗资料记录在表的中间部分。表的中部是由 60 个小纵行组成的格网，每一小纵行相当于 1 min。观察开始后根据各组成部分的延续时间用横线画出。这段横线必须和该组成部分的开始与结束时间相符合。为便于区分两个以上工人的工作时间消耗，又设一辅助直线，将属于同一工人的横线段连接起来。观察结束后，再分别计算出每一工人在各个组成部分上的时间消耗，以及各组成部分的工时总消耗。观察时间内完成的产品数量记入产品数量栏。

③ 混合法写实记录。混合法吸取数字和图示两种方法的优点，以时间进度线条表示工序的延续时间，在进度线的上部加写数字表示各时间区段的工人数。混合法适用于3个以上工人的小组工时消耗的测定与分析。记录观察资料的表格仍采用图示法写实记录表。填写表格时，各组成部分延续时间用图示法填写，完成每一组成部分的工人人数，则用数字填写在该组成部分时间线段的上面。

（3）工作日写实法

工作日写实法是一种研究整个工作班内的各种工时消耗的方法。

运用工作日写实法主要有两个目的：一是取得编制定额的基础资料；二是检查定额的执行情况，找出缺点，改进工作。当它被用来达到第一个目的时，工作日写实的结果要获得观察对象在工作班内工时消耗的全部情况，以及产品数量和影响工时消耗的影响因素。其中工时消耗应该按工时消耗的性质分类记录。当它被用来达到第二个目的时，通过工作日写实应该做到：查明工时损失量和引起工时损失的原因，制订消除工时损失、改善劳动组织和工作地点组织的措施；查明熟练工人是否能发挥自己的专长，确定合理的小组编制和合理的小组分工；确定机器在时间利用和生产率方面的情况，找出使用不当的原因，制订改善机器使用情况的技术组织措施；计算工人或机器完成定额的实际百分比和可能百分比。

工作日写实法和测时法、写实记录法比较，具有技术简便、费力不多、应用面广和资料全面的优点，在我国是一种采用较广的编制定额的方法。

工作日写实法利用写实记录表记录观察资料，记录方法也与图示法或混合法相同。记录时间时不需要将有效工作时间分为各个组成部分，只需划分适合于技术水平和不适合于技术水平两类，但是工时消耗还需按性质分类记录。

（4）简易测定法

上述计时观察的3种方法虽然均可满足技术测定的要求，但都需花费较多的人力和时间。为加强施工定额的日常管理，在实际工作中可以采用简易测定的方法。

简易测定法，是指当采用前述3种方法中的某一种方法在现场观察时，将观察对象的组成部分简化（即简化表格记录内容），只测定额组成时间的某一种定额时间，如基本工作时间（含辅助工作时间），其他时间如准备与结束时间、不可避免的中断时间等借助已批准实施的“工时消耗规范”获得的一种简易方法。

简易测定法省去了技术测定前诸多准备工作，减少了现场取得资料的过程，节省了人力和时间。它的优点是简便、速度快，缺点是不适合用来测定全部工时消耗。

2. 类推比较法

类推比较法又称典型定额法。它是以同类型工序、产品中典型定额项目的水平或通过技术测定得到的实耗工时为标准，经过分析比较，类推出同一组定额中各相邻项目定额的方法。例如，已知架设单排脚手架的时间定额，推算架设双排脚手架的时间定额。

采用类推比较法测定所需定额指标时，要求进行比较的定额项目之间必须是相似的或同类型的，具有明显的可比性。类推比较法制定定额简单易行、工作量小，但往往会因对定额的时间构成分析不够，对影响因素估计不足，或者所选典型定额不当而影响定额的质量。该法适用于制定同类产品品种多、批量小的劳动定额和材料消耗定额。

采用类推比较法测定定额时，常用方法有两种。

(1) 比例数示法

比例数示法是以某一典型定额项目的数据为基数，通过比例关系推算或根据统计资料分析，求得同一组定额中相邻项目指标水平。其计算公式为

$$t = p \times t_0 \tag{2-1}$$

式中 t——类推比较同类相邻定额项目的时间定额；

p——各同类相邻项目耗用工时的比例（典型项目取值为 1）；

t_0——典型项目的时间定额。

如人工挖地槽，在已知一类场地典型定额工效数据时，要求二、三、四类场地定额项目的工时标准，可运用上式推算。

(2) 坐标图示法

坐标图示法是利用坐标图从坐标轨迹中找出所需的全部项目的定额数据标准。其原理是以坐标图解画出其函数变化的坐标曲线，来找出数值以代替计算。

如测定冲床安装，已知典型定额资料为：安装 2 t 冲床实用工时为 5 工日/t，安装 12 t 冲床实用工时为 29.5 工日/t，据此画出坐标曲线，即可查出所需要的同一组相邻项目的工时消耗标准。

3. 统计分析法

统计分析法是根据记录统计资料，利用统计学原理，将以往施工中所积累的同类型工程项目的工时耗用量加以科学的分析、统计，并考虑施工技术与组织变化的因素，经分析研究后制定劳动定额的一种方法。采用统计分析法符合实际，适用面广，但前提是需有准确的原始记录和统计工作基础，并且选择正常的及一般水平的施工单位与班组，同时还要选择部分先进和落后的施工单位与班组进行分析和比较。为了使定额保持平均先进水平，必须采用从统计资料中求平均先进值的方法。该方法适合于施工条件正常、产品稳定且批量大、统计工作健全的施工过程。

4. 经验估计法

经验估计法是在没有任何资料可供参考的情况下，由定额技术员和具有较丰富施工经验的工程技术人员、技术工人，共同根据各自的施工实践经验结合现场观察和图纸分析，考虑设备、工具和其他的施工组织条件，直接估算、拟定定额指标一种方法。

运用这种方法测定定额，一般以施工工序（或单项产品）为测定对象，将工序细分为若干个操作，然后分别估算出每一操作所需定额时间。再经过各自的综合整理，在充分讨论、座谈的基础上，将整理结果予以优化处理，拟出该工序（或单项产品）的定额指标。

经验估计法简便易行，测定工作量小，速度快，但其准确程度易受参加人员的主观因素和局限性的影响，因此只适用于制定那些次要的、消耗量小的、品种规格多的工作过程劳动定额。

2.2.4 材料消耗定额

1. 材料的分类

施工中材料按材料消耗的性质分为必须消耗的材料和损失的材料两类。其中必须消耗的材料是确定材料定额消耗量所必须考虑的消耗；对于损失的材料，由于它属于施工生产

中不合理的耗费，可以通过加强管理来避免这种损失，所以在确定材料定额消耗量时一般不予考虑。

所谓必须消耗的材料，是指在合理用料的条件下，完成单位合格工程建设产品的施工任务所必须消耗的材料。它包括直接用于工程（即直接构成工程实体或有助于工程形成）的材料、不可避免的施工废料和不可避免的材料损耗。其中直接用于工程的材料数量称为材料净耗量，要编制材料净用量定额；不可避免的施工废料和材料损耗数量称为材料合理损耗量，要编制材料损耗定额。

按材料消耗与工程实体的关系，施工中的材料可分为实体材料和非实体材料（周转性材料）。实体材料是直接构成工程实体的材料，包括主要材料和辅助材料。非实体材料是指在施工中必须使用但又不能构成工程实体的施工措施性材料，如模板、脚手架等。

2. 实体材料净用量测定

在定额编制过程中，一般可以使用现场观测法、实验室试验法、统计分析法和理论计算法等四种方法来确定实体材料的定额消耗量。

（1）现场观测法

现场观测法是在施工现场，通过对产品数量、材料净用量和消耗量的观察与测定，进行分析与计算，从而确定材料消耗定额的方法。采用这种方法时，观测对象应符合下列要求：工程结构典型，施工符合技术规范要求，材料品种和质量符合设计要求，被测定的工人在节约材料和保证产品质量方面有较好的成绩。

现场观测法最适于确定材料损耗量和损耗率，因为只有通过现场观察，才有可能测定出材料损耗数量，也才能区别出哪些是难以避免的合理损耗，哪些是不应发生的损耗，对后者则不能包括在材料定额内。该法主要用于编制材料损耗定额，也可以提供编制材料净用量定额的参考数据。其优点是能通过现场观察、测定，取得产品产量和材料消耗的情况，为编制材料定额提供技术根据。

（2）实验室试验法

实验室试验法是在实验室内对材料进行试验和测定，以确定材料消耗定额的方法，如测定混合砂浆、沥青、油漆等材料消耗。它主要用于研究材料强度与各种原材料消耗的数量关系，以获得多种配合比，以此为基础计算出各种原材料消耗的数量。这种方法的优点是能更深入更详细地研究各种内在因素对材料消耗的影响，但缺点是不能估计到实际施工中某些客观因素对材料消耗的影响，也不能测定出材料的损耗量，故主要用于编制材料净用量定额。

（3）统计分析法

统计分析法是根据现场积累的分部分项工程拨付材料数量、剩余材料数量、完成产品数量的统计资料，经过分析研究，计算出单位产品材料消耗量的方法。此种方法简单易行，但要注意统计资料的真实性和系统性，统计对象也应认真选择，以避免数据的片面性。

上述三种方法的选择必须符合国家有关标准规范，即材料要符合产品标准，计量要使用标准容器和称量设备，质量要符合施工验收规范要求，以保证获得可靠的定额编制依据。

（4）理论计算法

理论计算法是通过对施工图纸及其建筑材料、建筑构造的研究，用理论公式计算出产品用料净用量，从而制定材料消耗定额的方法。理论计算法适用于确定板、块类材料的净用量，如砖块、钢材、玻璃、油毡、预制构件等，但材料的损耗量仍要在现场通过实测取得。

例如，砌砖工程中砖和砂浆净用量一般都采用以下公式计算。

①每 $1m^3$ 标准砖砌体中，标准砖的净用量为

$$\text{标准砖净用量} = \frac{2K}{\text{墙厚} \times (\text{砖长} + \text{灰缝厚}) \times (\text{砖厚} + \text{灰缝厚})} \quad (2-2)$$

式中　K——以砖长倍数表示的墙厚（半砖墙 $K=0.5$；一砖墙 $K=1$；一砖半墙 $K=1.5$；二砖墙 $K=2$）。

又知：标准砖尺寸为长×宽×厚 = $0.24\text{ m} \times 0.115\text{ m} \times 0.053\text{ m} = 0.0014628\text{ m}^3$，灰缝的厚度为 0.01 m。故

$$\text{标准砖净用量} = \frac{2K}{\text{墙厚} \times (0.24 + 0.01) \times (0.053 + 0.001)} \quad (2-3)$$

②砂浆用量（m^3）。

$$\text{砂浆用量} = (1 - \text{砖的净用量} \times 0.0014628) \times 1.07 \quad (2-4)$$

式中　1.07——砂浆实体积折合为虚体积的系数。

③100 m^2 块料面层材料消耗量的计算。块料面层一般指瓷砖、地面砖、墙面砖、大理石、花岗岩等。通常以 100 m^2 为计量单位，其计算公式为

$$\text{面层净用量} = \frac{100}{(\text{块料长} + \text{灰缝})(\text{块料宽} + \text{灰缝})} \quad (2-5)$$

3. 材料不可避免损耗量

材料的损耗一般以损耗率表示。材料损耗率可以通过观察法或统计法计算确定。材料损耗率有两种不同定义，因而材料消耗量的计算也有两个不同的公式。

①
$$\text{损耗率} = \frac{\text{损耗量}}{\text{总消耗量}} \times 100\% \quad (2-6)$$

$$\text{总消耗量} = \text{净用量} + \text{损耗量} = \frac{\text{净用量}}{(1 - \text{损耗率})} \quad (2-7)$$

②
$$\text{损耗率} = \frac{\text{损耗量}}{\text{净用量}} \times 100\% \quad (2-8)$$

$$\text{总消耗量} = \text{净用量} + \text{损耗量} = \text{净用量} \times (1 + \text{损耗率}) \quad (2-9)$$

【例 2-1】 计算 1 m^3 一砖半墙的标准砖墙的砖和砂浆的消耗量（标准砖和砂浆的损耗率均为 1%）。

解：
$$\text{砖净用量} = \frac{2 \times 1.5}{0.365 \times (0.24 + 0.01) \times (0.053 + 0.01)} = 521.8(\text{块})$$

$$\text{砂浆净用量} = (1 - 521.8 \times 0.0014628) \times 1.07 = 0.253\ (m^3)$$

$$\text{砖消耗量} = 521.8 \times (1 + 1\%) = 527(\text{块})$$

$$\text{砂浆消耗量} = 0.253 \times (1 + 1\%) = 0.256\ (m^3)$$

【例 2-2】 某工程有 300 m^2 地面要铺砖，砖的规格为 150 mm × 150 mm，灰缝为

1 mm，损耗率为 1.5%，试计算 300 m^2 地面砖的消耗量是多少。

解：

$$100\ m^2\ \text{地面砖净用量} = \frac{100}{(0.15+0.001)\times(0.15+0.001)} \approx 4386(\text{块})$$

$$100\ m^2\ \text{地面砖消耗量} = 4386\times(1+1.5\%) = 4452(\text{块})$$

$$300\ m^2\ \text{地面砖消耗量} = 3\times 4452 = 13356(\text{块})$$

4. 周转性材料用量计算

周转性材料是指在施工过程中随着多次使用而逐渐消耗的材料。该类材料在使用过程中不断补充、不断重复使用，如临时支撑、钢筋混凝土工程用的模板，脚手架的架料及土方工程使用的挡土板等。因此，周转性材料应按照多次使用、分次摊销的方法进行计算。

（1）现浇混凝土（木）模板用量计算

①每 1 m^3 混凝土的模板一次使用量计算：

$$\text{每}1\ m^3\ \text{混凝土的模板一次使用量} = \frac{1\ m^3\ \text{混凝土接触面积}\times\text{每}1\ m^2\ \text{接触面积模板净用量}}{1-\text{制作损耗率}} \tag{2-10}$$

②周转使用量计算：

$$\text{周转使用量} = \text{一次使用量}\times\frac{1+(\text{周转次数}-1)\times\text{补损率}}{\text{周转次数}} \tag{2-11}$$

③回收量计算：

$$\text{回收量} = \text{一次使用量}\times\frac{1-\text{补损率}}{\text{周转次数}} \tag{2-12}$$

④摊销量计算：

$$\text{摊销量} = \text{周转使用量} - \text{回收量}\times\text{折旧率} \tag{2-13}$$

（2）预制混凝土模板用量计算

预制混凝土构件的模板虽属周转使用材料，由于损耗很少，因此按照多次使用平均分摊的方法计算，即不需要计算每次周转的损耗，只需要根据一次使用量及周转次数，就可算出摊销量。计算公式如下：

$$\text{预制构件模板摊销量} = \frac{\text{一次使用量}}{\text{周转次数}} \tag{2-14}$$

2.2.5 施工机具台班定额

施工机具台班定额是施工机具生产率的反映，编制高质量的施工机具台班定额是合理组织机械化施工，有效地利用施工机具，进一步提高机具生产率的必备条件。按照表达方式的不同，施工机具台班定额分为时间定额和产量定额。机具时间定额以“台班”为单位，即一台机具作业一个工作班（8 h）为一个台班。机具产量定额是指在正常条件下，某种机具在一个台班内生产的合格产品的数量。机具产量定额的单位以产品的计量单位来表示，如 m^3、m^2、m、t、件等。从数量上看，时间定额与产量定额是互为倒数关系。

施工机具台班定额的制定，一般按下列步骤进行。

（1）拟定机具的正常工作条件

这包括确定正常的工作地点，如合理安排施工机械的停置位置或行驶路线、材料或构件的堆放位置、工人操作的场所等；还包括拟定合理的工人编制，即确定机械操作工（如司机）和直接参加机械化施工过程的其他工人（如混凝土搅拌机装料的工人）的编制数量。

（2）确定机具纯工作时间和机具1 h纯工作正常生产率

机具的纯工作时间是指完成基本操作所必须消耗的时间。机具1 h纯工作正常生产率，就是在正常施工组织条件下，具有必需的知识和技能的技术工人操纵机具1 h的生产率。

根据机具工作特点的不同，机具1 h纯工作正常生产率的确定方法也有不同。对于循环动作机械（如单斗挖土机、起重机等），其纯工作1 h的正常生产率的计算公式为

$$\text{机械一次循环的正常延续时间(s)} = \sum \text{循环各组成部分正常延续时间} - \text{交叠时间} \tag{2-15}$$

$$\text{机械纯工作1 h循环次数} = \frac{60 \times 60\text{(s)}}{\text{一次循环的正常延续时间(s)}} \tag{2-16}$$

$$\text{机械1 h纯工作正常生产率} = \text{机械纯工作1 h正常循环次数} \times \text{一次循环生产的产品数量} \tag{2-17}$$

对于连续动作机械，确定机械1 h纯工作正常生产率要根据机械的类型和结构特征，以及工作过程的特点来进行。计算公式如下：

$$\text{连续动作机械1 h纯工作正常生产率} = \frac{\text{工作时间内生产的产品数量}}{\text{工作时间(h)}} \tag{2-18}$$

工作时间内的产品数量和工作时间的消耗，要通过多次现场观察和机械说明书来取得数据。

对于同一机械进行作业属于不同的工作过程，如挖掘机所挖土壤的类别不同，碎石机所破碎的石块硬度和粒径不同，均需分别确定其纯工作1 h的正常生产率。

（3）确定施工机具的正常利用系数

确定施工机具的正常利用系数，是指机具在工作班内对工作时间的利用率。机具的利用系数和机具在工作班内的工作状况有着密切的关系。

确定机具正常利用系数，首先要计算工作班正常状况下准备与结束工作，机具启动、机具维护等工作所必须消耗的时间，以及机具有效工作的开始与结束时间。从而进一步计算出机具在工作班内的纯工作时间和机具正常利用系数。机具正常利用系数的计算公式如下：

$$\text{机具正常利用系数} = \frac{\text{机具在一个工作班内纯工作时间}}{\text{一个工作班延续时间(8 h)}} \tag{2-19}$$

（4）计算施工机具台班定额

在获得完成一个计量单位工程建设产品的施工任务所需的基本时间消耗数据和机具正常利用系数之后，采用下式计算施工机具台班定额的消耗量：

$$\begin{aligned}\text{施工机具台班产量定额} = {} & \text{机具1 h纯工作正常生产率} \times \text{工作班延续时间} \\ & \times \text{机具正常利用系数}\end{aligned} \tag{2-20}$$

或 $$\text{施工机具台班产量定额} = \text{机具1 h纯工作正常生产率} \times \text{工作班纯工作时间} \tag{2-21}$$

【例2-3】 某工程现场采用出料容量500 L的混凝土搅拌机，每一次循环中，装料、

搅料、卸料和中断需要的时间分别为1 min、3 min、1 min和1 min，机械正常功能利用系数为0.9，求该机械的台班产量定额。

解 该搅拌机一次循环的正常延续时间 = 1 + 3 + 1 + 1 = 6（min）= 0.1（h）

纯工作1 h循环次数 = 10（次）

纯工作1 h正常生产率 = 10 × 500 = 5000（L）= 5（m^3）

该搅拌机台班产量定额 = 5 × 8 × 0.9 = 36（m^3/台班）

2.3 人工、材料、机具台班单价的确定

2.3.1 人工单价的组成和确定

1. 人工单价及其组成内容

建设工程中的人工费是工程造价的重要组成部分，它直接影响工人的合理收入和企业的经济核算。因此准确确定人工单价，对于合理确定工程造价，实行按劳分配原则和加强企业经营管理，都具有重要意义。

人工单价是指在计价时一个建筑安装生产工人一个工作日应计入的全部人工费用。它基本上反映了建筑安装生产工人的工资水平和一个工人在一个工作日中可以得到的报酬。按现行规定，生产工人的人工单价组成如下：

①工资性收入：按计时工资标准和工作时间或对已做工作按计件单价支付给个人的劳动报酬。

②社会保险费：在社会保险基金的筹集过程中，企业按照规定的数额和期限向社会保险管理机构缴纳的费用，包括基本养老保险费、基本医疗保险费、工伤保险费、失业保险费和生育保险费。

③住房公积金：企业按规定标准为职工缴纳的住房公积金。

④工会经费：企业按《工会法》规定的全部职工工资总额比例计提的工会经费。

⑤职工教育经费：按职工工资总额的规定比例计提，企业为职工进行专业技术和职业技能培训，专业技术人员继续教育、职工职业技能鉴定、职业资格认定以及根据需要对职工进行各类文化教育所发生的费用。

⑥职工福利费：企业为职工提供的除职工工资性收入、职工教育经费、社会保险费和住房公积金以外的福利待遇支出。

⑦特殊情况下支付的工资：根据国家法律、法规和政策规定，因病、婚丧假、事假、探亲假、定期休假、停工学习、高温作业、执行国家或社会义务等原因按计时工资标准或计时工资标准的一定比例支付的工资。

2. 影响人工单价的因素

影响建筑安装工人人工单价的因素很多，归纳起来有以下几方面：

①社会平均工资水平。建筑安装工人人工单价必然和社会平均工资水平趋同。社会平均工资水平取决于经济发展水平。由于我国改革开放以来经济迅速增长，社会平均工资也有大幅增长，人工单价也大幅提高。

②生活消费指数。生活消费指数的提高会造成人工单价的提高，以减少生活水平的下

降，或维持原来的生活水平。生活消费指数的变动决定于物价的变动，尤其决定于生活消费品物价的变动。

③人工单价的组成内容。例如，住房消费、养老保险、医疗保险、失业保险等列入人工单价，会使人工单价提高。

④劳动力市场供需变化。在劳动力市场如果需求大于供给，人工单价就会提高；供给大于需求，市场竞争激烈，人工单价就会下降。

⑤政府推行的社会保障和福利政策也会影响人工单价的变动。

2.3.2　材料单价的组成和确定

在建筑工程中，材料费占总造价的 60%～70%，是工程直接费的主要组成部分。因此，合理确定材料价格构成，正确计算材料价格，有利于合理确定和有效控制工程造价。

1. 材料价格的构成和分类

材料单价是指材料（包括构件、成品及半成品等）从其来源地（或交货地点）到达施工工地仓库后出库的综合平均单价。材料单价一般由材料原价、材料运杂费、运输损耗费、采购及保管费组成。

材料价格按适用范围划分，有地区材料价格和某项工程使用的材料价格。地区材料价格是按地区（城市或建设区域）编制的，供该地区所有工程使用；某项工程（一般指大中型重点工程）使用的材料价格，是以一个工程为编制对象，专供该工程项目使用。二者的编制原理和方法是一致的，但在材料来源地、运输数量权数等具体数据上有所不同。

2. 材料单价的确定方法

材料单价是由材料原价、材料运杂费、运输损耗费、采购及保管费构成的。

（1）材料原价

材料原价是指材料的出厂价格，进口材料抵岸价或销售部门的批发牌价和市场采购价格。同一种材料因产地、交货地、供应单位、生产厂家不同，可能有几种原价，可按不同来源地供货数量的比例，采用加权平均的方法计算其综合原价。

（2）材料运杂费

材料运杂费是指材料自来源地运至工地仓库或指定堆放地点所发生的全部费用。含外埠中转运输过程中所发生的一切费用和过境过桥费用，包括调车和驳船费、装卸费、运输费及附加工作费等。运杂费可按照国家交通运输部门的规定计算。同一品种的材料如有若干个来源地，其运输费用可根据每个来源地的运输里程、运输方法用加权平均的方法计算出平均运距后，再按平均运距和运价标准计算运输费。计算公式如下：

$$\text{加权平均运杂费} = (K_1T_1 + K_2T_2 + \cdots + K_nT_n)/(K_1 + K_2 + \cdots + K_n) \tag{2-22}$$

式中　K_1，K_2，…，K_n——各不同供应点的供应量或各不同使用地点的需求量；

T_1，T_2，…，T_n——各不同运距的运费。

（3）运输损耗费

运输损耗费是指材料在运输装卸过程中不可避免的损耗，其计算公式为

$$\text{运输损耗费} = (\text{材料原价} + \text{运杂费}) \times \text{相应材料损耗率} \tag{2-23}$$

（4）材料采购及保管费

材料采购及保管费是指材料供应部门（包括工地仓库及其以上各级材料主管部门）

在组织材料采购、供应和保管过程中所需要的各项费用，包括采购费、仓储费、工地保管费、仓储损耗。

采购及保管费一般按照材料到库价格乘以费率取定，计算公式如下：

$$采购及保管费 = 材料运到工地仓库价格 \times 采购及保管费率 \quad (2-24)$$

综上，材料单价的一般计算公式如下：

$$材料单价 = [(材料原价 + 运杂费) \times (1 + 运输损耗率)] \times (1 + 采购及保管费率) \quad (2-25)$$

由于我国幅员辽阔，建筑材料产地与使用地点的距离，各地差异很大，同时采购、保管、运输方式也不尽相同，因此材料价格原则上按地区范围编制。

【例2-4】某地区中心城市使用的P.O 32.5袋装水泥，由甲、乙、丙三地供应。其中甲地供应800万t，每吨原价200元；乙地供应600万t，每吨原价190元；丙地供应600万t，每吨原价180元。

甲地供应的水泥以铁路方式运输，全程运价30元/t，装卸费8元/t，市内短途采用汽车运输，由火车站到各建筑工地的加权平均运距为8 km，运量比重占火车到货的50%；由火车站到各构件预制厂的加权平均运距为10 km，运量比重占50%。

乙地供应的水泥以水路方式运输，全程运价20元/t，装卸费6元/t，市内短途采用汽车运输，由码头到各建筑工地的加权平均运距为12 km，运量比重占80%；由码头到各构件预制厂的加权平均运距为14 km，运量比重占20%。

丙地供应的水泥以公路方式运输，到各个工地的加权平均运距为40 km，运量比重占50%；到各构件预制厂的加权平均运距为30 km，运量比重占50%。

汽车运费为2元/（t·km），装卸费为4元/t（包括归堆费），场外运输损耗率为0.4%，采购以及保管费率为2.5%。

试计算水泥的基价（假定水泥袋回收价值不计）。

解：每吨水泥材料基价计算如下：

① 计算原价：

甲地所占供应数量的比例：$800/(800+600+600)=40\%$

乙地所占供应数量的比例：$600/(800+600+600)=30\%$

丙地所占供应数量的比例：$600/(800+600+600)=30\%$

加权平均原价 $=200\times0.40+190\times0.30+180\times0.30=191$（元）

② 计算运杂费：

甲地短途平均运距：$8\times0.5+10\times0.5=9$（km）

乙地短途平均运距：$12\times0.8+14\times0.2=12.4$（km）

丙地平均运距：$40\times0.5+30\times0.5=35$（km）

甲地运杂费：$30+8+9\times2+4=60$（元）

乙地运杂费：$20+6+12.4\times2+4=54.8$（元）

丙地运杂费：$35\times2+4=74$（元）

各地加权平均运费：$60\times0.4+54.8\times0.30+74\times0.30=62.64$（元）

③ 场外运输损耗：$(191+62.64)\times0.004=1.01$（元）

④ 计算采购保管费：$(191+62.64+1.01)\times0.025=6.37$（元）

⑤ 每吨水泥材料基价：191 + 62.64 + 1.01 + 6.37 = 261.02（元）

3. 影响材料价格变动的因素

（1）市场供需变化。材料原价是材料价格中最基本的组成。市场供大于求，价格就会下降；反之，价格就会上升。

（2）材料生产成本的变动直接涉及材料价格的波动。

（3）流通环节的多少和材料供应体制也会影响材料价格。

（4）运输距离和运输方法的改变会影响材料运输费用的增减，从而也会影响材料价格。

（5）国际市场行情会对进口材料价格产生影响。

4. 增值税条件下材料价格的使用规定

根据增值税条件下工程计价要求，税前工程造价中材料应采取不含税价格，材料原价、运杂费等所含税金采取综合税率除税。公式如下：

$$材料除税预算价格(或市场价格) = 材料含税预算价格(或市场价格)/(1 + 综合税率) \quad (2-26)$$

上式中，除税用综合税率与材料类别以及增值税税率有关。例如，对于增值税税率为3%（砂、石子、普通商品混凝土等）、17%（水泥、砖、瓦、混凝土制品、沥青混凝土、特种混凝土、黑色及有色金属等）的材料，其除税用综合税率可分别取 3.8% 和 16.93%。

2.3.3　施工机具台班单价的组成和确定

施工机具台班单价分为施工机械台班单价和施工仪器仪表台班单价。

1. 施工机械台班单价

施工机械台班单价是指一台施工机械在正常条件下运转一个工作班所发生的全部费用，每台班按 8 h 工作制计算。

根据《建设工程施工机械台班费用编制规则》（建标〔2015〕34 号）的规定，施工机械划分为十二个类别：土石方及筑路机械、桩工机械、起重机械、水平运输机械、垂直运输机械、混凝土及砂浆机械、加工机械、泵类机械、焊接机械、动力机械、地下工程机械和其他机械。

施工机械台班单价主要包括折旧费、检修费、维护费、安拆费及场外运输费、人工费、燃料动力费和其他费用（如养路费及车船使用税）等。

施工机械台班单价按下式计算：

$$台班单价 = 折旧费 + 检修费 + 维护费 + 安拆费及场外运输费 + 人工费 + 燃料动力费 + 其他费用 \quad (2-27)$$

当采用一般计税方法时，施工机械台班单价和仪器仪表台班单价中的相关子项均需扣除增值税进项税额。

（1）折旧费

折旧费是指施工机械在规定的使用年限内，陆续收回其原值及购置资金的时间价值，其计算公式为

$$台班折旧费 = \frac{机械预算价格 \times (1 - 残值率) \times 时间价值系数}{耐用总台班} \quad (2-28)$$

①机械预算价格

机械预算价格按机械出厂（或到岸完税）价格，及机械以交货地点或口岸运至使用单位机械管理部门的全部运杂费计算。

②残值率

残值率是指机械报废时回收的残值占机械原值（机械预算价格）的比率。残值率按目前有关文件规定执行：运输机械2%，中小型机械4%，特大型机械3%，掘进机械5%。

③时间价值系数

时间价值系数是指购置施工机械的资金在施工生产过程中随着时间的推移而产生的单位增值，其计算公式如下：

$$时间价值系数 = 1 + \frac{(折旧年限 + 1)}{2} \times 年折现率 \qquad (2-29)$$

其中，年折现率按编制期银行年贷款利率确定。

④耐用总台班

耐用总台班指机械在正常的施工作业条件下，从投入使用直到报废为止，按规定应达到的总使用台班数。

机械耐用总台班即机械使用寿命，一般可分为机械技术使用寿命和机械经济使用寿命。机械技术使用寿命是指机械在不实行总成更换的条件下，经过修理仍无法达到规定性能指标的使用期限。机械经济使用寿命是指从最佳经济效益的角度出发，机械使用投入费用（包括燃料动力费、润滑擦拭材料费、保养费、修理费用等）最低时的使用期限。超过经济使用寿命的机械，虽仍可使用，但机械技术性能不良，会导致完好率下降、燃料和润滑料消耗增加、生产效率降低、生产成本增高（一般来说寿命期修理费超过原值一半的机械就应停止使用）。

《全国统一施工机械台班费用定额》中的耐用总台班是以经济使用寿命为基础，并依据国家有关固定资产折旧年限的规定，结合施工机械工作对象和环境以及年工作台班数确定的。其计算公式为

$$耐用总台班 = 折旧年限 \times 年工作台班 \qquad (2-30)$$

（2）检修费

检修费是指施工机械在规定的耐用总台班内，按规定的检修间隔进行必要的检修，以恢复机械的正常使用功能所需的费用。检修费是机械使用期限内全部检修费之和在台班费用中的分摊额，它取决于一次检修费、检修次数和耐用总台班的数量。

（3）维护费

维护费是指施工机械在规定的耐用总台班内，按规定的维护间隔进行各级维护和临时故障排除所需的费用、机械停置期间的维护费用、为保障机械正常运转所需的替换设备及随机工具附具的摊销费用、机械日常保养所需的润滑擦拭材料费用等。上述费用分摊到台班费用中，即为台班维护费。

（4）安拆费及场外运费

安拆费指机械在施工现场进行安装、拆卸所需人工、材料、机械和试运转的费用，以及机械辅助设施（包括基础、底座、固定锚桩、行走轨道、枕木等）的折旧、搭设、拆除等费用。场外运费指机械整体或分体自停放场地运至施工现场，或由一个工地运至另一

个工地，运距在 25 km 以内的机械进出场运输及转移费用（包括运输、装卸、辅助材料以及架线等费用）。

安拆费及场外运费根据施工机械不同分为计入台班单价、单独计算和不计算三种类型。

①对于工地间移动较为频繁的小型机械及部分中型机械，其安拆费及场外运费应计入台班单价，计算公式为

$$台班安拆费及场外运费 = \frac{一次安拆费及场外运费 \times 年平均安拆次数}{年工作台班} \tag{2-31}$$

其中，一次安拆费包括施工现场机械安装和拆卸一次所需的人工费、材料费、机械费及试运转费；年平均安拆次数应以《全国统一施工机械保养修理技术经济定额》为基础，由各地区（部门）结合具体情况确定。

②移动有一定难度的特、大型（包括少数中型）机械，其安拆费及场外运费应单独计算，此时安拆费还应包括辅助设施的折旧、搭设、拆除等费用。

③不需安装、拆卸且自身又能开行的机械和固定在车间不需安装、拆卸及运输的机械，其安拆费及场外运费不计算。

此外，自升式塔式起重机安装、拆卸费用的超高起点及其增加费，各地区（部门）可根据具体情况确定。

（5）燃料动力费

燃料动力费是指机械在运转过程中所耗用的固体燃料、液体燃料及水、电等费用。其计算公式为

$$台班燃料动力费 = 台班燃料动力消耗量 \times 相应单价 \tag{2-32}$$

式中，燃料动力消耗量应根据施工机械技术指标及实测资料综合取定，燃料动力单价应根据编制期当地市场价格计算。

（6）人工费

人工费是指机上司机和其他操作人员的工作日人工费以及上述人员在施工机械规定的年工作台班以外的人工费。其计算公式为

$$台班人工费 = 定额机上人工工日 \times 日工资单价 \tag{2-33}$$

$$定额机上人工工日 = 机上定员工日 \times (1 + 增加工日系数) \tag{2-34}$$

$$增加工日系数 = \frac{年日历天数 - 规定节假公休日 - 辅助工资中的年非工作日 - 机械年工作台班}{机械年工作台班} \tag{2-35}$$

（7）其他费用

其他费用是指机械按国家和有关部门规定应交纳的养路费和车船使用税、保险费及年检费用等，其计算公式为

$$台班其他费 = \frac{年养路费 + 年车船使用税 + 年保险费 + 年检费用}{年工作台班} \tag{2-36}$$

其中，年保险费执行编制期有关部门强制性保险的规定，非强制性保险不应计算在内。

2. 施工仪器仪表台班单价

根据《建设工程施工仪器仪表台班费用编制规则》的规定，施工仪器仪表划分为七个类别：自动化仪表及系统、电工仪器仪表、光学仪器、分析仪表、试验机、电子和通信

测量仪器仪表、专用仪器仪表。

施工仪器仪表台班单价由四项费用组成，包括折旧费、维护费、校验费、动力费。施工仪器仪表台班单价中的费用组成不包括检测软件的相关费用。

（1）折旧费

施工仪器仪表台班折旧费是指施工仪器仪表在耐用总台班内，陆续收回其原值的费用。计算公式如下：

$$台班折旧费 = \frac{施工仪器表原值 \times (1 - 残值率)}{耐用总台班} \tag{2-37}$$

①施工仪器仪表原值应按以下方法取定：

a. 对于从施工企业采集的成交价格，各地区、部门可结合本地区、部门实际情况，综合确定施工仪器仪表原值；

b. 对于从施工仪器仪表展销会采集的参考价格或从施工仪器仪表生产厂、经销商采集的销售价格，各地区、部门可结合本地区、部门实际情况，测算价格调整系数取定施工仪器仪表原值；

c. 对于类别、名称、性能规格相同而生产厂家不同的施工仪器仪表，各地区、部门可根据施工企业实际购进情况，综合取定施工仪器仪表原值；

d. 进口与国产施工仪器仪表性能规格相同的，应以国产为准取定施工仪器仪表原值；

e. 进口施工仪器仪表原值应按编制期国内市场价格取定；

f. 施工仪器仪表原值应按不含一次运杂费和采购保管费的价格取定。

②残值率指施工仪器仪表报废时回收其残余价值占施工仪器仪表原值的百分比。残值率应按国家有关规定取定。

③耐用总台班指施工仪器仪表从开始投入使用至报废前所积累的工作总台班数量。耐用总台班应按相关技术指标取定。计算公式如下：

$$耐用总台班 = 年工作台班 \times 折旧年限 \tag{2-38}$$

（2）维护费

施工仪器仪表台班维护费是指施工仪器仪表各级维护、临时故障排除所需的费用及为保证仪器仪表正常使用所需备件（备品）的维护费用。计算公式如下：

$$台班维护费 = 年维护费 / 年工作台班 \tag{2-39}$$

其中，年维护费指施工仪器仪表在一个年度内发生的维护费用。年维护费应按相关技术指标，结合市场价格综合取定。

（3）校验费

施工仪器仪表台班校验费是指按国家与地方政府规定的标定与检验的费用。计算公式如下：

$$台班校验费 = 年校验费 / 年工作台班 \tag{2-40}$$

其中，年校验费指施工仪器仪表在一个年度内发生的校验费用。年校验费应按相关技术指标取定。

（4）动力费

施工仪器仪表台班动力费是指施工仪器仪表在施工过程中所耗用的电费。计算公式如下：

$$台班动力费 = 台班耗电量 \times 电价 \quad (2-41)$$

其中，台班耗电量应根据施工仪器仪表的不同类别，按相关技术指标综合取定。电价应执行编制期工程造价管理机构发布的信息价格。

2.4 施工定额

2.4.1 施工定额的概念和作用

施工定额是建筑安装工人在合理的劳动组织或工人小组在正常施工条件下，为完成单位合格产品所需劳动、机械、材料消耗的数量标准。施工定额分为劳动定额、材料消耗定额、机具台班使用定额三种，这三种定额的确定详见第2.2节。

施工定额是施工企业根据专业施工的作业对象和工艺制定的，用于工程施工管理，属于企业定额的性质。企业定额是指建筑安装企业根据本企业自身的技术水平和管理水平，所确定的完成单位合格产品所需人工、机具、材料消耗的数量和费用标准。

施工定额的主要研究对象是工序。为了适应组织生产和管理的需要，施工定额的项目划分得很细，是工程建设定额中分项最细、定额子目最多的一种定额。施工定额是施工企业管理工作的基础，也是工程定额体系中的基础性定额。它在施工企业生产管理和内部经济核算工作中发挥着重要作用。

(1) 施工定额是施工单位编制施工组织设计和施工作业计划的依据。

施工组织设计一般包括的内容有：所建工程的资源需要量、施工中实物工程量、使用这些资源的最佳时间安排和施工现场平面规划。确定所建工程的资源需要量，要依据施工定额；施工中实物工程量的计算，要以施工定额的分项和计量单位为依据；甚至排列施工进度计划也要根据施工定额对劳动力和施工机械进行计算。施工作业计划是实现施工计划的具体执行计划，一般包括本月（旬）应完成的施工任务、完成施工计划任务的资源需要量、提高劳动生产率和节约措施计划等。编制施工作业计划也要用施工定额提供的数据作依据。

(2) 施工定额是组织和指挥施工生产的有效工具。

施工单位组织和指挥施工，应按照施工作业计划下达施工任务单和限额领料单。在施工任务单上，既要列明班组应完成的施工任务，也要记录班组实际完成任务的情况，并且据此进行班组工人的工资结算。施工任务单上的工程计量单位、产量定额和计件单位，均需取自施工的劳动定额，工资结算也要根据劳动定额的完成情况计算。限额领料单是施工队随施工任务单同时签发的领取材料的凭证，根据施工任务和材料定额填写。其中领料的数量，是班组为完成规定的工程任务消耗材料的最高限额。

(3) 施工定额是计算工人劳动报酬的依据。

施工定额是衡量工人劳动数量和质量的标准，是计算工人计件工资的基础，也是计算奖励工资的依据。达到定额，工资报酬就多；达不到定额，工资报酬就少。

(4) 施工定额有利于推广先进技术。

施工定额属于作业性定额，作业性定额水平建立在已成熟的先进的施工技术和经验之上。工人要达到和超过定额，就必须掌握和运用这些先进技术，注意改进工具和改进技术操作方法，注意原材料的节约，避免浪费。当施工定额明确要求采用某些较先进的施工工具和施工方法时，贯彻作业性定额就意味着推广先进技术。

（5）施工定额是编制施工预算，加强成本管理和经济核算的基础。

施工预算是施工单位用以确定单位工程人工、机具、材料和资金需要量的计划文件，它以施工定额为编制基础，既反映设计施工图的要求，也考虑在现实条件下可能采取的节约人工、材料和降低成本的各项具体措施。严格执行施工定额不仅可以起到控制消耗、降低成本和费用的作用，同时为贯彻经济核算制、加强班组核算和增加盈利，创造了良好的条件。

（6）施工定额是施工企业进行建设工程投标报价的重要依据。

建立由市场竞争形成工程价格的机制是工程造价改革的方向，各投标企业要在统一工程计量的基础上根据自身的消耗和技术管理水平展开完全的市场价格的竞争，这就要求企业摆脱一直以来依附国家和地区定额的做法，根据本企业的具体条件和可能挖掘的潜力，根据市场的需求和竞争环境，根据国家有关政策、法律、规范、制度，自己编制定额，自行决定定额水平。同类企业与同一地区的企业之间存在施工定额水平的差距，才能在市场上产生竞争。

（7）施工定额是编制预算定额和补充单位估价表的基础。

预算定额的编制要以施工定额为基础。以施工定额的水平作为确定预算定额水平的基础，不仅可以免除测定定额水平的大量繁琐的工作，而且可以使预算定额符合施工生产和经营管理的实际水平，并保证施工中的人力、物力消耗能够得到足够补偿。施工定额作为编制补充单位估价表的基础，是指由于新技术、新结构、新材料、新工艺的采用而预算定额中缺项时，以及编制补充预算定额和补充单位估价表时，要以施工定额作为基础。

由此可见，施工定额在建筑安装企业管理的各个环节中都是不可缺少的，它的管理是企业的基础性工作，具有不容忽视的作用。

2.4.2 施工定额的编制

1. 施工定额的编制原则

（1）平均先进性原则。平均先进性是就定额的水平而言的。所谓平均先进水平，就是在正常的施工条件下，大多数施工队组和大多数生产者经过努力能够达到和超过的水平。施工定额应以企业平均先进水平为基准制定，从而使多数单位和员工经过努力，能够达到或超过企业平均先进水平，以保持定额的先进性和可行性。

（2）简明适用性原则。简明适用性是就施工定额的内容和形式而言的，要方便于定额的贯彻和执行。适用性要求，是指施工定额必须满足适用于企业内部管理和对外报价等多种需要。简明性要求，是指施工定额必须做到定额项目设置完全、项目划分粗细适当、步距合理，正确选择产品和材料的计量单位，适当确定系数，并辅以必要的说明和附注，达到便于查阅、计算和携带的目的。

（3）以专为主、专群结合的原则。编制施工定额，要以专家为主，这是实践经验的总结。施工定额的编制要求有一支经验丰富、技术与管理知识全面、有一定政策水平的稳定的专家队伍，同时也要注意必须走群众路线，尤其是在现场测试和组织新定额试点时，这一点非常重要。

（4）独立自主的原则。企业独立自主地制定定额，主要是根据企业的具体情况，结合政府的价格政策和产业导向，自主地确定定额水平，自主地划分定额项目，自主地根据需要增加新的定额项目。贯彻这一原则有利于企业自主经营，有利于推行现代化企业财务制度，有利于减少对施工企业过多的行政干预，使企业更好地面对建筑市场的竞争环境。

（5）时效性原则。施工定额是一定时期内技术发展和管理水平的反映，所以在一段时期内表现出稳定的状态。这种稳定性又是相对的，它还有显著的时效性。如果当施工定额不再适应市场竞争和成本监控的需要时，它就要重新编制和修订，否则就会挫伤职工的积极性，甚至产生负效应。

2. 施工定额的编制程序

（1）拟定编制方案

①明确编制施工定额的原则、基本方法和主要依据。

②明确所编定额项目的综合程度，也就是确定出定额项目。

③确定定额计量单位。计量单位要以国家规定的国际标准计量为准，需要扩大单位时，必须以基本单位的十、百等整数倍扩大。计量单位要便于使用和掌握，在正常条件下应尽量使劳动定额与材料消耗定额的计量单位相一致。

④确定定额制表方案。表格应能够满足施工生产和企业管理方面的要求，同时又要在形式上简明易懂，便于工人掌握和执行。

（2）拟定定额的适用范围

定额适用范围的限定，是编制定额不可忽略的一个重要步骤。应首先明确定额适用何种经济体制的施工企业，然后再结合施工定额的作用和一般工业与民用建筑安装施工的技术特点，在定额项目的划分基础上，对各类施工过程或工序定额拟定出适用范围。

（3）拟定定额的结构形式

① 在贯彻简明适用性原则、适合施工和满足定额管理需要，便于工人班组执行的前提下确定定额结构。

② 合理确定定额表格形式，定额中册、章、节的安排，项目划分，文字说明，计量单位和附录等内容。

（4）测算对比新旧定额

在新编定额或修订单项定额工作完成后，均需进行定额水平的测算对比，为上级职能部门提供决策依据。只有经过新编定额与现行旧定额可比项目的水平测算对比，才能对新编定额的质量和可行性做出评价，以此决定可否颁布执行。测算对比时，一般是先对选定的主要常用项目进行单项测算对比，然后以相对应的节、章、册依次对比，最后再进行新旧定额的总水平对比。

2.5 预算定额

2.5.1 预算定额的概念和作用

1. 预算定额的概念

预算定额是指在合理的施工组织设计、正常的施工条件下，为完成单位合格工程建设产品（结构件、分项工程）所需人工、机具台班和材料的社会平均消耗量标准，是计算建筑安装产品价格的基础。

预算定额是工程建设中的一项重要的技术经济文件，它的各项指标，反映了在完成规定计量单位符合设计标准和施工及验收规范要求的分项工程消耗的活劳动和物化劳动的数量限度。这种限度最终决定着单项工程和单位工程的成本和造价。

在我国，建筑工程预算定额是行业定额，反映全行业为完成单位合格工程建设产品的施工任务所需人工、机具台班、材料消耗的标准。它有两种表现形式：一种是计“量”性的定额，由国务院行业主管部门制定发布，如全国统一建筑工程基础定额；另一种是计“价”性定额，由各地建设行政主管部门根据全国基础定额结合本地区的实际情况加以确定，如各省建筑工程单位估价表。应用比较广泛的是计“价”性的预算定额。

2. 预算定额的作用

（1）预算定额是编制施工图预算、确定建筑安装工程造价的基础。施工图设计一经确定，工程预算造价就取决于预算定额水平和人工、材料及机具台班的价格。预算定额起着控制劳动消耗、材料消耗和机具台班使用的作用，进而起着控制建筑产品价格的作用。

（2）预算定额是编制施工组织设计的依据。施工组织设计的重要任务之一，是确定施工中所需人力、物力的供求量，并做出最佳安排。施工单位在缺乏本企业的企业（施工）定额的情况下，根据预算定额，亦能够比较精确地计算出施工中各项资源的需要量，为有计划地组织材料采购和预制件加工、劳动力和施工机具的调配，提供可靠的计算依据。

（3）预算定额是工程结算的依据。工程结算是建设单位和施工单位按照工程进度对已完成的分部分项工程实现货币支付的行为。按进度支付工程款，需要根据预算定额将已完分项工程的造价算出。单位工程验收后，再按竣工工程量、预算定额和施工合同规定进行结算。

（4）预算定额是施工单位进行经济活动分析的依据。预算定额规定的物化劳动和活劳动消耗指标，是施工单位在生产经营中允许消耗的最高标准。目前，预算定额决定着施工单位的收入，施工单位必须以预算定额作为评价企业工作的重要标准，作为努力实现的目标。施工单位可根据预算定额对施工中的劳动、材料、机具的消耗情况进行具体的分析，以便找出并克服低功效、高消耗的薄弱环节，尽量降低劳动消耗，提高劳动生产率，改善施工工艺或采用新技术，以提高企业的竞争能力。

（5）预算定额是编制概算定额的基础。概算定额是在预算定额基础上综合扩大编制的。利用预算定额作为编制依据，不但可以节省编制工作的大量人力、物力和时间，收到事半功倍的效果，还可以使概算定额在水平上与预算定额保持一致，以免造成执行中的不一致。

（6）预算定额是合理编制招标控制价、投标报价的基础。在深化改革中，预算定额的指令性作用将日益削弱，而对施工单位按照工程个别成本报价的指导性作用仍然存在。因此，预算定额作为编制招标控制价的依据和施工企业报价的基础性作用仍将存在，这也是由预算定额本身的科学性和指导性决定的。

2.5.2 预算定额的编制

1. 预算定额的编制原则

为了保证预算定额的编制质量，充分发挥预算定额的作用并且使其简便易行，在编制定额的工作中应遵循以下原则。

（1）按社会平均水平确定预算定额的原则

预算定额是确定和控制建筑安装工程造价的主要依据。它必须按照“在现有的社会正常的生产条件下，在社会平均的劳动熟练程度和劳动强度下制造某种使用价值所需要的劳动时间”来确定定额水平。

预算定额的水平以大多数施工单位的施工定额水平为基础。但是，预算定额绝不是简单地套用施工定额的水平。首先，在比施工定额的工作内容综合扩大了的预算定额中，包含了更多的可变因素，需要保留合理的幅度差，例如人工幅度差、机械幅度差、材料的超运距、辅助用工及材料堆放、运输、操作损耗和由细到粗综合后的量差等。其次，预算定额水平是平均水平，而施工定额是平均先进水平，两者相比，预算定额水平要相对低一些，但应限制在一定范围内。

（2）简明适用的原则

简明适用是指在编制预算定额时，对于那些主要的、常用的、价值量大的项目，其分项工程划分宜细；而对于那些次要的、不常用的、价值量相对较小的项目则可以粗一些。

预算定额要项目齐全。如果项目不全，缺项多，就会使计价工作缺少充足的依据。要注意补充那些因采用新技术、新结构、新材料而出现的新的定额项目。

对定额的活口也要设置适当。在编制中要尽量不留活口，确需留的，也应该从实际出发尽量少留；即使留有活口，也应注意尽量规定换算方法，避免采取按实计算。

简明适用还要求合理确定预算定额的计量单位，简化工程量的计算，尽可能避免同一种材料用不同的计量单位和一量多用，尽量减少定额附注和换算系数。

（3）坚持统一性和差别性相结合的原则

所谓统一性，就是从培育全国统一市场规范计价行为出发，计价定额的制定规划和组织实施由国务院建设行政主管部门归口，并负责全国统一定额的制定或修订，颁发有关工程造价管理的规章制度及办法等。这样就有利于通过定额和工程造价的管理实现建筑安装工程价格的宏观调控；通过编制全国统一定额，使建筑安装工程具有一个统一的计价依据，也使考核设计和施工的经济效果具有一个统一的尺度。

所谓差别性，就是在统一性的基础上，各部门和省、自治区、直辖市主管部门可以在自己的管辖范围内，根据本部门和地区的具体情况，制定部门和地区性定额、补充性制度和管理办法，以适应我国幅员辽阔、地区间部门发展不平衡和差异大的实际情况。

2. 预算定额的编制依据

（1）现行劳动定额和施工定额。预算定额是在现行劳动定额和施工定额的基础上编制的。

（2）现行设计规范、施工及验收规范、质量评定标准和安全操作规程。

（3）具有代表性的典型工程施工图及有关标准图。对这些图纸进行仔细分析研究，并计算出工程数量，作为编制定额时选择施工方法、确定定额含量的依据。

（4）新技术、新结构、新材料和先进的施工方法等。这类资料是调整定额水平和增加新的定额项目所必需的依据。

（5）有关科学实验、技术测定的统计、经验资料。这类工程是确定定额水平的重要依据。

（6）现行的预算定额、材料预算价格及有关文件规定等。过去定额编制过程中积累的基础资料，也是编制预算定额的依据和参考。

3. 预算定额编制的程序

预算定额的编制，大致可以分为准备工作、收集资料、编制定额、报批和修改稿整理五个阶段。各阶段工作相互有交叉，有些工作还有多次反复。

（1）准备工作阶段。应进行以下工作：

①拟定编制方案。

②抽调人员根据专业需要划分编制小组和综合组。

（2）收集资料阶段。具体工作如下：

①普遍收集资料。在已确定的范围内，采用表格收集定额编制基础资料，以统计资料为主，注明所需要的资料内容、填表要求和时间范围，便于资料整理，并具有广泛性。

②专题座谈会。邀请建设单位、设计单位、施工单位及其他有关单位的有经验的专业人士开座谈会，就以往定额存在的问题提出意见和建议，以便在编制新定额时改进。

③收集现行规定、规范和政策法规资料。

④收集定额管理部门积累的资料。主要包括日常定额解释资料，补充定额资料，新结构、新工艺、新材料、新机械、新技术用于工程实践的资料。

⑤专项查定及实验。主要指混凝土配合比和砌筑砂浆实验资料，现场实际配合比资料。

（3）定额编制阶段。应进行以下工作：

①确定编制细则。主要包括：统一编制表格及编制方法；统一计算口径、计量单位和小数点位数的要求；有关统一性规定，名称统一，用字统一，专业用语统一，符号代码统一。细则中简化字要规范，文字要简练明确。

②确定定额的项目划分和工程量计算规则。

③定额人工、材料、机具台班耗用量的计算、复核和测算。

（4）定额报批阶段。应进行以下工作：

①审核定稿。

②预算定额水平测算。新定额编制成稿，必须与原定额进行对比测算，分析水平升降原因。一般新编定额的水平应该不低于历史上已经达到过的水平，并略有提高。

（5）修改定稿、整理资料阶段。应进行以下工作：

①印发征求意见。定额编制初稿完成后，需要征求各有关方面意见和组织讨论，收集反馈意见，在统一意见的基础上整理分类，制定修改方案。

②修改整理报批。按修改方案的决定，将初稿按照定额的顺序进行修改，并经审核无误后形成报批稿，经批准后交付印刷。

③撰写编制说明。为顺利地贯彻执行定额，需要撰写新定额编制说明。其内容包括：项目、子目数量，人工、材料、机具的内容范围，资料的依据和综合取定情况，定额中允许换算和不允许换算规定的计算资料，工人、材料、机具单价的计算和资料，施工方法、工艺的选择及材料运距的考虑，各种材料损耗率的取定资料，调整系数的使用，其他应该说明的事项与计算数据、资料。

④立档、成卷。定额编制资料是贯彻执行定额中需查对资料的唯一依据，也为修编定额提供历史资料数据，应作为技术档案永久保存。

2.5.3　预算定额消耗指标的确定

要确定预算定额项目的价格，首先必须合理确定人工、材料、机具台班的消耗量。为了确定预算定额人工、材料、机具台班消耗指标，必须先按施工定额的分项逐项计算出消耗指标，然后，再按预算定额的项目加以综合。但是，这种综合不是简单的合并和相加，而需要在综合过程中增加两种定额之间的适当的水平差。

1. 预算定额人工消耗量的确定

预算定额中的人工消耗量是指在正常条件下，为完成单位合格产品的施工任务所必需的生产工人的人工工日数量。预算定额人工消耗量的确定主要有以下两种方法。

1）以施工定额为基础确定

这是在施工定额的基础上，将预算定额标定对象所包含的若干个工作过程所对应的施工定额按施工作业的逻辑关系进行综合，从而得到预算定额的人工消耗量标准。

预算定额中的人工工日消耗量应由分项工程所综合的各个工序劳动定额所包括的基本用工和其他用工两部分组成。

（1）基本用工

基本用工指完成单位合格产品所必须消耗的技术工种用工。按技术工种相应劳动定额工时定额计算，以不同工种列出定额工日。基本用工包括：

①完成定额计量单位的主要用工。由于该工时消耗所对应的工作均发生在分项工程的工序作业过程中，各工作过程的生产率受施工组织的影响很大，其工时消耗的大小应根据具体的施工组织方案进行综合计算，公式为

$$基本用工 = \sum(综合取定的工程量 \times 劳动定额) \qquad (2-42)$$

例如，工程实际中的砖基础，有 1 砖厚、1 砖半厚、2 砖厚等之分，用工各不相同，在预算定额中由于不区分厚度，需要按照统计的比例，加权平均，即公式中的综合取定，得出用工。

②按施工定额规定应增（减）计算的人工消耗量。例如，砖基础埋深超过 1.5 m，超过部分要增加用工。预算定额中应按一定比例给予增加。

③由于预算定额是在施工定额的基础上综合扩大的，包括的工作内容较多，施工工效在各个具体部位可能不一样，需要另外增加人工消耗，而这种人工消耗也要列入基本用工之内。

(2) 其他用工

① 超运距用工。超运距是指施工劳动定额中已包括的材料、半成品场内水平搬运距离与预算定额所考虑的现场材料、半成品堆放地点到操作地点的水平运输距离之差，而发生在超运距上运输材料、半成品的人工消耗即为超运距用工。超运距根据测定的资料取定。计算公式如下：

$$超运距用工 = \sum(超运距材料数量 \times 超运距劳动定额) \tag{2-43}$$

$$超运距 = 预算定额取定的运距 - 施工定额已包括的运距 \tag{2-44}$$

需要指出，实际工程现场运距超过预算定额取定运距时，可另行计算现场二次搬运费。

② 辅助用工。辅助用工是指技术工种施工定额内没有包括，而在预算定额中又必须考虑的人工消耗。例如，机械土方工程配合用工、材料加工（筛砂、洗石、淋化石膏），电焊点火用工等。计算公式如下：

$$辅助用工 = \sum(材料加工数量 \times 相应的加工施工定额) \tag{2-45}$$

③人工幅度差。人工幅度差即预算定额与施工劳动定额的差额，主要是指在施工劳动定额中未包括而在正常施工情况下不可避免，但又很难准确计量的用工。它包括在正常施工组织条件下各工序搭接和转移工作面的间断时间，各工程交叉作业互相影响的时间，交接班及技术交底等影响工作的时间，检查工程质量及验收隐蔽工程时影响工作的时间，施工过程中水源、电源维修用工以及施工中难以预计的少数零星用工等。计算公式如下：

$$人工幅度差 = (基本用工 + 超运距用工 + 辅助用工) \times 人工幅度差系数 \tag{2-46}$$

其中人工幅度差系数一般为10%～15%。当分别确定了完成该分项工程施工任务所必需的基本用工、超运距用工、辅助用工和人工幅度差之后，把这四项用工量相加即得出该分项工程总的人工消耗量。

2）以现场观察测定资料为基础确定

以现场观察测定资料为基础确定人工消耗量即运用时间研究的技术，通过对施工作业过程进行观察测定，取得数据，并在此基础上编制施工定额，从而确定相应的人工消耗量标准。在此基础上，再用第一种方法确定预算定额的人工消耗量标准。该方法主要用于施工劳动定额缺项的情况。

2. 预算定额材料消耗量的确定

预算定额中的材料消耗量是指在正常施工生产条件下，为完成单位合格产品所必须消耗的一定品种规格的建筑材料（半成品、配件、燃料、水、电）的数量标准。用科学的方法正确地制定材料消耗定额，可以保证合理地供应和使用材料，减少材料的积压和浪费，这对于保证施工的顺利进行，降低产品价格和工程成本有着极其重要的意义。

工程建设中的材料按用途可分为以下三种：

(1) 主要材料。指直接构成工程实体的材料，其中也包括成品、半成品的材料。

(2) 辅助材料。指构成工程实体除主要材料以外的其他材料，如垫木钉子、铅丝等。

(3) 其他材料。指用量较少，难以计量的零星用料，如棉纱、编号用的油漆等。

材料消耗量的计算方法如下。

(1) 凡有标准规格的材料，按规范要求计算定额计量单位的耗用量，如砖、防水卷材、块料面层等。

（2）凡设计图纸标注尺寸及下料要求的，按设计图纸尺寸计算材料净用量，如门窗制作用材料、枋、板料等。

（3）换算法。各种胶结、涂料等材料的配合比用料，可以根据要求条件换算，得出材料用量。

（4）测定法。包括实验室试验法和现场观察法。各种强度等级的混凝土及砌筑砂浆配合比的耗用原材料数量的计算，需按照规范要求试配经过试压合格以后并经过必要的调整后得出的水泥、砂子、石子、水的用量。对新材料、新结构不能用其他方法计算定额消耗用量时，需用现场测定方法来确定，根据不同条件可以采用写实记录法和观察法，得出定额的消耗量。

在正常的施工条件下，材料从现场仓库领出到完成合格产品的过程中不可避免存在损耗，如现场内材料运输、加工制作及施工操作过程中的损耗等。材料的损耗常用损耗率来表示，其表达式见式（2－6）或式（2－8）。材料消耗量为材料净用量和损耗量之和。

3. 预算定额机具台班消耗量的确定

预算定额中机具台班消耗量是指在正常施工生产条件下，为完成单位合格产品的施工任务所必须消耗的某类某种型号施工机具的台班数量。它应该包括为完成该分部分项工程或结构构件所综合的各个工作过程的施工任务，而在施工现场进行的各种性质的机具操作所对应的机具台班消耗。一般来说，它由分部分项工程或结构构件所综合的有关工作过程所对应的施工定额所确定的机具台班消耗量，以及施工定额与预算定额的机械台班幅度差组成。

发生在分部分项工程或结构构件所综合的有关工作过程中的机械台班消耗量，由于生产效率受施工组织方案的影响较大，施工机械固有的生产能力不易充分发挥，故应根据具体的施工组织方案进行综合计算。

机械台班幅度差一般包括正常施工组织条件下不可避免的机械空转时间，施工技术原因的中断及合理停滞时间，因供电供水故障及水电线路移动检修而发生的运转中断时间，因气候变化或机械本身故障影响工时利用的时间，施工机械转移及配套机械相互影响损失的时间，配合机械施工的工人因与其他工种交叉造成的间歇时间，因检查工程质量造成的机械停歇的时间，工程收尾和工作量不饱满造成的机械停歇时间等。

大型机械幅度差系数为：土方机械 25%，打桩机械 33%，吊装机械 30%。砂浆、混凝土搅拌机由于按小组配用，以小组产量计算机械台班产量，不另增加机械幅度差。其他分部工程中如钢筋加工、木材、水磨石等各项专用机械的幅度差为 10%。

综上所述，预算定额的机械台班消耗量按下式计算：

$$\text{预算定额机械耗用台班} = \text{施工定额机械耗用台班} \times (1 + \text{机械幅度差系数}) \tag{2-47}$$

施工仪器仪表台班一般不考虑施工定额与预算定额的台班幅度差。

如前所述，预算定额有两种形式，一种是计“量”性的定额，另一种是计“价”性的定额，前者如《全国统一建筑工程基础定额》，列出了为完成某单位分部分项工程所必须消耗的人工、材料及机具台班数量。表2－1是2015年全国《房屋建筑与装饰工程消耗量定额》（TY 01－31－2015）中砌筑工程分部部分砖墙项目的预算定额示例。

表2－1　砖墙定额示例

工作内容：调、运、铺砂浆，运、砌砖，安放木砖、垫块。　　计量单位：$10m^3$

定额编号				4－2	4－3	4－4	4－5	4－6
项目				单面清水砖墙				
				1/2砖	3/4砖	1砖	1砖半	2砖及2砖以上
名称			单位	消耗量				
人工	合计工日		工日	17.096	16.599	13.881	12.895	12.125
人工	其中	普工	工日	4.600	4.401	3.545	3.216	2.971
人工	其中	一般技工	工日	10.711	10.455	8.859	8.296	7.846
人工	其中	高级技工	工日	1.785	1.743	1.477	1.383	1.308
材料	烧结煤矸石普通砖 240×115×53		千块	5.585	5.456	5.337	5.290	5.254
材料	干混砌筑砂浆 DM M10		m^3	1.978	2.163	2.313	2.440	2.491
材料	水		m^3	1.130	1.100	1.060	1.070	1.060
材料	其他材料费		%	0.180	0.180	0.180	0.180	0.180
机械	干混砂浆罐式搅拌机		台班	0.198	0.217	0.232	0.244	0.249

2.5.4　单位估价表

1. 单位估价表的概念

单位估价表又称工程预算单价表，是预算定额的一种形式，是根据全国统一基础定额所确定的人工、材料和机具台班消耗数量乘以本地区所确定的人工单价、材料价格和机具台班单价，计算出以货币形式表现的完成单位分项工程或结构构件的合格产品的单位价格。因此它的内容包括两部分：一是全国统一基础定额规定的工、料、机数量（“三量”）；二是地区预算价格，即与上述三种“量”相适应的人工工资单价、材料价格和机具台班单价（“三价”）。编制单位估价表就是把三种“量”与“价”分别结合起来，得出分项工程的人工费、材料费和施工机具使用费，三者汇总即为工程预算单价。

单位估价表是各个分项工程单位预算价格的一种金额货币形式价值指标。它是现行建筑工程预算定额在某个城市或地区的另一种表现形式，是该城市或地区编制施工图预算的直接基础资料。

通过单位估价表计算和确定的工程预算单价，与预算定额既有联系又有区别。预算定额是用实物指标的形式来表示定额计量单位建筑安装产品的消耗和补偿标准，工程预算单价最终是用货币指标的形式来表示这种消耗和补偿标准，两者从不同角度反映着同一事物。由于预算定额是以实物消耗指标的形式表现的，因而比较稳定，可以在比较大的范围内和比较长的时期内适用；工程预算单价是以货币指标的形式表现的，因而比较容易变动，只能在比较小的范围内和比较短的时期内适用。

从理论上讲，预算定额只规定单位分项工程或结构构件的人工、材料、机具台班消耗的数量标准，不用货币表示。地区单位估价表是将单位分项工程或结构构件的人工、材料、机具台班消耗量在本地区用货币形式表示，一般不列工、料、机消耗的数量标准。但实际上，为便于施工图预算的编制，有些地区往往将预算定额和地区单位估价表合并，即在预算定额中不仅列出“三量”指标，同时列出“三价”指标及定额基价，还列出基价所依据的单价并在附录中列出材料预算价格表，使预算定额与地区单位估价表融为一体。

单位估价表的一个非常明显的特点是地区性强，所以也称作“地区单位估价表”。不同地区分别使用各自的单位估价表，互不通用。单位估价表的地区性特点是由工资标准的地区性及材料、机具预算价格的地区性所决定的。表 2-2 是广东省单位估价表（《广东省房屋建筑与装饰工程综合定额 2018》）的具体形式示例。值得一提的是，广东省单位估价表的基价不仅包含人工费、材料费、施工机具使用费，还包括管理费。

表 2-2　现浇混凝土柱浇捣定额

工作内容：浇捣、覆膜养护　　　　计量单位：10 m³

定额编号					A1-5-5
子目名称					矩形、多边形、异形、圆形柱、钢管柱
基价（元）					1725.06
其中	人工费（元）				1181.00
	材料费（元）				187.77
	机具费（元）				13.01
	管理费（元）				343.28
分类	编码	名称	单位	单价（元）	消耗量
人工	00010010	人工费	元	—	1181.00
材料	80210180	预拌混凝土	m^3	—	(10.100)
	02270070	土工布	m^2	6.69	27.040
	34110010	水	m^3	4.58	1.053
	99450760	其他材料费	元	1.00	2.05
机具	990605060	混凝土振捣器（插入式）	台班	10.49	1.240

2. 单位估价表的应用

应用单位估价表是指根据分部分项工程项目的内容正确地套用定额项目，确定定额基价，计算其人工、材料和机具台班的消耗量。单位估价表的应用包括直接套用、换算和补充三个方面。

（1）单位估价表的直接套用

当施工图上分项工程或结构构件的设计要求与单位估价表中相应项目的工作内容完全一致时，就能直接套用。绝大多数情况下，单位估价表可以直接套用。

【例2-5】试求10 m^3 M7.5预拌水泥砂浆毛石墙的定额基价和相应人工、材料和机具台班的消耗量。

解：① 套定额

查《广东省房屋建筑与装饰工程综合定额2018》上册，M7.5预拌水泥砂浆毛石墙的定额编号为A1-4-73，具体内容如下表所示：

定额编号	工程名称	单位	工程量	基价(元)	其 中			
					人工费	材料费	机具费	管理费
A1-4-73	M7.5 预拌水泥砂浆毛石墙	10 m^3	1	3213.75	1899.92	1026.18	—	287.65

用工程量乘以定额中的基价，就可以获得完成该工程量的工作所需耗费的人工费、材料费、机具费、管理费及定额直接费。应注意的是，在套用单位估价表时，工程量单位必须换为与定额单位一致。

② 人材机消耗量计算

人材机消耗量计算一般分两步进行。第一步是套用原定额项目，用工程量分别乘以定额消耗量，得到人材机消耗量；第二步是对砂浆（或混凝土等）进行第二次工料分析，最后汇总消耗量。

（2）单位估价表的换算

当施工图上分项工程或结构构件的设计要求与单位估价表中相应项目的工作内容不完全一致时，就不能直接套用定额。当单位估价表规定允许换算时，则应按单位估价表规定的换算方法对相应定额项目的基价和人材机消耗量进行调整换算。换算后的定额项目应在定额编号的右下角标注一个“换”字，以示区别。

单位估价表的换算类型有：

①砌筑砂浆和混凝土标号与定额规定不同时的换算；

②抹灰砂浆层厚度与定额规定厚度不同时的换算；

③门窗框、扇料的种类和断面规格与定额规定不同时的换算；

④定额说明中指明的有关换算。

换算方法的具体方法如下：一般情况下，材料换算时，人工费和机具费保持不变，仅换算材料费。在材料费的换算过程中，定额上的材料用量保持不变，仅换算材料的预算单价。材料换算的公式为

$$\text{换算后的基价} = \text{换算前原定额基价} + \text{应换算材料的定额用量} \times (\text{换入材料的单价} - \text{换出材料的单价}) \tag{2-48}$$

【例2-6】试求30 m^3 的M15水泥砂浆砖基础的定额直接费和材料消耗量。

解：① 套用相近定额

查《广东省房屋建筑与装饰工程综合定额2018》上册，A1-4-1为砖基础定额，水泥砂浆等级为M7.5，与题目不符，因此进行定额换算：

根据定额可知，采用M7.5水泥砂浆时，砖基础的基价＝3442.24 元/10 m^3，M7.5水泥砂浆的用量为：2.36 m^3/ 10 m^3

②定额换算

查定额可知：

编码	名称	单价
8005902	M7.5 水泥砂浆	290.00 元/ m^3
8005904	M15 水泥砂浆	303.00 元/ m^3

因此，换算后的基价 = 3442.24 + （303 − 290） × 2.36 = 3472.92 元/10 m^3

③计算定额直接费

用工程量乘以基价，得到定额直接费，如下表所示：

定额编号	工程名称	单位	工程量	基价（元）	定额直接费
A1−4−1 换	M15 水泥砂浆砖基础	$10m^3$	3.00	3472.92	10418.76

④计算材料消耗量（第一次工料分析）

定额编号	工程名称	单位	工程量	单价（元）	303.00	310.92	4.58	1.00
				名称	M15 水泥砂浆	标准砖	水	其他材料
				单位	m^3	千块	m^3	元
				合计	2.36	5.236	1.05	18.77
A1−4−1 换	M15 水泥砂浆砖基础	$10m^3$	3.00		7.08	15.708	3.15	56.31

【例2−7】 有 20 m^3 的 M5 预拌水泥石灰砂浆 1.5 砖混水砖外墙，当砂浆中采用 P.O 42.5 水泥时，试求其定额直接费。

解：① 套用相近定额

查《广东省房屋建筑与装饰工程综合定额 2018》上册，得：

定额编号 A1−4−8，M5 预拌水泥石灰砂砌 1 砖半混水砖外墙，基价 = 3691.17 元/10 m^3；

M5 混合砂浆用量为：2.40 m^3/10 m^3。

②定额换算

查定额项 80050020 可知，M5 混合砂浆，基价（仅材料费） = 185.19 元/ m^3，P.C 32.5 水泥用量 0.207 t/m^3。

本题中，砂浆采用 P.O 42.5 水泥，因此需要进行换算。水泥用量仍取 0.207 t / m^3，但两者单价不同：由定额项 04010015，水泥 P.C 32.5 的单价为 319.11 元/t；而定额项 04010030，水泥 P.O 42.5 的单价为 365.46 元/t。

对 80050020 M5 混合砂浆进行换算，得

编号	名 称	基 价
80050020 换	42.5#水泥，M5 混合砂浆	185.19 + 0.207 × （365.46 − 319.11） = 194.78 元/ m^3

用换算后混合砂浆的基价替换定额 A1－4－8 中的混合砂浆基价，得到换算后的 M5 水泥混合砂浆 1.5 砖混水砖墙基价：

换算后基价 = 3691.17 +2.40 ×（194.78 −185.19）=3714.19（元/10m^3）

将工程量乘以换算后的基价，得到定额直接费为

$$2 \times 3714.19 = 7428.38 \text{（元）}$$

（3）单位估价表的补充

当分项工程或结构构件项目在定额中缺项，而又不属于定额调整换算范围之内，无定额项目可套时，应编制补充定额。

2.6 概算定额与概算指标

2.6.1 概算定额

1. 概算定额的概念

概算定额是在预算定额基础上，确定完成合格的单位扩大分项工程或单位扩大结构构件所需消耗的人工、材料和机具台班的数量标准，所以概算定额又称作扩大结构定额。

概算定额是在预算定额的基础上，按工程形象部位，以主体结构分部为主，将一些相近的分项工程预算定额加以合并，进行综合扩大编制的。如砖基础概算定额项目，就是以砖基础为主，综合了平整场地、挖地槽、铺设垫层、砌砖基础、铺设防潮层、回填土及运土等预算定额中分项工程项目。又如砖墙定额，就是以砖墙为主，综合了砌砖、钢筋混凝土过梁制作和运输及安装、勒脚、内外墙面抹灰、内墙面刷白等预算定额的分项工程项目。

概算定额与预算定额的相同之处在于：它们都是以建（构）筑物各个结构部分和分部分项工程为单位表示的，内容也包括人工、材料和机具台班使用量定额三个基本部分。概算定额表达的主要内容、主要方式及基本使用方法都与预算定额相近。

概算定额与预算定额的不同之处在于项目划分和综合扩大程度上的差异。同时，概算定额主要用于设计概算的编制。由于概算定额综合了若干分项工程的预算定额，因此使概算工程量计算和概算表的编制，都比编制施工图预算简化一些。

概算定额在编制过程中，与预算定额的水平基本一致，但两者在水平上需保留一个合理的幅度差。根据概算定额编制的设计概算是控制根据预算定额编制的施工图预算的依据。

2. 概算定额的作用

（1）概算定额是初步设计阶段编制建设项目概算和技术设计阶段编制修正概算的依据。建设程序规定采用两阶段设计时，其初步设计阶段必须编制概算；采用三阶段设计时，其技术设计阶段必须编制修正概算，对拟建项目进行总评价。

（2）概算定额是对设计方案进行技术经济分析比较的依据。设计方案技术经济比较，是为了选择出技术先进可靠、经济合理的方案，在满足使用功能的条件下，达到降低造价和资源消耗的目的。概算定额采用扩大综合项目后可为设计方案的比较提供方便条件。

（3）概算定额是建设工程主要材料计划编制的依据。根据概算定额所列材料消耗指

标计算工程用料数量，可在施工图设计之前提出申请计划，为材料的采购、供应做好施工准备。

（4）概算定额是编制概算指标和投资估算的依据。

（5）概算定额也可在实行总承包时作为已完工程价款结算的依据。

3. 概算定额的编制原则、依据和步骤

（1）概算定额的编制原则

①概算定额的编制应该反映社会平均水平。由于概算定额和预算定额都是工程计价的依据，所以应符合价值规律和反映现阶段大多数企业的设计、生产及施工管理水平。

②概算定额的编制深度要适应设计的要求。概算定额是初步设计阶段计算工程造价的依据，在保证设计概算质量的前提下，概算定额的项目划分应简明和便于计算，要求计算简单和项目齐全，但它只能综合，而不能漏项。在保证一定准确性的前提下，以主体结构分部工程为主，合并相关联的子项，并考虑应用电脑编制概算的要求。

③概算定额在综合过程中，应使概算定额与预算定额之间留有余地，即两者之间将产生一定的允许幅度差，但一般应控制在5%以内，这样才能使设计概算起到控制施工图预算的作用。

④为了稳定概算定额水平，统一考核和简化计算工作量，并考虑到扩大初步设计图的深度条件，概算定额的编制尽量不留活口或少留活口。

（2）概算定额的编制依据

由于概算定额的使用范围不同，其编制依据也略有不同。其编制依据一般有以下几种：

①现行的设计规范和建筑工程预算定额；

②具有代表性的标准设计图纸和其他设计资料；

③现行的人工工资标准、材料预算价格、机具台班预算价格及其他的价格资料。

（3）概算定额的编制步骤

概算定额的编制一般分三阶段进行，即准备阶段、编制初稿阶段和审批阶段。

①准备阶段。主要是成立编制机构，确定组成人员，进行调查研究，了解现行概算定额执行情况及存在问题，明确编制目的，制订概算定额的编制方案和确定概算定额的项目。

②编制初稿阶段。根据已经确定的编制方案和概算定额项目，收集和整理各种编制依据，对各种资料进行深入细致的测算和分析，确定人工、材料和机具台班的消耗量指标，最后编制概算定额初稿。

③审批阶段。该阶段的主要工作是测算概算定额水平，即测算新编制概算定额与原概算定额及现行预算定额之间的水平。测算时既要分项进行测算，又要通过编制单位工程概算以单位工程为对象进行综合测算。

概算定额经测算比较后，可报送国家授权机关审批。

4. 概算定额的内容

按专业特点和地区特点编制的概算定额手册，内容基本上是由文字说明、定额项目表和附录三个部分组成。

(1) 文字说明部分

文字说明部分包括总说明和分部工程说明。在总说明中主要阐述概算定额的编制依据、使用范围、包括的内容及作用、应遵守的规则及建筑面积计算规则等；分部工程说明主要阐述本分部工程包括的综合工作内容及分部分项工程的工程量计算规则等。

(2) 定额项目表

①定额项目的划分。概算定额项目一般按以下两种方法划分。一是按工程结构划分：一般是按土石方、基础、墙、梁板柱、门窗、楼地面、屋面、装饰、构筑物等工程结构划分。二是按工程部位（分部）划分：一般是按基础、墙体、梁柱、楼地面、屋盖、其他工程部位等划分。

②定额项目表。定额项目表是概算定额手册的主要内容，它由若干分节定额组成，各节定额由工程内容、定额表及附注说明组成。定额表中列有定额编号、计量单位、概算价格，以及人工、材料、机具台班消耗量指标，综合了预算定额的若干项目与数量。

表2-3是某地区2014年的概算定额项目表的具体形式示例。

表2-3　砖柱概算定额表

工作内容：运料、淋砖、砂浆（制作）运输、砌砖，安放木砖、铁件。　　　　计量单位：$10m^3$

定额编号				G1-4-10	G1-4-11	G1-4-12
子目名称				砖柱（周长）		
				1.2 m以内	1.8 m以内	1.8 m以外
基　价（元）				2804.64	2657.41	2408.90
其中	人工费（元）			1043.54	969.41	778.92
	材料费（元）			1552.39	1494.12	1474.20
	机械费（元）			—	—	—
	管理费（元）			208.71	193.88	155.78
组合编号	组合子目名称		单位	工程量		
A3-25	清水砖方形柱（周长）1.2 m以内		$10m^3$	0.500	—	—
A3-26	清水砖方形柱（周长）1.8 m以内		$10m^3$	—	0.500	—
A3-27	清水砖方形柱（周长）1.8 m以外		$10m^3$	—	—	0.500
A3-28	混水砖方形柱（周长）1.2 m以内		$10m^3$	0.500	—	—
A3-29	混水砖方形柱（周长）1.8 m以内		$10m^3$	—	0.500	—
A3-30	混水砖方形柱（周长）1.8 m以外		$10m^3$	—	—	0.500
编码	名称	单位	单价(元)	消耗量		
0001001	综合工日	工日	51.00	20.462	19.008	15.273
0413001	标准砖 240×115×53	千块	270.00	5.680	5.459	5.382
3115001	水	m^3	2.80	1.140	1.100	1.090
9946131	其他材料费	元	1.00	15.60	17.11	18.14
8001441	含量：水泥石灰砂浆 M7.5（制作）	m^3	—	[1.960]	[2.150]	[2.280]

2.6.2　概算指标

1. 概算指标的概念及作用

（1）概算指标的概念

概算指标是以统计指标的形式反映工程建设过程中生产单位合格工程建设产品所需资源消耗量的水平。它通常是以整个建筑物和构筑物为对象，以建筑面积、体积或成套设备装置的台或组为计量单位，包括人工、材料和机具台班的消耗量标准和造价指标。

从上述概念中可以看出，建筑安装工程概算定额与概算指标的主要区别如下：

①确定各种消耗量指标的对象不同。概算定额是以单位扩大分项工程或单位扩大结构构件为对象，而概算指标则是以整个建筑物（如100 m^2 或1000 m^2 建筑物）和构筑物为对象。因此概算指标比概算定额更加综合，范围更大。

②确定各种消耗量指标的依据不同。概算定额以现行预算定额为基础，通过计算之后才综合确定出各种消耗量指标，而概算指标中各种消耗量指标的确定，则主要来自各种预算或结算资料。

（2）概算指标的作用

概算指标和概算定额、预算定额一样，都是与各个设计阶段相适应的多次性计价的产物，它主要用于投资估价、初步设计阶段，其作用主要有：

①概算指标可以作为编制投资估算的参考。

②概算指标中的主要材料指标可以作为匡算主要材料用量的依据。

③概算指标是设计单位进行设计方案比较，建设单位选址的一种依据。

④概算指标是编制固定资产投资计划、确定投资额和主要材料计划的主要依据。

2. 概算指标的组成内容及表现形式

（1）组成内容

概算指标的组成内容一般分为文字说明和列表形式两部分，以及必要的附录。

①文字说明。包括总说明和分册说明，其内容为：概算指标的编制范围、编制依据、分册情况、指标包括的内容和未包括的内容、指标的使用方法、指标允许调整的范围及调整方法等。

②列表形式。建筑工程列表形式分为以下几个部分：

a. 示意图。由立面图和平面图组成，必要时还要画出剖面图，表明工程的结构，工业项目还要表示出吊车及起重能力等。

b. 工程特征。对采暖工程应列出采暖热媒及采暖形式；对电气照明工程可列出建筑层数、结构类型、配线方式、灯具名称等；对房屋建筑工程主要列出工程的结构形式、层高、层数和建筑面积等。表2－4为某地内浇外砌住宅结构特征示例。

c. 经济指标。说明该项目每100 m^2 的造价指标及其中土建、水暖和电照等单位工程的相应造价，如表2－5所示。

d. 构造内容及工程量指标。说明该工程项目的构造内容和相应计算单位的工程量指标及人工、材料消耗指标，如表2－6和表2－7所示。

表2-4 内浇外砌住宅结构特征

结构类型	层数	层高	檐高	建筑面积
内浇外砌	6	2.8 m	17.7 m	4206 m^2

表2-5 内浇外砌住宅经济指标

100 m^2 建筑面积

项目		合计（元）	其中			
			直接费	间接费	利润	税金
造价		182532	131160	33456	11358	6558
其中	土建	156798	112668	28740	9756	5634
	水暖	15390	11058	2820	960	552
	电照	3684	7434	1896	642	372

表2-6 内浇外砌住宅构造内容及工程量指标

100 m^2 建筑面积

序号	构造特征		工程量	
			单位	数量
	一、土建			
1	基础	灌注桩	m^3	14.64
2	外墙	二砖墙、清水墙勾缝、内墙抹灰刷白	m^3	24.32
3	内墙	混凝土墙、一砖墙、抹灰刷白	m^3	22.70
4	柱	混凝土柱	m^3	0.70
5	地面	碎砖垫层、水泥砂浆面层	m^2	13.00
6	楼面	120 mm 预制空心板、水泥砂浆面层	m^2	65.00
7	门窗	木门窗	m^2	62.00
8	屋面	预制空心板、水泥珍珠岩保温、三毡四油卷材防水	m^2	21.70
9	脚手架	综合脚手架	m^2	100.00
	二、水暖			
1	采暖方式	集中采暖		
2	给水性质	生活给水明设		
3	排水性质	生活排水		
4	通风方式	自然通风		
	三、电照			
1	配电方式	塑料管暗配电线		
2	灯具种类	日光灯		
3	用电量			

表2-7　内浇外砌住宅人工及主要材料消耗指标

100 m^2 建筑面积

序号	名称	单位	数量	序号	名称	单位	数量
一、土建				二、水暖			
1	人工	工日	506.00	1	人工	工日	39.00
2	钢筋	t	3.25	2	钢管	t	0.18
3	型钢	t	0.13	3	暖气片	m^2	20.00
4	水泥	t	18.10	4	卫生器具	套	2.35
5	白灰	t	2.10	5	水表	个	1.84
6	沥青	t	0.29	三、电照			
7	砖	千块	15.10	1	人工	工日	20.00
8	木材	m^3	4.10	2	电线	m	283.00
9	砂	m^3	41.00	3	钢管	t	0.04
10	砺石	m^3	30.50	4	灯具	套	8.43
11	玻璃	m^2	29.20	5	电表	个	1.84
12	卷材	m^2	80.80	6	配电箱	套	6.10

（2）表现形式

概算指标在其表达形式上，可分为综合概算指标和单项概算指标。

①综合概算指标。综合概算指标是以一种类型的建筑物或构筑物为研究对象，以建筑物或构筑物的体积或面积为计量单位，综合了该类型范围内各种规格的单位工程造价和消耗量指标而形成的。它反映的不是具体工程的指标，而是一类工程的综合指标，是一种概括性较强的指标。对于房屋来讲，只包括单位工程的单方造价、单项工程造价和每100 m^2 土建工程的主要材料消耗量。

②单项概算指标。单项概算指标是指为某种建筑物或构筑物而编制的概算指标。单项概算指标的针对性较强，故指标中对工程结构形式要作介绍。只要工程项目的结构形式及工程内容与单项指标中的工程概况相吻合，编制出的设计概算就比较准确。

3. 概算指标的编制

（1）概算指标的编制原则

①按平均水平确定概算指标的原则。在我国社会主义市场经济条件下，概算指标作为确定工程造价的依据，必须遵照价值规律的客观要求，在编制时必须按社会必要劳动时间，贯彻平均水平的编制原则。只有这样才能使概算指标合理确定和控制工程造价的作用得到充分发挥。

②概算指标的内容和表现形式，要贯彻简明适用的原则。概算指标从形式到内容应简明易懂，要便于在使用时根据拟建工程的具体情况进行必要的调整换算，能在较大范围内满足不同用途的需要。

③概算指标的编制依据，必须具有代表性。编制概算指标所依据的工程设计资料必须

是有代表性的，技术上是先进的、经济上是合理的。

（2）概算指标的编制依据

以建筑工程为例，建筑工程概算指标的编制依据有：

①标准设计图纸和各类工程典型设计；

②国家颁发的建筑标准、设计规范、施工规范等；

③各类工程造价资料；

④现行的概算定额、预算定额及补充定额资料；

⑤人工工资标准、材料预算价格、机具台班预算价格及其他价格资料。

（3）概算指标的编制步骤

以房屋建筑工程为例，概算指标可按以下步骤进行编制：

①首先成立编制小组，拟定工作方案，明确编制原则和方法，确定指标的内容及表现形式，确定基价所依据的人工工资单价、材料预算价格、机具台班单价。

②收集整理编制指标所必需的标准设计、典型设计以及有代表性的工程设计图纸，设计预算等资料，充分利用有使用价值的已经积累的工程造价资料。

③按指标内容及表现形式的要求进行具体的计算分析，工程量尽可能利用经过审定的工程竣工结算的工程量，以及可以利用的可靠的工程量数据。按基价所依据的价格要求计算综合指标，并计算必要的主要材料消耗指标，用于调整价差的万元工、料、机消耗指标，一般可按不同类型工程划分项目进行计算。

④最后进行核对审核、平衡分析、水平测算、审查定稿。随着有使用价值的工程造价资料积累制度和数据库的建立，以及电脑、网络的充分发展利用，概算指标的编制工作将得到根本改观。

（4）概算指标编制方法

单项指标的编制较为简单，按具体的设计施工图和预算定额编制工程预算书，算出工程造价及资源消耗量，再将其除以建筑面积即得单项指标。

综合指标的编制是一个综合过程，其基本原理是将不同工程的单项指标进行加权平均，计算能综合反映一般水平的单位造价及资源消耗量指标，该指标即为工程的综合指标。

4. 概算指标的应用

概算指标的应用比概算定额具有更大的灵活性，由于它是一种综合性很强的指标，不可能与拟建工程的建筑特征、结构特征、自然条件、施工条件完全一致。因此，在选用概算指标时要十分慎重，选用的指标与设计对象在各个方面应尽量一致或接近，不一致的地方要进行换算，以提高准确性。

概算指标的应用一般有两种情况：

（1）如果设计对象的结构特征与概算指标一致时，可以直接套用。

（2）如果设计对象的结构特征与概算指标的规定局部不同时，要对指标的局部内容进行调整后再套用。

①每 100 m^2 造价的调整。调整的思路如同定额换算，即从原每 100 m^2 概算造价中，减去每 100 m^2 建筑面积需换算出结构构件的价值，加上每 100 m^2 建筑面积需换入结构构件的价值，即得每 100 m^2 修正概算造价调整指标，再将每 100 m^2 造价调整指标乘以设计

对象的建筑面积，即得出拟建工程的概算造价。

②每 100 m^2 工料数量的调整。调整的思路是从所选定指标的工料消耗量中，换出与拟建工程不同的结构构件的工料消耗量，换入所需结构构件的工料消耗量。

关于换入换出的工料数量，是根据换出换入结构构件的工程量乘以相应的概算定额中工料消耗指标得到的。根据调整后的工料消耗量和地区材料预算价格、人工工资标准、机具台班预算单价，计算每 100 m^2 的概算基价，然后根据有关取费规定，计算每 100 m^2 的概算造价。

用概算指标编制工程概算，工程量的计算工作很小，也节省了大量的定额套用和工料分析工作，因此比用概算定额编制工程概算的速度要快，但是准确性差一些。

思　考　题

2-1　简述我国建设工程定额的分类和作用。

2-2　简述工作时间研究和施工过程分解的概念及作用。

2-3　简述工人工作时间的分类。

2-4　简述劳动定额、材料消耗定额和机具台班使用定额的编制方法。

2-5　简述人工、材料、机具台班单价的组成和确定方法。

2-6　简述施工定额的概念及其性质。

2-7　简述预算定额的概念及性质。

2-8　施工定额与预算定额有何区别与联系？概括说明在施工定额基础上编制预算定额的基本原理。

2-9　如何确定预算定额人工、材料、机具台班的消耗量？

2-10　单位估价表编制的基本原理是什么？

2-11　简述概算定额和概算指标的概念、作用及编制方法。

第3章　建设工程造价的构成

3.1　建设工程造价构成概述

建设项目总投资是指为完成工程项目建设并达到使用要求或生产条件，在建设期内预计或实际投入的全部费用之和。生产性建设项目总投资包括固定资产投资和流动资产投资，固定资产投资与建设项目的工程造价在量上相等。非生产性建设项目总投资一般仅指工程造价。

工程造价的构成按工程建设项目中各类费用支出或花费的性质、途径等来确定，是通过费用划分和汇集所形成的工程造价的费用分解结构。工程造价基本构成中，包括用于建筑和安装施工所需支出的费用，用于购买工程项目所含设备的费用，用于委托工程勘察设计应支付的费用，用于购置土地所需的费用，也包括建设单位自身进行项目筹建和项目管理所花费的费用。总之，工程造价是工程项目按照确定的建设内容、建设规模、建设标准、功能要求和使用要求等全部建成并验收合格交付使用所需要的全部费用。

我国现行建设项目总投资的构成如表3－1所示，主要划分为建筑安装工程费用、设备及工器具费用、工程建设其他费用、预备费、资金筹措费、流动资金等几项。

表3－1　建设项目投资构成表

<table>
<tr><th colspan="2">投资构成</th><th colspan="3">费用项目</th></tr>
<tr><td rowspan="6">建设项目总投资</td><td rowspan="6">固定资产投资（工程造价）</td><td rowspan="3">建筑安装工程费用</td><td>按费用构成要素划分</td><td>按造价形成划分</td></tr>
<tr><td>人工费
材料费
施工机具使用费
企业管理费
利润</td><td>分部分项工程费
措施项目费
其他项目费</td></tr>
<tr><td>规费
增值税</td><td>规费
增值税</td></tr>
<tr><td rowspan="3">设备及工器具费用</td><td rowspan="2">设备购置费（包括备品备件）</td><td>设备原价</td></tr>
<tr><td>设备运杂费</td></tr>
<tr><td colspan="2">工器具及生产家具购置费</td></tr>
</table>

续表 3－1

投资构成		费用项目		
建设项目总投资	固定资产投资（工程造价）	工程建设其他费用	建设用地费	
			与项目建设有关的费用	建设管理费 可行性研究费 研究试验费 专项评价费 勘察设计费 场地准备及临时设施费 工程保险费 引进技术和进口设备其他费用 特殊设备安全监督检验费 市政公用设施费
			与未来企业生产经营有关的费用	联合试运转费 专利及专有技术使用费 生产准备费
		预备费	基本预备费	
			价差预备费	
		资金筹措费		
	流动资产投资	流动资金		

3.2 建筑安装工程费用的构成

3.2.1 建筑安装工程费用概述

建筑安装工程费是工程造价中最活跃的部分，它由建筑工程造价和安装工程造价两部分组成。

1. 建筑工程费

建筑工程费包括以下内容：

①各类房屋建筑工程和列入房屋建筑工程预算的供水、供暖、供电、卫生、通风、煤气等设备费用及其装饰、油饰工程的费用，以及列入建筑工程预算的各种管道、电力、电信和电缆导线敷设工程的费用；

②设备基础、支柱、工作台、烟囱、水塔、水池、灰塔等建筑工程以及各种窑炉的砌筑工程和金属结构工程的费用；

③为施工而进行的场地平整，工程和水文地质勘查，原有建筑物和障碍物的拆除以及施工临时用水、电、气、道路和完工后的场地清理、环境绿化美化等工作的费用；

④矿井开凿、井巷延伸、露天矿剥离，石油、天然气钻井，修建铁路、公路、桥梁、水库、堤坝、灌渠及防洪等工程的费用。

2. 安装工程费

安装工程费包括以下内容：

①生产、动力、起重、运输、传动和医疗、实验等各种需要安装的机械设备装配费用；与设备相连的工作台、梯子、栏杆等装设工程，附设于被安装设备的管线敷设工程，被安装设备的绝缘、防腐、保温、油漆等工作的材料费和安装费；

②为测定安装工程质量，对单个设备进行单机试运转，对系统设备进行系统联动无负荷试运转工作的调试费。

3.2.2 建筑安装工程费用的构成

按照住房城乡建设部、财政部《关于印发〈建筑安装工程费用项目组成〉的通知》（建标〔2013〕44 号）规定，我国现行建筑安装工程费用项目组成有两种划分方式。

1. 按费用构成要素划分

建筑安装工程费按照费用构成要素划分：由人工费、材料费、施工机具使用费、企业管理费、利润、规费和增值税组成，如图 3－1 所示。其中，人工费、材料费、施工机具使用费、企业管理费和利润包含在分部分项工程费、措施项目费、其他项目费中。

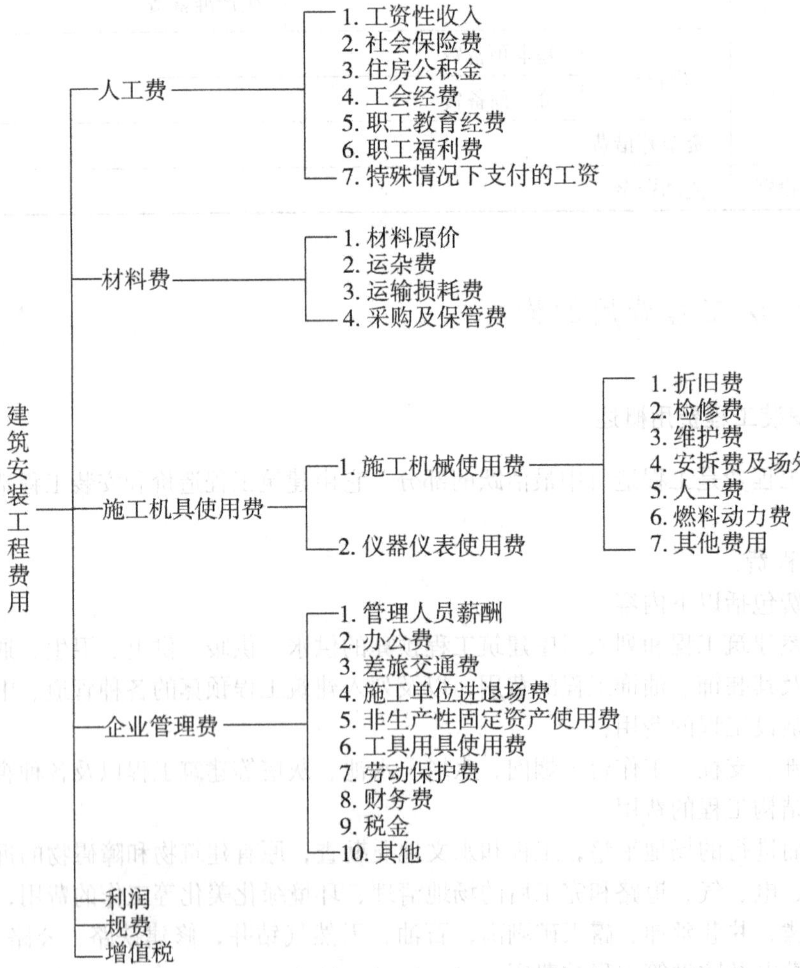

图 3－1　建筑安装工程费用组成（按费用构成要素划分）

一般将人工费、材料费、施工机具使用费称为直接费。直接费是指施工过程中耗费的构成工程实体或独立计价措施项目的费用，以及按综合计费形式表现的措施费用。直接费包括人工费、材料费、施工机具使用费和其他直接费。

（1）人工费

人工费是指直接从事建筑安装工程施工的生产工人开支的各项费用。构成人工费的基本要素有两个，即人工工日消耗量和人工日工资单价。人工费的基本计算公式为

$$人工费 = \sum(工日消耗量 \times 日工资单价) \tag{3-1}$$

其中，工日消耗量是指在正常施工生产条件下，生产单位合格建筑安装产品（分部分项工程或结构构件）必须消耗的标准人工工日数量。它由分项工程所综合的各个工序施工劳动定额包括的基本用工和其他用工两部分组成。日工资单价包括工资性收入、社会保险费、住房公积金、职工福利费、工会经费、职工教育经费及特殊情况下发生的工资等。日工资单价应通过市场调查、根据工程项目的技术要求，参考实物工程量人工单价综合分析确定。

人工费的开支人员范围包括直接从事施工的生产工人，施工现场水平运输、垂直运输的工人，附属生产的工人和辅助生产的工人；但不包括材料采购和保管以及材料到达工地之前的运输装卸的工人、驾驶施工机械和运输工具的工人。

（2）材料费

材料费是指工程施工过程中耗费的各种原材料、半成品、构配件的费用，以及周转材料等的摊销、租赁费用。构成材料费的基本要素是材料消耗量和材料单价。材料费的计算公式为

$$材料费 = \sum(材料消耗量 \times 材料单价) \tag{3-2}$$

材料消耗量是指在合理和节约使用材料的条件下，生产单位合格建筑安装产品（分部分项工程或结构构件）必须消耗的一定品种规格的原材料、辅助材料、构配件、零件、半成品等的数量标准。它包括材料净用量和材料不可避免的损耗量。

材料单价由材料原价、运杂费、运输损耗费、采购及保管费组成，详见第2.3.2节。当采用一般计税方法时，材料单价中的材料原价、运杂费等均应扣除增值税进项税额。

（3）施工机具使用费

施工机具使用费是指施工作业所发生的施工机械、仪器仪表使用费或其租赁费，包括施工机械使用费和施工仪器仪表使用费。

①施工机械使用费是指施工机械作业发生的使用费或租赁费。

施工机械使用费以施工机械台班耗用量与施工机械台班单价的乘积表示，施工机械台班单价由折旧费、检修费、维护费、安拆费及场外运费、人工费、燃料动力费及其他费组成。

②施工仪器仪表使用费是指工程施工所发生的仪器仪表使用费或租赁费。施工仪器仪表使用费以施工仪器仪表台班耗用量与施工仪器仪表台班单价的乘积表示，施工仪器仪表

台班单价由折旧费、维护费、校验费和动力费组成。

有关人工工日消耗量、材料消耗量和施工机具台班消耗量的计算详见第2.5节，有关日工资单价、材料单价、机具台班单价的具体构成和计算详见第2.3节。

（4）企业管理费

企业管理费是指建筑安装企业组织施工生产和经营管理所需费用。企业管理费一般列为间接费。间接费是指虽不直接由施工的工艺过程所引起，但却与工程的总体条件有关的费用。

企业管理费具体内容如下：

①管理人员薪酬：即管理人员的人工费，内容包括工资性收入、社会保险费、住房公积金、职工福利费、工会经费、职工教育经费及特殊情况下发生的工资等。

②办公费：企业管理办公用的文具、纸张、账表、印刷、通信、书报、宣传、办公软件、现场监控、会议、水电、烧水和集体取暖降温（包括现场临时宿舍取暖降温）等费用。

③差旅交通费：指职工出差的差旅费、市内交通费和误餐补助费，以及管理部门使用的交通工具的油料、燃料、年检等费用。

④施工单位进退场费：施工单位根据建设任务需要，派遣生产人员和施工机具设备从基地迁往工程所在地或从一个项目迁往另一个项目所发生的搬迁费，包括生产工人调遣的差旅费，调遣转移期间的工资、行李运费，施工机械、工具、用具、周转性材料及其他施工装备的搬运费用等。

⑤非生产性固定资产使用费：管理和试验部门及附属生产单位使用的属于非生产性固定资产的房屋、车辆、设备、仪器等的折旧、大修、维修或租赁费。

⑥工具用具使用费：企业施工生产和管理使用的不属于固定资产的工具、器具、家具、交通工具和检验、试验、测绘、消防用具等的购置、维修和摊销费。

⑦劳动保护费：企业按规定发放的劳动保护用品的支出，如工作服、手套、防暑降温饮料以及在有碍身体健康的环境中施工的保健费用等。

⑧财务费：企业为施工生产筹集资金或提供预付款担保、履约担保、职工工资支付担保等所发生的各种费用。

⑨税金：企业按规定缴纳的房产税、非生产性车船使用税、土地使用税、印花税、消费税、资源税、环境保护税、城市维护建设税、教育费附加、地方教育附加等各项税费。

⑩其他管理性的费用：包括技术转让费、技术开发费、投标费、业务招待费、绿化费、广告费、公证费、法律顾问费、审计费、咨询费、保险费、劳动力招募费、企业定额编制费、远程视频监控费、信息化购置运维费、采购材料的自检费用等。

企业管理费（间接费）的计算方法按取费基数的不同分为三类：

①以直接费为计算基础：

$$管理费 = 直接费合计 \times 管理费费率(\%) \tag{3-3}$$

②以人工费和施工机具费为计算基础：

$$管理费 = 直接费中的人工费和施工机具费合计 \times 管理费费率(\%) \quad (3-4)$$

③以人工费为计算基础：

$$管理费 = 直接费中的人工费合计 \times 管理费费率(\%) \quad (3-5)$$

在《广东省房屋建筑与装饰工程综合定额 2018》中，管理费是以分部分项的人工费与施工机具费之和为计算基数，按不同费率计算并列入各章相应项目中，实际执行时随人工、机具等价格变动而调整。

(5) 利润

利润是指施工企业完成所承包工程获得的盈利。利润的计算因计算基础不同而有不同，计算公式为

①以直接费为计算基础：

$$利润 = (直接费 + 间接费) \times 相应利润率(\%) \quad (3-6)$$

②以人工费和施工机具费为计算基础：

$$利润 = 人工费和施工机具费合计 \times 相应利润率(\%) \quad (3-7)$$

③以人工费为计算基础：

$$利润 = 人工费合计 \times 相应利润率(\%) \quad (3-8)$$

在施工投标时，施工企业根据企业自身需求并结合建筑市场实际自主确定利润，列入报价中。对于招标工程，各省综合定额中给出的利润率是指导性标准，供工程承发包双方参考。例如，在《广东省房屋建筑与装饰工程综合定额 2018》中，利润的计价基础是人工费与施工机具费之和，工程利润标准按 20.0% 计算。

(6) 规费

规费是指由省级政府和省级有关权力部门规定施工单位必须缴纳，应计入建筑安装工程造价的费用，其取费内容和取费标准各地有所不同。

(7) 增值税

建筑安装工程费用中的增值税是指按照国家税法规定的应计入建筑安装工程造价内的增值税额，按税前造价乘以增值税适用税率确定。

2. 按造价形成划分

建筑安装工程费按照工程造价形成由分部分项工程费、措施项目费、其他项目费、规费、税金组成，分部分项工程费、措施项目费、其他项目费包含人工费、材料费、施工机具使用费、企业管理费和利润，如图 3-2 所示。

(1) 分部分项工程费

分部分项工程费是指各专业工程的分部分项工程应予列支的各项费用。

专业工程是指按现行国家计量规范划分的房屋建筑与装饰工程、仿古建筑工程、通用安装工程、市政工程、园林绿化工程、矿山工程、构筑物工程、城市轨道交通工程、爆破工程等各类工程。

分部分项工程指按现行国家计量规范对各专业工程划分的项目。如房屋建筑与装饰工程划分为土石方工程、地基处理与桩基工程、砌筑工程、钢筋及钢筋混凝土工程等。

- 建筑安装工程费用
  - 分部分项工程费
    - 1. 房屋建筑与装饰工程
      - ①土石方工程
      - ②桩基工程
      - ……
    - 2. 通用安装工程
    - 3. 仿古建筑工程
    - 4. 市政工程
    - 5. 园林绿化工程
    - 6. 城市轨道交通工程
    - 7. 水利工程
    - ……
  - 措施项目费
    - 1. 绿色施工安全防护措施费
    - 2. 模板工程费
    - 3. 脚手架工程费
    - 4. 垂直运输工程费
    - 5. 夜间施工增加费
    - 6. 二次运输费
    - 7. 冬雨季施工增加费
    - 8. 已完工程及设备保护费
    - 9. 赶工措施费
    - 10. 特殊地区施工增加费
    - ……
  - 其他项目费
    - 1. 暂列金额
    - 2. 计日工
    - 3. 总承包服务费
    - ……
  - 规费
  - 增值税

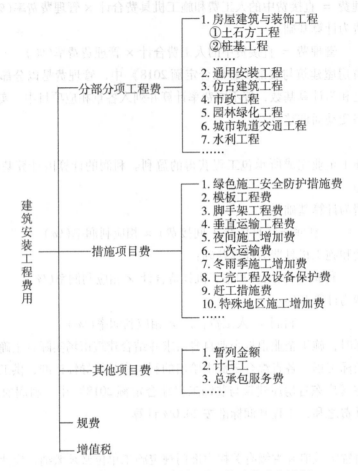

图 3－2　建筑安装工程费用组成（按造价形成划分）

（2）措施费

措施费是指为完成工程项目施工，发生于该工程施工准备和施工过程中的技术、生活、安全、环境保护等方面的非工程实体项目的费用，内容包括绿色施工安全防护措施费以及其他措施费。

①绿色施工安全防护措施费

绿色施工安全防护措施费是在现阶段建设施工过程中，为达到绿色施工和安全防护标准，需实施实体工程之外的措施性项目而发生的费用，主要内容包括以下两个方面：

a. 按照国家现行的建筑施工安全、施工现场环境与卫生标准和有关规定，购置和更新施工安全防护用具及设施、改善安全生产条件和作业环境所需要的费用，如综合脚手架（含安全网）、靠脚手架安全挡板、独立挡板、围尼龙编织布、现场仅设置卷扬机架用作垂直运输机械的费用，临边、洞口、交叉、高处作业安全防护费用，保健急救措施费用，安全监测费用，施工机具防护等费用。

b. 在保证质量、安全等基本要求的前提下，项目实施中通过科学管理和技术进步，最大限度地节约资源，减少对环境的影响，实现环境保护、节能与能源利用、节材与材料资源利用、节水与水资源利用、节地与土地资源保护，达到绿色施工评价标准所需要的措施性费用，如施工现场的各种粉尘、废气、废水、固定废弃物以及噪声、振动对环境的污染和危害的控制措施费用，噪声、振动的施工机械采取减轻噪声扰民的控制措施费用，除四害、预防传染性疾病的措施费用。

绿色施工安全防护措施费，属于不可竞争费用，工程计价时，应单独列项。

②其他措施费

其他措施费指绿色施工安全防护措施费以外的施工、技术、生活、安全等方面所需的措施费用。

其他措施费包含：钢筋混凝土模板及支架等的支、拆、运输、摊销（或租赁）费，综合脚手架、靠脚手架以外的脚手架搭、拆、运输、摊销（或租赁）费，设备、成品及已完工程保护费，施工排水、降水费，赶工措施费，夜间施工费，二次运输费，混凝土泵送增加费，垂直运输机械、大型机械设备进出场及安拆费，洞内施工的通风、供水、供气、供电、照明及通信设施等的搭、拆、运输、摊销（或租赁）费，室内空气污染检测费等。

③其他项目费

a. 暂列金额：是指建设单位在工程量清单中暂定并包括在工程合同价款中的一笔款项。用于施工合同签订时尚未确定或者不可预见的所需材料、工程设备、服务的采购，施工中可能发生的工程变更、合同约定调整因素出现时的工程价款调整以及发生的索赔、现场签证确认等的费用。

b. 计日工：是指在施工过程中，施工企业完成建设单位提出的施工图纸以外的零星项目或工作所需的费用。

c. 总承包服务费：是指总承包人为配合、协调建设单位进行的专业工程发包，对建设单位自行采购的材料、工程设备等进行保管以及施工现场管理、竣工资料汇总整理等服务所需的费用。

④规费和增值税

规费和增值税的取定与按费用构成要素划分的相同。

3.3　设备及工器具购置费的构成

3.3.1　设备及工器具购置费用构成概述

设备及工器具购置费用是由设备购置费和工具、器具及生产家具购置费组成的。在生产性工程建设中，设备及工、器具购置费用占工程造价比重较大。

设备购置费是指为建设项目购置或自制的达到固定资产标准的各种国产或进口设备、工具、器具的购置费用。确定固定资产的标准是：使用年限在一年以上，单位价值在 1000 元、1500 元或 2000 元以上，具体标准由各主管部门规定。设备购置费由设备原价和设备运杂费组成：

$$设备购置费 = 设备原价 + 设备运杂费 \tag{3-9}$$

其中，设备原价是指国产设备或进口设备的原价；设备运杂费是指除设备原价之外的关于设备采购、运输、途中包装及仓库保管等方面支出费用的总和。

工具、器具及生产家具购置费是指新建或扩建项目初步设计规定的，保证初期正常生产必须购置的没有达到固定资产标准的设备、仪器、工具、器具、生产家具和备品备件等的购置费用。一般以设备购置费为计算基数，按照相应费率按下式计算：

$$工具、器具及生产家具购置费 = 设备购置费 \times 定额费率 \qquad (3-10)$$

3.3.2 设备原价的构成与计算

1. 国产设备原价的构成及计算

国产设备原价一般指的是设备制造厂的交货价，即出厂价，或订货合同价。它一般根据生产厂或供应商的询价、报价、合同价确定，或采用一定的方法计算确定。国产设备原价分为国产标准设备原价和国产非标准设备原价。

（1）国产标准设备原价

国产标准设备是指按照主管部门颁布的标准图纸和技术要求，由我国设备生产厂批量生产的，符合国家质量检验标准的设备。国产标准设备原价一般指的是设备制造厂的交货价，即出厂价。有的设备有两种出厂价，即带有备件的出厂价和不带备件的出厂价，在计算设备原价时，一般按带有备件的出厂价计算。国产标准设备一般有完善的设备交易市场，因此可通过查询相关交易市场价格或向生产厂家询价得到国产标准设备原价。如设备由设备公司成套供应，则以订货合同价为设备原价。

（2）国产非标准设备原价

非标准设备是指国家尚无定型标准，各设备生产厂不可能在工艺过程中采用批量生产，只能按一次订货，并根据具体的设计图纸制造的设备。非标准设备由于单件生产、无定型标准，所以无法获取市场交易价格，只能按其成本构成或相关技术参数估算其价格。非标准设备原价有多种不同的计算方法，如成本计算估价法、系列设备插入估价法、分部组合估价法、定额估价法等。但无论采用哪种方法，都应该使非标准设备计价接近实际出厂价，并且计算方法要简便。按成本计算估价法，非标准设备的原价由以下费用组成：

①材料费：

$$材料费 = 材料净重 \times (1 + 加工损耗系数) \times 每吨材料综合价 \qquad (3-11)$$

②加工费：

$$加工费 = 设备总重量(吨) \times 设备每吨加工费 \qquad (3-12)$$

③辅助材料费（简称辅材费）：

$$辅助材料费 = 设备总重量 \times 辅助材料费指标 \qquad (3-13)$$

④专用工具费：按①～③项之和乘以一定百分比计算。

⑤废品损失费：按①～④项之和乘以一定百分比计算。

⑥外购配套件费：按设备设计图纸所列的外购配套件计算。

⑦包装费：按以上①～⑥项之和乘以一定百分比计算。

⑧利润：可按①～⑤项加⑦项之和乘以一定利润率计算。

⑨非标准设备设计费：按国家规定的设计费收费标准计算。

⑩税金：现为增值税，税率为17%。计算公式为

$$增值税 = 当期销项税额 - 进项税额 \qquad (3-14)$$

$$当期销项税额 = 不含税销售额 \times 适用增值税率 \qquad (3-15)$$

其中，不含税销售额为①～⑨之和。

综上所述，单台非标准设备出厂价格可用下面的公式表达：

$$单台设备出厂价格 = \{[(材料费 + 加工费 + 辅助材料费) \times (1 + 专用工具费率) \times (1 + 废品损失费率) + 外购配套件费] \times (1 + 包装费率) - 外购配套件费\} \times (1 + 利润率) + 增值税 + 非标准设备设计费 + 外购配套件费 \quad (3-16)$$

【例3-1】某工厂购买了一台国产非标准设备，生产该台设备所用材料费为50万元，加工费3万元，辅助材料费5000元，专用工具费率2%，废品损失费率10%，外购配套件费4万元，包装费率1%，利润率6%，增值税率为17%，非标准设备设计费4万元，求该国产非标准设备的原价。

解：专用工具费：(50+3+0.5)×2%=1.070（万元）

废品损失费：(50+3+0.5+1.07)×10%=5.457（万元）

包装费：(53.5+1.07+5.457+4)×1%=0.640（万元）

利润：(53.5+1.07+5.457+0.640)×6%=3.640（万元）

增值税：(53.5+1.07+5.457+4+0.640+3.640)×17%=11.612（万元）

该国产非标准设备的原价：53.5+1.07+5.457+4+0.640+3.640+11.612+4=83.919（万元）

2. 进口设备原价的构成及计算

进口设备的原价是指进口设备的抵岸价，即抵达买方边境港口或边境车站，且交完各种手续费、关税为止形成的总价格。进口设备抵岸价的构成与进口设备的交货类别有关。

（1）进口设备的交货类别

进口设备的交货方式可分为内陆交货类、目的地交货类、装运港交货类。

①内陆交货类，即卖方在出口国内陆的某个地点交货。在交货地点，卖方及时提交合同规定的货物和有关凭证，负担交货前的一切费用并承担风险；买方按时接受货物，交付货款，负担接货后的一切费用并承担风险，自行办理出口手续和装运出口。货物的所有权也在交货后由卖方转移给买方。

②目的地交货类，即卖方要在进口国的港口或内地交货，有目的港船上交货价、目的港船边交货价（FOS）和目的港码头交货价（关税已付）及完税后交货价（进口国的指定地点）等几种交货价。它们的特点是：买卖双方承担的责任、费用和风险是以目的地约定交货点为分界线，只有当卖方在交货点将货物置于买方控制下才算交货，才能向买方收取货款。这类交货价对卖方来说承担的风险较大，在国际贸易中卖方一般不愿采用这类交货方式。

③装运港交货类，即卖方在出口国装运港完成交货任务。主要有装运港船上交货价（Free on Board，FOB），习惯称离岸价格；运费在内价（Cost and Freight，C&F）和运费、保险费在内价（Cost Insurance and Freight，CIF），习惯称到岸价格。它们的特点主要是：卖方按照约定的时间在装运港交货，只要卖方把合同规定的货物装船后提供货运单据便完成交货任务，可凭单据收回货款。

装运港船上交货价（FOB）是我国进口设备采用得最多的一种货价。采用船上交货价时卖方的责任是：在规定的期限内，负责在合同规定的装运港口将货物装上买方指定的船只，并及时通知买方；负责货物装船前的一切费用和风险；负责办理出口手续；提供出口国政府或有关方面签发的证件；负责提供有关装运单据。买方的责任是：负责租船或订舱，支付运费，并将船期、船名通知卖方；负担货物装船后的一切费用和风险；负责办理保险及支付保险费，办理在目的港的进口和收货手续；接受卖方提供的有关装运单据，并按合同规定支付货款。

(2) 进口设备抵岸价的构成

前已提及，我国进口设备采用最多的是装运港船上交货价（FOB），其抵岸价构成可概括为

进口设备抵岸价 = 货价 + 国际运费 + 运输保险费 + 银行财务费 + 外贸手续费 + 关税 + 增值税 + 消费税 + 车辆购置附加费　　(3－17)

①货价。一般是指进口设备装运港船上交货价（FOB）。设备货价分为原币货价和人民币货价两种，原币货价一律折算为美元表示，人民币货价按原币货价乘以外汇市场美元兑换人民币中间价确定。进口设备货价按有关生产厂商询价、报价、订货合同价计算；

②国际运费。即从装运港（站）到我国抵达港（站）的运费。我国进口设备大部分采用海洋运输方式，小部分采用铁路运输，个别采用航空运输。进口设备国际运费计算公式为

国际运费(海、陆、空) = 原币货价(FOB 价) × 运费率　　(3－18)

或　国际运费(海、陆、空) = 运量 × 单位运价　　(3－19)

③运输保险费。对外贸易货物运输保险是由保险人（保险公司）与被保险人（出口人或进口人）订立保险契约，在被保险人交付议定的保险费后，保险人根据保险契约的规定对货物在运输过程中发生的承保责任范围内的损失给予经济上的补偿。这是一种财产保险，计算公式为

运输保险费 =(原币货价(FOB 价) + 国际运费)/(1 － 保险费率) × 保险费率　　(3－20)

④银行财务费。银行财务费一般是指中国银行手续费，可按下式简化计算

银行财务费 = 人民币货价(FOB 价) × 银行财务费率(一般为 0.4% ～0.5%)　　(3－21)

⑤外贸手续费。指按商务部规定的外贸手续费率计取的费用，可按下式计算：

外贸手续费 =(装运港船上交货价(FOB 价) + 国际运费 + 运输保险费) × 外贸手续费率
= 到岸价格(CIF 价) × 外贸手续费率(一般取 1.5%)　　(3－22)

⑥关税。是由海关对进出国境或关境的货物和物品征收的一种税，计算公式为

关税 = 到岸价格(CIF 价) × 进口关税税率　　(3－23)

进口关税实行优惠和普通两种税率，普通税率适用于产自与我国未订有关税互惠条款贸易条约或协定的国家与地区的进口设备；优惠税率适用于产自与我国订有关税互惠条款贸易条约或协定的国家与地区的进口设备。

⑦消费税。消费税只对部分进口设备（如轿车、摩托车等）征收，一般计算公式为

消费税额 =（到岸价 + 关税)/(1 －消费税税率) × 消费税税率　　(3－24)

⑧增值税。增值税是对从事进口贸易的单位和个人，在进口商品报关进口后征收的税种。我国增值税条例规定，进口应税产品均按组成计税价格和增值税率直接计算应纳税额，不扣除任何项目的金额或已纳税额。即

进口产品增值税额 = 组成计税价格 × 增值税率　　(3－25)

$$组成计税价格 = 关税完税价格 + 关税 + 消费税 \quad (3-26)$$

⑨车辆购置税。进口车辆需要缴纳车辆购置税，其计算公式为

$$进口车辆购置税 = （到岸价 + 关税 + 消费税 + 增值税）\times 进口车辆购置附加税率 \quad (3-27)$$

3.3.3　设备运杂费

设备运杂费通常由下列各项组成：

①运费和装卸费。国产设备由设备制造厂交货地点起至工地仓库（或安装设备的堆放地点）止所发生的运费和装卸费。进口设备则为我国到岸港口、边境车站起至工地仓库（或施工组织设计指定的需安装设备的堆放地点）止所发生的运费和装卸费。

②包装费。在设备出厂价格中没有包含的设备包装和包装材料器具费。设备价格中如已包括了此项费用，则不应重复计算。

③供销部门的手续费。按有关部门规定的统一费率计算。

④采购与仓库保管费。指采购、验收、保管和收发设备所发生的各种费用，包括设备采购、保管和管理人员的工资、工资附加费、办公费、差旅交通费，设备供应部门办公和仓库所占固定资产使用费、工具用具使用费、劳动保护费、检验试验费等。这些费用可按主管部门规定的采购保管费率计算。

设备运杂费按设备原价乘以设备运杂费率计算，公式为

$$设备运杂费 = 设备原价 \times 设备运杂费率 \quad (3-28)$$

其中，设备运杂费率按各部门及省、市等的规定计取。一般来讲，沿海和交通便利的地区，设备运杂费率相对低一些，内地和交通不很便利的地区就要相对高一些，边远省份则要更高一些。对于非标准设备来讲，应尽量就近委托设备制造厂、施工企业制作或由建设单位自行制作，以大幅度降低设备运杂费。进口设备由于原价较高，国内运距较短，因而运杂费比率应适当降低。

【例3-2】某建筑工程项目，需要进口设备和材料 1000 t，FOB 价为 300 万美元。国际运费为 300 美元/t，国内运杂费率为 2.5%，保险公司的海运保险费率为 0.27%，银行财务费率为离岸价的 0.5%，外贸手续费费率是 1.5%，关税税率为 20%，增值税税率为 17%。美元对人民币的外汇汇率为 1∶7.00。请计算该批设备和材料到达建设现场的估价。

解： 货价：300×7.00 万元 $=2100$（万元人民币）

国际运费：$1000\times300\times7.00$ 元 $=210.0$（万元人民币）

运输保险费：$(2100+210)/(1-0.27\%)\times0.27\%=6.25$（万元人民币）

银行财务费：$2100\times0.5\%=10.5$（万元人民币）

外贸手续费：$(2100+210.0+6.25)\times1.5\%=34.74$（万元人民币）

关税：$(2100+210.0+6.25)\times20\%=463.25$（万元人民币）

增值税：$(2100+210.0+6.25+463.25)\times17\%=472.52$（万元人民币）

国内运杂费：$(2100+210.0+6.25+10.5+34.74+463.25+472.52)\times2.5\%$ $=82.43$（万元人民币）

故，进口设备与材料到达建设现场总价：$2100+210.0+6.25+10.5+34.74+463.25+472.52+82.43=3379.69$（万元人民币）

3.3.4 工器具及生产家具购置费

工器具及生产家具购置费是项目新建或扩建时就已经初步设计规定好的，保证初期正常生产必须购置的未达到固定资产标准的设备、仪器、工卡模具、器具、生产家具和备品备件等的购置费用。一般以设备费为基数，按照部门或行业规定的工器具及生产家具费率计算，其计算公式为

$$工器具及生产家具购置费 = 设备购置费 \times 定额费费率 \quad (3-29)$$

3.4 工程建设其他费用的构成

工程建设其他费用是指从工程筹建起到工程竣工验收交付使用止的整个建设期间，除建筑安装工程费用和设备及工、器具购置费用以外的，为保证工程建设顺利完成和交付使用后能够正常发挥效用而发生的各项费用。

工程建设其他费用，按其内容大体可分为三类，即建设用地费、与工程建设有关的其他费用和与未来企业生产经营有关的其他费用。

3.4.1 建设用地费

建设单位为获得建设用地要取得土地使用权，为此而支付的费用就是建设用地费。建设用地费有两种形式，一是通过划拨方式取得土地使用权而支付的土地征用及拆迁补偿费，二是通过出让方式取得土地使用权而支付的土地使用权出让金。

1. 土地征用及拆迁补偿费

土地征用及拆迁补偿费，是指建设项目通过划拨方式取得无限期的土地使用权，依照《中华人民共和国土地管理法》等规定，须承担征地补偿费用或对原用地单位或个人的拆迁补偿费用，其总和一般不得超过被征土地年产值的30倍，土地年产值则按该地被征用前3年的平均产量和国家规定的价格计算。其内容如下：

(1) 土地补偿费。土地补偿费是对农村集体经济组织因土地被征用而造成的经济损失的一种补偿。征用耕地（包括菜地）的补偿标准，按该耕地征用前三年平均年产值的6～10倍，具体补偿标准由省、自治区、直辖市人民政府在此范围内制定。征用园地、鱼塘、藕塘、苇塘、宅基地、林地、牧场、草原等的补偿标准，由省、自治区、直辖市人民政府制定；征收无收益的土地，不予补偿。土地补偿费归农村集体经济组织所有。

(2) 青苗补偿费和被征用土地上的房屋、水井、树木等附着物补偿费。这些补偿费的标准由省、自治区、直辖市人民政府制定。在农村实行承包责任制后，农民自行承包土地的青苗补偿费应付给本人，属于集体种植的青苗补偿费可纳入当年集体收益。凡在协商征地方案后抢种的农作物、树木等，一律不予补偿。如地上附着物产权属个人，则附着物补偿费付给个人。征用城市郊区的菜地时，还应按照有关规定向国家缴纳新菜地开发建设基金。

(3) 安置补助费。征用耕地、菜地的，每个农业人口的安置补助费为该地征用前三年平均年产值的4～6倍，每亩耕地的安置补助费最高不得超过其年产值的15倍。

(4) 缴纳的耕地占用税。耕地占用税是对占用耕地建房或者从事其他非农业建设的

单位和个人征收的一种税收，目的是合理利用土地资源、节约用地，保护农用耕地。

（5）土地管理费。土地管理费主要作为征地工作中所发生的办公、会议、培训、宣传、差旅等费用。县市土地管理机关从征地费中提取土地管理费的比率，要按征地工作量大小，视不同情况，在2%～4%幅度内提取。

（6）拆迁补偿费。在城市规划区内国有土地上实行房屋拆迁，拆迁人应当对房屋所有权人给予补偿。拆迁补偿的方式可以实行货币补偿，也可以实行房屋产权调换。货币补偿的金额根据被拆迁房屋的区位、用途、建筑面积等因素，以房地产市场评估价格确定。实行房屋产权调换的，拆迁人与被拆迁人按照计算得到的被拆迁房屋的补偿金额和所调换房屋的价格，结清产权调换的差价。

（7）搬迁、安置补助费。拆迁人应当对被拆迁人或者房屋承租人支付搬迁补助费。在搬迁过渡期限内，被拆迁人或者房屋承租人自行安排住处的，拆迁人应当支付临时安置补助费。

2. 土地使用权出让金

土地使用权出让金，指建设项目通过土地使用权出让方式，取得有限期的土地使用权，依照《中华人民共和国城镇国有土地使用权出让和转让暂行条例》规定，支付的土地使用权出让金。条例明确国家是城市土地的唯一所有者，并分层次、有偿、有限期地出让、转让城市土地。第一层次是城市政府将国有土地使用权出让给用地者，该层次由城市政府垄断经营，出让对象可以是有法人资格的企事业单位，也可以是外商。第二层次及以下层次的转让则发生在使用者之间。

城市土地的出让和转让可采用招标、公开拍卖和挂牌等方式：

（1）招标方式是在规定的期限内，由用地单位以书面形式投标，省、市政府根据投标报价、所提供的规划方案以及企业信誉综合考虑，择优而取。该方式适用于一般工程建设用地。

（2）公开拍卖是指在指定的地点和时间，由申请用地者叫价应价，价高者得。这完全是由市场竞争决定，适用于盈利高的商业用地。

（3）挂牌出让是指出让人发布挂牌公告，按公告规定的期限将拟出让宗地的交易条件在指定的土地交易场所挂牌公布，接受竞买人的报价申请并更新挂牌价格，根据挂牌期限截止时的出价结果确定土地使用者的行为。

在有偿出让和转让土地时，政府对地价不作统一规定，但应坚持以下原则：

（1）地价对目前的投资环境不产生大的影响。

（2）地价与当地的社会经济承受能力相适应。

（3）地价要考虑已投入的土地开发费用、土地市场供求关系、土地用途和使用年限。关于政府有偿出让土地使用权的年限，各地可根据商业用地、工业用地、居住用地等不同用途作不同的规定，一般在40～70年之间。

土地有偿出让和转让，土地使用者和所有者要签约，明确使用者对土地享有的权利和对土地所有者应承担的义务：

（1）有偿出让和转让使用权，要向土地受让者征收契税。

（2）转让土地如有增值，要向转让者征收土地增值税。

（3）在土地转让期间，国家要区别不同地段、不同用途向土地使用者收取土地占用费。

3.4.2 与项目建设有关的其他费用

根据项目的不同，与项目建设有关的其他费用的构成也不尽相同，一般而言主要包括建设管理费、可行性研究费、专项评价费、研究试验费、场地准备及临时设施费、勘察设计费、工程保险费、引进技术和进口设备材料其他费用、特殊设备安全监督检验费、市政公用配套设施费等。

1. 建设管理费

建设管理费是指建设单位为组织完成工程项目建设，在建设期内发生的各类管理性质费用。其包括建设单位管理费、代建管理费、工程监理费、监造费、招标投标费、设计评审费、特殊项目定额研究及测定费、其他咨询费、印花税等。

（1）建设单位管理费

建设单位管理费是指建设项目从立项、筹建、建设、联合试运转、竣工验收交付使用及后评估等全过程管理所需费用，包括以下内容：

①单位建设开办费。指新建项目为保证筹建和建设工作正常进行所需的办公设备、生活家具、用具、交通工具等的购置费用。

②建设单位经费。其包括工作人员薪酬及相关费用、办公费、差旅交通费、固定资产使用费、工具用具使用费、技术图书资料费、生产人员招募费、工程招标费、合同契约公证费、工程质量监督检测费、工程咨询费、法律顾问费、审计费、业务招待费、竣工交付使用清理及竣工验收费、后评估等费用，不包括应计入设备、材料预算价格的建设单位采购及保管设备材料所需的费用。实行代建制管理的项目，计列代建管理费等同建设单位管理费，不得同时计列建设单位管理费。

建设单位管理费按照单项工程费用之和（包括设备工器具购置费和建设安装工程费用）乘以建设单位管理费率计算。建设单位管理费率按照建设项目的不同性质、不同规模确定。

（2）工程监理费

工程监理费是指建设单位委托工程监理单位对工程实施监理工作所需费用。按照国家发展改革委《关于〈进一步放开建设项目专业服务价格〉的通知》（发改价格〔2015〕299号）规定，此项费用实行市场调节价。

2. 可行性研究费

可行性研究费是指在工程项目投资决策阶段，对有关建设方案、技术方案或生产经营方案进行的技术经济论证，以及编制、评审可行性研究报告等所需的费用，包括项目建议书、预可行性研究、可行性研究费等。此项费用应依据前期研究委托合同计列，按照国家发展改革委《关于〈进一步放开建设项目专业服务价格〉的通知》（发改价格〔2015〕299号）规定，此项费用实行市场调节价。

3. 专项评价费

专项评价费是指建设单位按照国家规定委托有资质的单位开展专项评价及有关验收工作发生的费用。其包括环境影响评价及验收费、安全预评价及验收费、职业病危害预评价及控制效果评价费、地震安全性评价费、地质灾害危险性评价费、水土保持评价及验收费、压覆矿产资源评价费、节能评估费、危险与可操作性分析及安全完整性评价费以及其他专项评价及验收费。

4. 研究试验费

研究试验费是指为建设项目提供和验证设计参数、数据、资料等所进行的必要的试验费用，以及设计规定在施工中必须进行试验、验证所需费用，包括自行或委托其他部门研究试验所需的人工费、材料费、试验设备及仪器使用费等。这项费用按照设计单位根据本工程项目的需要提出的研究试验内容和要求计算。

5. 场地准备及临时设施费

场地准备费是指为使工程项目的建设场地达到开工条件，由建设单位组织进行的场地平整等准备工作而发生的费用。

临时设施费是指建设单位为满足施工建设需要而提供的未列入工程费用的临时水、电、路、信、气等工程和临时仓库等建（构）筑物的建设、维修、拆除、摊销费用或租赁费用，以及铁路、码头租赁等费用。

场地准备及临时设施应尽量与永久性工程统一考虑。建设场地的大型土石方工程应计入工程费用中的总图运输费用中。新建项目的场地准备和临时设施费应根据实际工程量估算，或按工程费用的比例计算。改扩建项目一般只计拆除清理费。场地准备及临时设施费不包括已列入建筑安装工程费中的施工单位临时设施费用。

6. 勘察设计费

勘察费是指勘察人根据发包人的委托，收集已有资料、现场踏勘、制定勘察纲要，进行勘察作业，以及编制工程勘察文件和岩土工程设计文件等收取的费用。

设计费是指设计人根据发包人的委托，提供编制建设项目初步设计文件、施工图设计文件、非标准设备设计文件、竣工图文件等服务所收取的费用。

按照国家发展改革委《关于〈进一步放开建设项目专业服务价格〉的通知》（发改价格〔2015〕299号）规定，勘察费和设计费实行市场调节价。

7. 工程保险费

工程保险费是指在建设期内对建筑工程、安装工程、机械设备和人身安全进行投保而发生的费用。其包括建筑安装工程一切险、工程质量保险、进口设备财产保险和人身意外伤害险等。

8. 引进技术和进口设备材料其他费用

引进技术和进口设备材料其他费是指引进技术和设备发生的但未计入引进技术费和设备材料购置费的费用。其包括图纸资料翻译复制费、备品备件测绘费、出国人员费用、来华人员费用、银行担保及承诺费、进口设备材料国内检验费等。

9. 特殊设备安全监督检验费

特殊设备安全监督检验费是指对在施工现场安装的列入国家特种设备范围内的设备（设施）检验检测和监督检查所发生的应列入项目开支的费用。

10. 市政公用配套设施费

市政公用配套设施费是指使用市政公用设施的工程项目，按照项目所在地政府有关规定建设或缴纳的市政公用设施建设配套费用。

市政公用配套设施费可以是界区外水、电、路、信等配套费，也包括绿化、人防等缴纳的费用。

3.4.3 与未来企业生产经营有关的其他费用

该项费用主要包括联合试运转费、专利及专有技术使用费、生产准备费等。

1. 联合试运转费

联合试运转费是指新增企业或新增加生产工艺过程的扩建企业在竣工验收前，按照设计规定的工程质量标准，进行整个生产线或装置的负荷试运转发生的费用支出大于试运转收入的亏损部分，费用支出一般包括试运转所需的原料、燃料、油料和动力的费用，机械使用费用，低值易耗品及其他物品的购置费用和施工单位参加联合试运转人员的工资等。试运转收入包括试运转产品销售和其他收入，该项费用不包括应由设备安装工程费用开支的单台设备调试费及试车费用。联合试运转费一般根据不同性质的项目按需要试运转车间的工艺设备购置费的百分比计算。

2. 专利及专有技术使用费

专利及专有技术使用费是指在建设期内取得专利、专有技术、商标、商誉和特许经营的所有权或使用权发生的费用。其包括工艺包费、设计及技术资料费、有效专利、专有技术使用费、技术保密费和技术服务费等，商标权、商誉和特许经营权费，软件费等。

3. 生产准备费

生产准备费是指在建设期内，建设单位为保证项目正常生产而发生的人员培训、提前进厂费，以及投产使用必备的办公、生活家具用具及工器具等的购置费用。

（1）人员培训费及提前进厂费。人员培训费包括自行培训、委托其他单位培训的人员的工资、工资性补贴、职工福利费、差旅交通费、学习资料费、学习费、劳动保护费等。提前进厂费指生产单位提前进厂参加施工、设备安装、调试等以及熟悉工艺流程及设备性能等人员的工资、工资性补贴、职工福利费、差旅交通费、劳动保护费等。

人员培训费及提前进厂费一般根据需要培训和提前进厂人员的人数及培训时间按生产准备费指标进行估算。

（2）办公和生活家具购置费。办公和生活家具购置费是指为保证新建、改建、扩建项目初期正常生产、使用和管理所必须购置的办公和生活家具、用具的费用。其范围包括办公室、会议室、资料档案室、阅览室、文娱室、食堂、浴室、理发室、单身宿舍和设计规定必须建设的托儿所、卫生所、招待所、中小学校等家具用具购置费。这项费用按照设计定员人数乘以综合指标计算。要注意的是改、扩建项目所需的办公和生活用具购置费，应低于新建项目。

3.5 预备费和资金筹措费

3.5.1 预备费

预备费包括基本预备费和价差预备费两部分费用。

1. 基本预备费

基本预备费是指在投资估算或设计概算阶段预留的，由于工程实施中不可预见的工程变更及洽谈、一般自然灾害处理、地下障碍物处理、超规超限设备运输等可能增加的费用，费用内容包括：

（1）在批准的初步设计范围内，技术设计、施工图设计及施工过程中所增加的工程费用；设计变更、局部地基处理等增加的费用。

（2）一般自然灾害造成的损失和预防自然灾害所采取的措施费用。实行工程保险的工程项目，该费用应适当降低。

（3）竣工验收时为鉴定工程质量对隐蔽工程进行必要的挖掘和修复的费用。

（4）超规超限设备运输过程中可能增加的费用。

基本预备费一般用建筑安装工程费、设备及工器具购置费和工程建设其他费用三者之和乘以基本预备费费率计算，计算公式为

$$基本预备费 =（建筑安装工程费用 + 设备及工器具购置费 + 工程建设其他费用）\times 基本预备费费率 \tag{3-30}$$

基本预备费费率按照国家有关部门的规定执行。

2. 价差预备费

价差预备费是指建设项目在建设期内由于价格等变化引起工程造价变化的预留费用。其费用内容包括人工、设备、材料和施工机械的价差费，建筑安装工程费及工程建设其他费用的调整，利率、汇率调整等所增加的费用。

价差预备费的测算方法，一般根据国家规定的投资综合价格指数，按估算年份价格水平的投资额为基数，采用复利方法计算。计算公式为

$$PF = \sum_{t=0}^{n} I_t[(1+f)^t - 1] \tag{3-31}$$

式中 PF——价差预备费；

n——建设期年份数；

I_t——建设期中第 t 年的投资额，包括设备及工器具购置费、建筑安装工程费及工程建设其他费用；

f——年均投资价格上涨率。

3.5.2 资金筹措费

资金筹措费是指在建设期内应计的利息和在建设期内为筹集项目资金发生的费用。其包括各类贷（借）款利息、债券利息、贷款评估费、国外借款手续费及承诺费、汇兑损益、债券发行费用及其他债务利息支出或融资费用。

许多建设项目都会利用贷款来解决资金不足的问题，以完成工程项目的建设。然而，贷款必须支付利息，所以在建设期支付的贷款利息也构成了项目投资的一部分。建设期贷款利息包括向国内银行和其他非银行金融机构贷款、出口信贷、外国政府贷款、国际商业银行贷款以及在国内外发行的债券等在建设期间内应偿还的借款利息。

建设期贷款利息实行复利计算。当总贷款是分年均衡发放时，为简化计算，通常假设借款均在每年的年中支用，即当年贷款按半年计息，上年贷款按全年计息。计算公式为

$$建设期每年应计利息 = \left(年初贷款累计金额与利息累计金额之和 + \frac{当年贷款额}{2}\right) \times 年利率 \tag{3-32}$$

其他方式的资金筹措费用按发生额度或相关规定计列。

【例3－3】某建筑工程项目建设期为3年，每年均衡进行贷款。第一年贷款200万元，第二年贷款500万元，第三年贷款500万元，年利率为12%，试求该项目建设期贷款利息。

解：建设期各年贷款利息如下：

第一年贷款利息＝1/2×200×12%＝12（万元）

第二年贷款利息＝（200＋12＋1/2×500）×12%＝55.44（万元）

第三年贷款利息＝（200＋12＋500＋55.44＋1/2×500）×12%＝122.09（万元）

所以，该项目建设期贷款利息为：12＋55.44＋122.09＝189.53（万元）

思考题

3－1　简述我国工程造价的组成。

3－2　简述我国现行建筑安装工程费用的组成。

3－3　简述我国工程造价中设备及工器具购置费的组成。

3－4　进口设备的交货方式有哪些？各自的特点是什么？

3－5　简述进口设备抵岸价的构成。

3－6　工程建设其他费用由哪些费用组成？

3－7　预备费中的基本预备费和价差预备费有何区别？

第4章　建设工程计价办法

4.1　建设工程计价的规定及依据

4.1.1　建设工程计价的一般规定

（1）建设工程计价，可采用以下计价办法：

①定额计价，是指按各省建设工程综合定额规定计算工程项目所需全部费用的计价办法。

②工程量清单计价，是指按国家标准《建设工程工程量清单计价规范》（GB 50500）规定的计价办法。

（2）招标文件或合同中应明确采用工程量清单计价办法或定额计价办法，两种计价办法不能同时使用。

（3）发承包双方在合同约定的计价办法条款无效或没有约定计价办法时，应按工程量清单计价办法计价。

4.1.2　建设工程的计价依据

（1）建设工程计价依据，包括下列内容：

①建设工程造价管理机构发布的计价依据及补充计价依据；

②建设工程工程量清单计价规范；

③建设工程劳动定额；

④房屋建筑与装饰工程消耗量定额；

⑤建筑工程建筑面积计算规范；

⑥工程投资估算指标、概算指标；

⑦工程概算定额、预算定额、综合定额、工程单位估价表、机具台班费用定额、工期定额等；

⑧建设行政主管部门关于工程造价编制、审核的有关规定；

⑨其他。

（2）建设工程造价管理机构发布的人工、材料、设备、机具台班价格信息，可作为建设工程计价的参考依据。

4.2 定额计价

定额计价是以各省建设工程综合定额为基准确定各分部分项工程的人、材、机消耗量、基价和定额直接费，从而确定单位工程造价的计价方法。定额计价适用于编审设计概算、施工图预算、招标控制价、竣工结算等造价文件。

4.2.1 定额计价的步骤

在进行定额计价时，首先根据施工图及施工组织设计计算分部分项工程的工程量；其次，查定额，套定额基价确定分部分项工程直接费，汇总得单位工程直接费；通过工料分析确定分部分项工程人、材、机消耗量，汇总计算人、材、机市场价格与定额价格的价差；汇总计算直接费；然后，计算间接费、利润和税金；最后得工程造价。定额计价的步骤如图4－1所示。

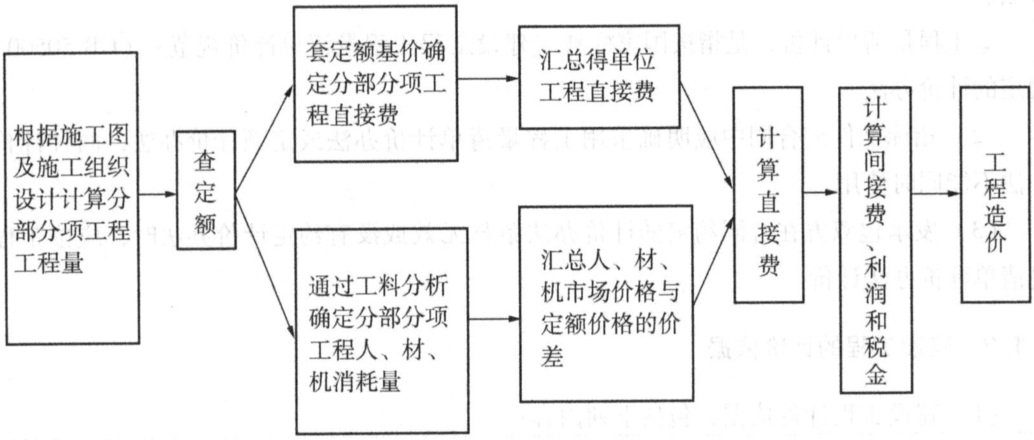

图4－1　定额计价的步骤

4.2.2 定额计价的要求

（1）定额编号、子目名称、工作内容、计量单位和工程量计算规则，应按各省建设工程综合定额的规定。

（2）分部分项工程、措施项目按各省建设工程综合定额子目、费用项目列项计算。

（3）其他项目费根据拟建工程的具体情况列项计算。

（4）税金按国家、各省规定列项计算。

（5）定额计价的工程造价计价程序（广东省）见表4－1。

（6）定额计价所称子目基价，是为完成省建设工程综合定额分部分项工程项目中所需的人工费、材料费、机具费、管理费之和。

（7）定额计价所称价差，是指造价文件编制时采用的人工、材料、机具台班价格与省建设工程综合定额相应价格的差价。

表 4－1　广东省定额计价程序

序号	名　称	计算方法
1	分部分项工程费	1.1＋1.2＋1.3
1.1	定额分部分项工程费	Σ（工程量×子目基价）
1.2	价差	Σ［材机总量×（编制价－定额价）］ 人工费按照市场劳务用工的计费方式确定，并采取市场调节系数进行调整
1.3	利润	（人工费＋施工机具费）×利润率
2	措施项目费	2.1＋2.2
2.1	绿色施工安全防护措施费	按有关规定计算
2.2	其他措施项目费	按有关规定计算
3	其他项目费	按有关规定计算
4	税前工程造价	1＋2＋3
5	增值税销项税额	4×增值税税率
6	工程造价	4＋5

4.2.3　定额计价的格式

定额计价格式有封面、总说明、工程项目预算汇总表、单项工程预算汇总表、单位工程预算汇总表、定额分部分项工程预算表、措施项目预算表、其他项目预算表、暂列金额明细表、材料设备暂估价预算表、专业工程暂估价预算表、计日工预算表、总承包服务费预算表、税金项目预算表、人工材料机具价差表等。广东省定额计价的统一的格式如下。

(1) 封面

______________________ 工程

预 算 价

预算价(小写)：______________________

(大写)：______________________

建设单位：______________ (单位盖章)

工程造价咨询人：______________ (企业资质专用章)

法定代表人或其授权人：______________ (签字或盖章)

法定代表人或其授权人：______________ (签字或盖章)

编 制 人：______________ (造价人员签字盖专用章)

复 核 人：______________ (造价工程师签字盖专用章)

编制时间： 年 月 日 复核时间： 年 月 日

（2）总说明

总　说　明

工程名称：　　　　　　　　　　　　　　　　　　　　　第　　页 共　　页

1. 工程概况：建设单位、工程名称、工程范围、工程地点、建筑面积、建筑高度、占地面积、经济指标、层高、层数、结构形式、基础形式、装饰标准等。 2. 编制依据（计价办法的采用、设计图纸、规范等）。 3. 特殊材料、设备情况说明。 4. 其他需要说明的问题。

（3）工程项目预算汇总表

工程项目预算汇总表

工程名称：　　　　　　　　　　　　　　　　　　　　　第　　页 共　　页

序号	项目名称	金额（元）	绿色施工安全防护措施费
合　计			

（4）单项工程预算汇总表

单项工程预算汇总表

工程名称：　　　　　　　　　　　　　　　　　　　　　第　　页 共　　页

序号	单项工程名称	金额（元）	绿色施工安全防护措施费
合　计			

（5）单位工程预算汇总表

单位工程预算汇总表

工程名称：　　　　　　　　　　　　　　　　　　　　　　　第　页共　页

序号	费用名称	计算基础	金额（元）
1	分部分项工程费		
1.1	定额分部分项工程费		
1.1.1	人工费		
1.1.2	材料费		
1.1.3	机具费		
1.1.4	管理费		
1.2	价差		
1.2.1	人工价差		
1.2.2	材料价差		
1.2.3	机具价差		
1.3	利润		
2	措施项目费		
2.1	绿色施工安全防护措施费		
2.2	其他措施项目费		
3	其他项目费		
4	税金		
5	工程造价		

（6）定额分部分项工程预算表

定额分部分项工程预算表

工程名称：　　　　　　　　　　　　　　　　　　　　　　　第　页共　页

序号	定额编号	名称及说明	单位	工程数量	定额基价（元）	合价（元）
本页小计						
合　计						

（7）措施项目预算表

措施项目预算表

工程名称：　　　　　　　　　　　　　　　　　　　　　　　　第　　页 共　　页

序号	名称及说明	单位	数量	单价（元）	合价（元）
1	绿色施工安全防护措施费				
2	夜间施工费				
3	二次搬运费				
4	冬雨季施工				
5	大型机具设备进出场及安拆费				
6	施工排水				
7	施工降水				
8	地上、地下设施，建筑物的临时保护费				
9	已完工程及设备保护				
10	各专业工程的措施项目				
11					
12					
合　计					

（8）其他项目预算表

其他项目预算表

工程名称：　　　　　　　　　　　　　　　　　　　　　　　　第　　页 共　　页

序号	名称及说明	单位	合价（元）	备注
1	暂列金额			
2	暂估价			
2.1	材料设备暂估价			
2.2	专业工程暂估价			
3	计日工			
4	总承包服务费			
5				
6				
7				
8				
合　计				

（9）暂列金额明细表

暂列金额明细表

工程名称：　　　　　　　　　　　　　　　　　　　　　　　　　　第　　页 共　　页

序号	项目名称	计量单位	暂定金额（元）	备注
1				
2				
3				
4				
5				
6				
7				
8				
9				
10				
合　计				—

（10）材料设备暂估价预算表

材料设备暂估价预算表

工程名称：　　　　　　　　　　　　　　　　　　　　　　　　　　第　　页 共　　页

序号	材料设备名称、规格、型号	计量单位	数量	金额（元）		备注
				单价	合价	
合　计						

（11）专业工程暂估价预算表

专业工程暂估价预算表

工程名称：　　　　　　　　　　　　　　　　　　　　　　　　　第　　页 共　　页

序号	工程名称	工程内容	金额（元）	备注
合　计				

（12）计日工预算表

计日工预算表

工程名称：　　　　　　　　　　　　　　　　　　　　　　　　　第　　页 共　　页

编号	项目名称	单位	暂定数量	综合单价（元）	合价（元）
一	人工				
1					
2					
3					
4					
人工小计					
二	材料				
1					
2					
3					
4					
5					
6					
材料小计					
三	施工机具				
1					
2					
3					
4					
施工机具小计					
总　计					

(13) 总承包服务费预算表

总承包服务费预算表

工程名称：　　　　　　　　　　　　　　　　　　　　　　　　　　第　　页 共　　页

序号	项目名称	项目价值（元）	服务内容	费率（%）	金额（元）
1	发包人发包专业工程				
2	发包人供应材料				
合　计					

(14) 税金项目预算表

税金项目预算表

工程名称：　　　　　　　　　　　　　　　　　　　　　　　　　　第　　页 共　　页

序号	名称	计算式	费率（%）	金额（元）
1	税金	分部分项工程费+措施项目费+其他项目费		

(15) 人工材料机具价差表

人工材料机具价差表

工程名称：　　　　　　　　　　　　　　　　　　　　　　　　　　第　　页 共　　页

序号	名称	等级、规格、产地（厂家）	单位	数量	定额价（元）	预算价（元）	价差（元）	合价（元）
1	人工							
2	材料							
3	机具							
合计（大写）								

4.3 工程量清单计价

工程量清单计价是指在建设工程招投标中，招标人按照《建设工程工程量清单计价规范》（GB 50500）的工程量计算规则提供工程量清单，投标人依据工程量清单自主报价，并经评审低价中标的工程造价计价方式。工程量清单计价，适用于编制招标工程的工程量清单、招标控制价、投标价和工程结算等造价文件。

全部使用国有资金投资或以国有资金投资为主的工程建设项目必须采用工程量清单计价。非国有资金投资的工程项目，宜采用工程量清单计价。

4.3.1 工程量清单计价的意义和优点

1. 工程量清单计价的意义

（1）实行工程量清单计价，是工程造价深化改革的产物。

（2）实行工程量清单计价，有利于公开、公平、公正竞争。

（3）实行工程量清单计价，有利于招投标双方合理分担风险。

（4）实行工程量清单计价，有利于我国工程造价管理与政府职能的转变。

（5）实行工程量清单计价，有利于我国建筑企业与世界接轨，增强国际竞争能力。

2. 工程量清单计价的优点

（1）工程量清单计价的工程在结算时，各项目的综合单价不能改变，有利于控制工程建设项目总投资，有利于降低工程造价，以最少的投资达到最大的经济效益。

（2）工程量清单计价实现了我国的建筑计价制度逐步向国际接轨，维护了发承包双方的利益，更有利于公平的市场竞争。

（3）工程量清单计价有利于施工企业提高管理水平，提高生产效率，降低施工成本，促进施工项目管理制度的完善。

（4）工程量清单计价有利于实现风险的合理分担。

（5）工程量清单计价有利于造价资料的收集、整理，促使施工企业自主制定企业定额，同时也便于工程造价管理部门分析和编制适应市场变化的造价信息，更加有力地推动政府工程造价信息制度的快速发展。

4.3.2 工程量清单计价的相关术语

1. 工程量清单

载明建设工程分部分项工程项目、措施项目、其他项目的名称和相应数量以及规费、税金项目等内容的明细清单。

2. 招标工程量清单

招标人依据国家标准、招标文件、设计文件以及施工现场实际情况编制的，随招标文件发布供投标报价的工程量清单，包括其说明和表格。

3. 已标价工程量清单

构成合同文件组成部分的投标文件中已标明价格，经算术性错误修正（如有）且承包人已确认的工程量清单，包括对其的说明和表格。

4. 项目编码

分部分项工程和措施项目清单名称的阿拉伯数字标识。

5. 项目特征

构成分部分项工程项目、措施项目自身价值的本质特征。

6. 综合单价

完成一个规定清单项目所需的人工费、材料和工程设备费、施工机具使用费和企业管理费、利润以及一定范围内的风险费用。

7. 风险费用

隐含于已标价工程量清单综合单价中，用于化解发承包双方在工程合同中约定内容和范围内的市场价格波动风险的费用。

8. 工程成本

承包人为实施合同工程并达到质量标准，在确保安全施工的前提下，必须消耗或使用的人工、材料、工程设备、施工机具台班及其管理等方面发生的费用和按规定缴纳的规费和税金。

9. 单价合同

发承包双方约定以工程量清单及其综合单价进行合同价款计算、调整和确认的建设工程施工合同。

10. 总价合同

发承包双方约定以施工图及其预算和有关条件进行合同价款计算、调整和确认的建设工程施工合同。

11. 成本加酬金合同

发承包双方约定以施工工程成本再加合同约定酬金进行合同价款计算、调整和确认的建设工程施工合同。

12. 工程造价信息

工程造价管理机构根据调查和测算发布的建设工程人工、材料、工程设备、施工机具台班的价格信息，以及各类工程的造价指数、指标。

13. 工程造价指数

反映一定时期的工程造价相对于某一固定时期的工程造价变化程度的比值或比率，包括按单位或单项工程划分的造价指数，按工程造价构成要素划分的人工、材料、机具等价格指数。

14. 工程变更

合同工程实施过程中由发包人提出或由承包人提出经发包人批准的合同工程任何一项工作的增、减、取消或施工工艺、顺序、时间的改变，设计图纸的修改，施工条件的改变，招标工程量清单的错、漏从而引起合同条件的改变或工程量的增减变化。

15. 工程量偏差

承包人按照合同工程的图纸（含经发包人批准由承包人提供的图纸）实施，按照现行国家计量规范规定的工程量计算规则计算得到的完成合同工程项目应予计量的工程量与相应的招标工程量清单项目列出的工程量之间出现的量差。

16. 暂列金额

招标人在工程量清单中暂定并包括在合同价款中的一笔款项。用于工程合同签订时尚未确定或者不可预见的所需材料、工程设备、服务的采购，施工中可能发生的工程变更、合同约定调整因素出现时的合同价款调整以及发生的索赔、现场签证确认等的费用。

17. 暂估价

招标人在工程量清单中提供的用于支付必然发生但暂时不能确定价格的材料、工程设备的单价以及专业工程的金额。

18. 计日工

在施工过程中，承包人完成发包人提出的工程合同范围以外的零星项目或工作，按合同中约定的单价计价的一种方式。

19. 总承包服务费

总承包人为配合协调发包人进行的专业工程发包，对发包人自行采购的材料、工程设备等进行保管以及施工现场管理、竣工资料汇总整理等服务所需的费用。

20. 安全文明施工费

在合同履行过程中，承包人按照国家法律、法规、标准等规定，为保证安全施工、文明施工，保护现场内外环境和搭拆临时设施等所采用的措施而发生的费用。

21. 索赔

在工程合同履行过程中，合同当事人一方因非己方的原因而遭受损失，按合同约定或法律法规规定应由对方承担责任，从而向对方提出补偿的要求。

22. 现场签证

发包人现场代表（或其授权的监理人、工程造价咨询人）与承包人现场代表就施工过程中涉及的责任事件所作的签认证明。

23. 提前竣工（赶工）费

承包人应发包人的要求而采取加快工程进度措施，使合同工程工期缩短，由此产生的应由发包人支付的费用。

24. 误期赔偿费

承包人未按照合同工程的计划进度施工，导致实际工期超过合同工期（包括经发包人批准的延长工期），承包人应向发包人赔偿损失的费用。

25. 不可抗力

发承包双方在工程合同签订时不能预见的，对其发生的后果不能避免，并且不能克服的自然灾害和社会性突发事件。

26. 工程设备

指构成或计划构成永久工程一部分的机电设备、金属结构设备、仪器装置及其他类似的设备和装置。

27. 缺陷责任期

指承包人对已交付使用的合同工程承担合同约定的缺陷修复责任的期限。

28. 质量保证金

发承包双方在工程合同中约定，从应付合同价款中预留，用以保证承包人在缺陷责任期内履行缺陷修复义务的金额。

29. 费用

承包人为履行合同所发生或将要发生的所有合理开支，包括管理费和应分摊的其他费用，但不包括利润。

30. 利润

承包人完成合同工程获得的盈利。

31. 企业定额

施工企业根据本企业的施工技术、机具装备和管理水平而编制的人工、材料和施工机具台班等的消耗标准。

32. 规费

根据国家法律、法规规定，由省级政府或省级有关权力部门规定施工企业必须缴纳的，应计入建筑安装工程造价的费用。

33. 税金

国家税法规定的应计入建筑安装工程造价内的税项费用。

34. 单价项目

工程量清单中以单价计价的项目，即根据合同工程图纸（含设计变更）和相关工程现行国家计量规范规定的工程量计算规则进行计量，与已标价工程量清单相应综合单价进行价款计算的项目。

35. 总价项目

工程量清单中以总价计价的项目，即此类项目在相关工程现行国家计量规范中无工程量计算规则，以总价（或计算基础乘费率）计算的项目。

36. 工程计量

发承包双方根据合同约定，对承包人完成合同工程的数量进行的计算和确认。

37. 预付款

在开工前，发包人按照合同约定，预先支付给承包人用于购买合同工程施工所需的材料、工程设备，以及组织施工机具和人员进场等的款项。

38. 进度款

在合同工程施工过程中，发包人按照合同约定对付款周期内承包人完成的合同价款给予支付的款项，也是合同价款期中结算支付。

39. 合同价款调整

在合同价款调整因素出现后，发承包双方根据合同约定，对合同价款进行变动的提出、计算和确认。

40. 竣工结算价

发承包双方依据国家有关法律、法规和标准规定，按照合同约定确定的，包括在履行合同过程中按合同约定进行的合同价款调整，是承包人按合同约定完成了全部承包工作后，发包人应付给承包人的合同总金额。

41. 工程造价鉴定

工程造价咨询人接受人民法院、仲裁机关委托，对施工合同纠纷案件中的工程造价争议，运用专门知识进行鉴别、判断和评定，并提供鉴定意见的活动；也称为工程造价司法鉴定。

4.3.3　工程量清单计价的一般规定

(1) 建设工程发承包及实施阶段的工程造价应由分部分项工程费、措施项目费、其他项目费、规费和税金组成。

(2) 工程量清单应采用综合单价计价。

(3) 措施项目中的安全文明施工费必须按国家或省级、行业建设主管部门的规定计算，不得作为竞争性费用。

(4) 规费和税金必须按国家或省级、行业建设主管部门的规定计算，不得作为竞争性费用。

(5) 计价风险：

①建设工程发承包，必须在招标文件、合同中明确计价中的风险内容及其范围，不得采用无限风险、所有风险或类似语句规定计价中的风险内容及范围。

②由于下列因素出现，影响合同价款调整的，应由发包人承担：

a. 国家法律、法规、规章和政策发生变化。

b. 省级或行业建设主管部门发布的人工费调整，但承包人对人工费或人工单价的报价高于发布的除外。

c. 由政府定价或政府指导价管理的原材料等价格进行了调整。因承包人原因导致工期延误的，在合同工程原定竣工时间之后，合同价款调增的不予调整，合同价款调减的予以调整。

③由于市场物价波动影响合同价款的，应由发承包双方合理分摊；承包人采购材料和工程设备的，应在合同中约定主要材料、工程设备价格变化的范围或幅度。当合同中没有约定，且材料、工程设备单价变化超过5%时，超过部分的价格应按照价格指数调整法或造价信息差额调整法计算调整材料、工程设备费。

④由承包人使用机具设备、施工技术以及组织管理水平等自身原因造成施工费用增加的，应由承包人全部承担。

⑤因不可抗力事件导致的人员伤亡、财产损失及其费用增加，发承包双方应按下列原则分别承担并调整合同价款和工期：

a. 合同工程本身的损害、因工程损害导致第三方人员伤亡和财产损失以及运至施工场地用于施工的材料和待安装的设备的损害，应由发包人承担；

b. 发包人、承包人人员伤亡应由其所在单位负责，并应承担相应费用；

c. 承包人的施工机具设备损坏及停工损失，应由承包人承担；

d. 停工期间，承包人应发包人要求留在施工场地的必要的管理人员及保卫人员的费用应由发包人承担；

e. 工程所需清理、修复费用，应由发包人承担。

⑥不可抗力解除后复工的，若不能按期竣工，应合理延长工期。发包人要求赶工的，赶工费用应由发包人承担。因不可抗力解除合同的，应按规定办理。

4.3.4 工程量清单编制

1. 一般规定

（1）招标工程量清单应由具有编制能力的招标人或受其委托，具有相应资质的工程造价咨询人编制。

（2）招标工程量清单必须作为招标文件的组成部分，其准确性和完整性应由招标人负责。

（3）招标工程量清单是工程量清单计价的基础，应作为编制招标控制价、投标报价、计算或调整工量、索赔等的依据之一。

（4）招标工程量清单应以单位（项）工程为单位编制，应由分部分项工程项目清单、措施项目清单、其他项目清单、规费和税金项目清单组成。

（5）编制工程量清单应依据：

①《建设工程工程量清单计价规范》；

②国家或省级、行业建设主管部门颁发的计价定额和办法；

③建设工程设计文件及相关资料；

④与建设工程项目有关的标准、规范、技术资料；

⑤招标文件及其补充通知、答疑纪要；

⑥施工现场情况、地质勘查报告、水文气象资料、工程特点及常规施工方案；

⑦其他相关资料。

2. 分部分项工程项目

分部分项工程项目清单必须载明项目编码、项目名称、项目特征、计量单位和工程量。

分部分项工程项目清单必须根据相关工程现行国家计量规范规定的项目编码、项目名称、项目特征、计量单位和工程量计算规则进行编制。

编制清单时，应注意以下几点：

（1）五个统一

为满足工程管理和计价要求，全国范围内所有实行工程量清单计价的工程，必须做到项目编码统一、项目名称统一、项目特征统一、计量单位统一、工程量计算规则统一。

（2）工程量清单编码的规定

分部分项工程量清单的项目编码，应采用十二位阿拉伯数字表示。各位数字的含义是：一、二位为专业工程代码（01—房屋建筑与装饰工程；02—仿古建筑工程；03—通用安装工程；04—市政工程；05—园林绿化工程；06—矿山工程；07—构筑物工程；08—城市轨道交通工程；09—爆破工程。以后进入国标的专业工程代码以此类推）；三、四位为附录分类顺序码；五、六位为分部工程顺序码；七、八、九位为分项工程项目名称顺序码；十至十二位为清单项目名称顺序码。当同一标段（或合同段）的一份工程量清单中含有多个单位工程且工程量清单是以单位工程为编制对象时，在编制工程量清单时应特别注意对项目编码十至十二位的设置不得有重码的规定。例如一个标段（或合同段）的工程量清单中含有三个单位工程，每一单位工程中都有项目特征相同的实心砖墙砌体，在工程量清单中又需反映三个不同单位工程的实心砖墙砌体工程量时，则第一个单位工程的实心砖墙的项目编码应为 010401003001，第二个单位工程的实心砖墙的项目编码应为 010401003002，第三个单位工程的实心砖墙的项目编码应为 010401003003，并分别列出各单位工程实心砖墙的工程量。

（3）工程量清单的项目名称

分部分项工程量清单的项目名称应按规范附录的项目名称结合拟建工程的实际确定。随着工程建设中新材料、新技术、新工艺等的不断涌现，规范附录所列的工程量清单项目不可能包含所有项目。在编制工程量清单时，当出现规范附录中未包括的清单项目时，编制人应作补充。在编制补充项目时应注意以下三个方面：

①补充项目的编码由规范的代码（如 01）与 B 和三位阿拉伯数字组成，并应从 01B001 起顺序编制，同一招标工程的项目不得重码。

②在工程量清单中应附补充项目的项目名称、项目特征、计量单位、工程量计算规则和工作内容。

③将编制的补充项目报省级或行业工程造价管理机构备案。

（4）工程量清单的项目特征

工程量清单的项目特征是确定一个清单项目综合单价不可缺少的重要依据，在编制工程量清单时，必须对项目特征进行准确和全面的描述。但有些项目特征用文字往往难以准确和全面地描述清楚。因此，为达到规范、简洁、准确、全面描述项目特征的要求，在描述工程量清单项目特征时应按以下原则进行：

①项目特征描述的内容应按附录中的规定，结合拟建工程的实际，能满足确定综合单价的需要。

②若采用标准图集或施工图纸能够全部或部分满足项目特征描述的要求，项目特征描述可直接采用详见××图集或××图号的方式。对不能满足项目特征描述要求的部分，仍应用文字描述。

（5）定额计价和工程量清单计价中工程项目的区别

预算定额的项目是按施工工序进行设置的，其工作内容一般是单一的。工程量清单项目的划分，一般是以一个“综合实体”考虑的，一般包括多项工作内容。

3. 措施项目

（1）措施项目清单必须根据相关工程现行国家计量规范的规定编制，并根据拟建工程的实际情况列项。通用项目可按表 4-2 列项，专业工程的措施项目可按规范附录中规定的项目选择列项。若出现规范未列的项目，可根据工程实际情况补充。

表4-2　通用措施项目一览表

序　号	项　目　名　称
1	安全文明施工（含环境保护、文明施工、安全施工、临时设施）
2	夜间施工
3	非夜间施工照明
4	二次搬运
5	冬雨季施工
6	大型机具设备进出场及安拆
7	施工排水
8	施工降水
9	地上、地下设施，建筑物的临时保护设施
10	已完工程及设备保护

（2）措施项目中可以计算工程量的项目，如脚手架、降水工程等，就以“量”计价，称为“单价项目”，需列出项目编码、项目名称、项目特征、计量单位和工程量；计价时，应详细分析其所含的工作内容，然后确定其综合单价。措施项目中不能计算工程量的项目，如文明施工和安全防护、临时设施等，就以“项”计价，称为“总价项目”。

4. 其他项目

（1）其他项目清单应按照下列内容列项：暂列金额、暂估价（包括材料暂估单价和专业工程暂估价）、计日工和总承包服务费。

（2）暂列金额应根据工程特点，按有关计价规定估算。

（3）暂估价中的材料、工程设备暂估单价应根据工程造价信息或参照市场价格估算，列出明细表；专业工程暂估价应分不同专业，按有关计价规定估算，列出明细表。

（4）计日工应列出项目名称、计量单位和暂估数量。

（5）总承包服务费应列出服务项目及其内容等。

（6）出现上述未列的项目，可根据工程实际情况补充。

5. 规费项目

规费具体项目应根据省级政府或省级有关部门的规定列项。

6. 税金

税金项目清单现阶段指增值税，具体项目应根据税务部门的规定列项。

4.3.5　工程量清单计价

工程量清单计价是指投标人完成由招标人提供的工程量清单所需的全部费用，包括分部分项工程费、措施项目费、其他项目费、规费和税金。工程量清单计价采用综合单价计价。其具体要求如下。

（1）招标文件中的工程量清单标明的工程量是投标人投标报价的共同基础，竣工结算的工程量按发、承包双方在合同中约定应予计量且实际完成的工程量确定。

（2）分部分项工程量清单采用综合单价计价。综合单价中包括的三量（人、材、机消耗量）、三费（人、材、机单价），以及其他费用的费率均可由企业自主确定，即综合单价属可竞争费用。

（3）措施项目清单计价应根据拟建工程的施工组织设计，可以计算工程量的措施项目，应按分部分项工程量清单的方式采用综合单价计价；其余的措施项目可以“项”为单位计价，应包括除规费、税金外的全部费用。

（4）措施项目清单中的安全文明施工费应按照国家或省级、行业建设主管部门的规定计价，不得作为竞争性费用。

（5）其他项目清单应根据工程特点和规范规定计价。

（6）招标人在工程量清单中提供了暂估价的材料和专业工程属于依法必须招标的，由承包人和招标人共同通过招标确定材料单价与专业工程分包价。若材料不属于依法必须招标的，经发、承包双方协商确认单价后计价。若专业工程不属于依法必须招标的，由发包人、总承包人与分包人按有关计价依据进计价。

（7）广东省工程量清单计价程序如表4－3所示。

表4－3 广东省工程量清单计价程序

序号	名称	计算方法
1	分部分项工程费	Σ（清单工程量×综合单价）
2	措施项目费	2.1＋2.2
2.1	绿色施工安全防护措施费	按规定计算
2.2	其他措施项目费	按规定计算
3	其他项目费	按规定计算
4	税前工程造价	1＋2＋3
5	增值税销项税额	4×增值税税率
6	工程造价	4＋5

4.3.6 工程量清单计价与定额计价的区别

工程量清单计价与定额计价的区别如下：

（1）工程量清单项目具有实体与措施相分离的特点，能够充分体现施工企业的个性；而传统定额是以社会平均消耗水平编制的，它不再适应市场经济优胜劣汰的竞争机制。

（2）工程量清单计价在发包过程中，由发包方列出所有的工程量清单项目、项目编码、单位以及工作内容，投标单位不能随意改变，而定额计价法是编制人根据国家统一规定的计算规则、工程消耗量和基价自行计算的工程造价。

（3）工程量清单计价的项目单价需要投标人根据自身情况自主确定，而定额计价法的项目含量及基价一般不允许调整。

工程量清单计价与定额计价的对比如表4－4所示。

表4－4　工程量清单计价与定额计价的对比

区别内容	工程量清单计价	预算定额计价
采用定额形式不同	施工定额、预算定额	预算定额、费用定额
价格表现形式不同	综合单价	定额基价
反映消耗水平不同	企业个别消耗	社会平均消耗
招投标时间不同	可在施工图设计阶段进行	必须在施工图纸完成后进行
评标的办法不同	合理低报价中标法	百分制评分法
工程承包合同形式不同	单价合同	以总价合同为主
项目编码不同	全国统一编码	各地区统一编码
计价项目划分不同	以实体工程为单元划分	以分项工程为单元划分
工程量计价规则不同	各专业工程工程量计算规范规定的计算规则	各省综合定额规定的计算规则
工程款结算不同	工程师核实的实体工程量×投标报价中的综合单价＋索赔＋现场签证	施工图预算＋索赔＋现场签证

4.3.7　工程量清单计价的格式

工程量清单格式和工程量清单计价格式采用统一标准格式，内容如下：

（1）封面

①招标工程量清单：封－1

②招标控制价：封－2

③投标总价：封－3

④竣工结算书：封－4

（2）扉页

①招标工程量清单：扉－1

②招标控制价：扉－2

③投标总价：扉－3

④竣工结算总价：扉－4

（3）总说明：表－01

（4）工程计价汇总表：

①建设项目招标控制价/投标报价汇总表：表－02

②单项工程招标控制价/投标报价汇总表：表－03

③单位工程招标控制价/投标报价汇总表：表－04

④建设项目竣工结算汇总表：表－05

⑤单项工程竣工结算汇总表：表－06

⑥单位工程竣工结算汇总表：表－07

（5）分部分项工程和措施项目计价表：

①分部分项工程和单价措施项目清单与计价表：表－08

②综合单价分析表：表－09

③综合单价调整表：表－10

④总价措施项目清单与计价表：表－11

（6）其他项目计价表：

①其他项目清单与计价汇总表：表－12

②暂列金额明细表：表－12－1

③材料（工程设备）暂估单价及调整表：表－12－2

④专业工程暂估价及结算价表：表－12－3

⑤计日工表：表－12－4

⑥总承包服务费计价表：表－12－5

⑦索赔与现场签证计价汇总表：表－12－6

⑧费用索赔申请（核准）表：表－12－7

⑨现场签证表：表－12－8

（7）税金项目清单与计价表：表－13

（8）进度款支付申请（核准）表：表－14

封－1

______________________________工程

招标工程量清单

招　标　人：______________________________
（单位盖章）

造价咨询人：______________________________
（单位盖章）

年　　月　　日

封 -2

＿＿＿＿＿＿＿＿＿＿＿＿＿＿工程

招标控制价

招　标　人：＿＿＿＿＿＿＿＿＿＿＿＿

（单位盖章）

造价咨询人：＿＿＿＿＿＿＿＿＿＿＿＿

（单位盖章）

年　　月　　日

封-3

______________________________工程

投标总价

投 标 人：______________________

（单位盖章）

年 月 日

封 -4

________________工程

竣工结算书

发　包　人：________________

（单位盖章）

承　包　人：________________

（单位盖章）

投造价咨询人：________________

（单位盖章）

年　　月　　日

扉－1

______________________________ 工程

招标工程量清单

招 标 人：____________________
（单位盖章）

造价咨询人：____________________
（单位资质专用章）

法定代表人
或其授权人：____________________
（签字或盖章）

法定代表人
或其授权人：____________________
（签字或盖章）

编 制 人：____________________
（造价人员签字盖专用章）

复 核 人：____________________
（造价工程师签字盖专用章）

编制时间： 年 月 日

复核时间： 年 月 日

扉 -2

________________________ 工程

招标控制价

招标控制价（小写）：________________________

（大写）：________________________

招 标 人：________________ （单位盖章）

造价咨询人：________________ （单位资质专用章）

法定代表人
或其授权人：________________ （签字或盖章）

法定代表人
或其授权人：________________ （签字或盖章）

编 制 人：________________ （造价人员签字盖专用章）

复 核 人：________________ （造价工程师签字盖专用章）

编制时间：　　年　　月　　日　　复核时间：　　年　　月　　日

扉-3

投　标　总　价

招　标　人：______________________________

工程名称：______________________________

投标总价(小写)：______________________________

（大写）：______________________________

投　标　人：______________________________

（单位盖章）

法定代表人
或其授权人：______________________________

（签字或盖章）

编　制　人：______________________________

（造价人员签字盖专用章）

编制时间：　　　年　　月　　日

扉－4

______________________________工程

竣工结算总价

签约合同价（小写）：______________（大写）：______________

竣工结算价（小写）：______________（大写）：______________

发　包　人：__________　承　包　人：__________　造价咨询人：__________

（单位盖章）　　（单位盖章）　　（单位资质专用章）

法定代表人　　法定代表人　　法定代表人

或其授权人：__________　或其授权人：__________　或其授权人：__________

（签字或盖章）　　（签字或盖章）　　（签字或盖章）

编　制　人：__________________　核　对　人：__________________

（造价人员签字盖专用章）　　（造价工程师签字盖专用章）

编制时间：　　年　　月　　日　　核对时间：　　年　　月　　日

表-01 总说明

工程名称：　　　　　　　　　　　　　　　　　　　　　　　　　第　　页共　　页

表 -02　建设项目招标控制价/投标报价汇总表

工程名称：　　　　　　　　　　　　　　　　　　　　　　第　页　共　页

序号	单项工程名称	金额（元）	其中（元）：	
			暂估价	安全文明施工费
	合　计			

注：本表适用于建设项目招标控制价或投标报价的汇总。

表-03 单项工程招标控制价/投标报价汇总表

工程名称：　　　　　　　　　　　　　　　　　　　　　　　　第　页共　页

序号	单项工程名称	金额（元）	其中（元）：	
			暂估价	安全文明施工费
合计				

注：本表适用于单项工程招标控制价或投标报价的汇总。暂估价包括分部分项工程中的暂估价和专业工程暂估价。

表 -04　单位工程招标控制价/投标报价汇总表

工程名称：　　　　　　　　标段：　　　　　　　　第　　页 共　　页

序号	汇 总 内 容	金额（元）	其中：暂估价（元）
1	分部分项工程		
1.1			
1.2			
1.3			
1.4			
1.5			
2	措施项目		—
2.1	其中：安全文明施工费		—
3	其他项目		—
3.1	其中：暂列金额		—
3.2	其中：专业工程暂估价		—
3.3	其中：计日工		—
3.4	其中：总承包服务费		—
4	规费		—
5	税金		—
招标控制价合计 =1 +2 +3 +4 +5			

注：本表适用于单位工程招标控制价或投标报价的汇总，如无单位工程划分，单项工程也使用本表汇总。

表－05 建设项目竣工结算汇总表

工程名称：　　　　　　　　　　　　　　　　　　　　　　　　　　　第　页共　页

序号	单项工程名称	金额（元）	其中（元）：
			安全文明施工费
合　计			

表 -06　单项工程竣工结算汇总表

工程名称：　　　　　　　　　　　　　　　　　　　　　　　　第　　页 共　　页

序号	单项工程名称	金额（元）	其中（元）：
			安全文明施工费
合 计			

表－07 单位工程竣工结算汇总表

工程名称：　　　　　　　　标段：　　　　　　　　　　　　　第　页共　页

序号	汇总内容	金额（元）
1	分部分项工程	
1.1		
1.2		
1.3		
1.4		
1.5		
2	措施项目	
2.1	其中：安全文明施工费	
3	其他项目	
3.1	其中：专业工程结算价	
3.2	其中：计日工	
3.3	其中：总承包服务费	
3.4	其中：索赔与现场签证	
4	税金	
竣工结算总价合计＝1＋2＋3＋4		

注：如无单位工程划分，单项工程也使用本表汇总。

表 –08　分部分项工程和单价措施项目清单与计价表

工程名称：　　　　　　　　　　　　　　标段：　　　　　　　　　　　第　　页 共　　页

序号	项目编码	项目名称	项目特征描述	计量单位	工程量	金额（元）		
						综合单价	合价	其中：暂估价
本页小计								
合　计								

注：为计取规费等的使用，可在表中增设“其中：人工费”。

表－09 综合单价分析表

工程名称：　　　　　　　　　　标段：　　　　　　　　　　第　页 共　页

<table>
<tr><td colspan="2">项目编码</td><td colspan="2"></td><td colspan="2">项目名称</td><td colspan="2"></td><td>计量单位</td><td></td><td>工程量</td><td></td></tr>
<tr><td colspan="12">清单综合单价组成明细</td></tr>
<tr><td rowspan="2">定额编号</td><td rowspan="2">定额项目名称</td><td rowspan="2">定额单位</td><td rowspan="2">数量</td><td colspan="4">单　价（元）</td><td colspan="4">合　价（元）</td></tr>
<tr><td>人工费</td><td>材料费</td><td>机具费</td><td>管理费和利润</td><td>人工费</td><td>材料费</td><td>机具费</td><td>管理费和利润</td></tr>
<tr><td></td><td></td><td></td><td></td><td></td><td></td><td></td><td></td><td></td><td></td><td></td><td></td></tr>
<tr><td></td><td></td><td></td><td></td><td></td><td></td><td></td><td></td><td></td><td></td><td></td><td></td></tr>
<tr><td></td><td></td><td></td><td></td><td></td><td></td><td></td><td></td><td></td><td></td><td></td><td></td></tr>
<tr><td colspan="3">人工单价</td><td colspan="5">小　计</td><td></td><td></td><td></td><td></td></tr>
<tr><td colspan="3">元/工日</td><td colspan="5">未计价材料费</td><td colspan="4"></td></tr>
<tr><td colspan="8">清单项目综合单价</td><td colspan="4"></td></tr>
<tr><td rowspan="8">材料费明细</td><td colspan="5">主要材料名称、规格、型号</td><td>单位</td><td>数量</td><td>单价（元）</td><td>合价（元）</td><td>暂估单价（元）</td><td>暂估合价（元）</td></tr>
<tr><td colspan="5"></td><td></td><td></td><td></td><td></td><td></td><td></td></tr>
<tr><td colspan="5"></td><td></td><td></td><td></td><td></td><td></td><td></td></tr>
<tr><td colspan="5"></td><td></td><td></td><td></td><td></td><td></td><td></td></tr>
<tr><td colspan="5"></td><td></td><td></td><td></td><td></td><td></td><td></td></tr>
<tr><td colspan="5"></td><td></td><td></td><td></td><td></td><td></td><td></td></tr>
<tr><td colspan="7">其他材料费</td><td>—</td><td></td><td>—</td><td></td></tr>
<tr><td colspan="7">材料费小计</td><td>—</td><td></td><td>—</td><td></td></tr>
</table>

注：1. 如不使用省级或行业建设主管部门发布的计价依据，可不填定额编号、名称等。

2. 招标文件提供了暂估单价的材料，按暂估的单价填入表内“暂估单价”栏及“暂估合价”栏。

表 -10　综合单价调整表

工程名称：　　　　　　　　　　　标段：　　　　　　　　　　　第　　页 共　　页

序号	项目编码	项目名称	已标价清单综合单价（元）					调整后综合单价（元）				
			综合单价	其中				综合单价	其中			
				人工费	材料费	机具费	管理费和利润		人工费	材料费	机具费	管理费和利润

造价工程师（签章）：　发包人代表（签章）： 日期：	造价人员（签章）：　承包人代表（签章）： 日期：

注：综合单价调整应附调整依据。

表－11 总价措施项目清单与计价表

工程名称： 标段： 第 页共 页

序号	项目编码	项目名称	计算基础	费率（%）	金额（元）	调整费率（%）	调整后金额（元）	备注
1		安全文明施工费						
2		夜间施工费						
3		二次搬运费						
4		冬雨季施工						
5		大型机具设备进出场及安拆费						
6		施工排水						
7		施工降水						
8		地上、地下设施，建筑物的临时保护设施						
9		已完工程及设备保护						
10		各专业工程的措施项目						
11								
12								
合计								

编制人（造价人员）： 复核人（造价工程师）：

注：1.“计算基础”中安全文明施工费可为“人工费”“人工费＋机具费”或“分部分项工程费”。

2. 按施工方案计算的措施费，若无“计算基础”和“费率”的数值，也可只填“金额”数值，但应在备注栏说明施工方案出处或计算方法。

表 -12　其他项目清单与计价汇总表

工程名称：　　　　　　　　　　　标段：　　　　　　　　　　　第　　页 共　　页

序号	项目名称	金额（元）	结算金额（元）	备注
1	暂列金额			明细详见表 -12 -1
2	暂估价			
2.1	材料（工程设备）暂估单价/结算价			明细详见表 -12 -2
2.2	专业工程暂估价/结算价			明细详见表 -12 -3
3	计日工			明细详见表 -12 -4
4	总承包服务费			明细详见表 -12 -5
5	索赔与现场签证			明细详见表 -12 -6
合　计			—	

注：材料（工程设备）暂估单价进入清单项目综合单价，此处不汇总。

表－12－1 暂列金额明细表

工程名称：　　　　　　　　　　　　标段：　　　　　　　　　　　第　页共　页

序号	项目名称	计量单位	暂定金额（元）	备注
1				
2				
3				
4				
5				
6				
7				
8				
9				
10				
合　计				—

注：此表由招标人填写，如不能详列，也可只列暂定金额总额，投标人应将上述暂列金额计入投标总价中。

表 –12 –2　材料（工程设备）暂估单价及调整表

工程名称：　　　　　　　　　　　　　　　　　　标段：　　　　　　　　　　第　　页 共　　页

序号	材料（工程设备）名称、规格、型号	计量单位	数量		暂估（元）		确认（元）		差额 ±（元）		备注
			暂估	确认	单价	合价	单价	合价	单价	合价	
合　计											

注：此表由招标人填写“暂估单价”，并在备注栏说明暂估价的材料、工程设备拟用在哪些清单项目上，投标人应将上述材料、工程设备暂估单价计入工程量清单综合单价报价中。

表-12-3 专业工程暂估价及结算价表

工程名称：　　　　　　　　　　　标段：　　　　　　　　　　　第　页共　页

序号	工程名称	工程内容	暂估金额（元）	结算金额（元）	差额±（元）	备注
	合　计					

注：此表“暂估金额”由招标人填写，投标人应将“暂估金额”计入投标总价中，结算时按合同约定结算金额填写。

表-12-4　计日工表

工程名称：　　　　　　　　　　　　　标段：　　　　　　　　　　　　　第　页　共　页

编号	项目名称	单位	暂定数量	实际数量	综合单价（元）	合价（元）	
一	人工					暂定	实际
1							
2							
3							
4							
人工小计							
二	材料						
1							
2							
3							
4							
5							
6							
材料小计							
三	施工机具						
1							
2							
3							
4							
施工机具小计							
四、企业管理费和利润							
总计							

注：此表项目名称、暂定数量由招标人填写，编制招标控制价时，单价由招标人按有关计价规定确定。投标时，单价由投标人自主报价，按暂定数量计算合价计入投标总价中。结算时，按发承包双方确认的实际数量计算合价。

表 -12-5 总承包服务费计价表

工程名称： 标段： 第 页 共 页

序号	项目名称	项目价值（元）	服务内容	计算基础	费率（%）	金额（元）
1	发包人发包专业工程					
2	发包人供应材料					
	合 计	—	—		—	

注：此表项目名称、服务内容由招标人填写，编制招标控制价时，费率及金额由招标人按有关计价规定确定；投标时，费率及金额由投标人自主报价，计入投标总价。

表-12-6　索赔与现场签证计价汇总表

工程名称：　　　　　　　　　　标段：　　　　　　　　　　第　　页共　　页

序号	签证及索赔项目名称	计量单位	数量	单价（元）	合价（元）	索赔及签证依据
—	本页小计	—	—		—	
—	合　计	—	—		—	

注：签证及索赔依据是指经双方认可的签证单和索赔依据的编号。

表-12-7 费用索赔申请（核准）表

工程名称： 标段： 编号：

<table>
<tr><td colspan="2">致：________________________（发包人全称）
根据施工合同条款第____条的约定，由于________________（原因），我方要求索赔金额（大写）__________元，（小写）________元，请予核准。
附：1. 费用索赔的详细理由和依据：
2. 索赔金额的计算：
3. 证明材料：
承包人（章）
造价人员________ 承包人代表__________ 日　期__________</td></tr>
<tr><td>复核意见：
根据施工合同条款第__________条的约定，你方提出的费用索赔申请经复核：
□不同意此项索赔，具体意见见附件。
□同意此项索赔，索赔金额的计算，由造价工程师复核。
监理工程师________
日　　期________</td><td>复核意见：
根据施工合同条款第________条的约定，你方提出的费用索赔申请经复核，索赔金额为（大写）________元，（小写）________元。
造价工程师________
日　　期________</td></tr>
<tr><td colspan="2">审核意见：
□不同意此项索赔。
□同意此项索赔，与本期进度款同期支付。
发包人（章）
发包人代表________
日　　期________</td></tr>
</table>

注：1. 在选择栏中的“□”内作标识“√”。
2. 本表一式四份，由承包人填报，发包人、监理人、造价咨询人、承包人各存一份。

表－12－8 现场签证表

工程名称： 标段： 编号：

<table>
<tr><td>施工部位</td><td></td><td>日期</td><td></td></tr>
<tr><td colspan="4">致：________________________________（发包人全称）
根据________（指令人姓名） 年 月 日的口头指令或你方________（或监理人） 年 月 日的书面通知，我方要求完成此项工作应支付价款金额为（大写）________元，（小写）________元，请予核准。
附：1. 签证事由及原因：
2. 附图及计算式：

承包人（章）
造价人员________ 承包人代表________ 日 期________</td></tr>
<tr><td colspan="2">复核意见：
你方提出的此项签证申请经复核：
□不同意此项签证，具体意见见附件。
□同意此项签证，签证金额的计算，由造价工程师复核。

监理工程师________
日 期________</td><td colspan="2">复核意见：
□此项签证按承包人中标的计日工单价计算，金额为（大写）________元，（小写）________元。
□此项签证因无计日工单价，金额为（大写）________元，（小写）________元。

造价工程师________
日 期________</td></tr>
<tr><td colspan="4">审核意见：
□不同意此项签证。
□同意此项签证，价款与本期进度款同期支付。

发包人(章)
发包人代表________
日 期________</td></tr>
</table>

注：1. 在选择栏中的"□"内作标识"√"。
2. 本表一式四份，由承包人在收到发包人（或监理人）的口头或书面通知后填写，发包人、监理人、造价咨询人、承包人各存一份。

表－13 税金项目清单与计价表

工程名称： 标段： 第 页 共 页

序号	项目名称	计算基础	计算基数	计算费率（%）	金额（元）
1	税金	分部分项工程费＋措施项目费＋其他项目费＋规费－按规定不计税的工程设备金额			

编制人（造价人员）： 复核人（造价工程师）：

表－14 进度款支付申请（核准）表

工程名称：　　　　　　　　　　　　　　标段：　　　　　　　　　　　　　　编号：

致＿＿＿＿＿＿＿＿＿＿＿＿＿＿＿＿＿＿＿＿＿＿＿＿＿＿＿＿（发包人全称）

我方于＿＿＿＿至＿＿＿＿期间已完成了＿＿＿＿＿工作，根据施工合同的约定，现申请支付本周期的合同款额为（大写）＿＿＿＿元，（小写）＿＿＿＿＿元，请予核准。

序号	名　称	实际金额（元）	申请金额（元）	复核金额（元）	备　注
1	累计已完成的合同价款		—		
2	累计已实际支付的合同价款		—		
3	本周期合计完成的合同价款				
3.1	本周期完成单价项目的金额				
3.2	本周期应支付的总价项目的金额				
3.3	本周期已完成的计日工价款				
3.4	本周期应支付的安全文明施工费				
3.5	本周期应增加的合同价款				
4	本周期合计应扣减金额				
4.1	本周期应抵扣的预付款				
4.2	本周期应扣减的金额				
5	本周期应支付的合同价款				

附：上述3、4详见附件清单。

承包人（章）

造价人员＿＿＿＿＿　承包人代表＿＿＿＿＿　日　期＿＿＿＿＿

复核意见：

□与实际施工情况不相符，修改意见见附件。

□与实际施工情况相符，具体金额由造价工程师复核。

监理工程师＿＿＿＿

日　　期＿＿＿＿

复核意见：

你方提出的支付申请经复核，本周期已完成合同款额为（大写）＿＿＿＿＿元，（小写）＿＿＿＿＿元，本周期应支付金额为（大写）＿＿＿＿＿元，（小写）＿＿＿＿＿元。

造价工程师＿＿＿＿

日　　期＿＿＿＿

审核意见

□不同意。

□同意，支付时间为本表签发后的15天内。

发包人（章）

发包人代表＿＿＿＿＿

日　　期＿＿＿＿＿

注：1. 在选择栏中的"□"内作标识"√"。

2. 本表一式四份，由承包人填报，发包人、监理人、造价咨询人、承包人各存一份。

思　考　题

4－1　什么是定额计价？什么是工程量清单计价？

4－2　定额计价的工程造价计价程序是什么？

4－3　工程量清单的基本概念是什么？

4－4　什么是综合单价？

4－5　建设工程发承包计价风险是如何分担的？

4－6　工程量清单的计价程序是什么？

4－7　简述工程量清单计价与定额计价的区别。

第 5 章　工程量计算规则

5.1　工程量计算的依据和方法

5.1.1　工程量的概念

1. 概念

工程量是把设计图纸的内容转化为按照预算定额或《建设工程工程量清单计价规范》的工程量计算规则计算出的以物理计量单位或自然计量单位表示的分项工程或结构构件的数量。

2. 计量单位

物理计量单位指以分项工程或结构构件的物理属性为计量单位，如长度（m）、面积（m^2）、体积（m^3）和重量（t 或 kg）等。自然计量单位指以客观存在的自然实体为单位的计量单位，如个、台、套、座、组等。

5.1.2　工程量的作用

（1）工程量是以规定计量单位表示的工程数量，是概预算的原始数据，它是编制建设工程概预算的重要依据。

（2）工程量是编制施工组织设计和各项资源供应计划的依据。

（3）工程量是进行工料分析，编制人工、材料、机械台班需要量，做好工程统计和各项经济活动分析的依据。

（4）工程量是编制基本建设计划和加强基建财务管理的重要依据。

5.1.3　工程量的计算依据

工程量计算是一个复杂而细致的过程，在计算过程中，除了依据《建设工程工程量清单计价规范》《全国统一建筑工程基础定额》《全国统一建筑装饰装修工程消耗量定额》《全国统一建筑工程预算工程量计算规则》中工程量计算规则的各项规定以外，还应依据下列文件：

（1）各省、直辖市颁发的建筑工程综合定额、装饰装修工程综合定额、安装工程综合定额等。

（2）经审定的施工设计图纸及其说明。

（3）经审定的施工组织设计或施工方案。

（4）工程施工合同、招标文件的商务条款。

（5）经审定的其他有关技术经济文件。

5.1.4　工程量的计算原则

1. 列项要正确

计算工程量时，按施工设计图纸列出的分项工程必须与预算定额中相应分项工程一致。在计算工程量时，除了熟悉施工图纸及工程量计算规则外，还应掌握预算定额中每个分项工程的工作内容和范围，避免重复列项及漏项。

2. 工程量计算规则要一致

计算工程量采用的工程量计算规则，必须与本地区现行预算定额或《建设工程工程量清单计价规范》的计算规则相一致，避免错算。

3. 计量单位要一致

计算工程量时，所列出的各分项工程的计量单位，必须与所使用的预算定额中相应项目的计量单位相一致。例如：现浇混凝土压顶、扶手，《广东省房屋建筑与装饰工程综合定额 2018》以体积计，在计算工程量时，一定要与所用定额一致，以免发生差错。

4. 工程量计算精度要统一

工程量的有效位数应遵守下列规定：以“t”为单位，应保留三位小数，第四位小数四舍五入；以“m^3”“m^2”“m”“kg”为单位，应保留两位小数，第三位小数四舍五入；以“个”“项”等为单位，应取整数。

5.1.5　工程量计算的一般方法

1. 项目划分

一般先划分为建筑工程、装饰装修工程和安装工程三个部分，每一个单位工程又应根据预算定额规定的项目按先分部后分项的顺序划分，分部工程的划分如下。

（1）建筑工程

建筑工程划分为土石方工程，地基处理与边坡支护工程，桩基工程，砌筑工程，混凝土及钢筋混凝土工程，金属结构工程，木结构工程，门窗工程，屋面及防水工程和保温、隔热、防腐工程等项。

（2）装饰装修工程

装饰装修工程划分为楼地面装饰工程，墙、柱面装饰与隔断、幕墙工程，天棚工程，油漆、涂料、裱糊工程和其他装饰工程等项。

（3）安装工程

安装工程划分为机械设备安装工程，热力设备安装工程，静置设备与工艺金属结构制作安装工程，电气设备安装工程，建筑智能化工程，自动化控制仪表安装工程，通风空调工程，工业管道工程，消防工程，给排水、采暖、燃气工程，通信设备及线路工程，刷油、防腐蚀、绝热工程，措施项目等项。

分部工程项目确定后，就可以根据施工图纸，结合确定的施工方法中的有关内容，将分部工程划分成若干分项工程，列入工程量需计算的工程量细目。如定额中没有相应的分项工程，应注明，以便调整或编制补充定额。列出分部分项工程时，其名称、先后顺序和采用的定额编号都必须与所选用的定额保持一致，以便套用和查找核对。

2. 计算工程量的方法

（1）计算工程量的顺序

按施工顺序计算工程量：是指计算项目按工程施工顺序自下而上，由外向内，并结合定额手册中定额项目排列的顺序依次进行各分项工程量的计算。如一般民用建筑按照土方、基础、墙体、地面、楼面、屋面、门窗安装、外墙抹灰、内墙抹灰、油漆、玻璃等顺序进行计算。用这种方法计算工程量，要求具有一定的施工经验，能掌握施工组织的全过程，对现行定额和图纸十分熟悉，否则容易漏项。

按定额编排的顺序计算工程量：是指按现行预算定额所列分部分项工程的顺序来计算工程量。计算时，按定额的分部分项顺序逐个与图纸对照检查，图纸上有的项目就进行计算，没有的就略过。这种计算方法要求熟悉图纸，计算时既不易漏项，又不易重复，对新手来说应选用这种方法。

无论按施工顺序计算工程量或者按定额编排的顺序计算工程量，为准确、快速，避免漏项、重复，在图纸上必须按一定的顺序进行计算。具体顺序如下：

①按顺时针方向计算。从施工平面图左上角开始，从左到右，再由上而下，按顺时针方向逐步计算，绕一周回到左上角。适用范围：外墙、外墙基础、楼地面、天棚、室内装修等。

②按先横后竖计算。依据施工平面图，按“先横后竖，先上后下，先左后右”的顺序依次计算，如图5-1所示。适用范围：内墙、内墙基础和各种间隔墙。

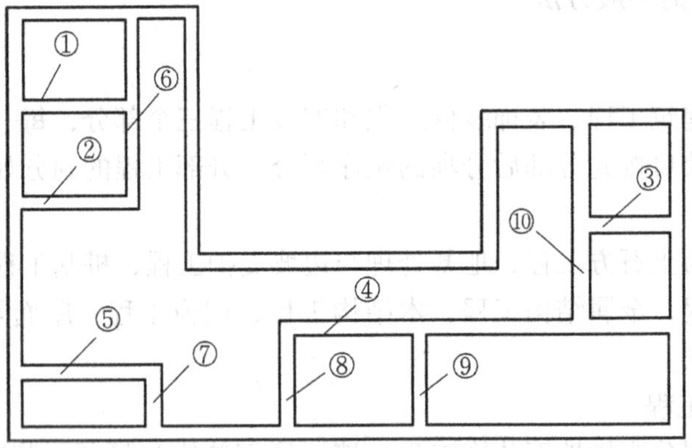

图5-1　先横后竖计算法

③按轴线编号顺序计算。适用于计算内外墙挖地槽、内外墙基础、内外墙砌体、内外墙装饰等。

④按图纸上的构、配件编号分类依次计算。此方法按照各类不同的构配件，如柱基、柱、梁、板、门窗和金属构件等的自身编号分别依次计算。

（2）工程量计算的注意事项

①计算口径要一致。计算工程量时，根据施工图纸列出的分项工程的口径（指分项工程所包括的内容和范围）应与预算定额相对应分项工程的口径相一致。

②必须按照工程量计算规则计算。预算定额各个分项工程都列有工程量计算规则，在

计算时，必须严格执行工程量计算规则。

③计量单位与定额计量单位要一致。预算定额各个分项工程的工程量都有相应的计量单位，在计算时，分项工程工程量计量单位必须与定额相应项目中的计量单位一致。

④必须与设计图纸的设计规定相一致。工程量计算项目名称与图纸设计规定应保持一致，不得随便修改名称去高套定额。

⑤计算必须准确，不重算、不漏算。计算工程量时，必须严格按照图示尺寸，不得任意加大或缩小，不重算、不漏算。工程量计算式必须部位清楚，或做简要文字注释，算式应按一定的格式排列。

（3）计算工程量的方法

实践表明，每个分项工程量计算虽有着各自的特点，但都离不开计算“线”“面”之类的基数，它们在整个工程量计算中常常要反复多次使用。根据这个特性，运用统筹法原理，对每个分项工程的工程量进行分析，然后依据计算过程的内在联系，抓住共性因素，先主后次，统筹安排计算程序，从而简化繁琐的计算，形成了统筹法计算工程量的计算方法。统筹法计算工程量的要点如下：

①统筹程序，合理安排。要达到准确快速计算工程量的目的，首先要根据统筹法原理、工程量计算规则，设计出“计算工程量程序统筹图”。例如，室内地面工程中的房心回填土、地坪垫层、地面面积计算，如按施工顺序计算应为：房心回填土（长×宽×高）→地坪垫层（长×宽×厚）→地面面积（长×宽）。从以上算式可知，每一分项工程都计算了一次长×宽。利用统筹法，可先算出地面面积，然后利用已算出的数据（长×宽）分别计算房心回填土和地坪垫层的工程量。这样，既简化了计算，又提高了计算速度。

②利用基数，连续计算。统筹法以“三线一面”作为基数，连续计算与之有共性关系的分项工程。“三线一面”是指：外墙中心线（$L_{中}$）、外墙外边线（$L_{外}$）、内墙净长线（$L_{内}$）和建筑面积（$S_{建}$）。利用“三线一面”，可使许多工程量的计算化繁为简。如利用$L_{中}$可以计算圈梁、外墙防潮层、外墙体等工程量；利用$L_{外}$可以计算外墙抹灰、勾缝、散水等工程量；利用$L_{内}$可以计算内墙防潮层、室内垫层、内墙墙体等工程量；利用$S_{建}$可以计算平整场地、土方工程、顶棚装饰等工程量。

③一次计算，多次使用。在工程量计算过程中，往往会多次用到某些数据，可以先把这些数据算出，以便以后使用。

④结合实际，灵活机动。在计算工程量时，应根据工程的具体情况在计算方法上灵活处理。如当多层建筑每层的平面布置不同时，可分别计算每层的“三线一面”，分别加以利用。

5.2 建筑面积计算规范

5.2.1 建筑面积的概念及作用

1. 建筑面积的概念

建筑面积，是指建筑物（包括墙体）所形成的楼地面面积，包括附属于建筑物的室外阳台、雨篷、檐廊、室外走廊、室外楼梯等的面积，以 m^2 为单位计算出的建筑物各自然层外墙结构外围水平面积的总和。

2. 建筑面积的作用

（1）建筑面积是建筑工程中一项重要的技术经济指标，是建设规划、工程计量与承发包、单方造价计算与分析、设计方案比选、房产测量与交易、运营费用核定等工作的主要依据。

（2）建筑面积是计算建筑物占地面积、土地利用系数、使用面积系数、有效面积系数以及统计部门汇总发布房屋建筑建设完成情况相关指标的基础，也是固定资产宏观调控的重要依据。

（3）建筑面积是建筑施工企业实行内部经济核算、投标报价、编制施工组织设计方案等的重要数据。

5.2.2 建筑面积计算规范

为规范工业与民用建筑工程的面积计算，统一计算方法，我国于20世纪70年代便开始制订《建筑面积计算规则》，1982年国家经委基本建设办公室（82）经基设字58号印发了新的《建筑面积计算规则》，进行了第一次修订。1995年建设部发布《全国统一建筑工程预算工程量计算规则》（土建工程 GJDGZ－101－95），其中包含的建筑面积计算规则内容，再次对1982年的《建筑面积计算规则》进行修订。2005年建设部以国家标准形式发布了《建筑工程建筑面积计算规范》（GB/T 50353—2005）。2013年，经再次修订，住建部颁布了新的《建筑工程建筑面积计算规范》（GB/T 50353—2013），自2014年7月1日开始实施至今。

现行《建筑工程建筑面积计算规范》（GB/T 50353—2013）适用于新建、扩建、改建的工业与民用建筑工程建设全过程的建筑面积计算。建筑面积计算应遵循科学、合理的原则。建筑面积计算除应符合该规范外，尚应符合国家现行有关标准的规定。

1. 规范术语

（1）建筑面积（construction area）

建筑面积指建筑物（包括墙体）所形成的楼地面面积，包括附属于建筑物的室外阳台、雨篷、檐廊、室外走廊、室外楼梯等的面积。

（2）自然层（floor）

自然层指按楼地面结构分层的楼层。

（3）结构层高（structure story height）

结构层高指楼面或地面结构层上表面至上部结构层上表面之间的垂直距离。

（4）围护结构（building enclosure）

围护结构指围合建筑空间的墙体、门、窗。

（5）建筑空间（space）

建筑空间指以建筑界面限定的、供人们生活和活动的场所。具备可出入、可利用条件（设计中可能标明了使用用途，也可能没有标明使用用途或使用用途不明确）的围合空间，均属于建筑空间。

(6) 结构净高 (structure net height)

结构净高指楼面或地面结构层上表面至上部结构层下表面之间的垂直距离。

(7) 围护设施 (enclosure facilities)

围护设施指为保障安全而设置的栏杆、栏板等围挡。

(8) 地下室 (basement)

地下室指室内地平面低于室外地平面的高度超过室内净高的1/2的房间。

(9) 半地下室 (semi-basement)

半地下室指室内地平面低于室外地平面的高度超过室内净高的1/3，且不超过1/2的房间。

(10) 架空层 (stilt floor)

架空层指仅有结构支撑而无外围护结构的开敞空间层。

(11) 走廊 (corridor)

走廊指建筑物中的水平交通空间。

(12) 架空走廊 (elevated corridor)

架空走廊指专门设置在建筑物的二层或二层以上，作为不同建筑物之间水平交通的空间。

(13) 结构层 (structure layer)

结构层指整体结构体系中承重的楼板层。结构层特指整体结构体系中承重的楼层，包括板、梁等构件。结构层承受整个楼层的全部荷载，并对楼层的隔声、防火等起主要作用。

(14) 落地橱窗 (french window)

落地橱窗指突出外墙面且根基落地的橱窗。落地橱窗是在商业建筑临街面设置的下槛落地，可落在室外地坪也可落在室内首层地板，用来展览各种样品的玻璃窗。

(15) 凸窗 (飘窗) (bay window)

凸窗（飘窗）指凸出建筑物外墙面的窗户。凸窗（飘窗）既作为窗，就有别于楼（地）板的延伸，也就是不能把楼（地）板延伸出去的窗称为凸窗（飘窗）。凸窗（飘窗）的窗台应只是墙面的一部分且距（楼）地面应有一定的高度。

(16) 檐廊 (eaves gallery)

檐廊指建筑物挑檐下的水平交通空间。檐廊是附属于建筑物底层外墙有屋檐作为顶盖，其下部一般有柱或栏杆、栏板等的水平交通空间。

(17) 挑廊 (overhanging corridor)

挑廊指挑出建筑物外墙的水平交通空间。

(18) 门斗 (air lock)

门斗指建筑物入口处两道门之间的空间。

(19) 雨篷 (canopy)

雨篷指建筑出入口上方为遮挡雨水而设置的部件。雨篷是建筑物出入口上方、凸出墙面、为遮挡雨水而单独设立的建筑部件。雨篷划分为有柱雨篷（包括独立柱雨篷、多柱雨篷、柱墙混合支撑雨篷、墙支撑雨篷）和无柱雨篷（悬挑雨篷）。如凸出建筑物，且不单独设立顶盖，利用上层结构板（如楼板、阳台底板）进行遮挡，则不视为雨篷，不计算建筑面积。对于无柱雨篷，如顶盖高度达到或超过两个楼层时，也不视为雨篷，不计算建筑面积。

（20）门廊（porch）

门廊指建筑物入口前有顶棚的半围合空间。门廊是在建筑物出入口，无门，三面或二面有墙，上部有板（或借用上部楼板）围护的部位。

（21）楼梯（stairs）

楼梯指由连续行走的梯级、休息平台和维护安全的栏杆（或栏板）、扶手以及相应的支托结构组成的作为楼层之间垂直交通使用的建筑部件。

（22）阳台（balcony）

阳台指附设于建筑物外墙，设有栏杆或栏板，可供人活动的室外空间。

（23）主体结构（major structure）

主体结构指接受、承担和传递建设工程所有上部荷载，维持上部结构整体性、稳定性和安全性的有机联系的构造。

（24）变形缝（deformation joint）

变形缝指防止建筑物在某些因素作用下引起开裂甚至破坏而预留的构造缝。变形缝是在建筑物因温差、不均匀沉降以及地震而可能引起结构破坏变形的敏感部位或其他必要的部位，预先设缝将建筑物断开，令断开后建筑物的各部分成为独立的单元，或者是划分为简单、规则的段，并令各段之间的缝达到一定的宽度，以能够适应变形的需要。根据外界破坏因素的不同，变形缝一般分为伸缩缝、沉降缝、抗震缝三种。

（25）骑楼（overhang）

骑楼指建筑底层沿街面后退且留出公共人行空间的建筑物。骑楼是沿街二层以上用承重柱支撑骑跨在公共人行空间之上，其底层沿街面后退的建筑物。

（26）过街楼（overhead building）

过街楼指跨越道路上空并与两边建筑相连接的建筑物。过街楼是当有道路在建筑群穿过时为保证建筑物之间的功能联系，设置跨越道路上空使两边建筑相连接的建筑物。

（27）建筑物通道（passage）

建筑物通道指为穿过建筑物而设置的空间。

（28）露台（terrace）

露台设置在屋面、首层地面或雨篷上的供人室外活动的有围护设施的平台。露台应满足四个条件：一是位置，设置在屋面、地面或雨篷顶；二是可出入；三是有围护设施；四是无盖。这四个条件须同时满足。如果设置在首层并有围护设施的平台，且其上层为同体量阳台，则该平台应视为阳台，按阳台的规则计算建筑面积。

（29）勒脚（plinth）

勒脚指在房屋外墙接近地面部位设置的饰面保护构造。

（30）台阶（step）

台阶指联系室内外地坪或同楼层不同标高而设置的阶梯形踏步。台阶是指建筑物出入口不同标高地面或同楼层不同标高处设置的供人行走的阶梯式连接构件。室外台阶还包括与建筑物出入口连接处的平台。

2. 计算建筑面积的规定

（1）建筑物的建筑面积应按自然层外墙结构外围水平面积之和计算。结构层高在 2.2m 及以上的，应计算全面积；结构层高在 2.2 m 以下的，应计算 1/2 面积。在主体结构内形成的建筑空间，满足计算面积结构层高要求的均应按本条规定计算建筑面积；主体结构外的室外阳台、雨篷、檐廊、室外走廊、室外楼梯等按后面相应规定计算。

【例 5－1】某单层建筑物外墙轴线尺寸如图 5－2 所示，墙厚均为 240 mm，轴线坐中。试计算建筑面积。

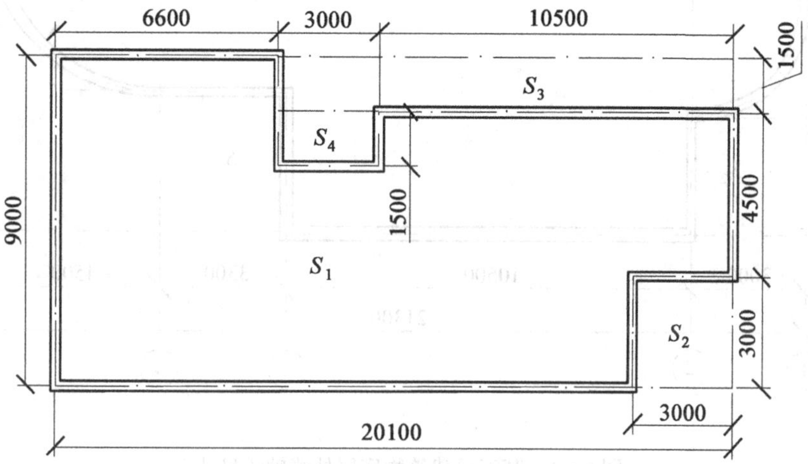

图 5－2　某单层建筑物外墙轴线尺寸

解：建筑面积：

$$S = S_1 - S_2 - S_3 - S_4$$
$$= 20.34 \times 9.24 - 3 \times 3 - 13.5 \times 1.5 - 2.76 \times 1.5$$
$$= 154.552 \approx 154.55(\mathrm{m}^2)$$

（2）建筑物内设有局部楼层时，对于局部楼层的两层及以上楼层，有围护结构的应按其围护结构外围水平面积计算，无围护结构的应按其结构底板水平面积计算。结构层高在 2.2 m 及以上者应计算全面积；结构层高在 2.2 m 以下的，应计算 1/2 面积。建筑物内的局部楼层如图 5－3 所示。

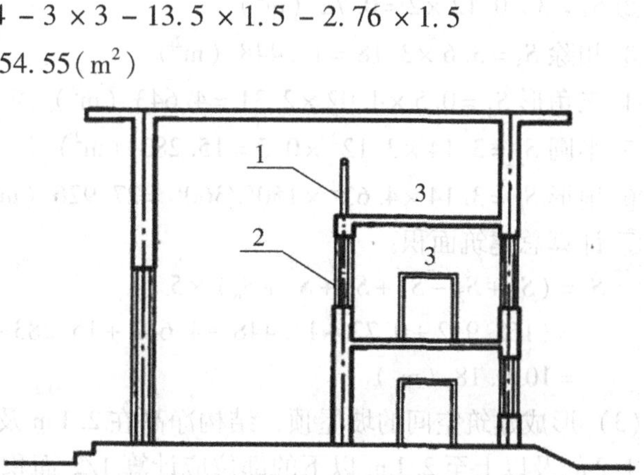

图 5－3　建筑物内的局部楼层

1—围护设施；2—围护结构；3—局部楼层

【例5-2】某五层建筑物的各层建筑面积一样，底层外墙轴线尺寸如图5-4所示，墙厚均为240 mm，轴线坐中。试计算建筑面积。

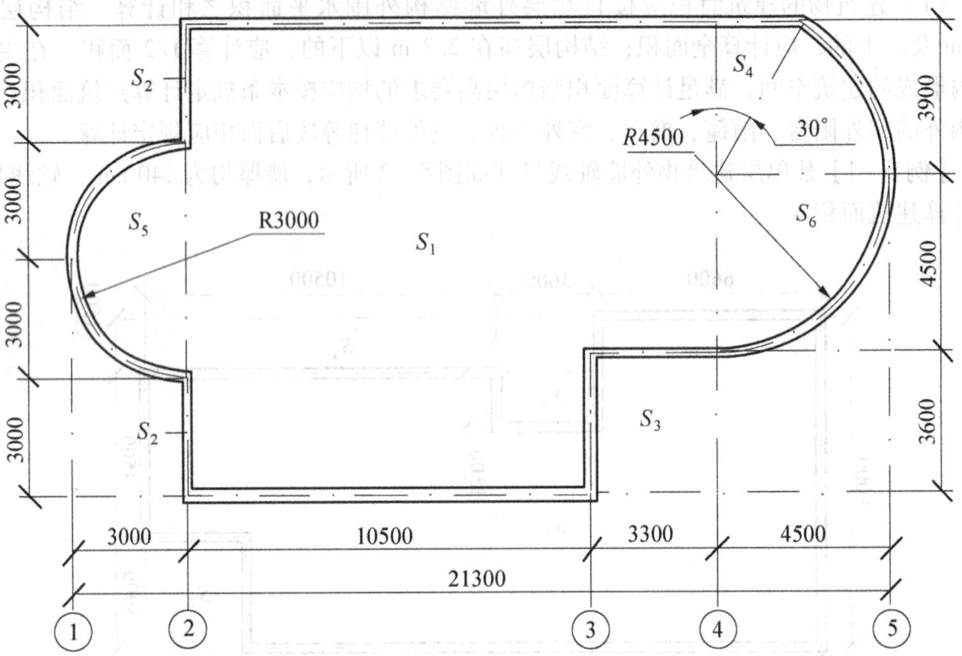

图5-4 某五层建筑物底层外墙轴线尺寸

解：用面积分割法进行计算：

① 计算②、④轴线间矩形面积：

$S_1 = 13.8 \times 12.24 = 168.912$（$m^2$）

② $S_2 = 3 \times 0.12 \times 2 = 0.72$（$m^2$）

③ 扣除 $S_3 = 3.6 \times 3.18 = 11.448$（$m^2$）

④ 三角形 $S_4 = 0.5 \times 4.02 \times 2.31 = 4.643$（$m^2$）

⑤ 半圆 $S_5 = 3.14 \times 3.12^2 \times 0.5 = 15.283$（$m^2$）

⑥ 扇形 $S_6 = 3.14 \times 4.62^2 \times 150°/360° = 27.926$（$m^2$）

⑦ 计算总建筑面积：

$$S = (S_1 + S_2 - S_3 + S_4 + S_5 + S_6) \times 5$$
$$= (168.912 + 0.72 - 11.448 + 4.643 + 15.283 + 27.926) \times 5$$
$$= 1030.18\ (m^2)$$

（3）形成建筑空间的坡屋顶，结构净高在2.1 m及以上的部位应计算全面积；结构净高在1.2 m及以上至2.1 m以下的部位应计算1/2面积；结构净高在1.2 m以下的部位不应计算建筑面积。

（4）场馆看台下的建筑空间，结构净高在2.1 m及以上的部位应计算全面积；结构净高在1.2 m及以上至2.1 m以下的部位应计算1/2面积；结构净高在1.2 m以下的部位不应计算建筑面积。室内单独设置的有围护设施的悬挑看台，应按看台结构底板水平投影面积计算建筑面积。有顶盖无围护结构的场馆看台应按其顶盖水平投影面积的 1/2 计算面积。

(5) 地下室、半地下室应按其结构外围水平面积计算。结构层高在 2.2 m 及以上的，应计算全面积；结构层高在 2.2 m 以下的，应计算 1/2 面积。

(6) 出入口外墙外侧坡道有顶盖的部位，应按其外墙结构外围水平面积的 1/2 计算面积。出入口坡道分有顶盖出入口坡道和无顶盖出入口坡道，出入口坡道顶盖的挑出长度，为顶盖结构外边线至外墙结构外边线的长度；顶盖以设计图纸为准，对后增加及建设单位自行增加的顶盖等，不计算建筑面积。顶盖不分材料种类（如钢筋混凝土顶盖、彩钢板顶盖、阳光板顶盖等）。地下室出入口如图 5－5 所示。

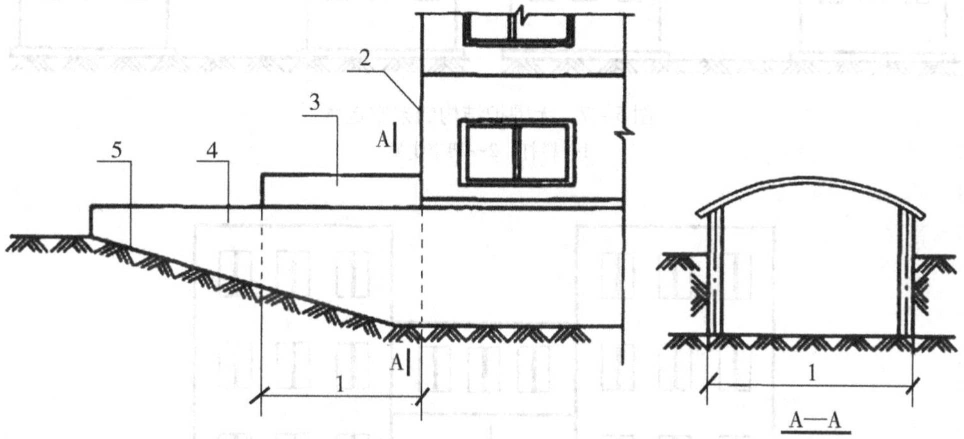

图 5－5　地下室出入口

1—计算 1/2 投影面积部位；2—主体建筑；3—出入口顶盖；4—封闭出入口侧墙；5—出入口坡道

(7) 建筑物架空层及坡地建筑物吊脚架空层，应按其顶板水平投影计算建筑面积。结构层高在 2.2 m 及以上的，应计算全面积；结构层高在 2.2 m 以下的，应计算 1/2 面积。建筑物吊脚架空层如图 5－6 所示。

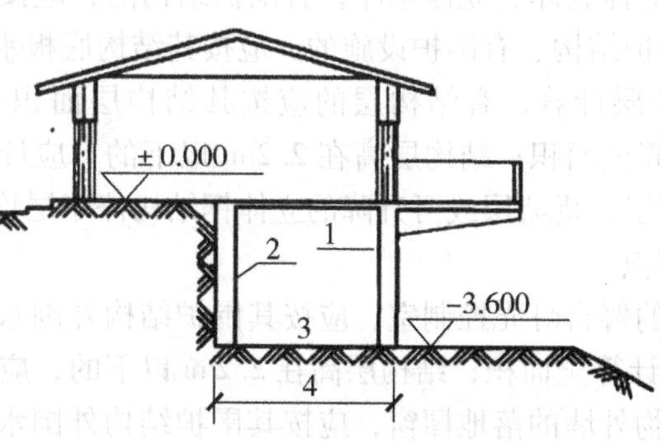

图 5－6　建筑物吊脚架空层

1—柱；2—墙；3—吊脚架空层；4—计算建筑面积部位

(8) 建筑物的门厅、大厅应按一层计算建筑面积，门厅、大厅内设置的走廊应按走廊结构底板水平投影面积计算建筑面积。结构层高在 2.2 m 及以上的，应计算全面积；结构层高在 2.2 m 以下的，应计算 1/2 面积。

（9）建筑物间的架空走廊，有顶盖和围护结构的，应按其围护结构外围水平面积计算全面积；无围护结构、有围护设施的，应按其结构底板水平投影面积计算 1/2 面积。无围护结构的架空走廊如图 5 -7 所示，有围护结构的架空走廊如图 5 -8 所示。

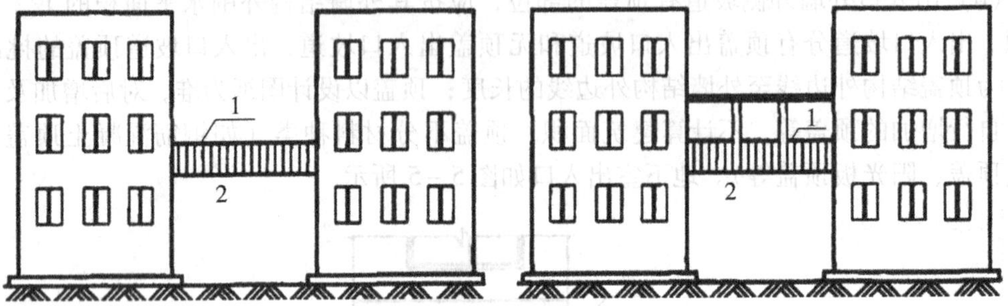

图 5 -7　无围护结构的架空走廊

1—栏杆；2—架空走廊

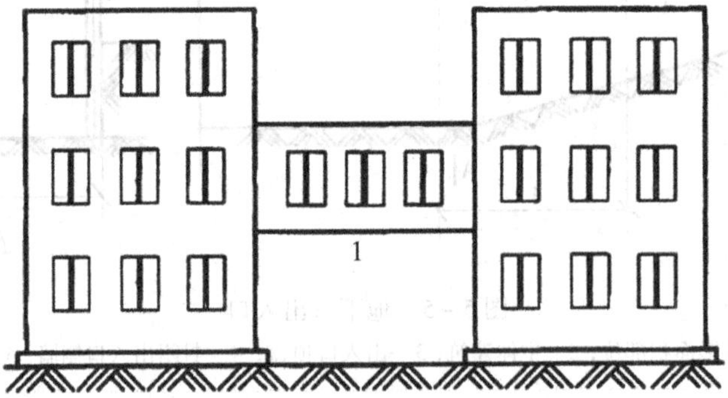

图 5 -8　有围护结构的架空走廊

1—架空走廊

（10）立体书库、立体仓库、立体车库，有围护结构的，应按其围护结构外围水平面积计算建筑面积；无围护结构、有围护设施的，应按其结构底板水平投影面积计算建筑面积。无结构层的应按一层计算，有结构层的应按其结构层面积分别计算。结构层高在 2.2 m 及以上的，应计算全面积；结构层高在 2.2 m 以下的，应计算 1/2 面积。起局部分隔、存储等作用的书架层、货架层或可升降的立体钢结构停车层均不属于结构层，因此该部分分层不计算建筑面积。

（11）有围护结构的舞台灯光控制室，应按其围护结构外围水平面积计算。结构层高在 2.2 m 及以上的，应计算全面积；结构层高在 2.2 m 以下的，应计算 1/2 面积。

（12）附属在建筑物外墙的落地橱窗，应按其围护结构外围水平面积计算。结构层高在 2.2 m 及以上的，应计算全面积；结构层高在 2.2 m 以下的，应计算 1/2 面积。

（13）窗台与室内楼地面高差在 0.45 m 以下且结构净高在 2.1 m 及以上的凸（飘）窗，应按其围护结构外围水平面积计算 1/2 面积。

（14）有围护设施的室外走廊（挑廊），应按其结构底板水平投影面积计算 1/2 面积；有围护设施（或柱）的檐廊，应按其围护设施（或柱）外围水平面积计算 1/2 面积。檐廊如图 5－9 所示。

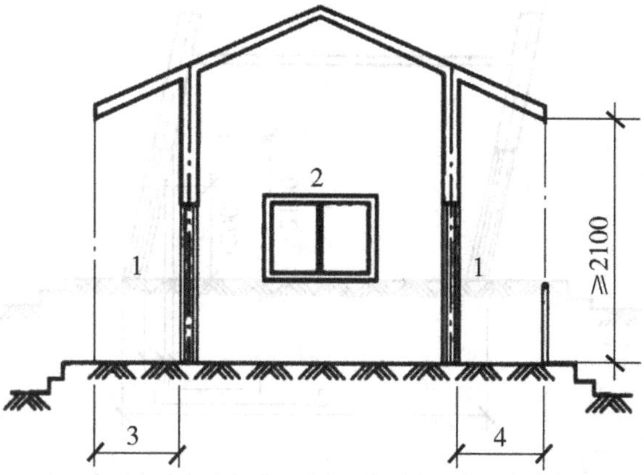

图 5－9　檐廊

1—檐廊；2—室内；3—不计算建筑面积部位；4—计算 1/2 建筑面积部位

（15）门斗应按其围护结构外围水平面积计算建筑面积。结构层高在 2.2 m 及以上的，应计算全面积；结构层高在 2.2 m 以下的，应计算 1/2 面积。门斗如图 5－10 所示。

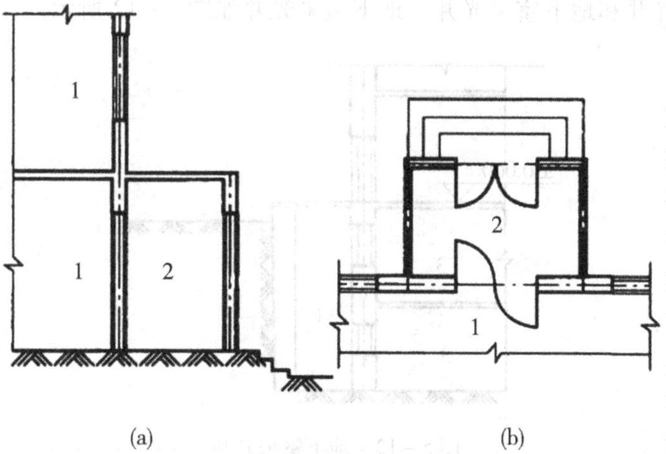

图 5－10　门斗

1—室内；2—门斗

（16）门廊应按其顶板水平投影面积的 1/2 计算建筑面积；有柱雨篷应按其结构板水平投影面积的 1/2 计算建筑面积；无柱雨篷的结构外边线至外墙结构外边线的宽度在 2.1 m 及以上的，应按雨篷结构板的水平投影面积的 1/2 计算建筑面积。

（17）设在建筑物顶部的、有围护结构的楼梯间、水箱间、电梯机房等，结构层高在 2.2 m 及以上的应计算全面积；结构层高在 2.2 m 以下的，应计算 1/2 面积。

（18）围护结构不垂直于水平面的楼层，应按其底板面的外墙外围水平面积计算。结构净高在2.1 m及以上的部位，应计算全面积；结构净高在1.2 m及以上至2.1 m以下的部位，应计算1/2面积；结构净高在1.2 m以下的部位，不应计算建筑面积。斜围护结构如图5－11所示。

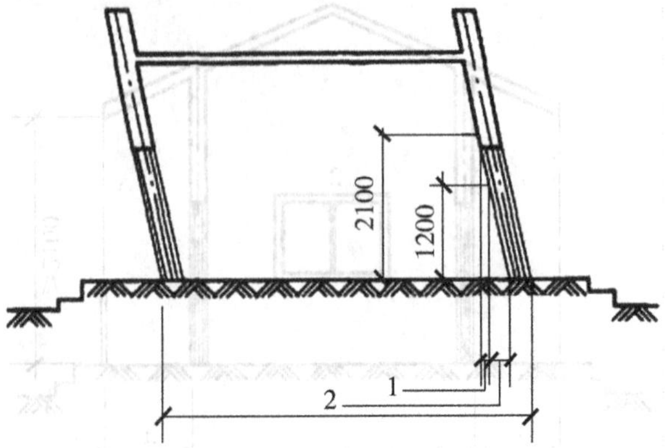

图5－11　斜围护结构

1—计算1/2建筑面积部位；2—不计算建筑面积部位

（19）建筑物的室内楼梯、电梯井、提物井、管道井、通风排气竖井、烟道，应并入建筑物的自然层计算建筑面积。有顶盖的采光井应按一层计算面积，结构净高在2.1 m及以上的，应计算全面积；结构净高在2.1 m以下的，应计算1/2面积。有顶盖的采光井包括建筑物中的采光井和地下室采光井。地下室采光井如图5－12所示。

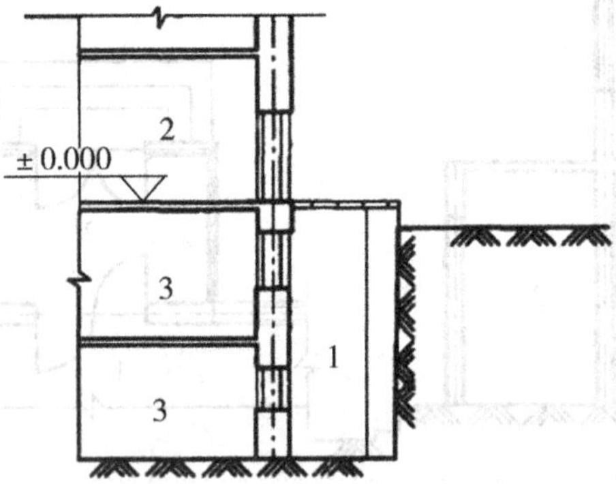

图5－12　地下室采光井

1—采光井；2—室内；3—地下室

（20）室外楼梯应并入所依附建筑物自然层，并应按其水平投影面积的1/2计算建筑面积。利用室外楼梯下部的空间不得重复计算建筑面积；利用地势砌筑的室外踏步，不计算建筑面积。

（21）在主体结构内的阳台，应按其结构外围水平面积计算全面积；在主体结构外的阳台，应按其结构底板水平投影面积计算1/2面积。

（22）有顶盖无围护结构的车棚、货棚、站台、加油站、收费站等，应按其顶盖水平投影面积的1/2计算建筑面积。

（23）以幕墙作为围护结构的建筑物，应按幕墙外边线计算建筑面积。设置在建筑物墙体外起装饰作用的幕墙，不计算建筑面积。

（24）建筑物的外墙外保温层，应按其保温材料的水平截面积计算，并计入自然层建筑面积。建筑外墙外保温如图 5－13 所示。

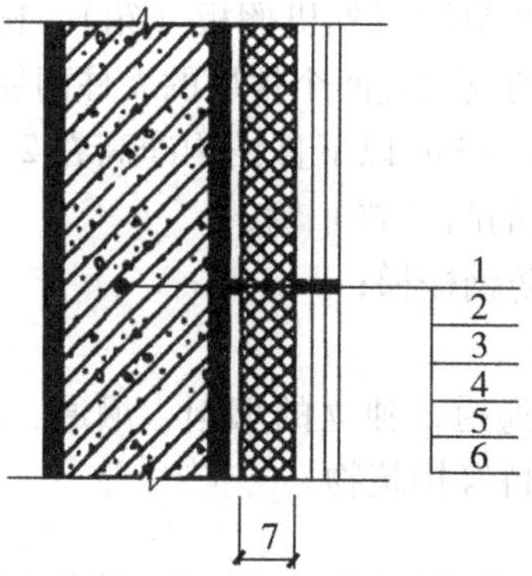

图 5－13　建筑外墙外保温

1—墙体；2—黏结胶浆；3—保温材料；4—标准网；5—加强网；6—抹面胶浆；7—计算建筑面积部位

（25）与室内相通的变形缝（暴露在建筑物内，在建筑物内可以看得见），应按其自然层合并在建筑物建筑面积内计算。对于高低联跨的建筑物，当高低跨内部连通时，其变形缝应计算在低跨面积内。

（26）对于建筑物内的设备层、管道层、避难层等有结构层的楼层，结构层高在 2.2 m 及以上的，应计算全面积；结构层高在 2.2 m 以下的，应计算 1/2 面积。

（27）下列项目不应计算建筑面积：

① 与建筑物内不相连通的建筑部件，指的是依附于建筑物外墙不与户室开门相通，起装饰作用的敞开式挑台（廊）、平台，以及不与阳台相通的空调室外机搁板（箱）等设备平台部件；

②骑楼（图 5－14）、过街楼（图 5－15）底层的开放公共空间和建筑物通道；

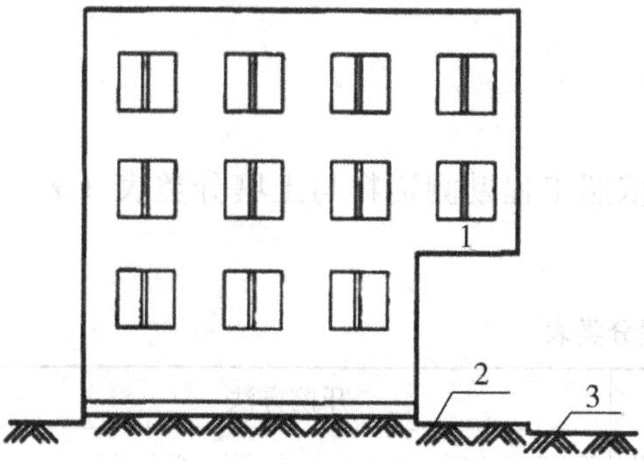

图 5－14　骑楼

1—骑楼；2—人行道；3—街道

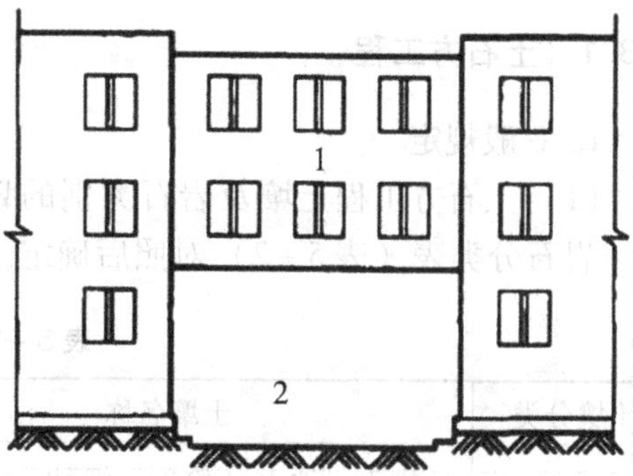

图 5－15　过街楼

1—过街楼；2—建筑物通道

③舞台及后台悬挂幕布和布景的天桥、挑台等；

④露台、露天游泳池、花架、屋顶的水箱及装饰性结构构件；

⑤建筑物内的操作平台、上料平台、安装箱和罐体的平台；

⑥勒脚、附墙柱（指非结构性装饰柱）、垛、台阶、墙面抹灰、装饰面、镶贴块料面层、装饰性幕墙，主体结构外的空调室外机搁板（箱）、构件、配件，挑出宽度在 2.1 m 以下的无柱雨篷和顶盖高度达到或超过两个楼层的无柱雨篷；

⑦窗台与室内地面高差在 0.45 m 以下且结构净高在 2.1 m 下的凸（飘）窗，窗台与室内地面高差在 0.45 m 及以上的凸（飘）窗；

⑧室外爬梯、室外专用消防钢楼梯；

⑨无围护结构的观光电梯；

⑩建筑物以外的地下人防通道，独立的烟囱、烟道、地沟、油（水）罐、气柜、水塔、贮油（水）池、贮仓、栈桥等构筑物。

5.3 定额项目及工程量计算规则

本节按照《广东省房屋建筑与装饰工程综合定额 2018》中规定的定额项目及工程量计算规则进行阐述，主要介绍四部分内容。

第一部分：分部分项工程。包括：土石方工程，围护及支护工程，桩基础工程，砌筑工程，混凝土及钢筋混凝土工程，装配式混凝土结构、建筑构件及部品工程，金属结构工程，木结构工程，门窗工程，屋面及防水工程，保温、隔热、防腐工程，楼地面装饰工程，墙、柱面装饰与隔断、幕墙工程，天棚工程，油漆、涂料、裱糊工程，其他装饰工程，景观工程，石作工程，拆除工程。

第二部分：措施项目。包括：模板工程，脚手架工程，垂直运输工程，材料及小型构件二次水平运输，成品保护工程，井点降水工程，绿色施工安全防护措施费，措施其他项目。

第三部分：其他项目。

第四部分：税金。

5.3.1 土石方工程

1. 一般规定

（1）土石方工程土壤及岩石类别的划分，依照工程勘测资料与土壤分类表（表 5-1）、岩石分类表（表 5-2）对照后确定。

表 5-1 土壤分类表

土壤分类	土壤名称	开挖方法
一、二类土	粉土、砂土（粉砂、细砂、中砂、粗砂、砾砂）、粉质黏土、弱中盐渍土、软土（淤泥质土、泥炭、泥炭质土）、软塑红黏土、冲填土	用锹，少许用镐、条锄开挖。机械能全部直接铲挖满载

续表5-1

土壤分类	土壤名称	开挖方法
三类土	黏土、碎石土（圆砾、角砾）混合土、可塑红黏土、硬塑红黏土、强盐渍土、素填土、压实填土	主要用镐、条锄，少许用锹开挖。机械需部分刨松方能铲挖满载或可直接铲挖但不能满载
四类土	碎石土（卵石、碎石、漂石、块石）、坚硬红黏土、超盐渍土、杂填土	全部用镐、条锄挖掘，少许用撬棍挖掘。机械需普遍刨松方能铲挖满载

注：除表中四种类别的土壤外，本部分还考虑淤泥、流砂两种特殊土：

①淤泥为在静水或缓慢的流水环境中沉积，并经生物化学作用形成，其天然含水量＞液限、天然孔隙比≥1.5的黏性土，外观上呈流塑状态。

②流砂为含水饱和，因受动水压力影响而呈流动状态的细砂、微粒砂、亚砂土。

表5-2　岩石分类表

岩石分类		代表性岩石	开挖方法	岩石饱和单轴抗压强度/MPa
极软岩		1. 全风化的各种岩石 2. 各种半成岩	部分用手凿工具、部分用爆破法开挖	≤5
软质岩	软岩	1. 强风化的坚硬岩或较硬岩 2. 中风化—强风化的较软岩 3. 未风化—微风化的页岩、泥岩、泥质砂岩等	用风镐和爆破法开挖	5～15
软质岩	较软岩	1. 中风化—强风化的坚硬岩或较硬岩 2. 未风化—微风化的凝灰岩、千枚岩、泥灰岩、砂质泥岩等	用爆破法开挖	15～30
硬质岩	较硬岩	1. 微风化的坚硬岩 2. 未风化—微风化的大理岩、板岩、石灰岩、白云岩、钙质砂岩等	用爆破法开挖	30～60
硬质岩	坚硬岩	未风化—微风化的花岗岩、闪长岩、辉绿岩、玄武岩、安山岩、片麻岩、石英岩、石英砂岩、硅质砾岩、硅质石灰岩等	用爆破法开挖	＞60

（2）干土、湿土的划分：首先以地质勘测资料为准，含水率＜25%为干土，含水率≥25%且小于液限为湿土；或以地下常水位为准划分，地下常水位以上为干土，以下为湿土，如采用降水措施的，应以降水后的水位为地下常水位，降水措施费用应另行计算。

（3）平整场地、沟槽、基坑、一般土石方划分规定：场地厚度≤±30 cm的就地挖、填、运、找平为平整场地；底宽≤7 m 且底长 >3 倍底宽为沟槽；底长≤3 倍底宽且底面积≤150 m^2 为基坑；超出上述范围则为一般土石方。

（4）本部分未包括现场障碍物清除、地下水位以下施工的排（降）水、地表水排除及边坡支护，发生时应另行计算。

（5）推土机推土、推石渣，铲运机铲运土，重车上坡时，如果坡度大于5%，其运距按坡度区段斜长乘以表5－3 系数计算。

表5－3　坡度系数表

坡度/%	5～10	15 以内	20 以内	25 以内
系数	1.75	2	2.25	2.5

2. 总体计算规则

（1）本部分土石方的挖、推、铲、装、运体积均以天然密实度体积计算，回填方按设计的回填体积计算。不同状态的土石方体积，按土石方体积换算系数表（表5－4）相关系数换算。

表5－4　土石方体积换算系数表

名 称	虚方体积	松填体积	天然密实度体积	夯实后体积
土方	1.00	0.83	0.77	0.67
	1.20	1.00	0.92	0.80
	1.30	1.08	1.00	0.87
	1.50	1.25	1.15	1.00
石方	1.00	0.85	0.65	—
	1.18	1.00	0.76	—
	1.54	1.31	1.00	—
块石	1.00	1.75	1.43	1.67（码方）
砂夹石	1.00	1.07	0.94	—

（2）挖土方工程量，按设计图示尺寸（包括基础工作面、放坡）以“m^3”计算。设计或经批准的施工组织设计（当设计未明确时）对基础施工工作面、放坡没有明确规定的，分别按表5－5、表5－6 取定。

表5－5　基础施工所需工作面宽度计算表

基础材料	每边增加工作面宽度/mm
毛石、条石基础	150
砖基础	200
混凝土基础垫层、基础支模板	300

续表 5－5

基础材料	每边增加工作面宽度/mm
基础垂直面做砂浆防潮层	400
基础垂直面做防水层或防腐层	1000

注：①表中基础材料多个并存时，工作面宽度按其中规定的最大宽度计算。

②挖基础土方需支挡土板时，按槽、坑底宽每侧另增加工作面 100 mm。

③砖胎模不计工作面。

表 5－6　放坡系数表

土壤类别	放坡起点深度/m	人工挖土	机械挖土		
			坑内作业	坑上作业	沟槽上作业
一、二类土	1.20	1∶0.50	1∶0.33	1∶0.75	1∶0.50
三类土	1.50	1∶0.33	1∶0.25	1∶0.67	1∶0.33
四类土	2.00	1∶0.25	1∶0.10	1∶0.33	1∶0.25

注：①基础土方支挡土板时，不得计算放坡。

②计算放坡时，在交接处的重复工程量不予扣除。

③基础土方含不同类别的土壤时，其放坡的起点深度和放坡坡度，按不同土方类别厚度加权平均计算。

④基础垫层不做模板时，放坡自垫层上表面开始计算；基础垫层有模板时，放坡自垫层底面开始计算。

①土方开挖平均厚度应按自然地面测量标高至设计地坪标高间的平均厚度确定。基础土方开挖深度，应按基础（含垫层）底标高至交付施工场地标高确定；无交付施工场地标高时，应按自然地面标高或设计室外地坪标高确定。

②土方开挖宽度，按基础垫层底宽度加工作面宽度确定。

③挖沟槽土方长度按下列情况确定：

外墙沟槽按设计图示中心线长度计算，内墙沟槽按图示基础底面之间净长线（即基础垫层底之间净长度）计算，内外突出部分（垛、附墙烟囱等）体积并入沟槽土方工程量内计算（图 5－16）。

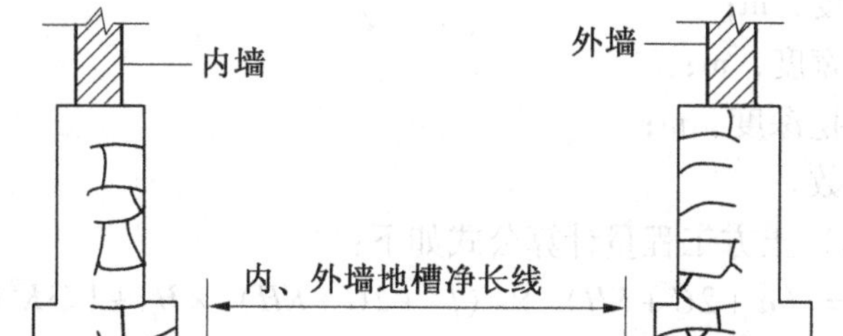

图 5－16　内墙地槽净长线示意图

（3）土石方运输工程量，按挖、填土方结合施工组织设计按实以“m^3”计算。土石方运输距离按施工组织设计以挖方区重心至填土区重心或弃土区重心之间最短运输距离确定。

①铲运机铲运土运距，按挖方区重心至卸方区重心加转向距离 45 m 计算；

②采用人力垂直运土石方运距折合水平运距 7 倍计算。

③土石方运输定额子目适用于运距在 30 km 以内的运输，运距超过 30 km（但不超过 50 km）部分按每增加 1 km 相应定额子目乘以系数 0.65 计算，运距超过 50 km 的按相关管理部门的规定计算。

④土石方运输定额子目是按每天 8 h 的运输作业时间综合考虑的，如各市对土石方场外运输有时间限制，作业时间不足 8 h 的可计算工效损失费，每减少 1 h 按土石方机械运输子目中的机具费乘以 4.2% 计算。

3. 土方工程

（1）平整场地、原土打夯

①平整场地工程量按设计图示尺寸以建筑物按首层外墙外边线面积（没有围护结构时以首层结构外围投影面积）计算，包括落地阳台、地下室出入口、采光井和通风竖井所占面积。建筑物地下室结构外边线突出首层结构外边线时，其突出部分的面积合并计算。

②原土打夯、碾压工程量按设计图示尺寸以“m^2”计算。

（2）人工土方

人工挖一般土方、人工挖淤泥流砂、人工挖沟槽土方、人工挖基坑土方工程量按设计图示尺寸（包括基础工作面、放坡）以“m^3”计算。

（3）机械土方

挖掘机挖一般土方、挖掘机挖淤泥流砂、挖掘机挖沟槽、基坑土方、挖掘机挖装土方、挖掘机挖装淤泥流砂工程量按设计图示尺寸（包括基础工作面、放坡）以“m^3”计算。

沟槽（图 5－17）土方工程量计算公式如下：

$$V=(B+2C+KH)\times H\times L \tag{5-1}$$

式中 V——沟槽土方工程量，m^3；

L——沟槽长度，m；

B——垫层宽度，m；

C——工作面宽度，m；

H——土方开挖深度，m；

K——放坡系数。

基坑（图 5－18）土方工程量计算公式如下：

$$V=(a+2C+KH)\times(b+2C+KH)\times H+1/3K^2H^3 \tag{5-2}$$

式中 V——基坑土方工程量，m^3；

a——基坑长度，m；

b——基坑宽度，m；

C——工作面宽度，m；

H——土方开挖深度，m；

K——放坡系数。

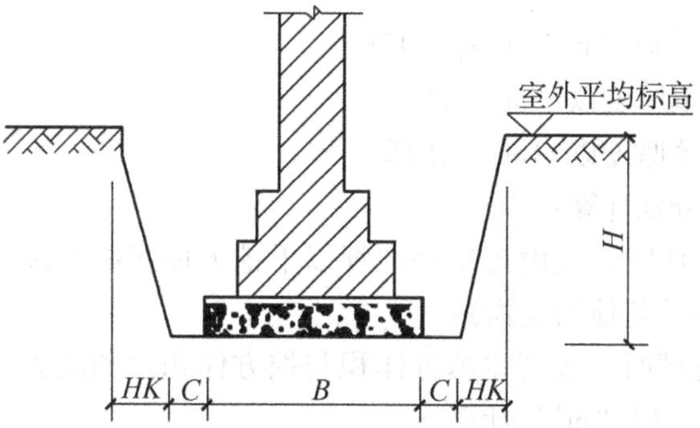

图5-17　沟槽

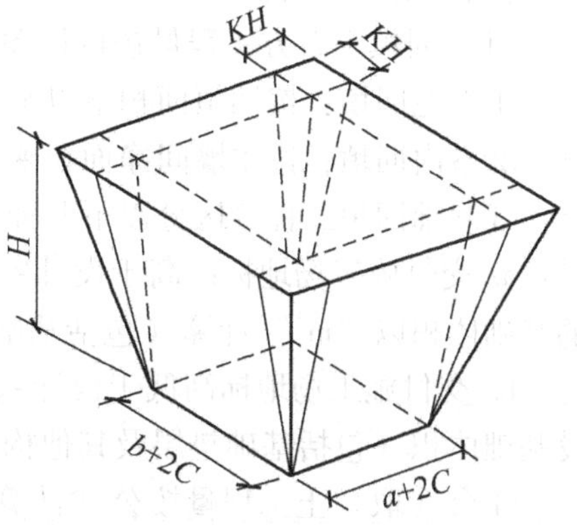

图5-18　基坑

（4）其他规定

①土方定额子目是按干土编制的。人工挖湿土时，相应定额子目人工费乘以系数1.18；机械挖湿土时，相应定额子目人工费、机具费乘以系数1.10。

②桩间土不扣除桩芯直径60 cm以内或类似尺寸桩体所占体积。人工挖桩间土方，相应定额子目人工费乘以系数1.30；机械挖桩间土方，相应定额子目人工费、机具费乘以系数1.10。

③在挡土板支撑下人工挖沟槽、基坑土方时，相应定额子目人工费乘以系数1.20。

④挖掘机在垫板上进行作业，相应定额子目的人工费、机具费乘以系数1.25，搭拆垫板的费用另行计算。

⑤推土推土、铲运机铲土的平均土层厚度小于30 cm时，推土机台班消耗量乘以1.25，铲运机台班消耗量乘以系数1.17。

⑥机械挖土方需人工辅助开挖时，按施工组织设计的规定分别计算机械、人工挖土工程量；如施工组织设计无规定的，按机械挖土方95%、人工挖土方5%计算。

⑦淤泥、流砂运输定额按即挖即运考虑。对没有即时运走的，经晾晒后的淤泥、流砂按装运土方子目计算。

⑧地下室土方大开挖后再挖地槽、地坑，其深度按大开挖后土面至槽、坑底标高计算，加垂直运输和水平运输。

4. 石方工程

（1）开凿、破碎、爆破石方工程量按设计图示尺寸以“m^3”计算，允许超挖量并入岩石挖方量计算。平基、沟槽、基坑开凿或爆破岩石，其开凿和爆破宽度及深度允许超挖量：较软岩和较硬岩为200 mm、坚硬岩为150 mm。

（2）石方爆破定额子目是按炮眼法松动爆破编制的，不分明炮、闷炮，但闷炮的覆盖材料（除石方控制爆破子目外）另行计算。

（3）爆破定额子目是按炮孔中无地下渗水、积水编制的，炮孔中若出现地下渗水、积水时，其处理费用另行计算。

（4）爆破定额子目（石方控制爆破子目除外）未计爆破所需覆盖的安全设施、架设安全屏障等，发生时另行计算。

5. 回填方及其他

（1）回填土石方工程量按设计图示尺寸以“m^3”计算，其中：

①场地回填：按回填面积乘以平均回填厚度以“m^3”计算。

②室内回填：按主墙间净面积乘以回填厚度以“m^3”计算。

③基础回填工程量区分以下两种情况分别计算：

a. 交付施工场地标高高于设计室外地坪时，按设计室外地坪以下挖方体积减去埋设的基础体积以“m^3”计算（包括基础垫层及其他构筑物）；

b. 交付施工场地标高低于设计室外地坪时，按高差填方体积与挖方体积之和减去埋设基础体积（包括基础垫层及其他构筑物）以“m^3”计算。

④余（取）土工程量按公式计算：余（取）土体积 = 挖土总体积 - 回填土总体积。公式中回填土总体积应折算为天然密实体积，计算结果为正值时为余土外运体积，负值时为需取土体积。

（2）支挡土板工程量按槽、坑垂直支撑面以“m^2”计算。支挡土板定额子目分为密板和疏板，密板是指满支挡土板，板距不大于 30 cm；疏板是指间隔支挡土板，板距不大于 150 cm，实际间距不同时，不作调整。

（3）盖挖法如下：

①盖挖法挖土方，按室内实际净面积乘以挖土方深度以体积计算。

②全部采用人工开挖土方时，按人工挖土方相应项目的人工费乘以系数 1.80。机械开挖土方为主、人工开挖土方为辅时，人工挖土方按相应项目的人工费乘以系数 1.60；机械挖土方按相应项目的人工费、机具费乘以系数 1.30。机械挖土方人工配合挖土时，有施工组织设计规定时，按规定计算；施工组织设计无规定时，机械挖土方按总土方量的 95% 计算，人工挖土方按总土方量的 5% 计算。

③以上系数未考虑洞内、暗室施工及土方的垂直提土运输、水平运输。

【例 5-3】 某单位传达室基础平面图及基础详图见图 5-19 所示，土壤为三类土、干土，人工挖运，场内运土 150 m，计算挖基础土方工程量及定额分部分项工程费。（假定工程建筑面积 >500 m^2。建筑面积 <500 m^2 的工程，其材料费增加 1.5%，人工消耗量增加 10%。）

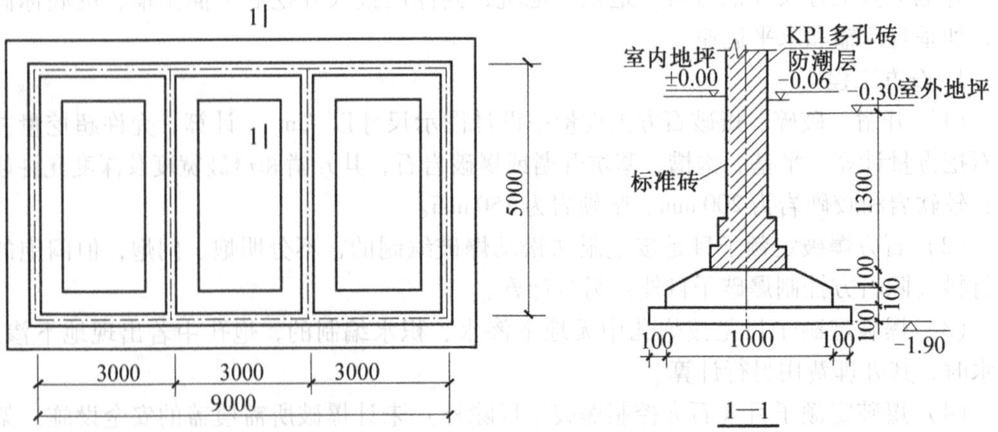

图 5-19 某传达室基础平面图及基础详图

解：

（1）挖土深度 H：1.90 − 0.30 = 1.60（m）> 1.50（m）

（2）垫层宽度 B：1.20 m

（3）挖土长度 L：

外：(9.0 + 5.0) × 2 = 28.00（m）

内：(5.0 − 1.2) × 2 = 7.60（m）

全长：35.60 m

（4）挖基础土方体积：

$$
\begin{aligned}
V &= (B + 2C + KH) \times H \times L \\
&= (1.2 + 2 \times 0.3 + 0.33 \times 1.6) \times 1.6 \times 35.6 \\
&= 132.60\ (\text{m}^3)
\end{aligned}
$$

（5）定额分部分项工程费计算如表 5－7 所示。

表 5－7　定额分部分项工程费计算表

序号	定额编号	项目名称	单位	数量	单位基价（元）	合价（元）
1	A1－1－18	人工挖沟槽（深度 2 m 以内）	100 m^3	1.326	6129.67	8127.94
2	A1－1－27	人工运土方（20 m 以内）	100 m^3	1.326	2336.96	3098.81
3	A1－48 换	人工运土方（增 130 m）	100 m^3	1.326	522.38 × 7 = 3656.66	4848.73
合计						16075.48

5.3.2　围护及支护工程

1. 打拔钢板桩

（1）打拔钢板桩按设计图示入土深度（即从始挖地面至桩底）以“t”计算。

（2）当设计支护钢板桩单根长度大于 12 m 且需要接驳时，可计算钢板桩接头。钢板桩接头按设计图示数量以“个”计算。

（3）支撑宽度在 2.5 m 以内的，按设计管道（沟槽）中心长度以“m”计算；宽度大于 2.5 m 的，则按设计图示支撑的理论质量以“t”计算。

（4）打拔钢板桩土质类别按综合土类考虑。

（5）打拔槽型钢板桩子目已包含支撑安拆，打拔拉森钢板桩子目均不包含支撑安拆。

（6）打拔钢板桩子目已包含了 30 天、60 天、180 天摊销使用期，非施工方原因导致实际支护时间（经验收合格之日起计算）超出摊销使用期，可按表 5－8 调整。

表 5－8　打拔钢板桩支护时间超出摊销使用期时调整表

序号	项　目	适用范围	摊销使用期	超期补偿
1	打拔钢板桩	综合土质	30 天内	1. 钢板桩按 1kg/t · 天费用补偿。 2. 累计增加材料费不能超过新购置钢板桩材料费 70%。
2	陆上打拔拉森钢板桩	综合土质	60 天内	
3	水上打拔拉森钢板桩	综合土质	180 天内	

（7）如实际的打拔钢板桩机械与定额所含的机械有不同时，不作换算；当实际支护或支撑的型钢种类不同时可按实换算，但消耗量不变。

2. 高压旋喷桩

（1）实桩部分按设计有效桩长计算，即设计桩顶标高至桩底标高的长度以“m”计算。

（2）空桩部分按自然地坪标高到设计桩顶标高的长度以“m”计算。

（3）高压旋喷桩定额已综合接头处的复喷工料，单位长度设计水泥用量不同时可以换算。

（4）桩上部空孔部分套用空桩子目计算。

（5）本部分打桩工程除高压水平旋喷桩外，均按打直桩编制。设计要求打斜桩时，斜率小于1：6时，相应定额人工费、机具费乘以系数1.25；斜率大于1：6时，相应定额人工费、机具费乘以系数1.43。

3. 喷浆（粉）桩（深层搅拌桩）

（1）桩长按设计顶标高至桩底长度另加0.50 m计算，空搅部分按自然地坪标高到设计桩顶标高的长度扣减0.50 m计算。

（2）SMW工法搅拌桩按设计桩长以三轴每米计算，群桩间重叠部分不扣除。

（3）SMW工法搅拌桩中的插、拔型钢工程量按设计图示尺寸以“t”计算。

（4）如需凿除桩头，按实际凿除量以“m^3”计算，执行桩基础工程凿桩头子目乘以0.65计算。

（5）深层搅拌水泥桩项目按一喷二搅或二喷二搅施工综合考虑编制，实际施工为二喷四搅或四喷四搅时，定额人工费和机具费乘以系数1.43计算。

（6）深层搅拌水泥桩的水泥掺入量按加固土重（1800 kg/m^3）的13%考虑，如设计不同时按实调整。

（7）深层搅拌水泥桩定额已综合了正常施工工艺需要的重复喷浆（粉）和搅拌。

（8）SMW工法搅拌桩水泥掺入量按加固土重（1800 kg/m^3）的20%考虑，如设计不同时按实调整；定额子目按2喷2搅施工编制，设计不同时，每增（减）1搅1喷按相应子目人工费和机具费增（减）40%计算。空搅部分按相应定额的人工费和机具费乘以系数0.50计算，并扣除水泥和水的含量。

（9）SMW工法搅拌桩设计要求全断面套打时，相应子目的人工费及机具费乘以系数1.50，其余不变。

4. 地下连续墙

（1）地下连续墙成槽按设计图示墙中心线长乘以厚度乘以槽深以“m^3”计算。

（2）灌注混凝土应以设计图示墙中心线长度乘以厚度再乘以实际灌注深度以“m^3”计算。需要凿除墙顶浮浆时，可套用凿桩头子目。

（3）泥浆外运按连续墙的成槽工程量以“m^3”计算。

（4）锁口管按设计图示以“段”计算。

（5）型钢板封口接头工程量，按设计图示尺寸以“t”计算；如设计图没有标示，则不计算。

（6）本节定额包括成槽、钢筋网片制作吊装、地下连续墙工字形钢板封口、入岩增加费、锁口管吊拔、浇捣连续墙混凝土等内容。

（7）本节成槽子目是以连续墙厚80 cm编制；当墙厚为60 cm时，子目乘以系数1.10；当墙厚为100 cm时，子目乘以系数0.95计算。

（8）如有发生导墙修筑时，导墙的土方开挖可套用土石方中的沟槽开挖定额子目；导墙模板套用“独立基础模板”子目、导墙浇捣套用“其他混凝土基础”子目、制安钢筋套用“现浇构件钢筋制安”部分的定额子目；如在实际中导墙需要拆除时，可套“拆除工程”相应子目。

（9）地下连续墙成槽的泥浆池砌筑和拆除可根据设计或施工方案套用“砌筑工程”和“拆除工程”的相应子目在措施费中计列，竣工结算时应按实结算。

（10）有预埋件可套用相应专业的定额子目。地下连续墙若设计增加检测管时，执行桩的相应子目。

（11）锁口管吊拔定额中已包括锁口管的摊销费用。

5. 锚杆、土钉

（1）锚杆、土钉成孔、灌浆工程量，按入土长度以“m”计算。

（2）锚杆钻孔、灌浆，高于地面1.2 m处作业搭设的操作平台，按实际搭设长度乘以宽度2 m，套满堂脚手架相应子目。

（3）锚杆、土钉钢筋（管）按钢筋混凝土工程相应子目计算。

6. 高压定喷防渗墙

（1）高压定喷防渗墙按设计图示尺寸垂直投影面积以“m^2”计算。

（2）高压定喷防渗墙不包括钢筋制作及安装。

7. 泥浆外运

高压旋喷桩、喷浆（粉）桩、地下连续墙、高压定喷防渗墙等成孔、成槽所产生的泥浆外运，套用桩基工程泥浆运输相关子目，对没有使用泥浆灌车即时运走的，经晾晒后的泥浆按装运土方子目计算。

8. 大型钢支撑

（1）大型钢支撑根据设计图尺寸按理论质量以“t”计算。

（2）当钢支撑宽度大于或等于8 m时属于大型钢支撑。

（3）大型钢支撑定额适用于地下连续墙、混凝土板桩、拉森钢板桩等支撑宽度大于8 m的深基坑支护钢支撑。

（4）预埋钢件和混凝土支撑可另套本综合定额相应部分的子目计算。

9. 喷射混凝土

（1）喷射混凝土工程量，按设计图示尺寸以“m^2”计算。

（2）未包括搭设平台的费用，发生时按审定的施工方案计算。

（3）隧道喷射混凝土按照《广东省市政工程综合定额2018》相应项目执行。

10. 地下连续墙和锚杆、土钉入岩

地下连续墙和锚杆、土钉入岩增加费按实际入岩长度以“m”计算。其中，极软岩、软岩不作入岩计，较软岩按实际体积的70%作入岩计，较硬岩、坚硬岩作全入岩计算。岩土分类见土石方工程的岩石分类表。

5.3.3 桩基础工程

1. 一般说明

（1）不同土壤类别、机械类别和性能均包括在定额内。

（2）定额打（压）预制桩未包括接桩，打（压）桩的接桩按相应子目另行计算。

（3）定额不包括清除地下障碍物，若发生时按实计算。

（4）打（压）试验桩套相应打（压）桩子目，人工费、机具费乘以系数2.00。

（5）单位工程打（压）桩、灌注桩工程量在表5－9规定数量以内时，其人工费、机具费按相应子目乘以系数1.25。

表5－9 打（压）桩、灌注桩规定工程量

项目	单位工程的工程量
预制钢筋混凝土方桩	200 m^3
砂、砂石桩	40 m^3
钻孔、旋挖成孔灌注桩	150 m^3
沉管、冲孔灌注桩	100 m^3
预制钢筋混凝土管桩	1000 m

（6）打桩工程以平地（坡度≤15°）打桩为准，坡度＞15°打桩时，按相应项目人工费、机具费乘以系数1.15。如在坑内（基坑深度＞1.5 m，基坑面积≤500 m^2）打桩或在地坪上打坑槽内（坑槽深度＞1 m）桩时，按相应项目人工费、机具费乘以系数1.11。

（7）打桩工程均按打直桩考虑，如遇打斜桩（包括俯打、仰打）斜率在1∶6以内时按相应项目人工费、机具费乘以系数1.25；斜率大于1∶6时，按相应项目人工费、机具费乘以系数1.43。

（8）船上打桩项目按两艘船只拼搭、捆绑考虑。

（9）型钢综合包括桩帽、送桩器、桩帽盖、钢管、钢模、金属设备及料斗等。

（10）灌注桩检测管制作安装主要适用于灌注桩的超声波检测。

（11）经审定的施工方案，单位工程内出现送桩和打桩的应分别计算。送桩工程量按送桩长度计算（即打桩机架底至桩顶面或自桩顶面至自然地坪面另加0.5 m计算），套用相应打（压）桩子目，并按照下述规定调整消耗量：

①预制混凝土桩送桩，人工费及机具费乘以系数1.20；

②钢管桩送桩，人工费、机具费乘以系数1.50；

③预制混凝土桩和钢管桩送桩时，不计算预制混凝土桩和钢管桩的材料费用。

（12）所有桩的长度，除另有规定外，预算按设计长度、结算按实际入土桩的长度（单独制作的桩尖除外）计算，超出地面的桩长度不得计算，成孔灌注混凝土桩的计算桩长以成孔长度为准。

2. 预制混凝土桩

（1）打（压）预制混凝土方桩工程量，按设计图示桩长（包括桩尖）以“m”计算；

打（压）预制混凝土管桩工程量，按设计图示桩长（不包括桩尖）以“m”计算。

（2）钢桩尖制作工程量，按设计图示尺寸以“t”计算，不扣除孔眼（0.04 m^2 内）、切边、切肢的质量，焊条、铆钉、螺栓等不另增加质量，不规则或多边形钢板以其外接矩形面积乘以厚度乘以单位理论质量计算。

（3）预制混凝土接桩工程量，按设计图示接头数量以“个”计算。

（4）预制混凝土管桩填芯工程量，按设计长度乘以管内截面积以“m^3”计算。

（5）有计算送桩的打（压）预制混凝土桩项目，子目桩消耗量103.8 m改为101 m。

（6）预制混凝土方桩接桩定额钢材用量与设计不同时，按实调整，其他不变。

（7）预制混凝土方桩和预制混凝土管桩，定额按购入成品构件考虑。

3. 钢管桩

（1）打（压）钢管桩工程量，按入土长度以“t”计算。

（2）钢管桩接桩工程量，按设计图示数量以“个”计算。

（3）钢管桩内切割工程量，按设计图示数量以“根”计算。

（4）钢管桩精割盖帽工程量，按设计图示数量以“个”计算。

（5）钢管桩管内取土工程量，按设计图示尺寸以“m^3”计算。

（6）钢管桩填芯工程量，按设计长度乘以管内截面积以“m^3”计算。

（7）定额钢管桩按成品考虑，不含防腐处理费用，如发生时可按实计算。

4. 成孔混凝土灌注桩

（1）沉管灌注混凝土桩、夯扩桩工程量，按桩长乘以设计截面面积以“m^3”计算。

（2）灌注桩检测管工程量，按钢检测管质量以“t”计算，塑料管按长度以“m”计算。桩底（侧）后压浆工程量按设计注入水泥用量以“t”计算。如水泥用量差别大，允许换算。

（3）钢护筒工程量，按钢护筒加工后的成品质量以“t”计算。

（4）素砼桩（CFG桩）工程量，按桩长乘以设计截面面积以“m^3”计算。

（5）钻、冲孔桩工程量，按桩长乘以设计截面面积以“m^3”计算。

（6）旋挖桩工程量，按桩长乘以设计截面面积以“m^3”计算。

（7）钻孔桩、冲孔桩和旋挖桩入岩增加费，按入岩厚度乘以设计截面面积以“m^3”计算。

（8）钻孔（旋挖）桩和冲孔桩的灌注混凝土工程量，预算按设计图示桩长乘以设计截面面积以“m^3”计算，结算按实调整。

（9）沉管混凝土灌注桩，钻、冲孔灌注桩、旋挖桩、素砼桩（CFG桩）的混凝土含量按1.20扩散系数考虑，实际灌注量不同时，可调整混凝土量，其他不变。

（10）沉管混凝土灌注桩在原位打扩大桩时，人工费乘以系数0.85，机具费乘以系数0.50。沉管混凝土灌注桩至地面部分（包括地下室）采用砂石代替混凝土时，其材料按实计算。如在支架上打桩，人工费及机具费乘以系数1.25。活页桩尖铁件摊销每立方米混凝土1.5 kg。

（11）灌注桩检测管定额中已综合考虑了检测管封头、接长、套管、安装、固定、临时支撑保护等的消耗，使用定额时不应再另行计算。灌注桩检测管采用无缝钢管制成，为加工后的成品质量，当设计未能提供质量时，可参考表5-10进行计算。

表 5-10　质量表

外径/mm	壁厚/mm	每米重量/(kg/m)	外径/mm	壁厚/mm	每米重量/(kg/m)
50	2.5	2.93	54	2.5	3.18
	3.0	3.48		3.0	3.77
	3.5	4.01		3.5	4.36
	4.0	4.54		4.0	4.93
	4.5	5.05		4.5	5.49
	5.0	5.55		5.0	6.04
57	3.0	4.00	60	3.0	4.22
	3.5	4.62		3.5	4.88
	4.0	5.23		4.0	5.52
	4.5	5.83		4.5	6.16
	5.0	6.41		5.0	6.78
	5.5	6.99		5.5	7.39

（12）桩钢护筒的工程量按护筒的设计质量计算。设计质量为加工后的成品质量，包括加劲肋及连接件等全部钢材质量。当设计未能提供质量时，可参考表 5-11 进行计算，桩径不同时可按内插法计算。

表 5-11　质量表

桩径/cm	80	100	120	150	200	250	300
每米护筒质量/(kg/m)	138.79	170.20	238.20	289.30	499.10	612.60	907.50

（13）钻（冲）孔桩、旋挖桩等定额子目未包括成孔前用于定位及防塌孔的 2 m 钢护筒埋设及拆除，如设计明确钢护筒高度时，套用“钢护筒埋设、拆除”子目。当遇到不利地质条件（如流砂、溶洞等）需要埋设钢护筒并无法拆除时，适用“钢护筒埋设不拆除”子目。旋挖成孔桩定额按湿作业成孔考虑，如采用干作业成孔工艺时，则扣除相应定额项目中黏土、水、泥浆泵含量，其他不变。钻、冲孔桩、旋挖成孔灌注桩入岩增加费，极软岩和软岩不作入岩计算，较硬岩、坚硬岩作入岩计算，较软岩按入岩相应子目乘以系数 0.70。

5. 泥浆运输

（1）泥浆运输工程量，按钻、冲孔桩工程量以“m^3”计算。

（2）泥浆运输子目适用于钻冲孔灌注桩、旋挖成孔灌注桩、微型桩等项目，按即挖即运考虑，没有及时运走，经过泥浆分离或晾晒的按一般土方运输计算。本部分子目未考虑泥浆池（槽）砌筑及拆除，可根据设计或施工方案套用“砌筑工程”和“拆除工程”的相应子目在措施费中计列，竣工结算时应按实结算。

6. 截（凿）桩头

（1）桩头钢筋截断工程量，按设计图示数量以“根”计算。

（2）机械切割预制桩头工程量，按设计图示数量以“个”计算。凿桩头工程量，除另有规定外，按设计要求以“m^3”计算。设计没有要求的，预算时其长度从桩头顶面标高计至桩承台底以上 100 mm，结算时按实调整。凿灌注桩、钻（冲）孔桩的工程量，按凿桩头长度乘桩设计截面面积再乘以系数 1.20 计算。

7. 微型桩（树根桩）

（1）微型桩（树根桩）工程量，按设计图示桩长以“m”计算。

（2）微型桩的钢管、声测管埋设如遇材质、规格不同时，可以换算，其余不变。

（3）微型桩钢管埋设工程量按打桩前的自然地坪标高至设计桩底标高另加 0.5 m 计算。

8. 打孔灌注砂桩、砂石桩

（1）打孔灌注砂桩、砂石桩工程量，按桩长（包括桩尖）乘以设计截面面积以“m^3”计算。

（2）灌注桩后注浆的注浆管埋设按微型桩钢管埋设子目，按桩底注浆考虑，如设计采用侧向注浆，则人工费、机具费乘以系数 1.20。

9. 圆木桩

（1）圆木桩按林业主管部门原木材积表以“m^3”计算。

（2）打桩支架，按审定的施工组织设计，按水平投影面积以“m^2”计算。

（3）在沟槽（基坑）内打桩时，打桩机的临时支架，按沟槽（基坑）的实际上口面积以“m^2”计算，沟槽（基坑）宽在 3 m 以内，不得计算。

（4）圆木桩未包括防腐费用，发生时按实计算。

【例 5-4】某工程桩基础为预制混凝土方桩（图 5-20），C30 商品混凝土，室外地坪标高 -0.30 m，桩顶标高 -1.80 m，桩计 150 根，计算打桩工程量及送桩工程量。

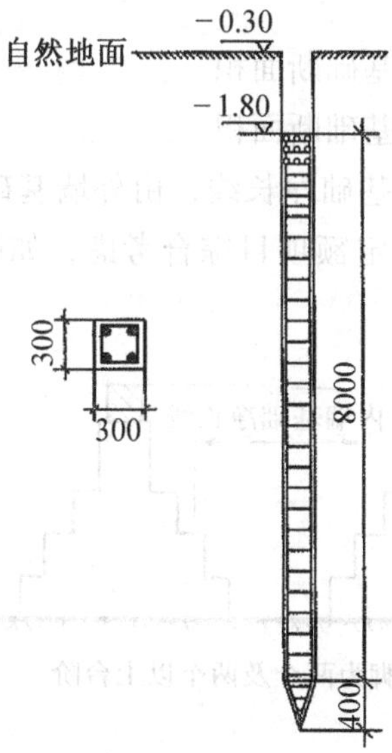

图 5-20　预制混凝土方桩

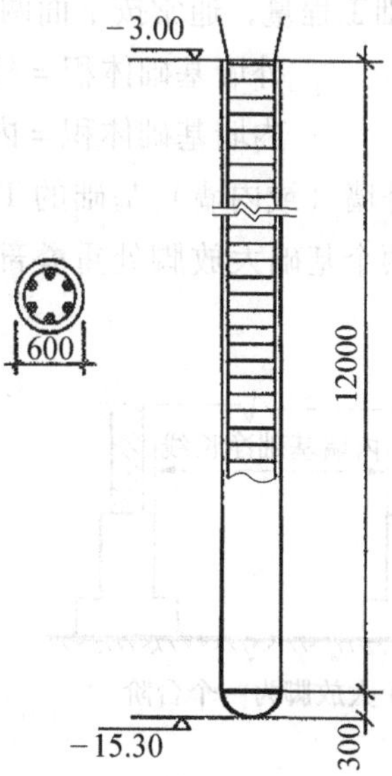

图 5-21　钻孔灌注混凝土桩

解：

打桩工程量：

(8.0 + 0.4) × 150 = 1260 (m)

送桩工程量：

(1.8 − 0.3 + 0.5) × 150 = 300 (m)

【例 5-5】 某工程桩基础是钻孔灌注混凝土桩（图 5-21），C25 预拌混凝土，土孔中混凝土充盈系数为 1.20，自然地面标高 −0.45 m，桩顶标高 −3.00 m，设计桩长 12.30 m，桩进入岩层 1 m，桩直径 600 mm，计 100 根，泥浆外运 5 km。计算钻孔灌注混凝土桩及混凝土的工程量。

解：

钻孔桩的工程量：$12.30 \times 3.14 \times 0.3^2 \times 100 = 347.60\ (m^3)$

C25 预拌混凝土的工程量：$347.60 \times 1.20 = 417.12\ (m^3)$

5.3.4 砌筑工程

1. 砌砖、砌块

1）砖基础工程量

砖基础工程量，按设计图示尺寸以“m^3”计算。基础大放脚 T 形接头处重叠部分和嵌入基础的钢筋、铁件、管径在 600 mm 以内的管道、基础防潮层的体积以及单个面积在 $0.3\ m^2$ 内的孔洞所占体积不予扣除，但墙垛基础大放脚突出部分也不增加。

（1）基础长度：外墙墙基按外墙中心线长度计算，内墙墙基按内墙净长度计算。

（2）砖基础工程量，通常按下面两个公式计算。

$$外墙基础体积 = 外墙中心线长度 \times 基础断面积 \qquad (5-3)$$

$$内墙基础体积 = 内墙净长线长度 \times 基础断面积 \qquad (5-4)$$

在内墙与外墙（或内墙）基础的 T 形相交处，内墙基础净长线，由外墙基础上表面算起，这时，两个基础大放脚处重叠部分的工程量已由定额项目综合考虑，如图 5-22 所示。

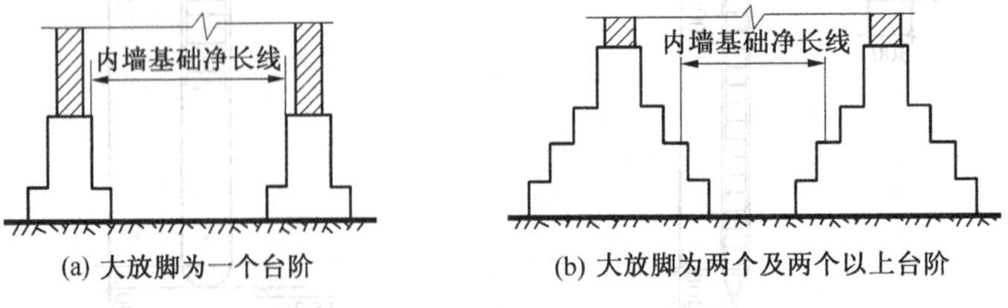

图 5-22 大放脚内墙基础净长线的计算

带形砖基础通常有等高式和不等高式两种大放脚砌筑方法，如图 5-23 所示。

采用大放脚砌筑法时，砖基础断面积可由两种方法确定：

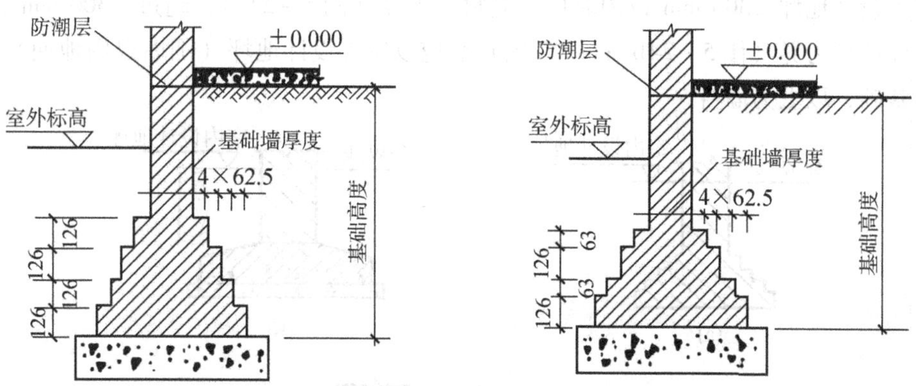

(a) 等高式　　　　(b) 不等高式

图 5－23　等高与不等高基础大放脚示意图

①采用折加高度计算法

基础断面积 = 基础墙厚度 ×（基础高度 + 折加高度）　　（5－5）

式中，折加高度 = 大放脚断面积之和/基础墙厚度。

②采用增加断面积计算法

基础断面积 = 基础墙厚度 × 基础高度 + 大放脚断面积　　（5－6）

上述砖基础大放脚折加高度和大放脚增加断面积，均可由表 5－12 查得。

表 5－12　等高、不等高砖基础大放脚折加高度和大放脚增加断面积表

放脚层数	折加高度/m												增加断面积/m²	
	1/2 砖 (0.115)		1 砖 (0.24)		$1\frac{1}{2}$砖 (0.365)		2 砖 (0.49)		$2\frac{1}{2}$砖 (0.615)		3 砖 (0.74)			
	等高	不等高	等高	不等高	等高	不等高	等高	不等高	等高	不等高	等高	不等高	等高	不等高
一	0.137	0.137	0.066	0.066	0.043	0.043	0.032	0.032	0.026	0.026	0.021	0.021	0.0158	0.0158
二	0.411	0.342	0.197	0.164	0.129	0.108	0.096	0.08	0.077	0.064	0.064	0.053	0.0473	0.0394
三			0.394	0.328	0.259	0.216	0.193	0.161	0.154	0.128	0.128	0.106	0.0945	0.0788
四			0.656	0.525	0.432	0.345	0.321	0.253	0.256	0.205	0.213	0.17	0.1575	0.126
五			0.984	0.788	0.647	0.518	0.482	0.38	0.384	0.307	0.319	0.255	0.2363	0.189
六			1.378	1.083	0.906	0.712	0.672	0.53	0.538	0.419	0.447	0.351	0.3308	0.2599
七			1.838	1.444	1.208	0.949	0.90	0.707	0.717	0.563	0.596	0.468	0.441	0.3465
八			2.363	1.838	1.553	1.208	1.157	0.90	0.922	0.717	0.766	0.596	0.567	0.4411
九			2.953	2.297	1.942	1.51	1.447	1.125	1.153	0.896	0.958	0.745	0.7088	0.5513
十			3.61	2.789	2.372	1.834	1.768	1.366	1.409	1.088	1.171	0.905	0.8663	0.6694

（3）砖基础与砖墙（身）划分应以室内设计地坪为界（有地下室的按地下室室内设计地坪为界），以下为基础，以上为墙（身）（图 5－24a）。基础与墙身使用不同的材料，

位于室内设计地坪±300 mm以内时以不同材料为界（图5－24c）；超过±300 mm，应以室内设计地坪为界（图5－24b）；砖（围）墙应以室外设计地坪（围墙以内地面）为界，以下为基础，以上为墙身。

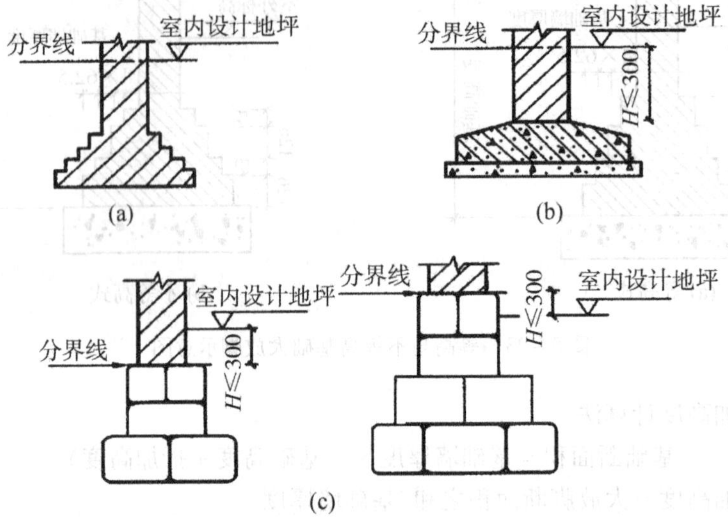

图5－24　基础与墙（身）分界线

2）砖墙工程量

砖墙工程量，按设计图示尺寸以“m^3”计算。扣除门窗洞口、过人洞、空圈、嵌入墙内的钢筋混凝土柱、梁、圈梁、挑梁、过梁及凹进墙内的壁龛、管槽、暖气槽、消火栓箱所占体积。不扣除梁头、板头、砖旋、砖过梁、檩头、垫木、木楞头、沿缘木、木砖、门窗走头、砖墙内加固钢筋、木筋、铁件、钢管及单个面积0.3 m^2以内的孔洞所占体积。凸出墙面的窗台线、窗眉线、虎头砖、门窗套以及三皮砖以内的腰线、压顶线、挑檐的体积亦不增加，凸出墙面的砖垛以及三皮砖以上的腰线、压顶线、挑檐的体积并入墙身工程量内计算。

（1）墙厚度：标准砖墙体厚度规定见表5－13。

表5－13　标准砖墙体厚度规定

砖数（厚度）	1/4	1/2	3/4	1	1又1/4	1又1/2	2	2又1/2	3
计算厚度/mm	53	115	180	240	300	365	490	615	740

使用非标准砖时，其砌体厚度应按砖实际规格和设计厚度计算。如设计厚度与实际规格不同时，按实际规格计算。

（2）墙长度：外墙按中心线，内墙按净长计算。

（3）墙高度：见表5－14。

表 5－14　墙高确定表

墙别	屋面类型		墙高计算方法	示意图
外墙	坡屋面	无檐口天棚	以外墙中心线为准，算至屋面板底面	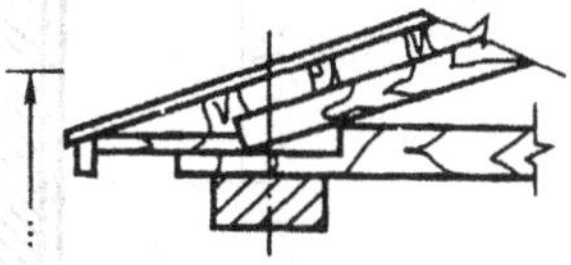
		有檐口天棚	算至屋架下弦底面，另加 200 mm	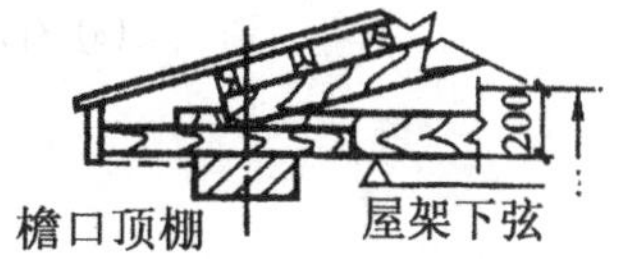
	平屋面		以外墙中心线为准，算至屋面板底面	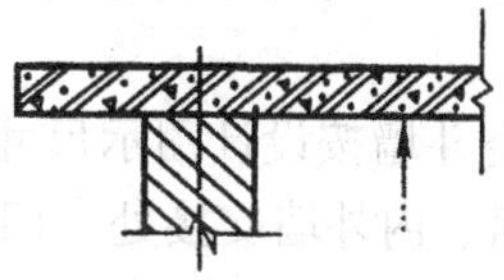
内墙	有下弦者		算至屋架下弦底面	
	无下弦者		算至天棚底面另加 100 mm	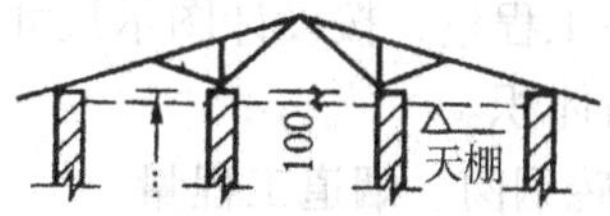
山墙	内、外山墙		按山墙平均高度计算，$\frac{1}{2}(H_1+H_2)$	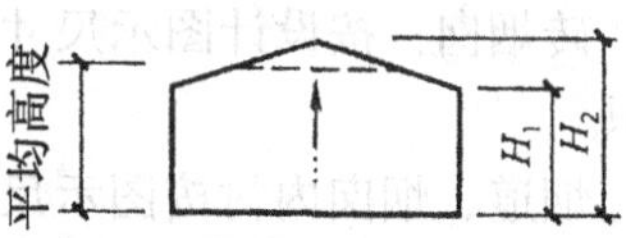

①外墙：斜（坡）屋面无檐口天棚者算至屋面板底；有屋架且室内外均有天棚者算至屋架下弦底另加 200 mm；无天棚者算至屋架下弦底另加 300 mm，出檐宽度超过 600 mm 时按实砌高度计算；有钢筋混凝土楼板隔层者算至板顶。平屋面算至钢筋混凝土板底或梁底。

②内墙：位于屋架下弦者，算至屋架下弦底；无屋架者算至天棚底另加 100 mm；有钢筋混凝土楼板隔层者算至楼板底；有框架梁者算至梁底。

③女儿墙：从屋面板上表面算至女儿墙顶面（如有混凝土压顶时算至压顶下表面），如图 5－25 所示。

④内、外山墙：按其平均高度计算。

⑤围墙：高度算至压顶上表面（如有混凝土压顶时算至压顶下表面），围墙柱并入围墙体积内。

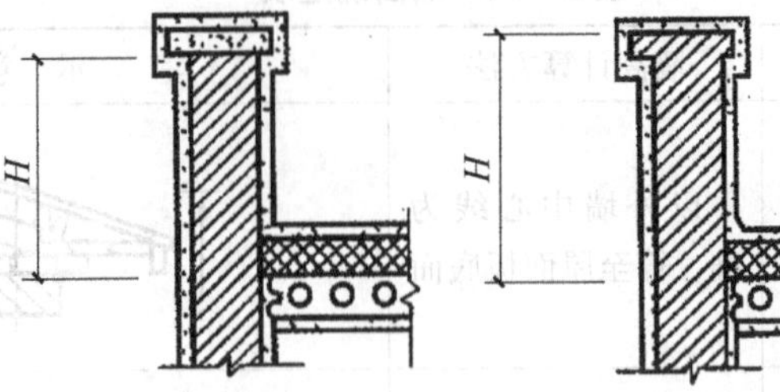

(a) 有压顶　　(b) 无压顶

图 5－25　女儿墙高度

（4）框架间的砌体，内外墙长度分别以框架间的净长计算，高度按框架间的净高计算。

（5）空斗墙按设计图示尺寸以空斗墙外形体积计算。

①墙角、内外墙交接处、门窗洞口立边、窗台砖、屋檐处的实砌部分体积已包括在空斗墙体积内。

②空斗墙的窗间墙、窗台下、楼板下、梁头下等的实砌部分应另行计算，套用零星砌体项目。

（6）空花墙按设计图示尺寸的空花部分外形体积计算，不扣除空花部分体积。

3）砖柱工程量

砖柱工程量，按设计图示尺寸以"m^3"计算，扣除混凝土及钢筋混凝土梁垫、梁头、板头所占体积。

4）砖烟囱、烟道工程量

砖烟囱、烟道工程量，按设计图示尺寸以"m^3"计算。

（1）砖烟囱：按设计图示尺寸以"m^3"计算。扣除各种孔洞、钢筋混凝土圈梁、过梁等体积。

（2）烟道、烟囱内衬按图示尺寸以"m^3"计算，扣除各种孔洞所占体积。

（3）烟道砌砖，烟道与炉体的划分以第一道闸门为界，炉体内的烟道部分并入炉体工程量计算。

（4）附墙烟囱、通风道、垃圾道按设计图示尺寸以"m^3"计算（扣除孔洞所占体积），并入所附的墙体体积内。

5）其他说明

（1）定额是按标准砖 240 mm × 115 mm × 53 mm、耐火砖 230 mm × 115 mm × 65 mm 规格编制的，砌块是按常用规格编制的，灰缝按 10 mm 考虑厚度。设计规格与定额不同时，砌体材料和砌筑（黏结）材料用量应作调整换算。

（2）定额所列砌筑砂浆种类和强度等级，如设计与定额不同时，应作调整换算。

（3）子目不含钢筋，砌体内的钢筋按"混凝土及钢筋混凝土工程"相应子目另行计算。

（4）砖砌体加浆勾缝时，按相应子目另行计算。

（5）砌块墙体如需砌嵌标准砖的，仍按子目执行。

（6）砌筑圆弧形基础和墙（含砖石混合砌体），除有对应圆弧形子目外，套相应基础和墙子目乘以系数 1. 10。

（7）砖砌挡土墙，2 砖以上按砖基础子目，2 砖以下按砖墙子目计算。

（8）砖砌胎模套用砖基础子目计算，砖砌胎模高度超过 1. 2 m 时，按砖基础子目的人工费乘以系数 1. 10。设计图所示的砖模按实体项目考虑。

（9）砖砌围墙按外墙子目计算。

2. 砌石

（1）砌石基础、石墙、石柱、踏步、护坡、地沟工程量，按设计图示尺寸以"m^3"计算。

（2）本节砌石采用毛石或块石为材料。定额中粗、细料石（砌体）墙是按 400 mm × 220 mm × 200 mm，柱按 450 mm × 200 mm × 200 mm 规格编制，规格不同时可以换算。方整石墙、毛石墙不分内外墙，均按子目计算。

（3）毛石墙、方整石墙的墙面、墙角、门窗立边的石料加工，按一般粗加工考虑。如有特殊装饰性的细加工另行计算。

3. 其他砌体

（1）砖散水工程量，按设计图示尺寸以"m^2"计算。砖砌体散水、明沟、砂井、化粪池、台阶均已包括土方挖、填及场内运输的用工。

（2）砖砌地沟工程量，按设计图示尺寸以"m^3"计算。砖砌明沟工程量，按设计图示中心线长度以"m"计算，明沟与散水以沟边砖与散水交界处为界。砖砌地沟不分墙基、墙身。

（3）砂井工程量，按设计图示数量以"个"计算。

（4）砖砌化粪池按设计图示外形体积以"m^3"计算，其高度按垫层底至池顶板面高度，长宽按池体图示尺寸计算，两端突出的体积不另行计算。玻璃钢化粪池以容量划分按设计图示数量以"个"计算，其垫层、检查井按有关规定计算。砖砌化粪池子目，已综合考虑各种墙体厚度；化粪池外形体积超过 50 m^3 时，按实分别列项计算。玻璃钢化粪池相关的土方工程量按土方列项计算。

（5）砌零星构件等按以下规定计算：

①砌筑水围基、灶基、小便槽、厕坑道工程量，按设计图示尺寸以"m"计算。

②水厕蹲位砌筑工程量，不分下沉式或非下沉式按设计图示数量以"个"计算。

③明沟铸铁盖板安装工程量，按设计图示尺寸以"m"计算。明沟铸铁盖板定额按成品考虑。

④砖混凝土混合、砖砌栏板工程量，按设计图示尺寸以"m"计算。砖混凝土混合、砖砌栏板：1/4、1/2 砖厚，高度按 900 mm 考虑，每增减 100 mm，按相应子目人工费、材料费、机具费增减 10% 计算；3/4 砖厚，高度按 1200 mm 考虑，每增减 100 mm，按相应子目人工费、材料费、机具费增减 10% 计算。如采用其他材质通花，分别列项计算。

⑤砖砌台阶工程量，按水平投影面积以"m^2"计算，台阶两侧砌体另行计算。

⑥零星砌体工程量，按设计图示尺寸以"m^3"计算。零星砌体包括蹲台、煤箱、花台、生活间水池支承池槽的砖腿、踏步两侧砌体、台阶两侧砌体、竖风道、房上烟囱，毛石墙的门窗立边、窗头虎头砖等以及单个体积在 0. 1 m^3 以内的砌体。

4. 垫层工程量按照设计图示尺寸以"m^3"计算。

【例5-6】某单位传达室基础平面图及基础详图见图5-19，室内地坪±0.00 m，防潮层-0.06 m，防潮层以下用M10水泥砂浆砌标准砖基础，防潮层以上为多孔砖墙身。计算砖基础的工程量。

解：砖基础体积：

$$0.24\times(1.54+0.197)\times[(9.0+5.0)\times2+(5.0-0.24)\times2]=15.64\ (m^3)$$

【例5-7】某单位传达室平面图、剖面图、墙身大样图见图5-26，构造柱240 mm×240 mm，有马牙搓与墙嵌接，圈梁240 mm×300 mm，屋面板厚100 mm，门窗上口无圈梁处设置过梁厚120 mm，过梁长度为洞口尺寸两边各加250 mm，窗台板厚60 mm，长度为窗洞口尺寸两边各加60 mm，窗两侧有60 mm宽砖砌窗套，砌体材料为KP1多孔砖，女儿墙为标准砖。计算墙体工程量。

解：

（1）一砖墙

① 墙高：$2.8-0.30+0.06=2.56$（m）

② 外墙：$0.24\times2.56\times(9.0+5.0)\times2=17.20$（$m^3$）

减构造柱：$0.24\times0.24\times2.56\times8=1.18$（$m^3$）

减马牙楼：$0.24\times0.06\times2.56\times1/2\times16=0.29$（$m^3$）

减C1窗台板：$0.24\times0.06\times1.62\times1=0.02$（$m^3$）

减C2窗台板：$0.24\times0.06\times1.32\times5=0.10$（$m^3$）

减M1：$0.24\times1.20\times2.50\times2=1.44$（$m^3$）

减C1：$0.24\times1.50\times1.50\times1=0.54$（$m^3$）

减C2：$0.24\times1.20\times1.50\times5=2.16$（$m^3$）

外墙体积$=11.47$（m^3）

③ 内墙：$0.24\times2.56\times4.76\times2=5.85$（$m^3$）

减马牙楼：$0.24\times0.06\times2.56\times1/2\times4=0.07$（$m^3$）

减过梁：$0.24\times0.12\times1.40\times2=0.08$（$m^3$）

减M2：$0.24\times0.90\times2.10\times2=0.91$（$m^3$）

内墙体积$=4.79$（m^3）

④ 一砖墙合计：$11.47+4.79=16.26$（m^3）

（2）半砖墙

① 墙高：$2.80-0.10+0.06=2.84$（m）

② 体积：$0.115\times2.84\times2.76=0.90$（$m^3$）

减过梁：$0.115\times0.12\times1.40=0.02$（$m^3$）

减M2：$0.115\times0.90\times2.10=0.22$（$m^3$）

③ 半砖墙合计：0.66（m^3）

（3）女儿墙

① 墙长：$(9.0+5.0)\times2=28.00$（m）

② 墙高：$0.30-0.06=0.24$（m）

③ 体积：$0.24\times0.24\times28.0=1.61$（$m^3$）

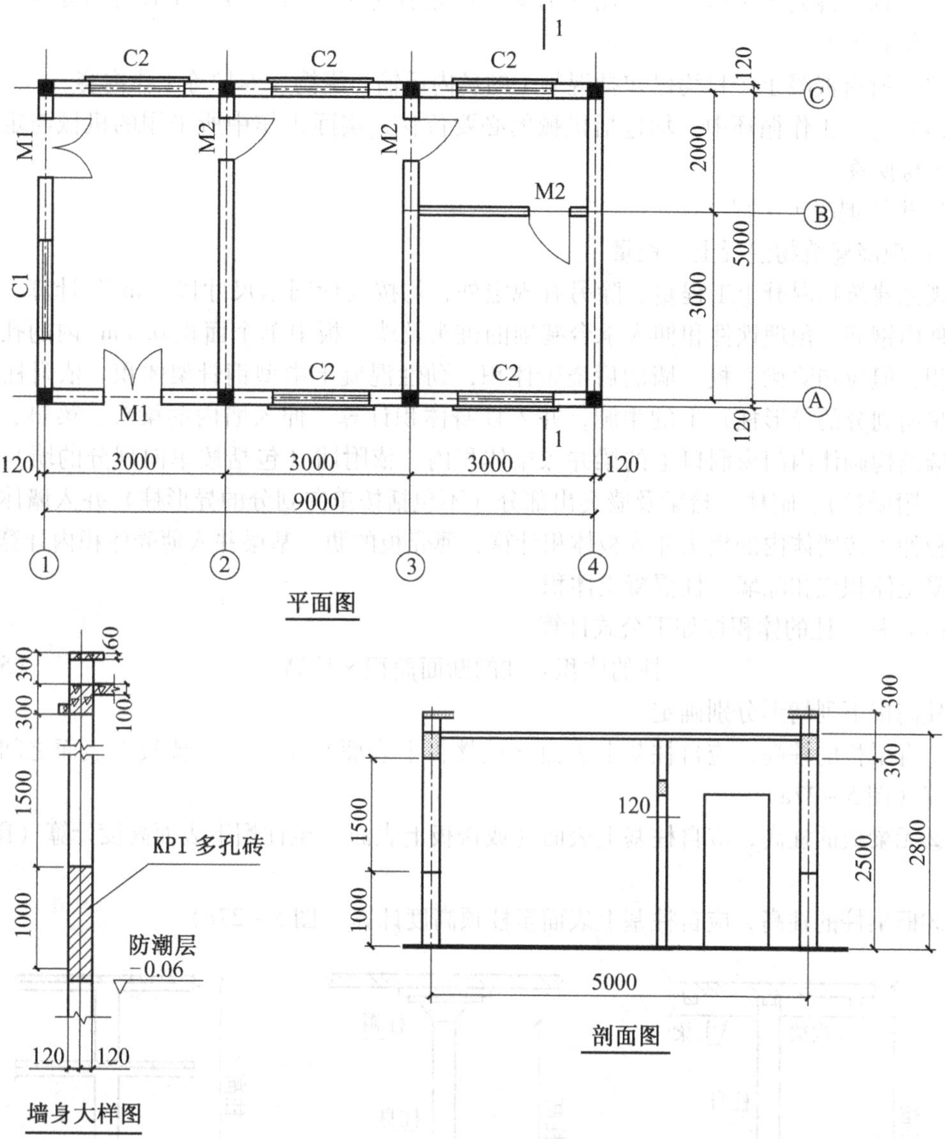

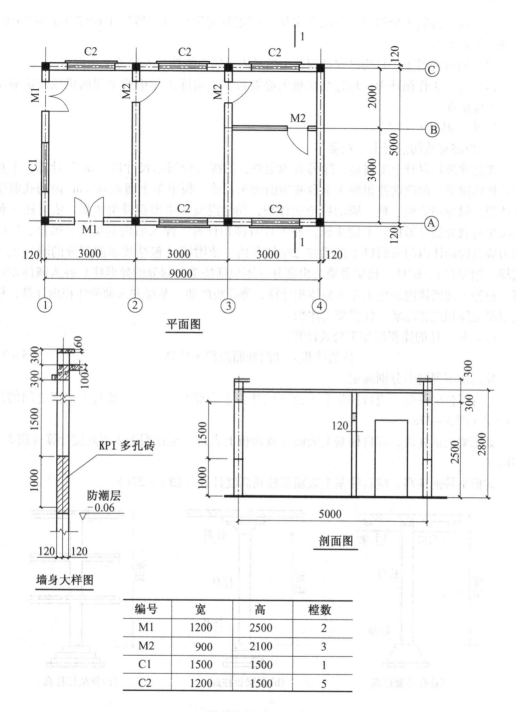

编号	宽	高	樘数
M1	1200	2500	2
M2	900	2100	3
C1	1500	1500	1
C2	1200	1500	5

图 5－26　某单位传达室平面图、剖面图、墙身大样图

5. 3. 5　混凝土及钢筋混凝土工程

1. 一般说明

（1）混凝土均以预拌混凝土含量形式出现，定额含量已包括施工损耗。

（2）预拌混凝土价格和配合比分别见《广东省房屋建筑与装饰工程综合定额2018》附录2和附录3。

（3）所有混凝土子目均已包括混凝土的场内运输、浇捣、养护等工作内容。

（4）每一工作循环中，均包括机械的必要位移，实际工作中所采用的机械与定额不同，不得换算。

2. 现浇混凝土工程

1）现浇建筑物混凝土工程量

现浇建筑物混凝土工程量，除另有规定外，均按设计图示尺寸以“m^3”计算，不扣除构件内钢筋、预埋铁件和伸入承台基础的桩头及墙、板中单个面积0.3 m^2 内的孔洞所占体积，但应扣除梁、板、墙的后浇带体积，劲性混凝土中型钢骨架体积。依附柱（包括按单向划分的异形柱）上的牛腿，并入柱身体积计算。伸入墙内的梁头、梁垫、短肢剪力墙结构砌体内门窗洞口上的梁并入梁体积内。依附墙（包括按单向划分的墙）上的墙垛（附墙柱）、暗柱、暗梁及墙突出部分（不包括按单向划分的异形柱）并入墙体积计算。板伸入砖墙体内的板头并入板体积计算，薄壳板的肋、基梁并入薄壳体积内计算，楼板混凝土体积应扣除墙、柱混凝土体积。

（1）柱。柱的体积按如下公式计算：

$$柱的体积=柱的断面面积\times柱高 \quad (5-7)$$

柱高按下列情形分别确定：

①有梁板的柱高，应自柱基上表面（或楼板上表面）至上一层楼板上表面之间的高度计算（图5－27a）。

②无梁板的柱高，应自柱基上表面（或楼板上表面）至柱帽下表面高度计算（图5－27b）。

③框架柱的柱高，应自柱基上表面至柱顶高度计算（图5－27c）。

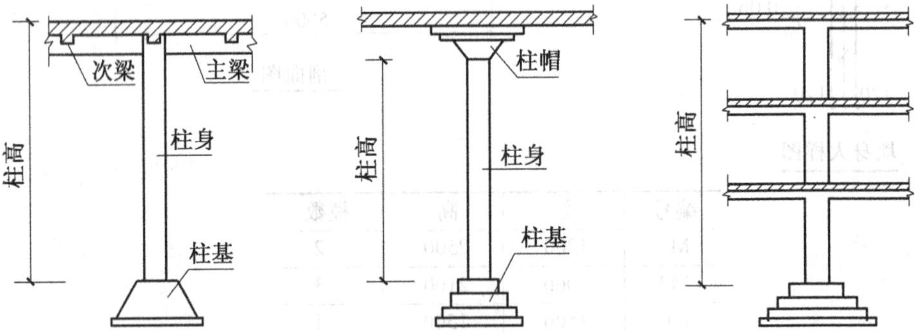

(a)有梁板柱高　(b)无梁板柱高　(c)框架柱柱高

图5－27　柱高计算

④构造柱按全高计算，嵌接墙体部分并入柱身体积。构造柱横截面积可按基本截面宽度两边各加30 mm计算。构造柱横截面面积 S 计算方法如下（图5－28）：

一字形：$S=(d_1+0.06)\times d_2$

L形：$S=(d_1+0.03)\times(d_2+0.03)$

十字形：$S=(d_1+0.06)\times(d_2+0.06)$

T 形：$S=(d_1+0.06)\times(d_2+0.03)$

式中　d_1——构造柱的长度，m；

d_2——构造柱的宽度，m。

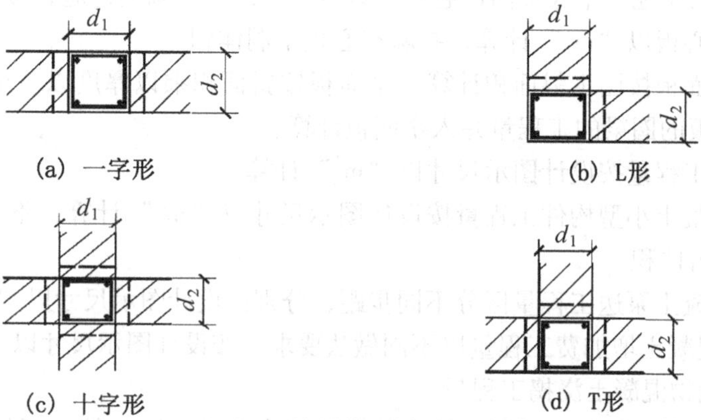

图 5－28　构造柱横截面面积计算

⑤钢管柱以钢管高度按钢管内径计算混凝土体积。

（2）梁。梁的体积按如下公式计算：

$$梁的体积 = 梁的断面面积 \times 梁长 \tag{5-8}$$

梁长按下列情形分别确定：

①梁与柱连接时，主梁长算至柱内侧面（图 5－29a）。

②主梁与次梁连接时，次梁长算至主梁内侧面（图 5－29b）。

③挑檐、天沟与梁连接时，以梁外边线为分界线。

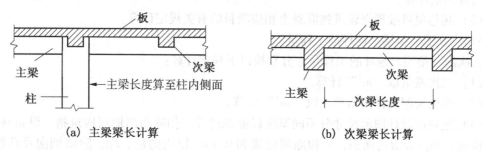

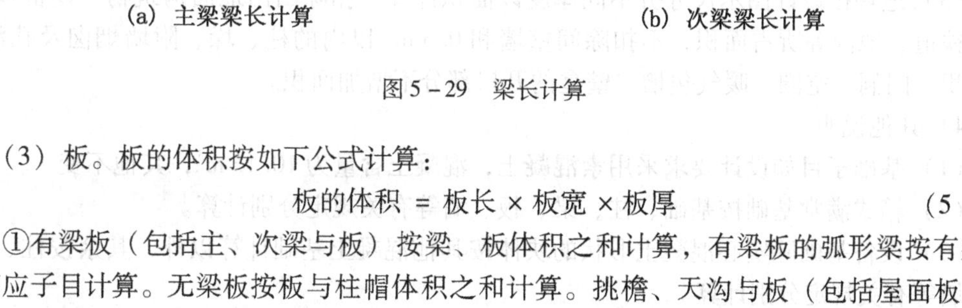

图 5－29　梁长计算

（3）板。板的体积按如下公式计算：

$$板的体积 = 板长 \times 板宽 \times 板厚 \tag{5-9}$$

①有梁板（包括主、次梁与板）按梁、板体积之和计算，有梁板的弧形梁按有梁板的相应子目计算。无梁板按板与柱帽体积之和计算。挑檐、天沟与板（包括屋面板、楼板）连接时，以外墙外边线为分界线。

②与地下室底板连接的梁、桩承台并入地下室底板混凝土计算。

（4）混凝土墙。墙的体积按如下公式计算：

$$墙的体积 = 墙长 \times 墙宽 \times 墙高 \quad (5-10)$$

混凝土墙高按照下列情形分别确定：

①有梁的计至梁底，与墙同厚的梁，其工程量并入墙计算；没有梁的计至板面。

②有地下室的从地下室底板面计起；没有地下室的从基础面计起，楼层从板面计起。

（5）现浇空心板以“m^3”计算，扣除空心板空洞体积。

（6）钢网亭面板按图示斜面积计算。亭面板按斜面积乘以厚度以“m^3”计算，所带脊梁及连系亭面板的圈梁的工程量并入亭面板计算。

（7）后浇带工程量按设计图示尺寸以“m^3”计算。

（8）预制混凝土小型构件工程量按设计图示尺寸以“m^3”计算，不扣除构件内的钢筋、预埋铁件所占体积。

（9）现浇混凝土泵送工程量区分不同步距，分别按设计图示尺寸以“m^3”计算。

（10）现浇混凝土增加费工程量以不同做法要求，按设计图示尺寸以“m^3”计算。

2）现浇构筑物混凝土浇捣工程量

现浇构筑物混凝土浇捣工程量，按设计图示尺寸以“m^3”计算，不扣除构件内钢筋、预埋铁件及单个面积 0.3 m^2 以内的孔洞所占体积。

（1）水塔。

①筒身与槽底，以槽底连接的圈梁底为界，以上为槽底，以下为筒身。

②筒式塔身及依附于筒身的过梁、雨篷、挑檐等合并为塔身体积计算，柱式塔身的柱、梁与塔身合并计算。

③塔顶及槽底：塔顶包括顶板和圈梁，槽底包括底板挑出的斜壁板和圈梁等，均合并计算。

（2）贮水池不分平底、锥底、坡底，均按池底计算；壁基梁、池壁不分圆形和矩形壁，均按池壁计算。

（3）其他项目按现浇建筑物混凝土相应项目的有关规定计算。

3）二次灌、垫层、地坪的工程量

二次灌、垫层、地坪的工程量，分别按以下规定计算：

（1）二次灌浆以“m^3”计算。

（2）垫层按照设计图示尺寸以“m^3”计算。

（3）地坪按设计图示尺寸分不同厚度以面积计算，扣除凸出地面构筑物、设备基础、室内铁道、地沟等所占面积，不扣除间壁墙和 0.3 m^2 以内的柱、垛、附墙烟囱及孔洞所占面积。门洞、空圈、暖气包槽、壁龛的开口部分不增加面积。

4）其他说明

（1）基础子目如设计要求采用素混凝土，混凝土含量为 10.15 m^3，其他不变。

（2）箱式满堂基础按基础、柱、梁、板、墙等有关规定分别计算。

（3）设备基础除实心混凝土形状的块体按其他混凝土基础计算以外，其余按柱、梁、板、墙等有关规定分别计算。

（4）混凝土结构物实体最小几何尺寸大于 1 m，且按规定需要进行温度控制的大体积混凝土，温度控制费用按照经同意的专项施工方案另计。

(5) 现浇钢筋混凝土柱、墙项目时，每层底部灌注1：2水泥砂浆的消耗量包含在混凝土中，不用另行计算。

(6) 钢管柱制作、安装执行本定额金属结构工程相应项目。钢管柱浇筑混凝土使用反顶升浇筑法施工时，增加的材料、机械另行计算。

(7) 砌体墙根部位现浇混凝土带执行圈梁相应项目，独立现浇门框按构造柱项目执行。

(8) L或T形截面混凝土（短肢剪力墙结构）按图5-30单向划分的异形柱或墙项目执行。

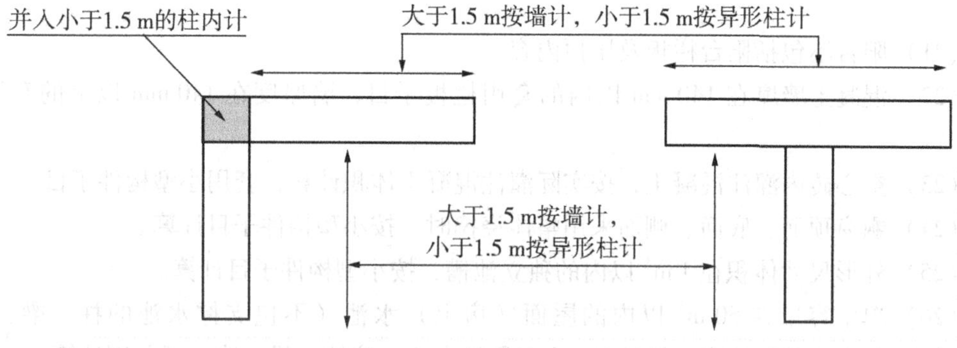

图5-30　异形柱或剪力墙的划分

(9) 没有与板相连的梁按梁体积计算，执行梁项目。

(10) 压型钢板上浇捣混凝土板，执行平板项目。

(11) 钢网亭面板子目已综合考虑脊梁、圈梁的工料在内。钢网亭面板子目按单面钢网考虑，如用双面钢网，钢网消耗量乘以系数1.70，人工费乘以系数1.10。

(12) 捣制混凝土斜板（不含亭面板）或斜梁套用相应的混凝土板或梁子目，坡度在11°19′至26°34′时，人工费乘以系数1.15；超过26°34′时，人工费乘以系数1.20。

(13) 整体楼梯，包括休息平台、平台梁、斜梁及楼梯与楼板连接的梁、踏步板、踏步。

(14) 现浇阶梯教室计算如下：

①梯悬空部分按楼梯子目计算，填土部分按台阶子目计算，工程量分别算至最上一层阶梯边沿增加一级计算。

②平底的阶梯教室套用直形楼梯子目，锯齿形底套用弧形楼梯子目，其中人工费乘以系数0.80。

(15) 与场馆看台连接的平台板、平台梁、次梁、斜梁并入场馆看台混凝土计算。

(16) 后浇带包括了与原混凝土接缝处的收口钢丝网工作内容。若有固定收口网的钢筋骨架执行钢筋相应子目。

(17) 在柱与梁的结合中，梁分为两种不同的砼强度时，与柱的砼强度相同的梁的砼体积并入柱的体积计算；其余部分套用定额梁的相应子目，有收口网的，另行计算材料费。

（18）凸出混凝土柱、梁的线条，并入相应柱、梁构件内；凸出混凝土外墙面、阳台梁、栏板外侧≤300 mm 的装饰线条，执行压顶、扶手项目；凸出混凝土外墙面、梁外侧>300 mm 的板，按悬挑板考虑。

（19）悬挑板包括伸出墙外的牛腿、挑梁，其嵌入墙内的梁另按梁有关规定计算。悬挑板伸出墙外 500 mm 以内按挑檐计算，500 mm 以上按雨篷计算，伸出墙外 1.5 m 以上的按梁、板等有关规定分别计算。

（20）雨篷、阳台板按设计图示尺寸以墙外部分体积计算，包括伸出墙外的牛腿和雨篷反檐的体积。栏板、反檐包括其伸入砌体内的部分，栏板、反檐高度超过 1.2 m，按墙计算。

（21）阳台不包括阳台栏板及压顶内容。

（22）混凝土墙厚在 140 mm 以内的套用栏板子目，墙厚度在 140 mm 以上的套用墙子目。

（23）空心砖内灌注混凝土，按实际灌注混凝土体积计算，套用小型构件子目。

（24）飘窗顶面、底面、侧面采用整体浇捣时，按小型构件子目计算。

（25）外形尺寸体积在 1 m^3 以内的独立池槽，按小型构件子目计算。

（26）单个容量在 50 m^3 以内的屋面（房上）水池（不包支撑水池的柱、梁、墙、板），按房上水池子目计算；超过 50 m^3 容量的水池，按柱、梁、墙、板分别计算。

（27）小型构件指每件体积在 0.1 m^3 以内的构件。本部分未列出的每件体积在 0.1 m^3 以内的现浇构件（或预制混凝土小型构件），按小型构件（或其他小型构件）子目计算。

（28）预制混凝土小型构件项目，指在施工现场或附近场地进行制作、安装、运输的小型构件。

（29）现浇混凝土泵送高度以建筑施工图的设计标高 ±0.00 作为基准，区分不同步距分别计算泵送增加费。当泵送高度的步距上值位于某楼层中间（或半层）时，则其混凝土泵送工程量只计算至该楼层的板面标高以下构件。该楼层的墙、柱、梯或斜面板等构件混凝土泵送工程量，执行高一级步距子目。

（30）现浇混凝土采用泵送方式的，其泵送费按车泵或固定泵、布料机等直接入模考虑，不需扣减垂直运输费用；现浇混凝土采用塔吊、卷扬机架等其他机具运送至入模的，其运送费综合考虑在本定额垂直运输工程费用中。

（31）现浇劲性混凝土构件、现浇清水、爬模、滑模混凝土等构件，在执行普通混凝土相应构件项目的基础上，按相关的现浇混凝土调整费子目计算。

（32）构筑物混凝土按其构件选用相应的项目；构筑物基础执行建筑物基础相应项目；未列项的构筑物混凝土分解计算，执行相应项目。

（33）贮水（油）池不分平底、锥底、坡底，均执行池底项目，壁基梁、池壁不分圆形壁和矩形壁，均执行池壁项目；其他构件执行现浇混凝土相应项目。

（34）二次灌浆，如设计的灌注材料与定额不同时可以换算。

（35）地坪子目，不包括平整场地、室内填土、夯实与外运等工作内容，相应工作内容套用土石方工程相应子目。

3. 钢筋工程

（1）钢筋笼、桩头插筋、网片制作、安装工程量，按设计图示钢筋（网）中心线长度（面积）乘以单位理论质量计算。锚筋（杆）制作安装、张拉工程量，按设计长度乘以单位理论质量计算。

（2）用于锚杆、土钉、微型桩的钢管制作安装工程量，按设计图示尺寸以“t”计算。

（3）现浇构件钢筋（包括预制小型构件钢筋）制作安装工程量，按设计图示中心线长度乘以单位理论质量计算，设计规范要求的搭接长度、预留长度等并入钢筋工程量。设计图示及规范未标明的通长钢筋，按以下规定计算：

① ϕ10 以内的钢筋按每 12 m 计算一个钢筋搭接；

② ϕ10 以上的钢筋按每 9 m 计算一个钢筋搭接（接头）。

（4）钢筋搭接长度按设计图示及规范要求计算。墙、柱、电梯井壁的竖向钢筋，梁、楼板及地下室底板的贯通钢筋，墙、电梯井壁的水平转角筋，以上钢筋的连接区、连接方式、搭接长度均按设计图纸和有关规范、规程、国家标准图册的规定计算。

钢筋工程量计算规则：钢筋工程量应区分不同钢筋类别、钢种和直径分别以吨（t）计算其重量。

钢筋工程量计算公式如下：

$$钢筋工程量 = 钢筋下料长度（m）\times 相应钢筋每米重量（t/m） \tag{5-11}$$

式中，钢筋下料长度（m）= 构件图示尺寸 - 混凝土保护层厚度 + 钢筋增加长度。

①钢筋长度的理论重量见表 5 - 15。

表 5 - 15　钢筋长度的理论重量表

钢筋直径 /mm	理论重量 /（kg/m）	钢筋直径 /mm	理论重量 /（kg/m）	钢筋直径 /mm	理论重量 /（kg/m）
3	0.055	12	0.888	25	3.850
4	0.099	14	1.208	28	4.830
5	0.154	16	1.578	30	5.055
6	0.222	18	1.998	32	6.310
8	0.395	20	2.466	36	7.990
10	0.617	22	2.984	40	9.870

②混凝土保护层厚度。纵向受力的普通钢筋及预应力钢筋，其混凝土保护层厚度（钢筋外缘至混凝土表面的距离）不应小于钢筋的公称直径，且应符合表 5 - 16 的规定。构件受力钢筋的混凝土保护层厚度如设计有规定时，按设计规定取值；设计无规定时，按表 5 - 16 选取。

该表中，一类环境是指室内正常环境；二类环境 a 是指室内潮湿环境，非严寒和非寒冷地区的露天环境与无侵蚀性的水或土直接接触的环境；二类环境 b 是指严寒和寒冷地区的露天环境、与无侵蚀性的水或土直接接触的环境；三类环境是指使用除冰盐的环境，严寒和寒冷地区冬季水位变动的环境，滨海室外环境。

表 5-16　纵向受力钢筋的混凝土保护层最小厚度（mm）

环境类别	墙			梁			柱			基础
	≤C20	C25～C45	≥C50	≤C20	C25～C45	≥C50	≤C20	C25～C45	≥C50	
一	20	15	15	30	25	25	30	30	30	
二 a	—	20	20	—	30	30	—	30	30	
二 b	—	25	20	—	35	30	—	35	30	
三	—	30	25	—	40	35	—	40	35	
有垫层										40
无垫层										70

③钢筋增加长度。钢筋增加长度包括钢筋弯钩增加长度、弯起钢筋增加长度、钢筋搭接增加长度和钢筋锚固增加长度等。

a. 钢筋弯钩增加长度。钢筋的弯钩形式有三种：半圆弯钩、直弯钩及斜弯钩。半圆弯钩是最常用的一种弯钩，直弯钩只用在柱钢筋的下部、箍筋和附加钢筋中，斜弯钩只用在直径较小的钢筋中。

光圆钢筋的弯钩增加长度（图 5-31），弯心直径为 $2.5d$，平直部分为 $3d$，对半圆弯钩为 $6.25d$，对直弯钩为 $3.5d$，对斜弯钩为 $4.9d$。

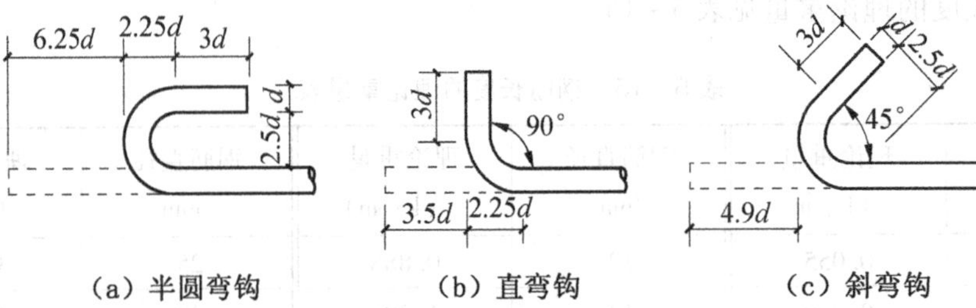

图 5-31　钢筋弯钩计算简图

b. 弯起钢筋增加长度。弯起钢筋斜长计算见图 5-32。弯起钢筋斜长系数见表 5-17。

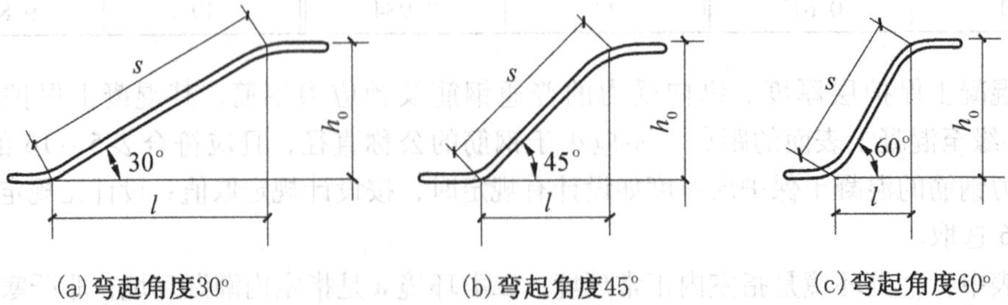

图 5-32　弯起钢筋斜长计算简图

表 5－17　弯起钢筋斜长系数

弯起角度	30°	45°	60°
斜边长度 s	$2h_0$	$1.414h_0$	$1.154h_0$
底边长度 l	$1.732h_0$	h_0	$0.577h_0$
增加长度 $s-l$	$0.268h_0$	$0.414h_0$	$0.577h_0$

注：h_0 为弯起高度。

c. 钢筋搭接增加长度。设计已规定钢筋搭接长度的，按规定搭接长度计算；设计未规定钢筋搭接长度的，已包括在钢筋的损耗率之内，不另计算搭接长度。

d. 钢筋锚固增加长度。钢筋锚固增加长度是指不同构件交界处彼此的钢筋应相互锚入的长度，根据设计图纸或规范及标准图集的规定计算。

④ 箍筋下料长度。箍筋下料长度按以下公式计算（图 5－33）：

$$箍筋下料长度 = 构件截面周长 - 8a + 1.9d \times 2 + \max(10d, 75\ \text{mm}) \times 2 \quad (5-12)$$

式中　a——混凝土保护层厚度，mm；

d——箍筋直径，mm。

为了简便计算，箍筋下料长度也可近似按构件截面周长计算。

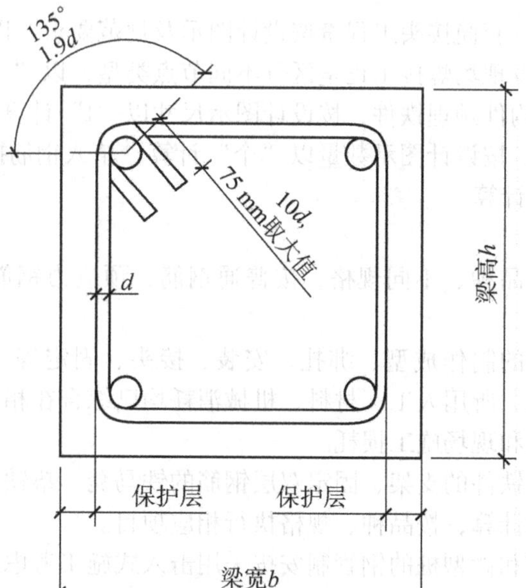

图 5－33　箍筋下料长度计算图示

箍筋根数按以下公式计算：

$$箍筋根数 = 箍筋配筋范围长度 \div 箍筋间距 + 1 \quad (5-13)$$

（5）劲性混凝土钢筋制安增加费工程量，按劲性结构基本构件梁和柱钢筋及桁架楼承板中现场制作安装的钢筋以“t”计算。

（6）先张法预应力钢筋，按设计图示钢筋长度乘以单位理论质量计算。

（7）后张法预应力钢筋、钢丝束、钢绞线按设计图示钢筋（丝束、绞线）长度乘以单位理论质量计算，并区别不同锚具类型，分别按下列规定计算长度：

①低合金钢筋两端采用螺杆锚具时，钢筋长度按预留孔道长度减0.35 m计算，螺杆另行计算。

②低合金钢筋一端采用镦头插片，另一端采用螺杆锚具时，钢筋长度按孔道长度计算，螺杆另行计算。

③低合金钢筋一端采用镦头插片，另一端采用帮条锚具时，钢筋长度增加0.15 m；两端均采用帮条锚具时，钢筋长度按孔道长度增加0.3 m计算。

④低合金钢筋采用后张法混凝土自锚时，钢筋长度按孔道长度增加0.35 m计算。

⑤低合金钢筋（钢绞线）采用JM、XM、QM型锚具，孔道长度在20 m以内时，钢筋长度按增加1 m计算；孔道长度在20 m以上时，钢筋（钢绞线）长度按孔道长度增加1.8 m计算。

⑥碳素钢丝采用锥型锚具，孔道长度在20 m以内时，钢丝束长度按孔道长度增加1 m计算；孔道长度在20 m以上时，钢丝束长度按孔道长度增加1.8 m计算。

⑦碳素钢丝束采用镦头锚具时，钢丝束长度按孔道长度增加0.35 m计算。

（8）后张法预应力钢筋、钢丝束、钢绞线的锚具制作安装以“个”计算。

（9）后张法有黏结的预埋管铺设、孔道灌浆，孔道长度按设计图示尺寸以“m”计算。

（10）电渣压力焊、套筒接头工程量按设计图示及规范要求，以“个”计算。

（11）劲性骨架节点现场焊接工程量区分不同节点类型，以“个”计算。

（12）现浇混凝土构件预埋铁件，按设计图示尺寸以“t”计算。

（13）植筋工程量，按设计图示数量以“个”计算。植入钢筋按外露和植入部分长度之和乘以单位理论质量计算。

（14）其他说明：

①钢筋工程分不同品种、不同规格，按普通钢筋、预应力钢筋以及箍筋等分别设列子目。

②各类钢筋、铁件的制作成型、绑扎、安装、接头、固定等，按机械成型、手工绑扎、点焊或帮条焊考虑，所用人工、材料、机械消耗均已综合在相应子目内。定额已考虑钢筋加工综合开料损耗和现场施工损耗。

③固定预埋螺栓及铁件的支架、固定双层钢筋的铁马凳、垫铁等，按设计图纸规定要求和施工验收规范要求计算，按品种、规格执行相应项目。

④用于锚杆、土钉和微型桩的钢管制安按采用击入式施工考虑，采用钻孔和灌浆时另行计算，原击入式的人工不扣除。

⑤土钉锚杆钢筋按现浇构件钢筋制安子目计算。

⑥带肋钢筋指强度HRB 335、HRB 400的螺纹钢筋，高强钢筋指强度HRB 400以上的螺纹钢筋。

⑦普通钢筋子目不包括冷加工，如设计要求冷加工，按钢筋质量另行计算。

⑧定额冷轧带肋钢筋子目是按定型制作的半成品考虑的。

⑨预应力混凝土构件中非预应力的钢筋执行普通钢筋相应子目。

⑩劲性混凝土梁、柱基本构件及需现场安装单向钢筋的桁架楼承板中的钢筋施工难度

增加，按现浇劲性混凝土钢筋制安增加费子目计算。

⑪预应力钢筋如设计要求人工时效处理，按钢筋质量另行计算。

⑫后张法预应力钢筋定额已按钢筋帮条焊、U 型插垫综合考虑锚固消耗。如采用其他方法锚固时，按单锚或群锚另行计算，原锚固消耗不予扣除。

⑬有黏结或无黏结预应力筋（钢丝束、钢绞线）的定额消耗量是指预应力筋本身的理论重量，并包括施工损耗。

⑭无黏结预应力筋单价包括保护层费用，它是以专用防腐润滑脂作涂料层，由聚乙烯塑料作护套的钢绞线或碳素钢丝束在工厂制作而成。

⑮预应力钢丝束、钢绞线综合考虑了一端、两端张拉，长度大于 50 m 时考虑采用分段张拉。锚具按单锚、群锚（3 孔）分别列项，群锚孔数不同时可以调整。

⑯当设计要求钢筋接头采用电渣压力焊、套筒接头时，按设计要求执行相应子目，不再计算该处的钢筋搭接长度。

⑰劲性骨架节点的现场焊接按不同节点类型子目分别计算，连接用的钢板另计。

⑱植筋胶植筋不含抗拔试验，抗拔试验另行计算。植入深度按 10 倍的钢筋直径考虑，植入深度不同时植筋胶含量可以调整，其他不变。

⑲植筋项目不包括植入的钢筋制安、化学螺栓，植入的钢筋制安按相应钢筋制安项目执行；采用化学螺栓时，应扣除植筋胶的消耗量。

⑳表 5 - 18 所列的构件钢筋，按表中所列系数调整人工和机械台班消耗量。

表 5 - 18　人工和机械台班消耗量调整系数

项目	现浇或预制小型构件钢筋	空心板钢筋	弧形构件钢筋	构筑物钢筋	
				矩形贮仓	圆形贮仓
人工、机械台班费用调整系数	2.00	1.25	1.05	1.25	1.50

【例 5 - 8】 某工业厂房方柱的断面尺寸为 400 mm × 600 mm，杯形基础尺寸如图 5 - 34 所示。试求杯形基础的混凝土工程量。

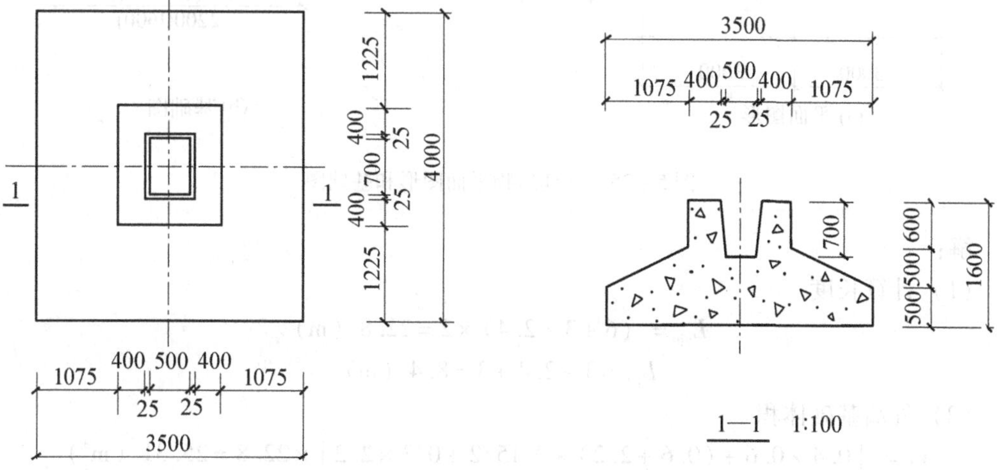

图 5 - 34　杯形基础尺寸

解：

（1）下部矩形体积 V_1

$$V_1 = 3.5 \times 4 \times 0.5 = 7\ (\mathrm{m}^3)$$

（2）中部棱台体积 V_2

根据图示，已知：$a_1 = 3.5\ \mathrm{m}$，$b_1 = 4\ \mathrm{m}$，$h = 0.5\ \mathrm{m}$

$$a_2 = 3.5 - 1.075 \times 2 = 1.35\ (\mathrm{m})$$

$$b_2 = 4 - 1.225 \times 2 = 1.55\ (\mathrm{m})$$

则：

$$V_2 = \frac{1}{3} \times 0.5 \times (3.5 \times 4 + 1.35 \times 1.55 + \sqrt{3.5 \times 4 \times 1.35 \times 1.55}) = 3.58\ (\mathrm{m}^3)$$

（3）上部矩形体积 V_3

$$V_3 = a_2 \times b_2 \times h_2 = 1.35 \times 1.55 \times 0.6 = 1.26\ (\mathrm{m}^3)$$

（4）杯口净空体积 V_4

$$V_4 = \frac{1}{3} \times 0.7 \times (0.55 \times 0.75 + 0.5 \times 0.7 + \sqrt{0.55 \times 0.75 \times 0.5 \times 0.7}) = 0.27\ (\mathrm{m}^3)$$

（5）杯形基础体积

$$V = V_1 + V_2 + V_3 - V_4 = 7 + 3.58 + 1.26 - 0.27 = 11.57\ (\mathrm{m}^3)$$

【例 5－9】某建筑物基础采用 C20 钢筋混凝土，平面图形和结构构造如图 5－35 所示，试计算钢筋混凝土的工程量及定额分部分项工程费。（图中基础的轴心线与中心线重合，括号内为内墙尺寸。）

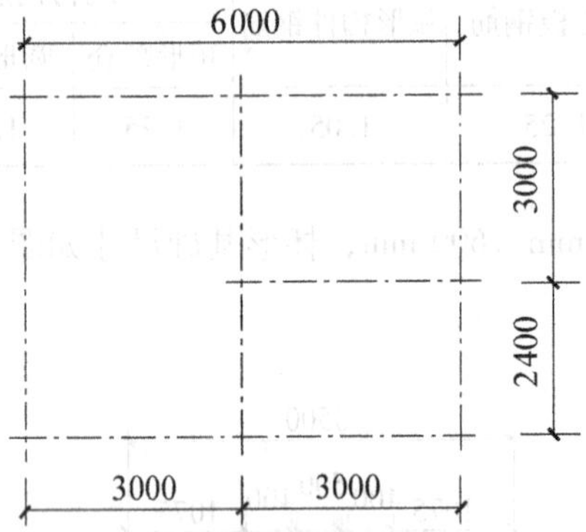

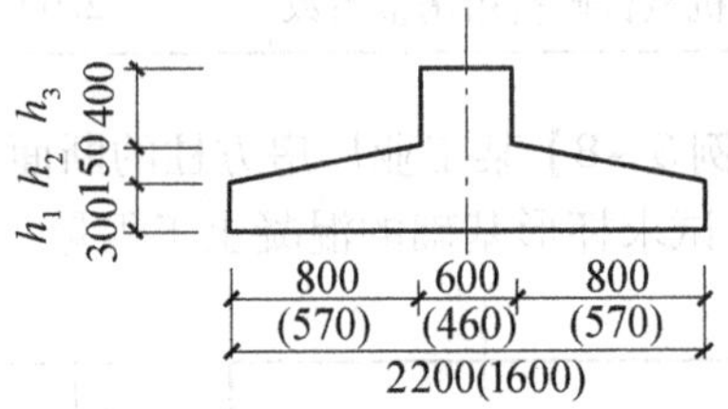

图 5－35　某建筑物平面图形和基础图

解：

（1）计算长度

$$L_{外} = (6 + 3 + 2.4) \times 2 = 22.8\ (\mathrm{m})$$

$$L_{内} = 3 + 2.4 + 3 = 8.4\ (\mathrm{m})$$

（2）外墙基础体积

$$V_1 = [0.4 \times 0.6 + (0.6 + 2.2) \times 0.15/2 + 0.3 \times 2.2] \times 22.8 = 25.31\ (\mathrm{m}^3)$$

（3）内墙基础体积

$$V_{2-1}=0.3\times1.6\times(8.4-2.2-1.1-0.8)=2.06\ (m^3)$$

$$V_{2-2}=0.4\times0.46\times(8.4-0.6-0.3-0.23)=1.34\ (m^3)$$

$$V_{2-3}=(0.46+1.6)\times0.15/2\times(8.4-1.4-0.7-0.515)=0.89\ (m^3)$$

内墙基础小计：4.29 m^3。

（4）钢筋混凝土带形基础体积合计29.6 m^3。

（5）定额分部分项工程费计算见表5－19。

表5－19　定额分部分项工程费计算表

序号	定额编号	项目名称	单位	数量	单位基价（元）	合价（元）
1	A1－5－2	其他混凝土基础	10 m^3	2.96	679.92	2012.56
2	80219003	普通预拌混凝土 C20	10 m^3	2.96×1.01＝2.99	3220.00	9627.80
合计						11640.36

【例5－10】有一筏形基础，如图5－36所示，底板尺寸39 m×17 m，板厚300 mm，凸梁断面400 mm×400 mm，纵横间距均为2000 mm，边端各距板边500 m。试求该基础的混凝土体积。

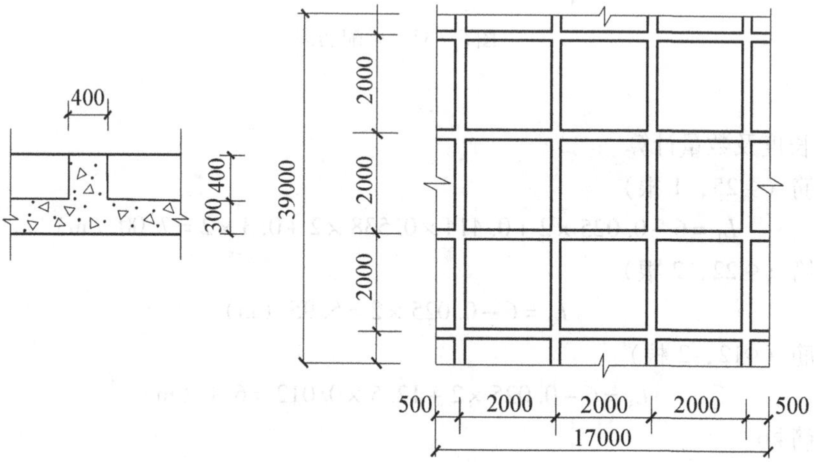

图5－36　筏形基础

解：

（1）板体积：$V_b=39\times17\times0.3=198.9\ (m^3)$

（2）凸梁混凝土体积

纵梁根数：$n=\dfrac{17-1}{2}+1=9$（根）

横梁根数：$n=\dfrac{39-1}{2}+1=20$（根）

梁长 $L=39\times9+17\times20-9\times20\times0.4=619$（m）

凸梁体积 $V=0.4\times0.4\times619=99.04$（$m^3$）

（3）筏形基础混凝土体积

$$V_{总}=198.9+99.04=297.94\ (m^3)$$

【例5-11】有一根梁，其配筋如图5-37所示，其中①号筋弯起角度为45°。试计算该梁钢筋的质量（混凝土保护层厚度为25 mm，不考虑抗震要求）。

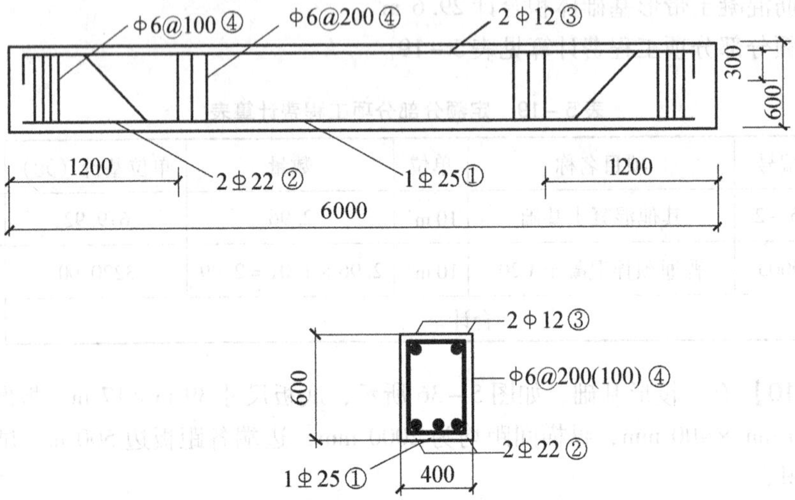

图5-37　梁配筋图

解：

（1）长度及数量计算

①号筋（Φ25，1根）

$$L_1=6-0.025\times2+0.414\times0.538\times2+0.3\times2=7.00\ (m)$$

②号筋（Φ22，2根）

$$L_2=6-0.025\times2=5.95\ (m)$$

③号筋（φ12，2根）

$$L_3=6-0.025\times2+12.5\times0.012=6.1\ (m)$$

④号筋φ6

$$L_4=(0.4+0.6)\times2=2.0\ (m)$$

根数：$(6-2\times1.2)\div0.2+2\times(1.2-0.025)\div0.1+1$

$=42.5\approx43$（根）

（2）质量计算

Φ25：$7.00\ m\times3.85\ kg/m=26.95\ kg$

Φ22：$5.95\ m\times2\times2.684\ kg/m=31.94\ kg$

φ12：$6.1\ m\times2\times0.888\ kg/m=10.83\ kg$

φ6：2.0 m/根 $\times43$ 根 $\times0.222\ kg/m=19.09\ kg$

总用钢量：88.81 kg

5.3.6　装配式混凝土结构、建筑构件及部品工程

装配式混凝土结构工程，指预制混凝土构件通过可靠的连接方式装配而成的混凝土结构，包括装配整体式混凝土结构、全装配混凝土结构。

1. 预制构件安装

（1）构件安装工程量按成品构件设计图示尺寸实际体积以“m^3”计算，依附于构件制作的各类保温层、饰面层的体积并入相应构件安装中计算，不扣除构件内钢筋、预埋铁件、配管、套管、线盒及单个面积≤0.3 m^2 的孔洞、线箱等所占体积，构件外露钢筋体积亦不再增加。

（2）套筒注浆按设计图示数量以“个”计算。

（3）外墙嵌缝、打胶按构件外墙接缝设计图示尺寸以“m”计算。

（4）除另有规定外，构件安装不分构件外形尺寸、截面类型以及是否带有保温，均按构件种类套用相应项目。

（5）构件安装定额已包括构件固定所需临时支撑的搭设及拆除费用，并综合考虑了支撑（含支撑用预埋铁件）种类、数量及搭设方式。

（6）柱、墙板、女儿墙等构件安装定额中，构件底部座浆按砌筑砂浆铺筑考虑，遇设计采用灌浆料的，每10 m^3 柱安装人工费乘以系数1.07，每10 m^3 墙板、女儿墙等构件安装人工费乘以系数1.05，其余不变。

（7）外挂墙板、女儿墙构件安装设计要求接缝处填充保温板时，相应保温板消耗量按设计要求增加计算，其余不变。

（8）墙板安装定额不分是否带有门窗洞口，均按相应定额执行。凸（飘）窗安装定额适用于单独预制的凸（飘）窗安装，依附于外墙板制作的凸（飘）窗，并入外墙板内计算，相应人工费乘以系数1.20。

（9）外挂墙板安装定额已综合考虑了不同的连接方式，以构件类型及厚度不同套用相应项目。

（10）楼梯休息平台安装按平台板结构类型不同，分别套用整体楼板或叠合楼板相应项目，相应项目人工费、机具费和除预制混凝土楼板外的材料用量乘以系数1.30。

（11）阳台板安装不分板式或梁式，均套用同一定额。空调板安装定额适用于单独预制的空调板安装，依附于阳台板制作的栏板、翻沿、空调板，并入阳台板内计算。非悬挑的阳台板安装，分别按梁、板安装有关规则计算并套用相应项目。

（12）女儿墙安装按构件净高以0.6 m以内和1.4 m以内分别编制，超过1.4 m时套用外墙板安装定额。压顶安装定额适用于单独预制的压顶安装，依附于女儿墙制作的压顶，并入女儿墙计算。

（13）套筒注浆不分部位、方向，按锚入套筒内的钢筋直径不同，以 $\phi18$ 以内及 $\phi18$ 以上分别编制。

（14）外墙嵌缝、打胶定额中注胶缝的断面按20 mm×15 mm编制，若设计断面与定额不同时，密封胶用量按比例调整，其余不变。定额中的密封胶按硅酮耐候胶考虑，遇设计采用的种类与定额不同时，材料单价可以换算。

2. 后浇混凝土浇捣

(1) 后浇混凝土浇捣工程量按设计图示尺寸实际体积以“m^3”计算，不扣除混凝土内钢筋、预埋铁件及单个面积≤0.3 m^2的孔洞等所占体积。

(2) 后浇混凝土钢筋工程量按设计图示钢筋长度乘以钢筋单位理论质量以“kg”计算，其中：

①钢筋接头的数量应按设计图示及规范要求计算。

②钢筋工程量应包括双层及多层钢筋的铁马凳数量。

③钢筋工程量不包括预制构件外露钢筋的数量。

(3) 后浇混凝土指装配整体式结构中，用于与预制混凝土构件连接形成整体构件的现场浇筑混凝土。

(4) 叠合构件指由预制构件部分和后浇混凝土部分组合而成的预制现浇整体式构件，叠合构件应按预制构件与叠合后浇混凝土两部分，分别套用定额。

(5) 墙板或柱等预制垂直构件之间设计采用现浇混凝土墙连接的，当连接墙的长度在2 m以内时，套用后浇混凝土连接墙、柱定额；长度超过2 m的，按混凝土及钢筋混凝土工程的相应项目及规定执行。

(6) 叠合楼板或整体楼板之间设计采用现浇混凝土板带拼缝的，板带混凝土浇捣并入后浇混凝土叠合梁、板内计算。

(7) 后浇混凝土钢筋制作、安装定额按钢筋品种、型号、规格结合连接方法及用途划分，相应定额内的钢筋型号以及比例已综合考虑，各类钢筋的制作成型、绑扎、安装、接头、固定以及与预制构件外露钢筋的绑扎、焊接等所用人工、材料、机械消耗已综合考虑在相应定额内。钢筋接头按混凝土及钢筋混凝土工程的相应项目及规定执行。

(8) 后浇混凝土模板按措施项目的有关子目执行。

3. 单元式幕墙安装

(1) 单元式幕墙安装工程量按单元板块组合后设计图示尺寸的外围面积以“m^2”计算，不扣除幕墙区域设置的窗、洞口的面积。

(2) 槽型预埋件及T型转换螺栓安装的工程量按设计图示数量以“个”计算。

(3) 本部分定额中的单元式幕墙是指由各种面板与支承框架在工厂制成，形成完整的幕墙结构基本单位后，运至施工现场直接安装在主体结构上的建筑幕墙。

(4) 单元式幕墙安装按安装高度不同，分别套用相应项目。单元式幕墙的安装高度是指室外地坪至幕墙顶部的高度，单元式幕墙安装子目已综合考虑幕墙单元板块的规格尺寸、材质和面层材料不同等因素。同一建筑幕墙顶部标高不同时，应按不同高度的垂直界面计算并套用相应项目。

(5) 如单元式幕墙设计为曲面或者斜面（倾斜角度大于30°时），定额中人工费乘以系数1.15。单元板块面层材料的材质不同时，可调整单元板块主材单价，其他不变。

(6) 槽型埋件及连接件只适用于单元式幕墙在钢筋混凝土或钢结构中预置。

4. 非承重隔墙安装

(1) 承重隔墙安装工程量按设计图示尺寸的墙体面积以“m^2”计算，应扣除门窗、洞口、嵌入墙内的钢筋混凝土柱、梁、圈梁等所占体积，不扣除梁头、板头、檩头、垫木、木楞头、沿缘木、木砖、门窗走头、砖墙内加固钢筋、木筋、铁件、钢管及单个面积

≤0.3 m^2 孔洞的面积。

（2）非承重隔墙板安装定额中未考虑按照构造要求设置的圈梁、过梁以及构造柱的消耗，发生时套用其他部分相应子目。

（3）非承重隔墙板安装定额已包括各类固定配件、补（填）缝、抗裂措施构造，以及板材遇门窗洞口所需切割改锯、孔洞加固的内容，安装过程使用的木楔、钢钉以及自攻螺钉等材料的消耗已计入其他材料费用。

5. 预制烟道及通风道安装

（1）预制烟道、通风道安装工程量按设计图示尺寸以“m”计算。预制烟道、通风道安装定额未包含进气口、支管、接口件的材料及安装人工费。安装的相关消耗，发生时套用相应子目。预制烟道、通风道安装定额按照构件断面外包周长划分子目。如设计烟道、通风道规格与定额不同时，可按设计要求调整烟道、通风道规格及主材价格，其他不变。

（2）成品风帽安装工程量按设计图示数量以“个”计算。成品风帽按照材质划分为混凝土及钢制，定额中未包含风帽表面抹灰及烟道底座的相关工艺内容。

6. 成品护栏安装

（1）成品护栏安装工程量设计图示中心线长度以“m”计算。

（2）成品护栏安装定额按照护栏高度在 1.4 m 以内考虑；护栏高度超过 1.4 m 时，人工费乘以系数 1.10，材料（除预制栏杆外）乘以系数 1.10。

7. 装饰成品部件安装

（1）墙面成品木饰面安装工程量按设计图示尺寸以“m^2”计算。墙面成品木饰面面层安装以墙面形状不同划分为直形、弧形，发生时分别套用相应子目。

（2）成品橱柜安装工程量按设计图示的柜体中线长度以“m”计算，成品台面板安装工程量按设计图示的板面中线长度以“m”计算，成品洗漱台柜、成品水槽安装工程量按设计图示数量以“组”计算。成品橱柜安装按上柜、下柜及台面板进行划分，分别套用相应定额。定额中不包括洁具五金、厨具电器等的安装，发生时另行计算。成品橱柜按长度 1.5 m 编制，长度不同按对应比例调整人工费、材料消耗量。成品橱柜台面板安装定额的主材价格中已包含材料磨边及金属面板折边费用，不包括面板开孔费用；如设计的成品台面板材质与定额不同时，可换算台面板材料价格，其他不变。

（3）装饰成品部件涉及基层施工的，基层套用其他部分相应子目。

8. 仿木结构构件安装

（1）有机高分子仿木梁柱区分不同规格按设计图示尺寸以“m”计算。仿木结构构件划分为有机高分子仿木结构构件和无机高分子仿木结构构件，其中有机高分子仿木结构构件主要包括采用塑料、橡胶、纤维、薄膜、胶粘剂和涂料等材料加工成品的构件；无机高分子仿木结构构件主要包括玻璃、陶瓷、水泥、砂、石等材料加工成品的构件。仿木构件价格按成品价格确定，其费用包括开模、生产制作、养护、修补、喷漆、包装、运输、卸货等内容。在实际施工中使用的材料品种、规格与定额取定不同时，可以换算仿木构件材料，但其他不变。各种圆柱、方柱上所用铁件费用均已列入相应定额考虑。仿木结构工程的基础及基层材料均未考虑在子目内，基础及基层套用其他部分相应定额。

（2）墙板、地板、楼板、装饰板材按设计图示尺寸以“m^2”计算，不扣除空洞、留缝面积。花架、葡萄架按设计图示尺寸以“m^3”计算，附属异形梁头并入到花架、葡萄架体积中。地板、楼板、花架吊装高度超过16 m时，其人工费和机具费乘以系数1.20。地板、楼板、花架吊装现场不具备使用重型机械吊装条件的，在采取措施后方能吊装，其所需费用另行计算。地板安装在楼梯台阶上或弧形、圆形地面上时人工费乘以系数1.20。

（3）仿木装饰件按设计图示数量以“个”计算。

（4）仿木门窗套线按设计图示尺寸以“m”计算。

（5）护栏按设计图示尺寸以“m”计算，不扣减立柱所占长度。护栏安装在楼梯台阶或弧形、圆形地面上时人工费乘以系数1.20。

（6）无机高分子仿木立柱按设计图示数量以“根”计算。

（7）构件安装所需的脚手架搭拆、构件吊装及垂直运输已在定额中考虑，不得再重复计算。

5.3.7 金属结构工程

1. 钢构件安装

（1）构件安装工程量按构件的设计图示尺寸以“t”计算，不扣除单个面积≤0.3 m^2的孔洞质量，焊缝、铆钉、螺栓等不另增加质量。

（2）钢网架计算工程量，不扣除孔眼的质量，焊缝、铆钉等不另增加质量。焊接空心球网架质量包括连接钢管杆件、连接球、支托和网架支座等零件的质量，螺栓球节点网架质量包括连接钢管杆件（含高强螺栓、销子、套筒、锥头或封板）、螺栓球、支托和网架支座等零件的质量。

（3）依附在钢柱上的牛腿及悬臂梁的质量等并入钢柱的质量内，钢柱上的柱脚板、加劲板、柱顶板、隔板和肋板并入钢柱工程量内。

（4）钢管柱上的节点板、加强环、内衬板（管）、牛腿等并入钢管柱的质量内。钢柱柱脚钢锚固杆按设计图示尺寸计算并计入钢柱质量内。

（5）组合钢板剪力墙安装套用相应钢结构3 t以内钢柱安装定额，相应定额人工费、机具费及除钢柱外的材料用量乘以系数1.50。

（6）定额钢结构构件安装按照垂直或水平状态考虑，钢结构构件（钢柱、钢墙架、钢桁架）安装呈倾斜状态时，构件安装定额人工费、机具费乘以系数1.15（钢支撑、钢拉杆除外）。

（7）钢平台的工程量包括钢平台的柱、梁、板、斜撑等的质量，钢楼梯的工程量包括楼梯平台、楼梯梁、楼梯踏步等的质量。

（8）钢平台、钢楼梯上的平台栏杆、扶手、钢梯栏杆并入钢栏杆工程量内。

（9）高强度螺栓、栓钉按设计图示数量以“套”计算。

（10）钢结构构件超厚钢板（厚度≥36 mm）焊接按设计要求需加温预热时套用本部分预热、后热与整体热处理定额子目计算。

（11）定额钢构件安装按机械起吊点中心回转半径15 m以内的距离计算的，现场拼装地点超出吊装机械最大回转半径15 m以外范围，其构件运输套用本部分金属结构件场内运输子目。

（12）钢屋架、钢桁架、钢托架现场拼装平台摊销工程量按实施拼装构件的总工程量以“t”计算。

（13）钢结构构件安装所需的支承钢架按照审批的施工方案套用支承钢胎架定额计算。支承胎架子目按照摊销编制。支承胎架按照单座胎架情况考虑，支承胎架联成胎架群时，乘以系数 1.30。

（14）结构安装包括钢网架安装、厂（库）房钢结构安装、高层钢结构安装、超高层钢结构安装及钢结构围护体系安装等内容。公共场馆钢结构安装工程，可参照厂（库）房钢结构及空间结构（场馆）安装的相应定额；檐高 100 m 以下的商务楼、商住楼等钢结构安装工程，可执行高层钢结构安装相应定额；檐高 100 m 以上的商务楼、商住楼等钢结构安装工程，可执行超高层钢结构安装相应定额。

（15）钢结构构件安装定额内钢结构构件按成品构件计入安装子目，按构件种类及重量不同套用相应定额。

（16）钢结构构件安装按照履带式起重机、汽车式起重机、塔式起重机不同施工机械分别编制。建筑物最高安装高度在 36 m 以下的，执行履带式起重机或汽车式起重机子目；建筑物最高吊装高度在 36 m 以上的，执行塔式起重机安装子目。除定额另有规定外，实际使用机械与定额不同时，按照设计要求或审批的施工方案处理。

（17）定额所含油漆，仅指构件安装时节点焊接或因切割引起补漆。本定额未包含钢构件的除锈、油漆，钢构件除锈、油漆费用可按《广东省房屋建筑与装饰工程综合定额 2018》“油漆、涂料、裱糊工程”的相应项目及规定执行。

（18）定额不包括焊缝无损探伤（如 X 光透视、超声波探伤、磁粉探伤、着色探伤等）。

（19）本部分定额未包括探伤固定支架制作和被检工件的退磁、构件变形监测费用及沉降观测费用。

（20）钢支座定额适用于单独成品支座的安装。

（21）钢檩条、柱间支撑、屋面支撑、系杆、撑杆、隅撑、墙梁、钢天窗架等安装套用相应安装定额，钢走道安装套用钢平台安装定额。

（22）踏步式、爬式、螺旋式钢梯包括梯平台、楼梯梁、楼梯踏步，套用钢平台、钢楼梯的相关定额子目。U 型爬梯套用爬式钢梯子目。

（23）钢栏杆的栏杆、扶手套用钢栏杆的相关定额子目。

（24）钢结构构件安装不包结构件的高强螺栓，压型钢楼板安装不包栓钉，高强螺栓、栓钉分别按定额中相关子目计算。

（25）钢结构零星钢构件安装定额，适用于本部分未列项目且单件质量在 50 kg 以内的小型钢构件安装。

（26）金属制品分项内零星小品（构件）是指挂落、铮角花、冰裂窗、拱门、花基等，以及单件在 50 kg 以内定额未列项目的金属构件。

（27）钢结构安装的垂直运输已包括在相应定额内，不另行计算。

（28）球节点钢网架包括钢管、锥头钢板、套筒封板、钢球质量，制动梁、制动桁架、制动扳、车挡质量并入吊车梁工程量，煤斗和漏斗包括依附煤斗和漏斗的型钢质量并入煤斗和漏斗工程量，柱上的牛腿及悬臂质量并入钢柱工程量，墙架柱、墙架梁及连系拉杆质量并入墙架工程量。

（29）钢结构构件现场拼装不包括拼装所需的工作平台。

（30）钢网架安装按分块分片吊装考虑。但未考虑分块或整体吊装的钢网架、钢桁架地面拼装平台摊销，如发生套用现场拼装平台摊销定额项目。

（31）钢构件因运输规定限高、限宽、限长限制及非制作安装原因的构件需分段解体或散件（如网架）运输，运抵现场后的构件不能直接进行吊装需在现场拼装后吊装的，套用拼装定额子目，

（32）钢吊车梁安装不含钢轨道。

（33）钢结构构件安装子目不包括临时耳板工料和钢构件安装所需的支撑胎架。

（34）钢结构构件安装工程所需搭设的临时性脚手架，按“脚手架工程”规定执行，在措施项目中考虑。

（35）定额不包括起重机械、运输机械行驶道路和修整、铺垫工作的人工、材料和机械。

2. 围护体系安装

（1）钢楼层板、屋面板按设计图示尺寸铺设面积以“m^2”计算，不扣除单个面积 0.3 m^2 以内柱、垛及孔洞所占面积。楼板周边挡板及开孔边沿挡板按设计图示尺寸以“m^2”计算。钢楼层板混凝土浇捣所需收边板的用量，均已包括在相应定额的消耗量中，不另外单独计算。屋面定额子目内包括瓦脊，但未包括主次檩条，实际使用的檩条按设计要求另套钢檩条定额计算。屋面板项目中，压型钢板是指屋面板材料非铝镁锰合金直立锁边板以外普通型钢板，压型钢底板是指屋面系统内保温层下面的一层钢底板。

（2）硅酸钙板墙面板按设计图示尺寸墙体面积以“m^2”计算，不扣除单个面积 0.3 m^2 以内孔洞所占面积。硅酸钙板灌浆墙面板项目中双面隔墙定额墙体厚度按 180 厚考虑，其中镀锌钢龙骨用量按 15 kg/m^2 编制，设计与定额不同时可调整消耗量。墙面板包角、包边、窗台泛水等所需增加的用量，均已包括在相应定额的消耗量中，不另外单独计算。

（3）保温岩棉铺设、EPS 混凝土浇灌按设计图示尺寸铺设或浇灌体积以“m^3”计算，不扣除单个面积 0.3 m^2 以内孔洞所占体积。

（4）硅酸钙板包柱、包梁及蒸压砂加气保温块贴面工程量按钢构件设计断面尺寸以“m^2”计算。

（5）钢板天沟按设计图示尺寸以“t”计算。天沟、天窗系统吊杆、龙骨架费用另套用钢檩条定额计算。

（6）不锈钢天沟、彩钢板天沟按设计图示尺寸以“m^2”计算。

（7）屋面天窗按垂直天窗面设计图示尺寸以“m^2”计算。

（8）屋面防坠落系统按设计图示尺寸以“m”计算。

（9）屋面遮阳系统按设计图示尺寸以“m^2”计算。

（10）钢网围墙按垂直投影净面积以“m^2”计算。钢网围墙子目不包括挖土、混凝土基础、立柱及基础回填。

3. 其他项目

（1）钢结构 X 射线探伤按焊缝拍片数量以“张”计算，单张拍片有效长度以 250 mm

内计算。

（2）金属板材对接焊缝探伤、板材周边超声波探伤、板材周边磁粉探伤按探伤部位以“m”计算。

（3）板材超声波探伤、板材磁粉探伤按探伤部位以“m^2”计算。

（4）加热处理按板材需焊接部位焊缝加热区域以“m”计算。

（5）焊接工艺评定以“台次”计算，产品焊接试板试验以批次或以“项”为计量单位，工程量均以送检次数计算。焊接工艺评定是为了验证焊接工艺的正确性而进行的试验与评价，应用于钢结构的焊接工艺评定是指采用与构件相同的材料，在相同施焊条件下，以相同接头形式、相同焊接材料和相同焊接方法进行各项力学性能试验并编制焊接工艺评定报告。

4. 金属结构件运输

（1）金属结构件运输工程量同金属结构件实际发生运输的工程量。

（2）金属结构件分类见表5－20。

表5－20　金属结构件分类表

类别	金属结构件
1类构件	钢柱、钢屋架、钢桁架、钢梁、钢托架、钢轨
2类构件	钢吊车梁、型钢檩条、钢支撑、上下挡、钢拉杆栏杆、盖板、垃圾出灰门、倒灰门、篦子、爬梯、钢梯、钢平台、操作台、走道休息台、钢吊车梯台、零星构件、钢漏斗
3类构件	钢墙架、挡风架、钢天窗架、组合檩条、轻型屋架、网架、滚动支架、悬挂支架、管道支架、钢煤斗、车挡、钢门、钢窗

5.3.8　木结构工程

1. 一般说明

（1）木材木种分类如表5－21所示。

表5－21　木材木种分类表

类别	木种
一类	红松、水桐木、樟子松
二类	白松（方杉、冷杉）、杉木、杨木、柳木、椴木
三类	青松、黄花松、秋子木、马尾松、东北榆木、柏木、苦楝木、梓木、黄菠萝、椿木、楠木、柚木、樟木
四类	柞木（栎木）、檀木、色木、槐木、荔木、麻栗木（麻栎、青刚）、桦木、荷木、水曲柳、华北榆木

2. 板、枋材规格，分类如表5－22所示。

表5－22　板、枋材规格与分类

项目	按宽厚度尺寸比例分类	按板厚度、枋材宽与厚乘积分类				
板材	宽≥3×厚	名称	薄板	中板	厚板	特厚板
		厚度/mm	<18	19～35	36～65	≥66
枋材	宽<3×厚	名称	小枋	中枋	大枋	特大枋
		宽×厚/cm^2	<54	55～100	101～225	≥225

（3）木材木种均以一、二类木种为准，如采用三、四类木种时，按相应子目人工费和机具费乘以系数1.35。

（4）木材以自然干燥条件下含水率为准编制的，需人工干燥时，费用另行处理。

（5）木材除有注明外，均以竣工木料为准，即定额内已包括刨光一面3 mm、双面5 mm的刨光损耗，圆木每立方米体积0.05 m^3 的刨光损耗。

（6）工程项目中圆形截面构件的木料是以杉圆木（圆木是指首尾径相等的圆形木材）考虑。

（7）拱规格以五七式为准（斗面×斗底×斗高为200 mm×140 mm×140 mm净料），刨光损耗5 mm已包括在定额内。如做四六式（斗面×斗底×斗高为170 mm×110 mm×110 mm净料）者，枋材消耗量乘以系数0.65，人工费乘以系数0.80。如做双四六式者，枋材消耗量乘以系数2.30，人工费乘以系数1.44。

（8）附属于屋架的夹板、垫木已在屋架木定额子目中综合考虑，圆木钢屋架中的角钢、钢拉杆也已包括在定额子目中，不另计算。

（9）屋架的制作安装应区别不同跨度，其跨度应以屋架上下弦杆的中心线交点之间的长度为准。

（10）与木屋架连接的挑檐木、支撑等并入屋架竣工木料体积内计算，单独的方木挑檐乘以系数1.70折算成圆木，按檩木计算。

（11）本部分定额子目不包雕饰。雕饰费用另行计算。

（12）定额子目中未列出的木砖、防腐油、臭油水等在其他材料费中已考虑。

（13）椽板的子目含量，是以瓦片宽度为23 cm（椽板中距为24 cm）计算的，若瓦片规格不同时，其工料用量按比例换算。

（14）檩条托木已计入相应的檩木制作安装项目中，不另计算。

2. 木屋架

圆木屋架工程量，按设计截面竣工木料体积以"m^3"计算；如需刨光时，按屋架刨光后竣工木材体积每立方米增加0.05 m^3 计算。与屋架连接的挑檐木、支撑、马尾、折角工程量，并入屋架竣工木料体积内计算，带气楼的屋架和正交部分半屋架并入所依附屋架的体积内计算。圆木屋架连接的挑檐木、支撑等如为方木时，其方木部分应乘以系数1.70折合成圆木后并入屋架竣工木料内。

3. 木构件

（1）木柱工程量，按设计图示尺寸以"m^3"计算。

（2）木梁工程量，按设计图示尺寸以“m^3”计算。

（3）枋、桁工程量，按设计图示尺寸以“m^3”计算。

（4）木楼梯按设计图示水平投影面积以“m^2”计算，不扣除宽度小于 300 mm 的楼梯井，伸入墙内部分不计算。

（5）木地楞工程量，按设计图示尺寸以“m^3”计算。圆木楞带平撑和方木楞带剪刀撑中撑的消耗量已在定额中考虑。

（6）其他木构件：

①椽子工程量，按设计图示尺寸以“m^3”计算。

②斗拱工程量，按设计图示数量以“座”计算。

③柱头座斗工程量，按设计图示尺寸以“m^3”计算。

④戗角工程量，按设计图示尺寸以“m^3”计算。

⑤封檐板、博风板均按设计图示尺寸以“m^2”计算。

⑥古式木栏杆按设计图示尺寸以“m^2”计算。

⑦飞来椅、博古架、挂落、踌角花按设计图示尺寸以“m”计算。

⑧木凳面按设计图示尺寸以“m^2”计算。

4. 屋面木基层

（1）檩木上钉桷板工程量，按屋面的斜面积以“m^2”计算，不扣除屋面烟囱及斜沟部分所占面积，天窗挑檐重叠面积并入屋面基层工程量内。

（2）檩木工程量，按竣工木料体积以“m^3”计算。简支檩长度按设计规定计算，如设计无规定时，按屋架或山墙中距增加 200 mm 计算；如两端出山，檩条长度算至博风板。连续檩条的长度按设计长度计算，其接头长度按全部连续檩木总体积的 5% 计算。

（3）屋面板工程量，按屋面斜面积计算，不扣除屋面烟囱、风帽底座、风道、小气窗及斜沟等所占面积。

5.3.9　门窗工程

1. 木门窗

（1）各类木门、窗安装，除有注明外，不论单层双层均按设计图示门、窗框外围尺寸以“m^2”计算。如设计只标洞口尺寸的，按洞口尺寸每边减去 15 mm 计算。折线形窗按展开面积计算。

（2）古式木门窗扇，按设计图示门窗扇的外围尺寸以“m^2”计算。

（3）古式木门窗槛、框，按设计图示尺寸以“m^3”计算。

（4）木格成品安装，按木格面积以“m^2”计算。

（5）成品木门框安装，按设计图示框外围尺寸以“m”计算。

（6）成品木门扇安装，按设计图示门扇面积以“m^2”计算。

（7）成品门窗制作价按《广东省房屋建筑与装饰工程综合定额 2018》“A.1.9 门窗工程”中附表 1（门、窗、配件价格表）价格计算，除注明制安外，均未包括安装费用。

（8）成品套装门安装包括门套（框）和门扇的安装。

2. 门窗装饰

（1）门饰面，按设计图示饰面外围尺寸展开面积以“m^2”计算。

（2）半玻门的饰面如采用接驳的施工方法，门饰面的工程量扣除玻璃洞口的面积。

（3）门窗套（筒子板）、门窗套贴饰面板，按设计图示饰面外围尺寸展开面积以“m^2”计算。门窗套包括筒子板及贴脸。

（4）门窗贴脸、盖口条、披水条，按设计图示饰面外围尺寸以“m”计算。

（5）窗台板、筒子板，按设计图示饰面外围尺寸展开面积以“m^2”计算。窗台板天然石材子目适用于石材宽度500 mm以内的情况；如石材宽度在500 mm以上时，人工费乘以系数0.60，其他不变。石材窗台及门窗套已包含砂浆底层。

（6）窗帘盒、窗帘轨（杆），按设计图示尺寸以“m”计算。成品窗帘安装，按窗帘轨长乘以实际高度以“m^2”计算；装饰造型帘头、水波幔帘，按设计图示尺寸以“m”计算。百叶窗帘指各种平行、垂直的半成品百叶帘和各种装饰卷帘。布窗帘倍折系数按2.50考虑，如实际不同时可以调整。

3. 厂库房大门、特种门

（1）厂库房大门、特种门、围墙钢大门钢管框金属网、围墙钢大门角钢框金属网制作、安装工程量按设计门框外围面积以“m^2”计算。如设计只标洞口尺寸的，按洞口尺寸每边减去15 mm计算。无框的厂库房大门以扇的外围面积计算。

（2）型钢大门的制作安装工程量按图示尺寸以“kg”计算，不扣除孔眼、切肢、切边、切角的质量，厂房钢木门、冷藏库门、冷藏间冻结门、木折叠门按图示尺寸计算钢骨架制作质量。

（3）钢门的钢材损耗率为6%。各种钢材比例另有要求的，可以调整。

（4）厂库房木板门、厂库房钢木门子目中已包含了门扇上所用铁件，但不包括门樘或梁柱内的预埋铁件，墙、柱、楼地面等部位的预埋铁件按设计要求另行计算；子目中也不带框，带框者另计；厂库房钢大门制作已包括刷第一次防锈漆；如设计的钢板厚度与子目中不同时可换算，其他不变。厂库房钢木门子目未包括大门钢骨架制作。

（5）特种门门扇上所用铁件均已列入定额，墙、柱、楼地面等部位的预埋铁件按设计要求另行计算。

（6）普通铁门制作子目中的五金配件包括门铰、插销、门闩等，但不包括门锁；该子目也未包括大门钢骨架制作。

（7）冷藏门、冷藏间冻结门项目的五金按普通小五金考虑，不包括碰锁、内推把、外拉手，如发生时按实计算；如使用管子拉手等高级五金时，按实结算；该项目未包括大门钢骨架制作。

（8）木保温隔音门中不包括门锁，如增加按实计算；保温门的填充料与定额不同时，可以换算，其他工料不变。

4. 钢门窗安装

钢门窗安装工程量，按设计图示框外围面积以“m^2”计算。

5. 塑料、塑钢、彩钢板、不锈钢及其他门窗安装

（1）塑料门、塑钢门窗、彩钢板门窗、不锈钢全玻门窗、纱窗安装工程量，按设计图示框外围面积以“m^2”计算。

（2）电子感应自动门、全玻转门、不锈钢电动伸缩门按设计图示数量以“樘”计算。

（3）卷闸门窗安装，按设计图示尺寸以“m^2”计算；如设计无规定时，安装于门窗

洞槽中、洞外或洞内的，按洞口实际宽度两边共加 100 mm 计算；安装于门、窗洞口中则不增加，高度按洞口尺寸加 500 mm 计算。电动装置安装按设计图示数量以“套”计算，小门安装按设计图示数量以“个”计算。

6. 铝合金门窗、全玻璃门、铝塑共挤门窗安装

（1）铝合金门窗、铝塑共挤门窗安装，按设计图示框外围面积以“m^2”计算；但折形、弧形等的铝合金门窗，则按设计图示展开面积以“m^2”计算。如设计只标洞口尺寸，门窗按洞口尺寸每边减去 15 mm 计算。

（2）铝合金、塑钢窗、铝塑共挤窗由推拉窗、平开窗、固定窗等各种形式组成组合窗的，以不同类型窗共用的窗框中心线为分界线，区分推拉窗、平开窗、固定窗等各种形式的窗分别计算工程量。

（3）全玻璃门，按设计图示门洞口面积以“m^2”计算。

（4）全玻璃门的配件，按设计图示数量以“套”计算。

（5）窗框外侧环保防腐层，按设计图示尺寸以“m”计算。

7. 特殊五金安装

特殊五金安装工程量，除另有注明外，按设计图示数量以“套”或“台”计算；吊轨、下轨安装按设计图示尺寸以“m”计算。

8. 制作价格

铝合金、塑料、塑钢、彩钢、不锈钢、纱窗、电子感应自动门、转门、伸缩门、防火门、卷闸门、钢质防盗门、射线防护门、铝塑共挤等门窗安装，按成品或半成品门窗考虑，其制作价参考《广东省房屋建筑与装饰工程综合定额 2018》“A. 1. 9 门窗工程”中附表 1 相应价格另行计算，实际使用不同时可换算。

9. 缝隙填补

门窗安装后的缝隙填补工作已包括在相应定额安装子目内。

10. 其他有关说明

（1）铝合金、塑钢、铝塑共挤窗由推拉窗、平开窗、固定窗等各种形式组成组合窗的，按窗的不同形式分别执行推拉窗、平开窗、固定窗等各种相应形式的窗子目。

（2）玻璃品种、厚度，与实际不同时可以调整，如使用钢化、中空、夹胶等玻璃，相应子目的玻璃消耗量乘以系数 0. 82。

（3）门扇和门套安装装饰线、贴装饰物、镶嵌装饰件，另套相应子目。

（4）门套项目中未包门套骨架的钢结构，如设计有要求时，另套相应子目。

（5）定额木门窗（成品门窗除外）、厂库房大门、特种门安装已含小五金安装工作内容和材料价格。

（6）木折叠门的大门钢骨架制作套大门钢骨架制作平开门子目。

（7）全玻璃门的拉手、门夹、锁夹等的安装，套用本节相应子目。

（8）门窗的油漆，套用油漆工程相应子目。

【例 5 – 12】某工程建筑平面如图 5 – 38 所示，设计门窗为有亮胶合板木门和铝合金推拉窗。试计算门窗工程的工程量（M1：900 mm × 2400 mm，M2：900 mm × 2400 mm，C1：1800 mm × 1800 mm）。

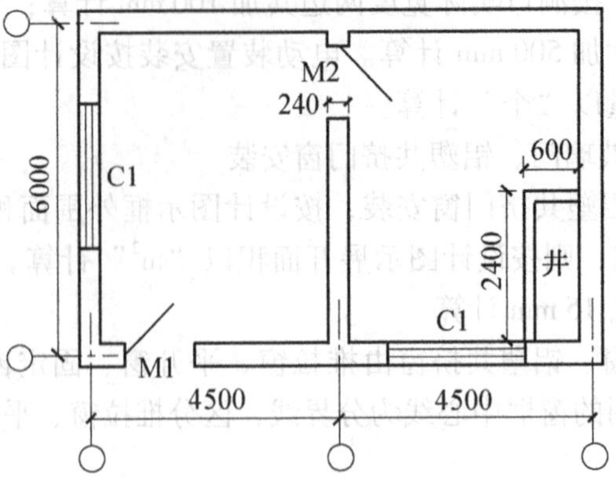

图 5-38　某工程建筑平面图

解：

（1）木门工程量

M1 和 M2：$0.9\times2.4\times2=4.32$（m^2）

（2）铝合金推拉窗工程量

2 个 C1：$1.8\times1.8\times2=6.48$（m^2）

5.3.10　屋面及防水工程

1. 瓦、型材、阳光板屋面工程

（1）瓦、型材屋面工程量，除另有规定外，按设计图示斜面积以"m^2"计算，亦可按屋面水平投影面积（图 5-39）乘以屋面坡度系数（表 5-23）以"m^2"计算。不扣除房上烟囱、风帽底座、风道、小气窗、斜沟等所占面积，小气窗的出檐部分不增加面积。

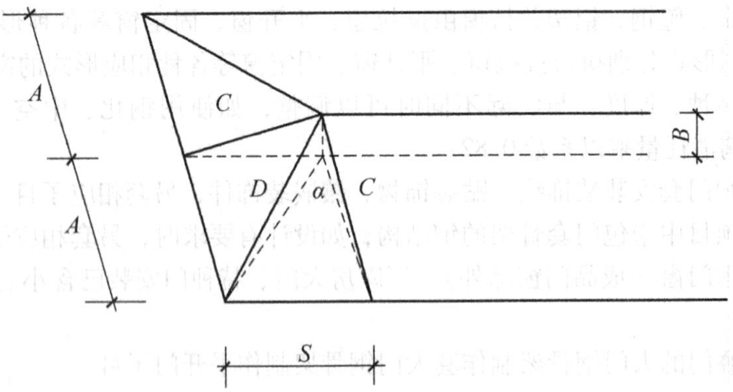

图 5-39　屋面水平投影面积计算

注：1. 两坡排水屋面面积 $=S_{平}\times C$；

2. 四坡排水屋面斜脊长度 $=A\times D$（当 $S=A$ 时）；

3. 沿山墙泛水长度 $=A\times C$；

4. 式中 $S_{平}$ 为屋面水平投影面积，A 为四坡屋面 1/2 边长，B 为脊高，C 为延尺系数，D 为隅尺系数。

表5-23　屋面坡度系数表

坡度 B（$A=1$）	坡度 $B/2A$	坡度角度 α	延尺系数 C（$A=1$）	隅延尺系数 D（$A=1$）
1.000	1/2	45°	1.4142	1.7321
0.750		36°52′	1.2500	1.6008
0.700		35°	1.2207	1.5779
0.666	1/3	33°40′	1.2015	1.5620
0.650		33°01′	1.1926	1.5564
0.600		30°58′	1.1662	1.5362
0.577		30°	1.1547	1.5270
0.550		28°49′	1.1413	1.5170
0.500	1/4	26°34′	1.1180	1.5000
0.450		24°14′	1.0966	1.4839
0.400	1/5	21°48′	1.0770	1.4697
0.350		19°17′	1.0594	1.4569
0.300		16°42′	1.0440	1.4457
0.250		14°02′	1.0308	1.4362
0.200	1/10	11°19′	1.0198	1.4283
0.150		8°32′	1.0112	1.4221
0.125		7°8′	1.0078	1.4191
0.100	1/20	5°42′	1.0050	1.4177
0.083		4°45′	1.0035	1.4166
0.066	1/30	3°49′	1.0022	1.4157

（2）西班牙瓦脊、彩色水泥瓦脊、琉璃瓦脊、小青瓦脊、檐口线工程量，按设计图示尺寸以“m”计算。西班牙瓦的端头瓦材料费另行计算。山墙端及阴沟部位需要界瓦的工料费也包括在子目内。琉璃瓦铺在预制混凝土桷条上时，扣除子目内1：2水泥砂浆，人工费乘以系数1.30，其他不变。琉璃瓦面如使用琉璃盾瓦者，每10m长的脊瓦长度，每一面增计盾瓦50块，其他不变。西班牙瓦、琉璃瓦、彩色水泥瓦、小青瓦屋面子目不包括瓦脊、檐口线等，其瓦脊和檐口线等另行计算。瓦面上如设计要求安装勾头（捲尾）或博古（宝顶）等时，另按“个”计算。亭面铺瓦坡度超过45°时，人工费乘以系数1.30，镀锌铁丝消耗量乘以系数2.00，其他不变。小青瓦如铺在多角亭面上，套小青瓦四方亭子目，人工费乘以系数1.20。瓦片规格，如设计不同时，可以换算，其他不变。

（3）琉璃宝顶、琉璃挠角（卷尾）、正吻、套兽工程量，按设计图示数量以“座”计算。

（4）围墙瓦顶工程量，按设计图示尺寸以“m”计算（围墙瓦顶不包括出砖线）。普通瓦围墙顶子目不包括扫水泥浆或乌烟灰水。

（5）聚碳酸酯（PC）中空板（阳光板）屋面工程量，按设计图示展开面积以“m^2”

计算。聚碳酸酯（PC）中空板（阳光板）屋面未包括骨架费用，发生时按金属结构工程的相应子目进行计算。

（6）彩钢屋面板，彩钢板宽按750 mm考虑，檩条间距按1 m至1.2 m综合考虑，如设计与定额不同时，板材可以换算，檩条用量可以调整，其他不变。波纹瓦屋面、镀锌铁皮屋面定额子目内包括瓦脊，未包括檩条，檩条按设计要求另行计算。

2. 防水（潮）工程

（1）屋面卷材防水、涂膜防水工程量，按设计图示尺寸以“m^2”计算，不扣除房上烟囱、风帽底座、风道、屋面小气窗和斜沟所占的面积。屋面的女儿墙、伸缩缝和天窗等处的弯起部分按设计图示尺寸并入屋面工程量内；如图纸无规定时，伸缩缝、女儿墙的弯起部分可按350 mm计算，天窗弯起部分可按500 mm计算。

①平屋顶水平投影以“m^2”计算。

②斜屋顶（不包括平屋顶找坡）斜面积以“m^2”计算，亦可按水平投影面积乘以屋面坡度系数以“m^2”计算。

③卷材防水（潮）的定额子目已经考虑了接缝、收头、找平层嵌缝、基层处理剂等工料机消耗，不另计算。

（2）屋面刚性防水工程量，按设计图示尺寸以“m^2”计算，不扣除房上烟囱、风帽底座、风道等所占的面积及小于0.3 m^2以内孔洞等所占面积。刚性防水中防水砂浆的五层做法刷第一道、第三道、第五道水泥浆厚度为1 mm，刷第二道1∶2水泥砂浆厚度为1.5 cm，刷第四道1∶2水泥砂浆厚度为1 cm。细石混凝土刚性防水和水泥砂浆二次抹压防水子目中未包括分格缝填缝，填缝按照设计要求另行计算。细石混凝土防水层如使用钢筋网者，钢筋制安另按混凝土及钢筋混凝土工程相应子目。

（3）天沟工程量，按设计图示展开面积以“m^2”计算。

（4）分格缝工程量，按设计图示尺寸以“m”计算。分格缝如发生材料代换，其中胶泥、冷底子油可以换算，其他不变。

（5）建筑物楼地面防水、防潮层，按设计图示尺寸以“m^2”计算，扣除凸出地面的构筑物、设备基础等所占的面积，不扣除单个0.3 m^2以内的柱、垛、烟囱、管道井和孔洞所占面积。与墙面连接处上卷高度在500 mm以内者按展开面积计算，按平面防水层计算，超过500 mm时，按立面防水层计算。

（6）墙面防水工程按设计图示尺寸以“m^2”计算，但不扣除0.3 m^2以内的孔洞所占面积，门窗洞口和孔洞的侧壁及顶面、附墙柱、梁、垛、烟囱侧壁并入相应的墙面面积内计算。

（7）楼地面及墙面防水（潮）工程适用于±0.000以上部位外墙及室内楼地面、内墙面、阳台地面及等防水（防潮）工程。墙梁接缝、墙柱接缝及窗台、窗楣处单独施工的涂膜防水按立面涂膜防水计算，人工费乘以1.50，材料费乘以1.05。

（8）地下室及其他，墙基防水、防潮层，按设计图示尺寸以“m^2”计算。外墙按外墙中心线长度乘以宽度计算，内墙按内墙净长乘以宽度计算。地下室及其他防水适用于地下室结构底板以下防水、地下室外墙、基础及水池等其他防水（潮）工程。

（9）建筑物地下室防水层，按设计图示尺寸以“m^2”计算，但不扣除0.3 m^2以内的孔洞所占面积。平面与立面交接处的防水层，其上卷高度超过300 mm时，按立面防水层计算。

（10）桩头防水按桩头的数量以“个”计算。

（11）定额子目中已经注明高分子卷材的厚度，如设计不同时，面层材料可以调整，其他不变。

（12）按照主材不同，聚氨酯涂膜防水可分为单组份、双组份，设计没有明确使用单组份的，应套用双组份相应子目。

（13）屋面排水工程执行安装定额。

（14）地下室外墙聚苯乙烯泡沫板保护层执行《广东省房屋建筑与装饰工程综合定额》（2018）“保温、隔热、防腐工程”中A1－11－146子目，人工乘以1.25。

3. 变形缝

（1）填缝、止水带、盖缝按设计图示尺寸以“m”计算。

（2）变形缝填缝及止水带：建筑物变形缝是按建筑油膏、聚氨酯密封膏、聚氯乙烯胶泥断面取定30 mm×20 mm；油浸木丝板取定为25 mm×150 mm；紫铜板止水带为2 mm厚，展开宽450 mm；钢板止水带为3.5～4 mm厚，展开宽250 mm；其余均以30 mm×150 mm考虑。如设计断面不同时，用料可以换算，其他不变。

（3）变形缝盖缝子目中已注有面层材料厚度的，如设计厚度不同时面层材料可以换算，其他不变。

4. 其他说明

本部分定额子目中不包括申报沥青的防火费用和环保费用。

【例5－13】某工程的平屋面及檐沟做法见图5－40。计算屋面中找平层、找坡层、隔热层、防水层、排水管等的工程量。

解：

（1）计算现浇混凝土板上20厚1∶3水泥砂浆找平层（因屋面面积较大，需做分格缝）。根据计算规则，按水平投影面积乘以坡度系数计算，这里坡度系数很小，可以忽略不计。

$S=(9.60+0.24)\times(5.40+0.24)-0.70\times0.70=55.01\ (m^2)$

（2）计算SBS卷材防水层。根据计算规则，按水平投影面积乘以坡度系数计算，检修孔处弯起部分另加，檐沟按展开面积并入屋面工程量。

屋面：$(9.60+0.24)\times(5.40+0.24)-0.70\times0.70=55.01\ (m^2)$

检修孔弯起：$0.70\times4\times0.20=0.56\ (m^2)$

檐沟：$S=(9.84+5.64)\times2\times0.1+[(9.84+0.54)+(5.64+0.54)]\times2\times0.54+$
$[(9.84+1.08)+(5.64+1.08)]\times2\times(0.3+0.06)=33.68\ (m^2)$

屋面部分合计：$S=55.01+0.56=55.57\ (m^2)$

檐沟部分：$S=33.68\ m^2$

总计：$89.25\ m^2$

（3）计算30厚聚苯乙烯泡沫塑料保温板。根据计算规则，按设计图示尺寸以面积计算。

$S=(9.60+0.24)\times(5.40+0.24)-0.70\times0.70=55.01(m^2)$

（4）计算聚苯乙烯泡沫塑料保温板上砂浆找平层工程量。

$S=(9.60+0.24)\times(5.40+0.24)-0.70\times0.70=55.01(m^2)$

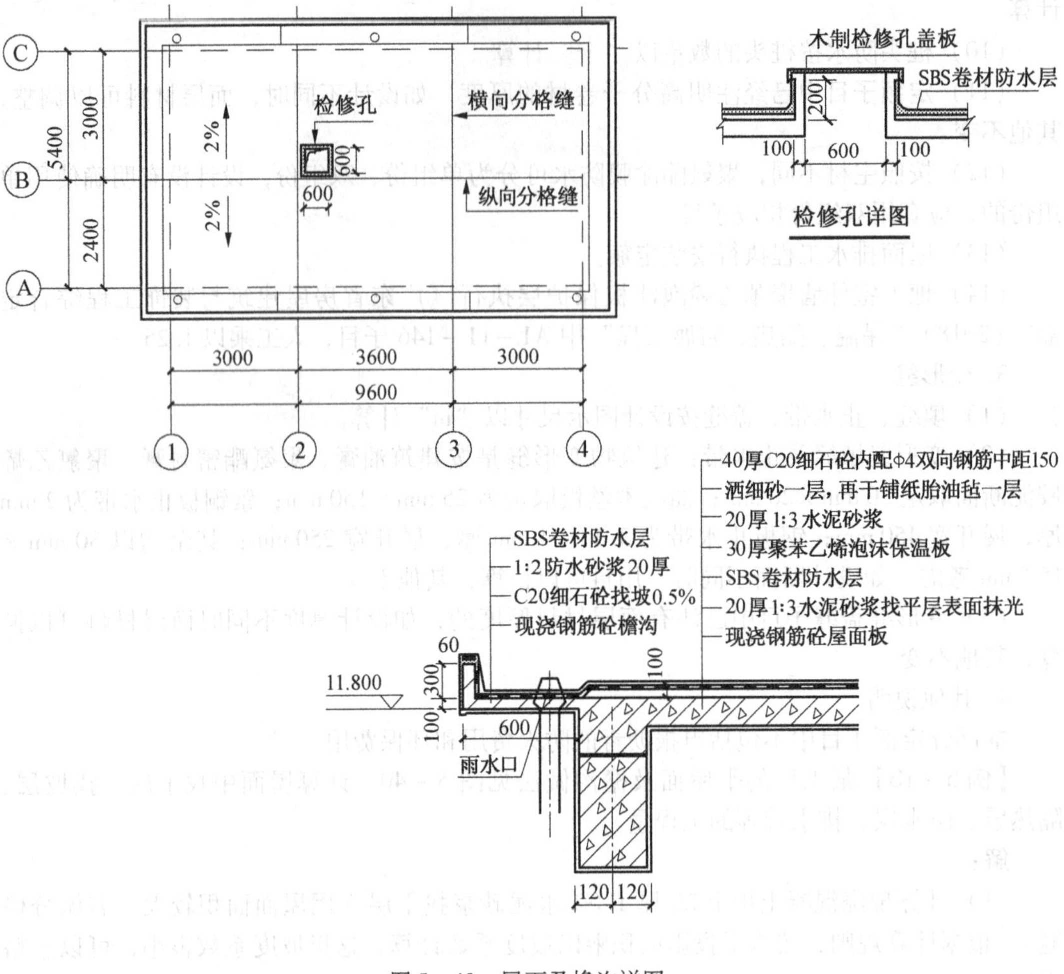

图5－40　屋面及檐沟详图

（5）计算细石混凝土屋面工程量。

$S=(9.60+0.24)\times(5.40+0.24)-0.70\times0.70=55.01(\mathrm{m}^2)$

（6）檐沟内侧面及上底面防水砂浆工程量，厚度20 mm，无分格缝。

同檐沟卷材：$S=33.68$（m^2）

（7）计算檐沟细石找坡工程量，平均厚25 mm。

$S=[(9.84+0.54)+(5.64+0.54)]\times2\times0.54=17.88(\mathrm{m}^2)$

（8）计算屋面排水落水管工程量。根据计算规则，按设计图示尺寸以长度计算，如设计未规定，以檐口至设计室外地面垂直距离计算。本例按檐口至设计室外地面垂直距离计算（室内外高差取0.3 m）。

$L=(11.80+0.1+0.3)\times6=73.20(\mathrm{m})$

5.3.11　保温、隔热、防腐工程

1. 防腐工程

（1）防腐工程量，均按设计图示尺寸以“m^2”计算。平面防腐：扣除凸出地面的构

筑物、设备基础等所占的面积。立面防腐：砖垛等突出部分按展开面积并入墙面面积内。踢脚板防腐：扣除门洞所占面积并相应增加门洞侧壁展开面积。

（2）平面砌筑双层耐酸块料时，按单层面积乘以系数 2.00 计算。

（3）防腐整体面层、隔离层适用于平面、立面的防腐耐酸工程，包括沟、坑、槽。

（4）防腐卷材的接缝、收头等人工材料已计入子目内，不另计算。

（5）块料防腐面层以平面砌为准，砌立面者套平面砌相应子目，人工费乘以系数 1.38 踢脚板人工费乘以系数 1.56，其他不变。

（6）防腐面层工程中各种砂浆、胶泥、混凝土材料的种类、配合比及各种面层的厚度，如设计不同时，可以换算。

（7）防腐面层工程的各种面层，除软聚氯乙烯板地面外，均不包括踢脚板。

（8）花岗岩石以六面剁斧的板材为准。如底面为毛面者，水玻璃砂浆增加 0.38 m^3，耐酸沥青砂浆增加 0.44 m^3。

2. 保温隔热工程

（1）屋面保温、隔热层工程量，按设计图示尺寸以“m^2”计算，不扣除柱、垛所占的面积。

（2）屋面保温层排气管工程量，按设计图示尺寸以“m”计算，不扣管件所占长度。保温层排气孔按设计图示数量以“个”计算。屋面保温层排气孔塑料管按 180°单出口考虑（由 2 只 90°弯头组成），双出口时应增加三通 1 只；钢管、不锈钢管按 180°煨制弯考虑，当采用管件拼接时另增加弯头 2 只，管件消耗量乘以系数 0.70，取消弯管机台班。

（3）墙体保温隔热层工程量，按设计图示尺寸以“m^2”计算，扣除门窗洞口所占面积。门窗洞口面积指完成门窗塞缝及墙面抹灰装饰后洞口面积。门窗洞口侧壁需做保温时，并入保温墙体工程量内。

（4）柱保温层工程量，按设计图示保温层中心线长度乘以保温层高度以“m^2”计算。柱面保温根据墙面保温定额项目人工费乘以系数 1.19，材料消耗量乘以系数 1.04。

（5）地面隔热层工程量，按设计图示尺寸以“m^2”计算，不扣除柱、垛所占的面积。

（6）块料隔热层工程量不扣除附墙烟囱、竖风道、风帽底座、屋顶小气窗、水斗和斜沟的面积。

（7）防火隔离带工程量按设计图示尺寸以“m^2”计算。

（8）池槽保温隔热层，其中池壁按墙面计算，池底按地面计算。

（9）干铺聚苯乙烯泡沫板的屋面保温，墙体、柱保温，楼地面隔热，除有厚度增减子目外，如保温材料厚度与设计不同时，保温材料可以换算，其他不变。

（10）本部分只包括保温隔热材料的铺贴，不包括隔气防潮、保护层或衬墙等。

（11）保温隔热、隔离层的材料配合比、材质、厚度与设计不同时，可以换算。

（12）玻璃棉、矿渣棉包装材料和人工均已包括在子目内。

【例 5－14】某具有耐酸要求的生产车间及仓库如图 5－41 所示。试计算其中的防腐耐酸部分的相关工程量。已知：墙厚 240 mm，基层抹灰厚度 20 mm，仓库踢脚高度 200 mm，内墙净高 2.9 m，C1：1460 mm × 1200 mm，C2：1760 mm × 1460 mm，M1：2680 mm × 1800 mm，M2：2680 mm × 900 mm。车间贴 300 mm × 200 mm × 20 mm 铸石板地面，结合层纳水玻璃胶泥；仓库贴 230 mm × 113 mm × 62 mm 瓷砖地面，结合层纳水玻璃胶泥；仓库踢脚贴

300 mm×200 mm×20 mm 踢脚板，仓库墙面做防腐砂浆面层，另刷防腐涂料。

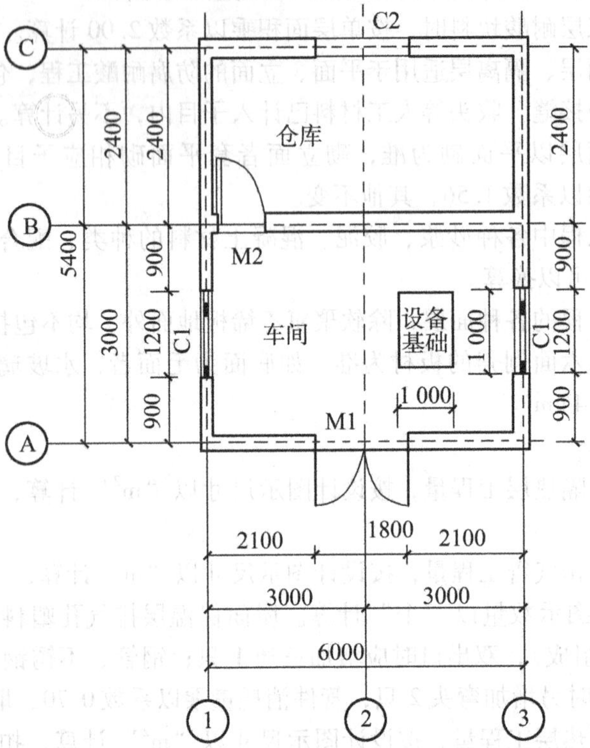

图 5－41　生产车间及仓库平面图

解：

（1）防腐砂浆面层工程量计算。按设计图示尺寸以面积计算，砖垛等突出部分按展开面积并入墙面工程量。

墙面部分：

$[(6.00-0.24-0.04)\times 2+(2.40-0.24-0.04)\times 2]\times(2.90-0.20)=42.34(m^2)$

扣 C2 面积：$1.76\times 1.46=2.57$（m^2）

扣 M2 面积：$0.86\times 2.68=2.30$（m^2）

C2 侧壁增加：$(1.76+1.46)\times 2\times 0.10=0.64(m^2)$

总面积：$S=42.34-2.57-2.30+0.64=38.11$（$m^2$）

（2）车间 300 mm×200 mm×20 mm 铸石板地面工程量计算。按设计图示尺寸以面积计算，应扣除突出地面的构筑物、设备基础等。

房间面积：$(6.00-0.24-0.02\times 2)\times(3.00-0.24-0.02\times 2)=15.56(m^2)$

扣设备基础：$1.00\times 1.00=1.00$（m^2）

M1 开口处增加：$(0.24+0.02\times 2)\times(1.80-0.02\times 2)=0.49(m^2)$

总面积：$S=15.56-1.00+0.49=15.05(m^2)$

（3）仓库 230 mm×113 mm×62 mm 瓷砖地面工程量计算。

房间面积：$(6.00-0.24-0.02\times 2)\times(2.40-0.24-0.02\times 2)=12.13(m^2)$

M2 开口处增加：$(0.24+0.02\times2)\times(0.90-0.02\times2)=0.24(m^2)$

总面积：$S=12.13+0.24=12.37\ (m^2)$

（4）仓库 300 mm×200 mm×20 mm 踢脚板工程量计算。根据计算规则，踢脚板扣除门洞所占面积并相应增加门洞侧壁面积。

$L=(6.00-0.24-0.04)\times2+(2.40-0.24-0.04)\times2-(0.90-0.04)=14.82(m)$

$S=14.82\times0.20=2.96\ (m^2)$

（5）仓库防腐涂料工程量计算。按设计图示尺寸以面积计算，砖垛等突出部分按展开面积并入墙面工程量。计算同仓库 20 厚钠水玻璃砂浆面层工程量：

$S=38.11\ m^2$

5.3.12　楼地面工程

1. 一般说明

（1）定额中所注明的砂浆、水泥石子浆等种类、配合比、饰面材料的型号规格与设计规定不同时，可按设计规定换算，但人工费不变。

（2）凡需使用各种砂浆的定额子目，均包括扫水泥浆。

（3）楼地面块料面层铺设包含 20 mm 厚的找平层和抹结合层水泥砂浆，实际厚度不同时可按实调整，砂浆损耗详见《广东省房屋建筑与装饰工程综合定额 2018》附录 5。

（4）弧形、螺旋形的装饰贴面层按成品考虑。

（5）细石混凝土找平层子目，平均厚度≤60 mm 按找平层子目执行，平均厚度>60 mm 部分按混凝土垫层子目执行。

（6）定额子目含不同砂浆时，分别列出厚度，如 12 mm + 8 mm 表示底、面层砂浆厚度分别为 12 mm 和 8 mm。如设计抹灰厚度与定额不同时，除定额有注明厚度的子目可以换算外，其他不作调整。

（7）阶梯教室、体育看台的装饰，梯级平面部分套相应楼地面定额子目的，人工费乘以系数 1.05，其他不变；立面部分按高度划分：高度 200 mm 以内的木地板套踢脚线子目，其余 300 mm 以内的套相应踢脚线子目。超出前面高度要求的套相应墙面子目。

（8）大理石、花岗石刷养护液、表面刷保护液，按实际发生套相应子目。

（9）零星装饰适用于楼梯、台阶侧面装饰以及 0.5 m^2 以内少量分散的楼地面装饰。镶拼面积小于 0.015 m^2 的石材执行点缀子目执行。

（10）水磨石

①普通水磨石包括粗、中、幼金刚石共磨四次、过浆一次等工序。上等水磨石除包括普通水磨石所有工序外，还包括油石、滑石、锡锑箔磨和草酸各一次。

②水磨石嵌铜条按本部分相应子目计算，水磨石面层若采用白色水泥彩色石子时，其材料单价可以换算，但消耗量不变。

③彩色水磨石面层如采用颜料，颜料用量按设计规定配比计算；设计没有规定的，计算办法如下：普通水泥时，颜料用量按石子浆的水泥用量的 13% 计算；如用白水泥，颜料用量按石子浆的水泥用量的 8% 计算。

④水磨石面层采用密蜡者，可扣除定额内的石蜡用量和松节油 11 kg，换以密蜡 1 kg。

（11）石材厚度定额按 30 mm 内考虑，若超过 30 mm，每超过 5 mm，人工费乘以系数 1.10。

（12）反檐只适用于高出板面 600 mm 以内的装饰檐板，高度超过 600 mm 的檐板作栏板计。

（13）间壁墙是指墙体一般较薄，多采用轻质材料且在地面面层做好后再进行施工的墙体。

（14）防静电活动地板为成品金属地板（含支架）；若支架为现场制作时，支架制作可套用小型轻钢构件；若静电地板为平铺时，可套用相应材料的木地板子目。

（15）木地板如需油漆，按"油漆涂料裱糊工程"规定计算。

2. 找平层的工程量

找平层的工程量按设计图示尺寸以"m^2"计算。扣除凸出地面构筑物、设备基础、室内管道、地沟等所占面积，不扣除间壁墙和 0.3m^2 以内的柱、垛、附墙烟囱及孔洞所占面积。门洞、空圈、暖气包槽、壁龛的开口部分不增加面积。

3. 整体面层的工程量

（1）整体面层，按设计图示尺寸以"m^2"计算。扣除凸出地面构筑物、设备基础、室内管道、地沟等所占面积，不扣除间壁墙和 0.3 m^2 以内的柱、垛、附墙烟囱及孔洞所占面积。门洞、空圈、暖气包槽、壁龛的开口部分不增加面积。

（2）踢脚线，按设计图示长度乘以高度以"m^2"计算。

（3）楼梯面层，按设计图示尺寸以楼梯（包括踏步、休息平台及 500 mm 以内的楼梯井）水平投影面积，以"m^2"计算。楼梯与楼地面相连时，算至梯口梁内侧边沿；无梯口梁者，算至最上一层踏步边沿加 300 mm。

（4）台阶面层，按设计图示尺寸以台阶（包括最上层踏步边沿加 300 mm）水平投影面积，以"m^2"计算。

（5）阳台、雨篷的面层抹灰，并入相应的楼地面抹灰项目计算。雨篷顶面带反檐或反梁者，其工程量乘以系数 1.20。

（6）散水、防滑坡道按设计图示尺寸以"m^2"计算。

4. 块料面层的工程量

（1）楼地面石材、块料面层按设计图示尺寸以"m^2"计算。扣除凸出地面构筑物、设备基础、室内管道、地沟等所占面积，不扣除间壁墙、点缀和 0.3 m^2 以内的柱、垛、附墙烟囱及孔洞所占面积。门洞、空圈、暖气包槽、壁龛的开口部分另计面积。定额楼地面块料铺贴按正铺考虑，如设计斜铺者，人工费乘以系数 1.10，块料消耗量乘以系数 1.03。

（2）橡胶面层、塑料面层、地毯面层、木地板、防静电活动地板、金属复合地板面层，按设计图示尺寸以"m^2"计算。门洞、空圈、暖气包槽、壁龛的开口部分并入相应的工程量内。

（3）拼花、嵌边（波打线），按相应材质的楼地面面层工程量计算规则计算。

（4）点缀以"个"计算，计算主体铺贴地面面积时，不扣除点缀所占面积。

（5）踢脚线，按设计图示长度乘以高度以"m^2"计算。木地板踢脚线定额子目适用高度 200 mm 以内，其余踢脚线定额子目适用高度 300 mm 以内。超过上述高度时，套用"墙、柱面装饰与隔断、幕墙工程"相应子目。踢脚线底层抹灰，按墙面底层抹灰子目执行。楼梯踢脚线块料面层，套踢脚线相应子目，其中人工费乘以系数 1.15，材料消耗量乘以系数 1.15，其他不变。弧形踢脚线，按踢脚线相应定额子目，人工费乘以系数 1.10，其他不变。

（6）楼梯面层，按设计图示楼梯（包括踏步、休息平台及 500 mm 以内的楼梯井）水平投影面积，以"m^2"计算。楼梯与楼地面相连时，算至梯口梁内侧边沿；无梯口梁者，算至最上一层踏步边沿加 300 mm。台阶面层，按设计图示台阶（包括最上层踏步边沿加 300 mm）水平投影面积，以"m^2"计算。定额楼梯及台阶子目均未包括防滑条。弧形、螺旋形楼梯贴面，套楼梯相应定额子目，人工费乘以系数 1.10，其他不变。弧形台阶贴面，套台阶相应定额子目，人工费乘以系数 1.10，其他不变。楼梯、台阶的大理石、花岗石刷养护液、保护液时，按相应定额子目乘以下系数：楼梯 1.36，台阶 1.48。

（7）零星装饰，按设计图示尺寸以"m^2"计算。梯级拦水线，按设计图示水平投影面积以"m^2"计算。

（9）石材刷养护液、保护液，按对应石材面层的工程量计算。

（10）楼梯踏步地毯配件，按配件设计图示数量以"m"或"套"计算。

5. 其他楼地面工程量

（1）楼梯及台阶面层防滑条，按设计图示尺寸以"m"计算。设计未注明长度时，防滑条按踏步两端距离各减 150 mm 计算。

（2）水磨石嵌铜条、防滑条，按设计图示尺寸以"m"计算。

（3）块料楼地面做酸洗打蜡者，按楼地面、楼梯、台阶对应块料面层的工程量计算。

【例 5－15】 某工程建筑平面如图 5－38 所示，设计楼面做法为 30 mm 厚细石混凝土找平，1∶3 水泥砂浆铺贴 300 mm × 300 mm 地砖面层，踢角为 150 mm 高地砖。试计算楼地面工程的工程量（M1：900 mm × 2400 mm，M2：900 mm × 2400 mm，C1：1800 mm × 1800 mm）。

解：（1）细石混凝土找平层工程量

$(4.5\times2-0.24\times2)\times(6-0.24)-0.6\times2.4=47.64(m^2)$

（2）地砖面层工程量

$(4.5\times2-0.24\times2)\times(6-0.24)-0.6\times2.4=47.64(m^2)$

（3）踢角工程量

$[(4.5-0.24+6-0.24)\times2\times2-0.9\times3+0.24\times4]\times0.15=38.34\times0.15=5.75(m^2)$

5.3.13　墙、柱面装饰与隔断、幕墙工程

1. 一般说明

（1）定额中砂浆、水泥石子浆等种类、配合比、材料型号规格与设计不同时，可按设计规定换算，但人工费、机具台班消耗量不变。

（2）各种抹灰及块料面层定额，均包括扫水泥浆。

（3）抹灰厚度，按不同砂浆分别列在定额子目中，同类砂浆列总厚度，不同砂浆分别列出厚度，如定额子目中"15 mm + 10 mm"，即表示两种不同砂浆的各自厚度。如设计抹灰厚度与定额不同时，除定额有注明厚度的子目可以换算外，其他不作调整。

（4）内外附墙柱、梁面的抹灰和块料镶贴，不论柱、梁面与墙相平或凸出，均按墙

面计算。

(5) 墙柱面块料面层均未包括抹灰底层，计算时按设计要求分别套用相应的抹灰底层子目。

(6) 墙面设计钉（挂）网者，钉（挂）网部分的墙面相应抹灰层人工费乘以系数1.20。

(7) 墙、柱面等块料镶贴子目中，凡设计规定缝宽尺寸的，按疏缝相应子目计算；没有缝宽要求的，按密缝计算。

(8) 圆柱、圆弧墙、锯齿型等不规则墙面抹灰及镶贴块料，套墙柱面抹灰或镶贴相应子目，人工费乘以系数1.15。

(9) 定额墙身块料铺贴如设计为斜铺者，人工费乘以系数1.10，块料消耗量乘以系数1.03。

(10) 干挂大理石、花岗岩及陶瓷面砖的不锈钢挂件损耗率按3%考虑。设计用量与定额不同时，可以调整。

(11) 瓷板指陶瓷薄板，瓷板厚度按 <7 mm 考虑；瓷板厚度 $\geqslant 7$ mm 者，按面砖相应项目执行。

(12) 单块石板面积大于0.64 m^2，人工费乘以系数1.15。石材厚度定额按20 mm 考虑，若超过20 mm，人工费乘以系数1.05。

(13) 石材线条宽度150mm 以内套用细部装饰的“装饰线、压条”子目计算；线条宽度500 mm 以内的，套零星项目计算；线条宽度500 mm 以外的，套墙面相应子目计算。

(14) 其他有关说明：

①走廊、阳台的栏板不带漏花整幅镶贴块料时，套用墙面子目。

②墙裙、护壁套用墙面相应子目计算。

③门窗洞口侧壁（除飘窗外）镶贴块料，套用零星块料面层相应子目。

④零星抹灰和零星镶贴块料面层项目适用于挑檐、天沟、腰线、窗台线、门窗套、压顶、扶手、遮阳板、雨篷周边、碗柜、过人洞、暖气壁龛池槽、花台以及单体0.5 m^2 以内少量分散的抹灰和块料面层。

⑤塑料条嵌缝，如设计选用材料不同时可以换算。

2. 抹灰

(1) 抹灰工程量按设计图示结构面以“m^2”计算。

(2) 墙面抹灰、墙面勾缝按设计图示尺寸以“m^2”计算。扣除墙裙、门窗洞口及单个0.3 m^2 以外的孔洞面积，不扣除踢脚线、挂镜线和墙与构件交接处的面积，门窗洞口和孔洞的侧壁及顶面不增加面积，飘窗另按墙面、地面、天棚面分别计算。附墙柱、梁、垛、烟囱侧壁并入相应的墙面面积内计算。

①外墙抹灰面积，按外墙垂直投影面积计算。如外墙为斜面时按设计图示斜面面积计算。建筑物高度超过20 m 时，外墙抹灰子目按建筑物不同高度执行相应系数：30 m 内按相应子目乘以系数1.15，60 m 以内的乘以系数1.30，90 m 以内的乘以系数1.40，90 m 以上的乘以系数1.50。同一建筑物有不同高度的，按不同高度计算。

②外墙裙抹灰面积，按其长度乘以高度计算。

③内墙抹灰面积，按主墙间的净长乘以高度计算。无墙裙的，高度按室内楼地面至天棚底面计算；有墙裙的，高度按墙裙顶至天棚底面计算；无吊顶天棚的，由室内地面或楼面计至板底；有吊顶天棚的，其高度按室内地面或楼面至天棚另加 100 mm 计算。

④内墙裙抹灰面，按内墙净长乘以高度计算。

(3) 独立柱面抹灰，按设计图示柱断面周长乘以高度以"m^2"计算。

(4) 独立梁面抹灰，按设计图示梁断面周长乘以长度以"m^2"计算。

(5) 独立柱、房上烟囱勾缝，按设计图示展开面积以"m^2"计算。

(6) 栏板、栏杆（包括立柱）的抹灰，按其抹灰垂直投影面积以"m^2"计算。

(7) 零星项目抹灰，按设计图示尺寸以"m^2"计算。

(8) 钉（挂）网，按设计图示尺寸以"m^2"计算。

(9) 一般抹灰面层分格、嵌塑料条，按设计图示尺寸以"m"计算。

(10) 装饰抹灰分格、嵌缝，按装饰抹灰面积以"m^2"计算。

3. 块料面层（石材、块料）

(1) 块料面层工程量，除另有规定外，按设计图示镶贴表面积以"m^2"计算。

(2) 墙面、墙裙镶贴块料，按设计图示镶贴表面积以"m^2"计算。墙面镶贴块料有吊顶天棚时，如设计图示高度为室内地面或楼面至天棚底时，则镶贴高度由室内地面或楼面计至吊顶天棚另加 100 mm。

(3) 挂贴、干挂块料，按设计图示镶贴表面积以"m^2"计算。

(4) 柱面镶贴块料，按设计图示镶贴表面积以"m^2"计算。

(5) 梁面镶贴块料，按设计图示镶贴表面积以"m^2"计算。

(6) 零星镶贴块料，按设计图示镶贴表面积以"m^2"计算。

(7) 零星装饰块料镶贴，按设计图示镶贴表面积以"m^2"计算。

(8) 成品石材圆柱腰线、阴角线、柱帽、柱墩，按外围饰面尺寸以"m"计算。

4. 木装饰及其他

(1) 墙饰面工程量，按设计图示墙净长乘以净高以"m^2"计算。扣除门窗洞口及单个 0.3 m^2 以上的孔洞所占面积。

(2) 柱（梁）饰面工程量，按设计图示饰面外围尺寸以"m^2"计算。柱帽、柱墩并入相应柱饰面工程量内。

(3) 龙骨、基层工程量，按设计图示尺寸以"m^2"计算，扣除门窗洞口及 0.3 m^2 以上的孔洞所占面积。定额木龙骨基层是按双向考虑的；设计为单向时，人工费、材料消耗量乘以系数 0.55。木龙骨如采用膨胀螺栓固定者，不得换算。

(4) 隔断工程量，按设计图示框外围尺寸以"m^2"计算。扣除单个 0.3 m^2 以上的孔洞所占面积。浴厕门的材质与隔断相同时，门的面积并入隔断面积内。隔断的不锈钢边框，按边框展开面积以"m^2"计算。全玻隔断如有加强肋者，肋玻璃工程量并入隔断内。

(5) 隔墙工程量，按设计图示墙净长乘以净高以"m^2"计算，扣除门窗洞口及单个 0.3 m^2 以上的孔洞所占面积。

(6) 隔断、隔墙（间壁）所用的轻钢、铝合金龙骨，如设计不同时，可以调整，其他不变。半玻璃隔断（隔墙）是指上部为玻璃隔断，下部为其他墙体，分别套用相应子目。隔墙如有门窗者，扣除门窗面积；门窗按“门窗工程”部分相应规定计算。彩钢板隔墙，如设计金属面材厚度与定额不同时，材料可以换算，其他不变。

（7）木装饰饰面层、隔墙（间壁）、隔断子目（成品除外），除另有注明者外，均未包括压条、收边、装饰线（板）。装饰饰面层子目，除另有注明外，均不包含木龙骨、基层。面层、木基层均未包括刷防火涂料，如设计要求时，按“油漆涂料裱糊工程”部分相应规定计算。

（8）轻质墙板工程量，按设计图示尺寸以“m^2”计算。轻质墙板砌块墙需加钢丝网，钢丝网另行计算。

5. 幕墙

（1）带骨架幕墙，按设计图示框外围尺寸以“m^2”计算。与幕墙同种材质的窗所占面积不扣除。

（2）全玻璃幕墙，按设计图示尺寸以“m^2”计算。不扣除明框、胶缝所占的面积，但应扣除吊夹以上钢结构部分的面积。带肋全玻璃幕墙，按设计图示展开面积以“m^2”计算，肋玻璃另行计算面积并入幕墙内。

（3）构件式幕墙的上悬窗增加费，按窗扇设计图示外围尺寸以“m^2”计算。构件式幕墙项目均不包括预埋铁件、后置埋件、植筋等，如发生时另行计算。

（4）干挂石材钢骨架、点支式全玻璃幕墙钢结构桁架，按设计图示尺寸以“t”计算。

（5）幕墙防火隔断，按其设计图示镀锌板的展开面积以“m^2”计算。

（6）通风器按设计图示尺寸以“m”计算。通风器按成品考虑，通风器安装子目不包括包饰和修口，发生时另行计算。

（7）相关说明：

①幕墙开启窗的玻璃及结构胶、耐候胶已含在幕墙内。

②点支式支撑全玻璃幕墙不包括承载受力结构。

③幕墙中的防雷装置的联接及与防雷装置焊接定额已综合考虑，如设计要求独立防雷装置时另行计算。

④弧形幕墙套用相应幕墙子目，人工费乘以系数1.10。

⑤本部分金属型材按理论的质量计算。

⑥本部分未包括施工验收规范中要求的检测、试验所发生的费用。

⑦除有规定之外，定额子目所用材料，如设计要求与定额不同，材料可换算，其他不变。

【例5－16】某工程建筑平面如图5－38所示，该建筑内墙净高为3.0 m，窗台高900 mm。设计内墙裙为水泥砂浆贴152 mm×152 mm瓷砖，高度为1.8 m，其余部分为混合砂浆底纸筋灰面抹灰。试计算内墙面装饰的瓷砖墙裙和抹灰工程量。

解：（1）瓷砖墙裙工程量

$[(4.5-0.24+6-0.24)\times2\times2-0.9\times3]\times1.8-(1.8-0.9)\times1.8\times2+0.12\times(1.8\times8+0.9\times4)$

$=67.28-3.24+2.16$

$=66.2\ (m^2)$

（2）内墙面抹灰工程量

$[(4.5-0.24+6-0.24)\times2\times2]\times3.0-1.8\times1.8\times2-0.9\times2.4\times3-(67.28-3.24)$

$=120.24-6.48-6.48-64.04$

$=43.24\ (m^2)$

5.3.14 天棚工程

1. 一般说明

（1）抹灰厚度，按不同砂浆分别列在定额子目中，同类砂浆列总厚度，不同砂浆分别列出厚度，如定额子目中“10 mm + 5 mm”，即表示两种不同砂浆的各自厚度。如设计抹灰厚度与定额不同时，除定额有注明厚度的子目可以换算砂浆消耗量外，其他不作调整。

（2）雨篷、阳台板、悬挑板、挑檐底面和天棚贴陶瓷块料或马赛克时，套用墙柱面工程相应定额子目，人工费乘以系数1.45，砂浆乘以系数1.07。

（3）定额中所注明的砂浆种类、配合比、饰面材料的型号规格与设计不同时，材料可以换算，其他不变。

（4）天棚面层不在同一标高，且高差在400 mm以下三级以内的一般直线型平面天棚按跌级天棚相应项目执行；高差在400 mm以上或超过三级以及圆弧形、拱形等造型天棚按吊顶天棚中的艺术造型天棚相应项目执行。

（5）定额轻钢龙骨、铝合金龙骨项目按双层结构（即中、小龙骨紧贴大龙骨底面吊挂）考虑；如设计为单层结构时（大、中龙骨底面在同一水平上），人工费乘以系数0.85。

（6）轻钢龙骨和铝合金龙骨不上人型吊杆长度为0.6 m，上人型吊杆长度为1.4 m。

（7）上人型天棚安装龙骨吊筋采用射枪时，按相应子目人工费乘以系数0.98，吊筋（圆钢ϕ10以内）减少3.8 kg，增加铁件27.6 kg、射钉585个。

（8）不上人型天棚龙骨吊筋改全预埋时，按相应子目人工费乘以系数1.05，吊筋（圆钢ϕ10以内）增加30 kg，扣除子目中的全部射钉用量。

（9）天棚灯光槽并入与其相连的天棚项目内计算，套用相应子目。

（10）本部分未包括天棚的防火处理，天棚防火处理另行计算。

（11）天棚检查孔的工料已在定额内综合考虑，不得另行计算。

（12）天棚基层如做两层时，应分别计算工程量并套用相应基层子目，第二层基层的人工费乘以系数0.80。

（13）跌级天棚及艺术造型天棚同一标高且连续的部分，其面积超过6 m^{2}或最短边长度大于1.2 m时，该部分的龙骨、基层、面层套用相应材质的平面天棚子目。

（14）井口天花子目包括龙骨、基层和面层，但不包括在面层上所做的彩绘工序，如有发生按实际计算。

2. 抹灰面层

（1）天棚抹灰，除注明外，按设计图示水平投影面积以“m^2”计算。不扣除间壁墙、垛、柱、附墙烟囱、检查口和管道所占的面积。带梁天棚，梁两侧抹灰面积并入天棚面积内，板式楼梯底面抹灰按斜面积以"m^2"计算，梁式楼梯底板抹灰按展开面积以"m^2"计算。

（2）阳台底面抹灰，按设计图示水平投影面积以"m^2"计算，并入相应的天棚抹灰面积内。阳台带悬臂梁者，悬臂梁内侧抹灰面积并入天棚面积内以"m^2"计算。

（3）雨篷底层抹灰，按设计图示水平投影面积以"m^2"计算，并入相应的天棚抹灰面积内。计算雨篷底面抹灰时，雨篷外边线套用墙柱面零星子目。

（4）天棚抹灰如带有装饰线时，装饰线按设计图示尺寸以"m"计算，计算天棚抹灰工程量时不扣除装饰线所占面积。天棚抹灰装饰线，线角的道数以一个突出的棱角为一道线，分别套用三道线内或五道线内相应子目。

（5）天棚中平面、跌级和艺术造型天棚抹灰，均按设计图示展开面积以"m^2"计算。

3. 平面、跌级天棚

（1）天棚龙骨工程量，按设计图示水平投影面积以"m^2"计算，不扣除间壁墙、检查洞、附墙烟囱、柱垛和管道所占面积，但应扣除单个0.3 m^2 以上的孔洞、独立柱及与天棚相连的窗帘盒所占面积。

（2）天棚基层、面层工程量，除有注明外，均按设计图示展开面积以"m^2"计算，不扣除间壁墙、检查洞、附墙烟囱、柱垛和管道所占面积，但应扣除单个0.3 m^2 以上的孔洞、独立柱、灯光槽及与天棚相连的窗帘盒所占面积。灯光槽基层、面层工程量，按设计图示展开面积以"m^2"计算。

（3）天棚面层，若饰面材料没满贴（挂、吊、铺等）时，按设计图示其实际面积或数量以"m^2"或"个"计算。

（4）板式楼梯底面装饰工程量（除抹灰外）按设计图示水平投影面积乘以系数1.15，以"m^2"计算；梁式楼梯底面按设计图示展开面积以"m^2"计算。

（5）龙骨、基层、面层合并列项项目的工程量，按设计图示水平投影面积以"m^2"计算，不扣除间壁墙、检查洞、附墙烟囱、柱垛和管道所占面积，但应扣除单个0.3 m^2 以上的孔洞、独立柱及与天棚相连的窗帘盒所占面积。本部分除了部分项目将龙骨、基层、面层合并列项外，其余均按天棚龙骨、基层和面层分别列项编制。龙骨的种类、间距、规格和基层、面层材料的型号、规格是按常用材料和常规做法考虑的，如设计要求不同时，材料种类及用量可以调整，其他不变。

（6）平面、跌级天棚的区分：天棚面层在同一标高者为平面天棚，不在同一标高者为跌级天棚。

4. 艺术造型天棚

（1）天棚龙骨工程量，按设计图示水平投影面积以"m^2"计算，不扣除间壁墙、检查洞、附墙烟囱、柱垛和管道所占面积，但应扣除单个0.3 m^2 以上的孔洞、独立柱及与天棚相连的窗帘盒所占面积。

（2）天棚基层、面层工程量，除有注明外，均按设计图示展开面积以"m^2"计算，不扣除间壁墙、检查洞、附墙烟囱、柱垛和管道所占面积，但应扣除单个0.3 m^2 以上的孔洞、独立柱、灯光槽及与天棚相连的窗帘盒所占面积。灯光槽基层、面层工程量，按设计图示展开面积以"m^2"计算。

（3）天棚面层，若饰面材料没满贴（挂、吊、铺等）时，按设计图示其实际面积或数量以“m^2”或“个”计算。

（4）艺术造型天棚分为锯齿型、阶梯型、吊挂式、藻井式四种类型。

5. 其他天棚（含龙骨和面层）

其他天棚（含龙骨和面层）工程量，按设计图示水平投影面积以“m^2”计算。

6. 其他

（1）天棚吸音层按实铺面积以“m^2”计算。

（2）送（回）风口，按设计图示数量以“个”计算。

（3）天棚检修道按设计图示尺寸以“m”计算。

5.3.15 油漆涂料裱糊工程

1. 木材面油漆

（1）执行门油漆的项目，其工程量计算规则及其相应系数见表 5－24。

表 5－24　门油漆工程量计算规则和其相应系数表

项目名称	系 数	工程量计算规则
单层木门	1.00	按设计图示框外围面积以“m^2”计算，但无框装饰门、成品门按设计图示门扇面积以“m^2”计算
双层（一玻一纱）木门	1.36	
双层（单裁口）木门	2.00	
单层半玻门	0.85	
单层全玻门	0.75	
木全百叶门	1.70	
厂库木大门	1.10	
单层带玻璃钢门	1.35	
双层（一玻一纱）钢门	2.00	
满钢板或包铁皮门	2.20	
钢管镀锌钢丝网大门	1.10	
厂库房平开、推拉门	2.30	
无框装饰门、成品门	1.10	按设计图示门扇面积以“m^2”计算
项目名称	**折算面积/m^2**	**工程量计算规则**
厂库房钢大门	50.00	按设计图示尺寸以“t”计算
普通铁门	73.00	
折叠钢门	87.00	
百页钢门	108.00	

（2）执行窗油漆的项目，其工程量计算规则及其相应系数见表5－25。

表5－25　窗油漆工程量计算规则和其相应系数表

项目名称	系 数	工程量计算规则
单层玻璃窗、满洲窗、屏风花檐、挂落	1.00	按设计图示框外围面积以“m^2”计算
双层（一玻一纱）木窗	1.36	
双层（单裁口）木窗	2.00	
三层（二玻一纱）窗	2.60	
单层组合木窗	0.83	
双层组合木窗	1.13	
木百叶窗	1.50	
单层带玻璃钢窗、单双玻璃天窗、组合钢窗	1.35	
双层（一玻一纱）钢窗	2.00	
钢窗波纹窗花	0.38	

（3）执行木扶手、窗帘盒、封檐板、顺水板、博风板、挂衣板、黑板框、生活园地框、挂镜线、窗帘棍油漆的项目，其工程量计算规则及其相应系数见表5－26。

表5－26　木扶手及其他板条线条油漆工程量计算规则和其相应系数表

项目名称	系 数	工程量计算规则
木扶手（不带托板）	1.00	按设计图示尺寸以“m”计算
木扶手（带托板）	2.50	
窗帘盒	2.00	
封檐板、顺水板、博风板	1.70	
挂衣板、黑板框	0.50	
生活园地框、挂镜线、窗帘棍	0.35	

（4）执行木板、纤维板、胶合板、木护墙、木墙裙，窗台板、筒子板、盖板、门窗套、踢脚线，清水板条天棚、檐口，木方格吊顶天棚，吸音板墙面、天棚面，暖气罩、鱼鳞板墙、屋面板油漆、木间壁、木隔断，玻璃间壁露明墙筋，木栅栏、木栏杆（带扶手）油漆、零星木装修、木饰线（宽度超200 mm时）、木屋架的项目，其工程量计算规则及其相应系数见表5－27。

表 5－27　其他木材面油漆工程量计算规则和其相应系数表

项目名称	系 数	工程量计算规则
木板、纤维板、胶合板（单面）	1.00	按设计图示尺寸以"m²"计算
木护墙、木墙裙、踢脚线	0.83	
窗台板、筒子板、盖板、门窗套	0.83	
清水板条天棚、檐口	1.10	
木方格吊顶天棚	1.20	
吸音板墙面、天棚面	0.87	
鱼鳞板墙	2.40	
暖气罩	1.28	
屋面板（带檩条）	1.10	
木间壁、木隔断	1.90	按设计图示单面外围面积以"m²"计算
玻璃间壁露明墙筋	1.65	
木栅栏、木栏杆（带扶手）	1.82	
零星木装修	1.10	按设计图示油漆部分展开面积以"m²"计算
木饰线（宽度超 200 mm 时）	1.00	按设计图示尺寸以"m²"计算
木屋架	1.77	按二分之一设计图示跨度乘以设计图示中间位置高度以"m²"计算

（5）壁柜，梁柱饰面，零星木装修油漆，均按设计图示尺寸油漆部分展开面积以"m²"计算。

（6）装饰线宽度 200 mm 内的按设计图示长度以"m"计算，超过 200 mm 的按设计图示展开面积以"m²"计算。

（7）木屋架油漆，按二分之一设计图示跨度乘以设计图示高度以面积"m²"计算。

（8）执行木地板油漆、木楼梯油漆的项目，其工程量计算规则及其相应系数见表 5－28。

表 5－28　木地板、木楼梯油漆工程量计算规则和其相应系数表

项目名称	系 数	工程量计算规则
木地板	1.00	按设计图示尺寸以"m²"计算，空洞、空圈、暖气包槽、壁龛的开口部分并入相应的工程量内
木楼梯面层（带踢板）	2.30	按设计图示水平投影面积以"m²"计算，不扣除宽度小于 300 mm 的楼梯井，伸入墙内部分不计算
木楼梯底层（带踢板，底封板）	1.30	
木楼梯底层（带踢板，底不封板）	2.30	
木楼梯面层（不带踢板）	1.20	
木楼梯底层（不带踢板）	1.20	

(9) 木材面防火涂料的工程量按下列规定计算：

①隔墙、护壁的木龙骨，按设计图示隔墙、护壁面层正立面投影面积以“m^2”计算。

②装饰柱的木龙骨，按设计图示饰面层展开面积以“m^2”计算。

③天棚木龙骨，按设计图示天棚面层水平投影面积以“m^2”计算。

④木地板中木龙骨及木龙骨带毛地板，按设计图示地板面积以“m^2”计算。

(10) 博风板按中心线斜长以“m”计算，有大刀头的，每个大刀头增加长度500 mm。

(11) 定额中的木门窗油漆按双面刷油考虑。如采用单面油漆，按定额相应子目乘以系数0.49计算。双层木门窗油漆，套用单层木门窗子目，其中人工费乘以系数1.35。工程量折算系数见《广东省房屋建筑与装饰工程综合定额2018》附表一、二。木门、木窗等木材面刷底油一遍、清油一遍可套用相应底油一遍、熟桐油一遍子目，其中熟桐油调整为清油，消耗量不变。

(12) 定额中的木扶手油漆不带托板考虑。

(13) 木门窗油漆子目中均已包括贴脸油漆。木门、饰面板的线条油漆同一颜色已综合考虑在含量系数内，线条油漆颜色不同时可另行计算。

(14) 定额中隔墙、护壁、柱、天棚中木龙骨及木地板中木龙骨带毛地板的防火油漆，均已包括枋板材四周表面的油漆。

2. 金属面油漆

(1) 钢结构构件油漆，按设计图示展开面积以“m^2”计算。

(2) 执行金属结构构件（特指质量在500 kg及500 kg以下的单个金属构件）表面油漆面积的项目，其工程量计算规则及其相应系数见表5－29。

表5－29　金属面油漆工程量计算规则和其相应系数表

项目名称	折算面积系数/m^2	工程量计算规则
钢爬梯、钢支架、柜台钢支架	44.84	按设计图示尺寸以“t”乘以折算面积系数计算
踏步式钢梯（钢扶梯）	39.90	
钢栏杆、钢栅栏门、钢窗栅	64.98	
桁架梁、型钢梁（吧头、门头）	40.00	
零星构件、零星小品（构件）	58.00	

(3) 金属结构构件表面除锈可参照安装专业中相应部分子目计算。

(4) 定额中金属面防火涂料子目，如设计要求的耐火极限和厚度不同时，结算可依据产品型式试验检验报告的实际用量调整相应定额子目的防火涂料消耗量，其余不变。

(5) 装配式钢构件的除锈、油漆的费用一般应包含在成品价格内；若成品价格未包含除锈、油漆费用的，另按相应的定额项目及规定执行。

3. 抹灰面油漆、涂料

(1) 执行混凝土梯底（板式）、混凝土梯底（梁式）、混凝土花格窗、栏杆花饰、亭顶棚、楼地面、天棚、墙、柱梁面的项目，其工程量计算规则及相应系数见表5－30。

表 5－30　抹灰面油漆工程量计算规则和其相应系数表

项目名称	系数	工程量计算规则
混凝土梯底（板式）	1.30	按设计图示水平投影面积以“m^2”计算
混凝土梯底（梁式）	1.00	按设计图示油漆部分展开面积以“m^2”计算
混凝土花格窗、栏杆、花饰	1.82	按设计图示单面外围面积以“m^2”计算
亭顶棚	1.00	按设计图示斜面积以“m^2”计算
楼地面、天棚、墙、柱梁面	1.00	按设计图示油漆部分展开面积以“m^2”计算

（2）空花格、栏杆油漆，按设计图示单面外围面积以“m^2”计算。

（3）踢脚线刷耐磨漆按设计图示长度以“m”计算。

（4）天棚、墙、柱面粘贴 PVC 阴阳角护角条，按设计图示要求粘贴的护角条以长度“m”计算，抗裂纤维网按设计图示要求粘贴的面积以“m^2”计算。

（5）天棚、墙、柱面板缝粘贴胶带，以设计图示要求的板面接缝长度乘以胶带宽度按粘贴的面积以“m^2”计算。

（6）附墙柱抹灰面喷刷油漆、涂料，并入墙面相应子目计算；独立柱抹灰面喷刷油漆、涂料的，套用墙面相应子目，其中人工费应乘以系数 1.20。

4. 喷塑

（1）天棚面、墙、柱、梁等面喷塑，按设计图示面积以“m^2”计算。

（2）喷塑（一塑三油）：底油、装饰漆、面油，子目规格按下列规定划分：

①大压花：喷点压平，点面积在 1.2 cm^2 以上；

②中压花：喷点压平，点面积在 1～1.2 cm^2。

（3）喷中点、幼点，喷点面积在 1 cm^2 以下。

5. 喷（刷）涂料

天棚面、墙、柱、梁等面喷（刷）涂料、地坪防火涂料，按设计图示面积以“m^2”计算。

6. 裱糊

墙纸、织锦缎裱糊，按设计图示面积以“m^2”计算，其中无缝墙布连续铺贴范围内的门、窗洞口面积不扣除。无缝墙布按幅宽 3.0 m 内考虑，超过 3.0 m 时应按实调整。

7. 其他说明

（1）本部分的油漆、涂料除注明外，均采用手工扫刷。

（2）当设计与本部分定额取定的喷、涂、刷遍数不同时，可按本部分相应操作每增加一遍项目进行调整。

（3）本部分除装饰线条外已综合考虑了在同一平面上的分色及门窗内外分色。油漆浅、中、深各种不同的颜色及高光、半哑光、哑光等因素已综合在定额子目中，不另外调整。如做美术图案则另行计算。

（4）本部分抹灰面涂料项目除注明外均未包括刮腻子内容，刮腻子按相应子目单独计算。

（5）艺术造型天棚吊顶、墙面装饰的基层板缝粘贴胶带（抗裂纤维网），按本部分相应子目执行，人工费乘以系数1.20。

【例5-17】某工程建筑平面如图5-38所示，设计木门采用聚酯清漆三遍。试计算油漆工程的工程量（M1：900 mm×2400 mm，M2：900 mm×2400 mm，C1：1800 mm×1800 mm）。

解：木门油漆工程量：$0.9\times2.4\times2\times1.0=4.32\times1.0=4.32$（$m^2$）

5.3.16 其他装饰工程

1. 装饰线

（1）机锣凹线、装饰线、压条，按设计图示长度以"m"计算。

（2）装饰件安装，按设计图示数量以"件"或"套"计算。

（3）镜机玻璃安装，按设计图示边框外围面积以"m^2"计算。

（4）压条、装饰线均按成品安装考虑，实际施工的材料品种、规格与定额不同时，可以换算材料费，其他不变。

（5）压条、装饰线（干挂石饰线除外）均按宽度150 mm以内考虑；干挂石装饰按宽度300 mm以内考虑，宽度300 mm以上的不作装饰线，应按墙柱面装饰工程计价。

（6）定额子目不含油漆，油漆按相应部分规则计算。

2. 栏杆、栏板、扶手

（1）栏杆（古式栏杆除外）、栏板、扶手，按设计图示扶手中心线长度以"m"计算，不扣除独立柱所占长度，但应扣除弯头、曲踭长度。设计图有注明的，按设计图示尺寸扣弯头、曲踭长度；设计图没有注明的，预算按照30 cm扣除，结算时按实际尺寸扣除。

（2）古式栏杆按设计图示尺寸以"m^2"计算。

（3）弯头、曲踭以"个"计算。

（4）扶手、栏杆、栏板装饰定额适用于楼梯、走廊、回廊及其他装饰的扶手、栏杆、栏板。

（5）当设计栏板、栏杆的主材规格和消耗量与定额不同时，可调整，其他不变。

（6）扶手、栏杆、栏板定额已含扶手制作安装所增加的费用。

（7）木、石材扶手及弯头、曲踭、装饰件均按成品安装考虑。

3. 浴厕配件

（1）浴厕洗漱台（也称洗手台）制安工程量，按设计图示台面外接矩形面积以"m^2"计算。不扣除孔洞、挖弯、削角所占面积，挡板、吊沿板面积并入台面面积内。钢化玻璃洗漱台，按设计图示数量以"套"计算。

（2）浴厕其他配件，按图示数量分别以"个""只""套"计算。

（3）浴厕配件按成品安装考虑。

（4）大理石洗手台安装已包括石材磨边、倒角及开洞口。

4. 开孔、钻孔

（1）开孔、钻孔工程量，按设计图示数量以"个"计算。

（2）现场开孔、磨边、开槽按有关子目执行。

（3）石材磨边按磨边抛光考虑，只磨边不抛光时，按有关子目乘以系数0.50。

（4）砖墙砌体封洞适用于单个孔洞面积0.3 m^2 以内；孔洞大于0.3 m^2 时，按砌筑工程零星项目计算。

5. 封洞

（1）砌体封洞工程量，按设计图示孔洞体积以“m^3”计算。

（2）胶合体封洞工程量，按设计图示洞口面积以“m^2”计算。

6. 石材磨边、开槽

石材磨边、开槽工程量，按设计图示尺寸以“m”计算。

7. 雨篷、旗杆

（1）雨篷工程量，按设计图示水平投影面积以“m^2”计算。

（2）不锈钢旗杆工程量，按设计图示数量以“根”计算。

（3）旗帜升降系统（电动）、风动系统（电动）工程量，按设计图示数量以“套”计算。

（4）旗杆按常用做法考虑，未包括旗杆基础、旗杆台面及其饰面。

（5）点支式、托架式雨篷的型钢、爪件的规格、数量按常用做法考虑，当设计与定额取定不同时，材料消耗量可调整，人工、机械不变，斜拉杆费用另计。

（6）铝塑板、不锈钢板面层雨篷按平面雨篷考虑，不包括雨篷侧面。

8. 灯箱、招牌

（1）柱面、墙面灯箱基层工程，按设计图示展开面积以“m^2”计算。

（2）一般平面广告牌基层工程量，按设计图示正立面边框外围面积以“m^2”计算。复杂广告牌基层工程量，按设计图示展开面积以“m^2”计算。

（3）箱式（竖式）广告牌基层工程量，按设计图示结构外围面积以“m^2”计算。

（4）灯箱、广告牌面层工程量，按设计图示展开面积以“m^2”计算。喷绘、突出面层的灯饰、店徽及其他艺术装饰另计。

（5）招牌灯箱当设计与定额取定的材料品种、规格不同时，材料可以换算，其他不变。

（6）广告牌分为平面、箱（竖）式两类。平面广告牌以“一般”和“复杂”分别设置子目，“一般”是指正立面平整无凹凸面，“复杂”是指正立面有凹凸面造型的。箱（竖）式广告牌是指具有多面体的广告牌。

（7）本定额子目均不包括广告牌所需的喷绘、灯饰、灯光及配套机械。

（8）广告牌基层按附墙式考虑，如设计为独立式的，其人工费乘以系数1.10；基层材料与定额不同时，可以调整。

9. 美术字安装

（1）美术字安装工程量，按设计图示数量以“个”计算。

（2）美术字安装均按成品安装考虑。

（3）美术字安装不分字体，按不同材料种类按字体外围矩形面积套用相应定额子目。

5.3.17　景观工程

1. 塑树皮、竹及其他

（1）塑松棍、塑竹、柱面塑松皮按设计图示尺寸以“m”计算。

（2）墙柱面镶贴预制竹节按设计图示尺寸以“m^2”计算。

（3）小品塑松杉树皮、塑竹节竹片及墙柱面塑木纹按设计图示尺寸以“m^2”计算。

（4）塑树头按设计图示数量以“个”计算。

（5）柱面塑松皮、塑松杉树皮、塑竹节竹片、塑木纹、塑树头、镶贴预制竹片等子目，仅考虑面层或表层的装饰抹灰和抹灰底层。

（6）塑松棍、柱面塑松皮按一般造型考虑，若是艺术造型（如树枝、老松皮、寄生等）另行计算。

2. 庭园路面

（1）园路按设计图示尺寸以“m^2”计算，卵石拼花按其外接矩形或圆形以“m^2”计算。

（2）路牙铺设按设计图示尺寸以“m”计算。

（3）路面工程的基层费用另行计算。

（4）河卵石路面子目的卵石粒径按 4～6 cm 考虑，如规格不同时应按实际调整。

（5）满铺卵石拼花路面，指用卵石拼花，若分色拼花时，人工费乘以系数 1.20。

3. 堆塑假山

（1）堆砌石假山预算工程量按设计图示尺寸以“t”计算，结算按实际质量计算。

（2）塑假山按外形表面的展开面积以“m^2”计算。

（3）塑假山钢骨架制作安装按设计图示尺寸以“t”计算。

（4）堆砌石假山及塑假山未考虑模型制作费。

（5）堆砌石假山、钢网钢骨架塑假山、布置景石和峰石未包括土方及基础费用。砖骨架塑假山已包括土方、基础垫层、砖骨架的费用。

（6）钢网钢骨架塑假山不包括钢骨架的制作安装。

（7）堆砌石假山、塑假山工程的脚手架费用应另行计算。

（8）堆砌石假山及布置景石、峰石工程质量估算可按下述公式：

$$W_{单} = L \times B \times H \times R \qquad (5-14)$$

式中 $W_{单}$——山石单体质量，t；

L——长度方向的平均值，m；

B——宽度方向的平均值，m；

H——高度方向的平均值，m；

R——石料比重：英石 1.5 t/m^3、黄（杂）石 2.6 t/m^3、湖石 2.2 t/m^3。

4. 布置石

（1）布置景石、峰石预算工程量按设计图示尺寸以“t”计算，结算按实际质量计算。

（2）石笋按设计图示数量以“根”计算。

5. 艺术构件装饰

（1）琉璃花窗按设计图示尺寸以“m^2”计算。

（2）水磨石景窗、凳、花檐、角花、博古架、飞来椅按设计图示尺寸以“m”计算。

（3）水磨石企条按企条宽面设计图示尺寸以“m^2”计算。

（4）木纹板按设计图示尺寸以“m^2”计算。

（5）水磨石枱（凳）安装，按设计图示数量以“件”计算。

（6）水磨石景窗如有装饰线或设计要求弧形或圆形者，人工费乘以系数1.30，其他不变。

（7）预制构件（除原色木纹板外）按白水泥考虑，如需要增加颜色，颜料用量按石子浆的水泥用量的8%计算。

（8）水磨石飞来椅的凳脚按素面考虑，如要装饰另行计算。

6. 其他说明

本部分子目内的钢筋含量已综合考虑制安的费用及施工损耗，如与实际不同时不作调整。

5.3.18　石作工程

1. 石件加工制作

（1）踏步石及石桥面工程量，分不同厚度按设计图示水平投影面积以“m^2”计算。垂带石按设计图示上表面面积以“m^2”计算。平台石、地坪石，按设计图示尺寸以“m^2”计算。菱角石，按设计图示尺寸以“m^3”计算。

（2）石柱、石梁（枋）工程量，按设计图示尺寸以“m^3”计算。石柱座工程量，分不同规格按设计图示尺寸以“m^3”计算。

（3）石栏板及石望柱工程量，按设计图示尺寸以“m^3”计算，不扣除镂空、虚透、造型凹陷的体积。抱鼓石，分不同高度按设计图示数量以“块”计算。

（4）石凳面、石凳脚、路侧石工程量，按设计图示尺寸以“m^3”计算，装饰线按设计图示长度以“m”计算。

（5）石件加工制作已包括钢钎、焦炭等费用在内。

（6）本部分石件加工子目以按照手工和机械操作考虑编制，仅适用于施工现场的石件加工，花岗石料消耗量按粗加工后的毛坯料考虑。如采用成品石件安装的，成品石件的材料费计入安装子目中。

（7）石件加工子目以素面考虑，若设计要求有装饰线时，按相应子目计算，但不包括艺术雕刻。

（8）子目中所注的光面等级系指见光部位，其余不见光部位以级外光面考虑。

（9）石件的加工等级分类有一级、二级、三级、级外光面。要求平直、阴阳角方正，验收时采用100 cm长的硬木直尺靠压在加工石面上，按直尺和石面的间隙距离划分的四个光面等级标准如下：

①一级光面，间隙不超过0.05 cm。

②二级光面，间隙不超过0.1 cm。

③三级光面，间隙不超过0.3 cm。

④级外光面（俗称荔枝面），间隙不超过0.5 cm。

（10）若设计要求石件加工等级不同时，升高一级光面的人工费及其他材料费乘以系数1.20，降低一级光面的乘以系数0.85。

2. 石件安装

（1）安砌踏步石、垂带石、平台石、地坪石、石桥工程量，按设计图示尺寸以“m^2”

计算。安砌菱角石工程量，按设计图示尺寸以“m^3”计算。

(2) 石柱、石梁（枋）、石栏板、石望柱安装工程量，按设计图示尺寸以“m^3”计算。安砌石柱座、石抱鼓工程量，分不同规格按设计图示数量以“个”计算。

(3) 石凳（桌）安砌工程量，按设计图示尺寸以“m^3”计算。石侧石安砌按设计图示尺寸以“m”计算。

(4) 弧形（拱形）石桥的坡度均以 1 : 0.3 考虑。安装每座石桥机械台班用量不足 0.5 台班按 0.5 台班计算。

(5) 地坪石安装的砂垫层已包括在子目内。

(6) 石件装饰线按展开宽度考虑，4 cm 以内按三道线考虑，10 cm 以内按五道线考虑。

5.3.19 拆除工程

1. 一般规定

(1) 本部分定额适用于新建、扩建和改建的小范围拆除，拆除时对建筑物的结构不造成损坏或安全隐患。

(2) 拆除工程如定额未含机械，均按手工（含小型机械及工器具）操作考虑。

(3) 拆除若需搭设综合脚手架时可另计脚手架的费用。

2. 砖砌体拆除工程

(1) 墙体开门窗洞口、间壁墙拆除工程量，按拆除部位的平面尺寸以“m^2”计算。

(2) 墙体拆除工程量，按拆除部位的截面尺寸以“m^3”计算。

(3) 拆除实心砖墙包括一般艺术形式墙、腰线、平旋、钢筋砖过梁、窗台虎头砖、压顶线、横直方头线。拆除空斗、空心墙包括墙角、门窗洞口边和楼板底面上的实砌砖体，拆除砖柱套用拆除实心砖墙。

(4) 砌体及各种砂浆装饰层的拆除用工，已综合考虑了不同强度等级砂浆及厚度的影响因素。

3. 混凝土及钢筋混凝土拆除工程

混凝土及钢筋混凝土拆除工程量，按拆除部位的截面尺寸以“m^3”计算。钢筋、模板安装好尚未浇捣混凝土时需单独拆除钢筋、模板的，按钢筋、模板制安人工费乘以系数 0.30。

4. 木构件拆除工程

木构件拆除工程量，按拆除部位的水平投影面积以“m^2”计算。

5. 抹灰面和块料面层拆除工程

抹灰面和块料面层拆除工程量，按拆除部位的平面尺寸以“m^2”计算。一般抹灰主要指水泥砂浆、石灰砂浆、混合砂浆、聚合物水泥砂浆、麻刀石灰、纸筋石灰、石膏灰等。装饰抹灰主要指斩假石、水磨石面层、水刷石、干粘石、假面砖等。装饰抹灰层与块料面层铲除不包括找平层，如需铲除找平层，每平方米增加人工费 2 元。

6. 龙骨及饰面拆除工程

龙骨及饰面拆除工程量，按拆除部位的平面尺寸以“m^2”计算。

7. 屋面拆除工程

屋面拆除工程量，按拆除部位的平面尺寸以“m^2”计算。屋面整体拆除按保护层、防水层、保温屋、找平层拆除面积分别套用相应定额。

8. 铲除油漆涂料裱糊面工程

铲除油漆涂料裱糊面的工程量，按拆除部位的平面尺寸以“m^2”计算。铲除涂料、油漆不包括其抹灰层拆除，如果与抹灰层同时拆除，则只按抹灰层拆除计算。

9. 栏杆栏板、轻质隔墙隔断拆除工程

（1）栏杆栏板拆除工程量，按拆除部位的平面尺寸以“m^2”计算。

（2）轻质隔墙隔断拆除工程量，按拆除部位的平面尺寸以“m^2”计算。

10. 整樘门窗拆除工程

拆整樘门、窗均以“樘”计算。拆除整樘门窗按每樘面积 2.5 m^2 以内考虑；面积在 4 m^2 以内者，人工费乘以系数 1.30；面积超过 4 m^2 者，人工费乘以系数 1.50。

11. 玻璃拆除工程

玻璃拆除工程量，按拆除部位的平面尺寸以“m^2”计算。

12. 其他构件拆除

（1）柜体、暖气罩，按拆除部位的平面尺寸以“m^2”计算。

（2）窗台板、窗帘盒拆除工程量，按拆除部位尺寸以“m”计算。

（3）防盗网拆除工程量，按拆除部位尺寸以“m^2”计算。

13. 开孔（打洞）工程

开孔（打洞）工程量，按数量以“个”计算。

14. 旧木地板机械磨光工程

旧木地板上机械磨光工程量，按设计图示尺寸以“m^2”计算。

15. 拆除废料外运工程

拆除废料外运工程量按不同运距以拆除前图示尺寸以“m^3”计算。拆除废料外运按人工装散体物料、专用运输车运输考虑。定额未考虑拆除废料的残值。

5.3.20 模板工程

1. 现浇建筑物模板

（1）现浇混凝土建筑物模板工程量，除另有规定外，均按混凝土与模板的接触面积以“m^2”计算，不扣除后浇带面积。现浇混凝土模板按不同构件，分别以胶合板模板、木模板，钢支撑、木支撑配制；木模板统一在封闭式车间加工，并在圆盘锯旁边安放粉末收尘器。高层或多层建筑垃圾清理采用搭设封闭性临时专用道或容器吊运。

（2）梁与梁、梁与墙、梁与柱交接时，净空长度以“m”计算，不扣减接合处的模板面积。

（3）墙板上单孔面积在 1.0 m^2 以内的孔洞不扣除，洞侧壁模板亦不增加；单孔面积在 1.0 m^2 以外应予扣除，洞侧壁模板面积并入相应子目计算。附墙柱及混凝土中的暗柱、暗梁及墙突出部分的模板并入墙模板计算。

（4）构造柱如与砌体相连，按混凝土柱接触面宽度每边加 10 cm 乘以柱高计算；如不与砌体相连，按混凝土与模板的接触面积计算。

(5) 板模板工程量应扣除混凝土柱、梁、墙所占的面积。亭面板按模板斜面积计算，所带脊梁及连系亭面板的圈梁的模板工程量并入亭面板模板计算。混凝土斜板模板在11°19′至26°34′时，按相应子目人工费乘以系数1.15，松杂木枋板材、圆钉、铁件用量增加5%；超过26°34′时，人工费乘以系数1.20，松杂木枋板材、圆钉、铁件用量增加8%。混凝土斜梁模板按斜板模板系数调整。

(6) 梁、板的支模高度在3.6 m内时，套用支模高度3.6 m相应子目；支模高度超过3.6 m时，应同时计算增加1 m以内子目。支模高度达到8.4 m时，套用支模高度8.4 m相应子目；支模高度超过8.4 m时，应同时计算增加1 m以内子目。支模高度达到20 m时，套用支模高度20 m相应子目；支模高度超过20 m时，应同时计算增加1 m以内子目。当支模高度超过8.4 m时，若有方案按施工方案计算，没有方案则按上述规定计算；支模高度超过30 m时，按施工方案另行确定。

(7) 柱、墙的支模高度在3.6 m内时，套用支模高度3.6 m内相应子目；支模高度超过3.6 m时，应同时计算增加1 m以内子目。支模高度达到8.4 m时，套用支模高度8.4 m内相应子目；支模高度超过8.4 m时，应同时计算增加1 m以内子目。支模高度达到20 m时，套用支模高度20 m内相应子目；支模高度超过20 m时，应同时计算增加1 m以内子目。支模高度超过30 m时，按施工方案另行确定。

(8) 支模高度指楼层高度。亭面板超高以檐口线标高计算，直檐亭超高以最上层檐口线标高计算；地下室楼板支模高度超过3.6 m的，超高增加的费用套用相应步距的板模每增加1 m以内子目的人工费、材料费和机具费乘以系数1.20计算。

(9) 房上水池模板按梁、板、柱、墙模板相应子目计算。地下室底板的模板套用满堂基础模板子目计算。柱、梁、墙所出的弧线或二级以上的直角线，以及体积在0.1 m^3以内的构件，其模板按小型构件模板计算。体育场馆的钢筋混凝土看台模板套用梁板相应子目乘以系数1.20。异形柱、梁，是指柱、梁的断面形状为L形、十字形、T形等的柱、梁。圆形柱模板执行异形柱模板。

(10) 现浇混凝土柱（不含构造柱）、墙、梁（不含圈、过梁）、板是按高度（板面或地面、垫层面至上层板面的高度）3.6 m综合考虑。如遇斜板面结构时，柱分别按各柱的中心高度为准；墙按分段墙的平均高度为准；框架梁按每跨两端的支座平均高度为准；板（含梁板合计的梁）按高点与低点的平均高度为准。

(11) 悬挑板、挑板（挑檐、雨篷、阳台）模板按外挑部分的水平投影面积计算，伸出墙外的牛腿、挑梁及板边的模板不另计算。阳台、雨篷支模高度以3.6 m考虑，支模高度在3.6 m以上10 m以内时，应同时按“板支模高度超过3.6m每增加1 m以内”子目计算。支模高度在10 m以上时，按施工方案另行确定。天沟底板模板套挑檐模板子目，侧板模板套反檐模板子目。

(12) 楼梯模板按水平投影面积计算，整体楼梯（包括直形楼梯、弧形楼梯）的水平投影面积包括休息平台、平台梁、斜梁和楼梯的连接梁。当整体楼梯与现浇楼板无梯梁连接时，以楼梯的最后一个踏步边缘加300 mm为界。不扣除小于500 mm宽度的楼梯井所占面积，楼梯的踏步板、平台梁等的侧面模板不另计算。

(13) 台阶模板按水平投影面积计算，台阶两侧不另计算模板面积。

(14) 压顶、扶手模板按其长度以“m”计算。

（15）小型池槽模板按构件外围体积计算，池槽内、外侧及底部的模板不另计算。

（16）后浇带模板工程量，按后浇带混凝土与模板的接触面积乘以系数 1.50 以“m^2”计算。

（17）模壳密肋楼板模板支撑系统按模壳密肋模板面的水平投影面积计算（含梁、柱帽）。模壳密肋楼板支撑系统套用无梁板模板相应子目，其中人工费乘以系数 0.8；防水胶合板消耗量乘以系数 0.6 计算，其他不变。

（18）大梁、大柱及墙面模板使用对拉螺杆的，在模板子目中已综合考虑，不另增减费用。

（19）止水螺杆工程量计算，预算时如有明确方案的，按方案计算，没有明确方案的，按混凝土构件防水面积每平方米 1.5 套考虑，结算时按实计算。止水螺杆适用于有防水要求的混凝土构件，套用止水螺杆子目，扣除模板相应子目中对拉螺栓消耗量，其他不变。

（20）如设计要求清水混凝土施工，按相应模板子目的人工费乘以系数 1.05，胶合板用量增加 20%。

2. 现浇构筑物模板

（1）现浇构筑物模板工程量，除另有规定外，按第一点有关规定计算。

（2）液压滑升钢模板施工的烟囱、筒仓、倒锥壳水塔均按混凝土体积以“m^3”计算。用钢滑升模板施工的烟囱、水塔及贮仓按内井架施工考虑的，并综合了操作平台，不再另计算脚手架及竖井架。倒锥壳水塔筒身钢滑升模板子目，也适用于一般水塔塔身滑升模板工程。烟囱钢滑升模板子目已包括烟囱筒身、牛腿、烟道口，倒锥壳水塔钢滑升模板子目已包括直筒、门窗洞口侧壁等模板用量。

（3）倒锥壳水塔的水箱提升按不同容量和不同提升高度以“座”计算。

（4）贮水（油）池的模板工程量按混凝土与模板的接触面积以“m^2”计算。

3. 预制混凝土模板

（1）预制混凝土的模板工程量，除另有规定外，均按构件设计图示尺寸以“m^3”计算。

（2）预制混凝土漏花、刀花的模板工程量，按构件外围垂直投影面积以“m^2”计算。

4. 预制构件后浇混凝土模板

（1）后浇混凝土模板工程量按后浇混凝土与模板接触面以面积计算，伸出后浇混凝土与预制构件抱合部分的模板面积不增加计算。不扣除后浇混凝土墙、板上单孔面积在 0.3 m^2 以内的孔洞，洞侧壁模板亦不增加；应扣除单孔面积在 0.3 m^2 以外的孔洞，孔洞侧壁模板面积并入相应的墙、板模板工程量内计算。

（2）后浇混凝土模板定额消耗量中已包含了伸出后浇混凝土与预制构件抱合部分模板的用量。

5. 铝合金模板

（1）铝合金模板工程量按混凝土与模板接触面以“m^2”计算。

（2）现浇钢筋混凝土墙、板上单孔面积 ≤0.3 m^2 的孔洞不予扣除，洞侧壁模板亦不增加；单孔面积 >0.3 m^2 时应予扣除，洞侧壁模板面积并入墙、板模板工程量内计算。

（3）柱与梁、柱与墙、梁与梁等连接重叠部分以及伸入墙内的梁头、板头与砖接触部分，均不计算模板面积。

（4）楼梯铝模板工程量按楼梯的水平投影面积以“m^2”计算。

（5）铝合金模板指组成模板的模板结构和构配件为定型化标准化产品，可多次重复利用，并按规定的程序组装和施工的工具式模板。

（6）铝合金模板系统由铝模板系统、支撑系统、紧固系统和附件系统构成，本定额中铝合金模板的材料摊销次数按 90 次考虑。

（7）铝合金模板定额已考虑深化设计费及试配装费用。

5. 3. 21　脚手架工程

1. 一般规定

（1）本部分外脚手架以钢管脚手架考虑，包括综合脚手架和单排脚手架。定额子目按搭拆、使用分别编制，使用本部分子目的，应同时计算搭拆、使用。

（2）综合脚手架包括脚手架、平桥、斜桥、平台、护栏、挡脚板、安全网等，高层脚手架高度在 50. 5 m 至 200. 5 m 时，工程量计算还包括托架和拉杆费用。

（3）建筑用外脚手架是指单独为建筑物外墙外边线上的所有构件及部位的整体结构、装饰工程施工所需搭设的外脚手架。装修用外脚手架是指单独为建筑物外墙外边线上所有构件的装修工程施工所搭设的外脚手架。

（4）综合脚手架全部周转材料在施工现场的加权平均使用天数为综合脚手架的有效使用天数。脚手架搭拆和使用的时间规律如图 5－42 所示。

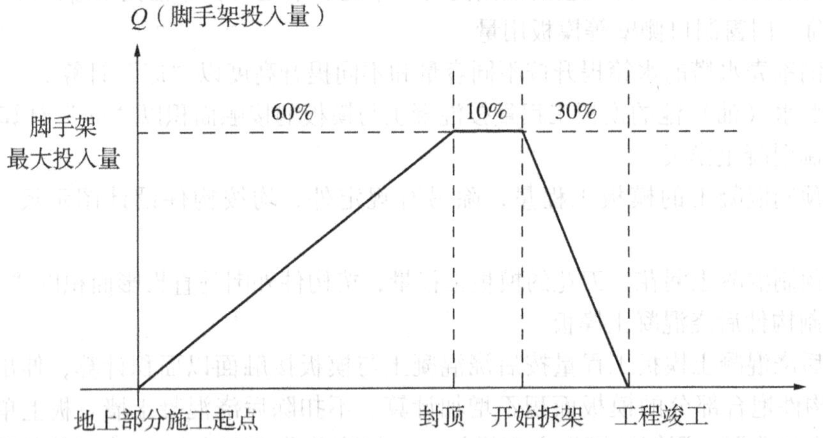

图 5－42　脚手架搭拆和使用的时间规律

（5）里脚手架包括外墙内面装饰脚手架、内墙砌筑及装饰用脚手架、外走廊及阳台的外墙砌筑与装饰脚手架，走廊柱、独立柱的砌筑与装饰脚手架，现捣混凝土柱、混凝土墙结构及装饰脚手架，但不包括吊装脚手架；如发生构件吊装，该部分增加的脚手架另按有关的工程量计算规则计算，套用单排脚手架。

（6）脚手架防火费用，另按各市有关规定计算。

（7）靠脚手架安全挡板套算高度，如搭设一层，按综合脚手架高度步距计算；搭设二层及以上时，按综合脚手架高度套低一级步距计算。

（8）烟囱脚手架综合垂直运输架、斜桥、风缆、地锚等子目。独立筒仓脚手架按相应烟囱脚手架人工费乘以系数 1.11，其他不变。

（9）架空运输道，适用特殊施工环境，按施工组织设计计算。定额以架宽 2 m 为准，如架宽大于 2 m 时应按相应子目乘以系数 1.20；超过 3 m 时按相应子目乘以系数 1.50。

（10）独立安全水平挡板和垂直挡板，是指脚手架以外单独搭设的，用于车辆通道、人行通道、临街防护和施工现场与其他危险场所隔离等防护。

（11）定额满堂脚手架子目适用于搭设高度 10m 以内；搭设高度超过 10m 时，按照审定的施工方案确定。

（12）楼梯顶板高度计算按自然层计算。

（13）斜板、拱形板、弧形板、坡屋面和架空阶梯的计算高度按平均高度。

2. 建筑脚手架

（1）外墙综合脚手架计算规则如下：

①外墙综合脚手架搭拆工程量，按外墙外边线的凹凸（包括凸出阳台）总长度乘以设计外地坪至外墙的顶板面或檐口的高度以“m^2”计算，不扣除门、窗、洞口及穿过建筑物的通道的空洞面积。屋面上的楼梯间、水池、电梯机房等的脚手架工程量应并入主体工程量内计算；外墙脚手架如从地下室顶板搭设的，未回填的以地下室顶板标高计算，已回填的以覆土后标高计算。

②外墙综合脚手架的步距和计算高度，按以下情形分别确定：

a. 有女儿墙者，高度和步距计至女儿墙顶面。

b. 有山墙者，以山尖二分之一高度计算，山墙高度的步距按檐口高度。

c. 地下室外墙综合脚手架，高度和步距从设计外地坪至底板垫层底。

d. 上层外墙或裙楼上有缩入的塔楼者，工程量分别计算。裙楼的高度和步距应按设计外地坪至裙楼顶面的高度计算；缩入的塔楼高度从缩入面计至塔楼的顶面，但套用定额步距的高度应从设计外地坪计至塔楼顶面。

③外墙综合脚手架使用工程量，按脚手架搭设面积乘以脚手架在施工现场的有效使用天数以“$100m^2 \cdot 10$ 天”为单位计算。外墙综合脚手架有效使用天数的计算如下：

a. 具有经审核的施工组织设计文件：

±0.00 以下工程脚手架有效使用天数 =（地下工程工期 - 土方开挖工期）/2

±0.00 以上工程脚手架有效使用天数 =（主体工程工期 + 开始拆架至工程竣工的间隔期）× 0.5 + 封顶至开始拆架的间隔期

b. 没有经审核的施工组织设计文件，按主体工程工期占地上工程工期 60%，装饰工程工期占 30%，封顶至拆架间隔期占 10% 综合考虑：

±0.00 以下工程脚手架有效使用天数 = 地下工程工期 /4

±0.00 以上工程建筑脚手架有效使用天数 = 地上工程工期 ×0.40

±0.00 以上工程装饰脚手架有效使用天数 = 地上工程工期 ×0.15

工期按现行的建设工程施工标准工期定额计算。

④外墙为幕墙时，幕墙部分按幕墙外围面积计算综合脚手架。

⑤加层建筑物工程外墙脚手架工程量，按以下规则计算：

a. 原有建筑物部分，按两个单排脚手架计算，其高度以原建筑物的外地坪至原有建筑物高度减2.5m。

b. 加层建筑工程部分，按综合脚手架计算，其高度按加层建筑物的高度加2.5m，脚手架的定额步距按外地坪至加层建筑物外墙顶的高度计算。

⑥外墙采用钢骨架封彩钢板结构，按综合脚手架计算。

⑦1.5m宽以上的雨篷（顶层雨篷除外），如没有计算综合脚手架的，按单排脚手架计算。

⑧钢结构工程外墙没有围蔽的项目，综合脚手架按50%计算。

⑨水池墙、烟道墙等高度在3.6m以内套用单排脚手架，3.6m以上套用综合脚手架。

⑩贮水（油）池工程外脚手架，高度在3.6m以内套用单排脚手架，3.6m以上套用综合脚手架；池壁内脚手架按单排脚手架计算。

⑪天面女儿墙高度超过1.2m时，女儿墙内侧按单排脚手架计算。

（2）围墙脚手架按设计外地坪至围墙顶高度乘以围墙长度以“m^2”计算，套相应高度的单排脚手架，围墙双面抹灰的，增加一面单排脚手架。

（3）砌筑石墙，不论内外墙，高度在1.2m以上时，按砌筑石墙长度乘以高度计算一面综合脚手架；墙厚40cm以上时，按一面综合脚手架、一面单排脚手架计算。毛石挡土墙砌筑高度超过1.2m，计算一面综合脚手架。

（4）现浇钢筋混凝土屋架以及不与板相接的梁，按屋架跨度或梁长乘以高度以“m^2”计算综合脚手架，高度从地面或楼面算起，屋架计至架顶平均高度双面计算，单梁高度计至梁面单面计算。在外墙轴线的现浇屋架、单梁及与楼板一起现浇的梁均不得计算脚手架。

（5）吊装系梁、吊车梁、柱间支撑、屋架等（未能搭外脚手架时），搭设的临时柱架和工作台，按柱（大截面）周长加3.6m后乘以高，套单排脚手架计算。

（6）建筑面积计算范围外的独立柱，柱高超过1.2m时，按柱身周长加3.6m后乘以高度，套单排脚手架计算，在外轴线上的附墙柱的脚手架已综合考虑。

（7）大型设备基础高度超过2m时，按其外形周长乘以基础高度以“m^2”计算单排脚手架。

（8）各种类型的预制钢筋混凝土及钢结构屋架，如跨度在8m以上，吊装时按屋架外围面积计算脚手架工程量，套10m以内单排脚手架乘以系数2计算。

（9）凿桩头的高度如超过1.2m时，混凝土灌注桩、预制方桩、管桩每凿1m^3桩头，计算单排脚手架16m^2；钻（冲）孔桩按直径乘以4加3.6m，再乘以高以“m^2”计算单排脚手架。

（10）满堂脚手架

①满堂脚手架工程量，按室内净面积计算，其高度在3.6m至5.2m，按满堂脚手架基本层计算；高度超过5.2m每增加1.2m按增加一层计算，增加不足0.6m的不计算。计算式如下：

$$满堂脚手架增加层=（楼层高度-5.2m）/1.2m$$

②满堂基础脚手架套用满堂脚手架基本层定额子目的50%计算。

③整体满堂红钢筋混凝土基础、条形基础，凡其宽度超过3m且深度（垫层顶至基础

顶面）在 1.5 m 以上时，增加的工作平台按基础底板面积计算满堂基础脚手架。

（11）建筑里脚手架，楼层高度在 3.6 m 以内按各层建筑面积计算；层高超过 3.6 m，每增加 1.2 m 按调增子目计算，增加不足 0.6 m 的不计算。在有满堂脚手架搭设的部分，里脚手架按该部分建筑面积的 50% 计算。不带装修的工程，里脚手架按建筑面积的 50% 计算。没有建筑面积部分的脚手架搭设按相应子目规定分别计算。

（12）天棚装饰（包括抹平扫白）楼层高度超过 3.6 m 时，计算满堂脚手架。天棚面单独刷（喷）灰水时，楼层高度在 5.2 m 以下者，均不计算脚手架费用；高度在 5.2 m 至 10 m，按满堂脚手架基本层子目的 50% 计算。

（13）亭、台、阁、廊、榭、舫、塔、坛、碑、牌坊、景墙、景壁、景门、景窗（附墙的景壁、景门、景窗除外）、屏风的脚手架：平顶的按滴水线总长度乘设计地坪至檐口线高度以“m^2”计算；尖顶的按其结构最大水平投影周长乘以设计外地坪至顶点高度以“m^2”计算，按不同步距套综合脚手架子目。

（14）建筑花架廊廊顶高度在 3.6 m 以下套用满堂脚手架基本层定额子目的 50% 计算，在 3.6 m 以上套用满堂脚手架基本层定额子目。

（15）建筑石山的脚手架，石山高度在 1.2 m 以上时，按外围水平投影最大周长乘以设计外地坪至石山顶高度以“m^2”计算，套用综合脚手架定额。

（16）水塔脚手架按其外围外周长加 3.6 m 计算，套用相应步距综合脚手架。水塔套用综合脚手架相应子目。

（17）其他脚手架计算规则如下：

①独立安全挡板：水平挡板，按水平投影面积计算；垂直挡板，按自然地坪至最上一层横杆之间的搭设高度，乘以实际搭设长度，以“m^2”计算。

②架空运输脚手架，按搭设长度以“m”计算。

③烟囱、水塔、独立筒仓脚手架，分不同内径，按外地坪至顶面高度，套相应定额子目。滑升模板施工的钢筋混凝土烟囱、筒仓，不再计算脚手架。

④烟囱内衬的脚手架，按烟囱内衬砌体的面积，套单排脚手架。

⑤电梯井脚手架按井底板面至顶板底高度，套相应定额子目以“座”计算。如 ±0.000以上不同施工单位施工时，上盖仍按“座”计算，高度步距从电梯井底起计；±0.000 以下则按井内净空周长乘井底至 ±0.000 高度计算，套单排脚手架。

⑥围尼龙编织布按实搭面积以“m^2”计算（垂直防护挡板除外）。

⑦靠脚手架安全挡板编制预算时，每层安全挡板工程量按建筑物外墙的凹凸面（包括凸出阳台）的总长度加 16 m 乘以宽度 2 m 计算。建筑物高度在三层以内或 9 m 范围内不计安全挡板，高度在三至六层或在 9 m 至 18 m 计算一层，以后每增加三层或 9 m 计一层（最多按三层计算）。结算时除另有约定外，按实搭面积以“m^2”计算。

⑧深基坑上落钢爬梯工程量按延长米乘以宽度，按水平投影面积以“m^2”计算。

3. 单独装饰脚手架

（1）外墙综合脚手架工程量，按外墙外边线的凹凸（包括凸出阳台）总长度乘以设计外地坪至外墙装饰面高度以“m^2”计算；不扣除门、窗、洞口及穿过建筑物的通道的空洞面积。屋面上的楼梯间、水池、电梯机房等脚手架，并入主体工程量内计算。

外墙综合脚手架的步距和计算高度，按以下情形分别确定：

①有山墙者，以山尖1/2高度计算，山墙高度的步距以檐口高度为准。

②上层外墙或裙楼上有缩入的塔楼者，工程量分别计算。裙楼的高度和步距应按设计外地坪至外墙装饰面的高度以“m”计算；缩入的塔楼从缩入面计至外墙装饰面高度以“m”计算，套用定额步距的高度应从设计外地坪计至外墙装饰面高度。

（2）外墙综合脚手架使用工程量，按脚手架搭设面积乘以脚手架在施工现场的有效使用天数以“$100\,m^2\cdot 10$天”计算。

①外墙综合脚手架有效使用天数的计算，按外墙装修工期的55%计算。

②外墙装修工期，具有经审核的施工组织设计方案的，按经审核的施工组织设计方案，没有的按现行的建设工程施工标准工期定额计算。

（3）外墙为幕墙时，幕墙部分按幕墙外围面积计算综合脚手架。

（4）多层建筑物，上层飘出的，按最长一层的外墙长度计算综合脚手架；下层有缩入的，缩入部分按围护面垂直投影面积，套相应高度单排脚手架计算。

（5）单独制作凸出墙面的广告牌的脚手架，按凸出墙面周长乘以室外地坪至广告牌顶的高度以“m^2”计算，套外地坪至广告牌顶高度的相应步距的综合脚手架。

（6）屋面的广告牌，按其水平投影长度乘以屋面至广告牌顶的高度以“m^2”计算，套外地坪至广告牌顶高度的相应步距的综合脚手架。

（7）外墙电动吊篮，按外墙装饰面尺寸垂直投影面积以“m^2”计算，不扣除门、窗洞口面积。

（8）外墙内面装饰和内墙砌筑、装饰脚手架，按实际搭设长度乘以高度以“m^2”计算。

（9）独立柱捣制及装饰脚手架，按柱周长加3.6 m乘以高度以“m^2”计算，高度在3.6 m以内时，套活动脚手架；高度超过3.6 m时，套单排脚手架。

（10）围墙脚手架，按外地坪至围墙顶高度乘以围墙长度以“m^2”计算，套用活动脚手架。围墙双面抹灰时，增加一面活动脚手架。

（11）天棚装饰脚手架，楼层高度在3.6 m以内时按天棚面积计算，套活动脚手架；超过3.6 m时按室内净面积计算，套满堂脚手架；当高度在3.6 m至5.2 m时，按满堂脚手架基本层计算；超过5.2 m每增加1.2 m按增加一层计算，不足0.6 m的不计。计算式如下：

$$满堂脚手架增加层=（楼层高度-5.2\,m）/1.2\,m$$

（12）天棚面单独刷（喷）灰水时，楼层高度在5.2 m以下者，不计算脚手架；高度在5.2 m至10 m者，按满堂脚手架基本层的50%计算。

（13）靠脚手架安全挡板，每层按实际搭设中心线长度乘以宽度2 m以“m^2”计算。

（14）独立安全挡板：水平挡板，按水平投影面积计算；垂直挡板，按外地坪至最上一层横杆之间的搭设高度乘以实际搭设长度以“m^2”计算。

（15）围尼龙编织布，按实际搭设面积以“m^2”计算。

（16）单独挂密目式阻燃安全网，按实际搭设面积以“m^2”计算。

（17）外走廊、阳台的外墙、走廊柱及独立柱的砌筑、捣制、装饰和外墙内面装饰的脚手架，高度在3.6 m以内的按活动脚手架子目执行，高度超过3.6 m的按单排脚手架子目执行。

（18）宽度在 1.5 m 以上的雨篷（顶层雨篷除外）檐口装饰，如没有计算综合脚手架的，按单排脚手架计算。

（19）本部分适用于单独承包建筑物装饰工作面高度在 1.2m 以上的需重新搭设脚手架的工程。

4. 建筑物脚手架托架

建筑物脚手架托架的使用工程量按照托架搭拆的总长度以“10 m · 10 天”为单位计算，有效使用天数同支托的外脚手架，托架的搭拆不再单独计算。建筑物脚手架托架适用于高层建筑外脚手架沿建筑高度分区搭拆时的脚手架承托结构，或者建筑物局部脚手架需要悬挑时的承托结构。

5. 工具式脚手架

（1）附着式电动整体提升架按实际使用外墙外边线长度乘以外墙高度以“m^2”计算，不扣除门窗、洞口所占面积。

（2）附着式电动整体提升架定额适用于高层建筑的外墙施工。

（3）附着式电动整体提升架配套使用的楼层临边防护栏费用已在安全文明施工措施项目系数中考虑。

5.3.22　垂直运输工程

1. 建筑工程的垂直运输

（1）建筑物的垂直运输工程量计算如下：

①建筑物的垂直运输，按建筑物的建筑面积以“m^2”计算。建筑物高度超过 100 m 时按每增 10 m 内定额子目计算；其高度不足 10 m 时，按 10 m 计算。

②定额工作内容，包括单位工程在按定额工期内完成全部工程所需的垂直运输机械台班，不包括机械的场外往返运输，一次安拆及路基铺垫和轨道铺拆等费用。如果实际工期超过定额工程 10% 以上的，超出的部分费用，按相应子目对应的机械台班费计算。

③建筑物檐口高度在 3.6 m 以内的单层建筑，不计算垂直运输费用。

④地下室部分的垂直运输高度由底板垫层底至设计室外地面标高计算，套相应高度的定额子目。

⑤不能计算建筑面积且高度超过 3.6 m 的工程（如围墙），垂直运输费按除基础以外的人工费的 5% 计算。

⑥建筑物高度是指设计室外地坪至檐口的高度，突出主体建筑物屋顶的电梯间、水箱间、女儿墙等不计高度。一幢建筑物中有不同的高度时，除另有规定外，按最高的檐口高度套同一步距计算。

⑦裙楼与塔楼工程，裙楼按设计室外地坪至裙楼檐口高度计算垂直运输，塔楼按设计室外地坪至塔楼檐口高度计算垂直运输。

⑧建筑物间带连廊的工程，按不同建筑物分别计算垂直运输，连廊并入较高建筑物中。

⑨本部分不包括泵送砼的机械费用，砼泵送费用在砼工程中的泵送增加费考虑。

⑩本部分适应建筑物 200 m 内的垂直运输内容，超过 200 m 的按垂直运输方案计算。

（2）构筑物垂直运输工程量计算如下：

①构筑物垂直运输以座计算。超过规定高度时按每增加 1 m 定额子目计算，其高度不

足1 m时，按1 m计算。

②构筑物的高度，以设计室外地坪至构筑物的顶面高度为准，顶面非水平的以结构的最高点为准。

③贮水（油）池按池壁的结构外围水平投影面积参照建筑物相应子目计算。

（3）叠塑石山按石山基底占地面积以“m^2”计算。叠塑石山高度在6 m以内的不计算垂直运输费用。

（4）建筑工程的主体为钢结构工程的，按本部分计算的垂直运输费应扣除钢结构工程的占比系数：

钢结构工程占比系数 = 钢结构工程造价 ÷ 建筑与装修工程总造价

钢结构工程造价指套用定额“金属结构工程”部分中相应工程内容的造价。建筑与装饰工程造价包括钢结构工程造价，但不包括单独装饰工程的造价。

2. 单独装饰工程的垂直运输

（1）本部分适用于单独承包的建筑物装饰工程。

（2）垂直运输分别以人工运输和机械运输两种方式考虑。人工运输是指不能利用机械载运材料的垂直运输方式。机械运输是指利用垂直运输机械载运材料的垂直运输方式。如果使用发包人提供的垂直运输机械运输的，扣除定额子目中相应的机械费用。

（3）单独承包的装饰工程机械垂直运输，按装饰楼层不同垂直运输高度以定额人工费计算。单独承包的装饰工程人工垂直运输，按不同装饰楼层和不同材料以定额所示的计量单位计算。

（4）建筑物装饰高度是指设计室外地坪至相应楼层（顶）板面的高度。地下室部分由底板垫层底至相应楼层（顶）板面或设计室外地面标高的高度。单层建筑物是指设计室外地坪至檐口的高度。

（5）檐口高度3.6 m以内的单层建筑物，不计算垂直运输费用。

（6）多层和高层建筑物中，首层层高在3.6 m以内的，不计算其首层垂直运输费用。

（7）建筑物地下室按其不同的高度套相应高度的定额子目。

（8）人工清运拆除废料的垂直运输，套用人工垂直运输中砂相应子目，人工费乘以系数0.80。

（9）单独施工的外墙装修及幕墙工程，如果使用电动吊篮施工的，套用的机械垂直运输子目按30%计算。

3. 其他有关说明：

（1）砌块子目按240 mm × 115 mm × 53 mm的标准砖考虑的，轻质砌块、多孔砖、轻质墙板等轻质砌块按砌块子目乘以系数0.60。

（2）胶合板按5 mm考虑，每增加5 mm以内人工费按相应子目乘以系数1.50。

（3）玻璃按5 mm厚考虑，如厚度不同时，人工费按厚度的比例调整。

（4）陶瓷块料不分品种、规格和材质，厚度按10 mm以内考虑；厚度超过10 mm的，人工费乘以系数1.30。

（5）石板材厚度按20 mm考虑，石板材厚度不同时，人工费按厚度比例调整。

（6）铝合金门窗不包玻璃。

（7）金属板包括不锈钢板、铝合金板及铝板天花等，铝板天花含龙骨等配件。

5.3.23　材料及小型构件二次水平运输

1. 一般规定

（1）工程上使用的材料，因施工环境和场地限制，汽车不能直接运到现场（不能直接原车运送到施工组织设计要求的范围内的堆放地点），必须再次运输所发生的装运卸工作，才能计算材料二次运输费用。

（2）本部分综合考虑人力及手推车装、运、卸及清理地面垃圾。如遇到有坡度的路面时，运距按坡度区斜长计算。当坡度大于 5°时，每增加 5°其运距增加 50% 坡度区斜长。

（3）特种门包括冷藏门、冷藏间冻结门、木保温门、隔音门、变电室门、木折叠门和钢管镀锌铁丝网大门等。厂库房大门和特种大门不包含大门的钢骨架二次运输，其费用另行按相应子目计算。

（4）轻质砌块、多孔砖、轻质墙板按轻质砌块计算。空心砖、轻质砌块按灰砂砖、标准砖子目乘以系数 0.40。标准砖的规格为：240 mm × 115 mm × 53 mm。

（5）胶合板厚度按 5 mm 以内考虑，每增加 5 mm 以内人工按相应子目乘以系数 1.50。

（6）玻璃厚度按 5 mm 考虑，当玻璃厚度不同时，人工按厚度比例调整。

（7）陶瓷块料不分品种、厚度、规格和材质。

（8）石板材厚度按 20 mm 考虑，当石板材厚度不同时，人工按厚度比例调整。

（9）人行道砖厚度按 50 mm 考虑，当人行道砖厚度不同时，人工按厚度比例调整。

（10）金属板包括不锈钢板、铝合金板、铝板天花等，铝板天花含龙骨等配件。

（11）双层木门运输费按各式单层木门的定额子目，人工费乘以系数 1.35；双层木窗运输费用按各式单层木窗定额子目，人工费乘以系数 1.10。

（12）铝合金门窗、塑钢门窗不包括玻璃。

（13）拆除废料二次运输，套相应材料二次运输子目，消耗量乘以系数 0.80。

（14）混凝土小型构件是指单件实体体积在 0.1 m^3 以内，重量 125 kg 以内的各类小型构件。运输距离系指预制、加工场地取料中心、堆放场至施工现场堆放使用中心距离。

2. 二次运输

二次运输按不同材料以定额所示计量单位分别计算，如单位不同按实换算。二次运输的工程量按定额消耗量计算，含定额损耗量。

3. 零星材料二次运输

零星材料二次运输，以二次运输费为计算基础。零星材料是指本部分定额子目中未列出的其他材料（如油漆涂料、化工、小五金、木柴、电线等，但不含大型阀门，大型阀门需吊装机械才能安装）。

4. 二次运输损耗费

水泥、砂、碎石、瓦片、瓦筒、水泥混凝土、沥青混凝土、湿拌砂浆和玻璃（安全玻璃除外）的二次运输损耗费用按表 5 – 31 计算，其他材料的二次运输损耗不能计算。计算式如下：

二次运输损耗费 = 该项材料需运输的量 × 相应的损耗率 × 该项材料预（结）算单价

表5-31　二次运输损耗率

序号	材料名称	损耗率/%
1	水泥	1
2	砂	2
3	碎石	2
4	瓦片	2
5	瓦筒	2
6	玻璃（安全玻璃除外）	5
7	水泥混凝土、沥青混凝土、湿拌砂浆	1

5.3.24　成品保护工程

成品保护，是指施工过程中对原有装饰装修面所进行的保护，包括楼地面、楼梯、栏杆、台阶、柱面、墙面等饰面面层。

1. 楼地面成品保护

（1）楼地面成品保护工程量，按被保护面层面积以“m^2”计算。

（2）台阶成品保护工程量，按设计图示水平投影面积以“m^2”计算。

2. 楼梯、栏杆成品保护

（1）楼梯成品保护工程量，按设计图示尺寸水平投影面积以“m^2”计算。

（2）栏杆成品保护工程量，按设计图示尺寸中心线长度以“m”计算。

3. 柱面、墙面、电梯内装饰保护

（1）墙柱面护角工程量，按设计图示尺寸中心线长度以“m”计算。其他成品保护，按被保护面层面积以“m^2”计算。

（2）电梯内装饰保护工程量，按被保护面层面积以“m^2”计算。

5.3.25　井点降水工程

（1）井点降水按使用根数、天数以“根”或“根·天”计算。

（2）成井与管道安装分开子目计量。

（3）井点降水项目适用于地下水位较高的粉砂土、砂质粉土或淤泥质夹薄层砂性土的地层。

（4）井点降水：轻型井点、喷射井点、大口径井点的采用由施工组织设计确定。一般情况下，降水深度在6 m以下采用轻型井点，6 m以上30 m以下采用相应的喷射井点，特殊情况下可选用大口径井点。井点使用时间按施工组织设计确定。喷射井点定额包括两根观察孔制作，喷射井管包括了内管和外管，井点材料使用摊销量中已包括井点拆除时的材料损耗量。

（5）井点间距根据地质和降水要求由施工组织设计确定，一般轻型井点管间距为1.2 m，喷射井点管间距为2.5 m，大口径井点管间距为10 m。

（6）轻型井点井管（含滤水管）的成品价可按所需的钢管的材料价乘以系数2.40

计算。

（7）井点降水成孔过程中产生的泥水处理及挖沟排水工作应另行计算，遇有天然水源可用时，不计水费。

5.3.26　绿色施工安全防护措施费

（1）绿色施工安全防护措施费是在现阶段建设施工过程中，为达到绿色施工和安全防护标准，需实施实体工程之外的措施性项目而发生的费用，主要内容包括以下两个方面：

①按照国家现行的建筑施工安全、施工现场环境与卫生标准和有关规定，购置和更新施工安全防护用具及设施、改善安全生产条件和作业环境所需要的费用。

②在保证质量、安全等基本要求的前提下，项目实施中通过科学管理和技术进步，最大限度地节约资源，减少对环境影响，实现环境保护、节能与能源利用、节材与材料资源利用、节水与水资源利用、节地与土地资源保护，达到广东省《建筑工程绿色施工评价标准》所需要的措施性费用。

（2）绿色施工安全防护措施费，属于不可竞争费用，工程计价时，应单独列项并按本定额相应项目及费率计算。

（3）各地建设行政主管部门制定的绿色施工安全防护措施补充内容和建设单位对绿色施工安全防护措施有其他要求的，所发生费用应一并列入绿色施工安全防护措施费列支和使用。

（4）绿色施工安全防护措施费计算如下：

①根据施工图纸、方案及施工组织设计等资料，以下绿色施工安全防护措施费项目按相关定额子目计算：

- 综合脚手架
- 靠脚手架安全挡板
- 密目式安全网
- 围尼龙编织布
- 模板的支架
- 施工现场围挡和临时占地围挡
- 施工围挡照明
- 临时钢管架通道
- 独立安全防护挡板
- 吊装设备基础
- 防尘降噪绿色施工防护棚
- 施工便道
- 样板引路

②对于不能按工作内容单独计量的绿色施工安全防护措施费，具体包括绿色施工、临时设施、安全施工和用工实名管理，编制概预算时，以分部分项工程的人工费与施工机具费之和为计算基础，以专业工程类型区分不同费率计算，基本费率按表 5 - 32 中的值计算。

表 5－32　基本费率计算表

专业工程	计算基础	基本费率/%
建筑工程	分部分项的 “人工费＋施工机具费”	19
单独装饰装修工程		13

按费率计算绿色施工安全防护措施项目费工作内容构成如表 5－33 所示。

表 5－33　绿色施工安全防护措施项目费工作内容构成

类别	项目名称		具体要求
绿色施工	施工管理	组织管理	1. 建立绿色施工管理体系，并制订系统、完整的管理制度和绿色施工的整体目标，有明确的责任分配制度。 2. 成立以项目经理为第一责任人的绿色施工管理机构，明确项目员工的绿色施工管理职责
		规划管理	1. 编制绿色施工专项方案，并按有关规定进行审批。绿色施工专项方案应包括以下内容：①绿色施工具体目标和指标；②绿色施工针对“四节一环保”的具体措施；③绿色施工拟采用的“四新”技术措施；④绿色施工评价管理措施；⑤绿色施工设施购置（建造）计划清单；⑥绿色施工具体人员组织安排；⑦绿色施工社会经济效益分析。 2. 制定环境保护和人员安全与健康等突发事件的应急预案等
		实施管理	1. 对整个施工过程实施动态管理，加强对施工策划、施工准备、材料采购、现场施工、工程验收等各阶段的管理和监督。 2. 结合工程特点，通过有针对性地对绿色施工作相应的宣传，在现场施工标牌中增加环境保护内容，现场醒目的位置设置环境保护标识等举措，营造绿色施工氛围。 3. 加强管理人员培训学习，将绿色施工意识在普通员工中普及，在施工阶段，定期对操作人员进行宣传教育等措施，增强职工绿色施工意识以及对绿色施工的承担和参与。 4. 借助信息化技术，在企业信息化平台上开发绿色施工管理模块，对项目绿色施工实施情况进行监督、控制和评价等工作。 5. 定期记录、收集和整理绿色施工资料，及时总结绿色施工措施实施成效，提出持续性改进措施
		评价管理	1. 采用符合广东省建设工程绿色施工评价标准的评价方法、程序和指标体系等相关要求，结合工程特点，自行对绿色施工的效果及采用的“四新”技术进行评价。 2. 对绿色施工方案、实施过程至项目竣工，自行进行综合评估
		人员安全与健康管理	1. 制订施工防尘、防毒、防辐射、防噪声、防高温等职业危害的措施，保障施工人员的长期职业健康。 2. 合理布置施工场地，保护生活及办公区不受施工活动的有害影响。施工现场建立卫生急救、保健防疫制度，在安全事故和疾病疫情出现时提供及时救助。 3. 提供卫生、健康的工作与生活环境，加强对施工人员的住宿、膳食、饮用水等生活与环境卫生等管理，明显改善施工人员的生活条件。 4. 根据不同施工阶段和周围环境、气候变化，采取相应的安全措施

续表 5－33

类别	项目名称		具体要求
绿色施工	环境保护	扬尘控制	1. 配备相关管理人员，落实施工现场各项扬尘污染防治措施，建立扬尘污染防治检查制度，定期组织建设工程施工扬尘污染防治专项检查。 2. 建立扬尘污染防治公示制度，在施工现场出入口将工程概况、扬尘污染防治措施、非道路移动机械使用清单、建设各方责任单位名称及项目负责人姓名、本企业以及工程所在地相关行业主管部门的投诉举报电话等信息向社会公示。 3. 在项目施工前编制扬尘污染防治专项方案和扬尘污染防治费用使用计划，明确扬尘控制目标、防治部位、控制措施，扬尘污染防治费用专项使用。 4. 建设工程下列部位或者施工阶段应当采取喷雾、喷淋或者洒水等扬尘污染防治措施：①施工现场主要道路；②房屋建筑和市政工程围挡；③基础施工及建筑土方作业；④房屋建筑主体结构外围；⑤市政道路施工铣刨作业；⑥拆除作业、爆破作业、预拌干混砂浆施工；⑦场内装卸、搬移物料；⑧其他产生扬尘污染的部位或者施工阶段。 5. 在施工现场出入口、主要场地、周边道路采取下列扬尘污染防治措施： （1）施工现场出入口应当配备车辆冲洗设备和沉淀过滤设施，有条件的项目应当安装全自动洗轮机，车辆出场时应当将车轮、车身清洗干净。 （2）施工现场出入口应当安装视频监控设备，并能清晰监控车辆出场冲洗情况及运输车辆车牌号码，视频监控录像现场存储时间不少于 30 天。 （3）施工现场主要场地、道路、材料加工区应当硬地化，裸露泥地应当采取覆盖或者绿化措施。 6. 在施工作业区采取下列扬尘污染防治措施： （1）外脚手架采用密目式安全网封闭，并保持严密整洁。 （2）建筑土方开挖后尽快回填，不能及时回填的采取覆盖或者固化等措施。 （3）工程渣土、建筑垃圾集中分类堆放，严密覆盖，宜在施工工地内设置封闭式垃圾站，严禁高空抛洒。 （4）水泥、石灰粉、砂石、建筑土方等细散颗粒材料和易扬尘材料集中堆放并有覆盖措施。 （5）四级及以上大风天气时，禁止进行土石方爆破施工或者回填土作业。 （6）易产生扬尘的施工机械应当采取降尘防尘措施。 7. 建筑土方、建筑垃圾、工程渣土等散装物料以及灰浆等流体物料运输由具备相应资质的运输企业承担，运输车辆经车辆法定检测机构检测合格有效，运输作业时确保车辆封闭严密，不得超载、超高、超宽或者撒漏，且按规定的时间、路线等要求，清运到指定场所处理。 8. 全面安装扬尘视频监控设备，确保能清晰监控车辆出场冲洗情况及运输车辆车牌号码；建筑工地土方作业期间，在土方作业区域周边安装视频监控设备，视频监控录像现场存储时间不少于 30 天
		噪声与振动控制	1. 对施工现场场界噪声按现行国家标准《建筑施工场界环境噪声排放标准》（GB 12523）的相关要求进行监测和记录，施工厂场界环境噪声排放昼间不超过 70 dB（A），夜间不超过 55 dB（A）。 2. 施工现场的强噪声设备宜设置在远离居民区的一侧；运输材料的车辆进入施工现场，严禁鸣笛；装卸材料做到轻拿轻放。 3. 施工现场使用低噪声、低振动的机具，对现场的电锯、电刨、搅拌机、固定式混凝土输送泵、大型空气压缩机等强噪声设备搭设封闭式机棚

续表 5－33

类别	项目名称		具　体　要　求
绿色施工	环境保护	光污染控制	1. 施工现场尽量避免夜间施工。夜间室外照明灯加设灯罩，光照方向集中在施工范围内。 2. 灯具选择以日光型为主，尽量减少射灯及石英灯的使用。 3. 电焊作业采取遮挡措施，避免电焊弧光外泄
		水污染控制	1. 施工现场污水排放符合《污水排入城镇下水道水质标准》的有关要求。 2. 在施工现场针对不同的污水，设置相应的处理设施，如隔油池、化粪池等，并做防渗处理及定期清洗，未经处理不得直接排入市政管道。 3. 使用非传统水源和现场循环水时，根据实际情况对水质进行检测。 4. 保护地下水环境。采用隔水性能好的边坡支护技术。当基坑开挖抽水量大于 50 万 m^3 时，进行地下水回灌，并避免地下水被污染。 5. 对于化学溶剂等有毒材料、油料的储存地，设专门库房，地面做防渗漏处理，同时做好渗漏液收集和处理。废弃的油料和化学溶剂集中处理，不随意倾倒。 6. 易挥发、易污染的液态材料，使用密闭容器存放。 7. 施工现场设置移动式厕所，并作定期清理。固定厕所的化粪池做抗渗处理。 8. 施工现场雨水、污水分开排放、收集
		土壤保护	1. 保护地表环境，防止土壤侵蚀、流失。非施工作业面的裸露土或临时存放的土堆闲置 3 个月内的，采用密目网或彩布进行覆盖、压实、洒水等降尘措施；裸露地面或临时存放的土堆闲置 3 个月以上的，对其裸露泥地进行临时绿化或者铺装；因施工造成容易发生地表径流土壤流失的情况，采取设置地表排水系统、稳定斜坡、植被覆盖等措施，减少土壤流失。施工后恢复施工活动破坏的植被（一般指临时占地内）。 2. 沉淀池、隔油池、化粪池等不发生堵塞、渗漏、溢出等现象，且及时清掏池内沉淀物，并委托有资质的单位清运。 3. 对于有毒有害废弃物如电池、墨盒、油漆、涂料等回收后，交有资质的单位处理，不能作为建筑垃圾外运，避免污染土壤和地下水。 4. 施工现场使用机油、黄油、柴油的设备或工艺工序，根据不同情况制定相应的防范措施
		建筑垃圾控制	1. 制定建筑垃圾减量计划，尽可能减少建筑垃圾的排放。 2. 建筑垃圾的回收利用符合现行国家标准《工程施工废弃物再生利用技术规范》（GB/T 50743）的规定。建筑垃圾的回收及再利用情况及时分析，并将结果公示，发现与目标值偏差较大时，及时采取纠正措施。 3. 施工现场生活区设置封闭式垃圾容器，施工场地生活垃圾实行袋装化，及时清运。对建筑垃圾进行分类，并收集到现场围蔽式垃圾站，集中运出。生活区、办公区垃圾不与建筑垃圾混合运输、消纳。 4. 有毒有害废弃物的分类达到 100%；对有可能造成二次污染的废弃物单独储存，并设置醒目标识

续表 5-33

类别	项目名称		具体要求
绿色施工	环境保护	地下和周边设施、文物和资源保护	1. 施工前调查清楚地下及周边各种设施，制定专项施工方案，设置明显的、不易被破坏的施工现场管线保护标识，做好保护计划，保证施工场地地下及周边的各类管道、管线、建筑物、构筑物的安全运行。 2. 指定地下管线保护责任人并落实相关责任，做好地下管线安全保护技术交底，对可能损害地下管线的施工作业，采取跟班作业，现场指导。 3. 涉及油气等危险化学品、高压电缆、给水主管及大型排水箱涵等地下管线施工作业前，书面通知建设单位协调相关管线权属单位指派专人到现场监护和指导。 4. 施工过程中一旦发现文物古迹，立即停止施工，保护现场及通报文物部门并协助做好相关工作。 5. 避让、保护施工场区及周边的古树名木
绿色施工	节能与能源利用		1. 建立节能管理制度，制订合理施工能耗指标，提高施工能源利用率。 （1）施工现场按生产、生活、办公制定用电控制指标，并建立计量管理机制。 （2）大型工程分不同单项工程、不同标段、不同阶段、不同分包生活区，分别制定能耗定额指标，并采取不同的计量考核机制。 （3）进行现场教育和技术交底时，将能耗定额指标一并交底，并在施工过程中计量考核。 （4）对塔式起重机、电梯等大型施工机械进行专项能耗考核； （5）定期对计量结果进行核算、对比分析，并制定预防与纠正措施。 2. 在施工组织设计中，合理安排施工顺序、工作面，以减少作业区域的机具数量，相邻作业区充分利用共有的机具资源。 3. 充分利用太阳能、风能、空气能等新能源，如太阳能照明、太阳能热水器、空气能热水器等。 4. 建立施工机械设备档案和管理制度，开展耗能、耗水及排污计量，定期维修保养工作，做到停工关机。机械设备使用节能型油料添加剂，在可能的情况下，考虑回收利用，节约油量。 5. 生产、生活及办公临时设施应满足： （1）合理设计、采用自然采光、通风，并根据需要设置外遮阳设施。 （2）临时设施采用节能材料，墙体、屋面使用热工性能好的材料，减少夏天空调设备的使用时间及耗能量。 （3）合理配置空调、风扇数量，规定使用时间，实行分段分时使用，节约用电。 6. 施工用电及照明应满足： （1）施工用电在用电审批范围。 （2）合理布置临时用电线路，选用节能器具，采用声控、光控等自动控制装置；办公区和生活区节能照明灯具的数量不少于 80%。 （3）照明设计以满足最低照度为原则，照度不超过最低照度的 20%。 （4）施工现场错峰用电

续表 5－33

类别	项目名称	具体要求
绿色施工	节材与材料资源利用	1. 制定材料使用的减量计划，保障材料损耗率低于定额损耗率。 2. 准确计算采购数量、供应频率、施工速度等，在施工过程中动态控制。 3. 根据施工进度、材料使用时点、库存情况等制定材料的采购和使用计划，减少库存。 4. 现场材料堆放有序，并满足材料储存及质量保证的要求。 5. 材料运输工具适宜，装卸方法得当，防止损坏和遗洒。根据现场平面布置情况做到就近装卸，避免和减少二次搬运。 6. 采取技术和管理措施提高模板、脚手架等的周转次数。 7. 对综合管线进行优化设计，且对安装工程的预留、预埋、管线路径等方案进行优化。 8. 就地取材，现场主要以当地建筑材料为主，当地建筑材料应占该类型的建筑材料总费用的 80% 以上。 9. 钢筋采用专用软件优化放样下料，根据优化配料结果确定进场钢筋的定尺长度。 10. 钢结构深化设计时，结合加工、运输、安装方案和焊接工艺要求，确定分段、分节数量和位置，优化节点构造，减少钢材用料。 11. 充分利用商品混凝土的余料。 12. 各类油漆及黏结剂应随用随开启，不用时及时封闭
	节水与水资源利用	1. 施工现场喷洒路面、绿化浇灌使用非市政自来水。 2. 合理设计施工现场供水管网，并采取管网和用水器具防渗漏的措施。 3. 施工现场办公区、生活区的生活用水采用节水系统和节水器具，节水器具配置率应达到 100%。项目临时用水使用节水型产品，安装计量装置，采取针对性的节水措施。 4. 施工现场分别对生活用水与工程用水确定用水定额指标，并分别计量考核。 5. 大型工程的不同单项工程、不同标段、不同分包生活区，应分别计量用水量。 6. 非传统水源和现场循环再利用水的使用过程中，制定有效的水质检测与卫生保障措施，确保避免对人体健康、工程质量以及周围环境产生不良影响
	节地与施工用地保护	1. 根据施工规模及现场条件等因素合理确定临时设施，如临时加工厂、现场作业棚及材料堆场、办公生活设施等的占地指标。临时设施的占地面积按用地指标所需的最低面积设计。 2. 平面布置合理、紧凑，在满足环境、职业健康与安全及文明施工要求的前提下，尽可能减少废弃地和死角，临时设施占地面积有效利用率大于 90%。 3. 最大限度地减少对周边土地的扰动，保护周边自然生态环境。 4. 红线外临时占地尽量使用荒地、废地，少占用农田和耕地。 5. 按经批准的时间、地点、范围和要求占用道路，协助维护占路范围周围的交通秩序，并满足施工作业区周边居民的基本出行要求

续表 5-33

类别	项目名称		具 体 要 求
绿色施工	节地与施工用地保护		6. 利用和保护施工用地范围内原有绿色植被。 7. 施工总平面布置做到科学、合理并实施动态管理，充分利用原有建筑物、构筑物、道路、管线为施工服务。 8. 施工现场仓库、加工厂、作业棚、材料堆场等布置尽量靠近已有交通线路或即将修建的正式或临时交通线路，缩短运输距离。 9. 临时办公和生活用房采用经济、美观、占地面积小、对周边地貌环境影响较小，且适合于施工平面布置动态调整的多层轻钢活动板房、钢骨架水泥活动板房等标准化装配式结构。生活区与生产区应分开布置，并设置标准的分隔设施。 10. 施工现场道路按照永久道路和临时道路相结合的原则布置，道路应对荷载有限制，施工期间不得破坏永久道路。施工现场内应形成环形通路，减少道路占用土地。 11. 临时设施布置注意远近结合（本期工程与下期工程），努力减少和避免大量临时建筑拆迁和场地搬迁
	发展绿色施工“四新”技术		1. 施工方案建立推广、限制、淘汰公布制度和管理办法。 2. 大力发展推行低噪音的施工技术、建筑固体废弃物再生产品在墙体材料中的应用技术。 3. 加强信息技术应用实现与提高绿色施工的各项指标
临时设施	现场办公生活设施		1. 施工现场办公、生活区与作业区分开设置，保持安全距离。 2. 工地办公室、值班岗亭、现场监控室、现场宿舍、食堂、厕所、淋浴间、饮水、休息场所符合卫生和安全要求。 3. 住宿、办公、生活空间和配套设备符合相关要求，满足需要
	施工现场临时用电	配电线路	1. 按照 TN-S 系统要求配备五芯电缆、四芯电缆和三芯电缆。 2. 按要求架设临时用电线路的电杆、横担、瓷夹、瓷瓶等，或电缆埋地的地沟。 3. 对靠近施工现场的外电线路，设置绝缘体的防护设施
		配电设施、设备及防护	1. 按三级配电要求，配备总配电箱、分配电箱、开关箱三类标准电箱。开关箱应符合一机、一箱、一闸、一漏。三类电箱中的各类电器应是合格品。 2. 按两级保护的要求，选取符合容量要求和质量合格的总配电箱和开关箱中的漏电保护器。 3. 变压器容量符合要求，质量合格，安装和防护、警示标志符合安全规范
		接地保护装置	施工现场保护零线的重复接地应不少于三处。脚手架、塔吊、施工电梯等金属结构，各类加工棚及电气设备间等安装防雷装置
	施工现场临时用水设施		工地办公室、现场宿舍、食堂、厕所、休息场所、仓库、加工厂等临时用水管线符合卫生和安全要求

续表 5－33

类别	项目名称		具体要求
临时设施	施工现场		1. 施工现场钢质大门、伸缩门、电动门、门禁系统符合工程需要及安全要求。 2. 美化现场围挡外墙：外墙绘画图案、栽种绿色植物或花草处理。 3. 悬挂公示、标志、标牌及宣传栏： （1）在进门处悬挂企业标牌、工程概况、管理人员名单及监督电话、安全生产、文明施工、消防保卫、环境保护、建筑节能公示牌、公开告知事项牌九板以及施工现场总平面图。 （2）制作公益广告、标语、企业宣传画，设宣传栏。 （3）设旗帜、旗杆、旗杆座。 4. 场容场貌： （1）围墙内地面硬化处理。 （2）办公生活区、施工现场必要的排水沟、排水设施，需保持通畅。 （3）施工现场道路设置车行区、人行区，道路需保持通畅。 （4）施工用地范围内绿化。 5. 材料堆放： （1）材料仓库、加工棚、堆放场地的搭设。 （2）材料、构件、料具等堆放时，悬挂有名称、品种、规格等的标牌。 （3）易燃、易爆和有毒有害物品分类存放在专用库房内。 （4）水泥和其他易飞扬细颗粒建筑材料应密闭存放或采取覆盖等措施。 6. 现场消防：包括消防设施（水池、砂池）和消防器材，配置合理，符合消防要求。 7. 施工现场范围设置安防系统：实施施工现场 360°无死角安防监控
	临时设施维护及拆除		1. 办公、生活场地临时设施、围蔽、临时道路、场内绿化、场地硬化的维护、拆除。 2. 场地的清理、平整和复原等
安全施工	临边洞口交叉高处作业防护	楼板、屋面、阳台等临边防护	用密目式安全立网全封闭，作业层另加周边防护栏杆和 18 cm 高的踢脚板
		通道口防护	设防护棚，防护棚应为不小于 5 cm 厚的木板或两道相距 50 cm 的竹笆。两侧应沿栏杆架用密目式安全网封闭
		预留洞口防护	用木板全封闭；短边超过 1.5 m 长的洞口，除封闭外四周还应设有防护栏杆
		电梯井口防护	设置定型化、工具化、标准化的防护门；在电梯井内每隔两层（不大于 10 m）设置一道安全平网
		楼梯边防护	设置 1.2 m 高的定型化、工具化、标准化的防护栏杆，18 cm 高的踢脚板
		垂直方向交叉作业防护	设置防护隔离棚或其他设施
		高空作业防护	有悬挂安全带的悬索或其他设施，有操作平台，有上下的梯子或其他形式的通道
	保健急救措施		有保健医药用品、急救用品，水上水下作业救生设备器具
	安全检测费用		有安全带、安全帽及脚手架、提升架等架体内外安全网等安全防护用品设施的检测，起重机、塔吊等吊装设备（含井字架、龙门架）与外用电梯的安全检测
	施工机具防护		设施工机具的临时防雨防护工棚

续表 5－33

类别	项目名称	具 体 要 求
	用工实名管理	1. 利用信息技术手段，对施工现场人员登记并进行监管的各项信息建立实名管理制度，开展实名管理所需数据的提取、登记、审核、报送和档案管理等工作。 2. 在施工区域安装电子信息卡刷卡或者个人生物信息识别设备等门禁设施，用于施工现场人员的日常考勤和工作情况记录。 3. 在项目现场设置公示牌，将每月经施工现场人员确认的考勤与工资支付信息在公示牌上进行公示。 4. 落实工程建设领域人工费用与其他工程款分账管理制度，设立工资支付专用账户，统一为已实名信息采集的施工现场人员办理银行卡，并通过银行卡足额发放工资。 5. 自行或提请银行将银行卡制作发放信息、工资支付信息归集后上传至实名监管系统，并向施工现场人员反馈其工资收入信息。 6. 施工现场人员退场时，为其办理退场登记，填报登记退场日期、用工评价或者诚信记录

5.3.27　措施其他项目

（1）措施项目是指为完成工程项目施工，发生于该工程施工准备和施工过程中的技术、生活、安全、环境保护等方面的非实体项目，包括绿色施工安全防护措施费以及措施其他项目。措施其他项目是指措施项目中尚未包括的工程施工可能发生的其他措施性项目。

（2）措施其他项目费已包含利润及管理费，属于指导性费用，供工程发承包双方参考，合同有约定的按合同约定执行。

（3）本部分列出了措施其他项目的名称、内容、费用标准、计算方法和有关说明。根据工程和施工现场发生本部分未列明的措施其他项目，应按实际发生或经批准的施工组织设计方案计算。

（4）措施其他项目费用标准如下：

①文明工地增加费：承包人按要求创建省、市级文明工地，加大投入、加强管理所增加的费用。获得省、市级文明工地的工程，按照表 5－34 中的标准计算。

表 5－34　省、市级文明工地增加费计算标准

专业		建筑工程	单独装饰工程
计算基础		分部分项的“人工费＋施工机具费”（%）	
其中	市级文明工地	1.2	0.6
	省级文明工地	2.1	1.2

②夜间施工增加费：除赶工和合理的施工作业要求（如浇筑混凝土的连续作业）外，因施工条件不允许在白天施工的工程，按其夜间施工项目人工费的 20% 计算。

③赶工措施费：招标工期短于标准工期的，招标工程量清单应开列赶工措施，招标控

制价应计算赶工措施费，投标人应计算赶工措施费。非招标工程，发包人要求的合同工期短于标准工期的，施工图预算应计算赶工措施费。招标控制价、施工图预算的赶工措施费按式5－15计算。工程结算按合同约定，合同对赶工措施费没有约定的，按式5－15确定。

$$赶工措施费 = (1-\delta) \times 分部分项的“人工费+施工机具费” \times 0.3 \quad (5-15)$$

式中 δ——合同工期/定额工期，$0.8 \leqslant \delta < 1$。

④其他费用，如特殊工种培训费，地上或地下设施、建筑物的临时保护设施、危险性较大的分部分项工程安全管理措施费等，根据工程和施工现场需要发生的其他费用，按实际发生或经批准的施工组织设计方案计算。

5.3.28 其他项目

（1）暂列金额：发包人暂定并包括在合同价款中的一笔款项。用于施工合同签订时尚未确定或者不可预见的所需材料、设备、服务的采购，施工中可能发生的工程变更、合同约定调整因素出现时的工程价款调整以及发生的索赔、现场签证确认等的费用。招标控制价和施工图预算具体由发包人根据工程特点确定，发包人没有约定时，按分部分项工程费的10%计算。结算按实际发生数额计算。

（2）暂估价：发包人提供的用于支付必然发生但暂时不能确定价格的材料的单价以及专业工程的金额。按预计发生数估算。

①材料暂估价：招标控制价和施工图预算按工程所在地的工程造价信息；工程造价信息没有的，参考市场价格确定。结算时，若材料是招标采购的，按照中标价调整；非招标采购的，按发承包双方最终确认的单价调整。

②专业工程暂估价：招标控制价和施工图预算应区分不同专业，按规定估算确定。结算时，若专业工程是招标采购的，其金额按照中标价计算；非招标采购的，其金额按发承包双方最终确认的金额计算。

（3）计日工：指在施工过程中，完成发包人提出的施工图纸以外的零星项目或工作所消耗的人工、材料、机具，按合同的约定计算。预计数量由发包人根据拟建工程的具体情况，列出人工、材料、机具的名称、计量单位和相应数量，招标控制价和预算中计日工单价按工程所在地的工程造价信息计列，工程造价信息没有的，参考市场价格确定。工程结算时，工程量按承包人实际完成的工作量计算；单价按合同约定的计日工单价，合同没有约定的，按工程所在地的工程造价信息计列（其中人工按总说明签证用工规定执行）。

（4）总承包服务费：总承包人为配合协调发包人在法律法规允许的范围内进行工程分包和自行采购的设备、材料等进行管理、服务（如分包人使用总包人的脚手架、水电接驳等）以及施工现场管理、竣工资料汇总整理等服务所需的费用。

①仅要求对发包人发包的专业工程进行总承包管理和协调时，可按专业工程造价的1.5%计算。

②要求对发包人发包的专业工程进行总承包管理和协调，并同时要求提供配合和服务，按专业工程造价的4%计算，具体应根据配合服务的内容和要求确定。

③配合发包人自行供应材料的，按发包人供应材料价值的1%计算（不含该部分材料的保管费）。

总承包服务费应依据合同约定金额计算，如发生调整的，以发承包双方确认调整的金额计算。

(5) 预算包干费：按分部分项的人工费与施工机具费之和的7%计算，预算包干内容一般包括施工雨（污）水的排除、因地形影响造成的场内料具二次运输、20 m 高以下的工程用水加压措施、施工材料堆放场地的整理、机电安装后的补洞（槽）工料费、工程成品保护费、施工中的临时停水停电、基础埋2 m以内挖土方的塌方、日间照明施工增加费（不包括地下室和特殊工程）、完工清场后的垃圾外运等。

(6) 工程优质费：指承包人按照发包人的要求创建优质工程，增加投入与管理发生的费用。发包人要求承包人创建优质工程，招标控制价和预算应按表5－35规定计列工程优质费。经有关部门鉴定或评定达到合同要求的，工程结算应按照合同约定计算工程优质费，合同没有约定的，参照表5－35中的规定计算。

表5－35　工程优质费计算规定

工程质量	市级质量奖	省级质量奖	国家级质量奖
计算基础	分部分项的“人工费＋施工机具费”		
费用标准/%	4.5	7.5	12

(7) 概算幅度差：是指依据初步设计文件资料，按照预算（综合）定额编制项目概算，由设计深度原因造成的工程量偏差而应增补的费用。其计取方式如表5－36所示。

表5－36　概算幅度差计取方式

序号	工程类别	计算基数	计算费率/%
1	建筑工程	分部分项工程费	3
2	单独装饰装修工程		5

(8) 其他费用：如工程发生时，由编制人根据工程要求和施工现场实际情况，按实际发生或经批准的施工方案计算。

(9) 以上项目，各市有标准者，从其规定；各市无标准者，按本节规定计算。

5.3.29　税金

税金是指国家税法规定的应计入工程造价内的增值税。增值税按工程所在地税务机关规定的增值税纳税方法计算。

5.4　工程量清单项目及工程量计算规则

《建设工程工程量清单计价规范》（GB 50500—2013）（以下简称《计价规范》）是中华人民共和国住房和城乡建设部与中华人民共和国国家质量监督检验检疫总局为规范建设工程施工发承包计价行为，统一建设工程工程量清单的编制和计价方法而制定的规范。计价规范适用于建设工程施工发承包计价活动。《计价规范》规定，工程量应当按照相关工程的现行国家计量规范规定的工程量计算规则计算。中华人民共和国住房和城乡建设部与中华人民共和国国家质量监督检验检疫总局 2012 年 12 月 25 日联合发布了相关工程的计量规范，包括《房屋建筑与装饰工程计量规范》(GB 50854—2013)、《仿古建筑工程计量规范》(GB 50855—2013)、《通用安装工程计量规范》(GB 50856—2013)、《市政工程计量规范》(GB 50857—2013)、《园林绿化工程计量规范》(GB 50858—2013)、《矿山工程计量规范》(GB 50859—2013)、《构筑物工程计量规范》(GB 50860—2013)、《城市轨道交通工程计量规范》(GB 50861—2013) 和《爆破工程计量规范》(GB 50862—2013)。以上相关工程计量规范的内容，均包括总则、术语、一般规定、分部分项工程、措施项目和附录等。附录规定了相关工程中分部分项工程、措施项目的工程量计量规则，实现了工程量计算规则的全国统一。

本节由于篇幅限制，主要介绍《房屋建筑与装饰工程计量规范》(GB 50584—2013)。该计量规范是为规范工程造价计量行为，统一房屋建筑与装饰工程工程量清单的编制、项目设置和计量规则而制定的，适用于房屋建筑与装饰工程施工发承包计价活动中的工程量清单编制和工程量计算。房屋建筑与装饰工程清单项目包括土石方工程，地基处理与边坡支护工程，桩基工程，砌筑工程，混凝土及钢筋混凝土工程，金属结构工程，木结构工程，门窗工程，屋面及防水工程，保温、隔热、防腐工程，楼地面装饰工程，墙、柱面装饰与隔断、幕墙工程，天棚工程，油漆、涂料、裱糊工程，其他装饰工程，拆除工程和措施项目。

5.4.1 土石方工程

土石方工程在清单项目中包括土方工程、石方工程、回填。

1. 土方工程（编码 010101）

(1) 平整场地（编码 010101001）

平整场地的项目特征应描述为土壤类别、弃土运距和取土运距。工作内容包括土方挖填、场地找平和运输。工程量按设计图示尺寸以建筑物首层建筑面积计算。

(2) 挖一般土方（编码 010101002）

挖一般土方的项目特征应描述为土壤类别、挖土深度和弃土运距。工作内容包括排地表水、土方开挖、围护（挡土板）及拆除、基底钎探、运输。工程量按设计图示尺寸以体积计算。

(3) 挖沟槽土方（编码 010101003）

挖沟槽土方的项目特征应描述为土壤类别、挖土深度和弃土运距。工作内容包括排地表水、土方开挖、围护（挡土板）及拆除、基底钎探、运输。工程量按设计图示尺寸以基础垫层底面积乘以挖土深度计算。

(4) 挖基坑土方（编码 010101004）

挖基坑土方的项目特征、工作内容、工程量计算规则同挖沟槽土方。

(5) 冻土开挖（编码 010101005）

冻土开挖的项目特征应描述为冻土厚度和弃土运距。工作内容包括爆破、开挖、清理和运输。工程量按设计图示尺寸开挖面积乘以厚度以体积计算。

(6) 挖淤泥、流砂（编码 010101006）

挖淤泥、流砂的项目特征应描述为挖掘深度和弃淤泥、流砂距离。工作内容包括开挖、运输。工程量按设计图示位置、界限以体积计算。

(7) 管沟土方（编码 010101007）

管沟土方的项目特征应描述为土壤类别、管外径、挖沟深度、回填要求。工作内容包括排地表水，土方开挖，围护（挡土板）、支撑，运输，回填。工程量计算规则：以米计量，按设计图示以管道中心线长度计算；以立方米计量，按设计图示管底垫层面积乘以挖土深度计算，无管底垫层按管外径的水平投影面积乘以挖土深度计算。不扣除各类井的长度，井的土方并入。

2. 石方工程（编码 010102）

(1) 挖一般石方（编码 010102001）

挖一般石方的项目特征应描述为岩石类别、开凿深度、弃碴运距。工作内容包括排地表水、凿石、运输。工程量按设计图示尺寸以体积计算。

(2) 挖沟槽石方（编码 010102002）

挖沟槽石方的项目特征应描述为岩石类别、开凿深度、弃碴运距。工作内容包括排地表水、凿石、运输。工程量按设计图示尺寸沟槽底面积乘以挖石深度以体积计算。

(3) 挖基坑石方（编码 010102003）

挖基坑石方的项目特征应描述为岩石类别、开凿深度、弃碴运距。工作内容包括排地表水、凿石、运输。工程量按设计图示尺寸基坑底面积乘以挖石深度以体积计算。

(4) 挖管沟石方（编码 010102004）

管沟石方的项目特征应描述为岩石类别、管外径、挖沟深度。工作内容包括排地表水、凿石、回填、运输。工程量计算规则：以米计量，按设计图示以管道中心线长度计算；以立方米计量，按设计图示截面积乘以长度计算。

3. 回填（编码 010103）

(1) 回填方（编码 010103001）

回填方的项目特征应描述为密实度要求，填方材料品种，填方粒径要求，填方来源、运距。工作内容包括运输、回填、压实。工程量按设计图示尺寸以体积计算。计算公式如下：

$$场地回填体积 = 回填面积 \times 平均回填厚度 \quad (5-19)$$

$$室内回填体积 = 主墙间净面积 \times 回填厚度（不扣除间隔墙） \quad (5-20)$$

$$基础回填体积 = 挖方清单项目工程量 - 自然地坪以下埋设的基础体积（包括基础垫层及其他构筑物） \quad (5-21)$$

(2) 余方弃置（编码 010103002）

余方弃置的项目特征应描述为废弃料品种、运距。工作内容包括余方点装料运输至弃置点。工程量按挖方清单项目工程量减利用回填方体积（正数）计算。

【例 5-18】 某建筑物首层平面如图 5-43 所示。试计算平整场地的工程量。

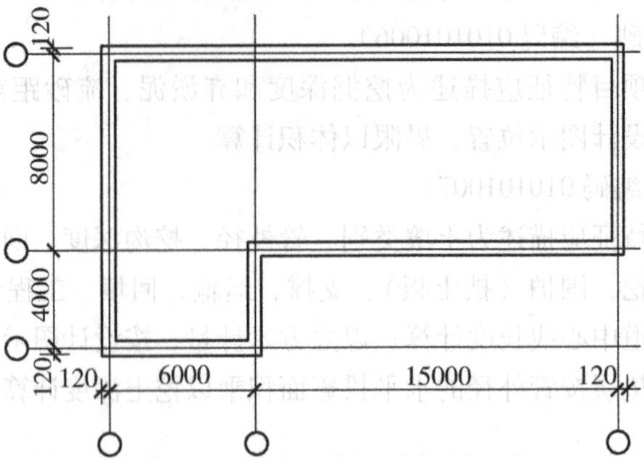

图 5－43　某建筑物首层平面图

解： 平整场地工程量

21.24 × 8.24 + 4 × 6.24 = 199.98（m^2）

【例 5－19】 某建筑物基础平面与剖面图如图 5－44 所示，二类土。试计算土方工程的工程量。

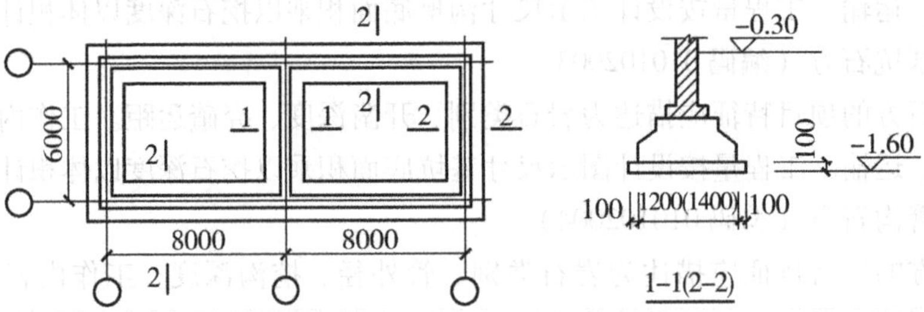

图 5－44　基础平面与剖面图

解：

（1）1—1 断面：挖土深度 $H = 1.6 - 0.3 = 1.3$（m）

内墙基础垫层净长 $L = 6 - 1.6 = 4.4$（m）

条基垫层底宽 1.4 m

1—1 断面基础土方工程量：1.4 × 4.4 × 1.3 = 8.01（m^3）

（2）2—2 断面：挖土深度 $H = 1.3$（m）

外墙中心线长 $L =（16 + 6）× 2 = 44$（m）

条基垫层底宽 1.6 m

2—2 断面基础土方工程量：1.6 × 44 × 1.3 = 91.52（m^3）

（3）地槽土方工程量：

8.01 + 91.52 = 99.53（m^3）

【例 5－20】 某建筑物为三类工程，地下室见图 5－45，地下室墙外壁做涂料防水层，施工组织设计确定用反铲挖掘机挖土，土壤为三类土，机械挖土坑内作业，土方外运

1 km，回填土已堆放在距场地 150 m 处。计算挖基础上方工程量及回填土工程量。

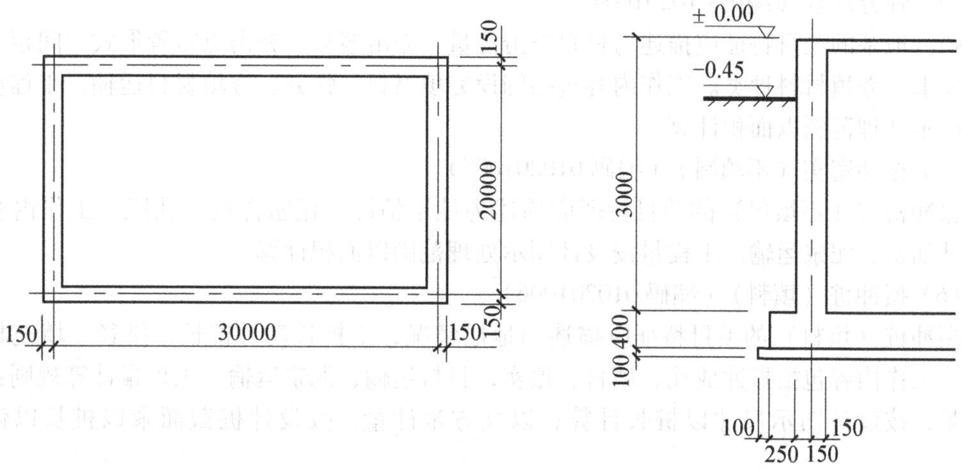

图 5－45　某建筑物地下室

解：

（1）挖土深度：3.50－0.45＝3.05（m）

（2）垫层面积：31.00×21.00＝651.00（m^2）

（3）挖基础土方体积：3.05×651.00＝1985.55（m^3）

（4）回填土

挖土方体积：1985.55（m^3）

减垫层：0.10×31.00×21.00＝65.10（m^3）

减底板：0.40×30.80×20.80＝256.26（m^3）

减地下室：2.55×30.30×20.30＝1568.48（m^3）

回填土量：1985.55－65.10－256.26－1568.48＝95.71（m^3）

5.4.2　地基处理与边坡支护工程

地基处理与边坡支护工程在清单项目中包括地基处理、基坑与边坡支护。

1. 地基处理（编码 010201）

（1）换填垫层（编码 010201001）

换填垫层的项目特征应描述为材料种类及配比、压实系数、掺加剂品种。工作内容包括分层铺填，碾压、振密或夯实，材料运输。工程量按设计图示尺寸以体积计算。

（2）铺设土工合成材料（编码 010201002）

铺设土工合成材料的项目特征应描述为部位、品种、规格。工作内容包括挖填锚固沟、铺设、固定、运输。工程量按设计图示尺寸以面积计算。

（3）预压地基（编码 010201003）

预压地基的项目特征应描述为排水竖井种类、断面尺寸、排列方式、间距、深度，预压方法，预压荷载、时间，砂垫层厚度。工作内容包括设置排水竖井、盲沟、滤水管，铺设砂垫层、密封膜，堆载、卸载或抽气设备安拆、抽真空，材料运输。工程量按设计图示处理范围以面积计算。

(4) 强夯地基（编码010201004）

强夯地基的项目特征应描述为材料夯击能量、夯击遍数、夯击点布置形式、间距、地耐力要求、夯填材料种类。工作内容包括铺设夯填材料、强夯、夯填材料运输。工程量按设计图示处理范围以面积计算。

(5) 振冲密实（不填料）（编码010201005）

振冲密实（不填料）的项目特征应描述为地层情况、振密深度、孔距。工作内容包括振冲加密、泥浆运输。工程量按设计图示处理范围以面积计算。

(6) 振冲桩（填料）（编码010201006）

振冲桩（填料）的项目特征应描述为地层情况，空桩长度、桩长，桩径，填充材料种类。工作内容包括振冲成孔、填料、振实，材料运输，泥浆运输。工程量计算规则：以米计量，按设计图示尺寸以桩长计算；以立方米计量，按设计桩截面乘以桩长以体积计算。

(7) 砂石桩（编码010201007）

砂石桩的项目特征应描述为地层情况，空桩长度、桩长，桩径，成孔方法，材料种类、级配。工作内容包括成孔，填充、振实，材料运输。工程量计算规则：以米计量，按设计图示尺寸以桩长（包括桩尖）计算；以立方米计量，按设计桩截面乘以桩长（包括桩尖）以体积计算。

(8) 水泥粉煤灰碎石桩（编码010201008）

水泥粉煤灰碎石桩的项目特征应描述为地层情况，空桩长度、桩长，桩径，成孔方法，混合料强度等级。工作内容包括成孔，混合料制作、灌注、养护，材料运输。工程量按设计图示尺寸以桩长（包括桩尖）计算。

(9) 深层搅拌桩（编码010201009）

深层搅拌桩的项目特征应描述为地层情况，空桩长度、桩长，桩截面尺寸，水泥强度等级、掺量。工作内容包括预搅下钻、水泥浆制作、喷浆搅拌提升成桩，材料运输。工程量按设计图示尺寸以桩长计算。

(10) 粉喷桩（编码010201010）

粉喷桩项目的特征应描述为地层情况，空桩长度、桩长，桩径，粉体种类、掺量，水泥强度等级、石灰粉要求。工作内容包括预搅下钻、喷粉搅拌提升成桩，材料运输。工程量按设计图示尺寸以桩长计算。

(11) 夯实水泥土桩（编码010201011）

夯实水泥土桩的项目特征应描述为地层情况，空桩长度、桩长，桩径，成孔方法，水泥强度等级，混合料配比。工作内容包括成孔、夯底，水泥土拌和、填料、夯实，材料运输。工程量按设计图示尺寸以桩长（包括桩尖）计算。

(12) 高压喷射注浆桩（编码010201012）

高压喷射注浆桩的特征应描述为地层情况，空桩长度、桩长，桩截面，注浆类型、方法，水泥强度等级。工作内容包括成孔，水泥浆制作、高压喷射注浆，材料运输。工程量按设计图示尺寸以桩长计算。

（13）石灰桩（编码 010201013）

石灰桩的项目特征应描述为地层情况，空桩长度、桩长，桩径，成孔方法，掺和料种类、配合比。工作内容包括成孔，混合料制作、运输、夯填。工程量按设计图示尺寸以桩长（包括桩尖）计算。

（14）灰土（土）挤密桩（编码 010201014）

灰土（土）挤密桩的项目特征应描述为地层情况，空桩长度、桩长，桩径，成孔方法，灰土级配。工作内容包括成孔，灰土拌和、运输、填充、夯实。工程量按设计图示尺寸以桩长（包括桩尖）计算。

（15）柱锤冲扩桩（编码 010201015）

柱锤冲扩桩的项目特征应描述为地层情况，空桩长度、桩长，桩径，成孔方法，桩体材料种类、配合比。工作内容包括安拔套管，冲孔、填料、夯实，桩体材料制作、运输。工程量按设计图示尺寸以桩长计算。

（16）注浆地基（编码 010201016）

注浆地基的项目特征应描述为地层情况，空钻深度、注浆深度，注浆间距，浆液种类及配比，注浆方法，水泥强度等级。工作内容包括成孔，注浆导管制作、安装，浆液制作、压浆，材料运输。工程量计算规则：以米计量，按设计图示尺寸以钻孔深度计算；以立方米计量，按设计图示尺寸以加固体积计算。

（17）褥垫层（编码 010201017）

褥垫层的项目特征应描述为厚度、材料品种及比例。工作内容包括材料拌和、运输、铺设、压实。工程量计算规则：以平方米计量，按设计图示尺寸以铺设面积计算；以立方米计量，按设计图示尺寸以体积计算。

2. 基坑与边坡支护（编码 010202）

（1）地下连续墙（编码 010202001）

地下连续墙的项目特征应描述为地层情况，导墙类型、截面，墙体厚度，成槽深度，混凝土类别、强度等级，接头形式。工作内容包括导墙挖填、制作、安装、拆除，挖土成槽、固壁、清底置换，混凝土制作、运输、灌注、养护，接头处理，土方、废泥浆外运，打桩场地硬化及泥浆池、泥浆沟。工程量按设计图示墙中心线长乘以厚度乘以槽深以体积计算。

（2）咬合灌注桩（编码 010202002）

咬合灌注桩的项目特征应描述为地层情况，桩长，桩径，混凝土类别、强度等级，部位。工作内容包括成孔、固壁，混凝土制作、运输、灌注、养护，套管压拔，土方、废泥浆外运，打桩场地硬化及泥浆池、泥浆沟。工程量计算规则：以米计量，按设计图示尺寸以桩长计算；以根计量，按设计图示数量计算。

（3）圆木桩（编码 010202003）

圆木桩的项目特征应描述为地层情况、桩长、材质、尾径、桩倾斜度。工作内容包括工作平台搭拆、桩机移位、桩靴安装、沉桩。工程量计算规则：以米计量，按设计图示尺寸以桩长（包括桩尖）计算；以根计量，按设计图示数量计算。

（4）预制钢筋混凝土板桩（编码010202004）

预制钢筋混凝土板桩的项目特征应描述为地层情况，送桩深度、桩长，桩截面，沉桩方法，连接方式，混凝土强度等级。工作内容包括工作平台搭拆、桩机移位、沉桩、板桩连接。工程量计算规则：以米计量，按设计图示尺寸以桩长（包括桩尖）计算；以根计量，按设计图示数量计算。

（5）型钢桩（编码010202005）

型钢桩的项目特征应描述为地层情况或部位，送桩深度、桩长，规格型号，桩倾斜度、防护材料种类，是否拔出。工作内容包括工作平台搭拆、桩机移位、打（拔）桩、接桩，刷防护材料。工程量计算规则：以吨计量，按设计图示尺寸以质量计算；以根计量，按设计图示数量计算。

（6）钢板桩（编码010202006）

钢板桩的项目特征应描述为地层情况、桩长、板桩厚度。工作内容包括工作平台搭拆、桩机移位、打拔钢板桩。工程量计算规则：以吨计量，按设计图示尺寸以质量计算；以平方米计量，按设计图示墙中心线长乘以桩长以面积计算。

（7）锚杆、锚索（编码010202007）

锚杆、锚索的项目特征应描述为地层情况，锚杆（索）类型、部位，钻孔深度，钻孔直径，杆体材料品种、规格、数量，预应力浆液种类、强度等级。工作内容包括钻孔、浆液制作、运输、压浆，锚杆、锚索制作、安装，张拉锚固，锚杆、锚索施工平台搭设、拆除。工程量计算规则：以米计量，按设计图示尺寸以钻孔深度计算；以根计量，按设计图示数量计算。

（8）土钉（编码010202008）

土钉的项目特征应描述为地层情况，钻孔深度，钻孔直径，置入方法，杆体材料品种、规格、数量，浆液种类、强度等级。工作内容包括钻孔、浆液制作、运输、压浆，土钉制作、安装，土钉施工平台搭设、拆除。工程量计算规则：以米计量，按设计图示尺寸以钻孔深度计算；以根计量，按设计图示数量计算。

（9）喷射混凝土、水泥砂浆（编码010202009）

喷射混凝土、水泥砂浆的项目特征应描述为部位，厚度，材料种类，混凝土（砂浆）类别、强度等级。工作内容包括修整边坡，混凝土（砂浆）制作、运输、喷射、养护，钻排水孔、安装排水管，喷射施工平台搭设、拆除。工程量按设计图示尺寸以面积计算。

（10）钢筋混凝土支撑（编码010202010）

混凝土支撑的项目特征应描述为部位、混凝土种类、混凝土强度等级。工作内容包括模板（支架或支撑）制作、安装、拆除、堆放、运输及清理模内杂物、刷隔离剂等，混凝土制作、运输、浇筑、振捣、养护。工程量按设计图示尺寸以体积计算。

（11）钢支撑（编码010202011）

钢支撑的项目特征应描述为部位，钢材品种、规格，探伤要求。工作内容包括支撑、铁件制作（摊销、租赁），支撑、铁件安装，探伤，刷漆，拆除，运输。工程量按设计图示尺寸以质量计算。不扣除孔眼质量，焊条、铆钉、螺栓等不另增加质量。

5.4.3　桩基工程

桩基工程在清单项目中包括打桩、灌注桩。

1. 打桩（编码 010301）

（1）预制钢筋混凝土方桩（编码 010301001）

预制钢筋混凝土方桩的项目特征应描述为地层情况，送桩深度、桩长，桩截面，桩倾斜度，沉桩方法，接桩方式，混凝土强度等级。工作内容包括工作平台搭拆，桩机竖拆、移位，沉桩，接桩，送桩。工程量计算规则：以米计量，按设计图示尺寸以桩长（包括桩尖）计算；以立方米计量，按设计图示截面积乘以桩长（包括桩尖）以实体积计算；以根计量，按设计图示数量计算。

（2）预制钢筋混凝土管桩（编码 010301002）

预制钢筋混凝土管桩的项目特征应描述为地层情况，送桩深度、桩长，桩外径、壁厚，桩倾斜度，沉桩方法，桩尖类型，混凝土强度等级，填充材料种类，防护材料种类。工作内容包括工作平台搭拆，桩机竖拆、移位，沉桩，接桩，送桩，填充材料、刷防护材料。工程量计算规则：以米计量，按设计图示尺寸以桩长（包括桩尖）计算；以立方米计量，按设计图示截面积乘以桩长（包括桩尖）以实体积计算；以根计量，按设计图示数量计算。

（3）钢管桩（编码 010301003）

钢管桩的项目特征应描述为地层情况，送桩深度、桩长，材质，管径、壁厚，桩倾斜度，沉桩方法，填充材料种类，防护材料种类。工作内容包括工作平台搭拆，桩机竖拆、移位，沉桩，接桩，送桩，切割钢管、精割盖帽，管内取土，填充材料、刷防护材料。工程量计算规则：以吨计量，按设计图示尺寸以质量计算；以根计量，按设计图示数量计算。

（4）截（凿）桩头（编码 010301004）

截（凿）桩头的项目特征应描述为桩类型，桩头截面、高度，混凝土强度等级，有无钢筋。工作内容包括截（切割）桩头、凿平、废料外运。工程量计算规则：以立方米计量，按设计桩截面乘以桩头长度以体积计算；以根计量，按设计图示数量计算。

2. 灌注桩（编码 010302）

（1）泥浆护壁成孔灌注桩（编码 010302001）

泥浆护壁成孔灌注桩的项目特征应描述为地层情况，空桩长度、桩长，桩径，成孔方法，护筒类型、长度，混凝土类别、强度等级。工作内容包括护筒埋设，成孔、固壁，混凝土制作、运输、灌注、养护，土方、废泥浆外运，打桩场地硬化及泥浆池、泥浆沟。工程量计算规则：以米计量，按设计图示尺寸以桩长（包括桩尖）计算；以立方米计量，按不同截面在桩长范围内以体积计算；以根计量，按设计图示数量计算。

（2）沉管灌注桩（编码 010302002）

沉管灌注桩的项目特征应描述为地层情况，空桩长度、桩长，复打长度，桩径，沉管方法，桩尖类型，混凝土类别、强度等级。工作内容包括打（沉）拔钢管，桩尖制作、安装，混凝土制作、运输、灌注、养护。工程量计算规则：以米计量，按设计图示尺寸以桩长（包括桩尖）计算；以立方米计量，按不同截面在桩长范围内以体积计算；以根计量，按设计图示数量计算。

（3）干作业成孔灌注桩（编码010302003）

干作业成孔灌注桩的项目特征应描述为地层情况，空桩长度、桩长，桩径，扩孔直径、高度，成孔方法，混凝土类别、强度等级。工作内容包括成孔、扩孔，混凝土制作、运输、灌注、振捣、养护。工程量计算规则：以米计量，按设计图示尺寸以桩长（包括桩尖）计算；以立方米计量，按不同截面在桩长范围内以体积计算；以根计量，按设计图示数量计算。

（4）挖孔桩土（石）方（编码010302004）

挖孔桩土（石）方的项目特征应描述为地层情况、挖孔深度、弃土（石）运距。工作内容包括排地表水，挖土、凿石，基底钎探，运输。工程量按设计图示尺寸（含护壁）截面积乘以挖孔深度以立方米计算。

（5）人工挖孔灌注桩（编码010302005）

人工挖孔灌注桩的项目特征应描述为桩芯长度，桩芯直径、扩底直径、扩底高度，护壁厚度、高度，护壁混凝土类别、强度等级，桩芯混凝土类别、强度等级。工作内容包括护壁制作，混凝土制作、运输、灌注、振捣、养护。工程量计算规则：以立方米计量，按桩芯混凝土体积计算；以根计量，按设计图示数量计算。

（6）钻孔压浆桩（编码010302006）

钻孔压浆桩的项目特征应描述为地层情况，空钻长度、桩长，钻孔直径，水泥强度等级。工作内容包括钻孔、下注浆管、投放骨料、浆液制作、运输、压浆。工程量计算规则：以米计量，按设计图示尺寸以桩长计算；以根计量，按设计图示数量计算。

（7）灌注桩后压浆（编码010302007）

桩底注浆的项目特征应描述为注浆导管材料、规格，注浆导管长度，单孔注浆量，水泥强度等级。工作内容包括注浆导管制作、安装，浆液制作、运输、压浆。工程量按设计图示以注浆孔数计算。

【例5-21】某工程采用预制钢筋混凝土方桩300根如图5-46所示，分上下两节。已知混凝土强度等级为C30，土壤级别为二类土。试计算该工程打预制钢筋混凝土方桩工程量。

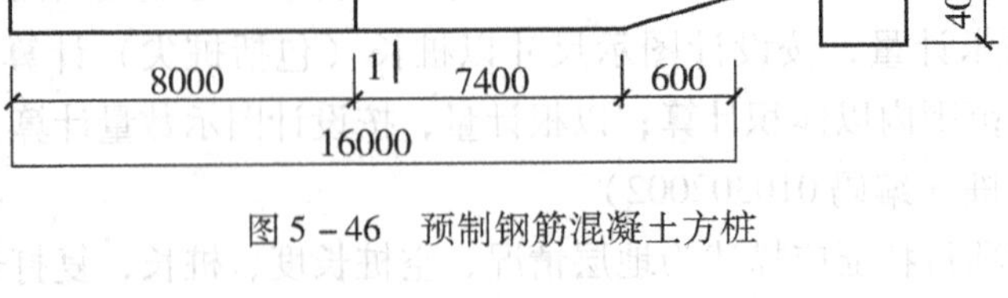

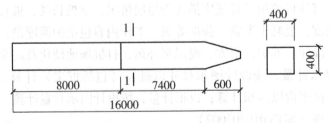

图5-46　预制钢筋混凝土方桩

解：打预制钢筋混凝土方桩项目编码010301001。

工程量清单数量计算如下：

$L=(8+8)\times300=4800$（m）

项目特征：二类土，单桩长度 8 m，断面 400 mm×400 mm，混凝土强度 C30。

如果是施工企业编制投标报价，按《广东省建筑与装饰工程综合定额 2010》规定，打预制钢筋混凝土方桩工程量按设计图示尺寸以桩长（包括桩尖）计算。

打预制钢筋混凝土方桩工程量：$(8+8)\times300=4800$（m）

钢筋混凝土方桩制作工程量：$4800\div100\times1.038\times16.61=827.58$（$m^3$）

接桩工程量：300 个

5.4.4 砌筑工程

砌筑工程在清单项目中包括砖砌体、砌块砌体、石砌体、垫层。

1. 砖砌体（编码 010401）

（1）砖基础（编码 010401001）

砖基础的项目特征应描述为砖品种、规格、强度等级，基础类型，砂浆强度等级，防潮层材料种类。工作内容包括砂浆制作、运输，砌砖，防潮层铺设，材料运输。工程量按设计图示尺寸以体积计算。包括附墙垛基础宽出部分体积，扣除地梁（圈梁）、构造柱所占体积，不扣除基础大放脚 T 形接头处的重叠部分及嵌入基础内的钢筋、铁件、管道、基础砂浆防潮层和单个面积在 0.3 m^2 以内的孔洞所占体积，靠墙暖气沟的挑檐不增加。基础长度：外墙按外墙中心线、内墙按内墙净长线计算。

（2）砖砌挖孔桩护壁（编码 010401002）

砖砌挖孔桩护壁的项目特征应描述为砖品种、规格、强度等级，砂浆强度等级。工作内容包括砂浆制作、运输，砌砖，材料运输。工程量按设计图示尺寸以立方米计算。

（3）实心砖墙（编码 010401003）、多孔砖墙（编码 010401004）、空心砖墙（编码 010401005）

项目特征应描述为砖品种、规格、强度等级，墙体类型，砂浆强度等级、配合比。工作内容包括砂浆制作、运输，砌砖，刮缝，砖压顶砌筑，材料运输。工程量按设计图示尺寸以体积计算。扣除门窗洞口、嵌入墙内的钢筋混凝土柱、梁、圈梁、挑梁、过梁及凹进墙内的壁龛、管槽、暖气槽、消火栓箱所占体积，不扣除梁头、板头、檩头、垫木、木楞头、沿椽木、木砖、门窗走头、砖墙内加固钢筋、木筋、铁件、钢管及单个面积在0.3 m^2 以内的孔洞所占的体积。凸出墙面的腰线、挑檐、压顶、窗台线、虎头砖、门窗套的体积亦不增加。凸出墙面的砖垛并入墙体体积内计算。

① 墙长度：外墙按中心线、内墙按净长计算。

② 墙高度：

a. 外墙：斜（坡）屋面无檐口天棚者算至屋面板底；有屋架且室内外均有天棚者算至屋架下弦底另加 200 mm；无天棚者算至屋架下弦底另加 300 mm，出檐宽度超过 600 mm 时按实砌高度计算；与钢筋混凝土楼板隔层者算至板顶。平屋顶算至钢筋混凝土板底。

b. 内墙：位于屋架下弦者，算至屋架下弦底；无屋架者算至天棚底另加 100 mm；有钢筋混凝土楼板隔层者算至楼板顶；有框架梁时算至梁底。

c. 女儿墙：从屋面板上表面算至女儿墙顶面（如有混凝土压顶时算至压顶下表面）。

d. 内、外山墙：按其平均高度计算。

③ 框架间墙：不分内外墙按墙体净尺寸以体积计算。

④ 围墙：高度算至压顶上表面（如有混凝土压顶时算至压顶下表面），围墙柱并入围墙体积内。

（4）空斗墙（编码 010401006）、空花墙（编码 010401007）、填充墙（编码 010401008）

项目特征应描述为砖品种、规格、强度等级，墙体类型，填充材料种类及厚度（填充墙），砂浆强度等级、配合比。工作内容包括砂浆制作、运输，砌砖，装填充料，刮缝，材料运输。空斗墙工程量按设计图示尺寸以空斗墙外形体积计算，墙角、内外墙交接处、门窗洞口立边、窗台砖、屋檐处的实砌部分体积并入空斗墙体积内。空花墙工程量按设计图示尺寸以空花部分外形体积计算，不扣除空洞部分体积。填充墙工程量按设计图示尺寸以填充墙外形体积计算。

（5）实心砖柱（编码 010401009）、多孔砖柱（编码 010401010）

项目特征应描述为砖品种、规格、强度等级，柱类型，砂浆强度等级、配合比。工作内容包括砂浆制作、运输，砌砖，刮缝，材料运输。工程量按设计图示尺寸以体积计算，扣除混凝土及钢筋混凝土梁垫、梁头、板头所占体积。

（6）砖检查井（编码 010401011）

砖检查井的项目特征应描述为井截面、深度，砖品种、规格、强度等级，垫层材料种类、厚度，底板厚度，井盖安装，混凝土强度等级，砂浆强度等级，防潮层材料种类。工作内容包括土方挖、运，砂浆制作、运输，铺设垫层，底板混凝土制作、运输、浇筑、振捣、养护，砌砖，刮缝，井池底、壁抹灰，抹防潮层，回填，材料运输。工程量按设计图示数量计算。

（7）零星砌砖（编码 010401012）

零星砌砖的项目特征应描述为零星砌砖名称、部位、深度，砖品种、规格、强度等级，砂浆强度等级、配合比。工作内容包括砂浆制作、运输，砌砖，刮缝，材料运输。工程量计算规则：以立方米计量，按设计图示尺寸截面积乘以长度计算；以平方米计量，按设计图示尺寸水平投影面积计算；以米计量，按设计图示尺寸长度计算；以个计量，按设计图示数量计算。

（8）砖散水、地坪（编码 010401013）

砖散水、地坪的项目特征应描述为砖品种、规格、强度等级，垫层材料种类、厚度，散水、地坪厚度，面层种类、厚度，砂浆强度等级。工作内容包括土方挖、运、填，地基找平、夯实，铺设垫层，砌砖散水、地坪，抹砂浆面层。工程量按设计图示尺寸以面积计算。

（9）砖地沟、明沟（编码 010401014）

砖地沟、明沟的项目特征应描述为砖品种、规格、强度等级，沟截面尺寸，垫层材料种类、厚度，混凝土强度等级，砂浆强度等级。工作内容包括土方挖、运、填，铺设垫层，底板混凝土制作、运输、浇筑、振捣、养护，砌砖，刮缝、抹灰，材料运输。工程量以米计量，按设计图示以中心线长度计算。

2. 砌块砌体（编码 010402）

（1）砌块墙（编码 010402001）

砌块墙的项目特征应描述为砌块品种、规格、强度等级，墙体类型，砂浆强度等级。工作内容包括砂浆制作、运输，砌砖、砌块，勾缝，材料运输。工程量按设计图示尺寸以体积计算。扣除门窗洞口、嵌入墙内的钢筋混凝土柱、梁、圈梁、挑梁、过梁及凹进墙内的壁龛、管槽、暖气槽、消火栓箱所占体积，不扣除梁头、板头、檩头、垫木、木楞头、沿椽木、木砖、门窗走头、砌块墙内加固钢筋、木筋、铁件、钢管及单个面积在 0.3 m^2 以内的孔洞所占的体积。凸出墙面的腰线、挑檐、压顶、窗台线、虎头砖、门窗套的体积亦不增加。凸出墙面的砖垛并入墙体体积内计算。墙长、墙高、框架间墙、围墙计算同实心砖墙。

（2）砌块柱（编码 010402002）

砌块柱的项目特征应描述为砌块品种、规格、强度等级，墙体类型，砂浆强度等级。工作内容包括砂浆制作、运输，砌砖、砌块，勾缝，材料运输。工程量按设计图示尺寸以体积计算，扣除混凝土及钢筋混凝土梁垫、梁头、板头所占体积。

3. 石砌体（编码 010403）

（1）石基础（编码 010403001）

石基础的项目特征应描述为石料种类、规格，基础类型，砂浆强度等级。工作内容包括砂浆制作、运输，吊装，砌石，防潮层铺设，材料运输。工程量按设计图示尺寸以体积计算，包括附墙垛基础宽出部分体积，不扣除基础砂浆防潮层及单个面积在 0.3 m^2 以内的孔洞所占体积，靠墙暖气沟的挑檐不增加体积。基础长度：外墙按中心线、内墙按净长计算。

（2）石勒脚（编码 010403002）

石勒脚的项目特征应描述为石料种类、规格，石表面加工要求，勾缝要求，砂浆强度等级、配合比。工作内容包括砂浆制作、运输，吊装，砌石，石表面加工，勾缝，材料运输。工程量按设计图示尺寸以体积计算，扣除单个面积在 0.3 m^2 以外的孔洞所占的体积。

（3）石墙（编码 010403003）

石墙的项目特征应描述为石料种类、规格，石表面加工要求，勾缝要求，砂浆强度等级、配合比。工作内容包括砂浆制作、运输，吊装，砌石，石表面加工，勾缝，材料运输。工程量按设计图示尺寸以体积计算。扣除门窗洞口、嵌入墙内的钢筋混凝土柱、梁、圈梁、挑梁、过梁及凹进墙内的壁龛、管槽、暖气槽、消火栓箱所占体积，不扣除梁头、板头、檩头、垫木、木楞头、沿椽木、木砖、门窗走头、石墙内加固钢筋、木筋、铁件、钢管及单个面积在 0.3 m^2 以内的孔洞所占的体积。凸出墙面的腰线、挑檐、压顶、窗台线、虎头砖、门窗套的体积亦不增加。凸出墙面的砖垛并入墙体体积内计算。墙长、墙高、围墙计算同实心砖墙。

（4）石挡土墙（编码 010403004）

项目特征应描述为石料种类、规格，石表面加工要求，勾缝要求，砂浆强度等级、配合比。工作内容包括砂浆制作、运输，吊装，砌石，变形缝、泄水孔、压顶抹灰，滤水层，勾缝，材料运输。工程量按设计图示尺寸以体积计算。

（5）石柱（编码 010403005）、石栏杆（编码 010403006）

项目特征应描述为石料种类、规格，石表面加工要求，勾缝要求，砂浆强度等级、配合比。工作内容包括砂浆制作、运输，吊装，砌石，石表面加工，勾缝，材料运输。石栏杆的工程量按设计图示以长度计算。石柱的工程量按设计图示尺寸以体积计算。

(6) 石护坡（编码 010403007）

石护坡的项目特征应描述为垫层材料种类、厚度，石料种类、规格，护坡厚度、高度，石表面加工要求，勾缝要求，砂浆强度等级、配合比。工作内容包括砂浆制作、运输，吊装，砌石，石表面加工，勾缝，材料运输。工程量按设计图示尺寸以体积计算。

(7) 石台阶（编码 010403008）

石台阶的项目特征应描述为垫层材料种类、厚度，石料种类、规格，护坡厚度、高度，石表面加工要求，勾缝要求，砂浆强度等级、配合比。工作内容包括铺设垫层，石料加工，砂浆制作、运输，砌石，石表面加工，勾缝，材料运输。工程量按设计图示尺寸以体积计算。

(8) 石坡道（编码 010403009）

石坡道的项目特征应描述为垫层材料种类、厚度，石料种类、规格，护坡厚度、高度，石表面加工要求，勾缝要求，砂浆强度等级、配合比。工作内容包括铺设垫层，石料加工，砂浆制作、运输，砌石，石表面加工，勾缝，材料运输。工程量按设计图示以水平投影面积计算。

(9) 石地沟、明沟（编码 0104030010）

石地沟、明沟的项目特征应描述为沟截面尺寸，土壤类别、运距，垫层材料种类、厚度，石料种类、规格，石表面加工要求，勾缝要求，砂浆强度等级、配合比。工作内容包括土方挖、运，砂浆制作、运输，铺设垫层，砌石，石表面加工，勾缝，回填，材料运输。工程量按设计图示以中心线长度计算。

4. 垫层（编码 010404）

垫层（编码 010404001）的项目特征应描述为垫层材料种类、配合比、厚度。工作内容包括垫层材料的拌制、垫层铺设、材料运输。工程量按设计图示尺寸以立方米计算。

5.4.5 混凝土及钢筋混凝土工程

混凝土及钢筋混凝土工程在清单项目中包括现浇混凝土基础，现浇混凝土柱，现浇混凝土梁，现浇混凝土墙，现浇混凝土板，现浇混凝土楼梯，现浇混凝土其他构件，后浇带，预制混凝土柱，预制混凝土梁，预制混凝土屋架，预制混凝土板，预制混凝土楼梯，其他预制构件，钢筋工程，螺栓、铁件。

1. 现浇混凝土基础（编码 010501）

(1) 垫层（编码 010501001）、带形基础（编码 010501002）、独立基础（编码 010501003）、满堂基础（编码 010501004）、桩承台基础（编码 010501005）

项目特征应描述为混凝土类别、混凝土强度等级。工作内容包括模板及支撑制作、安装、拆除、堆放、运输及清理模内杂物、刷隔离剂等，混凝土制作、运输、浇筑、振捣、养护。工程量按设计图示尺寸以体积计算。不扣除伸入承台基础的桩头所占体积。

(2) 设备基础（编码 010501006）

设备基础的项目特征应描述为混凝土种类，混凝土强度等级，灌浆材料、灌浆材料强度等级。工作内容包括模板及支撑制作、安装、拆除、堆放、运输及清理模内杂物、刷隔离剂等，混凝土制作、运输、浇筑、振捣、养护。工程量按设计图示尺寸以体积计算，不扣除伸入承台基础的桩头所占体积。

2. 现浇混凝土柱（编码010502）

矩形柱（编码010502001）、构造柱（编码010502002）、异形柱（编码010502003）

矩形柱和异构造柱的项目特征应描述为混凝土种类、混凝土强度等级，异形柱的项目特征应描述为柱形状、混凝土种类、混凝土强度等级。工作内容包括模板及支架（撑）制作、安装、拆除、堆放、运输及清理模内杂物、刷隔离剂等，混凝土制作、运输、浇筑、振捣、养护。工程量按设计图示尺寸以体积计算。具体计算方法同《广东省房屋建筑与装饰工程综合定额2018》现浇混凝土柱有关规定。

3. 现浇混凝土梁（编码010503）

基础梁（编码010503001），矩形梁（编码010503002），异形梁（编码010503003），圈梁（编码010503004），过梁（编码010503005），弧形、拱形梁（编码010503006）

项目特征应描述为混凝土种类、混凝土强度等级。工作内容包括模板及支架（撑）制作、安装、拆除、堆放、运输及清理模内杂物、刷隔离剂等，混凝土制作、运输、浇筑、振捣、养护。工程量按设计图示尺寸以体积计算。伸入墙内的梁头、梁垫并入梁体积内。计算公式为

$$V = S \times L \tag{5-16}$$

式中　V——现浇混凝土梁体积；

S——梁截面积，按图示尺寸计取；

L——梁长：梁与柱连接时，梁长算至柱侧面；主梁与次梁连接时，次梁长算至主梁侧面。

4. 现浇混凝土墙（编码010504）

直形墙（编码010504001）、弧形墙（编码010504002）、短肢剪力墙（编码010504003）、挡土墙（编码010504004）

项目特征应描述为混凝土种类、混凝土强度等级。工作内容包括模板及支架（撑）制作、安装、拆除、堆放、运输及清理模内杂物、刷隔离剂等，混凝土制作、运输、浇筑、振捣、养护。工程量按设计图示尺寸以体积计算。扣除门窗洞口及单个面积在0.3 m^2 以外的孔洞所占体积，墙垛及突出墙面部分并入墙体体积计算。

5. 现浇混凝土板（编码010505）

有梁板（编码010505001），无梁板（编码010505002），平板（编码010505003），拱板（编码010505004），薄壳板（编码010505005），栏板（编码010505006），天沟（檐沟）、挑檐板（编码010505007），雨篷、悬挑板、阳台板（编码010505008），空心板（编码010505009），其他板（编码010505010）

项目特征应描述为混凝土种类、混凝土强度等级。工作内容包括模板及支架（撑）制作、安装、拆除、堆放、运输及清理模内杂物、刷隔离剂等，混凝土制作、运输、浇筑、振捣、养护。有梁板、无梁板、平板、拱板、薄壳板、栏板工程量按设计图示尺寸以体积计算，不扣除单个面积在0.3 m^2 以内的柱、垛以及孔洞所占体积。压形钢板混凝土楼板扣除构件内压形钢板所占体积。有梁板（包括主、次梁与板）按梁、板体积之和计

算，无梁板按板和柱帽体积之和计算，各类板伸入墙内的板头并入板体积内，薄壳板的肋、基梁并入薄壳体积内计算。雨篷、悬挑板、阳台板工程量按设计图示尺寸以墙外部分体积计算，包括伸出墙外的牛腿和雨篷反挑檐的体积。天沟（檐沟）、挑檐板、空心板和其他板工程量按设计图示尺寸以体积计算，空心板（GBF 高强薄壁蜂巢芯板等）应扣除空心部分体积。现浇挑檐、天沟板、雨篷、阳台与板（包括屋面板、楼板）连接时，以外墙外边线为分界线；与圈梁（包括其他梁）连接时，以梁外边线为分界线。外边线以外为挑檐、天沟、雨篷或阳台。

6. 现浇混凝土楼梯（编码 010506）

直形楼梯（编码 010506001）、弧形楼梯（编码 010506002）

项目特征应描述为混凝土种类、混凝土强度等级。工作内容包括模板及支架（撑）制作、安装、拆除、堆放、运输及清理模内杂物、刷隔离剂等，混凝土制作、运输、浇筑、振捣、养护。工程量计算规则：以平方米计量，按设计图示尺寸以水平投影面积计算，不扣除宽度在 500 mm 以内的楼梯井，伸入墙内部分不计算；以立方米计量，按设计图示尺寸以体积计算。

7. 现浇混凝土其他构件（编码 010507）

（1）散水、坡道（编码 010507001），室外地坪（编码 010507002）

散水、坡道的项目特征应描述为垫层材料种类、厚度，面层厚度，混凝土种类，混凝土强度等级，变形缝填塞材料种类。室外地坪的项目特征应描述为地坪厚度、混凝土强度等级。工作内容包括地基夯实，铺设垫层，模板及支撑制作、安装、拆除、堆放、运输及清理模内杂物、刷隔离剂等，混凝土制作、运输、浇筑、振捣、养护，变形缝填塞。工程量按设计图示尺寸以水平投影面积计算，不扣除单个面积在 0.3 m^2 以内的孔洞所占面积。

（2）电缆沟、地沟（编码 010507003）

电缆沟、地沟的项目特征应描述为土壤类别，沟截面净空尺寸，垫层材料种类、厚度，混凝土种类，混凝土强度等级，防护材料种类。工作内容包括挖填、运土石方，铺设垫层，模板及支撑制作、安装、拆除、堆放、运输及清理模内杂物、刷隔离剂等，混凝土制作、运输、浇筑、振捣、养护，刷防护材料。工程量按设计图示以中心线长计算。

（3）台阶（编码 010507004）

台阶的项目特征应描述为踏步高、宽，混凝土种类、混凝土强度等级。工作内容包括模板及支撑制作、安装、拆除、堆放、运输及清理模内杂物、刷隔离剂等，混凝土制作、运输、浇筑、振捣、养护。工程量计算规则：以平方米计量，按设计图示尺寸水平投影面积计算；以立方米计量，按设计图示尺寸以体积计算。

（4）扶手、压顶（编码 010507005）

扶手、压顶的项目特征应描述为断面尺寸、混凝土种类、混凝土强度等级。工作内容包括模板及支架（撑）制作、安装、拆除、堆放、运输及清理模内杂物、刷隔离剂等，混凝土制作、运输、浇筑、振捣、养护。工程量计算规则：以米计量，按设计图示的中心线延长米计算；以立方米计量，按设计图示尺寸以体积计算。

（5）化粪池、检查井（编码 010507006）

化粪池、检查井的项目特征应描述为部位，混凝土强度等级，防水、抗渗要求。工作内容包括模板及支架（撑）制作、安装、拆除、堆放、运输及清理模内杂物、刷隔离剂等，混凝土制作、运输、浇筑、振捣、养护。工程量按设计图示尺寸以体积计算；以座计量，按设计图示数量计算。

（6）其他构件（编码010507007）

其他构件的项目特征应描述为构件的类型、构件规格、部位、混凝土种类、混凝土强度等级。工作内容包括模板及支架（撑）制作、安装、拆除、堆放、运输及清理模内杂物、刷隔离剂等，混凝土制作、运输、浇筑、振捣、养护。工程量按设计图示尺寸以体积计算；以座计量，按设计图示数量计算。

8. 后浇带（编码010508）

后浇带（编码010508001）的项目特征应描述为混凝土种类、混凝土强度等级。工作内容包括模板及支架（撑）制作、安装、拆除、堆放、运输及清理模内杂物、刷隔离剂等，混凝土制作、运输、浇筑、振捣、养护及混凝土交接面、钢筋等的清理。工程量按设计图示尺寸以体积计算。

9. 预制混凝土柱（编码010509）

矩形柱（编码010509001）、异形柱（编码010509002）

项目特征应描述为图代号，单件体积，安装高度，混凝土强度等级，砂浆（细石混凝土）强度等级、配合比。工作内容包括模板制作、安装、拆除、堆放、运输及清理模内杂物、刷隔离剂等，混凝土制作、运输、浇筑、振捣、养护，构件运输、安装，砂浆制作、运输，接头灌缝、养护。工程量计算规则：以立方米计量，按设计图示尺寸以体积计算；以根计量，按设计图示尺寸以数量计算。

10. 预制混凝土梁（编码010510）

矩形梁（编码010510001）、异形梁（编码010510002）、过梁（编码010510003）、拱形梁（编码010510004）、鱼腹式吊车梁（编码010510005）、其他梁（编码010510006）

项目特征应描述为图代号，单件体积，安装高度，混凝土强度等级，砂浆（细石混凝土）强度等级、配合比。工作内容包括模板制作、安装、拆除、堆放、运输及清理模内杂物、刷隔离剂等，混凝土制作、运输、浇筑、振捣、养护，构件运输、安装，砂浆制作、运输，接头灌缝、养护。工程量计算规则：以立方米计量，按设计图示尺寸以体积计算；以根计量，按设计图示尺寸以数量计算。

11. 预制混凝土屋架（编码010511）

折线型屋架（编码010511001）、组合屋架（编码010511002）、薄腹屋架（编码010511003）、门式钢架屋架（编码010511004）、天窗架屋架（编码010511005）

项目特征应描述为图代号，单件体积，安装高度，混凝土强度等级，砂浆（细石混凝土）强度等级、配合比。工作内容包括模板制作、安装、拆除、堆放、运输及清理模内杂物、刷隔离剂等，混凝土制作、运输、浇筑、振捣、养护，构件运输、安装，砂浆制作、运输，接头灌缝、养护。工程量计算规则：以立方米计量，按设计图示尺寸以体积计算；以榀计量，按设计图示尺寸以数量计算。

12. 预制混凝土板（编码010512）

平板（编码010512001），空心板（编码010512002），槽形板（编码010512003），网架板（编码010512004），折线板（编码010512005），带肋板（编码010512006），大型板（编码010512007），沟盖板、井盖板、井圈（编码010512008）

平板、空心板、槽形板、网架板、折线板、带肋板、大型板项目特征应描述图代号，单件体积，安装高度，混凝土强度等级，砂浆（细石混凝土）强度等级、配合比。沟盖板、井盖板、井圈项目特征应描述单件体积，安装高度，混凝土强度等级，砂浆（细石混凝土）强度等级、配合比。工作内容包括模板制作、安装、拆除、堆放、运输及清理模内杂物、刷隔离剂等，混凝土制作、运输、浇筑、振捣、养护，构件运输、安装，砂浆制作、运输，接头灌缝、养护。其中平板、空心板、槽形板、网架板、折线板、带肋板、大型板工程量计算规则：以立方米计量，按设计图示尺寸以体积计算，不扣除单个面积在300 mm×300 mm以内的孔洞所占体积，扣除空心板空洞体积；以块计量，按设计图示尺寸以数量计算。沟盖板、井盖板、井圈工程量计算规则：以立方米计量，按设计图示尺寸以体积计算；以块计量，按设计图示尺寸以数量计算。

13. 预制混凝土楼梯（编码010513）

预制混凝土楼梯（编码010513001）的项目特征应描述为楼梯类型、单件体积、混凝土强度等级、砂浆（细石混凝土）强度等级。工作内容包括模板制作、安装、拆除、堆放、运输及清理模内杂物、刷隔离剂等，混凝土制作、运输、浇筑、振捣、养护，构件运输、安装，砂浆制作、运输，接头灌缝、养护。工程量计算规则：以立方米计量，按设计图示尺寸以体积计算，扣除空心踏步板空洞体积；以块计量，按设计图示数量计算。

14. 其他预制构件（编码010514）

垃圾道、通风道、烟道（编码010514001），其他构件（编码010514002）

垃圾道、通风道、烟道的项目特征应描述为单件体积、混凝土强度等级、砂浆强度等级。其他构件的项目特征应描述为单件体积、构件的类型、混凝土强度等级、砂浆强度等级。工作内包括模板制作、安装、拆除、堆放、运输及清理模内杂物、刷隔离剂等，混凝土制作、运输、浇筑、振捣、养护，构件运输、安装，砂浆制作、运输，接头灌缝、养护，酸洗、打蜡。工程量计算规则：以立方米计量，按设计图示尺寸以体积计算，不扣除单个面积在300 mm×300 mm以内的孔洞所占体积，扣除烟道、垃圾道、通风道的孔洞所占体积；以平方米计量，按设计图示尺寸以面积计算，不扣除单个面积在300 mm×300 mm以内的孔洞所占面积；以根计量，按设计图示尺寸以数量计算。

15. 钢筋工程（编码010515）

钢筋工程的清单项目包括现浇构件钢筋、预制构件钢筋、钢筋网片、钢筋笼、先张法预应力钢筋、后张法预应力钢筋、预应力钢丝、预应力钢绞线、支撑钢筋（铁马）、声测管十个项目。工程量按设计图示钢筋（网、丝束、绞线）长度（面积）乘单位理论质量计算。具体计算方法同《广东省建筑与装饰工程综合定额2010》钢筋工程量计算有关规定。

16. 螺栓、铁件（编码010516）

螺栓、铁件的工程量清单项目包括螺栓、预埋铁件和机械连接。螺栓、铁件的工程量按设计图示尺寸以质量计算，机械连接的工程量按数量计算。

5.4.6 金属结构工程

金属结构工程在清单项目中包括钢网架，钢屋架、钢托架、钢桁架、钢桥架，钢柱，钢梁，钢板楼板、墙板，钢构件，金属制品。

1. 钢网架（编码 010601）

钢网架（编码 010601001）的项目特征应描述为钢材品种、规格，网架节点形式、连接方式，网架跨度、安装高度，探伤要求，防火要求。工作内容包括拼装、安装、探伤，补刷油漆。工程量按设计图示尺寸以质量计算，不扣除孔眼的质量，焊条、铆钉、螺栓等不另增加质量。

2. 钢屋架、钢托架、钢桁架、钢桥架（编码 010602）

（1）钢屋架（编码 010602001）

钢屋架的项目特征应描述为钢材品种、规格，单榀质量，屋架跨度、安装高度，螺栓种类，探伤要求，防火要求。工作内容包括拼装、安装、探伤、补刷油漆。工程量计算规则：以榀计量，按设计图示数量计算；以吨计量，按设计图示尺寸以质量计算，不扣除孔眼的质量，焊条、铆钉、螺栓等不另增加质量。

（2）钢托架（编码 010602002）、钢桁架（编码 010602003）

项目特征应描述为钢材品种、规格，单榀质量，安装高度，螺栓种类，探伤要求，防火要求。工作内容包括拼装、安装、探伤、补刷油漆。工程量按设计图示尺寸以质量计算，不扣除孔眼的质量，焊条、铆钉、螺栓等不另增加质量。

（3）钢桥架（编码 010602004）

钢桥架的项目特征应描述为桥类型，钢材品种、规格，单榀质量，安装高度，螺栓种类，探伤要求。工作内容包括拼装、安装、探伤、补刷油漆。工程量按设计图示尺寸以质量计算，不扣除孔眼的质量，焊条、铆钉、螺栓等不另增加质量。

3. 钢柱（编码 010603）

（1）实腹钢柱（编码 010603001）、空腹钢柱（编码 010603002）

项目特征应描述为柱类型，钢材品种、规格，单根柱质量，螺栓种类，探伤要求，防火要求。工作内容包括拼装、安装、探伤、补刷油漆。工程量按设计图示尺寸以质量计算，不扣除孔眼的质量，焊条、铆钉、螺栓等不另增加质量，依附在钢柱上的牛腿及悬臂梁等并入钢柱工程量内。

（2）钢管柱（编码 010603003）

钢管柱项目特征应描述为钢材品种、规格，单根柱质量，螺栓种类，探伤要求，防火要求。工作内容包括拼装、安装、探伤、补刷油漆。工程量按设计图示尺寸以质量计算，不扣除孔眼的质量，焊条、铆钉、螺栓等不另增加质量，钢管柱上的节点板、加强环、内衬管、牛腿等并入钢管柱工程量内。

4. 钢梁（编码 010604）

（1）钢梁（编码 010604001）

钢梁的项目特征应描述为梁类型，钢材品种、规格，单根质量，螺栓种类，安装高度，探伤要求，防火要求。工作内容包括拼装、安装、探伤、补刷油漆。工程量按设计图示尺寸以质量计算，不扣除孔眼的质量，焊条、铆钉、螺栓等不另增加质量，制动梁、制动板、制动桁架、车挡并入钢梁工程量内。

（2）钢吊车梁（编码 010604002）

钢吊车梁的项目特征应描述为钢材品种、规格，单根质量，螺栓种类，安装高度，探伤要求，防火要求。工作内容包括拼装、安装、探伤、补刷油漆。工程量按设计图示尺寸以质量计算，不扣除孔眼的质量，焊条、铆钉、螺栓等不另增加质量，制动梁、制动板、制动桁架、车挡并入钢吊车梁工程量内。

5. 钢板楼板、墙板（编码 010605）

（1）钢板楼板（编码 010605001）

钢板楼板的项目特征应描述为钢材品种、规格，钢板厚度，螺栓种类，防火要求。工作内容包括拼装、安装、探伤、补刷油漆。工程量按设计图示尺寸以铺设水平投影面积计算，不扣除单个面积在 $0.3\ m^2$ 以内的柱、垛及孔洞所占面积。

（2）钢板墙板（编码 010605002）

钢板墙板的项目特征应描述为钢材品种、规格，钢板厚度、复合板厚度，螺栓种类，复合板夹芯材料种类、层数、型号、规格，防火要求。工作内容包括拼装、安装、探伤、补刷油漆。工程量按设计图示尺寸以铺挂展开面积计算，不扣除单个面积在 $0.3\ m^2$ 以内的梁、孔洞所占面积，包角、包边、窗台泛水等不另加面积。

6. 钢构件（编码 010606）

钢构件清单项目包括钢支撑、钢拉条、钢檩条、钢天窗架、钢挡风架、钢墙架、钢平台、钢走道、钢梯、钢护栏、钢漏斗、钢板天沟、钢支架、零星钢构件。工作内容包括拼装、安装、探伤，补刷油漆。工程量按设计图示尺寸以质量计算，不扣除孔眼的质量，焊条、铆钉、螺栓等不另增加质量，依附漏斗或天沟的型钢并入漏斗或天沟工程量内。

7. 金属制品（编码 010607）

（1）成品空调金属百页护栏（编码 010607001）

成品空调金属百页护栏的项目特征应描述为材料品种、规格，边框材质。工作内容包括安装、校正、预埋铁件及安螺栓。工程量按设计图示尺寸以框外围展开面积计算。

（2）成品栅栏（编码 010607002）

成品栅栏的项目特征应描述为材料品种、规格，边框及立柱型钢品种、规格。工作内容包括安装、校正、预埋铁件、安螺栓及金属立柱。工程量按设计图示尺寸以框外围展开面积计算。

（3）成品雨篷（编码 010607003）

成品雨篷的项目特征应描述为材料品种、规格，雨篷宽度，晾衣杆品种、规格。工作内容包括安装、校正、预埋铁件及安螺栓。工程量计算规则：以米计量，按设计图示接触边以米计算；以平方米计量，按设计图示尺寸以展开面积计算。

（4）金属网栏（编码 010607004）

金属网栏的项目特征应描述为材料品种、规格，边框及立柱型钢品种、规格。工作内容包括安装、校正、安螺栓及金属立柱。工程量按设计图示尺寸以框外围展开面积计算。

（5）砌块墙钢丝网加固（编码 010607005）、后浇带金属网（编码 010607006）

项目特征应描述为材料品种、规格，加固方式。工作内容包括铺贴、铆固。工程量按设计图示尺寸以面积计算。

5.4.7 木结构工程

木结构工程在清单项目中包括木屋架、木构件、屋面木基层。

1. 木屋架（编码 010701）

（1）木屋架（编码 010701001）

木屋架的项目特征应描述为跨度，材料品种、规格，刨光要求，拉杆及夹板种类，防护材料种类。工作内容包括制作、运输、安装、刷防护材料。工程量计算规则：以榀计量，按设计图示数量计算；以立方米计量，按设计图示的规格尺寸以体积计算。

（2）钢木屋架（编码 010701002）

钢木屋架的项目特征应描述为跨度，木材品种、规格，刨光要求，钢材品种、规格，防护材料种类。工作内容包括制作、运输、安装、刷防护材料。工程量以榀计量，按设计图示数量计算。

2. 木构件（编码 010702）

（1）木柱（编码 010702001）、木梁（编码 010702002）

项目特征应描述为构件规格尺寸、木材种类、刨光要求、防护材料种类。工作内容包括制作、运输、安装、刷防护材料。工程量按设计图示尺寸以体积计算。

（2）木檩（编码 010702003）

木檩的项目特征应描述为构件规格尺寸、木材种类、刨光要求、防护材料种类。工作内容包括制作、运输、安装、刷防护材料。工程量计算规则：以立方米计量，按设计图示尺寸以体积计算；以米计量，按设计图示尺寸以长度计算。

（3）木楼梯（编码 010702004）

木楼梯的项目特征应描述为楼梯形式、木材种类、刨光要求、防护材料种类。工作内容包括制作、运输、安装、刷防护材料。工程量按设计图示尺寸以水平投影面积计算，不扣除宽度在 300 mm 以内的楼梯井，伸入墙内部分不计算。

（4）其他木构件（编码 010702005）

其他木构件的项目特征应描述为构件名称、构件规格尺寸、木材种类、刨光要求、防护材料种类。工作内容包括制作、运输、安装、刷防护材料。工程量计算规则：以立方米计量，按设计图示尺寸以体积计算；以米计量，按设计图示尺寸以长度计算。

3. 屋面木基层（编码 010703）

屋面木基层（编码 010703001）的项目特征应描述为椽子断面尺寸及椽距，望板材料种类、厚度，防护材料种类。工作内容包括椽子制作、安装，望板制作、安装，顺水条和挂瓦条制作、安装，刷防护材料。工程量计算规则：按设计图示尺寸以斜面积计算，不扣除房上烟囱、风帽底座、风道、小气窗、斜沟等所占面积，小气窗的出檐部分不增加面积。

5.4.8 门窗工程

门窗工程在清单项目中包括木门，金属门，金属卷帘（闸）门，厂库房大门、特种门，其他门，木窗，金属窗，门窗套，窗台板，窗帘、窗帘盒、轨。

1. 木门（编码 010801）

（1）木质门（编码 010801001）、木质门带套（编码 010801002）、木质连窗门（编码 010801003）、木质防火门（编码 010801004）

项目特征应描述为门代号及洞口尺寸，镶嵌玻璃品种、厚度。工作内容包括门安装、玻璃安装、五金安装。工程量计算规则：以樘计量，按设计图示数量计算；以平方米计量，按设计图示洞口尺寸以面积计算。

（2）木门框（编码010801005）

木门框的项目特征应描述为门代号及洞口尺寸、框截面尺寸、防护材料种类。工作内容包括木门框制作、安装，运输，刷防护材料。工程量计算规则：以樘计量，按设计图示数量计算；以米计量，按设计图示框的中心线以延长米计算。

（3）门锁安装（编码010801006）

门锁安装的项目特征应描述为锁品种、锁规格。工作内容：安装。工程量按设计图示数量计算。

2. 金属门（编码010802）

金属（塑钢）门（编码010802001）、彩板门（编码010802002）、钢质防火门（编码010802003）、防盗门（编码010802004）

金属（塑钢）门的项目特征应描述为门代号及洞口尺寸，门框或扇外围尺寸，门框、扇材质，玻璃品种、厚度。彩板门的项目特征应描述为门代号及洞口尺寸、门框或扇外围尺寸。钢质防火门和防盗门的项目特征应描述为门代号及洞口尺寸，门框或扇外围尺寸，门框、扇材质。金属（塑钢）门、彩板门和钢质防火门工作内容包括门安装、五金安装、玻璃安装。防盗门工作内容包括门安装、五金安装。工程量计算规则：以樘计量，按设计图示数量计算；以平方米计量，按设计图示洞口尺寸以面积计算。

3. 金属卷帘（闸）门（编码010803）

金属卷帘（闸）门（编码010803001）、防火卷帘（闸）门（编码010803002）

项目特征应描述为门代号及洞口尺寸，门材质，启动装置品种、规格。工作内容包括门运输、安装，启动装置、活动小门、五金安装。工程量计算规则：以樘计量，按设计图示数量计算；以平方米计量，按设计图示洞口尺寸以面积计算。

4. 厂库房大门、特种门（编码010804）

（1）木板大门（编码010804001）、钢木大门（编码010804002）、全钢板大门（编码010804003）

项目特征应描述为门代号及洞口尺寸，门框或扇外围尺寸，门框、扇材质，五金种类、规格，防护材料种类。工作内容包括门（骨架）制作、运输，门、五金配件安装，刷防护材料。工程量计算规则：以樘计量，按设计图示数量计算；以平方米计量，按设计图示洞口尺寸以面积计算。

（2）防护铁丝门（编码010804004）

防护铁丝门的项目特征应描述为门代号及洞口尺寸，门框或扇外围尺寸，门框、扇材质，五金种类、规格，防护材料种类。工作内容包括门（骨架）制作、运输，门、五金配件安装，刷防护材料。工程量计算规则：以樘计量，按设计图示数量计算；以平方米计量，按设计图示门框或扇以面积计算。

（3）金属格栅门（编码010804005）

金属格栅门的项目特征应描述为门代号及洞口尺寸，门框或扇外围尺寸，门框、扇材质，启动装置的品种、规格。工作内容包括门安装，启动装置、五金配件安装。工程量计算规则：以樘计量，按设计图示数量计算；以平方米计量，按设计图示洞口尺寸以面积计算。

（4）钢质花饰大门（编码 010804006）

钢质花饰大门的项目特征应描述为门代号及洞口尺寸，门框或扇外围尺寸，门框、扇材质。工作内容包括门安装、五金配件安装。工程量计算规则：以樘计量，按设计图示数量计算；以平方米计量，按设计图示门框或扇以面积计算。

（5）特种门（编码 010804006）

特种门的项目特征应描述为门代号及洞口尺寸，门框或扇外围尺寸，门框、扇材质。工作内容包括门安装、五金配件安装。工程量计算规则：以樘计量，按设计图示数量计算；以平方米计量，按设计图示洞口尺寸以面积计算。

5．其他门（编码 010805）

（1）电子感应门（编码 010805001）、旋转门（编码 010805002）

项目特征应描述为门代号及洞口尺寸，门框或扇外围尺寸，门框、扇材质，玻璃品种、厚度，启动装置品种、规格，电子配件品种、规格。工作内容包括门安装，启动装置、五金、电子配件安装。工程量计算规则：以樘计量，按设计图示数量计算；以平方米计量，按设计图示洞口尺寸以面积计算。

（2）电子对讲门（编码 010805003）、电动伸缩门（编码 010805004）

项目特征应描述为门代号及洞口尺寸，门框或扇外围尺寸，门材质，玻璃品种、厚度，启动装置的品种、规格，电子配件品种、规格。工作内容包括门安装，启动装置、五金、电子配件安装。工程量计算规则：以樘计量，按设计图示数量计算；以平方米计量，按设计图示洞口尺寸以面积计算。

（3）全玻自由门（编码 010805005）

全玻自由门的项目特征应描述为门代号及洞口尺寸，门框或扇外围尺寸，框材质，玻璃品种、厚度。工作内容包括门安装、五金安装。工程量计算规则：以樘计量，按设计图示数量计算；以平方米计量，按设计图示洞口尺寸以面积计算。

（4）镜面不锈钢饰面门（编码 010805006）、复合材料门（编码 010805007）

项目特征应描述为门代号及洞口尺寸，门框或扇外围尺寸，框、扇材质，玻璃品种、厚度。工作内容包括门安装、五金安装。工程量计算规则：以樘计量，按设计图示数量计算；以平方米计量，按设计图示洞口尺寸以面积计算。

6．木窗（编码 010806）

（1）木质窗（编码 010806001）、木飘（凸）窗（编码 010806002）

木质窗的项目特征应描述为窗代号及洞口尺寸，玻璃品种、厚度。工作内容包括窗安装，五金、玻璃安装。工程量计算规则：以樘计量，按设计图示数量计算；以平方米计量，木质窗按设计图示洞口尺寸以面积计算，木飘（凸）窗按设计图示尺寸以框外围展开面积计算。

（2）木橱窗（编码 010806003）

木橱窗的项目特征应描述为窗代号，框截面及外围展开面积，玻璃品种、厚度，防护材料种类。工作内容包括窗制作、运输、安装，五金、玻璃安装，刷防护材料。工程量计算规则：以樘计量，按设计图示数量计算；以平方米计量，按设计图示尺寸以框外围展开面积计算。

(3) 木纱窗（编码 010806004）

木纱窗的项目特征应描述为窗代号及框的外围，窗纱材料品种、规格。工作内容包括窗安装，五金、玻璃安装。工程量计算规则：以樘计量，按设计图示数量计算；以平方米计量，按框的外围尺寸以面积计算。

7. 金属窗（编码 010807）

(1) 金属（塑钢、断桥）窗（编码 010807001）、金属防火窗（编码 010807002）、金属百叶窗（编码 010807003）

项目特征应描述为窗代号及洞口尺寸，框、扇材质，玻璃品种、厚度。金属（塑钢、断桥）窗、金属防火窗的工作内容包括窗安装，五金、玻璃安装。金属百叶窗的工作内容包括窗安装、五金安装。工程量计算规则：以樘计量，按设计图示数量计算；以平方米计量，按设计图示洞口尺寸以面积计算。

(2) 金属纱窗（编码 010807004）

金属纱窗的项目特征应描述为窗代号及框的外围尺寸，框材质，窗纱材料品种、规格。工作内容包括窗安装、五金安装。工程量计算规则：以樘计量，按设计图示数量计算；以平方米计量，按框的外围尺寸以面积计算。

(3) 金属格栅窗（编码 010807005）

金属格栅窗的项目特征应描述为窗代号及洞口尺寸，框外围尺寸，框、扇材质。工作内容包括窗安装、五金安装。工程量计算规则：以樘计量，按设计图示数量计算；以平方米计量，按设计图示洞口尺寸以面积计算。

(4) 金属（塑钢、断桥）橱窗（编码 010807006）

金属（塑钢、断桥）橱窗的项目特征应描述为窗代号，框外围展开面积，框、扇材质，玻璃品种、厚度，防护材料种类。工作内容包括窗制作、运输、安装，五金、玻璃安装，刷防护材料。工程量计算规则：以樘计量，按设计图示数量计算；以平方米计量，按设计图示尺寸以框外围展开面积计算。

(5) 金属（塑钢、断桥）飘（凸）窗（编码 010807007）

金属（塑钢、断桥）飘（凸）窗金属（塑钢、断桥）的项目特征应描述为窗代号，框外围展开面积，框、扇材质，玻璃品种、厚度。工作内容包括窗安装，五金、玻璃安装。工程量计算规则：以樘计量，按设计图示数量计算；以平方米计量，按设计图示尺寸以框外围展开面积计算。

(6) 彩板窗（编码 010807008）、复合材料窗（编码 010807009）

项目特征应描述为窗代号及洞口尺寸，框外围尺寸，框、扇材质，玻璃品种、厚度。工作内容包括窗安装，五金、玻璃安装。工程量计算规则：以樘计量，按设计图示数量计算；以平方米计量，按设计图示洞口尺寸或框外围以面积计算。

8. 门窗套（编码 010808）

(1) 木门窗套（编码 010808001）、木筒子板（编码 010808002）、饰面夹板筒子板（编码 010808003）

木门窗套的项目特征应描述为窗代号及洞口尺寸，门窗套展开宽度，基层材料种类，面层材料品种、规格，线条品种、规格，防护材料种类。木筒子板和饰面夹板筒子板的项目特征应描述为筒子板宽度，基层材料种类，面层材料品种、规格，线条品种、规格，防护材料种类。工作内容包括清理基层，立筋制作、安装，基层板安装，面层铺贴，线条安装，刷防护材料。工程量计算规则：以樘计量，按设计图示数量计算；以平方米计量，按设计图示尺寸以展开面积计算；以米计量，按设计图示中心以延长米计算。

（2）金属门窗套（编码010808004）

金属门窗套的项目特征应描述为窗代号及洞口尺寸，门窗套展开宽度，基层材料种类，面层材料品种、规格，防护材料种类。工作内容包括清理基层，立筋制作、安装，基层板安装，面层铺贴，刷防护材料。工程量计算规则：以樘计量，按设计图示数量计算；以平方米计量，按设计图示尺寸以展开面积计算；以米计量，按设计图示中心以延长米计算。

（3）石材门窗套（编码010808005）

石材门窗套的项目特征应描述为窗代号及洞口尺寸，门窗套展开宽度，黏结层厚度、砂浆配合比，面层材料品种、规格，线条品种、规格。工作内容包括清理基层，立筋制作、安装，基层抹灰，面层铺贴，线条安装。工程量计算规则：以樘计量，按设计图示数量计算；以平方米计量，按设计图示尺寸以展开面积计算；以米计量，按设计图示中心以延长米计算。

（4）门窗木贴脸（编码010808006）

门窗木贴脸的项目特征应描述为门窗代号及洞口尺寸，贴脸板宽度，防护材料种类。工作内容：安装。工程量计算规则：以樘计量，按设计图示数量计算；以米计量，按设计图示尺寸以延长米计算。

（5）成品木门窗套（编码010808007）

成品木门窗套的项目特征应描述为窗代号及洞口尺寸，门窗套展开宽度，门窗套材料品种、规格。工作内容包括清理基层，立筋制作、安装，板安装。工程量计算规则：以樘计量，按设计图示数量计算；以平方米计量，按设计图示尺寸以展开面积计算；以米计量，按设计图示中心以延长米计算。

9．窗台板（编码010809）

（1）木窗台板（编码010809001）、铝塑窗台板（编码010809002）、金属窗台板（编码010809003）

项目特征应描述为基层材料种类，窗台面板材质、规格、颜色，防护材料种类。工作内容包括基层清理，基层制作、安装，窗台板制作、安装，刷防护材料。工程量按设计图示尺寸以展开面积计算。

（2）石材窗台板（编码010809004）

石材窗台板的项目特征应描述为黏结层厚度、砂浆配合比，窗台面板材质、规格、颜色。工作内容包括基层清理，抹找平层，窗台板制作、安装。工程量按设计图示尺寸以展开面积计算。

10．窗帘、窗帘盒、轨（编码010810）

（1）窗帘（编码010810001）

窗帘的项目特征应描述为窗帘材质，窗帘高度、宽度，窗帘层数，带幔要求。工作内容包括制作、运输，安装。工程量计算规则：以米计量，按设计图示尺寸以成活后长度计算；以平方米计量，按图示尺寸以成活后展开面积计算。

（2）木窗帘盒（编码010810002）、饰面夹板、塑料窗帘盒（编码010810003）、铝合金窗帘盒（编码010810004）、窗帘轨（编码010810005）

木窗帘盒、饰面夹板、塑料窗帘盒、铝合金窗帘盒的项目特征应描述为窗帘盒材质、规格，防护材料种类；窗帘轨的项目特征应描述为窗帘轨材质、规格，轨的数量，防护材料种类。工作内容包括制作、运输、安装，刷防护材料。工程量按设计图示尺寸以长度计算。

5.4.9 屋面及防水工程

屋面及防水工程在清单项目中包括瓦、型材及其他屋面，屋面防水及其他，墙面防水、防潮，楼（地）面防水、防潮。

1. 瓦、型材及其他屋面（编码010901）

（1）瓦屋面（编码010901001）

瓦屋面的项目特征应描述为瓦品种、规格，黏结层砂浆的配合比。工作内容包括砂浆制作、运输、摊铺、养护，安瓦、作瓦脊。工程量按设计图示尺寸以斜面积计算，不扣除房上烟囱、风帽底座、风道、小气窗、斜沟等所占面积，小气窗的出檐部分不增加面积。

（2）型材屋面（编码010901002）

型材屋面的项目特征应描述为型材品种、规格，金属檩条材料品种、规格，接缝、嵌缝材料种类。工作内容包括檩条制作、运输、安装，屋面型材安装，接缝、嵌缝。工程量按设计图示尺寸以斜面积计算，不扣除房上烟囱、风帽底座、风道、小气窗、斜沟等所占面积，小气窗的出檐部分不增加面积。

（3）阳光板屋面（编码010901003）

阳光板屋面的项目特征应描述为阳光板品种、规格，骨架材料品种、规格，接缝、嵌缝材料种类，油漆品种、刷漆遍数。工作内容包括骨架制作、运输、安装、刷防护材料、刷油漆，阳光板安装，接缝、嵌缝。工程量按设计图示尺寸以斜面积计算，不扣除屋面 $0.3\ m^2$ 以内的孔洞所占面积。

（4）玻璃钢屋面（编码010901004）

玻璃钢屋面的项目特征应描述为玻璃钢品种、规格，骨架材料品种、规格，玻璃钢固定方式，接缝、嵌缝材料种类，油漆品种、刷漆遍数。工作内容包括骨架制作、运输、安装、刷防护材料、刷油漆，玻璃钢制作、安装，接缝、嵌缝。工程量按设计图示尺寸以斜面积计算，不扣除屋面 $0.3\ m^2$ 以内的孔洞所占面积。

（5）膜结构屋面（编码010901005）

膜结构屋面的项目特征应描述为膜布品种、规格，支柱（网架）钢材品种、规格，钢丝绳品种、规格，锚固基座做法，油漆品种、刷漆遍数。工作内容包括膜布热压胶接，支柱（网架）制作、安装，膜布安装，穿钢丝绳、锚头锚固，锚固基座、挖土、回填，刷防护材料、油漆。工程量按设计图示尺寸以需要覆盖的水平投影面积计算。

2. 屋面防水及其他（编码010902）

（1）屋面卷材防水（编码010902001）

屋面卷材防水的项目特征应描述为卷材品种、规格、厚度，防水层数，防水层做法。工作内容包括基层处理，刷底油，铺油毡卷材、接缝。工程量按设计图示尺寸以面积计算。斜屋顶（不包括平屋顶找坡）按斜面积计算，平屋顶按水平投影面积计算；不扣除房上烟囱、风帽底座、风道、屋面小气窗和斜沟所占面积；屋面的女儿墙、伸缩缝和天窗等处的弯起部分，并入屋面工程量内。

（2）屋面涂膜防水（编码 010902002）

屋面涂膜防水的项目特征应描述为防水膜品种，涂膜厚度、遍数，增强材料种类。工作内容包括基层处理，刷基层处理剂，铺布、喷涂防水层。工程量按设计图示尺寸以面积计算。斜屋顶（不包括平屋顶找坡）按斜面积计算，平屋顶按水平投影面积计算；不扣除房上烟囱、风帽底座、风道、屋面小气窗和斜沟所占面积；屋面的女儿墙、伸缩缝和天窗等处的弯起部分，并入屋面工程量内。

（3）屋面刚性层（编码 010902003）

屋面刚性层的项目特征应描述为刚性层厚度，混凝土种类，混凝土强度等级，嵌缝材料种类，钢筋规格、型号。工作内容包括基层处理，混凝土制作、运输、铺筑、养护，钢筋制安。工程量按设计图示尺寸以面积计算，不扣除房上烟囱、风帽底座、风道等所占面积。

（4）屋面排水管（编码 010902004）

屋面排水管的项目特征应描述为排水管品种、规格，雨水斗、山墙出水口品种、规格，接缝、嵌缝材料种类，油漆品种、刷漆遍数。工作内容包括排水管及配件安装、固定，雨水斗、山墙出水口、雨水篦子安装，接缝、嵌缝，刷漆。工程量按设计图示尺寸以长度计算。如设计未标注尺寸，以檐口至设计室外散水上表面垂直距离计算。

（5）屋面排（透）气管（编码 010902005）

屋面排（透）气管的项目特征应描述为排（透）气管品种、规格，接缝、嵌缝材料种类，油漆品种、刷漆遍数。工作内容包括排（透）气管及配件安装、固定，铁件制作、安装，接缝、嵌缝，刷漆。工程量按设计图示尺寸以长度计算。

（6）屋面（廊、阳台）泄（吐）水管（编码 010902006）

屋面（廊、阳台）泄（吐）水管的项目特征应描述为吐水管品种、规格，接缝、嵌缝材料种类，泄（吐）水管长度，油漆品种、刷漆遍数。工作内容包括泄（吐）水管及配件安装、固定，接缝、嵌缝，刷漆。工程量按设计图示数量计算。

（7）屋面天沟、檐沟（编码 010902007）

屋面天沟、檐沟的项目特征应描述为材料品种、规格，接缝、嵌缝材料种类。工作内容包括天沟材料铺设，天沟配件安装，接缝、嵌缝，刷防护材料。工程量按设计图示尺寸以展开面积计算。

（8）屋面变形缝（编码 010902008）

屋面变形缝的项目特征应描述为嵌缝材料种类、止水带材料种类、盖缝材料、防护材料种类。工作内容包括清缝，填塞防水材料，止水带安装，盖缝制作、安装，刷防护材料。工程量按设计图示以长度计算。

3. 墙面防水、防潮（编码 010903）

（1）墙面卷材防水（编码 010903001）

墙面卷材防水的项目特征应描述为卷材品种、规格、厚度，防水层数，防水层做法。工作内容包括基层处理，刷黏结剂，铺防水卷材，接缝、嵌缝。工程量按设计图示尺寸以面积计算。

(2) 墙面涂膜防水（编码010903002）

墙面涂膜防水的项目特征应描述为防水膜品种，涂膜厚度、遍数，增强材料种类。工作内容包括基层处理，刷基层处理剂，铺布、喷涂防水层。工程量按设计图示尺寸以面积计算。

(3) 墙面砂浆防水（防潮）（编码010903003）

墙面砂浆防水（防潮）的项目特征应描述为防水层做法，砂浆厚度、配合比，钢丝网规格。工作内容包括基层处理，挂钢丝网片，设置分格缝，砂浆制作、运输、摊铺、养护。工程量按设计图示尺寸以面积计算。

(4) 墙面变形缝（编码010903004）

墙面变形缝的项目特征应描述为嵌缝材料种类、止水带材料种类、盖缝材料、防护材料种类。工作内容包括清缝，填塞防水材料，止水带安装，盖缝制作、安装，刷防护材料。工程量按设计图示以长度计算。

4. 楼（地）面防水、防潮（编码010904）

(1) 楼（地）面卷材防水（编码010904001）、楼（地）面涂膜防水（编码010904002）、楼（地）面砂浆防水（防潮）（编码010904003）

楼（地）面卷材防水的项目特征应描述为卷材品种、规格、厚度，防水层数，防水层做法，反边高度；工作内容包括基层处理，刷黏结剂，铺防水卷材，接缝、嵌缝。楼（地）面涂膜防水的项目特征应描述为防水膜品种，涂膜厚度、遍数，增强材料种类，反边高度；工作内容包括基层处理，刷基层处理剂，铺布、喷涂防水层。楼（地）面砂浆防水（防潮）的项目特征应描述为防水层做法，砂浆厚度、配合比，反边高度；工作内容包括基层处理，砂浆制作、运输、摊铺、养护。工程量按设计图示尺寸以面积计算。楼（地）面防水：按主墙间净空面积计算，扣除凸出地面的构筑物、设备基础等所占面积，不扣除间壁墙及单个面积在0.3 m^2 以内的柱、垛、烟囱和孔洞所占面积；楼（地）面防水反边高度小于等于300 mm算作地面防水，反边高度大于300 mm算作墙面防水。

(2) 楼（地）面变形缝（编码010904004）

楼（地）面变形缝的项目特征应描述为嵌缝材料种类、止水带材料种类、盖缝材料、防护材料种类。工作内容包括清缝，填塞防水材料，止水带安装，盖缝制作、安装，刷防护材料。工程量按设计图示以长度计算。

5.4.10 保温、隔热、防腐工程

保温、隔热、防腐工程在清单项目中包括保温、隔热，防腐面层，其他防腐。

1. 保温、隔热（编码011001）

(1) 保温隔热屋面（编码011001001）

保温隔热屋面的项目特征应描述为保温隔热材料品种、规格、厚度，隔气层材料品种、厚度，黏结材料种类、做法，防护材料种类、做法。工作内容包括基层清理，刷黏结材料，铺粘保温层，铺、刷（喷）防护材料。工程量按设计图示尺寸以面积计算。扣除面积在0.3 m^2 以外的孔洞及占位面积。

（2）保温隔热天棚（编码011001002）

保温隔热天棚的项目特征应描述为保温隔热面层材料品种、规格、性能，保温隔热材料品种、规格及厚度，黏结材料种类及做法，防护材料种类及做法。工作内容包括基层清理，刷黏结材料，铺粘保温层，铺、刷（喷）防护材料。工程量按设计图示尺寸以面积计算。扣除面积在0.3 m^2 以外的上柱、垛、孔洞所占面积，与天棚相连的梁按展开面积计算并入天棚工程量内。

（3）保温隔热墙面（编码011001003）、保温柱、梁（编码011001004）

项目特征应描述为保温隔热部位，保温隔热方式，踢脚线、勒脚线保温做法，龙骨材料品种、规格，保温隔热面层材料品种、规格、性能，保温隔热材料品种、规格及厚度，增强网及抗裂防水砂浆种类，黏结材料种类及做法，防护材料种类及做法。工作内容包括基层清理，刷界面剂，安装龙骨，填贴保温材料，保温板安装，粘贴面层，铺设增强格网、抹抗裂、防水砂浆面层，嵌缝，铺、刷（喷）防护材料。保温隔热墙面工程量按设计图示尺寸以面积计算；扣除门窗洞口以及面积在0.3 m^2 以外的梁、孔洞所占面积；门窗洞口侧壁以及与墙相连的柱，并入保温墙体工程量内。保温柱、梁工程量按设计图示尺寸以面积计算。柱按设计图示柱断面保温层中心线展开长度乘保温层高度以面积计算，扣除面积在0.3 m^2 以外的梁所占面积；梁按设计图示梁断面保温层中心线展开长度乘保温层长度以面积计算。

（4）保温隔热楼地面（编码011001005）

保温隔热楼地面的项目特征应描述为保温隔热部位，保温隔热材料品种、规格、厚度，隔气层材料品种、厚度，黏结材料种类、做法，防护材料种类、做法。工作内容包括基层清理，刷黏结材料，铺粘保温层，铺、刷（喷）防护材料。工程量按设计图示尺寸以面积计算，扣除面积在0.3 m^2 以外的柱、垛、孔洞所占面积，门洞、空圈、暖气包槽、壁龛的开口部分不增加面积。

（5）其他保温隔热（编码011001006）

其他保温隔热的项目特征应描述为保温隔热部位，保温隔热方式，隔气层材料品种、厚度，保温隔热面层材料品种、规格、性能，保温隔热材料品种、规格及厚度，黏结材料种类及做法，增强网及抗裂防水砂浆种类，防护材料种类及做法。工作内容包括基层清理，刷界面剂，安装龙骨，填贴保温材料，保温板安装，粘贴面层，铺设增强格网、抹抗裂防水砂浆面层，嵌缝，铺、刷（喷）防护材料。工程量按设计图示尺寸以展开面积计算，扣除面积在0.3 m^2 以外的孔洞及占位面积。

2. 防腐面层（编码011002）

（1）防腐混凝土面层（编码011002001）、防腐砂浆面层（编码011002002）、防腐胶泥面层（编码011002003）、玻璃钢防腐面层（编码011002004）、聚氯乙烯板面层（编码011002005）、块料防腐面层（编码011002006）

工程量按设计图示尺寸以面积计算。平面防腐：扣除凸出地面的构筑物、设备基础等以及0.3 m^2 以外的孔洞、柱、垛所占面积。立面防腐：扣除门、窗、洞口以及0.3 m^2 以外的孔洞、梁所占面积，门、窗、洞口侧壁、垛凸出部分按展开面积并入墙面积内。

（2）池、槽块料防腐面层（编码011002007）

池、槽块料防腐面层的项目特征应描述为防腐池、槽名称、代号，块料品种、规格，黏结材料种类，勾缝材料种类。工作内容包括基层清理，铺贴块料，胶泥调制、勾缝。工程量按设计图示尺寸以展开面积计算。

3. 其他防腐（编码011003）

（1）隔离层（编码011003001）

隔离层的项目特征应描述为隔离层部位、隔离层材料品种、隔离层做法、粘贴材料种类。工作内容包括基层清理、刷油，煮沥青，胶泥调制，隔离层铺设。工程量按设计图示尺寸以面积计算。平面防腐：扣除凸出地面的构筑物、设备基础等以及面积在0.3 m^2 以外的孔洞、柱、垛所占面积。门洞、空圈、暖气包槽、壁龛的开口部分不增加面积。立面防腐：扣除门、窗、洞口以及面积在0.3 m^2 以外的孔洞、梁所占面积，门、窗、洞口侧壁、垛凸出部分按展开面积并入墙面积内。

（2）砌筑沥青浸渍砖（编码011003002）

砌筑沥青浸渍砖的项目特征应描述为砌筑部位、浸渍砖规格、胶泥种类、浸渍砖砌法。工作内容包括基层清理、胶泥调制、浸渍砖铺砌。工程量按设计图示尺寸以体积计算。

（3）防腐涂料（编码011003003）

防腐涂料的项目特征应描述为涂刷部位，基层材料类型，刮腻子的种类、遍数，涂料品种、刷涂遍数。工作内容包括基层清理、刮腻子、刷涂料。工程量按设计图示尺寸以面积计算。平面防腐：扣除凸出地面的构筑物、设备基础等以及面积在0.3 m^2 以外的孔洞、柱、垛所占面积。门洞、空圈、暖气包槽、壁龛的开口部分不增加面积。立面防腐：扣除门、窗、洞口以及面积在0.3 m^2 以外的孔洞、梁所占面积，门、窗、洞口侧壁、垛凸出部分按展开面积并入墙面积内。

5.4.11 楼地面装饰工程

楼地面装饰工程在清单项目中包括楼地面抹灰、楼地面镶贴、橡塑面层、其他材料面层、踢脚线、楼梯面层、台阶装饰、零星装饰项目。

1. 整体面层及找平层（编码011101）

（1）水泥砂浆楼地面（编码011101001）

水泥砂浆楼地面的项目特征应描述为找平层厚度、砂浆配合比，素水泥浆遍数，面层厚度、砂浆配合比，面层做法要求。工作内容包括基层清理、垫层铺设、抹找平层、抹面层、材料运输。工程量按设计图示尺寸以面积计算。扣除凸出地面构筑物、设备基础、室内管道、地沟等所占面积，不扣除间壁墙及0.3 m^2 以内的柱、垛、附墙烟囱及孔洞所占面积。门洞、空圈、暖气包槽、壁龛的开口部分不增加面积。

（2）现浇水磨石楼地面（编码011101002）

现浇水磨石楼地面的项目特征应描述为找平层厚度、砂浆配合比，面层厚度、水泥石子浆配合比，嵌条材料种类、规格，石子种类、规格、颜色，颜料种类、颜色，图案要求，磨光、酸洗、打蜡要求。工作内容包括基层清理，抹找平层，面层铺设，嵌缝条安装，磨光、酸洗打蜡，材料运输。工程量计算规则同水泥砂浆楼地面。

（3）细石混凝楼地面（编码011101003）

细石混凝楼地面的项目特征应描述为找平层厚度、砂浆配合比，面层厚度、混凝土强度等级。工作内容包括基层清理、抹找平层、面层铺设、材料运输。工程量计算规则同水泥砂浆楼地面。

（4）菱苦土楼地面（编码011101004）

菱苦土楼地面的项目特征应描述为找平层厚度、砂浆配合比，面层厚度，打蜡要求。工作内容包括基层清理、抹找平层、面层铺设、打蜡、材料运输。工程量计算规则同水泥砂浆楼地面。

（5）自流坪楼地面（编码011101005）

自流坪楼地面的项目特征应描述为找平层砂浆配合比、厚度，界面剂材料种类，中层漆材料种类、厚度，面漆材料种类、厚度，面层材料种类。工作内容包括基层处理，抹找平层，涂界面剂，涂刷中层漆，打磨、吸尘，镘自流平面漆（浆），拌和自流平浆料，铺面层。工程量计算规则同水泥砂浆楼地面。

（6）平面砂浆找平层（编码011101006）

平面砂浆找平层的项目特征应描述为找平层厚度、砂浆配合比。工作内容包括基层清理、抹找平层、材料运输。工程量按设计图示尺寸以面积计算。

2. 块料面层（编码011102）

石材楼地面（编码011102001）、碎石材楼地面（编码011102002）、块料楼地面（编码011102003）

石材楼地面和碎石材楼地面的项目特征应描述为找平层厚度、砂浆配合比，结合层厚度、砂浆配合比，面层材料品种、规格、颜色，嵌缝材料种类，防护层材料种类，酸洗、打蜡要求。块料楼地面的项目特征应描述为找平层厚度、砂浆配合比，结合层厚度、砂浆配合比，面层材料品种、规格、颜色，嵌缝材料种类，防护层材料种类，酸洗、打蜡要求。工作内容包括基层清理、抹找平层，面层铺设、磨边，嵌缝，刷防护材料，酸洗、打蜡，材料运输。工程量按设计图示尺寸以面积计算。门洞、空圈、暖气包槽、壁龛的开口部分并入相应的工程量内。

3. 橡塑面层（编码011103）

橡胶板楼地面（编码011103001）、橡胶板卷材楼地面（编码011103002）、塑料板楼地面（编码011103003）、塑料卷材楼地面（编码011103004）

项目特征应描述为黏结层厚度、材料种类，面层材料品种、规格、颜色，压线条种类。工作内容包括基层清理、面层铺贴、压缝条装钉、材料运输。工程量按设计图示尺寸以面积计算。门洞、空圈、暖气包槽、壁龛的开口部分并入相应的工程量内。

4. 其他材料面层（编码011104）

（1）地毯楼地面（编码011104001）

地毯楼地面的项目特征应描述为面层材料品种、规格、颜色，防护材料种类，黏结材料种类，压线条种类。工作内容包括基层清理、铺贴面层、刷防护材料、装钉压条、材料运输。工程量按设计图示尺寸以面积计算。门洞、空圈、暖气包槽、壁龛的开口部分并入相应的工程量内。

（2）竹、木（复合）地板（编码011104002）、金属复合地板（编码011104003）

项目特征应描述为龙骨材料种类、规格、铺设间距，基层材料种类、规格，面层材料品种、规格、颜色，防护材料种类。工作内容包括基层清理、龙骨铺设、基层铺设、面层铺贴、刷防护材料、材料运输。工程量计算规则同地毯楼地面。

（3）防静电活动地板（编码011104004）

防静电活动地板的项目特征应描述为支架高度、材料种类，面层材料品种、规格、颜色，防护材料种类。工作内容包括基层清理、固定支架安装、活动面层安装、刷防护材料、材料运输。工程量计算规则同地毯楼地面。

5．踢脚线（编码011105）

（1）水泥砂浆踢脚线（编码011105001）

水泥砂浆踢脚线的项目特征应描述为踢脚线高度，底层厚度、砂浆配合比，面层厚度、砂浆配合比。工作内容包括基层清理、底层和面层抹灰、材料运输。工程量计算规则：以平方米计量，按设计图示长度乘高度以面积计算；以米计量，按延长米计算。

（2）石材踢脚线（编码011105002）、块料踢脚线（编码011105003）

项目特征应描述为踢脚线高度，粘贴层厚度、材料种类，面层材料品种、规格、颜色，防护材料种类。工作内容包括基层清理，底层抹灰，面层铺贴、磨边，擦缝，磨光、酸洗、打蜡，刷防护材料，材料运输。工程量计算规则同水泥砂浆踢脚线。

（3）塑料板踢脚线（编码011105004）

塑料板踢脚线的项目特征应描述为踢脚线高度，黏结层厚度、材料种类，面层材料种类、规格、颜色。工作内容包括基层清理、基层铺贴、面层铺贴、材料运输。工程量计算规则同水泥砂浆踢脚线。

（4）木质踢脚线（编码011105005）、金属踢脚线（编码011105006）、防静电踢脚线（编码011105007）

项目特征应描述为踢脚线高度，基层材料种类、规格，面层材料种类、规格、颜色。工作内容包括基层清理、基层铺贴、面层铺贴、材料运输。工程量计算规则同水泥砂浆踢脚线。

6．楼梯面层（编码011106）

（1）石材楼梯面层（编码011106001）、块料楼梯面层（编码011106002）、拼碎块料面层（编码011106003）

项目特征应描述为找平层厚度、砂浆配合比，贴结层厚度、材料种类，面层材料品种、规格、颜色，防滑条材料种类、规格，勾缝材料种类，防护层材料种类，酸洗、打蜡要求。工作内容包括基层清理，抹找平层，面层铺贴、磨边，贴嵌防滑条，勾缝，刷防护材料，酸洗、打蜡，材料运输。工程量按设计图示尺寸以楼梯（包括踏步、休息平台及500 mm以内的楼梯井）水平投影面积计算。楼梯与楼地面相连时，算至梯口梁内侧边沿；无梯口梁者，算至最上一层踏步边沿加300 mm。

（2）水泥砂浆楼梯面层（编码011106004）

水泥砂浆楼梯面层的项目特征应描述为找平层厚度、砂浆配合比，面层厚度、砂浆配合比，防滑条材料种类、规格。工作内容包括基层清理、抹找平层、抹面层、抹防滑条、材料运输。工程量计算规则同石材楼梯面层。

（3）现浇水磨石楼梯面层（编码011106005）

现浇水磨石楼梯面层的项目特征应描述为找平层厚度、砂浆配合比，面层厚度、水泥石子浆配合比，防滑条材料种类、规格，石子种类、规格、颜色，颜料种类、颜色，磨光、酸洗打蜡要求。工作内容包括基层清理，抹找平层，抹面层，贴嵌防滑条，磨光、酸洗、打蜡，材料运输。工程量计算规则同石材楼梯面层。

（4）地毯楼梯面层（编码 011106006）

地毯楼梯面层的项目特征应描述为基层种类，面层材料品种、规格、颜色，防护材料种类，黏结材料种类，固定配件材料种类、规格。工作内容包括基层清理、铺贴面层、固定配件安装、刷防护材料、材料运输。工程量计算规则同石材楼梯面层。

（5）木板楼梯面层（编码 011106007）

木板楼梯面层的项目特征应描述为基层材料种类、规格，面层材料品种、规格、颜色，黏结材料种类，防护材料种类。工作内容包括基层清理、基层铺贴、面层铺贴、刷防护材料、材料运输。工程量计算规则同石材楼梯面层。

（6）橡胶板楼梯面层（编码 011106008）、塑料板楼梯面层（编码 011106009）

项目特征应描述为黏结层厚度、材料种类，面层材料品种、规格、颜色，压线条种类。工作内容包括基层清理、面层铺贴、压缝条装钉、材料运输。工程量计算规则同石材楼梯面层。

7．台阶装饰（编码 011107）

（1）石材台阶面（编码 011107001）、块料台阶面（编码 011107002）、拼碎块料台阶面（编码 011107003）

项目特征应描述为找平层厚度、砂浆配合比，黏结层材料种类，面层材料品种、规格、颜色，勾缝材料种类，防滑条材料种类、规格，防护材料种类。工作内容包括基层清理、抹找平层、面层铺贴、贴嵌防滑条、勾缝、刷防护材料、材料运输。工程量按设计图示尺寸以台阶（包括最上层踏步边沿加 300 mm）水平投影面积计算，如图 5－47 所示。

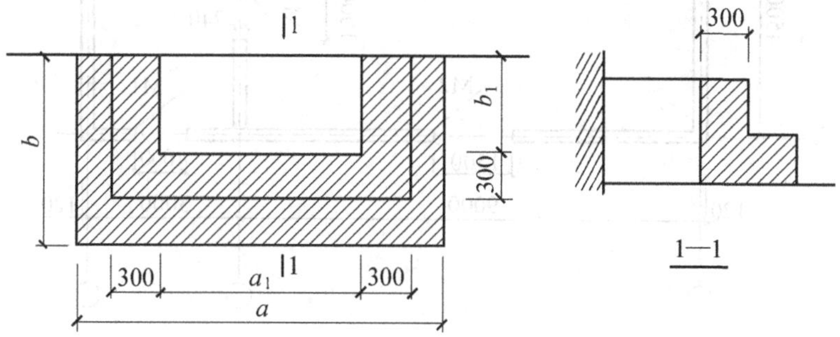

图 5－47　台阶面计算示意图

（2）水泥砂浆台阶面（编码 011107004）

水泥砂浆台阶面的项目特征应描述为找平层厚度、砂浆配合比，面层厚度、砂浆配合比，防滑条材料种类。工作内容包括基层清理、抹找平层、抹面层、抹防滑条、材料运输。工程量计算规则同石材台阶面。

（3）现浇水磨石台阶面（编码 011107005）

现浇水磨石台阶面的项目特征应描述为找平层厚度、砂浆配合比，面层厚度、水泥石子浆配合比，防滑条材料种类、规格，石子种类、规格、颜色，颜料种类、颜色，磨光、酸洗、打蜡要求。工作内容包括清理基层，抹找平层，抹面层，贴嵌防滑条，打磨、酸洗、打蜡，材料运输。工程量计算规则同石材台阶面。

（4）剁假石台阶面（编码 011107006）

剁假石台阶面的项目特征应描述为找平层厚度、砂浆配合比，面层厚度、砂浆配合比，剁假石要求。工作内容包括清理基层、抹找平层、抹面层、剁假石、材料运输。工程量计算规则同石材台阶面。

8. 零星装饰项目（编码 011108）

（1）石材零星项目（编码 011108001）、拼碎石材零星项目（编码 011108002）、块料零星项目（编码 011108003）

项目特征应描述为工程部位，找平层厚度、砂浆配合比，贴结合层厚度、材料种类，面层材料品种、规格、颜色，勾缝材料种类，防护材料种类，酸洗、打蜡要求。工作内容包括清理基层，抹找平层，面层铺贴、磨边，勾缝，刷防护材料，酸洗、打蜡，材料运输。工程量按设计图示尺寸以面积计算。

（2）水泥砂浆零星项目（编码 011108004）

水泥砂浆零星项目的项目特征应描述为工程部位，找平层厚度、砂浆配合比，面层厚度、砂浆厚度。工作内容包括清理基层、抹找平层、抹面层、材料运输。工程量按设计图示尺寸以面积计算。

【例 5－22】某工程平面如图 5－48 所示，地面用水泥砂浆粘贴花岗岩板，室内贴 150 mm 高花岗岩踢脚板。试计算工程量。

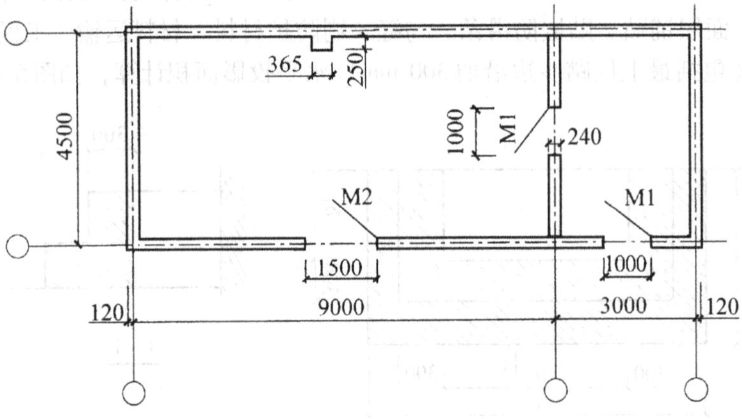

图 5－48　某工程平面图

解：（1）水泥砂浆楼地面项目编码 011101001，工程量计算如下：

$(9-0.24)\times(4.5-0.24)+(3-0.24)\times(4.5-0.24)=37.32+11.76=49.08(\mathrm{m}^2)$

（2）花岗岩楼地面镶贴项目编码 011102001，工程量计算如下：

$(9-0.24)\times(4.5-0.24)+(3-0.24)\times(4.5-0.24)+0.24\times(1+1+1.5)$

$=37.32+11.76+0.84=49.92(\mathrm{m}^2)$

（3）花岗岩踢脚线项目编码 011105002，工程量计算如下：

$S=[(8.76+4.26)\times2-1.5-1+0.25\times2+(2.76+4.26)\times2-1\times2+0.24\times6]\times0.15$

$=37.52\times0.15=5.63(\mathrm{m}^2)$

5.4.12 墙、柱面装饰与隔断、幕墙工程

墙、柱面装饰与隔断、幕墙工程在清单项目中包括墙面抹灰、柱（梁）面抹灰、零星抹灰、墙面块料面层、柱（梁）面镶贴块料、镶贴零星块料、墙饰面、柱（梁）饰面、幕墙工程、隔断。

1. 墙面抹灰（编码 011201）

（1）墙面一般抹灰（编码 011201001）、墙面装饰抹灰（编码 011201002）

项目特征应描述为墙体类型，底层厚度、砂浆配合比，面层厚度、砂浆配合比，装饰面材料种类，分格缝宽度、材料种类。工作内容包括基层清理，砂浆制作、运输，底层抹灰，抹面层，抹装饰面，勾分格缝。工程量按设计图示尺寸以面积计算，扣除墙裙、门窗洞口及单个面积在 0.3 m^2 以外的孔洞所占面积，不扣除踢脚线、挂镜线和墙与构件交接处的面积，门窗洞口和孔洞的侧壁及顶面不增加面积。附墙柱、梁、垛、烟囱侧壁并入相应的墙面面积内。具体计算规则如下：

① 外墙抹灰面积按外墙垂直投影面积计算。

② 外墙裙抹灰面积按其长度乘以高度计算。

③ 内墙抹灰面积按主墙间的净长乘以高度计算。

a. 无墙裙的，高度按室内楼地面至天棚底面计算。

b. 有墙裙的，高度按墙裙顶至天棚底面计算。

c. 有吊顶天棚抹灰的，高度算至天棚底。

④ 内墙裙抹灰面按内墙净长乘以高度计算。

（2）墙面勾缝（编码 011201003）

墙面勾缝的项目特征应描述为勾缝类型、勾缝材料种类。工作内容包括基层清理，砂浆制作、运输，勾缝。工程量计算规则同墙面一般抹灰。

（3）立面砂浆找平层（编码 011201004）

立面砂浆找平层的项目特征应描述为基层类型，找平层砂浆厚度、配合比。工作内容包括基层清理，砂浆制作、运输，抹灰找平。工程量计算规则同墙面一般抹灰。

2. 柱（梁）面抹灰（编码 011202）

（1）柱、梁面一般抹灰（编码 011202001）、柱、梁面装饰抹灰（编码 011202002）

项目特征应描述为柱（梁）体类型，底层厚度、砂浆配合比，面层厚度、砂浆配合比，装饰面材料种类，分格缝宽度、材料种类。工作内容包括基层清理，砂浆制作、运输，底层抹灰，抹面层，勾分格缝。工程量计算规则：

① 柱面抹灰：按设计图示柱断面周长乘高度以面积计算。

② 梁面抹灰：按设计图示梁断面周长乘长度以面积计算。

（2）柱、梁面砂浆找平（编码 011202003）

柱、梁面砂浆找平的项目特征应描述为柱（梁）体类型，找平的砂浆厚度、配合比。工作内容包括基层清理，砂浆制作、运输，抹灰找平。工程量计算规则同柱、梁面一般抹灰。

（3）柱面勾缝（编码 011202004）

柱面勾缝的项目特征应描述为勾缝类型、勾缝材料种类。工作内容包括基层清理，砂

浆制作、运输，勾缝。工程量计算规则同柱面一般抹灰。

3．零星抹灰（编码011203）

（1）零星项目一般抹灰（编码011203001）、零星项目装饰抹灰（编码011203002）

项目特征应描述为基层类型、部位，底层厚度、砂浆配合比，面层厚度、砂浆配合比，装饰面材料种类，分格缝宽度、材料种类。工作内容包括基层清理，砂浆制作、运输，底层抹灰，抹面层，抹装饰面，勾分格缝。工程量按设计图示尺寸以面积计算。

（2）零星项目砂浆找平（编码011203003）

零星项目砂浆找平的项目特征应描述为基层类型、部位，找平的砂浆厚度、配合比。工作内容包括基层清理，砂浆制作、运输，抹灰找平。工程量按设计图示尺寸以面积计算。

4．墙面块料面层（编码011204）

（1）石材墙面（编码011204001）、拼碎石材墙面（编码011204002）、块料墙面（编码011204003）

项目特征应描述为墙体类型，安装方式，面层材料品种、规格、颜色，缝宽、嵌缝材料种类，防护材料种类，磨光、酸洗、打蜡要求。工作内容包括基层清理，砂浆制作、运输，黏结层铺贴，面层安装，嵌缝，刷防护材料，磨光、酸洗、打蜡。工程量按镶贴表面积计算。

（2）干挂石材钢骨架（编码011204004）

干挂石材钢骨架的项目特征应描述为骨架种类、规格，防锈漆品种、遍数。工作内容包括骨架制作、运输、安装，刷漆。工程量按设计图示以质量计算。

5．柱（梁）面镶贴块料（编码011205）

（1）石材柱面（编码011205001）、块料柱面（编码011205002）、拼碎块柱面（编码011205003）

项目特征应描述为柱截面类型、尺寸，安装方式，面层材料品种、规格、颜色，缝宽、嵌缝材料种类，防护材料种类，磨光、酸洗、打蜡要求。工作内容包括基层清理，砂浆制作、运输，黏结层铺贴，面层安装，嵌缝，刷防护材料，磨光、酸洗、打蜡。工程量按镶贴表面积计算。

（2）石材梁面（编码011205004）、块料梁面（编码011205005）

项目特征应描述为安装方式，面层材料品种、规格、颜色，缝宽、嵌缝材料种类，防护材料种类，磨光、酸洗、打蜡要求。工作内容包括基层清理，砂浆制作、运输，黏结层铺贴，面层安装，嵌缝，刷防护材料，磨光、酸洗、打蜡。工程量按镶贴表面积计算。

6．镶贴零星块料（编码011206）

石材零星项目（编码011206001）、块料零星项目（编码011206002）、拼碎块零星项目（编码011206003）

项目特征应描述为基层类型、部位，安装方式，面层材料品种、规格、颜色，缝宽、嵌缝材料种类，防护材料种类，磨光、酸洗、打蜡要求。工作内容包括基层清理，砂浆制作、运输，面层安装，嵌缝，刷防护材料，磨光、酸洗、打蜡。工程量按镶贴表面积计算。

7. 墙饰面（编码011207）

（1）墙面装饰板（编码011207001）的项目特征应描述为龙骨材料种类、规格、中距，隔离层材料种类、规格，基层材料种类、规格，面层材料品种、规格、颜色，压条材料种类、规格。工作内容包括基层清理，龙骨制作、运输、安装，钉隔离层，基层铺钉，面层铺贴。工程量按设计图示墙净长乘净高以面积计算。扣除门窗洞口及单个面积在0.3 m^2以外的孔洞所占面积。

（2）墙面装饰浮雕（编码011207002）的项目特征应描述为基层类型、浮雕材料种类、浮雕样式。工作内容包括基层清理，材料制作、运输，安装成型。工程量按设计图示尺寸以面积计算。

8. 柱（梁）饰面（编码011208）

（1）柱（梁）面装饰（编码011208001）的项目特征应描述为龙骨材料种类、规格、中距，隔离层材料种类，基层材料种类、规格，面层材料品种、规格、颜色，压条材料种类、规格。工作内容包括清理基层，龙骨制作、运输、安装，钉隔离层，基层铺钉，面层铺贴。工程量按设计图示饰面外围尺寸以面积计算。柱帽、柱墩并入相应柱饰面工程量内。

（2）成品装饰柱（编码011208002）的项目特征应描述为柱截面、高度尺寸，柱材质。工作内容包括运输、固定安装。工程量计算规则：以根计量，按设计数量计算；以米计量，按设计长度计算。

9. 幕墙工程（编码011209）

（1）带骨架幕墙（编码011209001）

带骨架幕墙的项目特征应描述为骨架材料种类、规格、中距，面层材料品种、规格、颜色，面层固定方式，隔离带、框边封闭材料品种、规格，嵌缝、塞口材料种类。工作内容包括骨架制作、运输、安装，面层安装，隔离带、框边封闭，嵌缝、塞口，清洗。工程量按设计图示框外围尺寸以面积计算，与幕墙同种材质的窗所占面积不扣除。

（2）全玻（无框玻璃）幕墙（编码011209002）

全玻（无框玻璃）幕墙的项目特征应描述为玻璃品种、规格、颜色，黏结塞口材料种类，固定方式。工作内容包括幕墙安装，嵌缝、塞口，清洗。工程量按设计图示尺寸以面积计算，带肋全玻幕墙按展开面积计算。

10. 隔断（编码011210）

（1）木隔断（编码011210001）

木隔断的项目特征应描述为骨架、边框材料种类、规格，隔板材料品种、规格、颜色，嵌缝、塞口材料品种，压条材料种类。工作内容包括骨架及边框制作、运输、安装，隔板制作、运输、安装，嵌缝、塞口，装钉压条。工程量按设计图示框外围尺寸以面积计算；不扣除单个面积在0.3 m^2以内的孔洞所占面积；浴厕门的材质与隔断相同时，门的面积并入隔断面积内。

（2）金属隔断（编码011210002）

金属隔断的项目特征应描述为骨架、边框材料种类、规格，隔板材料品种、规格、颜色，嵌缝、塞口材料品种。工作内容包括骨架及边框制作、运输、安装，隔板制作、运输、安装，嵌缝、塞口。工程量按设计图示框外围尺寸以面积计算；不扣除单个面积在

0.3 m² 以内的孔洞所占面积；浴厕门的材质与隔断相同时，门的面积并入隔断面积内。

（3）玻璃隔断（编码011210003）

玻璃隔断的项目特征应描述为边框材料种类、规格，玻璃品种、规格、颜色，嵌缝、塞口材料品种。工作内容包括边框制作、运输、安装，玻璃制作、运输、安装，嵌缝、塞口。工程量按设计图示框外围尺寸以面积计算，不扣除单个0.3 m² 以内的孔洞所占面积。

（4）塑料隔断（编码011210004）

塑料隔断的项目特征应描述为边框材料种类、规格，隔板材料品种、规格、颜色，嵌缝、塞口材料品种。工作内容包括骨架及边框制作、运输、安装，隔板制作、运输、安装，嵌缝、塞口。工程量按设计图示框外围尺寸以面积计算，不扣除单个面积在0.3 m² 以内的孔洞所占面积。

（5）成品隔断（编码011210005）

成品隔断的项目特征应描述为隔断材料品种、规格、颜色，配件品种、规格。工作内容包括隔断运输、安装，嵌缝、塞口。工程量计算规则：按设计图示框外围尺寸以面积计算，按设计间的数量以间计算。

（6）其他隔断（编码011210006）

其他隔断的项目特征应描述为骨架、边框材料种类、规格，隔板材料品种、规格、颜色，嵌缝、塞口材料品种。工作内容包括骨架及边框安装，隔板安装，嵌缝、塞口。工程量按设计图示框外围尺寸以面积计算，不扣除单个面积在0.3 m² 以内的孔洞所占面积。

5.4.13 天棚工程

天棚工程在清单项目中包括天棚抹灰、天棚吊顶、采光天棚工程，天棚其他装饰。

1. 天棚抹灰（编码011301）

天棚抹灰（编码011301001）的项目特征应描述为基层类型，抹灰厚度、材料种类，砂浆配合比。工作内容包括基层清理、底层抹灰、抹面层。工程量按设计图示尺寸以水平投影面积计算；不扣除间壁墙、垛、柱、附墙烟囱、检查口和管道所占的面积，带梁天棚、梁两侧抹灰面积并入天棚面积内；板式楼梯底面抹灰按斜面积计算，锯齿形楼梯底板抹灰按展开面积计算。

2. 天棚吊顶（编码011302）

（1）吊顶天棚（编码011302001）

吊顶天棚的项目特征应描述为吊顶形式、吊杆规格、高度，龙骨材料种类、规格、中距，基层材料种类、规格，面层材料品种、规格，压条材料种类、规格，嵌缝材料种类，防护材料种类。工作内容包括基层清理、吊杆安装，龙骨安装，基层板铺贴，面层铺贴，嵌缝，刷防护材料。工程量按设计图示尺寸以水平投影面积计算；天棚面中的灯槽及跌级、锯齿形、吊挂式、藻井式天棚面积不展开计算；不扣除间壁墙、检查口、附墙烟囱、柱垛和管道所占面积，扣除单个面积在0.3 m² 以外的孔洞、独立柱及与天棚相连的窗帘盒所占的面积。

（2）格栅吊顶（编码011302002）

格栅吊顶的项目特征应描述为龙骨材料种类、规格、中距，基层材料种类、规格，面层材料品种、规格，防护材料种类。工作内容包括基层清理、安装龙骨、基层板铺贴、面层铺贴、刷防护材料。工程量按设计图示尺寸以水平投影面积计算。

(3) 吊筒吊顶（编码 011302003）

吊筒吊顶的项目特征应描述为吊筒形状、规格，吊筒材料种类，防护材料种类。工作内容包括基层清理、吊筒制作安装、刷防护材料。工程量按设计图示尺寸以水平投影面积计算。

(4) 藤条造型悬挂吊顶（编码 011302004）、织物软雕吊顶（编码 011302005）

项目特征应描述为骨架材料种类、规格，面层材料品种、规格。工作内容包括基层清理、龙骨安装、铺贴面层。工程量按设计图示尺寸以水平投影面积计算。

(5) 网架（装饰）吊顶（编码 011302006）

网架（装饰）吊顶的项目特征应描述为网架材料品种、规格。工作内容包括基层清理、网架制作安装。工程量按设计图示尺寸以水平投影面积计算。

3. 采光天棚工程（编码 011303）

采光天棚（编码 011303001）的项目特征应描述为骨架类型，固定类型、固定材料品种、规格，面层材料品种、规格，嵌缝、塞口材料种类。工作内容包括清理基层，面层制安，嵌缝、塞口，清洗。工程量按框外围展开面积计算。

4. 天棚其他装饰（编码 011304）

(1) 灯带（槽）（编码 011304001）

灯带（槽）的项目特征应描述为灯带型式、尺寸，格栅片材料品种、规格，安装固定方式。工作内容包括安装、固定。工程量按设计图示尺寸以框外围面积计算。

(2) 送风口、回风口（编码 011304002）

送风口、回风口的项目特征应描述为风口材料品种、规格，安装固定方式，防护材料种类。工作内容包括安装、固定，刷防护材料。工程量按设计图示数量计算。

5.4.14 油漆、涂料、裱糊工程

油漆、涂料、裱糊工程在清单项目中包括门油漆，窗油漆，木扶手及其他板条、线条油漆，木材面油漆，金属面油漆，抹灰面油漆，喷刷涂料，裱糊。

1. 门油漆（编码 011401）

木门油漆（编码 011401001）、金属门油漆（编码 011401002）的项目特征应描述为门类型，门代号及洞口尺寸，腻子种类，刮腻子遍数，防护材料种类，油漆品种、刷漆遍数。工作内容包括除锈（木门除外），基层清理，刮腻子，刷防护材料、油漆。工程量计算规则：以樘计算，按设计图示数量计量；以平方米计量，按设计图示洞口尺寸以面积计算。

2. 窗油漆（编码 011402）

木窗油漆（编码 011402001）、金属窗油漆（编码 011402002）的项目特征应描述为窗类型，窗代号及洞口尺寸，腻子种类，刮腻子遍数，防护材料种类，油漆品种、刷漆遍数。工作内容包括除锈（木窗除外），基层清理，刮腻子，刷防护材料、油漆。工程量计算规则：以樘计量，按设计图示数量计量；以平方米计量，按设计图示洞口尺寸以面积计算。

3．木扶手及其他板条、线条油漆（编码 011403）

木扶手油漆（编码 011403001）、窗帘盒油漆（编码 011403002）、封檐板、顺水板油漆（编码 011403003）、挂衣板、黑板框油漆（编码 011403004）、挂镜线、窗帘棍、单独木线油漆（编码 011403005）的项目特征应描述为断面尺寸，腻子种类，刮腻子遍数，防护材料种类，油漆品种、刷漆遍数。工作内容包括基层清理，刮腻子，刷防护材料、油漆。工程量按设计图示尺寸以长度计算。

4．木材面油漆（编码 011404）

（1）木护墙、木墙裙油漆（编码 011404001）、窗台板、筒子板、盖板、门窗套、踢脚线油漆（编码 011404002）、清水板条天棚、檐口油漆（编码 011404003）、木方格吊顶天棚油漆（编码 011404004）、吸音板墙面、天棚面油漆（编码 011404005）、暖气罩油漆（编码 011404006）、其他木材面（编码 011404007）

项目特征应描述为腻子种类，刮腻子遍数，防护材料种类，油漆品种、刷漆遍数。工作内容包括基层清理，刮腻子，刷防护材料、油漆。工程量按设计图示尺寸以面积计算。

（2）木间壁、木隔断油漆（编码 011404008）、玻璃间壁露明墙筋油漆（编码 011404009）、木栅栏、木栏杆（带扶手）油漆（编码 011404010）

项目特征应描述为腻子种类，刮腻子遍数，防护材料种类，油漆品种、刷漆遍数。工作内容包括基层清理，刮腻子，刷防护材料、油漆。工程量按设计图示尺寸以单面外围面积计算。

（3）衣柜、壁柜油漆（编码 011404011）、梁柱饰面油漆（编码 011404012）、零星木装修油漆（编码 011404013）

项目特征应描述为腻子种类，刮腻子遍数，防护材料种类，油漆品种、刷漆遍数。工作内容包括基层清理，刮腻子，刷防护材料、油漆。工程量按设计图示尺寸以油漆部分展开面积计算。

（4）木地板油漆（编码 011404014）

木地板油漆的项目特征应描述为腻子种类，刮腻子遍数，防护材料种类，油漆品种、刷漆遍数。工作内容包括基层清理，刮腻子，刷防护材料、油漆。工程量按设计图示尺寸以面积计算。空洞、空圈、暖气包槽、壁龛的开口部分并入相应的工程量内。

（5）木地板烫硬蜡面（编码 011404015）

木地板烫硬蜡面的项目特征应描述为硬蜡品种、面层处理要求。工作内容包括基层清理、烫蜡。工程量按设计图示尺寸以面积计算。空洞、空圈、暖气包槽、壁龛的开口部分并入相应的工程量内。

5．金属面油漆（编码 011405）

金属面油漆（编码 011405001）的项目特征应描述为构件名称，腻子种类，刮腻子要求，防护材料种类，油漆品种、刷漆遍数。工作内容包括基层清理，刮腻子，刷防护材料、油漆。工程量计算规则：以吨计量，按设计图示尺寸以质量计算；以平方米计量，按设计展开面积计算。

6. 抹灰面油漆（编码 011406）

（1）抹灰面油漆（编码 011406001）

抹灰面油漆的项目特征应描述为基层类型，腻子种类，刮腻子遍数，防护材料种类，油漆品种、刷漆遍数，部位。工作内容包括基层清理，刮腻子，刷防护材料、油漆。工程量按设计图示尺寸以面积计算。

（2）抹灰线条油漆（编码 011406002）

抹灰线条油漆的项目特征应描述为线条宽度、道数，腻子种类，刮腻子遍数，防护材料种类，油漆品种、刷漆遍数。工作内容包括基层清理，刮腻子，刷防护材料、油漆。工程量按设计图示尺寸以长度计算。

（3）满刮腻子（编码 011406003）

满刮腻子的项目特征应描述为基层类型、腻子种类、刮腻子遍数。工作内容包括基层清理、刮腻子。工程量按设计图示尺寸以面积计算。

7. 喷刷涂料（编码 011407）

（1）墙面喷刷涂料（编码 011407001）、天棚喷刷涂料（编码 011407002）

项目特征应描述为基层类型，喷刷涂料部位，腻子种类，刮腻子要求，涂料品种、喷刷遍数。工作内容包括基层清理，刮腻子，刷、喷涂料。工程量按设计图示尺寸以面积计算。

（2）空花格、栏杆刷涂料（编码 011407003）

空花格、栏杆刷涂料的项目特征应描述为腻子种类，刮腻子要求，涂料品种、喷刷遍数。工作内容包括基层清理，刮腻子，刷、喷涂料。工程量按设计图示尺寸以单面外围面积计算。

（3）线条刷涂料（编码 011407004）

线条刷涂料的项目特征应描述为基层清理，线条宽度，刮腻子遍数，刷防护材料、油漆。工作内容包括基层清理，刮腻子，刷、喷涂料。工程量按设计图示尺寸以长度计算。

（4）金属构件刷防火涂料（编码 011407005）

金属构件刷防火涂料的项目特征应描述为喷刷防火涂料构件名称，防火等级要求，涂料品种、喷刷遍数。工作内容包括基层清理，刷防护材料、油漆。工程量计算规则：以吨计量，按设计图示尺寸以质量计算；以平方米计量，按设计展开面积计算。

（5）木材构件喷刷防火涂料（编码 011407006）

木材构件喷刷防火涂料的项目特征应描述为喷刷防火涂料构件名称，防火等级要求，涂料品种、喷刷遍数。工作内容包括基层清理、刷防火材料。工程量计算规则：以平方米计量，按设计图示尺寸以面积计算。

8. 裱糊（编码 011408）

墙纸裱糊（编码 011408001）、织锦缎裱糊（编码 011408002）的项目特征应描述为基层类型，裱糊部位，腻子种类，刮腻子遍数，黏结材料种类，防护材料种类，面层材料品种、规格、颜色。工作内容包括基层清理、刮腻子、面层铺粘、刷防护材料。工程量按设计图示尺寸以面积计算。

5.4.15 其他装饰工程

其他装饰工程在清单项目中包括柜类、货架，装饰线，扶手、栏杆、栏板装饰，暖气罩，浴厕配件，雨篷、旗杆，招牌、灯箱，美术字。

1. 柜类、货架（编码 011501）

柜类、货架在清单项目中包括柜台、酒柜、衣柜、存包柜、鞋柜、书柜、厨房壁柜、木壁柜、厨房低柜、厨房吊柜、矮柜、吧台背柜、酒吧吊柜、酒吧台、展台、收银台、试衣间、货架、书架和服务台。项目特征应描述为台柜规格，材料种类、规格，五金种类、规格，防护材料种类，油漆品种、刷漆遍数。工作内容包括台柜制作、运输、安装（安放），刷防护材料、油漆，五金件安装。工程量计算规则：以个计量，按设计图示数量计量；以米计量，按设计图示尺寸以延长米计算；以立方米计量，按设计图示尺寸以体积计算。

2. 压条、装饰线（编码 011502）

压条、装饰线在清单项目中包括金属装饰线、木质装饰线、石材装饰线、石膏装饰线、镜面玻璃线、铝塑装饰线、塑料装饰线、GRC 装饰线条。项目特征应描述为基层类型，线条材料品种、规格、颜色，防护材料种类。工作内容包括线条制作、安装，刷防护材料。GRC 装饰线条项目特征应描述为基层类型，线条规格、线条安装部位、填充材料种类，工作内容包括线条制作安装。工程量按设计图示尺寸以长度计算。

3. 扶手、栏杆、栏板装饰（编码 011503）

（1）金属扶手、栏杆、栏板（编码 011503001）、硬木扶手、栏杆、栏板（编码 011503002）、塑料扶手、栏杆、栏板（编码 011503003）、GRC 栏杆、扶手（编码 011503004）

项目特征应描述为扶手材料种类、规格，栏杆材料种类、规格，栏板材料种类、规格、颜色，固定配件种类，防护材料种类。GRC 栏杆的规格、安装间距、扶手类型规格、填充材料种类。工作内容包括制作、运输、安装、刷防护材料。工程量按设计图示以扶手中心线长度（包括弯头长度）计算。

（2）金属靠墙扶手（编码 011503005）、硬木靠墙扶手（编码 011503006）、塑料靠墙扶手（编码 011503007）

项目特征应描述为扶手材料种类、规格，固定配件种类，防护材料种类。工作内容包括制作、运输、安装、刷防护材料。工程量按设计图示以扶手中心线长度（包括弯头长度）计算。

（3）玻璃栏板（编码 011503007）

玻璃栏板的项目特征应描述为栏杆玻璃的种类、规格、颜色，固定方式，固定配件种类。工作内容包括制作、运输、安装、刷防护材料。工程量按设计图示以扶手中心线长度（包括弯头长度）计算。

4. 暖气罩（编码011504）

饰面板暖气罩（编码011504001）、塑料板暖气罩（编码011504002）和金属暖气罩（编码011504003）的项目特征应描述为暖气罩材质、防护材料种类。工作内容包括暖气罩制作、运输、安装，刷防护材料。工程量按设计图示尺寸以垂直投影面积（不展开）计算。

5. 浴厕配件（编码011505）

（1）洗漱台（编码011505001）

洗漱台的项目特征应描述为材料品种、规格、颜色，支架、配件品种、规格。工作内容包括台面及支架、运输、安装，杆、环、盒、配件安装，刷油漆。工程量计算规则：按设计图示尺寸以台面外接矩形面积计算，不扣除孔洞、挖弯、削角所占面积，挡板、吊沿板面积并入台面面积内；按设计图示数量计算。

（2）晒衣架（编码011505002）、帘子杆（编码011505003）、浴缸拉手（编码011505004）、卫生间扶手（编码011505005）

项目特征应描述为材料品种、规格、颜色，支架、配件品种、规格。工作内容包括台面及支架、运输、安装，杆、环、盒、配件安装，刷油漆。工程量按设计图示数量计算。

（3）毛巾杆（架）（编码011505006）、毛巾环（编码011505007）、卫生纸盒（编码011505008）、肥皂盒（编码011505009）

项目特征应描述为材料品种、规格、颜色，支架、配件品种、规格。工作内容包括台面及支架制作、运输、安装，杆、环、盒、配件安装，刷油漆。工程量按设计图示数量计算。

（4）镜面玻璃（编码011505010）

镜面玻璃的项目特征应描述为镜面玻璃品种、规格，框材质、断面尺寸，基层材料种类，防护材料种类。工作内容包括基层安装，玻璃及框制作、运输、安装。工程量按设计图示尺寸以边框外围面积计算。

（5）镜箱（编码011505011）

镜箱的项目特征应描述为箱体材质、规格，玻璃品种、规格，基层材料种类，防护材料种类，油漆品种、刷漆遍数。工作内容包括基层安装，箱体制作、运输、安装，玻璃安装，刷防护材料、油漆。工程量按设计图示数量计算。

6. 雨篷、旗杆（编码011506）

（1）雨篷吊挂饰面（编码011506001）

雨篷吊挂饰面的项目特征应描述为基层类型，龙骨材料种类、规格、中距，面层材料品种、规格、品牌，吊顶（天棚）材料品种、规格、品牌，嵌缝材料种类，防护材料种类。工作内容包括底层抹灰，龙骨基层安装，面层安装，刷防护材料、油漆。工程量按设计图示尺寸以水平投影面积计算。

（2）金属旗杆（编码011506002）

金属旗杆的项目特征应描述为旗杆材料、种类、规格，旗杆高度，基础材料种类，基座材料种类，基座面层材料、种类、规格。工作内容包括土石挖、填、运，基础混凝土浇筑，旗杆制作、安装，旗杆台座制作、饰面。工程量按设计图示数量计算。

(3) 玻璃雨篷（编码011506003）

玻璃雨篷的项目特征应描述为玻璃雨篷固定方式，龙骨材料种类、规格、中距，玻璃材料品种、规格、品牌，嵌缝材料种类，防护材料种类。工作内容包括龙骨基层安装，面层安装，刷防护材料、油漆。工程量按设计图示尺寸以水平投影面积计算。

7. 招牌、灯箱（编码011507）

(1) 平面、箱式招牌（编码011507001）

平面、箱式招牌的项目特征应描述为箱体规格、基层材料种类、面层材料种类、防护材料种类。工作内容包括基层安装，箱体及支架制作、运输、安装，面层制作、安装，刷防护材料、油漆。工程量按设计图示尺寸以正立面边框外围面积计算，复杂形的凸凹造型部分不增加面积。

(2) 竖式标箱（编码011507002）、灯箱（编码011507003）、信报箱（编码011507004）

竖式标箱、灯箱的项目特征应描述为箱体规格、基层材料种类、面层材料种类、防护材料种类。信报箱项目特征应描述为箱体规格、基层材料种类、面层材料种类、保护材料种类、户数。工作内容包括基层安装，箱体及支架制作、运输、安装，面层制作、安装，刷防护材料、油漆。工程量按设计图示数量计算。

8. 美术字（编码011508）

泡沫塑料字（编码011508001）、有机玻璃字（编码011508002）、木质字（编码011508003）、金属字（编码011508004）和吸塑字（编码011508005）的项目特征应描述为基层类型，镌字材料品种、颜色，字体规格，固定方式，油漆品种、刷漆遍数。工作内容包括字制作、运输、安装，刷油漆。工程量按设计图示数量计算。

5.4.16 拆除工程

拆除工程在清单项目中包括砖砌体拆除，混凝土及钢筋混凝土构件拆除，木构件拆除，抹灰面拆除，块料面层拆除，龙骨及饰面拆除，屋面拆除，铲除油漆涂料裱糊面，栏杆栏板、轻质隔断隔墙拆除，门窗拆除，金属构件拆除，管道及卫生洁具拆除，灯具、玻璃拆除，其他构件拆除，开孔（打洞）。

1. 砖砌体拆除（编码011601）

砖砌体拆除（编码011601001）的项目特征应描述为砌体名称、砌体材质、拆除高度、拆除砌体的截面尺寸、砌体表面的附着物种类。工作内容包括拆除，控制扬尘，清理，建渣场内、外运输。工程量计算规则：以立方米计量，按拆除的体积计算；以米计量，按拆除的延长米计算。

2. 混凝土及钢筋混凝土构件拆除（编码011602）

混凝土构件拆除（编码011602001）、钢筋混凝土构件拆除（编码011602002）的项目特征应描述为构件名称、拆除构件的厚度或规格尺寸、构件表面的附着物种类。工作内容包括拆除，控制扬尘，清理，建渣场内、外运输。工程量计算规则：以立方米计量，按拆除构件的混凝土体积计算；以平方米计量，按拆除部位的面积计算；以米计量，按拆除部位的延长米计算。

3. 木构件拆除（编码 011603）

木构件拆除（编码 011603001）的项目特征应描述为构件名称、拆除构件的厚度或规格尺寸、构件表面的附着物种类。工作内容包括拆除，控制扬尘，清理，建渣场内、外运输。工程量计算规则：以立方米计量，按拆除构件的体积计算；以平方米计量，按拆除部位的面积计算；以米计量，按拆除部位的延长米计算。

4. 抹灰面拆除（编码 011604）

平面抹灰层拆除（编码 011604001）、立面抹灰层拆除（编码 011604002）、天棚抹灰面拆除（编码 011604003）的项目特征应描述为拆除部位、抹灰层种类。工作内容包括拆除，控制扬尘，清理，建渣场内、外运输。工程量按拆除部位的面积计算。

5. 块料面层拆除（编码 011605）

平面块料拆除（编码 011605001）、立面块料拆除（编码 011605002）的项目特征应描述为拆除的基层类型、饰面材料种类。工作内容包括拆除，控制扬尘，清理，建渣场内、外运输。工程量按拆除面积计算。

6. 龙骨及饰面拆除（编码 011606）

楼地面龙骨及饰面拆除（编码 011606001）、墙柱面龙骨及饰面拆除（编码 011606002）、天棚面龙骨及饰面拆除（编码 011606003）的项目特征应描述为拆除的基层类型、龙骨及饰面种类。工作内容包括拆除，控制扬尘，清理，建渣场内、外运输。工程量按拆除面积计算。

7. 屋面拆除（编码 011607）

（1）刚性层拆除（编码 011607001）

刚性层拆除的项目特征应描述为拆除的刚性层厚度。工作内容包括拆除，控制扬尘，清理，建渣场内、外运输。工程量按拆除部位的面积计算。

（2）防水层拆除（编码 011607002）

防水层拆除的项目特征应描述为拆除的防水层种类。工作内容包括拆除，控制扬尘，清理，建渣场内、外运输。工程量按拆除部位的面积计算。

8. 铲除油漆涂料裱糊面（编码 011608）

铲除油漆面（编码 011608001）、铲除涂料面（编码 011608002）、铲除裱糊面（编码 011608003）的项目特征应描述为铲除部位名称、铲除部位的截面尺寸。工作内容包括铲除，控制扬尘，清理，建渣场内、外运输。工程量计算规则：以平方米计量，按铲除部位的面积计算；以米计量，按铲除部位的延长米计算。

9. 栏杆栏板、轻质隔断隔墙拆除（编码 011609）

（1）栏杆、栏板拆除（编码 011609001）

栏杆、栏板拆除的项目特征应描述为栏杆（板）的高度，栏杆、栏板种类。工作内容包括拆除，控制扬尘，清理，建渣场内、外运输。工程量计算规则：以平方米计量，按拆除部位的面积计算；以米计量，按拆除部位的延长米计算。

（2）隔断隔墙拆除（编码011609002）

隔断隔墙拆除的项目特征应描述为拆除隔墙的骨架种类、拆除隔墙的饰面种类。工作内容包括拆除，控制扬尘，清理，建渣场内、外运输。工程量按拆除部位的面积计算。

10. 门窗拆除（编码011610）

木门窗拆除（编码011610001）、金属门窗拆除（编码011610002）的项目特征应描述为室内高度、门窗洞口尺寸。工作内容包括拆除，控制扬尘，清理，建渣场内、外运输。工程量计算规则：以平方米计量，按拆除面积计算；以樘计量，按拆除樘数计算。

11. 金属构件拆除（编码011611）

钢梁拆除（编码011611001）、钢柱拆除（编码011611002）、钢网架拆除（编码011611003）、钢支撑、钢墙架拆除（编码011611004）、其他金属构件拆除（编码011611005）的项目特征应描述为构件名称、拆除构件的规格尺寸。工作内容包括拆除，控制扬尘，清理，建渣场内、外运输。钢网架拆除工程量按拆除构件的质量计算。其他项目工程量计算规则：以吨计量，按拆除构件的质量计算；以米计量，按拆除延长米计算。

12. 管道及卫生洁具拆除（编码011612）

（1）管道拆除（编码011612001）

管道拆除的项目特征应描述为管道种类、材质，管道上的附着物种类。工作内容包括拆除，控制扬尘，清理，建渣场内、外运输。工程量按拆除管道的延长米计算。

（2）卫生洁具拆除（编码011612002）

卫生洁具拆除的项目特征应描述为卫生洁具种类。工作内容包括拆除，控制扬尘，清理，建渣场内、外运输。工程量按拆除的数量计算。

13. 灯具、玻璃拆除（编码011613）

（1）灯具拆除（编码011613001）

灯具拆除的项目特征应描述为拆除灯具高度、灯具种类。工作内容包括拆除，控制扬尘，清理，建渣场内、外运输。工程量按拆除的数量计算。

（2）玻璃拆除（编码011613002）

玻璃拆除的项目特征应描述为玻璃厚度、拆除部位。工作内容包括拆除，控制扬尘，清理，建渣场内、外运输。工程量按拆除的面积计算。

14. 其他构件拆除（编码011614）

（1）暖气罩拆除（编码011614001）

暖气罩拆除的项目特征应描述为暖气罩材质。工作内容包括拆除，控制扬尘，清理，建渣场内、外运输。工程量计算规则：以个为单位计量，按拆除个数计算；以米为单位计量，按拆除延长米计算。

（2）柜体拆除（编码 011614002）

柜体拆除的项目特征应描述为柜体材质、柜体尺寸（长、宽、高）。工作内容包括拆除，控制扬尘，清理，建渣场内、外运输。工程量计算规则：以个为单位计量，按拆除个数计算；以米为单位计量，按拆除延长米计算。

（3）窗台板拆除（编码 011614003）

窗台板拆除的项目特征应描述为窗台板平面尺寸。工作内容包括拆除，控制扬尘，清理，建渣场内、外运输。工程量计算规则：以块计量，按拆除数量计算；以米为单位计量，按拆除延长米计算。

（4）筒子板拆除（编码 011614004）

筒子板拆除的项目特征应描述为筒子板平面尺寸。工作内容包括拆除，控制扬尘，清理，建渣场内、外运输。工程量计算规则：以块计量，按拆除数量计算；以米为单位计量，按拆除延长米计算。

（5）窗帘盒拆除（编码 011614005）

窗帘盒拆除的项目特征应描述为窗帘盒的平面尺寸。工作内容包括拆除，控制扬尘，清理，建渣场内、外运输。工程量按拆除延长米计算。

（6）窗帘轨拆除（编码 011614006）

窗帘轨拆除的项目特征应描述为窗帘轨的材质。工作内容包括拆除，控制扬尘，清理，建渣场内、外运输。工程量按拆除延长米计算。

15. 开孔（打洞）（编码 011615）

开孔（打洞）（编码 011615001）的项目特征应描述为部位、打洞部位材质、洞尺寸。工作内容包括拆除，控制扬尘，清理，建渣场内、外运输。工程量按数量计算。

5.4.17　措施项目

措施项目在清单项目中包括脚手架工程、混凝土模板及支架（撑）、垂直运输、超高施工增加、大型机械设备进出场及安拆、施工排水、降水、安全文明施工及其他措施项目。

1. 脚手架工程（编码 011701）

（1）综合脚手架（编码 011701001）

综合脚手架的项目特征应描述为建筑结构形式、檐口高度。工作内容包括场内、场外材料搬运，搭、拆脚手架、斜道、上料平台，安全网的铺设，选择附墙点与主体连接，测试电动装置、安全锁等，拆除脚手架后材料的堆放。工程量按建筑面积计算。

（2）外脚手架（编码 011701002）、里脚手架（编码 011701003）

项目特征应描述为搭设方式、搭设高度、脚手架材质。工作内容包括场内、场外材料搬运，搭、拆脚手架、斜道、上料平台，安全网的铺设，拆除脚手架后材料的堆放。工程量按所服务对象的垂直投影面积计算。

（3）悬空脚手架（编码011701004）

悬空脚手架的项目特征应描述为搭设方式、悬挑宽度、脚手架材质。工作内容包括场内、场外材料搬运，搭、拆脚手架、斜道、上料平台，安全网的铺设，拆除脚手架后材料的堆放。工程量按搭设的水平投影面积计算。

（4）挑脚手架（编码011701005）

挑脚手架的项目特征应描述为搭设方式、悬挑宽度、脚手架材质。工作内容包括场内、场外材料搬运，搭、拆脚手架、斜道、上料平台，安全网的铺设，拆除脚手架后材料的堆放。工程量按搭设长度乘以搭设层数以延长米计算。

（5）满堂脚手架（编码011701006）

满堂脚手架的项目特征应描述为搭设方式、搭设高度、脚手架材质。工作内容包括场内、场外材料搬运，搭、拆脚手架、斜道、上料平台，安全网的铺设，拆除脚手架后材料的堆放。工程量按搭设的水平投影面积计算。

（6）整体提升架（编码011701007）

整体提升架的项目特征应描述为搭设方式及启动装置、搭设高度。工作内容包括场内、场外材料搬运，选择附墙点与主体连接，搭、拆脚手架、斜道、上料平台，安全网的铺设，测试电动装置、安全锁等，拆除脚手架后材料的堆放。工程量按所服务对象的垂直投影面积计算。

（7）外装饰吊篮（编码011701008）

外装饰吊篮的项目特征应描述为升降方式及启动装置、搭设高度及吊篮型号。工作内容包括场内、场外材料搬运，吊篮的安装，测试电动装置、安全锁、平衡控制器等，吊篮的拆卸。工程量按所服务对象的垂直投影面积计算。

2. 混凝土模板及支架（撑）（编码011702）

（1）基础（编码011702001）

基础的项目特征应描述为基础形状。工作内容包括模板制作，模板安装、拆除、整理堆放及场内外运输，清理模板黏结物及模内杂物、刷隔离剂等。工程量按模板与现浇混凝土构件的接触面积计算。具体规则如下：

① 现浇钢筋砼墙、板单孔面积在0.3 m^2 以内的孔洞不予扣除，洞侧壁模板亦不增加；单孔面积大于0.3 m^2 时应予扣除，洞侧壁模板面积并入墙、板工程量内计算。

② 现浇框架分别按梁、板、柱有关规定计算；附墙柱、暗梁、暗柱并入墙内工程量内计算。

③ 柱、梁、墙、板相互连接的重叠部分，均不计算模板面积。

④ 构造柱按图示外露部分计算模板面积。

（2）矩形柱（编码011702002）、构造柱（编码011702003）、圈梁（编码011702008）、过梁（编码011702009）、栏板（编码011702021）

工作内容与工程量计算规则同基础。

（3）异形柱（编码011702004）

异形柱的项目特征应描述为柱截面形状。工作内容与工程量计算规则同基础。

(4) 基础梁（编码 011702005），矩形梁（编码 011702006），异形梁（编码 011702007），弧形、拱形梁（编码 011702010）

基础梁的项目特征应描述为梁截面形状，矩形梁的项目特征应描述为支撑高度，异形梁和弧形、拱形梁的项目特征应描述为梁截面形状、支撑高度。工作内容与工程量计算规则同基础。

(5) 直形墙（编码 011702011）、弧形墙（编码 011702012）、短肢剪力墙、电梯井壁（编码 011702013）

工作内容与工程量计算规则同基础。

(6) 有梁板（编码 011702014）、无梁板（编码 011702015）、平板（编码 011702016）、拱板（编码 011702017）、薄壳板（编码 011702018）、空心板（编码 011702019）、其他板（编码 011702020）

项目特征应描述为支撑高度。工作内容与工程量计算规则同基础。

(7) 天沟、檐沟（编码 011702022），雨篷、悬挑板、阳台板（编码 011702023）

天沟、檐沟的项目特征应描述为构件类型。雨篷的项目特征应描述为构件类型、板厚度。工作内容包括模板制作，模板安装、拆除、整理堆放及场内外运输，清理模板黏结物及模内杂物、刷隔离剂等。天沟、檐沟工程量按模板与现浇混凝土构件的接触面积计算。雨篷、悬挑板、阳台板工作内容与工程量按图示外挑部分尺寸的水平投影面积计算，挑出墙外的悬臂梁及板边不另计算。

(8) 楼梯（编码 011702024）

楼梯的项目特征应描述为类型。工作内容包括模板制作，模板安装、拆除、整理堆放及场内外运输，清理模板黏结物及模内杂物、刷隔离剂等。工程量按楼梯（包括休息平台、平台梁、斜梁和楼层板的连接梁）的水平投影面积计算，不扣除宽度在 500 mm 以内的楼梯井所占面积，楼梯踏步、踏步板、平台梁等侧面模板不另计算，伸入墙内部分不增加。

(9) 其他现浇构件（编码 011702025）

其他现浇构件的项目特征应描述为构件类型。工作内容包括模板制作，模板安装、拆除、整理堆放及场内外运输，清理模板黏结物及模内杂物、刷隔离剂等。工程量按模板与现浇混凝土构件的接触面积计算。

(10) 电缆沟、地沟（编码 011702026）

电缆沟、地沟的项目特征应描述为沟类型、沟截面。工作内容包括模板制作，模板安装、拆除、整理堆放及场内外运输，清理模板黏结物及模内杂物、刷隔离剂等。工程量按模板与电缆沟、地沟接触的面积计算。

(11) 台阶（编码 011702027）

台阶的项目特征应描述为台阶踏步度。工作内容包括模板制作，模板安装、拆除、整理堆放及场内外运输，清理模板黏结物及模内杂物、刷隔离剂等。工程量按图示台阶水平投影面积计算，台阶端头两侧不另计算模板面积；架空式混凝土台阶，按现浇楼梯计算。

(12) 扶手（编码 011702028）

扶手的项目特征应描述为扶手断面尺寸。工作内容包括模板制作，模板安装、拆除、整理堆放及场内外运输，清理模板黏结物及模内杂物、刷隔离剂等。工程量按模板与扶手的接触面积计算。

（13）散水（编码 011702029）

工作内容包括模板制作，模板安装、拆除、整理堆放及场内外运输，清理模板黏结物及模内杂物、刷隔离剂等。工程量按模板与散水的接触面积计算。

（14）后浇带（编码 011702030）

后浇带的项目特征应描述为后浇带部位。工作内容包括模板制作，模板安装、拆除、整理堆放及场内外运输，清理模板黏结物及模内杂物、刷隔离剂等。工程量按模板与后浇带的接触面积计算。

（15）化粪池（编码 011702031）

化粪池的项目特征应描述为化粪池部位。工作内容包括模板制作，模板安装、拆除、整理堆放及场内外运输，清理模板黏结物及模内杂物、刷隔离剂等。工程量按模板与混凝土接触面积计算。

（16）检查井（编码 011702032）

检查井的项目特征应描述为检查井部位、检查井规格。工作内容包括模板制作，模板安装、拆除、整理堆放及场内外运输，清理模板黏结物及模内杂物、刷隔离剂等。工程量按模板与混凝土接触面积计算。

3. 垂直运输（编码 011703）

垂直运输（编码 011703001）的项目特征应描述为建筑物建筑类型及结构形式，地下室建筑面积，建筑物檐口高度、层数。工作内容包括垂直运输机械的固定装置、基础制作、安装，行走式垂直运输机械轨道的铺设、拆除、摊销。工程量计算规则：按《建筑工程建筑面积计算规范》（GB/T 50353—2005）的规定计算建筑物的建筑面积，按施工工期日历天数计算。

4. 超高施工增加（编码 011704）

超高施工增加（编码 011704001）的项目特征应描述为建筑物建筑类型及结构形式，建筑物檐口高度、层数，单层建筑物檐口高度超过 20 m、多层建筑物超过 6 层部分的建筑面积。工作内容包括建筑物超高引起的人工工效降低以及由于人工工效降低引起的机械降效，高层施工用水加压水泵的安装、拆除及工作台班，通信联络设备的使用及摊销。工程量按《建筑工程建筑面积计算规范》（GB/T 50353—2005）的规定计算建筑物超高部分的建筑面积。

5. 大型机械设备进出场及安拆（编码 011705）

大型机械设备进出场及安拆（编码 011705001）的项目特征描述为机械设备名称、机械设备规格型号。安拆费包括施工机械、设备在现场进行安装拆卸所需人工、材料、机械和试运转费用以及机械辅助设施的折旧、搭设、拆除等费用。进出场费包括施工机械、设备整体或分体自停放地点运至施工现场或由一施工地点运至另一施工地点所发生的运输、装卸、辅助材料等费用。工程量按使用机械设备的数量计算。

6. 施工排水、降水（编码 011706）

（1）成井（编码 011706001）

成井的项目特征应描述为成井方式，地层情况，成井直径，井（滤）管类型、直径。

工作内容包括准备钻孔机械、埋设护筒、钻机就位；泥浆制作、固壁；成孔、出渣、清孔等；对接上、下井管（滤管），焊接、安放，下滤料，洗井，连接试抽等。工程量按设计图示尺寸以钻孔深度计算。

（2）排水、降水（编码011706002）

排水、降水的项目特征应描述为机械规格型号、降排水管规格。工作内容包括管道安装、拆除、场内搬运等，抽水、值班、降水设备维修等。工程量按排水、降水日历天数计算。

7. 安全文明施工及其他措施项目（编码011707）

（1）安全文明施工（含环境保护、文明施工、安全施工、临时设施）（编码011707001）工作内容及包含范围

① 环境保护包含范围：现场施工机械设备降低噪声、防扰民措施，水泥和其他易飞扬细颗粒建筑材料密闭存放或采取覆盖措施等；工程防扬尘洒水，土石方、建渣外运车辆防护措施，现场污染源的控制、生活垃圾清理外运、场地排水排污措施，其他环境保护措施。

② 文明施工包含范围："五牌一图"的费用；现场围挡的墙面美化（包括内外粉刷、刷白、标语等）、压顶装饰；现场厕所便槽刷白、贴面砖，水泥砂浆地面或地砖费用，建筑物内临时便溺设施；其他施工现场临时设施的装饰装修、美化措施；现场生活卫生设施；符合卫生要求的饮水设备、淋浴、消毒等设施；生活用洁净燃料；防煤气中毒、防蚊虫叮咬等措施；施工现场操作场地的硬化；现场绿化、治安综合治理；现场配备医药保健器材、物品费用和急救人员培训；用于现场工人的防暑降温费、电风扇、空调等设备及用电；其他文明施工措施。

③ 安全施工包含范围：安全资料、特殊作业专项方案的编制，安全施工标志的购置及安全宣传；"三宝"（安全帽、安全带、安全网）、"四口"（楼梯口、电梯井口、通道口、预留洞口），"五临边"（阳台围边、楼板围边、屋面围边、槽坑围边、卸料平台两侧），水平防护架、垂直防护架、外架封闭等防护；施工安全用电，包括配电箱三级配电、两级保护装置要求、外电防护措施；起重机、塔吊等起重设备（含井架、门架）及外用电梯的安全防护措施（含警示标志）及卸料平台的临边防护、层间安全门、防护棚等设施；建筑工地起重机械的检验检测；施工机具防护棚及其围栏的安全保护设施；施工安全防护通道；工人的安全防护用品、用具购置；消防设施与消防器材的配置；电气保护、安全照明设施；其他安全防护措施。

④ 临时设施包含范围：施工现场采用彩色、定型钢板，砖、混凝土砌块等围挡的安砌、维修、拆除；施工现场临时建筑物、构筑物的搭设、维修、拆除，如临时宿舍、办公室、食堂、厨房、厕所、诊疗所、临时文化福利用房、临时仓库、加工场、搅拌台、临时简易水塔、水池等；施工现场临时设施的搭设、维修、拆除，如临时供水管道、临时供电管线、小型临时设施等；施工现场规定范围内临时简易道路铺设，临时排水沟、排水设施安砌、维修、拆除；其他临时设施搭设、维修、拆除。

（2）夜间施工（编码011701002）工作内容及包含范围

① 夜间固定照明灯具和临时可移动照明灯具的设置、拆除。

② 夜间施工时，施工现场交通标志、安全标牌、警示灯等的设置、移动、拆除。

③ 包括夜间照明设备及照明用电、施工人员夜班补助、夜间施工劳动效率降低等。

（3）非夜间施工照明（编码011701003）工作内容及包含范围

为保证工程施工正常进行，在如地下室等特殊施工部位施工时所采用的照明设备的安拆、维护及照明用电。

（4）二次搬运（编码011701004）工作内容及包含范围

因施工场地条件限制而发生的材料、成品、半成品等一次运输不能到达堆放地点，必须进行二次或多次搬运。

（5）冬雨季施工（编码011701005）工作内容及包含范围

① 冬雨（风）季施工时增加的临时设施（防寒保温、防雨、防风设施）的搭设、拆除。

② 冬雨（风）季施工时，对砌体、混凝土等采用的特殊加温、保温和养护措施。

③ 冬雨（风）季施工时，施工现场的防滑处理，对影响施工的雨雪的清除。

④ 包括冬雨（风）季施工时增加的临时设施、施工人员的劳动保护用品、冬雨（风）季施工劳动效率降低等。

（6）地上、地下设施、建筑物的临时保护设施（编码011707006）工作内容及包含范围

在工程施工过程中，对已建成的地上、地下设施和建筑物进行的遮盖、封闭、隔离等必要保护措施。

（7）已完工程及设备保护（编码011707007）工作内容及包含范围

对已完工程及设备采取的覆盖、包裹、封闭、隔离等必要保护措施所发生的费用。

5.5 国际通用建筑工程量计算规则

5.5.1 总则

1. 工程量计算原则

（1）本原则作为计算建筑工程量的统一依据。在执行本原则时，为了说明工作的确切性和工作条件，尚需制订本原则所要求的更为详细的细则。

（2）本原则如用于特殊地区或本原则未包括的工程量，可制订补充规定，并作为附录予以载列。

2. 工程量表

（1）工程量表的作用：

① 有助于招标准备提供统一的工程量。

② 根据合同条件，为工程项目的财务控制提供基础。

（2）工程量表应反映工程项目的工程量，对于不能计量的工程项目应注明其近似值或近似工程量。

（3）合同条件、图纸及工程说明书应与工程量表同时提供。

（4）本原则的各节标题和分类不作为工程量表的表式及大小的限制。

3. 计量方法

（1）工程量应以安装就位后的净值为准，且每一笔数字至少应保留计算至 cm；此原则不应用于项目说明中的尺寸。

（2）除另有规定外，以面积计算的项目，小于 1 m^2 的空洞不予扣除。

（3）最小扣除的空洞是指以该计量面积内的边缘之内的空洞为限，对位于被计量面积边缘上的这些空洞，不论其尺寸大小，均须扣除。

（4）如使用本原则以外的计量单位时，必须在补充规定中加以说明。

（5）对小型建筑物或构筑物可另行单独规定计量规则，不受本原则限制。

4. 项目必须包括的全部内容

除另有规定外，所有项目应包括合同规定的所必须完成的责任和义务，并应包括：人工及其有关费用，材料、货物及其一切有关费用，机械设备的提供，临时工程，开业费、管理费及利润。

5. 项目的说明

（1）凡需列举或为此需要的项目，均须全面说明。

（2）以长和宽计量的项目，应注明其断面尺寸、形状大小、周长或周长的范围以及其他适当的说明；管道工程应注明其内径或外径尺寸。

（3）以面积计量的项目应注明厚度或其他适当的说明。

（4）以重量计量的项目应注明材料的厚度，必要时应注明其单位重量（如空调风管工程）。

（5）对于专利产品应尽量适合制造厂价目表或习惯的计算方法，可不受本原则的限制。

（6）工程量表中的项目说明可以其他文件或图纸为依据，在这种情况下，应理解为该项资料是符合本计算原则的。此外，也可以公开发表的资料为依据。

6. 由业主指定专业单位施工的工程

（1）除合同条件另有要求外，由业主指定专业单位施工的工程，应另立一个不包括利润的金额数，在这种情况下，可列出一个专供增加承包人利润的项目。

（2）由承包人协助的项目，应单独列项，其内容包括使用承包人管理的设备，使用施工机械，使用承包人的设施，使用临时工程，为专业单位提供的办公和仓库位置，清除废料，专业单位所需的脚手架（说明细节），施工机械或其他类似设备的卸货、分配、起吊及安装到位的项目（说明细节）。

7. 由业主指定的供应商提供的货物、材料或服务

（1）除合同条件另有规定外，由业主指定的供应商提供的货物、材料或服务，应列一个不包括利润的金额数，在这种情况下，可列出一个专供增加承包人利润的项目。

(2) 货物、材料等的处理应根据本计算原则中有关条款的规定。所谓处理系包括卸货、储存、分配及起吊，并说明其细节，以便于承包人安排运输及支付费用。

8. 由政府或地方当局执行的工程

(1) 除合同条件另有要求外，只能由政府或地方当局进行的工程，应另列一个不包括利润的金额数，在这种情况下，可列出一个专供增加承包人利润的项目。

(2) 凡由承包人协助的工作，应另列项目，其包括内容同第6(2)条。

9. 零星工程（计日工作）

(1) 零星工程的费用应另列一项金额数，或分别列出各不同工种的暂定工时数量表。

(2) 人工费中应包括直接从事于零星工程操作所需的工资、奖金及所有津贴（包括操作所需的机械及运输设备）。上述的费用应根据适当的雇佣协议执行，如无协议，则应按有关人员的实际支付工资计算。

(3) 零星工程中的材料费应另列一项金额数，或包括各种不同材料的暂定数量表。

(4) 列为金额数或表内的材料费应为运到现场的实际发票载列的价格。

(5) 专用于零星工程中的施工机械费应另列一项金额数，或包括各种不同设备种类的暂定台时量表，或每台机械的使用时间。

(6) 施工机械费应包括燃料、消耗材料、折旧、维修及保险费。

(7) 每项零星工程的人工、材料或施工机械费上，可另列一个增加承包人开业费、管理费及利润的项目。

(8) 承包人的开业费、管理费及利润应包括工人的雇佣（招聘）费用，材料的储存、运输和储存损耗费，承包人的管理费，零星工程以外的施工机械费，承包人的设施，临时工程，杂项项目。

10. 不可预见费

除合同条件另有要求外，不可预见费应另列一项金额数，但不得另计利润。

5.5.2 总的要求

1. 合同条件

(1) 在工程量表中应列出合同条件的章节表头目录。

(2) 在合同条件中如有插入的附录，则工程量表中也应将其列入。

2. 技术规范

如技术规范（工程说明书）中包含与下列总要求有关的条款时，工程量表应以该有关条款为依据。

3. 限制（约束）

应把限制的细节列出，包括现场入口的所有权及使用权，施工场地的限制，施工时间的限制，现场地下或地上的原有公用事业设施的维护，特殊命令进行的工程、部分工程或分期工程的施工及完工的限制，其他类似的项目。

4. 承包人的行政管理

承包人的行政管理应单独列项，包括现场管理，施工监督，保卫，工人的安全、卫生及福利，工人的接送。

5. 施工机械

施工机械应单独列项，包括小型机械及工具、脚手架、吊车及起重机械、现场运输、特殊工艺所需的机械。

6. 业主的设施

业主或业主代表所需的设施应列出细节，包括：

（1）临时设施（如办公室、试验室、居住设施等），包括供热、供冷、照明、家具、侍从用房及其他有关设施。

（2）电话，包括按次数计的电话使用费，也可将电话使用费列出一笔总数。

（3）车辆。

（4）职员的侍从（如司机、助理试验员等）。

（5）设备（如测量或试验室设备等）。

（6）计划或进度表所需特殊设备。

（7）其他设施（如工程进行中的照明、招牌等）。

7. 承包人的设施

承包人所需的设施应单独列项，包括：

（1）住房及房屋，包括办公室、试验室、围墙包围的空地、仓库、食堂及居住设施。

（2）临时围护物，包括围板、矮墙、屋顶及护轨等。

（3）临时道路，包括停机坪和交叉道等。

（4）工程用水，如系对承包人提供用水时，应予说明。

（5）工程用照明及电力，如系对承包人供电时，应予说明。

（6）临时电话。

如设施的性质和范围不由承包人自由决定时，应予说明。

8. 临时工程

临时工程应单独列项，包括交通的改道、入口道路、桥梁、围堰、泵水、排水、开隧道用的压缩空气。如临时工程的性质及范围不由承包人自己决定时，应予说明。

9. 杂项项目

杂项项目应单独列项，包括材料试验，工程试验，寒冷天气的保护，清除废料、保护性的围护及遮盖，完工后的清理，交通管理，公共及私人道路的维修，工程的干燥。噪声及污染的控制，执行各项法令的措施。如杂项项目的性质及范围不由承包人自己决定时，应予说明。

5.5.3　现场工程

1. 现场勘探一般规则

（1）现场观测、现场试验和试验室的试验记录应予保存并单独列项。

（2）试样、现场观测、现场试验、试验室的试验及分析应单独列项。

（3）提供报告应单独列项。

2. 试验孔

（1）开挖的试验孔应沿中心线以深度计算，须注明其数量及起点标高以下的最大深度。

（2）不由承包人决定的土方支撑应按深度计算。

3. 钻孔（包括水泵测试井孔等）

（1）打钻孔按中心线以深度计算，应注明其编号及起点标高以下的最大深度，斜孔应另行说明。

（2）不由承包人决定的内衬按深度计算。

（3）孔盖以个计算。

4. 现场准备工作

（1）迁移树木以棵计算。

（2）迁移篱笆以长度计算。

（3）现场清理应包括迁移草木、树丛、矮树、树篱等，以面积计算。

5. 拆除及改建

（1）每项拆迁的位置应予注明。除另有规定外，旧材料应归承包人所有并应予清走；如旧材料须归业主所有时，应另行说明。

（2）从原有结构处拆除单独的用具、设备、安装工程等，应分别单独列项。

（3）拆除独立的结构（或其部分结构）应分别单独列项，或在现场拆除全部结构时可合并为一项。

（4）在原有结构上打洞及改变原有结构时，应分别单独列项；将损坏部分修复到完好程度应包括在内。

（5）临时围护及屋面应另列项目。

6. 支撑

（1）支撑一般应包括拆除和改动，也包括清理并将损坏部分修复到完好程度等在内。

（2）支撑（不属于拆除和改动者）应另列项目，必须说明其位置，并包括清理和将损坏部分修复到完好程度等在内。

（3）不由承包人任意设计的支撑，应予说明。

（4）对在技术规范（工程说明书）中规定不需拆除的支撑，应予说明。

7. 托换基础

（1）托换基础工程应列在适当标题之下，并注明其位置。

（2）除另有规定外，托换基础工程应根据本计算规则的有关章节计算。

（3）临时支撑应单独列项，不由承包人任意设计的临时支撑应予注明。

（4）挖方工程按基础突出处的外边线或按新基础的外包尺寸（取其大者），以体积计算。其分类如下：

① 自初挖地槽起，下至原有的基底止。

② 原有基底以下。

（5）铲除突出的基础以长度计算。

8. 土方工程一般规则

（1）应随同工程量表提供有关地面和地层的土质资料。

（2）挖土方、淤泥及隧道的工程量均为开挖前的体积；对以后该体积内的工作空间或变更均不予增加，原有的空缺处应予扣除。

（3）材料的多次搬运和场内运输，均应包括在土方工程项目内；技术规范（工程说明书）中所规定的多次搬运应在土方处理项目中说明。

（4）土方支撑应单独列项。

（5）对岩石开挖应予注明，也可以将之作为挖土方的外加工程量（即将岩石的体积计算后，对岩石在挖方工程中所占体积不再扣除）。

（6）根据业主代表的意见，为了正确计算工程量，岩石的定义是指只能用铁镐、特殊设备或炸药才能改变其尺寸或位置的材料。

9. 挖方

（1）除另有规定外，挖方应作为由永久性建筑物所占的空洞或垂直于永久性建筑物任何部分的空洞，以体积计算。其分类如下：

① 场地挖方去除表面土，说明平均深度。

② 挖土方（降低地面标高）。

③ 挖掘路基（路堑）。

④ 地下室挖土。

⑤ 挖基底地槽，包括桩帽及地梁。

⑥ 挖基底地坑，说明个数。

⑦ 挖挡泥板墙，说明永久性建筑物的宽度及挡住流体的形式。

（2）挖管沟、电缆沟等的土方按长度计算，说明其平均深度，余土处理及填土应包括在内。

（3）挖隧道土方见第 24 条。

10. 挖淤泥

挖淤泥按体积计算，应说明其位置及界限；除另有规定外，量方应理解为采用测锤以测得其深度。

11. 土方的处理

处理挖出的土方、淤泥、隧道土按挖方量的体积计算。其分类如下：

① 挖土回填。

② 增加地面标高的回填土。

③ 回填场地表面土，对于特殊的等高线、堤岸等应详细说明。

④ 运土应包括提供适当的堆土场。

12. 填土

填土（除挖出的土方、淤泥、隧道土以外）按需填的空洞以体积计算。其分类如下：

① 挖方后的填土。

② 增加地面标高的填土。

③ 填场地表面土，对于特殊的等高线、堤岸等应详细说明。

13. 打桩工程的一般规则

（1）为了正确计算工程量，打桩应包括木桩、预制混凝土桩或金属桩。

（2）其他桩类（如现场灌注混凝土桩）应根据打桩或钻孔桩的有关计算原则计算。

（3）除另有规定外，钢筋应根据5.5.4的规定计算。

14. 打桩工程

（1）成品桩以长度计算，应注明标号，钢筋另计。

（2）桩帽和桩靴以个计算。

（3）打桩按长度计算，自插入地面的桩点至打下的桩点止，应注明根数，倾斜的桩应予说明。

（4）切割桩头及接桩以个计算。

15. 钻孔桩

（1）钻孔桩按长度计算，自地面标高起至孔底止，应注明根数。当桩顶埋入地面以下时，其长度应包括盲桩部分在内。

（2）钻孔通过岩石时作为钻孔桩的外加项目，以长度计（即钻岩石桩的长度不在钻孔桩的总长度中扣除）。

（3）桩的内衬以长度计算。

（4）钻孔桩的余土（石）处理按第11条计算。

（5）混凝土灌注桩以体积计算。

（6）切割桩头及扩大的桩基成型以个计算。

16. 板桩

（1）板桩沿中心线以长度计算。

（2）板桩制作（供应）按最后部位以面积计算。

（3）角桩以长度计算。

（4）打板桩以面积计算，自地面标高起至桩的底边止，垂直和横撑以及拔桩均包括在内。

（5）切割板桩以长度计算。

（6）技术规范（工程说明书）中规定留在原位上的板桩应予注明。

17. 按性能要求设计的桩

（1）按性能要求设计的桩以根计算，钢筋及钻桩所产生的余土处理应包括在内。

（2）如桩顶埋入地下时，应详细注明。

18. 试验桩

试验桩应包括试桩及正式施工的试验桩在内，应单独列项。

19. 地下排水管道

（1）排水管道按中心线的长度（包括配件在内）计算，在检查井以内的管道应予说明，并包括安装零件及支承在内。

（2）在长度以内的管道配件（如弯头、接头等）应以个计算，每种管径的零件合并在一起，并注明“零件”。

（3）排水管道附件（如雨水口、存水弯等）以个计算，混凝土保护壳及额外的挖方应包括在内。

（4）排水管的混凝土垫层及封顶，分别以长度计算并注明管径，立管的保护壳应予说明，并包括模板在内。

（5）检查井等以个计算，或根据本计算规则的有关章节计算，应另列适当标题。

（6）与原有的排水管之间的连接以个计算，详见本计算规则有关章节。

20. 路面铺砌及处理

（1）路面铺砌及处理以面积计算。

（2）伸缩缝及挡水条以长度计算。

（3）路槽、道牙、边缘处理等，以长度计算，弧形的构件应予注明。

21. 围栏

（1）围栏包括立柱（杆）及支撑，以长度计算，挖坑及土方的处理与回填均应包括在内。

（2）特殊立柱（杆）（如大门柱、紧拉杆等）以个计算，挖坑及土方的处理与回填均应包括在内。

（3）大门、栏栅等以个（处）计算。

（4）粉刷工程根据 5. 5. 10 的规定计算。

22. 绿化

（1）耕作及施肥的土地以面积计算。

（2）施肥、播种及草皮，以面积计算。

（3）矮树篱以长度计算。

（4）乔木树、灌木树，以棵计算。

23. 铁路工程

（1）轨道、护轨及导轨，分别以沿中心线的长度（包括所有零件在内）计算，弯曲的轨道等应予说明。

（2）枕木及辙枕以根计算。

（3）转盘及道岔以个计算，其分类如下：转盘及让车道岔、菱形道岔、单股道岔、双股道岔，其他转盘及道岔。

（4）道砟以体积计算，不扣除轨道。其分类如下：铺轨道前的底砟、铺轨道后的面砟。

（5）除超宽度的转盘及道岔的混凝土基础以面积计算外，混凝土轨道基础均以长度计算，钢筋及模板均包括在内。

（6）轨道安装的沥青灌缝以长度计算。

（7）缓冲器、轮闸等以个计算。

（8）信号安装根据本书第 5. 5. 12 或第 5. 5. 17 节的规定计算。

24. 隧道挖土

(1) 隧道挖土按其所占空洞以体积计算，包括永久性内衬所占的体积在内，须分出不同长度，其分类如下：

① 直线隧道。

② 直线竖井。

③ 弧形隧道。

④ 弧形竖井。

⑤ 锥形隧道。

⑥ 锥形竖井。

⑦ 其他洞穴包括坑井与隧道间的过渡点、抢修站及交叉点。

(2) 深井以长度计算，须说明试探井的数量。

(3) 土方处理见上述第11条。

25. 隧道内衬

(1) 现浇混凝土内衬以面积计算，说明是否喷灌或就地浇灌。其分类如下：第一道衬、第二道衬。

(2) 预制弓形隧道内衬以面积计算。

26. 隧道的支撑及稳定

(1) 木支撑以体积计算。

(2) 喷灌混凝土支撑及钢筋以面积计算。

(3) 岩石锚定螺栓以长度计算。

(4) 面层密垫以个计算。

(5) 钢（金属）拱形支撑以重量计算。

(6) 注入的灌浆材料以重量计算。

5.5.4 混凝土工程

1. 一般规则

(1) 现浇钢筋混凝土及现浇素混凝土应分别说明。

(2) 按照技术规范（工程说明书）规定，现浇混凝土的浇灌、密实、养护或其他处理等的特殊要求，应予说明。

(3) 1 m^2 以内的孔隙可不扣除，也不扣除混凝土中钢筋或金属结构所占的体积，但对于混凝土中的箱式、管式金属结构所占的空间则应扣除。

(4) 除另有规定外，混凝土的水平表面必须捣实。

2. 现浇混凝土

除另有规定外，现浇混凝土以体积计算。其分类如下：

① 基础，包括综合的或独立的基底。

② 桩帽，包括地梁。

③ 垫层。

④ 底层，包括道路及人行道底层，应注明厚度。

⑤ 悬板，包括楼板、楼梯平台板、层面板等，应注明厚度。

⑥ 墙，包括壁柱，应注明厚度。

⑦ 柱，包括有外包层的钢支撑。

⑧ 梁（计算板底以下的部分），应包括过梁及有外包层的钢梁。

⑨ 楼梯，应包括踏步及侧板。

⑩ 隔板墙。

⑪ 其他类型（如隧道内衬、桥墩等）。

特殊的现浇混凝土悬板，包括楼板、楼梯平台、层面等，以面积计算；方格板及槽形板应予注明并详细说明其实体边缘等。

以体积计算的混凝土项目在说明其厚度时，不同的厚度可合并考虑，但应注明其不同厚度的幅度范围。

3. 钢筋

（1）钢筋的重量应以净重计算，轧钢误差、支垫、隔离件及绑扎铁丝等不另增加。

（2）钢筋以重量计算，应注明直径，不同直径应分别列出。

（3）钢筋网以面积计算，搭接部分不另增加。

（4）如由承包人负责施工图设计的钢筋应另列项目。

4. 模板

（1）除另有规定外，模板按混凝土的竣工接触面以面积计算。其分类如下：

① 板底，特殊建筑的板底模板应予说明。

② 斜板底，包括楼梯的板底。

③ 有坡度的上部表面，包括大于15°的水平面。

④ 基础侧面，包括基底、桩帽及地梁。

⑤ 墙侧面，包括壁柱。

⑥ 墙的转弯部分，包括墙的终端、突出部分及洞口或壁龛的侧壁。

⑦ 梁的侧板及底板，包括过梁及拼接处的底板，独立梁等应予说明。

⑧ 斜梁的侧板及底板，包括过梁及拼接处的底板，独立梁等应予说明。

⑨ 柱的侧板。

⑩ 楼梯，包括踏步、侧板及斜梁，但不包括底板。

⑪ 其他类型（如隧道内衬、桥梁、桥墩等）。

（2）板边模，包括板边面板或楼板面的直立或拼接部分，以长度计算，不同高度合并为一项，可注明高度的幅度范围。

（3）槽模包括槽的突出部分、槽舌、凹线等截面积在2500 mm^2 或以上者，以长度计算；截面积在2500 mm^2 以内者，应理解为包括在内。

（4）模板如宜于以个计算者，即以个计算（如装饰构件等）。

（5）技术规范（工程说明书）规定不拆除的模板，应予注明。

（6）弧形模板、圆锥及球形模板，应分别注明。

（7）特殊表面模板应予注明。

（8）除另有规定外，对不扣除混凝土体积部分的空洞的模板应予包括，不另增加。

5. 预制混凝土

（1）预制构件的模板应包括在内。

（2）钢筋应根据第 3 条的规定计算，应列出适当的标题或在项目中加以说明。

（3）楼板、隔断板等，以面积计算。

（4）过梁、窗台、沟盖板等，以长度计算，沟盖板也以面积计算。

（5）结构构件（如梁、支撑、隧道拱等）以个计算。

（6）垫块、压顶等以个计算。

6. 预应力混凝土

（1）预应力混凝土工程应写明适当的标题。

（2）预应力混凝土以体积计算，其分类根据第 2 条规定。

（3）钢筋根据第 3 条规定计算，受力钢丝或钢丝束以重量计算。

（4）模板根据第 4 条规定计算，应说明系供采用先张还是后张的构件所用。

7. 杂项

（1）面层粉刷出坡度或双向坡度，以面积计算。

（2）除混凝土捣实、抹面已包括外，混凝土的面层粉刷以面积计算。

（3）伸缩缝材料等以面积计算。

（4）设计的接缝、挡水条、灌注凹缝等，以长度计算。

（5）阴沟、凹槽等以长度计算，该项目包括所加的挖土、碎石执层、模板及混凝土，或以个计算。

（6）固定配件、联系件、镶入件等，以个计算或以面积计算。

（7）榫眼、孔洞等均已包括在混凝土项目以内。

5.5.5 砌筑工程

1. 一般规则

（1）有坡度的、斜面的和弧度的工程，应分别说明。

（2）加筋的砌筑工程应予说明。

2. 墙及壁柱

（1）墙及壁柱以面积计算。其分类如下：

① 墙、必要的壁柱，作为带壁柱的墙以墙厚计算。

② 与其他结构相结合的墙。

③ 空心墙作为一个综合的项目，包括面层及空心部分，但也可将面层及空心部分分别以面积计算，空心墙尽端及洞口四周的封闭部分（实心部分）应包括在内。

④ 独立柱。

（2）混水墙或清水墙应分别说明，或作为增价的项目，注明是单面或双面的混水墙或清水墙（即混水墙或清水墙的面积照算，但在墙的总面积中不再扣除混水墙或清水墙所占的面积)。

3. 窗台等

(1) 窗台、压顶、凹凸的砌体等，以长度计算。

(2) 拱券以长度计算。

4. 钢筋

钢筋根据第 5.5.4 第 3 条的规定计算，钢筋网以长度计算。

5. 杂项

(1) 用混凝土填的空隙物以面积计算。

(2) 伸缩缝等以长度计算。

(3) 通风砖等以块计算。

5.5.6　金属结构工程

1. 一般规则

(1) 金属结构的重量应以净重计算，卷边及焊接材料不另增加，空洞、斜面切口、缺口等不予扣除。

(2) 焊接、铆接或螺栓连接，应分别说明。

2. 承重金属结构

(1) 除另有规定外，承重金属结构以重量计算。其分类如下：格栅、花栅、花板；梁；柱；大门骨架（框）（注明数量）；屋架（注明数量）；支撑钢结构，包括墙架、支撑、斜撑等；其他。

(2) 零星构件（如风帽、托架等）应单独列项。

(3) 安装零件（如螺栓、垫块、铆钉等）应单独列项。

(4) 基底嵌缝或灌浆，以个计算。

(5) 底脚螺栓孔等以个计算，临时模匣及灌浆应包括在内。

(6) 保护措施应单独列项。

3. 非承重金属结构

(1) 地板、管道盖板、铁皮盖及衬板等，以面积计算。

(2) 承台、栏杆、扶手（已包括在楼梯内者除外）、框架等，以长度计算。

(3) 擦脚板边框、爬梯、大门、楼梯等，以个计算。

5.5.7　木作工程

1. 一般规则

(1) 毛料枋材（即未刨光的）及净料枋材（即刨光的）应予说明。

(2) 对木构件的项目说明应明确是否基本尺寸（即未加工前的）还是竣工后的尺寸（即在允许误差范围内的刨光尺寸)。

2. 构造用的木材

(1) 构造用的木材以长度计算。其分类如下：地板及平屋面，坡屋面，墙，踢脚板、支承件等，木墩（檐）、接椽等。

（2）格栅间的剪力撑以长度计算（包括格栅外包尺寸在内）。

3. 安装木板及铺地板

（1）除另有规定外，安装木板及铺地板以面积计算，接缝及搭接不另增加。其分类如下：

① 地板，包括平台在内。

② 墙，包括墙的端侧、洞口或凹进部分的边框以及附柱、立柱等。

③ 平顶，包括主、次龙骨以及楼梯的底部。

④ 屋面，包括面层、老虎窗的顶部及侧面和天沟底，应注明是平的、斜的或直的，灰板条及立柱均包括在内。

（2）屋檐及挡风板，包括挑口板、封檐板等，以长度计算。

（3）压边条及圆形线脚以长度计算。

4. 底材及板条衬底

（1）成片的底材及板条衬底以外包面积计算。

（2）单独的底材及板条衬底以长度计算。

5. 木构架

木构架按外包尺寸以面积计算，也可以长度计算。

6. 木装修及木配件

（1）木装修以长度计算。其分类如下：

① 木盖口条包括门头线、踢脚板等。

② 木压条包括木挡头等。

③ 边缘木装修包括窗台板、突缘饰等。

（2）除另有规定外，木配件以长度计算。其分类如下：

① 工作台面包括座椅等。

② 扶手或栏杆。

（3）搁板以面积计算，也可以长度计算。

（4）靠背板等以个计算。

（5）装配式构件应予说明。

（6）塑料贴面等列在相应使用的项目中，并说明单面或双面，或分别（单面）以面积计算。

（7）板材衬里以面积计算。其分类如下：

① 墙，包括端侧、洞口或凹进部分的边框以及附柱及立柱等。

② 平顶，包括主次龙骨及楼梯的底部。

7. 综合式项目

（1）除另有规定外，综合式项目（系指场外制作的或非场外制作的）以个计算，所有铁活等均包括在内。

（2）任何其他与木作有关的工作（如装饰等），应根据本计算规则有关章节规定计算。

8. 杂项

刨光成材木料以长度计算。

9. 铁活

连接在木作工程上的铁活以个计算，或如披水条等可以长度计算。

10. 五金

成件或成套的五金以件（套）计算。

5.5.8 隔热和防潮工程

1. 一般规则

（1）隔热及防潮工程以平整面积计算，搭接和接缝不另增加。

（2）弧形、球形及圆锥形的隔热和防潮工程，应分别说明。

2. 面层和内衬

（1）除另有规定外，面层、水箱、防水面层、内衬等，以面积计算。其分类如下：平面面层，有坡度的面层，垂直的面层。

（2）檐口、屋脊、踢脚板、挑口板、泛水、散水等，以长度计算；或将踢脚板、挑口板等综合在屋面项目内以面积计算。

（3）屋面采光窗、通风器，屋面烟囱泛水、特殊屋面防水材料等，以个计算；或将特殊屋面防水材料作为屋面增价项目（即该材料照算，但不从屋面总量中扣除其所占数量）。

3. 防潮层

防潮层以长度计算，或以面积计算。

4. 隔热层

隔热层以面积计算，或综合在屋面项目中并加以说明。

5.5.9 门窗工程

1. 门

（1）门以樘计算。

（2）门侧壁、门顶板、门槛、立梃、横档等，以长度计算，门框及衬板或以套计算。

2. 窗

窗、天窗等（包括窗框）以樘计算，不同材料的副框可单独以根或长度计算。

3. 屏幕

（1）屏幕、借光窗、玻璃幕墙等，以面积计算，或以樘（扇）计算。

（2）在屏幕上的门及门框以樘计算。

4. 五金

五金以件或套计算。

5. 玻璃

（1）除另有规定外，玻璃以面积计算，不规则形状的窗格玻璃以其切边的最小长方形计算面积。

(2) 制造厂镶配的密闭成品玻璃以块计算。

(3) 玻璃百叶窗以樘计算，或说明其数量以长度计算。

(4) 特殊形状的玻璃或带有装饰处理的玻璃以块计算。

6. 专利玻璃安装

(1) 专利玻璃的安装以面积计算。其分类如下：

① 屋面。

② 天窗，包括灯笼式天窗。

③ 垂直面。

(2) 开启部分的玻璃以块计算。

5.5.10 饰面工程

1. 一般规则

(1) 饰面工程以平整面计算，搭接及接缝不另增加；波状或有装饰表面的饰面工程应予说明。

(2) 弧形、球形及圆锥形的饰面工程，应分别说明。

(3) 室内及室外饰面工程应分别说明。

2. 底层

(1) 底层以面积计算，地面、墙面或平顶的底层应分别说明。

(2) 现抹的底层（如准条等）应分别注明，并说明面层做法。

(3) 预先成形的底层（如灰膏板、钢丝网板条等）应分别说明。

3. 面层

(1) 除另有规定外，面层以面积计算。其分类如下：

① 地面，包括楼梯平台。

② 墙，包括端侧、洞口或凹进部分的侧边以及附柱及柱等。

③ 平顶，包括主次梁及楼梯底板。

④ 楼梯，包括踏步、侧板及平台的边，但不包括底板。

(2) 踢脚线、腰线、楼梯斜梁、道牙罩面、装饰线、凹圆线、凹槽等，以长度计算。

4. 杂项

防滑条、分格条、角钢压条、不同底层接缝处的钉板条等，以长度计算，也可附在所属项目中并加以说明。

5. 吊平顶

吊平顶以面积计算。其分类如下：

① 吊平顶，说明其吊饰。

② 梁的侧面、底面或直立面。

6. 装饰面层

(1) 不同表面的装饰应分别说明。

(2) 采用特殊施工方法的（如喷浆等），应详细说明。

（3）除另有规定外，装饰工程以面积计算。其分类如下：

① 地面，包括楼梯平台。

② 墙，包括端侧、洞口或凹进部分的侧边以及附柱及柱等。

③ 平顶，包括主次梁及楼梯底板。

④ 楼梯，包括踏步、侧板、斜梁及平台的边，但不包括底板。

⑤ 檐口板。

⑥ 普通装饰面层，包括门、封闭式围墙等；一般玻璃面层（以玻璃平面计算）应予说明。

⑦ 独立式的普通装饰面层，包括门框、内衬，窗的不同材料处的副框、踢脚线、横档、框边、腰线、立柱、栏杆等。

⑧ 窗（以包括玻璃、窗框、立梃、横档及下档在内的外围面积计算），包括玻璃隔断等，不包括窗的不同材料处的副框，但窗格的边应包括在内。

⑨ 暖气片以其散热面积的外包尺寸计算。

⑩ 天沟以内外两层面积计算。

⑪ 大口径管子（即内径超过60 mm者），包括干管等，除作为附带工作计算外，吊钩、支架等（服务性的普通支架除外）应理解为包括在内。

⑫ 金属结构包括屋架在内。

（4）小口径管子的装饰工程（即内径在60 mm及以内者），除作为附带工作计算外，以长度计算，吊钩、支架等（服务性的普通支架除外）应理解为包括在内。

（5）格栅、雨水口等的装饰工程，不管其尺寸大小，分别以个计算。

7. 招牌

招牌上的字等以个（块）计算。

5.5.11　附件工程

1. 一般规则

（1）为了便于区别，根据本原则规定计算的附件工程，仅限于本文件其他部分不包括的特制品或专利品项目。

（2）除另有规定外，附件工程以个（件）计算。

2. 隔断

（1）隔断以长度计算，包括门及安装玻璃部件的外围长度在内。

（2）门及安装有玻璃的部件以扇（樘）计算，应说明其在隔断上的所占部位。

（3）以隔断围成的小室等以处计算。

5.5.12　设备

一般规则

（1）为了便于区别，根据本原则规定计算的设备，仅限于与房屋或部门的功能有关的专业设备（如食物准备或服务设备、试验室设备、舞台设备等）。

（2）每一类设备应专列一项目，或单独的设备项目以台（套）计算。

5.5.13 家具陈设

1. 一般规则

(1) 为了便于区别，根据本原则规定计算的家具陈设，仅限于与职业有关和用于房屋或部门的功能有关的不固定的家具、用具等（如地毯、帘幕、工艺品、烟灰缸、家具附件等）。

(2) 每一类家具陈设应专列一项目，或单独的家具陈设项目以件（套）计算，如适当时也可以长度计算。

2. 窗帘轨

窗帘轨以长度计算，挂钩、滑轮、固定器等均包括在内。

5.5.14 特殊工程

1. 一般规则

为了便于区别，根据本原则规定计算的特殊工程，仅限于专业性围护结构（如压缩空气支撑的或球形空间网架的结构、装配式房屋等）或专业性装置（如放射性防护措施等）。

2. 围护结构

围护结构以处计算，在其范围以内的工程（但不属于其部分结构）应根据本节有关规定计算。

3. 安装（专业性设备）

安装（专业性设备）应分别单独列项，也可根据本节有关规定计算。

5.5.15 传送系统

1. 一般规则

电梯、起重机、输送机、自动扶梯等，以台（部）计算。

2. 杂项

下列各项应分别列项：

① 支座，包括固定、锚牢、绝缘块及隔震装置等。

② 标记牌，包括底板、面板、标记、图表及带色符号等。

③ 负荷试验，包括竣工安装操作并提供燃料及电力。

④ 工具及备用件，包括供拆卸工具用的钥匙及消耗的贮备品。

⑤ 文件，包括图纸、操作须知及维修手册等。

3. 传送系统的附属工程

(1) 传送系统附属工程的项目包括：

① 和其他工程安装的配合。

② 切割或成形孔洞、榫眼、凹口等，并进行表面处理。

③ 埋设或切割及钉牢支架等，并进行表面处理。

(2) 每个系统的保护性及装饰性油漆应分别列项，包括：

① 除去保护外壳或包装。

② 清理及刨光外露表面。

（3）其他传送系统附属工程，根据本文件有关规定计算，并组合为一个适当的标题。

5.5.16　机械设备安装工程

1. 一般规则

（1）机械设备安装工程应按其功能分类并分别列出适当的标题。

（2）机械设备安装工程根据本节有关规定计算，或可按其部位以台计算（如底层冷水安装）。

2. 管道及沟槽工程

（1）管道及沟槽按中心线以长度计算，包括所有的零件。

（2）小口径管道的零件（即内径 60 mm 及以下者）均包括在内。大口径管道（即内径大于 60 mm 者）及沟槽的零件以个计算，每种相同规格的零件可合并在一起，并注明“零件”。

（3）阀门、存水弯、胀力圈等，以个计算，套管、盖板等均包括在内。

3. 通风管道工程

（1）矩形通风管道根据其面积以重量计算，而面积则以包括零件在内的中心线长度乘以公称的净周长求出。尽端空缺处应并入计算重量的面积中去，但交叉处或洞口不予扣除，接缝、加劲板、支架、安装零件等外加重量均包括在内。

（2）圆形的、椭圆形的及弯曲的通风管道，按包括零件在内的中心线以长度计算。

（3）矩形通风管道的零件已包括在管道内，不另计算；圆形的、椭圆形的管道（试验孔及盖除外）零件以件计算，每种管道尺寸的零件可合并计算，并注明“零件”。

（4）调节阀、铁格栅、活接头等，以个计算。

4. 设备

（1）卫生设备、水箱、风扇、水泵、通风帽、空气操纵等设备，以台（件）计算。

（2）连续空气加热器等以长度计算。

（3）加热或通风平顶等以面积计算。

5. 自动控制

（1）灵敏的或活动的仪表（如恒湿器、恒温器、机动阀门、控制盘、空压机及接收机等），以台（个）计算。

（2）线路、气压运输管、绝缘子、启动器、继电器等，连同自动控制一起均已包括在内。

（3）每种自动控制系统的安装也可另列项目计算，但一个系统所共有的设备如超过一个时，以套计算。

6. 与（城市）供应干管的连接

与（城市）供应干管的连接以个（项）计算，按有关规定执行。

7. 保温，包括内衬及保护层

（1）管道的保温按包括零件在内的中心线，以长度计算。

（2）矩形通风管道的保温以面积计算，计算方法详见本节第 3 条，法兰盘处的增加部分等均包括在内。

(3) 圆形、椭圆形及弯曲的通风管道的保温，按包括零件在内的中心线长度计算。

(4) 管道附近周围所包括的保温盒以个计算。

(5) 设备的保温以个（台）计算。

8. 杂项

杂项的计算方法根据本计算规则第5.5.15部分第2条规定执行。

9. 机械安装的附属工程

机械安装的附属工程根据本计算规则第5.5.15部分第3条的规定计算。

5.5.17 电气安装工程

1. 一般规则

(1) 电气及其配件安装，应根据其功能进行分类并分别列出适当的标题。

(2) 电气安装根据本节有关规定计算，或可按其部位以台计算（如底层照明安装等）。

(3) 本节所指“电缆”包括卷线、母线槽等。

(4) 本节所指“导线管”包括线槽、电缆盘、导管等。

2. 主干线路

(1) 为了便于计算，“主干线路”仅限于在一栋建筑物或综合大楼内从引入电源至主配电盘之间的线路。

(2) 电缆以长度计算。

(3) 导线管以长度计算。

3. 分支线路

(1) 为了便于计算，“分支线路”仅限于从主配电盘至分配电盘之间的线路。

(2) 至各分支线路的电缆及导线管以条计算，并分别进行适当归类。分支线路或可根据本节第2条规定计算。

4. 尽端分支线路及其配件安装

至终点的电缆及导线管以个计算。其分类如下：

① 照明点（灯具点）。

② 照明开关点，说明单向、双向或中间开关。

③ 一般电源插座、多插口插座等，应作为一个点计算。

④ 设备点（说明设备型号或电容量、接触器、启动器等），分别以设备点计算。

⑤ 配件安装点（如电铃按钮、电话插座等）。

5. 配件

平顶接线盒及吊线、照明开关、插座、电铃按钮等，以个计算。

6. 控制装置

开关装置、分线装置、接触器、启动器、组装开关板等，以个计算。

7. 电器设备

(1) 变压器、发电机、备用电力间、照明设备、室外灯柱、电钟、扩音器、电铃等，以盒（个）计算。

（2）控制设备，包括配件及内部连接电缆，根据本规定有关项目计算，或可包括在设备安装项目内计算。

8. 与（城市）供电干线的连接

与（城市）供电干线的连接以项计算，按有关规定执行。

9. 杂项

杂项的计算方法，根据第 5.5.15 部分第 2 条规定执行。

10. 电气安装的附属工程

电气安装的附属工程，根据第 5.5.15 部分第 3 条规定计算。

思　考　题

5-1　工程量的概念是什么？工程量的计算依据有哪些？

5-2　计算工程量的方法有哪些？

5-3　简述建筑面积的概念及作用。

5-4　思考结构层在建筑面积计算中的意义。

5-5　思考有无围护结构在建筑面积计算中的区别。

5-6　建筑面积计算时，哪些部位应计算全面积？哪些部位应计算 1/2 面积？哪些部位不应计算建筑面积？

5-7　简述平整场地的工程量计算规则。

5-8　如何划分挖沟槽、挖基坑和挖一般土方？

5-9　如何计算打预制混凝土桩、钢管桩和灌注桩的工程量？

5-10　如何计算砖基础、砖墙的工程量？砖基础与砖墙（身）应如何划分？

5-11　简述装配式混凝土的工程量计算规则。

5-12　简述现浇混凝土的工程量计算规则。

5-13　简述钢筋工程的工程量计算规则。

5-14　简述金属结构和木结构的工程量计算规则。

5-15　简述门窗工程的工程量计算规则。

5-16　简述屋面防水工程的工程量计算规则。

5-17　简述保温、隔热、防腐工程的工程量计算规则。

5-18　简述楼地面装饰工程的工程量计算规则。

5-19　简述墙、柱面装饰与隔断、幕墙工程、天棚工程的工程量计算规则。

5-20　简述现浇建筑物模板的工程量计算规则。

5-21　简述综合脚手架的工程量计算规则。

5-22　如何计算建筑物垂直运输？

5-23　简述绿色施工安全防护措施费的构成。

5-24　措施其他项目有哪些内容？

习　　题

5-1　计算图 5-49 所示 6 层建筑物的建筑面积（A—B、⑤—⑦之间部分按阳台计算）。

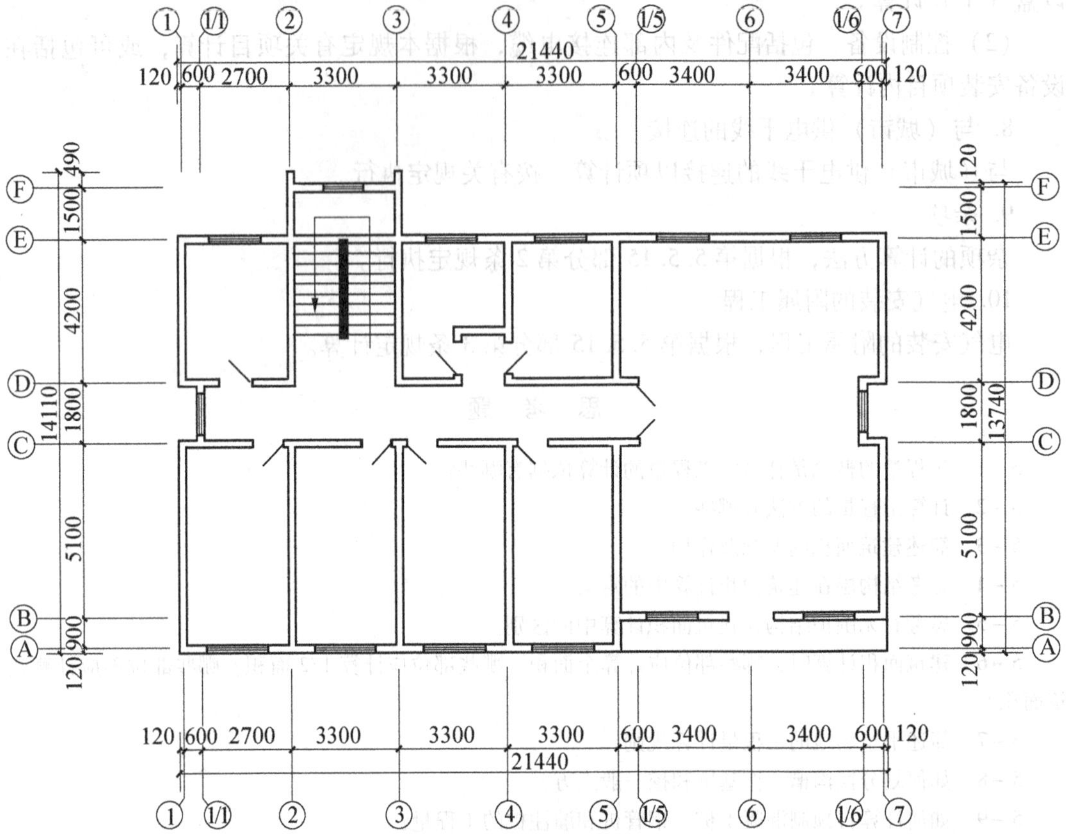

图 5-49　建筑物标准层平面图

5-2　试计算图 5-50 所示基础土方（三类土，人工开挖）、C10 混凝土垫层、C20 钢筋混凝土基础、M7.5 水泥砂浆标准砖基础的工程量及定额直接费。

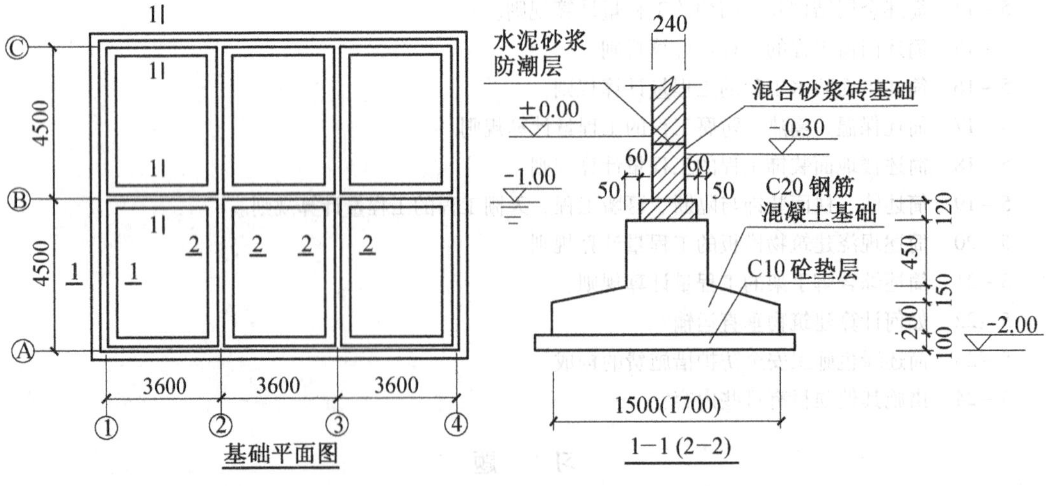

图 5-50　基础图

5-3　某简支梁配筋如图 5-51 所示，其中③号筋弯起角度为 45°。试计算梁中各钢筋的长度及重量。已知梁的混凝土保护层厚度为 25 mm，不考虑抗震要求，钢筋长度的理论重量如表 5-36 所示。

表 5－36　钢筋长度的理论重量表

钢筋直径/mm	理论重量/（kg/m）
6	0.222
12	0.888
25	3.850

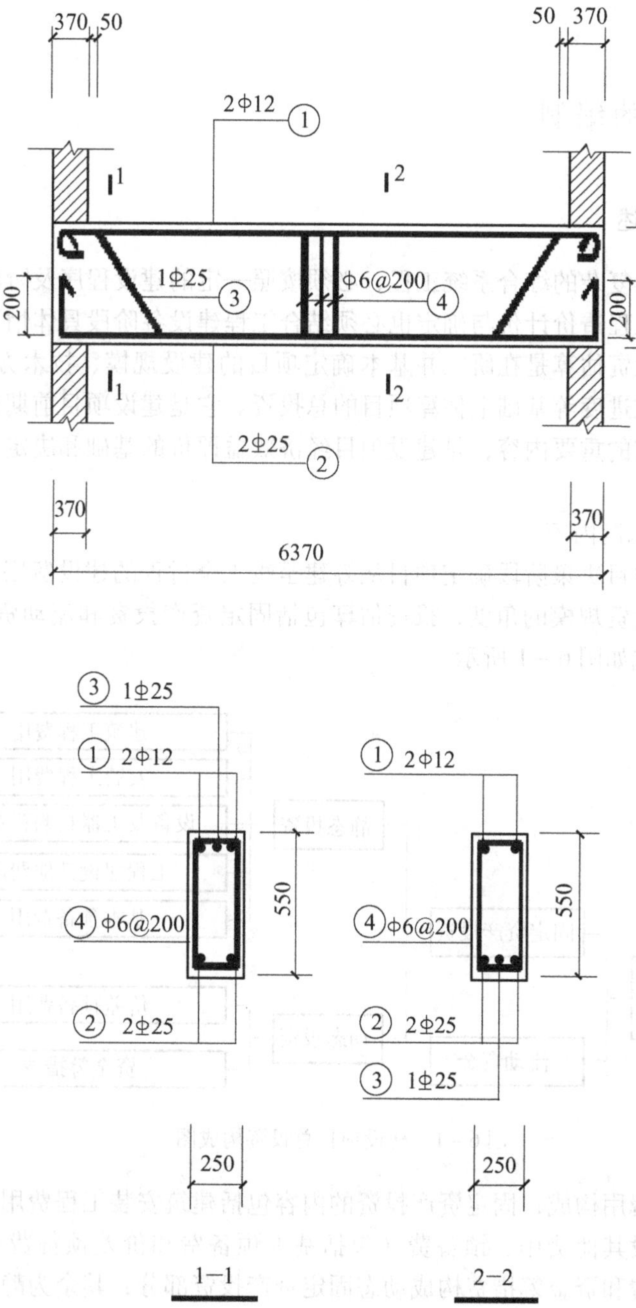

图 5－51　梁配筋图

第6章　工程造价文件的编制

6.1　投资估算的编制

6.1.1　投资估算概述

工程建设是一项复杂的综合系统工程，必须按照一定的建设程序及阶段，合理科学地进行管理。同样，工程造价计价与确定也必须结合工程建设各阶段具体情况，相应地计算及采取控制措施。投资估算是在研究并基本确定项目的建设规模、技术方案、设备方案、工程方案及项目实施进度等基础上估算项目的总投资。它是建设项目前期的造价文件，是建设项目可行性研究的重要内容，是建设项目经济效益评价的基础和决定项目取舍的重要依据。

1. 投资估算的编制内容

投资估算是在项目决策阶段确定项目从筹建至竣工全过程的建设费用估算。从满足建设项目投资计划和投资规模的角度，投资估算包括固定资产投资和流动资金估算两部分，建设项目总投资构成如图6－1所示。

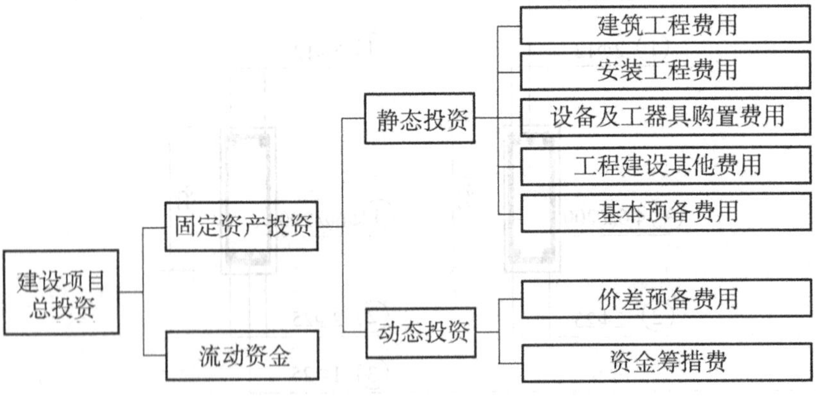

图6－1　建设项目总投资构成图

根据建设工程费用构成，固定资产投资的内容包括建筑安装工程费用、设备及工器具购置费用、工程建设其他费用、预备费（包括基本预备费和价差预备费）和资金筹措费等。其中价差预备费和资金筹措费构成动态固定资产投资部分，其余为静态固定资产投资部分。

流动资金是指生产经营性项目投产后，用于购买原材料、燃料，支付工资及其他经营费用等所需的周转资金，是伴随着固定资产投资而发生的长期占用的流动资产投资。流动资金的计算公式如下：

$$流动资金 = 流动资产 - 流动负债 \tag{6-1}$$

式中，流动资产包括现金、应收及预付账款、存货等易变现的资产；流动负债主要是应付账款。实际上，流动资金就是财务中的营运资金，一般投资估算时，必须考虑生产性项目的流动资金估算。

2. 投资估算的作用

（1）满足项目建议书和可行性研究报告的要求。投资估算是主管部门审批项目的主要依据，也是筹措资金，向金融机构贷款的主要依据。

（2）满足建设项目设计任务书的要求。对某些按规定只需编制设计任务书的项目，则要求在任务书中列入投资总额的估算。

（3）满足工程设计招标和建筑方案设计竞选的需要。按照有关规定，项目设计投标单位报送的投标文件中，应包括方案设计图纸及说明、建设工期、工程投资估算和经济分析，以考核设计方案是否技术上先进可靠、经济上可行合理。所以，工程投资估算是工程设计投标的重要组成部分。

（4）满足限额设计的需要。投资估算一经批准确定，即成为限额设计的依据，所以，工程初步设计中要进行多方案优化设计，实行各设计专业按投资分配额控制，最终实现建设项目投资的最高限额不被突破。

3. 投资估算的编制依据

投资估算编制的准确程度与该阶段资料收集、主要依据的完备是分不开的，资料越具体、越完备及详细，依据越充分齐全，编制的投资估算准确程度就越高。编制投资估算的主要依据有：

（1）国家、省级或行业建设主管部门发布的建设工程造价费用构成、估算指标、计算方法、有关的其他工程造价文件及相关的工程造价资料等。

（2）国家、省级或行业建设主管部门发布的工程建设其他费用计算办法、费用标准以及物价指数等。

（3）拟建项目的各单项工程或单位工程的具体建设内容及主要工程量等。

（4）全方位、多层次的市场经济信息。它是投资估算的重要依据。从内容上看，有劳务市场、建材市场、设备供应和租赁市场的价格信息及资金市场、外汇市场的利率、汇率信息；从实践上看，有历史档案资料、现行实时信息和近期预测报告等。

4. 投资估算的阶段划分及精度要求

从广义角度讲，一个建设项目从开始设想直至施工图设计，这期间各阶段项目投资的预计额都应是估算，是人们事前的一种预计值，只是各阶段的设计深度不同，技术条件及参数不同，对估算的准确度要求也就不同。

投资估算是项目决策及初步设计之前各工作阶段中的一项重要工作，在项目规划阶段、项目建议书阶段、可行性研究阶段可根据项目已明确的相应技术指标及条件，编制出精度不同的投资估算额。具体阶段划分及估算精度要求如下：

（1）项目规划阶段的投资估算

建设项目规划是指有关部门根据国民经济发展规划、地区发展规划及行业发展规划的要求，编制一个建设项目的建设规划。此阶段的投资估算是按项目规划的要求和内容，粗略地估算建设项目所需要的投资额。其对投资估算精度的要求允许误差可大于±30%。

（2）项目建议书阶段的投资估算

在项目建议书阶段，投资估算是按项目建议书的产品方案、项目建设规模、产品主要生产工艺、车间组成、初选建设地点等条件，估算建设项目所需的投资额。该阶段工作比较粗，投资估算一般通过与已建项目的对比，采用生产能力指数法或资金周转率法来估计投资额。其对投资估算精度的要求为误差控制在±30%以内。此阶段投资估算是判断项目是否可以进行下一阶段工作的重要依据。

（3）初步可行性研究阶段的投资估算

在初步可行性研究阶段，投资估算是在掌握了更详细、更深入的资料条件下，估算建设项目所需的投资额。由于项目的规划更详细，投资规模、工艺技术、设备选型等都已形成初步设想，可采用比例系数法或指标估算法估计投资额。其对投资估算的精度要求为误差控制在±20%以内。此阶段投资估算的意义是据此确定是否进行详细的可行性研究。

（4）详细可行性研究阶段的投资估算

详细可行性研究阶段也称最终可行性研究阶段。此阶段的投资估算是在以上各阶段的基础上，进行全面、详细、深入的技术经济分析及论证，评价选择拟建项目的最佳投资方案，对项目的可行性提出结论性意见。该阶段一般采用模拟概算法估算投资额，其投资估算的精度要求为误差控制在±10%以内。此阶段的投资估算是多方案比较选择最佳方案和确定其可行性的依据，该投资估算经审查批准后，便是工程设计任务书中规定的项目投资限额，并可据此列入项目年度基本建设计划。

5. 投资估算的编制步骤

投资估算编制时，要求工程内容和费用构成齐全，计算合理，不重复计算，不提高或降低估算标准，不漏项、不少算。选用指标与具体工程之间存在标准或者条件差异时，可以进行必要的换算或调整。投资估算的精度要能满足控制初步设计概算的要求。

（1）项目建议书阶段投资估算的编制步骤

由于项目建议书阶段资料不是很完备，投资估算通常按有关估算指标进行粗略估算。工业项目常按生产规模或设备生产能力为单位的估算指标及工程建设的其他费用指标进行估算。民用项目按功能或经营能力为单位的估算指标和其他费用定额指标编制估算，也可参考类似项目的概（预）算及结算资料进行编制。

虽然项目建议书阶段对投资估算准确程度要求不是很高，但为了保证投资机会研究方向的正确性以及下一步可行性研究阶段结论的准确性，往往事前的前提条件成立与否非常重要。因此，无论采用什么指标或方法进行投资估算编制，一定要充分考虑建设具体条件、实施的时间、建设工期、建设地点、建设规模及标准的不同，合理动态地考虑指标的量差、价差、费用差别等诸多因素对投资估算的影响，并要在使用指标时按编制年度的实际价格和费用水平进行调整，这样才能使指标相对有效。

（2）可行性研究阶段投资估算的编制步骤

可行性研究阶段随着资料的详细和完备，投资估算的项目划分和编制方法比项目建议书阶段要详细，准确性要求也更高，其具体编制步骤如下：

①估算建筑工程费用。建筑物按建筑面积或建筑体积为单位套用建筑标准和结构形式

基本相同的工程估算指标或用类似工程造价资料编制其估算费用。构筑物按延长米、平方米、立方米或以自然计量单位“座”“个”等为单位套技术标准和结构特征基本相同的估算指标或类似工程造价指标进行编制，若无适当指标资料时，也可采用主要实物量套用综合定额的方法编制。总平面及各种室外管道、运输系统、高低压供电线路等工程可根据估算指标或综合定额扩大指标进行编制。其他属各专业部门管辖范围的工程（如矿山井巷、水坝、码头、大桥等）套用相应各专业指标进行编制。

②估算安装工程费用。设备安装以车间或工段为单元，根据技术特征采用各省、市及行业部门编制的估算指标和全国统一安装工程估价表或类似工程的造价资料编制。工艺金属结构、设备绝热、防腐工程、工业管道、变配动力配电线路敷设、重型母线等工程仍以车间或工段为单元，套用估算指标或全国统一安装工程估价表或类似工程造价资料编制。

③估算设备及工器具购置费用。主要设备按现行出厂价或报价计算，非标准设备按相应规定计算，次要设备可按估算指标或类似工程造价资料中次要设备所占比例计算，进口设备按全过程综合计价考虑，工器具费用按各省市及行业部门颁发的指标计算。同时，设备的运杂费采用各省、市及专业部门规定的设备运杂费综合定额指标计算。

④估算工程建设其他费用。工程建设其他费用项目的确定和各项费用的计算方法及定额指标，按各省、市及行业部门规定执行。由于受设计深度制约，也可按类似工程其他费用占工程费用的百分比进行计算。

⑤估算工程预备费。工程预备费分为基本预备费及建设期价差预备费两部分，应根据国家、省级行业建设主管部门的规定计算。

⑥估算资金筹措费。资金筹措费应按银行规定的利率及资金使用计划分别计算。

⑦估算流动资金。根据产品方案，参照类似项目流动资金占有率，估算流动资金。

⑧汇总出总投资。将建筑工程费用、安装工程费用、设备及工器具购置费用、工程建设其他费用、工程预备费、资金筹措费和流动资金汇总，估算出建设项目总投资。

6.1.2 投资估算的编制方法

投资估算的编制方法有多种，通常采用的有资金周转率法、指标估算法、类似工程造价资料类比法、主要工程量估算法、系数法和模拟概算法等。在实际运用中，一定要结合工程具体特点及有关资料，认真分析比较，套用合适的指标及系数。对于一些复杂的项目，最好用几种方法复合估算，同时，也应考虑一定的估算时差。因为指标是过去静态的，一般估算的时间按开工前一年为基准年，再结合所在地区的价格水平，作相应的换算及调整。以下是几种常用的估算方法。

1. 资金周转率法

资金周转率法是一种利用已建类似项目的资金周转率来推测拟建项目投资额的简便方法。计算公式如下：

$$\text{投资额} = \frac{\text{拟建项目产品设计年产量} \times \text{产品单价}}{\text{资金周转率}} \tag{6-2}$$

其中：

$$\text{资金周转率} = \frac{\text{已建类似项目年销售总额}}{\text{投资额}} = \frac{\text{产品年产量} \times \text{产品单价}}{\text{投资额}} \tag{6-3}$$

拟建项目资金周转率可根据已建类似项目的有关数据进行推测，然后再根据拟建项目的设计产品年产量及预测单价，估算出拟建项目的投资额。公式中投资额的口径应一致，要么都是指固定资产投资，要么都是指总投资（包括流动资金）。

资金周转率法计算简便，速度快，无需对项目进行详细描述，只需了解产品的年产量和单价即可，但误差率较大。一般可用于项目规划阶段及项目建议书阶段的投资估算，不宜用于详细可行性研究阶段的投资估算。

2. 指标估算法

指标估算法是根据事先编制的各种投资估算指标进行投资估算。投资估算指标根据其包含的内容和综合程度分单位工程估算指标、单项工程综合指标和单元指标。

（1）单位工程估算指标估算法

单位工程估算指标估算法是根据各种具体的投资估算指标，如：元/m、元/m^2、元/m^3、元/t、元/km、t/（kV·A）等货币指标，结合拟建项目相应的规模及标准等基本参数，计算出各费用项目或单位工程投资估算，再汇总成每一单项工程投资估算，最后再估算出工程建设其他费用、预备费用等建设项目投资费用，即得项目所需的固定资产投资。

（2）单项工程综合指标估算法

单项工程综合指标多以单位建筑面积的投资表示，故又称单位面积综合指标。其投资内容包括该单项工程的土建、给排水、电气、通风空调等费用。计算公式如下：

$$\text{单项工程投资}=\text{建筑面积}\times\text{单项工程综合指标}\times\text{指标物价浮动指数}\pm\text{建筑和结构差异的价差} \quad (6-4)$$

（3）单元指标估算法

单元指标是每个估算单元的投资额。估算单元根据建筑物的功能划分，如宾馆为元/套客房、医院为元/床位、学校为元/学位、剧场为元/座位。计算公式如下：

$$\text{项目固定投资}=\text{建筑功能值}\times\text{单元指标}\times\text{物价浮动指数} \quad (6-5)$$

估算指标是一种比概算指标更为综合扩大的单位工程指标或单项工程指标，它是用有代表性的单位或单项工程实际造价资料，经过修正、调整、反复综合平衡，用“量”和“价”相结合的形式，用货币来反映活劳动与物化劳动。其指标的“量”与“价”是受扩大指标单位规定的内容和范围影响而变化的，在规定范围内，“量”是不变的，而“价”是波动的，必须进行一定的调整，因此，估算指标应是以定“量”为主。

指标估算法是最常用的一种估算方法，其特点是估算时，要有基本适合拟建工程的估算指标可以采用，并且使用时，要比较不同的地区、不同时间段、不同工程特点、不同的标准等条件上的差异，并做好相应的换算或调整。切忌盲目生搬硬套指标，使估算不符合实际工程投资情况。使用这种方法进行估算的关键因素是使用的指标准确与否。

3. 类似工程造价资料类比法

当对拟建项目进行估算时，有些单项工程若无法找到适合的估算指标，此时就可以借鉴已建成的与拟建项目类似工程的造价资料进行分析、对比，比较其“量”与“价”的指标，或进行局部换算，对“量”与“价”的差异作一定调整，换算出适合拟建工程的具体估算指标，再结合拟建工程的规模等参数估算出其投资额，最后估算出其他建设费用等，建设项目投资估算额就基本确定。

4. 主要工程量估算法

对拟建项目进行投资估算时，若既无合适估算指标采用，又无现成的类似工程造价资料，可根据拟建项目的主要设备明细表、主要修建参数，大致框算出其项目的主要工程量，然后套用概（预）算定额及取费标准计算出主要项目费用，再对一些零星的项目按一定的比例估算，就可以大致估算出项目投资费用。这种方法与编制概（预）算的方法大致相同，只是精度要求及精细程度不及后者。

5. 系数估算法

系数估算法也称因子估算法。对于一些拟建项目，通常其主要的生产工艺能确定，主要设备选型也基本确定，主要生产车间及主体工程也基本可以确定，就可以根据上述的几种方法，对主体工程费用或主要设备费用进行估算，以此为基数，以其他工程占主体工程的百分比为系数估算出项目总的投资。这种方法简单易行，但精度较低，一般用于项目建议书阶段。系数估算法种类较多，下面介绍两种主要类型。

（1）主要设备系数法

当一个生产性项目的主要生产工艺及设备基本确定后，其主要设备的费用就很容易估算出来，然后以设备费用为基数，根据已建成的同类工程中建筑安装工程费和其他工程费占设备价值的百分比，就可以求出拟建项目的建筑安装工程费及其他工程费，汇总后就可以估算出建设项目总的投资额，其计算公式如下：

$$C = E(1 + f_1P_1 + f_2P_2 + f_3P_3 + \cdots\cdots) + I \tag{6-6}$$

式中　C——拟建项目投资额；

E——拟建项目主要设备费用；

P_1、P_2、P_3……——已建类似项目中建筑安装费、其他工程费等占设备费的比重；

f_1、f_2、f_3……——由于时间因素引起的定额、价格、费用标准等变化的综合调整系数；

I——拟建项目的其他费用。

（2）朗格系数法

朗格系数法是以设备费用为基数，乘以适当系数来推算项目的建设费用的估算方法，其计算公式如下：

$$C = E(1 + \sum K_i)K_c \tag{6-7}$$

式中　C——拟建项目投资额；

E——拟建项目主要设备费用；

K_i——管线、仪表、建筑物等项目费用估算系数；

K_c——管理费、合同费、应急费等项费用的总估算系数。

其中总建设费用与设备费用之比为朗格系数 K_L，即

$$K_L = C/E = (1 + \sum K_i)K_c \tag{6-8}$$

朗格系数法比较简单、快捷，但精度不高，一般常用于国际上工业项目的项目建议书阶段及投资机会研究阶段的投资估算。

6. 生产能力指数法

生产能力指数法是根据已建成的性质类似的、产品规格、品种、工艺流程、建设规模

及标准相差不很大的同类工程项目的投资额和项目生产能力，结合拟建项目的设计生产能力及不同时间、不同地点的综合调整系数来推算拟建项目投资额的一种方法，其计算公式如下：

$$C_2 = C_1(Q_2/Q_1)^n f \tag{6-9}$$

式中 C_2——拟建项目投资额；

C_1——已建类似项目投资额；

Q_2——拟建项目的生产能力；

Q_1——已建类似项目的生产能力；

f——综合调整系数；

n——生产能力指数，正常情况下，$0 \leqslant n \leqslant 1$。

若已建类似项目的生产能力与拟建项目的生产能力相近，生产能力的比值在0.5～2.0之间，则生产能力指数n取近似值为1；若已建类似项目的生产能力与拟建项目的生产能力相差小于50倍，且拟建项目生产能力的扩大仅靠扩大设备规模来达到的，则n取值在0.6～0.7之间；若是靠增加相同规格设备的数量达到的，则n取值在0.8～0.9之间。

用生产能力指数法估算投资简单快速，其误差一般可控制在±20%以内，但要求类似工程资料可靠，基本条件相差不大。这种估算方法不需要详细的工程资料，只要知道工艺流程及规模就可以估算，因此，在总承包工程报价时，投标人通常采用这种方法估价。

7. 比例估算法

比例估算法是根据大量的统计资料，计算出已建成的同类项目主要设备投资额与全厂建设投资额的比例，然后再估算出拟建项目的主要设备投资额，就可按比例关系求出拟建项目投资额，其表达式为

$$C = \frac{1}{K}\sum_{i=1}^{n} Q_i P_i \tag{6-10}$$

式中 C——拟建项目的投资额；

K——主要设备投资占项目投资的比例；

n——设备种类；

Q_i——第i种设备数量；

P_i——第i种设备购置费。

8. 模拟概算法

模拟概算法是根据项目建议书，凭借估算人员自身的知识和阅历，发挥想象力将项目具体化，然后用编制概算的方法来编制投资估算。

模拟概算法要求项目的项目建议书达到一定的深度，且估算人员具有科学合理的想象能力，能根据项目建议书想象和估算出项目分部分项的工程量。估算步骤如下：

（1）根据项目建议书，列出单项工程和单位工程项目。

（2）根据单位工程描述报告，估算出分部分项工程量。

（3）估算单位工程投资。计算公式如下：

$$\text{单位工程投资} = \sum(\text{分部分项工程量} \times \text{概算定额单价}) \times (1 + \text{综合费率}) \tag{6-11}$$

（4）估算单项工程投资。计算公式如下：

$$单项工程投资 = \sum 单位工程投资 + 该单项工程内的设备、工器具费用投资 \quad (6-12)$$

（5）估算其他费用投资。根据其他费用描述报告，逐项估算其他费用投资。

（6）估算建设项目固定投资。计算公式如下：

$$建设项目固定投资 = \sum 单项工程投资 + 其他费用投资 \quad (6-13)$$

模拟概算法在实际工程中应用较多，此种方法多用于详细可行性研究阶段的投资估算。

投资估算一般在项目建议书或可行性研究阶段进行，而大部分项目都是生产性项目，很多方法都是以主要的工艺设备费用为基数进行估算，一般民用建筑主要用指标法及造价资料类比法等进行估算，工业建筑主要用系数法及比例估算法等进行估算。但无论什么性质的项目，用什么方法进行投资估算，估算人员的业务水平、专业素质及有关的工程造价实践经验也是主要的决定因素，也是投资估算精度高低的关键，对这一点，在投资估算时，应引起高度重视，应采取相应的措施预防个人主观因素对投资估算的影响，以保证投资估算的合理性。

【例6－1】工程概况：某大型国有企业2021年拟在厂区附近新征地30亩修建职工宿舍30000 m^2，初步预计按5幢6层框架结构及中等装修标准修建。该企业地处市郊，场地平坦，地基良好，无大量土石方工程，交通顺畅，现场施工条件完备。试进行投资费用估算。

解：投资费用估算

（1）建筑安装工程费用估算

根据房屋结构及标准，结合该地区造价水平及市场状况，按单位指标估算法估算如下：

①建筑工程费用。按每 m^2 造价2500元计，其估算额为

$$2500元/m^2 \times 30000\,m^2 = 7500（万元）$$

②安装工程费用。按电器照明工程135元/ m^2，管道工程75元/ m^2，光纤、电话、网络等弱电工程90元/ m^2 计，其估算额为

$$（135元/m^2 + 75元/m^2 + 90元/m^2） \times 30000\,m^2 = 900（万元）$$

③室外工程费用。主要包括道路、绿化、围墙、化粪池、排污管、各种管沟工程以及水、电、气等配套工程费用。其估算按建筑安装工程造价的20%计，其估算额为

$$（7500 + 900） \times 20\% = 1680（万元）$$

（2）设备安装工程及设备工器具购置费估算

由于是民用住宅建筑，暂不考虑设备安装及工器具购置费。

（3）工程建设其他费用估算

①土地使用费。计划征地30亩，土地出让金及拆迁补偿费按当地包干价每亩30万元计，土地使用费为

$$30亩 \times 30万元/亩 = 900（万元）$$

②勘查设计费。暂按工程费用的2%计，其估算额为

$$(7500+900+1680)\times 2\%=201.60\ (万元)$$

③工程建设报建等手续费。此部分属于建设的政策性费用，按当地收费标准 90 元/m^2 计，估算额为

$$90\ 元/m^2\times 30000\ m^2=270\ (万元)$$

④工程监理、招投标代理、造价咨询等费用。此笔费用暂按工程费用的 1.5% 计，其估算额为

$$(7500+900+1680)\times 1.5\%=151.20\ (万元)$$

⑤建设单位管理费用等。此项暂按 60 万元计。

综上，工程建设其他费用合计：

$$900+201.60+270+151.20+60=1582.80\ (万元)$$

(4) 预备费用估算

基本预备费及涨价预备费按投资费用的 3% 计，即为

$$(7500+900+1680+1582.80)\times 3\%=349.88\ (万元)$$

(5) 贷款利息

此部分费用暂不估算。

(6) 投资费用总额

①工程费用：7500 + 900 + 1680 = 10080（万元）

②工程建设其他费用：1582.80 万元

③预备费：349.88 万元

④投资费用总额：10080 + 1582.80 + 349.88 = 12012.68（万元）

因此每平方米造价：120126800 ÷ 30000 = 4004.23（元/m^2）

6.2 设计概算的编制

6.2.1 设计概算的概念与作用

1. 设计概算的概念

在投资估算控制下，由设计单位根据初步设计（或技术设计）图纸及说明、概算定额（概算指标）、各项费用定额或取费标准（指标）、设备与材料预算价格等资料，编制和确定的建设项目从筹建至竣工交付使用所需全部费用的文件称为设计概算。

设计概算是初步设计文件的重要组成部分。设计概算文件必须完整反映工程项目初步设计内容，严格执行国家有关的方针、政策和制度，实事求是地根据工程所在地的建设条件（包括自然条件、施工条件等影响造价的各种因素），按照有关依据性资料进行编制。

2. 设计概算的作用

(1) 设计概算是编制建设计划、制定和控制建设项目投资的依据。

(2) 设计概算是考核设计方案的经济合理性和控制施工图预算及施工图设计的依据。

(3) 设计概算是项目进行拨款和贷款的依据。

(4) 设计概算是编制招标控制价和投标报价的依据。

(5) 设计概算是考核和评价建设项目成本和投资效果的依据。

6.2.2 设计概算的编制依据

设计概算的编制依据如下：

（1）国家和地方有关建设和造价管理的法律、法规和规定。

（2）批准的建设项目的设计任务书（或批准的可行性研究报告）和行业建设主管部门的有关规定。

（3）资金筹措方式。

（4）初步设计项目一览表。

（5）能满足编制概算的各专业经过校审并签字的初步设计图纸、文字说明和主要材料设备表。

（6）各省建设工程概算定额，有关设备原价及运杂费率，现行的有关其他费用定额、指标和价格。

（7）市场人工、材料、设备价格，以及国家、省级和行业建设主管部门发布的有关费用规定的文件等资料。

（8）建设项目的有关合同、协议。

（9）建设场地的自然条件和施工条件。

（10）建设单位提供的有关工程造价的其他资料。

（11）项目的管理方式，正常的施工组织设计。

6.2.3 设计概算的编制程序

设计概算文件应在基本完成初步设计后进行。在编制设计概算文件时，应按照下列程序编制：

（1）了解各有关政策、要求。

（2）明确适用的计价依据和工料机价格。

（3）对建设项目进行逐级分解直至单位工程，计算各单位工程的费用。

（4）汇总每一单项工程的工程费用，计算工程建设其他费用。

（5）汇总建设项目工程费用，计算和汇总工程建设其他费用。

（6）计算预备费用、建设期利息、铺底流动资金。

（7）汇总设计概算，编写编制说明，签署。

6.2.4 设计概算的编制内容

设计概算应采用单位工程概算、单项工程综合概算和建设项目总概算三级概算编制方法，如图6-2所示，它由单个到综合、局部到总体，逐个汇总而成。一个建设项目只有一个单项工程时，单项工程设计概算作为建设项目设计概算。

设计概算的内容应全面，费用构成完整、计算合理，包括建设项目从立项、可行性研究、设计、施工试运行到竣工验收等的全部建设资金。

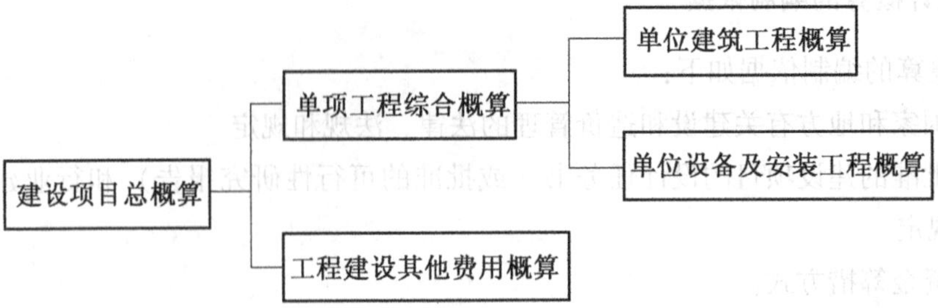

图6－2　设计概算的构成

1. 单位工程概算

单位工程概算是确定各单位工程建设费用的文件，是编制单项工程综合概算的依据，是单项工程概算的组成部分。单位工程概算按其性质分为建筑工程概算和设备及安装工程概算两大类。建筑工程概算一般包括土建工程概算，给排水、采暖工程概算，通风、空调工程概算，电气照明工程概算，弱电工程概算，特殊构筑物工程概算等。设备及安装工程概算包括机具设备及安装工程概算，电气设备及安装工程概算，工具、器具及生产家具购置费概算等。单位工程概算的费用组成有直接费、间接费、利润和税金。

2. 单项工程综合概算

单项工程综合概算是确定一个单项工程所需建设费用的文件，它是由单项工程中的各单位工程概算汇总编制而成的，是建设项目总概算的组成部分。

3. 建设项目总概算

建设项目总概算是整个建设项目从筹建到竣工验收所需全部费用的文件。它是由各单项工程综合概算、工程建设其他费用概算等汇总编制而成。

6.2.5　单位工程概算的编制

单位工程概算文件是计算一个独立建筑物或构筑物（即单项工程）中每个专业工程所需工程费用的文件，分为建筑工程概算书、设备及安装工程概算书两类。单位工程概算书内容主要包括：建筑（安装）工程分项工程费计算表、建筑（安装）工程费用计算（构成）表、设备工器具购置费计算表和建筑（安装）工程主要材料设备价格表。

1. 建筑工程概算的编制

建筑工程概算的编制方法通常有概算定额法、概算指标法和类似工程预算法。

（1）概算定额法

利用概算定额编制单位工程设计概算的方法，与利用预算定额编制单位工程施工图预算的方法基本相同，不同之处在于其编制概算所采用的依据为概算定额，所采用的工程量计算规则是概算工程量计算规则。

概算定额法适用于初步设计达到一定深度，建筑、结构、构造比较明确，图纸内容比较齐全、完善，能够计算工程量的设计项目。概算定额法编制概算的精度较高，是编制设计概算的常用方法。

利用概算定额法编制设计概算的步骤如下：

①根据初步设计图纸或扩大初步设计图纸与概算定额列出扩大分项工程项目，并根据概算定额中的工程量计算规则计算工程量。

②确定各分部分项工程项目的概算定额基价和工料消耗指标，计算各分部分项工程的分部分项工程费和措施项目费。当设计图纸中的分项工程项目名称、工作内容与采用的概算定额中相应的项目完全一致时，可直接套用概算定额进行计算；若不完全一致则要按相关规定对概算定额基价进行换算。

③计算单位工程的分部分项工程费和措施项目费。

④计算其他项目费、规费、税金，确定单位工程概算造价。

⑤概算工料分析。概算工料分析是指对主要人工、材料和机具台班进行分析，汇总出人工、材料和机具台班的用量。

⑥编写概算编制说明。

(2) 概算指标法

概算指标法是采用概算指标来编制单位工程设计概算的方法。它是将拟建工程的建筑面积或体积乘以技术条件相同或基本相同的概算指标而得出分部分项工程费，然后按规定计算出措施项目费、其他项目费、规费和税金等，编制出单位工程设计概算的方法。

概算指标法适用于初步设计深度不够，不能准确计算工程量，但工程设计是采用技术比较成熟而又有类似工程概算指标可以利用的情况。由于设计深度不够等原因，对一般附属、辅助和服务工程等项目，以及住宅和文化福利工程项目，或投资比较小、比较简单的工程项目，可采用概算指标法编制概算。利用概算指标法编制的概算精度较低，但编制速度快，因此有一定的实用价值。

用概算指标编制概算的方法有如下两种：

①直接用概算指标编制单位工程概算

当设计对象的结构特征符合概算指标的结构特征时，可直接用概算指标编制概算。具体计算方法有如下两种：

a. 根据概算指标每平方米分部分项工程费乘以拟建项目建筑面积得到分部分项工程费。根据分部分项工程费，结合其他各项取费方法，分别计算措施项目费、其他项目费、规费和税金，即可得到单位工程概算造价。

b. 由概算指标规定的单位面积人工、材料、机具台班乘以相应地区预算单价形成分部分项工程费。根据分部分项工程费，结合其他各项取费方法，分别计算措施项目费、其他项目费、规费和税金，得到每平方米的概算单价，将其乘以拟建单位工程的建筑面积，即可得到单位工程概算造价。

②用修正概算指标编制单位工程概算

当设计项目结构特征与概算指标的结构特征局部有差别时，可用修正概算指标，再根据已计算的建筑面积或建筑体积乘以修正后的概算指标及单位价格，算出工程概算价格。具体计算方法有如下两种：

a. 调整概算指标中每平方米（立方米）造价

结构变化修正概算指标 = 原概算指标单价 + 概算指标中换入结构的工程量 × 换入结构的分部分项工程费单价 − 概算指标中换出结构的工程量 × 换出结构的分部分项工程费单价 (6 − 14)

分部分项工程费 = 修正后的概算指标 × 拟建项目建筑面积（建筑体积）

b. 调整概算指标中的人、材、机数量

结构变化修正概算指标的人、材、机数量 = 原概算指标的人、材、机数量 + 换入结构件工程量 × 相应定额人、材、机消耗量 − 换出结构件工程量 × 相应定额人、材、机消耗量 (6 − 15)

（3）类似工程预算法

类似工程预算法是利用技术条件与设计项目相类似的已完工程或在建工程的工程造价资料来编制拟建工程设计概算的方法。该方法适用于拟建工程初步设计与已完工程或在建工程的设计相类似又没有可用的概算指标的情况，但必须对建筑结构差异和价差进行调整。

①建筑结构差异的调整

拟建工程与类似工程在结构和装饰内容上的差异，可参考调整概算指标的方法加以调整。即先确定有差别的项目，分别按每一项目算出结构构件的工程量和单位价格（按编制概预算工程所在地区的单价），然后以类似预算中相应（有差别）的结构构件的工程数量和单价为基础，算出总差价。将类似预算的分部分项工程费总额减去（或加上）这部分差价，就得到结构差异换算后的分部分项工程费，再行计取各项费用，得到结构差异换算后的差价。

②价差调整

拟建工程与类似工程由于建设地点或时间不同而引起人工、材料、机具台班及有关费用的差异，可通过价差进行调整。类似工程造价的价差调整方法通常有两种：

一是类似工程造价资料有具体的人工、材料、机具台班的用量时，可按类似工程造价资料中的工日数量、主要材料用量、机具台班数量，乘以拟建工程所在地的人工单价、主要材料预算价格、机具台班单价，计算出分部分项工程费，再乘以当地的综合费率，即可得出所需的造价指标。

二是类似工程造价资料只有人工、材料、机具台班费用和其他费用时，可按调整系数进行调整，即

$$D = AK \qquad (6-16)$$

式中 D——拟建工程单方概算造价；

A——类似工程单方概算造价；

K——综合调整系数。其计算公式如下：

$$K = aK_a + bK_b + cK_c + dK_d \qquad (6-17)$$

式中 a、b、c、d——分别是类似工程概算的人工费、材料费、机具费、综合费用占概算造价的百分比；

K_a、K_b、K_c、K_d——分别是拟建工程与类似工程的人工费、材料费、机具费、综合费用的差异系数。其中

$$K_a = \frac{\text{拟建工程的人工费单价}}{\text{类似工程的人工费单价}}$$

$$K_b = \frac{\sum(\text{类似工程主要材料数量} \times \text{拟建工程的材料费单价})}{\sum \text{类似工程各主要材料费用}}$$

$$K_c = \frac{\sum(\text{类似工程各主要机具台班数量} \times \text{拟建工程的机具费单价})}{\sum \text{类似工程各主要机具的使用费}}$$

$$K_d = \frac{\text{拟建工程的综合费率}}{\text{类似工程的综合费率}}$$

2. 设备及安装工程概算的编制

(1) 设备购置费概算的编制

设备购置费由设备原价和设备运杂费构成。国产标准设备原价可根据设备型号、规格、性能、材料、数量及附带的配件，向制造厂商询价或向设备、材料信息部门查询或按主管部门规定的现行价格逐项计算。非主要标准设备和工器具、生产家具的原价可按主要标准设备原价的百分比计算，百分比指标按主管部门或地区相关规定执行。设备运杂费按规定的运杂费率计算。

(2) 设备安装工程概算的编制

设备安装工程概算的编制方法有如下四种：

①预算单价法

当初步设计较深，有详细的设备清单时，可直接按安装工程预算定额单价编制设备安装工程概算。

②扩大单价法

当初步设计深度不够，设备清单不完备，只有主体设备或仅有成套设备规格、重量时，可采用主体设备或成套设备的综合扩大安装单价来编制设备安装工程概算。

③设备价值百分比法

当初步设计深度不够，只有设备出厂价而无详细规格、重量时，安装费可按设备费的百分比来计算。其百分比值（也叫安装费率）由主管部门制定或由设计单位根据已完成的类似工程资料确定。该法适用于设备价格波动不大的定型产品和通用设备产品。其计算公式如下：

$$\text{设备安装费} = \text{设备原价} \times \text{安装费率}(\%) \tag{6-18}$$

④综合吨位指标法

当初步设计提供的设备清单有规格和设备重量时，可采用综合吨位指标编制概算。综合吨位指标由主管部门或设计单位根据已完成的类似工程资料确定。该法适用于设备价格波动较大的非标准设备和引进设备的安装工程概算。其计算公式如下：

$$\text{设备安装费} = \text{设备吨重} \times \text{每吨重设备安装费指标}(\text{元/t}) \tag{6-19}$$

6.2.6 单项工程综合概算的编制

单项工程综合概算书是计算一个单项工程（独立建筑物或构筑物）所需建设费用的综合性造价文件。综合概算书由单项工程内各个专业的单位工程概算书汇总编制而成。综合概算文件应包括编制说明、综合概算表、各专业单位工程项目一览表和各专业的单位工程概算书。

单项工程综合概算书的编制说明应对项目的基本情况、概算编制的主要依据、主要经济指标等进行说明，具体应包括以下内容：

（1）工程概况。建设项目设计资料的依据及有关问题、建设规模、工程范围，工程总概算中所包括和不包括的工程项目费用。由几个单位共同设计和编制概算的，应说明分工编制情况。

（2）编制依据。批准的可行性研究报告及其他有关文件，具体说明概算编制所依据的设计图纸及有关文件，采用的定额、人工、主要材料和机具费用的依据或来源，各项费用取定的依据及编制方法。

（3）主要技术经济指标。单位面积、功能经济参数，钢材、木材、水泥、商品混凝土等主要材料的总用量，各项工程主要工程数量。

（4）总概算金额及各项费用的构成。

（5）资金筹措及分年度使用计划，如使用外汇，应说明使用外汇的种类、折算汇率及外汇的使用条件。

（6）其他与概算有关但不能在表格中反映的事项和必要的说明。

综合概算表是根据单项工程对应范围内的各单位工程概算等基础资料，按照规定的统一表格进行编制。除了将所包括的所有单位工程概算按费用构成和项目划分填入表内外，还需列出技术经济指标。

6.2.7 建设项目总概算的编制

建设项目总概算文件由建设项目各个单项工程的综合概算书、工程建设其他费用计算表计算汇总编制而成。建设项目总概算文件应包括编制说明、总概算书、各单项工程综合概算书、工程建设其他费用计算表和主要建筑安装材料汇总表。

建设项目总概算书的编制说明同单项工程综合概算书的编制说明。

总概算书的项目应按费用划分为以下五个部分：工程费用、工程建设其他费用、预备费、资金筹措费和流动资金。

设计概算文件应按照单项工程独立装订成册，并加封面、签署页和目录。有需要的工程，可以按照单项工程进行装订。具体要求如下：

（1）封面：标示建设项目名称，编制单位、编制日期及第几册共几册等内容。

（2）扉页：标示项目名称、编制单位、单位资质证书号、单位主管。

（3）签署页：建设单位、编制单位签章，审定、审核、专业负责人和主要编制人的签名及证章。

（4）目录：目录页应单独用罗马数字编排页码，正文页用阿拉伯数字编排页码，页码应连续设置。

设计概算文件应按照规定的通用格式编写；通用格式没有的，由编制人补充，补充格式应做到主题清晰、内容明确，格式简洁，统一用 A4 版式。

总概算表示例见表6－1，概算审核汇总对比表示例见表6－2。

表 6－1　总概算表

工程名称：某综合交通枢纽项目

序号	费用名称	概算金额（万元）					技术经济指标			比例	备　注
		建筑工程费	安装工程及设备购置费	室外及配套工程	不含连廊总价	含连廊总造价	单位	数量	单位造价（元）		
一	**工程费用**	**52766.22**	**16785.73**	**7260.36**	**73812.31**	**76812.31**	m^2	**78383.75**	**9416.79**	**56.79%**	
（一）	主体工程	52698.42			52698.42	52698.42	m^2	78383.75	6723.13	38.96%	
1	土建工程	34157.71			34157.71	34157.71	m^2	78383.75	4357.75	25.25%	
1.1	±0.00 以下土建	31026.53			31026.53	31026.53	m^2	56061.65	5534.36	22.94%	含城际站交通空间、地下商业配套车库、公共停车场、冷站
1.1.1	深基坑支护工程	10475.47			10475.47	10475.47	围护米	523.00	200295.75	7.74%	
1.1.2	大型土石方工程	4125.12			4125.12	4125.12			735.82	3.05%	含土石方 25 公里外运
1.1.3	桩处理工程	4330.53			4330.53	4330.53	m^2	56061.65	772.46	3.20%	考虑抗浮措施，设置抗拔桩
1.1.3.1	承重桩	2078.03			2078.03	2078.03					
1.1.3.2	抗拔桩	2252.50			2252.50	2252.50					
1.1.4	地下室结构工程	11658.91			11658.91	11658.91	m^2	56061.65	2079.66	8.62%	
A	地下室结构	11658.91			11658.91	11658.91	m^2	56061.65	2079.66	8.62%	负三、四、五层地下室结构
B	地下室结构（负二层及首层顶板）				0.00						负一层、负二层及首层顶板及地下室的门窗、砖墙及防水工程
1.1.5	人防结构工程	436.50			436.50	436.50	m^2	4850.00	900.00	0.32%	人防结构工程
1.2	±0.00 以上结构工程	3131.18			3131.18	3131.18	m^2	22322.10	1402.73	2.31%	包含门窗及砖墙，未含地上商业设施及装修二次装修费用

续表 6－1

序号	费用名称	概算金额（万元）					技术经济指标			比例	备 注
		建筑工程费	安装工程及设备购置费	室外及配套工程	不含连廊总价	含连廊总造价	单位	数量	单位造价（元）		
2	钢结构工程	3793.55			3793.55	3793.55	t	1665.00	22784.08	2.80%	
3	投影装饰工程	3640.00			3640.00	3640.00	m^2	13000.00	2800.00	2.69%	
4	绿色建筑增加费	1567.68			1567.68	1567.68	m^2	78383.75	200.00	1.16%	二星
5	装饰装修工程	9539.48			9539.48	9539.48	m^2	78383.75	1217.02	7.05%	
5.1	地下装饰	5607.61			5607.61	5607.61	m^2	56061.65	1000.26	4.15%	
5.2	地上装饰	2472.71			2472.71	2472.71	m^2	22322.10	1107.74	1.83%	
5.3	外立面装饰装修工程	1459.17			1459.17	1459.17	m^2	9923.24	1470.45	1.08%	
5.3.1	外立面玻璃幕墙	887.73			887.73	887.73	m^2	4438.66	2000.00		
5.3.2	外立面铝板幕墙	137.85			137.85	137.85	m^2	1148.76	1200.00		
5.3.3	垂直绿化	433.58			433.58	433.58	m^2	4335.82	1000.00		
（二）	安装工程	67.80	16785.73		16853.53	16853.53	m^2	78383.75	2150.13	12.46%	
1	室内给水排水系统		312.04		312.04	312.04	m^2	78383.75	39.81	0.23%	含室内给水、雨水回用水、污废水、雨水（不含网架雨水）系统
2	消防工程		2101.27		2101.27	2101.27	m^2	78383.75	268.07	1.55%	
2.1	消防喷淋工程		1271.75		1271.75	1271.75	m^2	78383.75	162.25	0.94%	含室内消火栓系统、自动喷水灭火系统、气体灭火系统、灭火器
2.2	火灾自动报警系统		829.52		829.52	829.52	m^2	78383.75	105.83		含自动报警系统、联动控制系统、消防电源监控系统、电气火灾监控系统、防火门监控系统、应急广播、消防电话等

续表6-1

序号	费用名称	概算金额（万元）					技术经济指标			比例	备　注
		建筑工程费	安装工程及设备购置费	室外及配套工程	不含连廊总价	含连廊总造价	单位	数量	单位造价（元）		
3	配电、照明工程		3504.35		3504.35	3504.35	m^2	78383.75	447.08	2.59%	含变配电系统、低压配电工程
3.1	枢纽配套10kV配电所		124.36		124.36	124.36	m^2				枢纽配套自管的10 kV配电所
3.2	室内高压电缆线路		58.21		58.21	58.21	m^2				开关房至配电所、公交站变电所以及配电所至各变压器的高压电缆线路
3.3	公交站变电所		104.11		104.11	104.11	m^2				公交站变电所的高、低压柜及母线等
3.4	枢纽配套变电所		469.50		469.50	469.50	m^2				枢纽配电变电所的高、低压柜以及母线等
3.5	空调冷水机房变电所		184.45		184.45	184.45	m^2				空调冷水机房变电所的高、低压柜以及母线等
3.6	低压电力电缆		1339.12		1339.12	1339.12	m^2				变电所至一级配电箱的低压电力电缆、密集母线槽及电缆桥架
3.7	低压动力配电		612.85		612.85	612.85	m^2				一级配电箱至用电设备的配电箱、低压电缆及保护管
3.8	室内照明配电		574.39		574.39	574.39	m^2	78383.75	73.28		照明用电设备的配电箱、照明灯具设备、电缆及桥架、配线配管，智能照明、应急照明配套设备及配管配线等

续表 6－1

序号	费用名称	概算金额（万元）					技术经济指标			比例	备　注
		建筑工程费	安装工程及设备购置费	室外及配套工程	不含连廊总价	含连廊总造价	单位	数量	单位造价（元）		
3.9	防雷接地		37.36		37.36	37.36	m^2	78383.75	4.77		本工程的防雷接地
4	空调及通风系统		3178.76		3178.76	3178.76	m^2	78383.75	405.54	2.35%	含公交站、商业、交通换乘核、停车场、公交候车及集散大厅、值机大厅等本工程范围内全部区域的通风系统、空调系统及消防工程的防排烟系统
5	电梯工程	67.80	1485.00		1552.80	1552.80				1.15%	
5.1	电梯设备及安装工程		450.00		450.00	450.00	部	10.00	450000.00		
5.2	自动扶梯设备及安装工程		1035.00		1035.00	1035.00	部	23.00	450000.00		
5.3	观光梯幕墙	67.80			67.80	67.80	m^2	452.00	1500.00		
6	智能管理系统		4451.19		4451.19	4451.19	m^2	78383.75	567.87	3.29%	交通枢纽智能化系统（不包括值机大厅及城际轨道交通智能化系统）：综合布线系统、信息网络系统、IP 语音通信系统、RFID 物联网系统（含物联网集成管理系统、室内导航定位系统、物业管理系统）、背景音乐系统、时钟授时系统、VIP 会员管理系统、商情分析、客流统计系统、多媒体商情

续表6-1

序号	费用名称	概算金额（万元）					技术经济指标			比例	备　注
		建筑工程费	安装工程及设备购置费	室外及配套工程	不含连廊总价	含连廊总造价	单位	数量	单位造价（元）		
											发布系统、商业自助服务系统、电子标识系统、VR虚拟体验中心、视频监控系统（含人脸识别和智能分析）、门禁控制系统、出入口管理系统、入侵报警系统、巡更管理系统、停车场管理系统、车位引导及反向寻车系统、安保无线对讲系统、BIM运维平台、电梯五方通话系统、集中供配电、网络数据中心、机房改造工程（应急指挥中心、安防控制室）、机电设备监控系统、能源管理系统
6.1	智能管理系统		3882.95		3882.95	3882.95	m^2	78383.75	495.38		
6.2	机电设备监控系统		405.67		405.67	405.67	m^2	78383.75	51.75		机电设备监控系统（BAS）
6.3	能源管理系统		162.57		162.57	162.57	m^2	78383.75	20.74		变电所以及一级配电箱的能源管理系统
7	其他配套工程		964.03		964.03	964.03				0.71%	
7.1	导向标线		307.27		307.27	307.27	m^2	43895.00	70.00	0.23%	地上、地下的交通导向（含各类换乘及指引导向）

续表6-1

序号	费用名称	概算金额（万元）					技术经济指标			比例	备注
		建筑工程费	安装工程及设备购置费	室外及配套工程	不含连廊总价	含连廊总造价	单位	数量	单位造价（元）		
7.2	标识工程（LOGO标识）		156.77		156.77	156.77	m^2	78383.75	20.00	0.12%	
7.3	大屏幕		500.00		500.00	500.00	项	1.00	5000000.00	0.37%	暂估，含交通核及入口大型电子显示屏
8	柴油发电机		249.59		249.59	249.59	kVA	1.00	249.59	0.18%	柴油发电机组及相应的环保措施，1000 W
9	交通疏散工程		400.00		400.00	400.00	项	1.00	4000000.00	0.30%	含围栏、灯位、划线、交通疏解亭、标志等，参考岭南广场及广州南站
10	充电桩		139.50		139.50	139.50	支	186.00	7500.00	0.10%	根据粤府办［2015］59号文件、粤府办［2016］23号要求，按车位的30%计算，地下车库配置充电桩186个，按交流7 kW充电桩约0.75万元/支预估
（三）	室外及配套工程			4260.36	4260.36	4260.36	m^2	78383.75	543.53	3.15%	
1	室外给排水工程			286.60	286.60	286.60	m^2	11253.00	254.69	0.21%	含场地室外给水、消防、雨水、污水系统及给排水市政接驳
2	道路广场面积			360.00	360.00	360.00	m^2	7200.00	500.00	0.27%	
3	其他硬化地面			56.76	56.76	56.76	m^2	1419.00	400.00	0.04%	
3	室外绿化			123.69	123.69	123.69	m^2	3534.00	350.00	0.09%	

续表6-1

序号	费用名称	概算金额（万元）					技术经济指标			比例	备　注
		建筑工程费	安装工程及设备购置费	室外及配套工程	不含连廊总价	含连廊总造价	单位	数量	单位造价（元）		
4	屋面绿化			197.82	197.82	197.82	m^2	5652.00	350.00	0.15%	
6	水景工程			27.00	27.00	27.00	m^2	180.00	1500.00	0.02%	
7	室外大台阶			25.00	25.00	25.00	m^2	250.00	1000.00	0.02%	
8	外电接驳			1500.00	1500.00	1500.00	m	6000.00	2500.00	1.11%	双回路，规划变电站距离项目所在地约3 km，另一变电站距离也暂按3 km计
9	环保工程			326.00	326.00	326.00	m^3	652.00	5000.00	0.24%	日处理量652 m^3
10	泛光照明			500.00	500.00	500.00	项	1.00	5000000.00	0.37%	暂列，实际发生实际调整
11	地面覆土工程			26.77	26.77	26.77	m^2	3346.00	80.00	0.02%	覆土1 m
12	地铁保护费用			372.7	372.72	372.72	项	1.00	3727200.00	0.28%	按图纸计量计价
13	机械停车位			458.00	458.00	458.00	辆	229.00	20000.00	0.34%	暂列，实际发生实际调整
（四）	室外连廊			3000.00		3000.00	m^2	1950.00	15384.62	2.22%	
二	**工程建设其他费用**				**8330.88**	**9257.90**	**m^2**	**78383.75**	**1062.83**	**6.84%**	
1	项目建设管理费				1476.25	1536.25				1.14%	穗发改函［2018］2175号
2	工程建设监理费				1056.60	1092.29				0.81%	发改价格［2015］299号，参照发改价格［2007］670号、发改价格［2015］299号文件

续表6-1

序号	费用名称	概算金额（万元）					技术经济指标			比例	备注
		建筑工程费	安装工程及设备购置费	室外及配套工程	不含连廊总价	含连廊总造价	单位	数量	单位造价（元）		
3	前期工作咨询费				1797.56	1930.33				1.43%	发改价格［2015］299号，参照计价格［1999］1283号、粤价［2000］8号、发改价格［2015］299号文件
3.1	项目建议书编制费				37.71	47.54				0.04%	
3.2	可行性研究报告编制费				75.41	95.08				0.07%	
3.3	节能评估				22.62	28.52				0.02%	
3.4	地质灾害评估				15.00	15.00				0.01%	穗国房函［2012］134号
3.5	环境影响咨询服务费				13.24	13.57				0.01%	计价格［2002］125号、发改价格［2011］534号
3.6	水土保持评价				52.58	52.58				0.04%	水保监［2005］22号
3.7	专题研究				400.00	400.00				0.30%	根据当前市场行情，经咨询相关研究机构、设计单位等，该项费用包含：PPP项目实施方案编制及评估、财政承受能力评估、物有所值评估、社会资本招标文件编制、PPP项目合同文本编制及评审、财务顾问咨询费、法律顾问咨询费、资产评估费，以及其他专题研究如概算评审、人防专项研究及绿色建筑方案研究等

续表6-1

序号	费用名称	概算金额（万元）					技术经济指标			比例	备注
		建筑工程费	安装工程及设备购置费	室外及配套工程	不含连廊总价	含连廊总造价	单位	数量	单位造价（元）		
3.8	全过程造价咨询费				442.87	509.91				0.38%	粤价［2011］742号
3.9	检验监测费				738.12	768.12				0.57%	依照粤建市［2013］131号文件计算，含材料进场检验费、地基检测费、起重设备检验费、室内空气检验费、幕墙检验费、钢结构无损探伤检测费、房屋结构可靠性评定及安全鉴定费、防雷设施检测费、节能检测费、土壤氡检测费、沉降监测费等费用
4	工程勘察设计费				2321.19	3077.28				2.28%	计价格［2002］10号、计价格［2012］10号、发改价格［2011］534号、发改价格［2015］299号等文件
4.1	工程勘察费				146.08	614.50				0.45%	
4.2	工程设计费				1826.04	1889.18				1.40%	
4.3	竣工图编制费				146.08	151.13	设计费	8.00%		0.11%	
4.4	施工图技术审查服务费				0.00	0.00	勘察设计费	6.50%		0.00%	发改价格［2011］534号文件。已计取设计咨询费后，不再计取施工图技术审查费
4.5	设计咨询费				202.98	422.47	［—］	0.55%		0.31%	穗建技［1999］313号

续表6－1

序号	费用名称	概算金额（万元）					技术经济指标			比例	备　注
		建筑工程费	安装工程及设备购置费	室外及配套工程	不含连廊总价	含连廊总造价	单位	数量	单位造价（元）		
5	工程保险费				221.44	230.44	[—]	0.30%		0.17%	
6	招标代理服务费				0.00	0.00				0.00%	发改价格［2015］299号文件，参照计价格［2002］1980号文件、发改价格［2011］534号、发改价格［2015］299号文件
7	白蚁防治费				23.52	23.52				0.02%	粤价［2002］370号
8	城市基础设施配套费				888.87	423.27				0.31%	粤价［2003］160号、穗城建［1998］74号文件
9	高可靠性用电费				176.40	176.40	kVA	10500.00	168.00	0.13%	发改价格［2003］2279号、粤价［2004］72号文件
10	劳动安全卫生评审费				0.00	0.00				0.00%	依照安监总政法［2010］135号、国家安全生产监督管理总局令第32号文件规定，取消该项收费
11	消防检测费				0.00	0.00				0.00%	粤价［2001］304号文件，包含在检验监测费里
12	场地准备及临时设施费				369.06	768.12				0.57%	计标（85）352号文件
三	**土地费用**				**36981.00**	**36981.00**				**27.34%**	根据穗土委纪［2016］6号文件的出让起始价
四	**预备费**				**4107.16**	**4303.51**			**1057.61**	**3.18%**	

续表6-1

序号	费用名称	概算金额（万元）					技术经济指标			比例	备　注
		建筑工程费	安装工程及设备购置费	室外及配套工程	不含连廊总价	含连廊总造价	单位	数量	单位造价（元）		
1	基本预备费				4107.16	4303.51		5.00%		3.18%	
2	涨价预备费									0.00%	
五	**建设投资**				**123231.35**	**127354.72**		**78383.75**	**15721.54**	**91.11%**	
1	建设投资（不含土地费用）				86250.35	90373.72				63.77%	
2	建设投资（含土地费用）				123231.35	127354.72				91.11%	
六	**建设期贷款利息**				**7651.06**	**7907.07**				**5.66%**	
七	**工程总投资**				**130882.41**	**135261.79**		**78383.75**	**16697.65**	**100.00%**	
1	工程总投资（含土地费用，不含建设期贷款利息）				123231.35	127354.72			16736.08	94.15%	
2	工程总投资（含土地费用，含建设期贷款利息）				130882.41	135261.79		78383.75	16697.65	100.00%	

表 6－2　概算审核汇总对比表

工程名称：某综合交通枢纽项目　　　　单位：万元

序号	费用名称	送审金额	审核金额	核减金额	核减率	备注
一	**工程费用**	**84984.63**	**76812.31**	**8172.33**	**9.62%**	
（一）	主体工程	58331.83	52698.42	5633.41	9.66%	
1	土建工程	38097.32	34157.71	3939.61	10.34%	
1.1	±0.00 以下土建	34393.78	31026.53	3367.25	9.79%	
1.1.1	深基坑支护工程	11014.20	10475.47	538.74	4.89%	
1.1.2	大型土石方工程	4667.58	4125.12	542.46	11.62%	
1.1.3	桩处理工程	4136.46	4330.53	－194.07	－4.69%	
1.1.3.1	承重桩	1656.09	2078.03	－421.94	－25.48%	增加城际金融城站项目范围内的工程桩分摊部分
1.1.3.2	抗拔桩	2480.37	2252.50	227.87	9.19%	
1.1.4	地下室结构工程	13945.03	11658.91	2286.12	16.39%	
A	地下室结构	4628.16	11658.91	2286.12	16.39%	
B	地下室结构（负二层及首层顶板）	9316.87				
1.1.5	人防结构工程	630.50	436.50	194.00	30.77%	
1.2	±0.00 以上结构工程	3703.54	3131.18	572.36	15.45%	
2	钢结构工程	4016.91	3793.55	223.36	5.56%	
3	投影装饰工程	3640.00	3640.00	0.00	0.00%	
4	绿色建筑增加费	2351.51	1567.68	783.84	33.33%	
5	装饰装修工程	10226.09	9539.48	686.61	6.71%	
5.1	地下装饰	5203.34	5607.61	－404.27	－7.77%	
5.2	地上装饰	3671.87	2472.71	1199.16	32.66%	
5.3	外立面装饰装修工程	1350.88	1459.17	－108.29	－8.02%	
5.3.1	外立面玻璃幕墙	700.00	887.73	－187.73	－26.82%	
5.3.2	外立面铝板幕墙	470.88	137.85	333.03	70.72%	
5.3.3	垂直绿化	180.00	433.58	－253.58	－140.88%	
（二）	安装工程	18272.04	16853.53	1418.51	7.76%	
1	室内给水排水系统	376.50	312.04	64.46	17.12%	
2	消防工程	2513.60	2101.27	412.32	16.40%	
2.1	消防喷淋工程	1545.39	1271.75	273.64	17.71%	
2.2	火灾自动报警系统	968.20	829.52	138.68	14.32%	
3	配电、照明工程	3609.49	3504.35	105.14	2.91%	
3.1	枢纽配套 10kV 配电所	116.29	124.36	－8.07	－6.94%	

续表 6-2

序号	费用名称	送审金额	审核金额	核减金额	核减率	备注
3.2	室内高压电缆线路	50.66	58.21	-7.55	-14.91%	
3.3	公交站变电所	93.62	104.11	-10.49	-11.20%	
3.4	枢纽配套变电所	507.47	469.50	37.97	7.48%	
3.5	空调冷水机房变电所	176.63	184.45	-7.82	-4.42%	
3.6	低压电力电缆	1228.40	1339.12	-110.71	-9.01%	
3.7	低压动力配电	638.83	612.85	25.98	4.07%	
3.8	室内照明配电	775.65	574.39	201.26	25.95%	
3.9	防雷接地	21.92	37.36	-15.44	-70.41%	
4	空调及通风系统	3557.01	3178.76	378.25	10.63%	
5	电梯工程	1717.80	1552.80	165.00	9.61%	
5.1	电梯设备及安装工程	500.00	450.00	50.00	10.00%	
5.2	自动扶梯设备及安装工程	1150.00	1035.00	115.00	10.00%	
5.3	观光梯幕墙	67.80	67.80	0.00	0.00%	
6	智能管理系统	4674.53	4451.19	223.34	4.78%	
6.1	智能管理系统	4084.96	3882.95	202.01	4.95%	
6.2	机电设备监控系统	425.17	405.67	19.50	4.59%	
6.3	能源管理系统	164.39	162.57	1.82	1.11%	
7	其他配套工程	968.38	964.03	4.35	0.45%	
7.1	导向标线	311.61	307.27	4.35	1.39%	
7.2	标识工程（LOGO 标识）	156.77	156.77	0.00	0.00%	
7.3	大屏幕	500.00	500.00	0.00	0.00%	
8	柴油发电机	315.23	249.59	65.64	20.82%	
9	交通疏散工程	400.00	400.00	0.00	0.00%	
10	充电桩	139.50	139.50	0.00	0.00%	
（三）	室外及配套工程	4235.36	4260.36	-25.00	-0.59%	
1	室外给排水工程	268.46	286.60	-18.14	-6.76%	
2	道路广场面积	416.58	360.00	56.58	13.58%	
3	其他硬化地面	56.76	56.76	0.00	0.00%	
3	室外绿化	123.69	123.69	0.00	0.00%	
4	屋面绿化	197.82	197.82	0.00	0.00%	
6	水景工程	27.00	27.00	0.00	0.00%	
7	室外大台阶	62.50	25.00	37.50	60.00%	
8	外电接驳	1500.00	1500.00	0.00	0.00%	
9	环保工程	326.00	326.00	0.00	0.00%	
10	泛光照明	500.00	500.00	0.00	0.00%	
11	地面覆土工程	26.77	26.77	0.00	0.00%	
12	地铁保护费用	271.79	372.72	-100.93	-37.14%	

续表6-2

序号	费用名称	送审金额	审核金额	核减金额	核减率	备注
13	机械停车位	458.00	458.00	0.00	0.00%	
(四)	室外连廊	4145.40	3000.00	1145.40	27.63%	
二	**工程建设其他费用**	**9193.54**	**9257.90**	**-64.36**	**-0.70%**	
1	项目建设管理费	1699.69	1536.25	163.45	9.62%	
2	工程建设监理费	1189.53	1092.29	97.23	8.17%	
3	前期工作咨询费	1982.81	1930.33	52.47	2.65%	
3.1	项目建议书编制费	37.71	47.54	-9.83	-26.08%	
3.2	可行性研究报告编制费	75.41	95.08	-19.67	-26.09%	
3.3	节能评估	22.62	28.52	-5.90	-26.08%	
3.4	地质灾害评估	15.00	15.00	0.00	0.00%	
3.5	环境影响咨询服务费	14.47	13.57	0.90	6.24%	
3.6	水土保持评价	57.84	52.58	5.26	9.09%	
3.7	专题研究	400.00	400.00	0.00	0.00%	
3.8	全过程造价咨询费	509.91	509.91	0.00	0.00%	
3.9	检验监测费	849.85	768.12	81.72	9.62%	
4	工程勘察设计费	2552.85	3077.28	-524.43	-20.54%	
4.1	工程勘察费	165.45	614.50	-449.05	-271.42%	
4.2	工程设计费	2068.09	1889.18	178.91	8.65%	
4.3	竣工图编制费	165.45	151.13	14.31	8.65%	
4.4	施工图技术审查服务费	0.00	0.00	0.00	0.00%	
4.5	设计咨询费	153.86	422.47	-268.60	-174.57%	
5	工程保险费	254.95	230.44	24.52	9.62%	
6	招标代理服务费	0.00	0.00	0.00	0.00%	
6.1	工程招标代理服务费	0.00	0.00	0.00	0.00%	
6.2	设计招标代理服务费	0.00	0.00	0.00	0.00%	
6.3	监理招标代理服务费	0.00	0.00	0.00	0.00%	
7	白蚁防治费	23.52	23.52	0.00	0.00%	
8	城市基础设施配套费	888.87	423.27	465.60	52.38%	
9	高可靠性用电费	176.40	176.40	0.00	0.00%	
10	劳动安全卫生评审费	0.00	0.00	0.00	0.00%	
11	消防检测费	0.00	0.00	0.00	0.00%	
12	场地准备及临时设施费	424.92	768.12	-343.20	-80.77%	
三	**土地费用**	**36981.00**	**36981.00**	**0.00**	**0.00%**	
四	**预备费**	**4708.91**	**4303.51**	**405.40**	**8.61%**	
1	基本预备费	4708.91	4303.51	405.40	0.00%	
2	涨价预备费	0.00	0.00	0.00	0.00%	
五	**建设投资**	**135868.08**	**127354.72**	**8513.37**	**6.27%**	

续表6-2

序号	费用名称	送审金额	审核金额	核减金额	核减率	备注
1	建设投资（不含土地费用）	98887.08	90373.72	8513.37	0.00%	
2	建设投资（含土地费用）	135868.08	127354.72	8513.37	0.00%	
六	**建设期贷款利息**	**8435.64**	**7907.07**	**528.57**	**6.27%**	
七	**工程总投资**	**144303.72**	**135261.79**	**9041.94**	**6.27%**	
1	工程总投资（含土地费用，不含建设期贷款利息）	135868.08	127354.72	8513.37	0.00%	
2	工程总投资（含土地费用，含建设期贷款利息）	144303.72	135261.79	9041.94	0.00%	

6.3　施工图预算的编制

施工图预算是在施工图设计完成后，根据拟建工程项目的设计施工图纸、施工组织设计或施工方案、现行工程预算定额及取费标准、地区人工、材料、设备、施工机具台班等预算价格、国家与省级或行业建设主管部门的有关规定而编制的建筑安装工程造价文件。

6.3.1　施工图预算的内容和作用

1. 施工图预算的内容

施工图预算由预算表格和文字说明组成。工程项目（如工厂、学校等）总预算包含若干个单项工程（如车间、教室楼等）综合预算，单项工程综合预算包含若干个单位工程（如土建工程、机具设备及安装工程）预算。总预算和综合预算由以下五项费用构成：①建筑工程费；②安装工程费；③设备购置费；④工器具及生产家具购置费；⑤工程建设其他费用。单位工程施工图预算由分部分项工程费、措施项目费、其他项目费和税金构成。

2. 施工图预算的作用

（1）施工图预算是设计阶段控制工程造价的重要环节，是控制施工图预算不突破设计概算的重要措施。

（2）施工图预算是进行招投标的基础。对于招标工程不属《建设工程工程量清单计价规范》规定执行范围的，可用施工图预算作为编制招标控制价的依据；对于不宜实行招标而采用施工图预算加调整价结算的工程，施工图预算可作为确定签约合同价的基础。

（3）施工图预算是建设单位在施工期间安排建设资金计划和使用建设资金的依据，也是拨付工程进度款及办理工程结算的依据。

（4）施工图预算是施工单位拟定降低成本措施和按照工程量计算结果编制施工预算，

进行两算（施工图预算、施工预算）对比的依据。

（5）施工图预算是工程造价管理部门监督、检查执行定额标准，合理确定工程造价，测算造价指数及审定招标工程招标控制价的依据。

6.3.2 施工图预算的编制依据

施工图预算的编制依据如下：

（1）施工图纸及说明书、标准图集、图纸会审纪要。

（2）现行预算定额及单位估价表、建设工程费用定额、工程量计算规则。

（3）施工组织设计或施工方案、施工现场勘察及测量资料。

（4）人工、材料、机具台班预算价格及工程造价信息与动态调价规定。

（5）工程承包合同、招标文件、投标文件。

（6）现行的工程量计量、计价软件。

6.3.3 施工图预算的编制步骤

施工图预算的编制步骤如下：

（1）收集编制预算的基础文件和资料。

这些基础文件和资料主要包括：施工图设计文件、施工组织设计文件、设计概算文件、建筑工程预算定额、建设工程费用定额、材料预算价格表、工程承包合同文件、工程量计算规则等。

（2）熟悉预算基础文件和施工现场状况，主要包括：

①熟悉施工图设计文件。认真、详细地熟悉和审查全部施工图设计文件，查找图纸中的错误和问题，在预算人员头脑中形成一个清晰、完整和系统的工程实物形象，以便加快预算工作速度。

②熟悉施工组织设计文件。熟悉施工组织设计的要点，分部分项工程施工方案和施工方法，预制构件加工方法和运输方式，大型预制构件的安装方案和起重机具选择，脚手架型式选择，安装方面生产设备订货和运输方式，以及施工平面图布置要求和季节性施工措施等。

③全面掌握施工现场状况。为了编制出符合施工实际情况的施工图预算，必须全面掌握施工现场情况，如：障碍物拆除，平整场地、土方开挖和基础施工状况；施工顺序和施工组织状况；各项资源供应状况；施工条件、施工方法和技术组织措施状况。必须随时观察和掌握，并做好记录。

（3）计算工程量。

工程量的计算在整个预算过程中是最重要、最繁琐的环节，直接影响预算编制的及时性和准确性。计算工程量一般可按下列步骤进行：

①根据施工图设计的工程内容和定额子目划分，列出计算工程量的分部分项工程项目。一般情况下，工程量计算项目的内容、排列顺序和计量单位，均应与预算定额子目一致。这既可以避免漏项和重算，又可以加快选套定额子目的速度。

②根据规定的计算顺序和工程量计算规则，列出各分项项目的工程量计算公式。

③根据施工图示尺寸及有关数据，代入计算公式进行数学计算；或通过工程量计量软件建立工程模型自动计算。

④按照定额中的分部分项工程的计量单位对相应的计算结果的计量单位进行调整，使之相一致。

（4）套用预算定额基价，或通过工程计价软件，求出单位工程的分部分项工程费和单价措施项目费。

套用基价时需注意如下几点：

①分项工程量的名称、工作内容、计量单位必须与预算定额或单位估价表所列内容一致。

②当不完全符合时，必须根据说明对定额基价进行调整或换算。

③当相差甚远时，必须编制补充单位估价表或补充定额。

（5）编制工料机分析表。

计算并汇总出各分部分项工程所需的人工、材料、机具台班数量，相加便得出该单位工程所需要的各类人工、材料、机具台班的数量。工料机分析是工程预算的组成部分，是施工企业加强经营管理和内部经济核算的重要依据。

（6）计算其他各项费用和汇总造价。

计算出措施项目费、其他项目费和税金，按照规定对材料、人工、机具台班预算价格进行调整；并汇总得出工程造价。

（7）计算预算造价的技术经济指标。

根据工程类别，分别以不同计量单位，计算相应技术经济指标。

（8）复核。

（9）编制说明，填写封面。

6.3.4　施工图预算的编制方法

施工图预算的编制方法有单价法和实物法。

1. 单价法

用单价法编制施工图预算，是根据地区统一单位估价表中的各项定额基价（一般包括人工费、材料费、机具使用费或管理费），乘以相应的各分项工程的工程量，汇总相加，得到单位工程的定额直接费（定额分部分项工程费）；再加上按规定程序计算出来的价差、措施项目费、其他项目费和税金，即可得出单位工程的施工图预算造价。

用单价法编制施工图预算的主要计算公式为

$$\text{定额分部分项工程费} = \sum(\text{工程量} \times \text{预算定额基价}) \qquad (6-20)$$

单价法具有计算简单、工作量较小和编制速度较快、便于工程造价管理部门集中统一管理的优点。在市场价格波动较大的情况下，单价法的计算结果会偏离实际价格水平，虽然可采用调价措施，但容易滞后且计算也较繁琐。按照统一预算定额确定的工程造价不能真正体现承包商自身的施工技术和管理水平，因此单价法并不适应目前的市场经济环境。

2. 实物法

实物法是一种量价分离的预算编制方法。首先根据施工图纸计算出分部分项工程量，然后套用相应预算人工、材料、机具台班的定额消耗量，再分别乘以工程所在地当时的人工、材料、机具台班的实际单价，求出单位工程的人工费、材料费和施工机具使用费，并汇总求和得分部分项工程费，最后按规定计取其他各项费用，最后汇总就可得出单位工程施工图预算造价。

实物法编制施工图预算，其中分部分项工程费的计算公式为

$$\begin{aligned}\text{分部分项工程费} = &\sum(\text{工程量} \times \text{人工预算定额用量} \times \text{当时当地人工单价}) + \\ &\sum(\text{工程量} \times \text{材料预算定额消耗量} \times \text{当时当地材料单价}) + \\ &\sum(\text{工程量} \times \text{施工机具台班预算定额消耗量} \times \\ &\text{当时当地机具台班单价})\end{aligned} \tag{6-21}$$

实物法所用的人工、材料和机具台班的单价比较准确地反映了工程所在地的实际价格水平，所以能适应市场经济下价格波动较大的情况。实物法的计算方法符合《建设工程工程量清单计价规范》的理念，是现在普遍采用的方法。

6.4 招标控制价的编制

6.4.1 招标控制价编制的一般规定

（1）国有资金投资的建设工程招标，招标人必须编制招标控制价。

（2）招标控制价应由具有编制能力的招标人或受其委托具有相应资质的工程造价咨询人编制和复核。

（3）工程造价咨询人接受招标人委托编制招标控制价，不得再就同一工程接受投标人委托编制投标报价。

（4）招标控制价应按规定编制，不应上调或下浮。

（5）当招标控制价超过批准的概算时，招标人应将其报原概算报审批部门审核。

（6）招标人应在发布招标文件时公布招标控制价，同时应将招标控制价及有关资料报送工程所在地或有该工程管辖权的行业管理部门工程造价管理机构备查。

6.4.2 招标控制价的编制依据

招标控制价应根据下列依据编制与复核：

（1）建设工程工程量清单计价规范。

（2）国家或省级、行业建设主管部门颁发的计价定额和计价办法。

（3）建设工程设计文件及相关资料。

（4）拟定的招标文件及招标工程量清单。

(5) 与建设项目相关的标准、规范、技术资料。

(6) 施工现场情况、工程特点及常规施工方案。

(7) 工程造价管理机构发布的工程造价信息，当工程造价信息没有发布时，参照市场价。

(8) 其他的相关资料。

6.4.3 招标控制价的编制与复核

(1) 综合单价中应包括招标文件中划分的应由投标人承担的风险范围及其费用。招标文件中没有明确的，如属于工程造价咨询人编制的，应提请招标人明确；如属于招标人编制的，应予明确。

(2) 分部分项工程和措施项目中的单价项目，应根据拟定的招标文件和招标工程量清单项目中的特征描述及有关要求确定综合单价计算。

(3) 措施项目中的总价项目应根据拟定的招标文件和常规施工方案按规定计价。

(4) 其他项目应按下列规定计价：

①暂列金额应按招标工程量清单中列出的金额填写。

②暂估价中的材料、工程设备单价应按招标工程量清单中列出的单价计入综合单价。

③暂估价中的专业工程金额应按招标工程量清单中列出的金额填写。

④计日工应按招标工程量清单中列出的项目根据工程特点和有关计价依据确定综合单价后计算。

⑤总承包服务费应根据招标工程量清单列出的内容和要求估算。

(5) 税金应按税务部门的规定计算。

6.5 投标报价的编制

6.5.1 投标报价编制的一般规定

投标报价编制的一般规定如下：

(1) 投标价应由投标人或受其委托具有相应资质的工程造价咨询人编制。

(2) 投标人应按规定自主确定投标报价。

(3) 投标报价不得低于工程成本。

(4) 投标人必须按招标工程量清单填报价格。项目编码、项目名称、项目特征、计量单位、工程量必须与招标工程量清单一致。

(5) 投标人的投标报价高于招标控制价的应予废标。

6.5.2 投标报价编制的依据

投标报价应按下列依据编制和复核：

(1) 建设工程工程量清单计价规范。

（2）国家或省级、行业建设主管部门颁发的计价办法。

（3）企业定额，国家或省级、行业建设主管部门颁发的计价定额和计价办法。

（4）招标文件、招标工程量清单及其补充通知、答疑纪要。

（5）建设工程设计文件及相关资料。

（6）施工现场情况、工程特点及投标时拟定的施工组织设计或施工方案。

（7）与建设项目相关的标准、规范等技术资料。

（8）市场价格信息或工程造价管理机构发布的工程造价信息。

（9）其他的相关资料。

6.5.3 投标报价编制的程序

1. 投标报价编制的流程

投标报价编制的流程如图6－3所示。

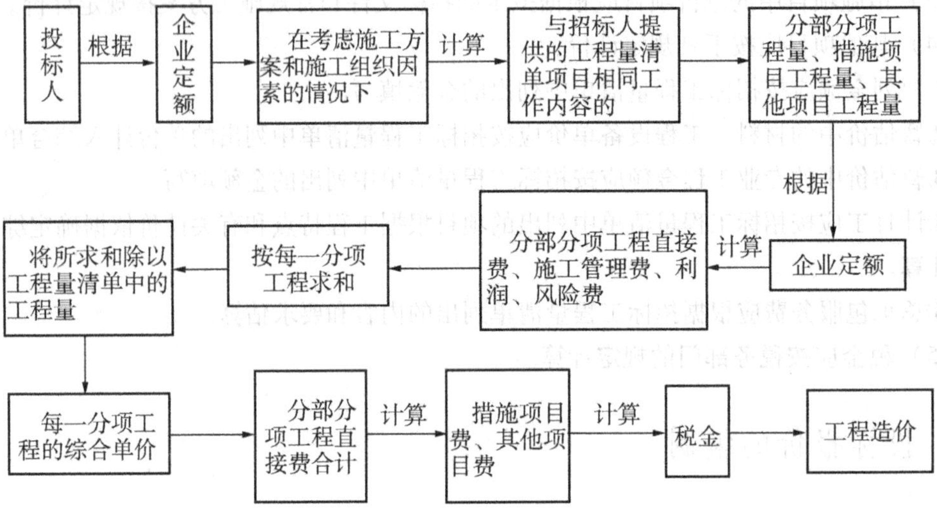

图6－3 投标报价编制的流程图

2. 投标报价的编制程序

（1）分部分项工程费

$$分部分项工程费 = \sum 分部分项工程量 \times 分部分项工程综合单价$$

其中，分部分项工程综合单价由人工费、材料费、机具费、管理费、利润等组成，并考虑风险因素。

（2）措施项目费

$$措施项目费 = \sum 措施项目工程量 \times 措施项目综合单价$$

措施项目综合单价的构成与分部分项工程综合单价相同。

措施项目费中的总价项目金额应根据招标文件及投标时拟定的施工组织设计或施工方案按规范的规定自主确定，其中安全文明施工费应按规范的规定确定。

（3）其他项目费

其他项目费应按下列规定报价：

①暂列金额应按招标工程量清单中列出的金额填写。

②材料、工程设备暂估价应按招标工程量清单中列出的单价计入综合单价。

③专业工程暂估价应按招标工程量清单中列出的金额填写。

④计日工应按招标工程量清单中列出的项目和数量，自主确定综合单价并计算计日工金额。

⑤总承包服务费应根据招标工程量清单中列出的内容和提出的要求自主确定。

（4）税金

税金 =（分部分项工程费 + 措施项目费 + 其他项目费）×增值税税率

（4）投标报价

招标工程量清单与计价表中列明的所有需要填写单价和合价的项目，投标人均应填写且只允许有一个报价。未填写单价和合价的项目，可视为此项费用已包含在已标价工程量清单中其他项目的单价和合价之中。当竣工结算时，此项目不得重新组价予以调整。

投标总价应当与分部分项工程费、措施项目费、其他项目费和税金的合计金额一致。

投标报价 = 分部分项工程费 + 措施项目费 + 其他项目费 + 税金

3. 综合单价的计算

综合单价中应包括招标文件中划分的应由投标人承担的风险范围及其费用，招标文件中没有明确的，应提请招标人明确。分部分项工程和措施项目中的单价项目，应根据招标文件和招标工程量清单项目中的特征描述确定综合单价后计算。

（1）综合单价的意义

①综合单价是工程量清单计价的核心内容。

②综合单价是投标人能否中标的关键因素。

③综合单价是投标人中标后盈亏的分水岭。

④综合单价可以竞争，是投标企业整体实力的真实反映。

（2）综合单价的计算依据

①工程量清单：清单中提供相应清单项目所包含的工作内容，它是组价的基础。

②投标文件：是否有业主供应材料，如有，应在综合单价中扣减。

③企业定额。

④施工组织设计及施工方案。

⑤已往的报价资料。

⑥现行人工、材料、机具台班价格信息。

（3）综合单价的组成

综合单价由完成规定计量单位工程量清单项目所需的人工费、材料费、机具使用费、管理费、利润、风险费等组成。

（4）综合单价的计算

①综合单价人工费：

综合单价人工费 = 企业定额人工消耗量指标 × 人工工日单价

现阶段大多数施工企业没有企业定额，可按预算定额进行报价，此时

综合单价人工费 = 预算定额人工费 × 调整系数

或

综合单价人工费 = 定额人工消耗量指标 × 人工工日单价

②综合单价材料费、机具台班使用费计算办法同综合单价人工费。

③管理费：

管理费 =（人工费 + 材料费 + 机具使用费）× 管理费费率

或

管理费 =（人工费 + 机具使用费）× 管理费费率

④利润：

利润 =（人工费 + 材料费 + 机具使用费）× 利润率

或

利润 =（人工费 + 机具使用费）× 利润率

⑤风险费，按照风险相关的原理，采取风险系数来反映。

⑥综合单价：

综合单价 =（综合单价人工费 + 综合单价材料费 + 综合单价机具费 + 管理费 + 利润）×（1 + 风险系数）

（5）综合单价计算时应注意的事项

①熟悉定额的编制原理，为准确计算人工、材料、机具消耗量奠定基础。

②熟悉施工工艺，准确确定工程量清单表中的工程内容，以便准确报价。

③经常进行市场询价和商情调查，以便合理确定人工、材料、机具的市场单价。

④广泛积累各类基础性资料及以往的报价经验，为准确而迅速地做好报价提供依据。

⑤经常与企业及项目决策领导者进行沟通，明确投标策略，以便合理报出管理费率及利润率。

⑥增强风险意识，熟悉风险管理相关原理，将风险因素合理地考虑在报价中。

⑦结合施工组织设计和施工方案将工程量增减的因素及施工过程中的各类合理损耗考虑在综合单价中。

【例 6－2】 某单位传达室基础平面图及剖面图如 6－4 所示，土壤为三类土、干土，采用人工挖土、运土，场内运土距离为 150 m。已知人工费调整系数为 1.1，不考虑风险因素。试确定挖基础土方的工程量清单及投标报价。（根据《广东省房屋建筑与装饰工程综合定额 2018》进行投标报价，不考虑单体承包工程建筑面积在 500 m^2 以下对人工、材料费用的调整。）

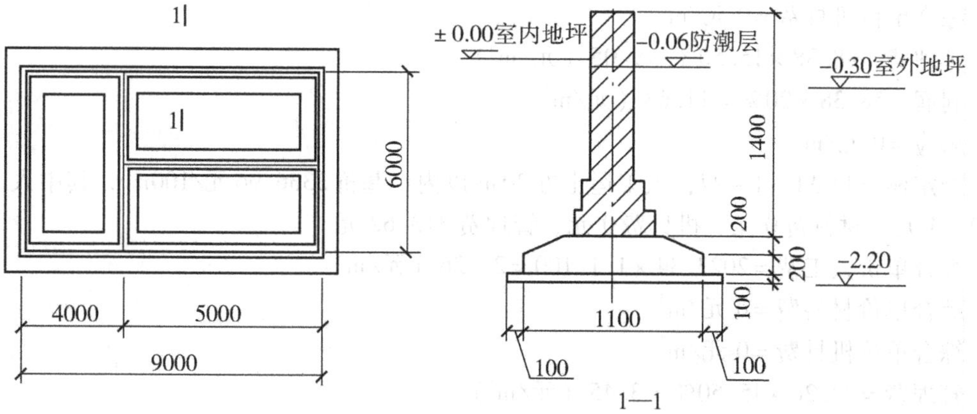

图 6-4　基础平面图及剖面图

解：

（1）工程量清单的编制

①挖土深度 H：2.2 - 0.3 = 1.9（m）> 1.5m，需放坡 1∶0.33

②垫层宽度 B：1.3m

③挖土长度 L：

外墙中心线长：（9 + 6）×2 = 30（m）

内墙净长线长：（6 - 1.3）+（5 - 1.3）= 8.4（m）

全长 L：38.4 m

④挖基础土方体积：

$$V = (B + 2C + KH) \times H \times L$$
$$= (1.3 + 2 \times 0.3 + 0.33 \times 1.9) \times 1.9 \times 38.4$$
$$= 184.37(\text{m}^3)$$

分部分项工程工程量清单如表 6-3 所示。

表 6-3　分部分项工程工程量清单

工程名称：某传达室项目　　　　　　标段：　　　　　　第　页 共　页

序号	项目编码	项目名称	项目特征	计量单位	工程量
1	010101003001	挖沟槽土方	人工挖沟槽，三类土、干土，钢筋混凝土条形基础，挖土深度 1.9 m，场内运土 150 m，基底垫层宽度 1.3 m	m^3	184.37

（2）综合单价的编制

查定额子目 A1-1-21：人工挖沟槽土方，三类土，基价 6129.67 元/100m³，其中人工费 5307.07 元、材料费 0 元、机具费 0 元、管理费 822.60 元。

查定额附录七，管理费分摊费率为 15.50%，计算基础是分部分项的人工费 + 施工机具费。

综合单价人工费 = 5307.07 × 1.1/100 = 58.38（元/m³）

综合单价材料费 = 0 元/m³

综合单价机具费 = 0 元/m^3

管理费 = 58.38 × 15.50% = 9.05（元/m^3）

利润 = 58.38 × 20% = 11.68（元/m^3）

风险 = 0 元/m^3

查定额子目 A1－1－27：人工运土方 20m 以内，基价 2336.96 元/100m^3，其中人工费 2023.34 元、材料费 0 元、机具费 0 元、管理费 313.62 元。

综合单价人工费 = 2023.34 × 1.1/100 = 22.26（元/m^3）

综合单价材料费 = 0 元/m^3

综合单价机具费 = 0 元/m^3

管理费 = 22.26 × 15.50% = 3.45（元/m^3）

利润 = 22.26 × 20% = 4.45（元/m^3）

风险 = 0 元/m^3

查定额子目 A1－1－28：人工运土方运距每增 20m，实际增 130m，基价 522.38 × 7 = 3656.66（元/100m^3），其中人工费 452.28 × 7 = 3165.96 元、材料费 0 元、机具费 0 元、管理费 70.1 × 7 = 490.7（元）。

综合单价人工费 = 3165.96 × 1.1/100 = 34.83（元/m^3）

综合单价材料费 = 0 元/m^3

综合单价机具费 = 0 元/m^3

管理费 = 34.83 × 15.50% = 5.40（元/m^3）

利润 = 34.83 × 20% = 6.97（元/m^3）

风险 = 0 元/m^3

综合单价分析如表 6－4 所示。

表 6－4 综合单价分析表

工程名称：某传达室项目　　　　标段：　　　　第　页 共　页

项目编码	010101003001			项目名称	挖沟槽土方	计量单位	m^3	工程量	184.37
清单综合单价组成明细									
定额编号	定额名称	定额单位	数量	单价				合价	
				人工费	材料费	机具费	管理费和利润	人工费	材料费	机具费	管理费和利润
A1－1－21 换	人工挖沟槽土方	100m^3	0.01	5838	0	0	2073	58.38	0	0	20.73
A1－1－27 换	人工运土方 20m 以内	100m^3	0.01	2226	0	0	790	22.26	0	0	7.90
A1－1－28 换	人工运土方每增 20m（实际增加 130m）	100m^3	0.01	3483	0	0	1237	34.83	0	0	12.37

续表 6-4

人工单价	小　计				115.47	0	0	41.00
元/工日	未计价材料费							
清单项目综合单价					156.47			
材料费明细	主要材料名称、规格、型号	单位	数量	单价（元）	合价（元）	暂估单价（元）	暂估合价（元）	
	其他材料费			—		—		
	材料费小计			—		—		

（3）工程量清单报价的编制

分部分项工程工程量清单与计价表如表 6-5 所示。

表 6-5　分部分项工程工程量清单与计价表

工程名称：某传达室项目　　　　标段：　　　　第　　页　共　　页

序号	项目编码	项目名称	项目特征描述	计量单位	工程量	金额（元）	
						综合单价	合价
1	010101003001	挖沟槽土方	人工挖沟槽，三类土、干土，钢筋混凝土条形基础，挖土深度 1.9 m，场内运土 150m，基底垫层宽度 1.3 m	m^3	184.37	156.47	28848.37

6.6 工程结算的编制

6.6.1　工程结算的概念和意义

工程结算是指建设工程承包人在施工过程中、竣工验收后或合同终止后，依据国家有关法律、法规和标准规定，按照合同约定，向发包人收取工程价款的一系列经济活动。工程结算的主体是承包人；工程结算的目的是承包人向发包人索取工程款，以实现“商品销售”。

由于建筑工程施工周期较长，占用资金额较大，及时办理工程结算对于施工企业具有十分重要的意义：

（1）工程结算是反映工程进度的主要指标。

（2）工程结算是承包人加速资金周转的重要环节。

（3）工程结算是考核经济效益的重要指标。

6.6.2 工程结算的分类

工程项目造价高、工期长的特点，决定了工程结算必须采取阶段性结算与支付的方法。工程结算一般分为期中结算、竣工结算和终止结算三类。

期中结算是合同价款的期中支付，指承包人在工程实施过程中，依据施工合同中关于付款条款的有关规定和工程进展所完成的工程量，按照规定程序向发包人收取工程价款的一项经济活动。合同价款期中支付包括预付款支付、安全文明施工费的支付和进度款支付。竣工结算指承包人按照合同规定的内容，全部完成所承包的单位工程或单项工程，经有关部门验收质量合格，并符合合同要求后，按照规定程序向发包人办理最终工程价款结算的一项经济活动。终止结算指合同解除的价款结算与支付。

6.6.3 期中结算

1. 预付款

在工程开工前，发包人按照合同约定，预先支付给承包人用于购买合同工程施工所需的材料、工程设备，以及组织施工机具和人员进场等的款项。预付款的支付和扣回应遵守以下规定：

（1）承包人应将预付款专用于合同工程。

（2）包工包料工程的预付款支付比例不得低于签约合同价（扣除暂列金额）的10%，不宜高于签约合同价（扣除暂列金额）的30%。

（3）承包人应在签订合同及向发包人提供与预付款等额的预付款保函后向发包人提交预付款支付申请。

（4）发包人应在收到支付申请的7天内进行核实，向承包人发出预付款支付证书，并在签发支付证书后的7天内向承包人支付预付款。

（5）发包人没有按合同约定按时支付预付款的，承包人可催告发包人支付；发包人在预付款期满后的7天内仍未支付的，承包人可在付款期满后的第8天起暂停施工。发包人应承担由此增加的费用和延误的工期，并应向承包人支付合理利润。

（6）预付款应从每一个支付期应支付给承包人的工程进度款中扣回，直到扣回的金额达到合同约定的预付款金额为止。

（7）承包人的预付款保函的担保金额根据预付款扣回的数额相应递减，但在预付款全部扣回之前一直保持有效。发包人应在预付款扣完后的14天内将预付款保函退还给承包人。

2. 安全文明施工费

在合同履行过程中，承包人按照国家法律、法规、标准等规定，为保证安全施工、文明施工，保护现场内外环境和搭拆临时设施等所采用的措施而发生的费用。安全文明施工费的支付应遵守以下规定：

（1）安全文明施工费包括的内容和使用范围，应符合国家有关文件和计量规范的规定。

（2）发包人应在工程开工后的28天内预付不低于当年施工进度计划的安全文明施工

费总额的 60%，其余部分应按照提前安排的原则进行分解，并应与进度款同期支付。

（3）发包人没有按时支付安全文明施工费的，承包人可催告发包人支付；发包人在付款期满后的 7 天内仍未支付的，若发生安全事故，发包人应承担相应责任。

（4）承包人对安全文明施工费应专款专用，在财务账目中应单独列项备查，不得挪作他用，否则发包人有权要求其限期改正；逾期未改正的，造成的损失和延误的工期应由承包人承担。

3. 进度款

在合同工程施工过程中，发包人按照合同约定对付款周期内承包人完成的合同价款给予支付的款项，也是合同价款的期中结算支付。进度款的支付应遵守以下规定：

（1）发承包双方应按照合同约定的时间、程序和方法，根据工程计量结果，办理期中价款结算，支付进度款。

（2）进度款支付周期应与合同约定的工程计量周期一致。

（3）已标价工程量清单中的单价项目，承包人应按工程计量确认的工程量与综合单价计算；综合单价发生调整的，以发承包双方确认调整的综合单价计算进度款。

（4）已标价工程量清单中的总价项目和按照规定形成的总价合同，承包人应按合同中约定的进度款支付分解，分别列入进度款支付申请中的安全文明施工费和本周期应支付的总价项目的金额中。

（5）发包人提供的甲供材料金额，应按照发包人签约提供的单价和数量从进度款支付中扣除，列入本周期应扣减的金额中。

（6）承包人现场签证和得到发包人确认的索赔金额应列入本周期应增加的金额中。

（7）进度款的支付比例按照合同约定，按期中结算价款总额计，不低于 60%，不高于 90%。

（8）承包人应在每个计量周期到期后的 7 天内向发包人提交已完工程进度款支付申请一式四份，详细说明此周期认为有权得到的款额，包括分包人已完工程的价款。支付申请应包括下列内容：

①累计已完成的合同价款。

②累计已实际支付的合同价款。

③本周期合计完成的合同价款：本周期已完成单价项目的金额，本周期应支付的总价项目的金额，本周期已完成的计日工价款，本周期应支付的安全文明施工费，本周期应增加的金额。

④本周期合计应扣减的金额：本周期应扣回的预付款，本周期应扣减的金额。

⑤本周期实际应支付的合同价款。

（9）发包人应在收到承包人进度款支付申请后的 14 天内，根据计量结果和合同约定对申请内容予以核实，确认后向承包人出具进度款支付证书。若发承包双方对部分清单项目的计量结果出现争议，发包人应对无争议部分的工程计量结果向承包人出具进度款支付证书。

（10）发包人应在签发进度款支付证书后的 14 天内，按照支付证书列明的金额向承包人支付进度款。

（11）若发包人逾期未签发进度款支付证书，则视为承包人提交的进度款支付申请已被发包人认可，承包人可向发包人发出催告付款的通知。发包人应在收到通知后的14天内，按照承包人支付申请的金额向承包人支付进度款。

（12）发包人未按照规定支付进度款的，承包人可催告发包人支付，并有权获得延迟支付的利息；发包人在付款期满后的7天内仍未支付的，承包人可在付款期满后的第8天起暂停施工。发包人应承担由此增加的费用和延误的工期，向承包人支付合理利润，并应承担违约责任。

（13）发现已签发的任何支付证书有错、漏或重复的数额，发包人有权予以修正，承包人也有权提出修正申请。经发承包双方复核同意修正的，应在本次到期的进度款中支付或扣除。

6.6.4 竣工结算

1. 竣工结算的概念

竣工结算指承包人按照合同规定的内容，全部完成所承包的单位工程或单项工程，经有关部门验收质量合格，并符合合同要求后，按照规定程序向发包人办理最终工程价款结算的一项经济活动。工程完工后，发承包双方应按照约定的合同价款及按合同约定进行的价款调整，进行竣工结算。工程竣工结算分为单位工程竣工结算、单项工程竣工结算和建设项目竣工总结算。

2. 竣工结算的作用

（1）竣工结算是承包人与发包人结清工程费用的依据。

（2）竣工结算是承包人考核工程成本，进行经济核算的依据。

（3）竣工结算是编制预算定额、概算定额和概算指标的依据。

3. 竣工结算的编制依据

（1）建设工程工程量清单计价规范；

（2）工程合同；

（3）发承包双方实施过程中已确认的工程量及其结算的合同价款；

（4）发承包双方实施过程中已确认调整后追加（减）的合同价款；

（5）建设工程设计文件及相关资料；

（6）投标文件；

（7）其他依据。

4. 竣工结算的一般规定

（1）工程完工后，发承包双方必须在合同约定时间内办理工程竣工结算。

（2）工程竣工结算应由承包人或受其委托具有相应资质的工程造价咨询人编制，并应由发包人或受其委托具有相应资质的工程造价咨询人核对。

（3）当发承包双方或一方对工程造价咨询人出具的竣工结算文件有异议时，可向工程造价管理机构投诉，申请对其进行执业质量鉴定。

（4）竣工结算办理完毕，发包人应将竣工结算文件报送工程所在地或有该工程管辖权的行业管理部门的工程造价管理机构备案，竣工结算文件应作为工程竣工验收备案、交付使用的必备文件。

5. 合同价款调整

发承包双方应当按照合同约定调整合同价款的事项包括（但不限于）：法律法规变化、工程变更、项目特征不符、工程量清单缺项、工程量偏差、计日工、物价变化、暂估价、不可抗力、提前竣工（赶工补偿）、误期赔偿、索赔、现场签证、暂列金额、发承包双方约定的其他调整事项。

出现合同价款调增事项（不含工程量偏差、计日工、现场签证、索赔）后的 14 天内，承包人应向发包人提交合同价款调增报告并附上相关资料；承包人在 14 天内未提交合同价款调增报告的，应视为承包人对该事项不存在调整价款请求。

出现合同价款调减事项（不含工程量偏差、索赔）后的 14 天内，发包人应向承包人提交合同价款调减报告并附相关资料；发包人在 14 天内未提交合同价款调减报告的，应视为发包人对该事项不存在调整价款请求。

发（承）包人应在收到承（发）包人合同价款调增（减）报告及相关资料之日起 14 天内对其核实，予以确认的应书面通知承（发）包人。当有疑问时，应向承（发）包人提出协商意见。发（承）包人在收到合同价款调增（减）报告之日起 14 天内未确认也未提出协商意见的，应视为承（发）包人提交的合同价款调增（减）报告已被发（承）包人认可。发（承）包人提出协商意见的，承（发）包人应在收到协商意见后的 14 天内对其核实，予以确认的应书面通知发（承）包人。承（发）包人在收到发（承）包人的协商意见后 14 天内既不确认也未提出不同意见的，应视为发（承）包人提出的意见已被承（发）包人认可。

发包人与承包人对合同价款调整的不同意见不能达成一致的，只要对发承包双方履约不产生实质影响，双方应继续履行合同义务，直到其按照合同约定的争议解决方式得到处理。

经发承包双方确认调整的合同价款，作为追加（减）合同价款，应与工程进度款或结算款同期支付。

6. 竣工结算的编制和复核

（1）分部分项工程和措施项目中的单价项目应依据发承包双方确认的工程量与已标价工程量清单的综合单价计算；发生调整的，应以发承包双方确认调整的综合单价计算。

（2）措施项目中的总价项目应依据已标价工程量清单的项目和金额计算；发生调整的，应以发承包双方确认调整的金额计算，其中安全文明施工费应按规定计算。

（3）其他项目应按下列规定计价：

①计日工应按发包人实际签证确认的事项计算；

②暂估价应按规定计算；

③总承包服务费应依据已标价工程量清单金额计算；发生调整的，应以发承包双方确认调整的金额计算；

④索赔费用应依据发承包双方确认的索赔事项和金额计算；

⑤现场签证费用应依据发承包双方签证资料确认的金额计算；

⑥暂列金额应减去合同价款调整（包括索赔、现场签证）金额计算，如有余额归发包人。

（4）规费和税金应按规定计算。

（5）发承包双方在合同工程实施过程中已经确认的工程计量结果和合同价款，在竣工结算办理中应直接进入结算。

7. 竣工结算的程序

（1）合同工程完工后，承包人应在经发承包双方确认的合同工程期中价款结算的基础上汇总编制完成竣工结算文件，应在提交竣工验收申请的同时向发包人提交竣工结算文件。承包人未在合同约定的时间内提交竣工结算文件，经发包人催告后14天内仍未提交或没有明确答复的，发包人有权根据已有资料编制竣工结算文件，作为办理竣工结算和支付结算款的依据，承包人应予以认可。

（2）发包人应在收到承包人提交的竣工结算文件后的28天内核对。发包人经核实，认为承包人应进一步补充资料和修改结算文件，应在上述时限内向承包人提出核实意见，承包人在收到核实意见后28天内应按照发包人提出的合理要求补充资料，修改竣工结算文件，并应再次提交给发包人复核批准。

（3）发包人应在收到承包人再次提交的竣工结算文件后的28天内予以复核，将复核结果通知承包人，并应遵守下列规定：

①发包人、承包人对复核结果无异议的，应在7天内在竣工结算文件上签字确认，竣工结算办理完毕。

②发包人或承包人对复核结果认为有误的，无异议部分按照第①款的规定办理不完全竣工结算；有异议部分由发承包双方协商解决；协商不成的，应按照合同约定的争议解决方式处理。

（4）发包人在收到承包人竣工结算文件后的28天内，不核对竣工结算或未提出核对意见的，应视为承包人提交的竣工结算文件已被发包人认可，竣工结算办理完毕。

（5）承包人在收到发包人提出的核实意见后的28天内，不确认也未提出异议的，应视为发包人提出的核实意见已被承包人认可，竣工结算办理完毕。

（6）发包人委托工程造价咨询人核对竣工结算的，工程造价咨询人应在28天内核对完毕，核对结论与承包人竣工结算文件不一致的，应提交给承包人复核；承包人应在14天内将同意核对结论或不同意见的说明提交工程造价咨询人。工程造价咨询人收到承包人提出的异议后，应再次复核，复核无异议的，应按第（3）条第①款的规定办理，复核后仍有异议的，按第（3）条第②款的规定办理。承包人逾期未提出书面异议的，应视为工程造价咨询人核对的竣工结算文件已经承包人认可。

（7）对发包人或发包人委托的工程造价咨询人指派的专业人员与承包人指派的专业人员经核对后无异议并签名确认的竣工结算文件，除非发承包人能提出具体、详细的不同意见，发承包人都应在竣工结算文件上签名确认，如其中一方拒不签认的，按下列规定办理：

①若发包人拒不签认的，承包人可不提供竣工验收备案资料，并有权拒绝与发包人或其上级部门委托的工程造价咨询人重新核对竣工结算文件。

②若承包人拒不签认的，发包人要求办理竣工验收备案的，承包人不得拒绝提供竣工验收资料；否则，由此造成的损失，由承包人承担相应责任。

（8）合同工程竣工结算核对完成，发承包双方签字确认后，发包人不得要求承包人与另一个或多个工程造价咨询人重复核对竣工结算文件。

（9）发包人对工程质量有异议，拒绝办理工程竣工结算的，已竣工验收或已竣工未验收但实际投入使用的工程，其质量争议应按该工程保修合同执行，竣工结算应按合同约定办理。已竣工未验收且未实际投入使用的工程以及停工、停建工程的质量争议，双方应就有争议的部分委托有资质的检测鉴定机构进行检测，并应根据检测结果确定解决方案，或按工程质量监督机构的处理决定执行后办理竣工结算；无争议部分的竣工结算应按合同约定办理。

8. 结算款支付

（1）承包人应根据办理的竣工结算文件向发包人提交竣工结算款支付申请。申请应包括下列内容：

①竣工结算合同价款总额；

②累计已实际支付的合同价款；

③应预留的质量保证金；

④实际应支付的竣工结算款金额。

（2）发包人应在收到承包人提交竣工结算款支付申请后7天内予以核实，向承包人签发竣工结算支付证书。

（3）发包人签发竣工结算支付证书后的14天内，应按照竣工结算支付证书列明的金额向承包人支付结算款。

（4）发包人在收到承包人提交的竣工结算款支付申请后7天内不予核实，不向承包人签发竣工结算支付证书的，视为承包人的竣工结算款支付申请已被发包人认可；发包人应在收到承包人提交的竣工结算款支付申请7天后的14天内，按照承包人提交的竣工结算款支付申请列明的金额向承包人支付结算款。

（5）发包人未按照（3）、（4）条规定支付竣工结算款的，承包人可催告发包人支付，并有权获得延迟支付的利息。发包人在竣工结算支付证书签发后或者在收到承包人提交的竣工结算款支付申请7天后的56天内仍未支付的，除法律另有规定外，承包人可与发包人协商将该工程折价，也可直接向人民法院申请将该工程依法拍卖。承包人应就该工程折价或拍卖的价款优先受偿。

9. 质量保证金

（1）发包人应按照合同约定的质量保证金比例从结算款中预留质量保证金。

（2）承包人未按照合同约定履行属于自身责任的工程缺陷修复义务的，发包人有权从质量保证金中扣除用于缺陷修复的各项支出。经查验，工程缺陷是由发包人造成的，应由发包人承担查验和缺陷修复的费用。

（3）在合同约定的缺陷责任期终止后，发包人应按规定，将剩余的质量保证金返还给承包人。

10. 最终结清

（1）缺陷责任期终止后，承包人应按照合同约定向发包人提交最终结清支付申请。发包人对最终结清支付申请有异议的，有权要求承包人进行修正和提供补充资料。承包人修正后，应再次向发包人提交修正后的最终结清支付申请。

（2）发包人应在收到最终结清支付申请后的14天内予以核实，并应向承包人签发最终结清支付证书。

(3) 发包人应在签发最终结清支付证书后的14天内，按照最终结清支付证书列明的金额向承包人支付最终结清款。

(4) 发包人未在约定的时间内核实，又未提出具体意见的，应视为承包人提交的最终结清支付申请已被发包人认可。

(5) 发包人未按期最终结清支付的，承包人可催告发包人支付，并有权获得延迟支付的利息。

(6) 最终结清时，承包人被预留的质量保证金不足以抵减因承包人责任产生的发包人工程缺陷修复费用的，承包人应承担不足部分的补偿责任。

(7) 承包人对发包人支付的最终结清款有异议的，应按照合同约定的争议解决方式处理。

6.6.5 终止结算

发承包双方合同解除时，应及时办理终止结算。双方应遵循以下规定：

(1) 发承包双方协商一致解除合同的，应按照达成的协议办理结算和支付合同价款。

(2) 由于不可抗力致使合同无法履行而解除合同的，发包人应向承包人支付合同解除之日前已完工程但尚未支付的合同价款，此外，还应支付下列金额：

①按规定由发包人承担的赶工费用；

②已实施或部分实施的措施项目应付价款；

③承包人为合同工程合理订购且已交付的材料和工程设备货款；

④承包人撤离现场所需的合理费用，包括员工遣送费和临时工程拆除、施工设备运离现场的费用；

⑤承包人为完成合同工程而预期开支的任何合理费用，且该项费用未包括在本款其他各项支付之内。

发承包双方办理结算合同价款时，应扣除合同解除之日前发包人应向承包人收回的价款。当发包人应扣除的金额超过了应支付的金额，承包人应在合同解除后的56天内将其差额退还给发包人。

(3) 因承包人违约解除合同的，发包人应暂停向承包人支付任何价款。发包人应在合同解除后28天内核实合同解除时承包人已完成的全部合同价款以及按施工进度计划已运至现场的材料和工程设备货款，按合同约定核算承包人应支付的违约金以及造成损失的索赔金额，并将结果通知承包人。发承包双方应在28天内予以确认或提出意见，并应办理结算合同价款。如果发包人应扣除的金额超过了应支付的金额，承包人应在合同解除后的56天内将其差额退还给发包人。发承包双方不能就解除合同后的结算达成一致的，按照合同约定的争议解决方式处理。

(4) 因发包人违约解除合同的，发包人除应按照第(2)条的规定向承包人支付各项价款外，还应按合同约定核算发包人应支付的违约金以及给承包人造成损失或损害的索赔金额费用。该笔费用应由承包人提出，发包人核实后应与承包人协商确定后的7天内向承包人签发支付证书。协商不能达成一致的，应按照合同约定的争议解决方式处理。

6.6.6　合同价款争议的解决

合同价款争议可通过监理或造价工程师暂定、管理机构解释或认定、协商和解、调解、仲裁、诉讼等途径解决。

1. 监理或造价工程师暂定

(1) 若发包人和承包人之间就工程质量、进度、价款支付与扣除、工期延期、索赔、价款调整等发生任何法律上、经济上或技术上的争议，首先应根据已签约合同的规定，提交合同约定职责范围内的总监理工程师或造价工程师解决，并抄给另一方。总监理工程师或造价工程师在收到此提交件后 14 天之内应将暂定结果通知发包人和承包人。发承包双方对暂定结果认可的，应以书面形式予以确认，暂定结果成为最终决定。

(2) 发承包双方在收到总监理工程师或造价工程师的暂定结果通知之后的 14 天内，未对暂定结果予以确认也未提出不同意见的，视为发承包双方已认可该暂定结果。

(3) 发承包双方或一方不同意暂定结果的，应以书面形式向总监理工程师或造价工程师提出，说明自己认为正确的结果，同时抄送另一方，此时该暂定结果成为争议。在暂定结果不实质影响发承包双方当事人履约的前提下，发承包双方应实施该结果，直到按照发承包双方认可的争议解决办法被改变为止。

2. 管理机构解释或认定

(1) 合同价款争议发生后，发承包双方可就工程计价依据的争议以书面形式提请工程造价管理机构对争议以书面文件进行解释或认定。

(2) 工程造价管理机构应在收到申请的 10 个工作日内就发承包双方提请的争议问题进行解释或认定。

(3) 发承包双方或一方在收到工程造价管理机构书面解释或认定后仍可按照合同约定的争议解决方式提请仲裁或诉讼。除工程造价管理机构的上级管理部门作出了不同的解释或认定，或在仲裁裁决或法院判决中不予采信之外，工程造价管理机构作出的书面解释或认定应为最终结果，并应对发承包双方均有约束力。

3. 协商和解

(1) 合同价款争议发生后，发承包双方任何时候都可以进行协商。协商达成一致的，双方应签订书面和解协议，和解协议对发承包双方均有约束力。

(2) 如果协商不能达成一致协议，发包人或承包人都可以按合同约定的其他方式解决争议。

4. 调解

(1) 发承包双方应在合同中约定或在合同签订后共同约定争议调解人，负责双方在合同履行过程中发生争议的调解。

(2) 合同履行期间，发承包双方可协议调换或终止任何调解人，但发包人或承包人都不能单独采取行动。除非双方另有协议，在最终结清支付证书生效后，调解人的任期应即终止。

(3) 如果发承包双方发生了争议，任何一方可将该争议以书面形式提交调解人，并将副本抄送另一方，委托调解人调解。

(4) 发承包双方应按照调解人提出的要求，给调解人提供所需要的资料、现场进入权及相应设施。调解人应被视为不是在进行仲裁人的工作。

(5) 调解人应在收到调解委托后28天内或由调解人建议并经发承包双方认可的其他期限内提出调解书，发承包双方接受调解书的，经双方签字后作为合同的补充文件，对发承包双方均具有约束力，双方都应立即遵照执行。

(6) 当发承包双方中任一方对调解人的调解书有异议时，应在收到调解书后28天内向另一方发出异议通知，并应说明争议的事项和理由。但除非调解书在协商和解或仲裁裁决、诉讼判决中作出修改，或合同已经解除，承包人应继续按照合同实施工程。

(7) 当调解人已就争议事项向发承包双方提交了调解书，而任一方在收到调解书后28天内均未发出表示异议的通知时，调解书对发承包双方应均具有约束力。

5. 仲裁、诉讼

(1) 发承包双方的协商和解或调解均未达成一致意见，其中的一方已就此争议事项根据合同约定的仲裁协议申请仲裁，应同时通知另一方。

(2) 仲裁可在竣工之前或之后进行，但发包人、承包人、调解人各自的义务不得因在工程实施期间进行仲裁而有所改变。当仲裁是在仲裁机构要求停止施工的情况下进行时，承包人应对合同工程采取保护措施，由此增加的费用应由败诉方承担。

(3) 在上述第1条至第4条规定的期限之内，暂定或和解协议或调解书已经有约束力的情况下，当发承包中一方未能遵守暂定或和解协议或调解书时，另一方可在不损害他可能具有的任何其他权利的情况下，将未能遵守暂定或不执行和解协议或调解书达成的事项提交仲裁。

(4) 发包人、承包人在履行合同时发生争议，双方不愿和解、调解或者和解、调解不成，又没有达成仲裁协议的，可依法向人民法院提起诉讼。

6.6.7 工程造价鉴定

1. 一般规定

(1) 在工程合同价款纠纷案件处理中，需做工程造价司法鉴定的，应委托具有相应资质的工程造价咨询人进行。

(2) 工程造价咨询人接受委托时提供工程造价司法鉴定服务，应按仲裁、诉讼程序和要求进行，并应符合国家关于司法鉴定的规定。

(3) 工程造价咨询人进行工程造价司法鉴定时，应指派专业对口、经验丰富的注册造价工程师承担鉴定工作。

(4) 工程造价咨询人应在收到工程造价司法鉴定资料后10天内，根据自身专业能力和证据资料判断能否胜任该项委托，如不能，应辞去该项委托。工程造价咨询人不得在鉴定期满后以上述理由不作出鉴定结论，影响案件处理。

(5) 接受工程造价司法鉴定委托的工程造价咨询人或造价工程师如是鉴定项目一方当事人的近亲属或代理人、咨询人以及其他关系可能影响鉴定公正的，应当自行回避；未自行回避，鉴定项目委托人以该理由要求其回避的，必须回避。

(6) 工程造价咨询人应当依法出庭接受鉴定项目当事人对工程造价司法鉴定意见书的质询。如确因特殊原因无法出庭的，经审理该鉴定项目的仲裁机关或人民法院准许，可以书面形式答复当事人的质询。

2. 取证

（1）工程造价咨询人进行工程造价鉴定工作时，应自行收集以下（但不限于）鉴定资料：

①适用于鉴定项目的法律、法规、规章、规范性文件以及规范、标准、定额；

②鉴定项目同时期同类型工程的技术经济指标及其各类要素价格等。

（2）工程造价咨询人收集鉴定项目的鉴定依据时，应向鉴定项目委托人提出具体书面要求，其内容包括：

①与鉴定项目相关的合同、协议及其附件；

②相应的施工图纸等技术经济文件；

③施工过程中的施工组织、质量、工期和造价等工程资料；

④存在争议的事实及各方当事人的理由；

⑤其他有关资料。

（3）工程造价咨询人在鉴定过程中要求鉴定项目当事人对缺陷资料进行补充的，应征得鉴定项目委托人同意，或者协调鉴定项目各方当事人共同签认。

（4）根据鉴定工作需要现场勘验的，工程造价咨询人应提请鉴定项目委托人组织各方当事人对被鉴定项目所涉及的实物标的进行现场勘验。

（5）勘验现场应制作勘验记录、笔录或勘验图表，记录勘验的时间、地点、勘验人、在场人、勘验经过、结果，由勘验人、在场人签名或者盖章确认。绘制的现场图应注明绘制的时间、测绘人姓名、身份等内容。必要时应采取拍照或摄像取证，留下影像资料。

（6）鉴定项目当事人未对现场勘验图表或勘验笔录等签字确认的，工程造价咨询人应提请鉴定项目委托人决定处理意见，并在鉴定意见书中作出表述。

3. 鉴定

（1）工程造价咨询人在鉴定项目合同有效的情况下应根据合同约定进行鉴定，不得任意改变双方合法的合意。

（2）工程造价咨询人在鉴定项目合同无效或合同条款约定不明确的情况下应根据法律法规、相关国家标准和建设工程工程量清单计价规范的规定，选择相应专业工程的计价依据和方法进行鉴定。

（3）工程造价咨询人出具正式鉴定意见书之前，可报请鉴定项目委托人向鉴定项目各方当事人发出鉴定意见书征求意见稿，并指明应书面答复的期限及其不答复的相应法律责任。

（4）工程造价咨询人收到鉴定项目各方当事人对鉴定意见书征求意见稿的书面复函后，应对不同意见认真复核，修改完善后再出具正式鉴定意见书。

（5）工程造价咨询人出具的工程造价鉴定书应包括下列内容：

①鉴定项目委托人名称、委托鉴定的内容；

②委托鉴定的证据材料；

③鉴定的依据及使用的专业技术手段；

④对鉴定过程的说明；

⑤明确的鉴定结论；

⑥其他需说明的事宜；

⑦工程造价咨询人盖章及注册造价工程师签名盖执业专用章。

(6) 工程造价咨询人应在委托鉴定项目的鉴定期限内完成鉴定工作，如确因特殊原因不能在原定期限内完成鉴定工作时，应按照相应法规提前向鉴定项目委托人申请延长鉴定期限，并应在此期限内完成鉴定工作。经鉴定项目委托人同意等待鉴定项目当事人提交、补充证据的，质证所用的时间不应计入鉴定期限。

(7) 对于已经出具的正式鉴定意见书中有部分缺陷的鉴定结论，工程造价咨询人应通过补充鉴定作出补充结论。

6.6.8 工程计价资料与档案

1. 计价资料

(1) 发承包双方应当在合同中约定各自在合同工程中现场管理人员的职责范围，双方现场管理人员在职责范围内签字确认的书面文件是工程计价的有效凭证，但如有其他有效证据或经实证证明其是虚假的除外。

(2) 发承包双方不论在何种场合对与工程计价有关的事项所给予的批准、证明、同意、指令、商定、确定、确认、通知和请求，或表示同意、否定、提出要求和意见等，均应采用书面形式，口头指令不得作为计价凭证。

(3) 任何书面文件送达时，应由对方签收，通过邮寄应采用挂号、特快专递传送，或以发承包双方商定的电子传输方式发送，交付、传送或传输至指定的接收人的地址。如接收人通知了另外地址时，随后通信信息应按新地址发送。

(4) 发承包双方分别向对方发出的任何书面文件，均应将其抄送现场管理人员，如系复印件应加盖合同工程管理机构印章，证明与原件相同。双方现场管理人员向对方所发任何书面文件，也应将其复印件发送给发承包双方，复印件应加盖合同工程管理机构印章，证明与原件相同。

(5) 发承包双方均应当及时签收另一方送达其指定接收地点的来往信函，拒不签收的，送达信函的一方可以采用特快专递或者公证方式送达，所造成的费用增加（包括被迫采用特殊送达方式所发生的费用）和延误的工期由拒绝签收一方承担。

(6) 书面文件和通知不得扣押，一方能够提供证据证明另一方拒绝签收或已送达的，应视为对方已签收并应承担相应责任。

2. 计价档案

(1) 发承包双方以及工程造价咨询人对具有保存价值的各种载体的计价文件，均应收集齐全，整理立卷后归档。

(2) 发承包双方和工程造价咨询人应建立完善的工程计价档案管理制度，并应符合国家和有关部门发布的档案管理相关规定。

(3) 工程造价咨询人归档的计价文件，保存期不宜少于5年。

(4) 归档的工程计价成果文件应包括纸质原件和电子文件，其他归档文件及依据可为纸质原件、复印件或电子文件。

(5) 归档文件应经过分类整理，并应组成符合要求的案卷。

(6) 归档可以分阶段进行，也可以在项目竣工结算完成后进行。

(7) 向接受单位移交档案时，应编制移交清单，双方应签字、盖章后方可交接。

6.7　项目竣工财务决算的编制

6.7.1　项目竣工财务决算的概念

项目竣工财务决算是在建设项目或单项工程完工后，由建设单位财务及有关部门按照国家有关规定，以竣工结算等资料为基础，编制的反映建设项目实际造价和投资效果的文件。

项目竣工财务决算包括建设项目从筹建到竣工投产全过程的全部实际支出费用，即建筑安装工程费、设备工器具购置费、预备费、工程建设其他费用等。它是考核建设成本的重要依据，是建设工程经济效益的全面反映，是项目法人核定各类新增资产价值、办理其交付使用的依据。项目竣工财务决算，一方面能够正确反映建设工程的实际造价和投资结果；另一方面可以与概算、预算进行对比分析，考核投资控制的工作成效，总结经验教训，积累技术经济方面的基础资料，提高未来建设工程的投资效益。

6.7.2　项目竣工财务决算的作用

（1）项目竣工财务决算是综合、全面地反映竣工项目建设成果及财务情况的总结性文件，它采用货币指标、实物数量、建设工期和各种技术经济指标综合、全面地反映建设项目自开始建设到竣工为止的全部建设成果和财务状况。

（2）项目竣工财务决算是正确核定项目资产价值、反映竣工项目建设成果的文件，是办理资产移交和产权登记的依据。

（3）项目竣工财务决算是分析和检查设计概算、施工图预算的执行情况，考核投资效果的依据。正确编制竣工财务决算，有利于进行“三算”对比，即设计概算、施工图预算和竣工财务决算的对比。

6.7.3　项目竣工财务决算的一般规定

（1）基本建设项目（以下简称“项目”）完工可投入使用或者试运行合格后，应当在3个月内编报竣工财务决算，特殊情况确需延长的，中小型项目不得超过2个月，大型项目不得超过6个月。

（2）项目竣工财务决算未经审核前，项目建设单位一般不得撤销，项目负责人及财务主管人员、重大项目的相关工程技术主管人员、概（预）算主管人员一般不得调离。

项目建设单位确需撤销的，项目有关财务资料应当转入其他机构承接、保管。项目负责人、财务人员及相关工程技术主管人员确需调离的，应当继续承担或协助做好竣工财务决算相关工作。

（3）实行代理记账、会计集中核算和项目代建制的，代理记账单位、会计集中核算单位和代建单位应当配合项目建设单位做好项目竣工财务决算工作。

（4）编制项目竣工财务决算前，项目建设单位应当完成各项账务处理及财产物资的盘点核实，做到账账、账证、账实、账表相符。项目建设单位应当逐项盘点核实、填列各种材料、设备、工具、器具等清单并妥善保管，应变价处理的库存设备、材料以及应处理的自用固定资产要公开变价处理，不得侵占、挪用。

（5）项目竣工财务决算应当数字准确、内容完整。

6.7.4 竣工财务决算的编制依据

项目竣工财务决算的编制依据主要包括：

（1）国家有关法律法规；

（2）经批准的可行性研究报告、初步设计、概算及概算调整文件；

（3）招标文件及招标投标书，施工、代建、勘察设计、监理及设备采购等合同，政府采购审批文件、采购合同；

（4）历年下达的项目年度财政资金投资计划、预算；

（5）工程结算资料；

（6）有关的会计及财务管理资料；

（7）其他有关资料。

6.7.5 项目竣工财务决算的内容

项目竣工财务决算的内容主要包括：项目竣工财务决算报表、竣工财务决算说明书、竣工财务决（结）算审核情况及相关资料。

1. 项目竣工财务决算报表

项目竣工财务决算报表样式见附表。

2. 竣工财务决算说明书

竣工财务决算说明书主要包括以下内容：

（1）项目概况；

（2）会计账务处理、财产物资清理及债权债务的清偿情况；

（3）项目建设资金计划及到位情况，财政资金支出预算、投资计划及到位情况；

（4）项目建设资金使用、项目结余资金分配情况；

（5）项目概（预）算执行情况及分析，竣工实际完成投资与概算差异及原因分析；

（6）尾工工程情况；

（7）历次审计、检查、审核、稽查意见及整改落实情况；

（8）主要技术经济指标的分析、计算情况；

（9）项目管理经验、主要问题和建议；

（10）预备费动用情况；

（11）项目建设管理制度执行情况、政府采购情况、合同履行情况；

（12）征地拆迁补偿情况、移民安置情况；

（13）需说明的其他事项。

3. 竣工财务决（结）算审核情况

项目竣工决（结）算经有关部门或单位进行项目竣工决（结）算审核的，需附完整的审核报告及审核表，审核报告内容应当翔实，主要包括：审核说明、审核依据、审核结果、意见、建议。

4. 相关资料

相关资料主要包括：

（1）项目立项、可行性研究报告、初步设计报告及概算、概算调整批复文件的复印件；

（2）项目历年投资计划及财政资金预算下达文件的复印件；

（3）审计、检查意见或文件的复印件；

（4）其他与项目决算相关资料。

6.7.6　项目竣工财务决算的审批

财务关系隶属于中央部门（或单位）的项目，以及国有企业、国有控股企业使用财政资金的非经营性项目和使用财政资金占项目资本比例超过50%的经营性项目按规定进行项目竣工财务决算的审核批复。

1. 项目竣工财务决算批复范围

项目竣工财务决算的批复范围划分如下：

（1）财政部直接批复的范围

①主管部门本级的投资额在3000万元（不含3000万元，按完成投资口径）以上的项目决算。

②不向财政部报送年度部门决算的中央单位项目决算。主要是指不向财政部报送年度决算的社会团体、国有及国有控股企业使用财政资金的非经营性项目和使用财政资金占项目资本比例超过50%的经营性项目决算。

（2）主管部门批复的范围

①主管部门二级及以下单位的项目决算。

②主管部门本级投资额在3000万元（含3000万元）以下的项目决算。

由主管部门批复的项目决算，报财政部备案（批复文件抄送财政部），并按要求向财政部报送半年度和年度汇总报表。

国防类项目、使用外国政府及国际金融组织贷款项目等，国家另有规定的，从其规定。

2. 项目竣工财务决算的审批原则和程序

（1）审批原则

项目决算批复部门应按照“先审核后批复”原则，建立健全项目决算评审和审核管理机制，以及内部控制制度。由财政部批复的项目决算，一般先由财政部委托财政投资评审机构或有资质的中介机构（以下统称“评审机构”）进行评审；根据评审结论，财政部审核后批复项目决算。由主管部门批复的项目决算参照上述程序办理。

（2）审批程序

主管部门、财政部收到项目竣工财务决算，一般可按照以下工作程序开展工作：

①权限和条件审核。

审核项目是否为本部门批复范围；不属于本部门批复权限的项目决算，予以退回。审核项目或单项工程是否已完工；尾工工程超过5%的项目或单项工程，予以退回。

②资料完整性审核。

审核项目是否经有资质的中介机构进行决（结）算评审，是否附有完整的评审报告。对未经决（结）算评审（含审计署审计）的，委托评审机构进行决算审核。

审核决算报告资料的完整性、决算报表和报告说明书是否按要求编制、项目有关资料复印件是否清晰、完整。决算报告资料报送不完整的，通知其限期补报有关资料，逾期未补报的，予以退回。

需要补充说明材料或存在问题需要整改的，要求主管部门在限期内报送并督促项目建设单位进行整改，逾期未报或整改不到位的，予以退回。

③进入审核批复程序。

评审机构进行了决（结）算评审的项目决算，或已经审计署进行全面审计的项目决算，财政部或主管部门审核未发现较大问题，项目建设程序合法、合规，报表数据正确无误，以及评审报告内容翔实，事实反映清晰，符合决算批复要求，并且发现的问题均已整改到位的，可依据评审报告及审核结果批复项目决算。

审核中，评审发现项目建设管理存在严重问题并需要整改的，要及时督促项目建设单位限期整改；存在违法违纪的，依法移交有关机关处理。

审核未通过的，属评审报告问题的，退回评审机构补充完善；属项目本身不具备决算条件的，请项目建设单位（或报送单位）整改、补充完善或予以退回。

3. 项目竣工财务决算的审核方式、依据和主要内容

（1）审核方式

审核工作主要是对项目建设单位提供的决算报告及评审机构提供的评审报告、社会中介机构审计报告进行分析、判断，与审计署审计意见进行比对，并形成批复意见。

①政策性审核。重点审核项目履行基本建设程序情况、资金来源、资金到位及使用管理情况、概算执行情况、招标履行及合同管理情况、待核销基建支出和转出投资的合规性、尾工工程及预留费用的比例和合理性等。

②技术性审核。重点审核决算报表数据和表间勾稽关系、待摊投资支出情况、建筑安装工程和设备投资支出情况、待摊投资支出分摊计入交付使用资产情况以及项目造价控制情况等。

③评审结论审核。重点审核评审结论中投资审减（增）金额和理由。

④意见分歧审核及处理。对于评审机构与项目建设单位就评审结论存在意见分歧的，应以国家有关规定及国家批准项目概算为依据进行核定，其中：

评审审减投资属工程价款结算违反发承包双方合同约定及多计工程量、高估冒算等情况的，一律按评审机构评审结论予以核定批复。

评审审减投资属超国家批准项目概算，但项目运行使用确实需要的，原则上应先经项目概算审批部门调整概算后，再按调整概算确认和批复。若自评审机构出具评审结论之日起 3 个月内未取得原项目概算审批部门的调整概算批复，仍按评审结论予以批复。

（2）审核依据

审核工作依据以下文件：

①项目建设和管理的相关法律、法规、文件规定。

②国家、地方以及行业工程造价管理的有关规定。

③财政部颁布的基本建设财务管理及会计核算制度。

④本项目相关资料：项目初步设计及概算批复和调整批复文件，历年财政资金预算下达文件，项目决算报表及说明书，历年监督检查、审计意见及整改报告。必要时，还可审核项目施工和采购合同、招投标文件、工程结算资料，以及其他影响项目决算结果的相关资料。

（3）审核主要内容

审核的主要内容包括工程价款结算、项目核算管理、项目建设资金管理、项目基本建设程序执行及建设管理、概（预）算执行、交付使用资产及尾工工程等。

①工程价款结算审核。主要包括评审机构对工程价款是否按有关规定和合同协议进行全面评审；评审机构对于多算和重复计算工程量、高估冒算建筑材料价格等问题是否予以审减；单位、单项工程造价是否在合理或国家标准范围，是否存在严重偏离当地同期同类单位工程、单项工程造价水平问题。

②项目核算管理情况审核。项目核算管理情况审核主要包括执行《基本建设财务规则》及相关会计制度情况。具体包括：

a. 建设成本核算是否准确。对于超过批准建设内容发生的支出，不符合合同协议的支出，非法收费和摊派，以及无发票或者发票项目不全、无审批手续、无责任人员签字的支出和因设计单位、施工单位、供货单位等原因，造成的工程报废损失等不属于本项目应当负担的支出，是否按规定予以审减。

b. 待摊费用支出及其分摊是否合理合规。

c. 待核销基建支出有无依据、是否合理合规。

d. 转出投资有无依据，是否已落实接收单位。

e. 决算报表所填列的数据是否完整，表内和表间勾稽关系是否清晰、正确。

f. 决算的内容和格式是否符合国家有关规定。

g. 决算资料报送是否完整、决算数据之间是否存在错误。

h. 与财务管理和会计核算有关的其他事项。

③项目资金管理情况审核。项目资金管理情况审核主要包括：

a. 资金筹集情况：项目建设资金筹集是否符合国家有关规定，项目建设资金筹资成本控制是否合理。

b. 资金到位情况：财政资金是否按批复的概算、预算及时足额拨付项目建设单位；自筹资金是否按批复的概算、计划及时筹集到位，是否有效控制筹资成本。

c. 项目资金使用情况。财政资金情况：是否按规定专款专用，是否符合政府采购和国库集中支付等管理规定。结余资金情况：结余资金在各投资者间的计算是否准确；应上缴财政的结余资金是否按规定在项目竣工后 3 个月内及时交回，是否存在擅自使用结余资金情况。

④项目基本建设程序执行及建设管理情况审核。项目基本建设程序执行及建设管理情况审核主要包括：

a. 项目基本建设程序执行情况。审核项目决策程序是否科学规范，项目立项、可研、初步设计及概算和调整是否符合国家规定的审批权限等。

b. 项目建设管理情况。审核决算报告及评审或审计报告是否反映了建设管理情况；

建设管理是否符合国家有关建设管理制度要求，是否建立和执行法人责任制、工程监理制、招投标制、合同制；是否制定相应的内控制度，内控制度是否健全、完善、有效；招投标执行情况和项目建设工期是否按批复要求有效控制。

⑤概（预）算执行情况。主要包括是否按照批准的概（预）算内容实施，有无超标准、超规模、超概（预）算建设现象，有无概算外项目和擅自提高建设标准、扩大建设规模、未完成建设内容等问题；项目在建设过程中历次检查和审计所提的重大问题是否已经整改落实；尾工工程及预留费用是否控制在概算确定的范围内，预留的金额和比例是否合理。

⑥交付使用资产情况。主要包括项目形成资产是否真实、准确、全面反映，计价是否准确，资产接受单位是否落实；是否正确按资产类别划分固定资产、流动资产、无形资产；交付使用资产实际成本是否完整，是否符合交付条件，移交手续是否齐全。

4. 决算批复的主要内容

主管部门、财政部批复项目决算主要包括以下内容：

（1）批复确认项目决算完成投资、形成的交付使用资产、资金来源及到位构成，核销基建支出和转出投资等。

（2）根据管理需要批复确认项目交付使用资产总表、交付使用资产明细表等。

（3）批复确认项目结余资金、决算评审审减资金，并明确处理要求。

①项目结余资金的交回时限。按照财政部有关基本建设结余资金管理办法规定处理，即应在项目竣工后3个月内交回国库。项目决算批复时，应确认是否已按规定交回，未交回的，应在批复文件中要求其限时缴回，并指出其未按规定及时交回问题。

②项目决算确认的项目概算内评审审减投资，按投资来源比例归还投资方，其中审减的财政资金按要求交回国库；决算审核确认的项目概算内审增投资，存在资金缺口的，要求主管部门督促项目建设单位尽快落实资金来源。

（4）批复项目结余资金和审减投资中应上缴中央总金库的资金，在决算批复后30日内，由主管部门负责上缴。上缴的方式如下：

对应缴回的国库集中支付结余资金，请主管部门及时将结余调整计划报财政部，并相应进行账务核销。

对应缴回的非国库集中支付结余资金，请主管部门由一级预算单位统一将资金汇总后上缴中央总金库。上缴时填写汇款单，“收款人全称”栏填写“财政部”，“账号”栏填“170001”，“汇入行名称”栏填“国家金库总库”，“用途”栏填应冲减的支出功能分类、政府支出经济分类科目名称及编码。上述工作完成以后，将汇款单印送财政部（部门预算管理对口司局、经济建设司）备查。

（5）要求主管部门督促项目建设单位按照批复及基本建设财务会计制度有关规定及时办理资产移交和产权登记手续，加强对固定资产的管理，更好地发挥项目投资效益。

（6）批复披露项目建设过程存在的主要问题，并提出整改时限要求。

（7）决算批复文件涉及需交回财政资金的，应当抄送财政部驻当地财政监察专员办事处。

主管部门和财政部驻当地财政监察专员办事处应对项目决算批复执行情况实施监督。

6.7.7　资金清算和资产交付

（1）项目竣工后应当及时办理资金清算和资产交付手续，并依据项目竣工财务决算批复意见办理产权登记和有关资产入账或调账。

（2）项目建设单位经批准使用项目资金购买的车辆、办公设备等自用固定资产，项目完工时按下列情况进行财务处理：

资产直接交付使用单位的，按设备投资支出转入交付使用。其中，计提折旧的自用固定资产，按固定资产购置成本扣除累计折旧后的金额转入交付使用，项目建设期间计提的折旧费用作为待摊投资支出分摊到相关资产价值；不计提折旧的自用固定资产，按固定资产购置成本转入交付使用。

资产在交付使用单位前公开变价处置的，项目建设期间计提的折旧费用和固定资产清理净损益（即公开变价金额与扣除所提折旧后设备净值之间的差额）计入待摊投资，不计提自用固定资产折旧的项目，按公开变价金额与购置成本之间的差额作为待摊投资支出分摊到相关资产价值。

思　考　题

6－1　投资估算的内容有哪些？有何作用？

6－2　简述投资估算的编制步骤。

6－3　投资估算的编制方法有哪些？各自的特点和适用范围是什么？

6－4　简述设计概算的概念与作用。

6－5　建筑工程概算的编制方法有哪些？

6－6　简述施工图预算的内容和作用

6－7　简述施工图预算的编制步骤。

6－8　施工图预算的编制方法有哪些？

6－9　简述招标控制价编制的一般规定。

6－10　简述单位工程投标报价的编制程序。

6－11　综合单价是如何确定的？

6－12　工程结算的分类有哪些？

6－13　简述竣工结算的程序。

6－14　合同价款争议解决的途径有哪些？

6－15　简述工程造价鉴定的一般规定。

6－16　项目竣工财务决算的主要内容有哪些？

6－17　简述项目竣工财务决算的审批原则和程序。

6－18　简述项目竣工财务决算的审核方式。

6－19　简述项目竣工财务决算审核的主要内容。

习　题

6－1　某工程基础如图 6－5 所示，已知场地类别为二类土，室外标高为－0.30 m，垫层采用 C10 素混凝土，基础及基础梁为 C30 预拌商品混凝土。试编制土方、垫层、基础、基础梁、模板的工程量清单（人工挖土、运土，场内运距 100 m；人工费调整系数为 1.1；利润取人工费与施工机具费之和的 20%；风险不计）。

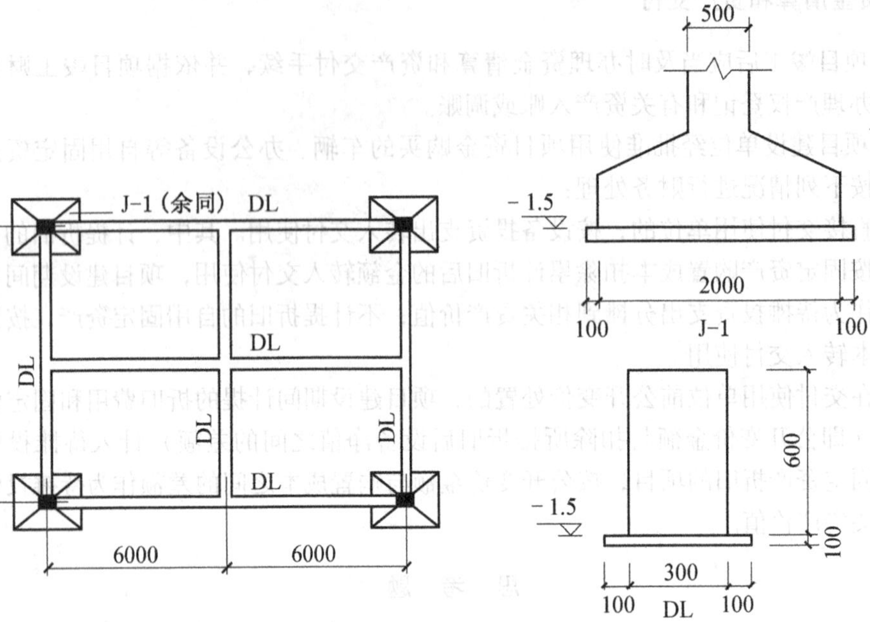

图 6－5　基础图

6－2　某工程结构平面如图 6－6 所示，层高 3.6 m，柱、梁、板的混凝土均为 C25 预拌混凝土。柱截面均为 400 mm×400 mm，KL1 为 300 mm×650 mm，KL2 为 300 mm×750 mm，LL1、LL2 为 250 mm×650 mm，L1 为 250 mm×450 mm。试编制柱、梁、板、模板的工程量清单及综合单价（人工费调整系数为 1.1，利润取人工费与施工机具费之和的 20%，风险不计）。

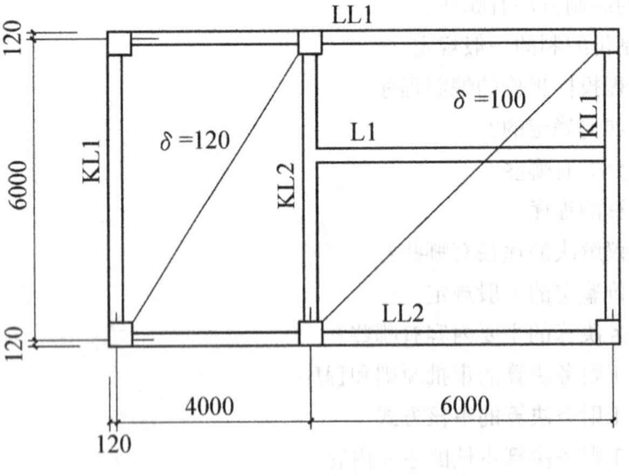

图 6－6　结构平面图

第7章　工程项目建设各阶段的造价控制

7.1　概　述

工程造价管理是以建设项目为对象，为在计划的工程造价目标值以内完成项目而对工程建设活动中的造价所进行的规划、控制和管理。工程造价管理是一种管理活动，是为了实现一定的目标而进行的计划、预测、组织、指挥、监控等系统活动。但它又不同于一般企业管理或财务会计管理，工程造价管理具有管理对象的不重复性、市场条件的不确定性、施工企业的竞争性、项目实施活动的复杂性和整个建设周期都存在风险性等特点。

工程造价有两种含义，工程造价管理也有两种含义。一是建设工程投资费用管理，二是工程价格管理。前者是为了实现投资的预期目标，在拟订的规划、设计方案的条件下，预测、计算、确定和监控工程造价及其变动规律，达到节约投资、控制造价、追求效益的目的。后者属于价格管理范畴，生产企业在掌握市场价格信息的基础上，为实现管理目标而进行的对成本控制、计价、定价和竞价的系列活动；政府也会运用法律、经济和行政等手段对工程价格进行管理和调控，通过市场管理规范市场主体价格行为的系列活动。区分两种管理职能，进而制订不同的管理目标，才能采用不同的管理方法达到管理的目标。

工程造价管理的目标就是按照经济规律的要求，根据社会主义市场经济的发展目标，利用科学管理方法和先进管理手段，合理地确定和有效地控制工程造价，以提高投资效益和建筑生产企业经济效益。工程造价管理的内容包括工程造价的合理确定（即计价）和有效控制，前面几章已经详细介绍了工程计价的内容，本章重点分析工程造价的控制。

工程造价的有效控制是指在项目投资决策阶段、设计阶段、招投标阶段、承发包阶段、施工阶段以及竣工阶段，根据动态控制原理，采取有效措施，控制实际工程造价，以保证建设项目投资管理目标的实现。工程造价控制贯穿于项目建设全过程，图7－1描述了不同建设阶段影响建设项目投资程度的情况。由此可见，对项目投资影响最大的阶段，是约占工程项目建设周期四分之一的技术设计结束前的工作阶段。工程造价控制的关键在于施工以前的投资决策和设计阶段，在项目做出投资决策后，控制工程造价的关键就在于设计，因此必须加强

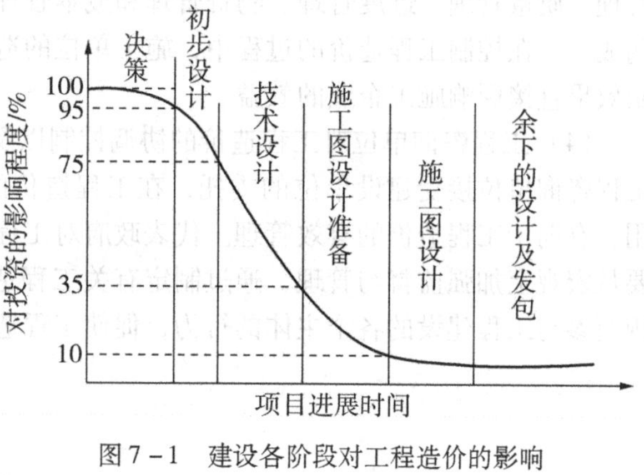

图7－1　建设各阶段对工程造价的影响

对建设项目前期的工程造价控制。

长期以来，在工程造价控制的实践中，通常把工程造价规划作为目标的计划值，将目标值与实际值进行比较，当发生偏差时及时纠正，并确定下一步的对策。这种立足于调查—分析—决策基础上的偏差—纠偏—再偏离—再纠偏的控制方法，只能发现和纠正已发生的偏差，不能预防可能发生的偏差，因而只能说是被动控制。自 20 世纪 70 年代初开始，系统论和控制论的研究成果应用于项目管理后，将“控制”立足于事先主动地采取决策措施，以尽可能减少甚至避免目标值与实际值的偏离，这才是主动的、积极的控制方法，故被称为主动控制。工程造价的有效控制，就是要采取技术与经济相结合的手段，通过主动与被动控制相结合的方式，实现工程造价的计划与目标。

要有效控制工程造价，应从组织、技术、经济、合同、信息管理等多方面采取措施。工程造价既涉及工程技术问题，也涉及经济问题，只有把技术与经济结合起来，通过对工程建设项目的技术比较、经济分析和效果评价，正确处理技术先进与经济合理两者对立统一的关系，才能把控制工程造价的观念渗透到工程项目的各个阶段和各个主体，取得良好的投资效益和社会效益。

工程项目涉及众多参与方，不同主体对工程造价进行控制的对象、目标、方法及手段都是不同的。

（1）建设单位作为工程项目的投资者，应对项目从筹建到竣工验收所花费的全部费用进行控制。主要通过对工程的决策、设计、施工、竣工验收及工程结算与决算进行全过程、全方位的控制，以达到经济、合理地使用投资，并取得较好的经济效益和社会效益。在控制工程造价的过程中，必须遵循基本建设的经济规律，运用技术、经济和法律的方法和手段，通过对工程建设其他参与方的控制，达到其自身控制工程造价的目的。

（2）设计单位对工程造价的控制，是在建设单位对工程建设提出明确的技术经济要求的前提下进行的。在设计过程中，不仅要满足建设单位提出的建设地点、建设方案、建设规模以及各专业技术方案的要求，而且要将由设计决定的工程造价限制在建设单位的投资限额内。在控制工程造价的过程中，不仅要解决好设计思想、方法与手段等技术问题，也要不断确定调整设计的经济效果，实现技术先进与经济合理的完美结合。

（3）施工单位对工程造价的控制是在设计向现实转变的过程中实现的，是在特定的技术、质量、进度和预期成本等前提下进行的。因此，对工程造价的控制是通过采取技术管理、质量管理、进度管理、物资管理和成本管理等各种措施，使生产的实际成本小于预期成本。在控制工程造价的过程中，施工单位的造价控制技术难度和复杂程度较高，其控制效果直接影响施工企业的效益。

（4）工程咨询单位对工程造价的协调控制以及政府主管部门对工程造价的宏观管理。工程咨询单位接受建设单位的委托，在工程造价的活动中往往起到指导和协调控制的作用，有助于工程造价的有效管理。代表政府对工程造价进行管理的工程造价管理部门，主要从宏观上加强监督与管理，通过制定有关工程造价管理的法律、法规和各种规章制度，规范参与工程建设的各个主体的行为，促使工程造价管理工作顺利开展。

7.2　决策阶段的造价控制

工程造价的确定与控制贯穿于项目建设全过程，但决策阶段各项技术经济决策，对项目的工程造价有重大影响。项目投资决策是选择和决定投资行动方案的过程，是对拟建项目的必要性和可行性进行技术经济论证，对不同建设方案进行技术经济比较及做出判断和决定的过程。项目决策正确与否，直接关系到项目建设的成败，关系到工程造价的高低及投资效果的好坏，正确决策是合理确定与控制工程造价的前提。

首先，项目决策的正确性是工程造价合理性的前提。项目决策正确，意味着对项目建设做出科学的决断，优选出最佳投资行动方案，达到资源的合理配置。这样才能合理地估计和计算工程造价，并且在实施最优投资方案过程中，有效地控制工程造价。项目决策失误，主要体现在对不该建设的项目进行投资建设，或者项目建设地点的选择错误，或者投资方案的确定不合理等。诸如此类的决策失误，会直接带来不必要的资金投入和人力、物力及财力的浪费，甚至造成不可弥补的损失。在这种情况下，合理地进行工程造价的计价与控制已经毫无意义。因此，要达到工程造价的合理性，事先就要保证项目决策的正确性，避免决策失误。

其次，项目决策的内容是决定工程造价的基础。工程造价的计价与控制贯穿于项目建设全过程，但决策阶段各项技术经济决策，对该项目的工程造价具有重要影响，特别是建设标准的确定、建设地点的选择、工艺的评选、设备的选用等，直接关系到工程造价的高低。据有关资料统计，在项目建设各阶段中，投资决策阶段影响工程造价的程度最高，达到 80%～90%。因此，决策阶段是决定工程造价的基础阶段，直接影响着决策阶段之后的各个建设阶段工程造价的计价与控制是否科学、合理。

再次，造价高低、投资多少也影响项目决策。决策阶段的投资估算是进行投资方案选择的重要依据之一，同时也是决定项目是否可行及主管部门进行项目审批的参考依据。

最后，项目决策的深度影响投资估算的精确度，也影响工程造价的控制效果。投资决策过程是一个由浅入深、不断深化的过程，依次分为若干工作阶段。不同阶段决策的深度不同，投资估算的精确度也不同。例如，投资机会及项目建议书阶段，是初步决策的阶段，投资估算的误差率为 ±30%；而详细可行性研究阶段是最终决策阶段，投资估算误差率为 ±10%。另外，在项目建设各阶段中，即决策阶段、初步设计阶段、技术设计阶段、施工图设计阶段、工程招投标及承发包阶段、施工阶段，以及竣工验收阶段，通过工程造价的确定与控制，相应形成投资估算、设计概算、修正概算、施工图预算、承包合同价、结算价及竣工财务决算。这些造价形式之间存在前者控制后者、后者补充前者这样的相互作用关系。按照“前者控制后者”的制约关系，意味着投资估算对其后面的各种形式的造价起着制约作用，可作为限额目标。由此可见，只有加强项目决策的深度，采用科学的估算方法和可靠的数据资料，合理地计算投资估算，保证投资估算足够，才能保证其他阶段的造价被控制在合理范围，使投资控制目标能够实现，避免“三超”现象的发生。

项目投资决策阶段的工程造价管理，要从整体上把握项目的投资，该阶段的造价控制包括处理好各种影响因素对造价的作用、开展项目建设可行性研究和审查投资估算等内容。

7.2.1 投资决策阶段影响工程造价的因素

建设项目投资决策阶段影响工程造价的因素主要有：项目建设规模、项目建设标准、项目建设地点、项目生产工艺和设备方案等4个方面，它们的确定直接关系到工程造价的高低。

1. 项目建设规模

项目合理规模的确定，就是要合理选择拟建项目的生产规模，解决“生产多少”的问题。每一个建设项目都存在着一个合理规模的选择问题。生产规模过小，使得资源得不到有效配置，单位产品成本较高，经济效益低下；生产规模过大，超过了项目产品市场的需求量，则会导致开工不足、产品积压或降价销售，也会致使项目经济效益低下。另外，规模扩大所产生的效益还受到技术进步、管理水平、项目经济技术环境等多种因素的制约。超过一定限度，规模效益将不再出现，甚至可能出现单位成本递增和收益递减的现象。因此，项目规模的合理选择关系着项目的成败，决定着工程造价合理与否。

在确定项目规模时，不仅要考虑项目内部各因素之间数量匹配、能力协调，还要使所有生产力因素共同形成的经济实体（如项目）在规模上大小适宜，这样才可以提高项目的经济效益。

2. 项目建设标准

建设标准是指包括项目建设规模、占地面积、工艺装备、建筑标准、配套工程、劳动定员等方面的标准或指标。建设标准是编制、评估、审批项目可行性研究和初步设计的重要依据，是衡量工程造价是否合理及监督检查项目建设的客观尺度。

建设标准能否起到控制工程造价、指导建设的作用，关键在于标准水平定得是否合理。标准定得过高，会脱离我国实际情况和财力、物力的承受能力，增加造价；标准定得过低，将会妨碍技术进步。根据我国目前的情况，大多数民用、工业和交通项目应采用中等适用的标准。对于少数引进国外先进技术和设备的项目、有特殊要求的项目以及高新技术项目，标准可适当提高。在建筑方面应坚持适用、经济、安全、美观的原则。建设标准水平应从我国目前的经济发展水平出发，区别不同地区、不同规模、不同等级和不同功能，合理确定。

3. 项目建设地点

建设地点的选择包括建设地区和具体厂址的选择。建设地区的选择是指在几个不同地区之间对拟建项目适宜建设在哪个区域范围的选择，厂址的选择是指对项目具体坐落位置的选择。

建设地区的选择对于该项目的建设工程造价和建成后的生产成本，以及国民经济均有直接的影响。建设地区的合理与否，很大程度上决定着拟建项目的命运，影响着工程造价、建设工期和建设质量，甚至影响建设项目投资目的的成功与否。因此，要根据国民经济发展的要求和市场需要以及各地社会经济、资源条件等认真选择合适的建设地区。具体要考虑符合国民经济发展战略规划；要靠近基本投入物，如原料、燃料的提供地和产品消费地；要考虑工业项目适当积聚的原则。

建设项目厂址的选择应分析的主要内容有厂址的位置、占地面积、地形地貌及气象条件、工程地质及水文地质条件、征地拆迁移民安置条件、交通运输条件、水电供应条件、环境保护条件、生活设施依托条件和施工条件等。

总之，在项目建设地点选择上要从项目投资费用和项目建成后的使用费用两个方面权衡考虑，使项目全寿命费用最低。

4. 项目生产工艺和设备方案

（1）项目生产工艺方案。生产工艺是指生产产品所采用的工艺流程和制作方法。工艺流程是指投入物（原料或半成品）经过有次序的生产加工成为产出物（产品或加工品）的过程。选定不同的工艺流程，建设项目的工程造价将会不同，项目建成后的生产成本与经济效益也不同。一般把工艺先进适用、经济合理作为选择工艺流程的基本标准。

（2）设备选用方案。主要设备的选用应遵循以下原则：设备的选用应立足国内，尽量使用国产设备。凡国内能够制造，并能保证质量、数量和按期供货的设备，或者引进一些关键技术就能在国内生产的设备，尽量选用国内制造；只引进关键设备就能在国内配套使用的，就不必成套引进；已引进设备并根据引进设备或资料能国产的，就不再重复引进。

引进设备时要注意配套问题：注意引进设备之间以及国内外设备之间的配套衔接问题，注意引进设备与本厂原有设备的工艺、性能是否配套问题，注意进口设备与原材料、备品备件及维修能力之间的配套问题。

选用设备时要选用满足工艺要求和性能好的设备。满足工艺要求，是选择设备的最基本原则，如不能符合工艺要求，设备再好也无用，即造成巨大的浪费。要选用低耗能又高效率的设备；要尽量选用维修方便、适用性和灵活性强的设备；尽可能选用标准化设备，以便配套和更新零部件。

7.2.2　建设项目可行性研究

对建设项目进行合理选择，是对国家经济资源进行优化配置的最直接、最重要的手段。可行性研究是在建设项目的投资前期，对拟建项目进行全面、系统的技术经济分析和论证，从而对建设项目进行合理选择的一种重要方法。所以，建设项目可行性研究是决策阶段项目投资控制的重要一环，通过投资估算、经济评价，一方面使投资者心中有数，另一方面也为后续概算、预算设定投资控制目标。

可行性研究的任务是考察项目技术上的先进性和适用性，经济上的盈利性和合理性，建设的可能性和可行性，其结论将为投资者的最终决策提供直接的依据。

建设项目可行性研究报告的内容可概括为三大部分：首先是市场研究，包括产品的市场调查和预测研究，这是项目可行性研究的前提和基础，其主要任务是要解决项目的“必要性”问题；第二是技术研究，即技术方案和建设条件研究，这是项目可行性研究的技术基础，它要解决项目在技术上的“可行性”问题；第三是效益研究，即经济效益的分析和评价，这是项目可行性研究的核心部分，主要解决项目在经济上的“合理性”问题。市场研究、技术研究和效益研究共同构成项目可行性研究的三大支柱。其中，效益研究又包括投资估算、资金筹措方案和项目的经济评价等内容。

1. 投资估算

投资估算包括项目总投资估算，主体工程及辅助、配套工程的估算，以及流动资金的估算。投资估算的具体编制方法详见本书 6. 1 节。

2. 资金筹措

在投资估算确定项目投资额的基础上，研究分析项目的资金来源、筹措方式、各种资金来源所占的比例、资金成本、融资风险以及贷款的偿付方式等。结合多种资金筹措方案的财务分析，比较和确定较优的资金筹措方案。

3. 项目的经济评价

项目的经济评价包括国民经济评价和财务评价，是通过有关指标的计算，得出经济评价结论。

国民经济评价又称为宏观经济效果评价，是按照资源合理配置的原则，从国家整体角度考察项目的效益和费用，用影子价格、影子汇率、影子工资和社会折现率等经济参数，分析计算项目对国民经济的净贡献，评价项目的经济合理性。

建设项目的财务评价，又称为微观经济效果评价，是从项目本身的角度对其进行财务分析与评价，衡量项目的内部效果，即只计算项目本身的直接效益和直接费用。一般来说，财务评价就是考虑建设项目财务上的收入和支出，孤立地计算出这个项目投入的资金所能带来的利润，从该项目的自身收入来衡量其是否可取，并为项目的投资规划和项目的经济评价提供依据。

建设项目财务评价的主要内容包括财务盈利能力分析、清偿能力分析和不确定性分析。对于涉外工程，项目财务评价还包括外汇效果分析。项目的财务盈利能力和清偿能力需要采用一些评价指标来量化和评估。图 7－2 给出了常用的财务评价指标体系。在项目财务评价时，应根据评价深度要求、可获得资料的多少以及评价方案本身所处的条件，选用多个不同的评价指标，这些指标有主有次，从不同侧面反映评价方案的财务评价效果。

- 财务评价
  - 确定性分析
    - 盈利能力分析
      - 静态分析
        - 投资收益率
          - 总投资收益率
          - 资本金净利润率
        - 静态投资回收期
      - 动态分析
        - 财务内部收益率
        - 财务净现值
        - 财务净现值率
        - 动态投资回收期
    - 偿债能力分析
      - 利息备付率
      - 偿债备付率
      - 借款偿还期
      - 资产负债率
      - 流动比率
      - 速动比率
  - 不确定性分析
    - 盈亏平衡分析
    - 敏感性分析

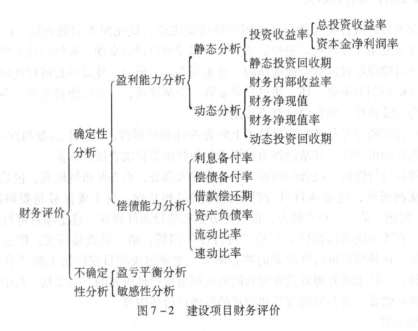

图 7－2　建设项目财务评价

下面对建设项目财务评价的主要内容进行简单介绍。

（1）财务盈利能力分析

财务盈利能力分析是分析和测算建设项目在其计算期的财务盈利能力和盈利水平，以衡量项目的综合效益。评价项目盈利能力是通过全部投资现金流量表、自有资金现金流量表和损益表中的财务指标数据进行分析的，具体涉及投资的现金流量、投资回收期、内部收益率、利润率等评价指标。

（2）清偿能力分析

清偿能力分析是考察项目计算期内各年的财务状况及偿债能力，主要是通过计算分析项目在各年度的资产负债情况，考察投资项目的偿债能力；具体分析可以通过资金来源与运用表和资产负债表两个基本财务报表的指标，进行计算和分析。资金来源与运用表的各项指标，主要是为财务分析提供有关的基础数据，根据这些数据资料，可以对项目在计算期内各年的资产负债情况进行预测。

（3）外汇效果分析

外汇效果分析是考察企业在项目投产后是否有能力获取足够的外汇以平衡企业在项目建设期和项目运行期所用外汇。外汇效果分析需要计算外汇流量、创汇额、节汇成本、换汇成本等指标。

（4）不确定性分析和风险分析

投资项目的不确定性分析是考察和评价项目计算期内各种客观因素的不确定性变动对项目的盈利能力和清偿能力的影响，分析和评估项目抵御风险的能力。主要评价方法包括盈亏平衡分析和敏感性分析。风险分析是指对项目主要风险因素进行识别，采用定性和定量分析方法估计风险程度，并研究提出防范和降低风险的对策措施。

可行性研究报告编制完成后，应由编制单位的行政、技术、经济方面的负责人签字，并对研究报告质量负责，然后上报主管部门审批。

7.2.3　投资估算审查

为了保证项目投资估算的完整性和准确性，确保投资估算的质量，防止低估少算与高估冒算，必须认真进行投资估算的审查。

1. 投资估算审查的意义

（1）投资估算审查是保障项目决策正确的前提之一。投资估算、资金筹措、建设地点、资源利用等都影响项目是否可行，由于投资估算的正确与否关系到项目财务评价和经济分析是否正确，从而影响到项目在经济上是否可行，因此必须对投资估算编制的正确性（误差范围）进行审查。

（2）投资估算审查为工程造价的控制奠定了基础。在项目建设各阶段中，投资估算、设计概算、施工图预算、承包合同价、结算价及竣工财务决算这些造价之间存在着前者控制后者，后者补充前者的相互作用关系。只有合理地计算投资估算，采用科学的估算方法和可靠的数据资料，保证投资估算的正确性，才能保证其他阶段的造价控制在合理的范围内，使投资控制目标能够实现。

2. 投资估算审查的内容

（1）审查投资估算的编制依据和基础资料

投资估算所采用的依据必须具有合法性和有效性。投资估算所采用的各种编制依据必须经过国家和主管部门的批准，符合国家有关编制政策规定，未经批准的不能采用。各种编制依据都应根据国家有关部门的现行规定进行，不能脱离现行的各种国家财务规定去做投资估算，如有新的管理规定和办法应按新的规定和办法执行。编制投资估算时需采用各种基础资料，在审查时应重点审查各种资料的时效性、准确性和适用范围。由于地区、价格、时间、定额和指标水平的差异，投资估算数额往往有较大的偏差，因此，一定要采用适合拟建工程实际情况的各种资料。

(2) 审查投资估算的估算方法

根据投资项目的特点、行业类别，可选用的投资估算方法很多。一般说来，供决策用的投资估算，不宜使用单一的投资估算方法，而是综合使用几种投资估算方法，互相补充，相互校核。对于投资额不大、一般规模的工程项目，适宜使用类似比较法或系数估算法。此外，还应根据工程项目建设前期阶段的不同，选用不同的投资估算方法。因此，审查投资估算时，应对投资估算所采用方法的适用条件、范围、计算是否正确进行评价。

(3) 审查投资估算的内容

①审查投资估算的构成内容是否完整和合理。根据工程造价的构成，建设项目投资估算包括固定资产投资估算和含铺底流动资金在内的流动资金估算。

②审查投资估算中费用项目的划分是否正确，主要应审查费用项目与规定要求、实际情况是否相符，是否有多项、重项和漏项的情况；是否符合国家有关政策规定；是否针对具体情况作了适当增减。

③审查依据已建项目资料或投资估算指标编制的投资估算，是否考虑了地区差价、物价变化、费率变动、局部结构不同、现行标准和规范与已建项目当时标准和规范不同对总投资的影响，所用的调整系数是否适当。

④审查投资估算中是否考虑了项目将采用的高新技术、材料、设备以及新结构、新工艺等导致的投资额的变化。

⑤审查投资估算中动态投资额的估算是否恰当。

⑥审查建设项目采取环境保护措施和“三废”处理方法所需的投资是否合理。

总之，在进行项目投资估算审查时，应在项目评估的基础上，将审查内容联系起来综合考虑，既要防止漏项少算，又要防止重复计算和高估冒算，保证投资估算的精确性，使项目投资估算能真正起到正确决策、控制投资的重要作用。

7.3 设计阶段的造价控制

在拟建项目经过投资决策阶段后，设计阶段就成为项目工程造价控制的关键环节，它对建设项目的建设工期、工程造价、工程质量及建成后能否发挥较好的经济效益，起着决定性的作用。

7.3.1 设计阶段工程造价控制的意义

(1) 在设计阶段控制工程造价效果最显著。拟建项目一经决策确定后，设计就成了工程建设和控制工程造价的关键。初步设计基本上决定了工程建设的规模、产品方案、结构形式和建筑标准及使用功能，形成了设计概算，确定了投资的限额。施工图设计完成后，编制出了施工图预算，就较为准确地确定了工程造价。因此，在设计一开始就应将控制投资的思想植根于设计人员的头脑中，保证选择恰当的设计标准和合理的功能水平，才能有效地对造价进行控制。

(2) 在设计阶段控制工程造价便于技术与经济相结合。由于制度和传统习惯的原因，我国的工程设计工作往往是由建筑师等专业技术人员来完成的。他们在设计过程中往往更关注工程的使用功能，力求采用比较先进的技术方法实现项目的所需功能，而对经济因素考虑较少。如果在设计阶段吸收造价工程师参与全过程设计，使设计从一开始就建立在健全的经济基础之上，在做出重要决定时就能充分认识其经济后果。另外，投资限额一旦确定，设计只能在确定的限额内进行，有利于建筑师发挥个人创造力，选择一种最经济的方式实现技术目标，从而确保设计方案能较好地体现技术与经济的结合。

(3) 在设计阶段进行工程造价控制可以使造价构成更合理，提高资金利用率。设计阶段工程造价的计价形式是编制设计概预算，通过设计概预算可以了解工程造价的构成，了解工程各组成部分的投资比例，分析资金分配的合理性，并可以利用价值工程理论分析项目各个组成部分功能与成本的匹配程度，调整项目的功能与成本使其更趋于合理，提高资金利用率。

(4) 在设计阶段控制工程造价会使控制工作更主动。长期以来，人们把控制理解为目标值与实际值的比较，以及当实际值偏离目标值时分析产生差异的原因，确定下一步的对策。这种方法只能发现差异，不能消除差异，也不能预防差异的发生，而且差异一旦发生，损失往往很大，因此是一种被动的控制方法。如果在设计阶段控制工程造价，可以先按一定的标准，开列拟建建筑物每一部分或分项的计划支出费用的报表，即造价计划，然后当详细设计编制出来以后，计算工程的每一部分或分项的造价，对照造价计划中所列的指标进行审核，预先发现差异，主动采取一些控制方法消除差异，使设计更经济。

7.3.2 设计阶段影响工程造价的因素

1. 工业建筑设计影响工程造价的因素

在工业建筑设计中，影响工程造价的主要因素有厂区总平面图设计、工业建筑的平面和立面设计、建筑结构方案设计、工艺技术方案选择、设备选型和设计等。

(1) 厂区总平面图设计

厂区总平面图设计指总图运输设计和总平面布置，其主要内容有：厂址方案、占地面积和土地利用情况，总图运输、主要建筑物和构筑物及公用设施的布置，外部运输、水、电、气及其他外部协作条件等。

总平面设计是在按照批准的设计任务书选定厂址后进行的，它是对厂区内的建筑物、构筑物、露天堆场、运输线路、管线、绿化及美化设施等做全面合理的配置，以便使整个项目形成布置紧凑、流程顺畅、经济合理、方便使用的格局。

总平面图设计是否合理对于整个设计方案的经济合理性有重大影响。正确合理的总平面设计可以大大减少建筑工程量，节约建设用地，降低工程造价和项目运行后的使用成本，加快建设进度，并可以为企业创造良好的生产组织、经营条件和生产环境，还可以为工业区创造完美的建筑艺术整体。总平面图设计与工程造价的关系体现在以下几个方面。

①占地面积。占地面积的大小一方面影响征地费用的高低，另一方面也会影响管线布置成本及项目建成运营的运输成本。因此，在总平面设计中应尽可能节约用地。

②功能分区。工业建筑有许多功能组成，这些功能之间相互联系，相互制约。合理的

功能分区既可以使建筑物的各项功能充分发挥，又可以使总平面布置紧凑、安全，避免大挖大填，减少土石方量和节约用地，降低工程造价。同时，合理的功能分区还可以使生产工艺流程顺畅，运输简便，降低项目建成后的运营成本。

③运输方式的选择。不同的运输方式其运输效率及成本不同。有轨运输运量大，运输安全，但需要一次性投入大量资金；无轨运输无须一次性大规模投资，但是运量小，运输安全性较差。从降低工程造价的角度来看，应尽可能选择无轨运输，可以减少占地，节约投资，但是运输方式的选择不能仅仅考虑工程造价，还应考虑项目运营的需要，如果运输量较大，则有轨运输往往比无轨运输成本低。

(2) 工业建筑的平面和立面设计

新建工业厂房的平面和立面设计方案是否合理和经济，不仅与降低建筑工程造价和使用费有关，也直接影响到建筑工业化水平的提高。要根据生产工艺流程合理布置建筑平面，控制厂房高度，充分利用建筑空间。

(3) 建筑材料与结构的选择

建筑材料与结构的选择是否经济合理，对建筑工程造价有直接影响。这是因为材料费一般占直接费用的70%左右，同时直接费用的降低也会导致间接费用的降低。采用各种先进的结构形式和轻质高强的建筑材料，能减轻建筑物的自重，节省建筑材料和构配件的费用及运输费，并能提高劳动生产率和缩短建设工期，经济效果十分明显。当前，工业建筑结构正朝着轻型、大跨、空间、薄壁的方向发展。

(4) 工艺技术方案的选择

工艺技术方案主要包括建设规模、标准和产品方案，工艺流程和主要设备的选型，主要原材料、燃料供应，“三废”治理及环保措施，此外还包括生产组织及生产过程中的劳动定员情况等。设计阶段应按照可行性研究阶段已经确定的建设项目的工艺流程进行工艺技术方案的设计，确定从原料到产品整个生产过程的具体工艺流程和生产技术。在具体项目进行工艺设计方案的选择时，应以提高投资的经济效益为前提，认真进行分析、比较，综合考虑各方面因素后进行确定。

(5) 设备的选型和设计

工艺设计确定生产工艺流程后，就要根据工厂生产规模和工艺流程的要求，选择设备的型号和数量，对一些标准和非标准设备进行设计。设备和工艺的选择是相互依存、紧密相连的。设备选择的重点因设计形式的不同而不同，应该选择能满足生产工艺和达到生产能力需要的最适用的设备和机械。设备选型和设计应注意下列要求：应该注意标准化、通用化和系列化；采用高效率的先进设备要本着技术先进、稳妥可靠、经济合理的原则；设备的选择首先考虑国内可供的产品，如需进口国外设备，应力求避免成套进口和重复进口；在选择和设计设备时，要结合企业建设地点的实际情况和动力、运输、资源等具体条件。

2. 民用建筑设计影响工程造价的因素

民用建筑设计包括住宅设计、商业建筑设计和公共建筑设计等。住宅建筑是民用建筑中最大量、最主要的建筑形式，因此，下面主要介绍住宅建筑设计影响工程造价的因素。

(1) 小区建设规划的设计

在进行小区规划时，要根据小区基本功能和要求确定各构成部分的合理层次与关系，据此安排住宅建筑、公共建筑、管网、道路及绿地的布局，确定合理人口与建筑密度、房屋间距和建筑层数，布置公共设施项目、规模及其服务半径，以及水、电、热、燃气的供应等，并划分包括土地开发在内的上述各部分的投资比例。

(2）住宅建筑的平面形状

在同样建筑面积下，由于住宅建筑平面形状不同，其建筑周长系数 K（即每平方米建筑面积所占的外墙长度）也不相同。从圆形、正方形、矩形、T形到L形，其建筑周长系数依次增长，即外墙面积、墙身基础、墙身内外表面装修面积依次增大。但由于圆形建筑施工复杂，施工费用较矩形建筑增加20%～30%，故其墙体工程量的减少不能使建筑工程造价降低。因此，一般来讲，矩形和正方形的住宅既有利于施工，又能降低工程造价，而在矩形住宅建筑中，又以长宽比为2：1最佳。一般住宅以3～4个住宅单元，房屋长度60～80 m较为经济。

(3）住宅单元的组成、户型和住户面积

据统计，三居室住宅的设计比两居室的设计降低1.5%左右的单位面积工程造价，四居室的设计又比三居室的设计降低3.5%的单位面积工程造价。住宅结构面积与建筑面积之比为结构面积系数，这个系数越小，设计方案越经济。因为结构面积减少，有效面积就相应增加，因此它是评估结构经济性的重要指标。该指标除与房屋结构有关外，还与房屋外形及其长度和宽度有关，同时也与房间平均面积的大小和户型组成有关。房屋平均面积越大，内墙、隔墙在建筑面积中所占比重就越低。

(4）住宅的层高和净高

据有关资料分析，住宅层高每降低10 cm，可降低造价1.2%～1.5%。层高降低还可提高住宅区的建筑密度，节约征地费、拆迁费及市政设施费。但是，层高设计还需考虑采光与通风问题，层高过低不利于采光及通风，因此民用住宅的层高一般在2.5～3.0 m之间。

(5）住宅的层数

在民用建筑中，多层住宅具有降低工程造价和使用费、节约用地的优点。房间内部和外部的设施、供水管道、排水管道、煤气管道、电力照明和交通道路等费用，在一定范围内都随着住宅层数的增加而降低。但是当住宅超过7层之后，就要增加电梯费用，需要较多的交通面积（过道、走廊要加宽）和补充设备（供水设备和供电设备等)。特别是高层住宅，要经受较强的风荷载，需要提高结构强度和刚度，改变结构型式，使工程造价大幅度上升。因此，中小城市以建造多层住宅较为经济，大城市可沿主要街道建设一部分高层住宅，以合理利用空间，美化市容。对于地皮特别昂贵的地区，为了降低土地费用，中、高层住宅是比较经济的选择。

7.3.3　设计阶段工程造价控制的措施和方法

设计阶段控制工程造价的方法有对设计方案进行评价和优选以及优化设计，推广限额设计和标准化设计，加强对设计概算、施工图预算的编制管理和审查等。

1. 设计方案的优选和优化

为了提高工程建设投资效果，从选择建设场地和工程总平面布置开始，直到最后结构构件的设计，都应进行多方案评价和比选，从中选取技术先进、经济合理的最佳设计方案，或者对现有的设计方案进行优化，使其能够更加经济合理。在设计过程中，可以利用价值工程的思路和方法对设计方案进行比较，对不合理的设计提出改进意见，从而达到控制造价、节约投资的目的。

设计方案的评价和优选就是对设计方案进行技术与经济的分析、计算、比较和评价，从而选出环境上自然协调、功能上适用、结构上坚固耐用、技术上先进、造型上美观和经济上合理的最优设计方案，为项目决策提供科学的依据。设计方案的评价和优选应遵循以下原则：

①设计方案必须处理好经济合理性与技术先进性之间的关系；

②设计方案必须兼顾建设与使用，考虑项目全寿命费用；

③设计方案必须兼顾近期与远期的要求。

④设计方案应尽可能地节省资源。

设计方案优选需要采用技术与经济比较的方法，按照工程项目经济效果，针对不同的设计方案，分析其技术经济指标，从中选出经济效果最优的方案。

优化设计方案是设计阶段的重要步骤，是控制工程造价的有效方法。设计方案优化的目的在于论证拟采用的设计方案在技术上是否先进可行，功能上是否满足需要，经济上是否合理，使用上是否安全可靠。优化设计方案的途径主要有以下两种：

（1）通过设计招投标和方案竞选优化设计方案

建设单位就拟建工程的设计任务通过报刊、信息网络或其他媒介发布公告，吸引设计单位参加设计投标或设计方案竞选，以获得众多的设计方案；然后组织评标专家小组，采用科学的方法，按照适用、安全、经济、美观的原则，以及技术先进、功能全面、结构合理、安全适用、满足建筑节能及环境等要求，综合评定各设计方案优劣，从中选择最优的设计方案。

设计方案竞选有利于多种设计方案的竞争，从中选择最佳方案；也有利于控制项目投资，因为中选的设计方案所做出的投资估算一般控制在竞选文件规定的投资范围内。此外，设计方案竞选能集思广益。它可以吸取未中选方案的优点，并以中选方案作为设计方案的基础，把其他方案的优点加以吸收综合，取长补短，使设计更完美。

（2）运用价值工程优化设计方案

价值工程是一种科学的技术经济分析方法，是研究用最少的成本支出，实现必要的功能，从而达到提高产品价值的一门科学。价值工程中的“价值”是功能与成本的综合反映，其表达式为：价值 = 功能 / 成本。

价值分析并不是单纯追求降低成本，也不是片面追求提高功能，而是力求处理好功能与成本的对立统一关系，提高它们之间的比值，研究产品功能和成本的最佳配置。

一般来说，同一个工程项目，不同的设计方案会产生功能和成本上的差别，这时可以用价值工程的方法选择优秀设计方案。设计阶段实施价值工程的步骤一般分为以下几步：

① 功能分析。建筑功能是指建筑产品满足社会需要的各种性能的总和。不同的建筑产品有不同的使用功能，它们通过一系列建筑因素体现出来，反映建筑物的使用要求。建筑产品的功能一般分为社会性功能、适用性功能、技术性功能、物理性功能和美学功能五类。功能分析首先应明确项目各类功能具体有哪些，哪些是主要功能，哪些是次要功能，并对功能进行定义和整理。

② 功能评价。功能评价主要是比较各项功能的重要程度，计算各项功能的功能评价系数，作为该功能的重要度权数。

③ 方案创新。根据功能分析的结果，提出各种实现功能的方案。

④ 方案评价。计算第③步方案创新提出的各种方案的成本，并对各种方案进行各项功能的满足程度打分，然后以功能评价系数作为权数计算各方案的功能评价得分，最后计算各方案的价值系数，以价值系数最大的那个方案为最优设计方案。

根据价值分析结果和目标成本控制要求，还可以进一步改进设计方案。对于价值系数小于1的功能，应该在功能水平不变的条件下降低成本，或在成本基本不变的条件下，提高功能水平；对于价值系数大于1的功能，如果是重要功能，应该提高成本，保证重要功能的实现。如果该项功能不太重要，则可以不做改变。

2. 实行限额设计

限额设计就是按批准的投资估算控制初步设计，按批准的初步设计总概算控制施工图设计，即将上一阶段设计审定的投资额和工程量先行分解到各专业，然后再分解到各单位工程和分部工程，各专业在保证使用功能的前提下，按分配的投资限额控制设计。严格控制技术设计和施工图设计的不合理变更，以保证总投资限额不被突破。

限额设计是设计阶段控制工程造价的重要手段，它能有效地克服和控制“三超”现象（概算超估算、预算超概算、结算超预算），使设计单位加强技术与经济的对立统一管理，能克服设计概预算本身的失控对工程造价带来的负面影响。

限额设计控制工程造价可以通过两种途径实施：一种途径是按照限额设计过程从前往后依次进行控制，称为纵向造价控制；另一种途径是对设计单位及其内部各专业、科室及设计人员进行考核，实施奖惩，进而保证质量，称为横向造价控制。

(1) 限额设计的纵向造价控制

① 设计前准备阶段的投资分解

投资分解是实行限额设计的有效途径和主要方法。设计任务书获得批准后，设计单位在设计之前，应在设计任务书的总框架内将投资先分解到各专业，然后再分配到各单项工程和单位工程，作为进行初步设计的造价控制目标。这种分配往往不是只凭设计任务书就能办到，而是要进行方案设计，在此基础上做出决策。

② 初步设计阶段的限额设计

初步设计应严格按照分配的造价目标进行设计。在初步设计开始之前，项目总设计师应将设计任务书规定的设计原则、建设方针和投资限额向设计人员交底，将投资限额分专业下达到设计人员，发动设计人员认真研究实现投资限额的可能性，切实进行多方案比选，对各个技术经济方案的关键设备、工艺流程、总图方案、总图建筑和各项费用指标进行比较和分析，从中选出既能达到工程要求，又不超过投资限额的方案作为初步设计方案。如果发现重大设计方案或某项费用指标超出任务书的投资限额，应及时反映，并提出解决问题的办法，不能等到设计概算编出后，才发觉投资超限额，再被迫压低造价，减项目、减设备，这样不但影响设计进度，而且造成设计上的不合理，给施工图设计超出限额埋下隐患。

③ 施工图设计阶段的限额设计

已批准的初步设计及初步设计概算是施工图设计的依据。在施工图设计中，无论是建设项目总造价，还是单项工程造价，均不应该超过初步设计概算造价。

进行施工图设计应把握两个标准，一个是质量标准，一个是造价标准，并应做到两者协调一致，相互制约，防止只顾质量而放松经济要求的倾向，也不能因为经济上的限制而消极地降低质量。因此，必须在造价限额的前提下优化设计。在设计过程中，要对设计结果进行技术经济分析，看是否有利于造价目标的实现。每个单位工程施工图设计完成后，要做出施工图预算，判别是否满足单位工程造价限额要求。如果不满足，应修改施工图设计，直到满足限额要求。只有施工图预算造价满足施工图设计造价限额时，施工图才能归档。

④ 加强设计变更管理，实行限额动态控制

在初步设计阶段，由于外部条件的制约和人们主观认识的局限，往往会造成施工图设计阶段，甚至施工过程中的局部修改和变更。这是使设计和建设更趋完善的正常现象，但是由此却会引起对已经确认的概预算造价的变化。这种变化在一定范围内是允许的，但必须经过核算和调整。如果施工图设计变化涉及建设规模、产品方案、工艺流程或设计方案的重大变更，使原初步设计失去指导施工图设计的意义时，必须重新编制或修改初步设计文件，并重新报原审查单位审批。对于非发生不可的设计变更，应尽量提前，以减少变更对工程造成的损失；对影响工程造价的重大设计变更，更要采取先算账后变更的办法解决，以使工程造价得到有效控制。

（2）限额设计的横向造价控制

横向造价控制首先必须明确各设计单位以及设计单位内部各专业科室对限额设计所负的责任，将工程投资按专业进行分配，并分段考核，下段指标不得突破上段指标，责任落实越接近于个人，效果就越明显，并赋予责任者履行责任的权利。其次，要建立健全奖惩制度。设计单位在保证工程安全和不降低工程功能的前提下，采用新材料、新工艺、新设备、新方案节约了投资的，应根据节约投资额的大小，对设计单位给予奖励；因设计单位设计错误、漏项或扩大规模和提高标准而导致工程静态投资超支的，要视其超支比例扣减相应比例的设计费。

3. 推广标准化设计

标准化设计又称定型设计、通用设计，是工程建设标准化的组成部分。各类工程建设的构件、配件、零部件或通用的建筑物、构筑物、公用设施等，只要有条件的，都应实施标准化设计。因为标准化设计来源于工程建设实际经验和科技成果，是将大量成熟的、行之有效的实际经验和科技成果，按照统一简化、协调选优的原则，提炼上升为设计规范和设计标准，所以设计质量都比一般工程设计质量要高。另外，由于标准化设计采用的都是标准构配件，建筑构配件和工具式模板的制作过程可以从工地转移到专门的工厂中批量生产，使施工现场变成"装配车间"和机械化浇筑场所，把现场的工程量压缩到最低限度。

广泛采用标准化设计，可以提高劳动生产率，加快工程建设进度。在设计过程中，采用标准构件，可以节省设计力量，加快设计图纸的提供速度，大大缩短设计时间。一般可以加快设计速度 1 ~ 2 倍，从而使施工准备工作和定制预制构件等生产准备工作提前，缩短整个建设周期。另外，由于生产工艺定型，生产均衡，统一配料，劳动效率提高，因而使标准配件的生产成本大幅度降低。

广泛采用标准化设计，可以节约建筑材料，降低工程造价。由于标准构配件的生产是在场内大批量生产的，便于预制厂统一安排，合理配置资源，发挥规模经济的作用，节约建筑材料。

此外，标准化设计是经过多次反复实践，再加以检验和补充完善的，所以能较好地贯彻国家技术经济政策，合理利用能源资源，充分考虑施工生产、使用维修的要求，既经济又优质。

4. 加强初步设计概算和施工图预算审查

设计阶段加强对初步设计概算、施工图预算编制的管理和审查至关重要。如果初步设计概算和施工图预算不合理或不准确，将影响到限额设计的目标造价和施工阶段造价控制目标的制定，最终不能达到以造价目标控制设计工作的目的。

初步设计概算不准，与施工图预算差距很大的现象经常发生，究其原因主要包括初步设计图纸深度不够，概算编制人员缺乏经验或责任心，概算与设计和施工脱节等。要提高概算质量，首先必须加强设计人员与概算编制人员的联系与沟通；其次要提高概算编制人员的素质，加强责任心，多深入实际，丰富现场经验；最后，加强对初步设计概算的审查。概算审查可以避免重大错误的发生，避免不必要的经济损失。设计单位要建立健全三审制度（自审、审核、审定），大的设计单位还应建立概算抽查制度。概算审查不仅仅局限于设计单位，建设单位和概算审批部门也应加强对初步设计概算的审查，严格概算的审批。

施工图预算是确定标底（或招标控制价）、签订承包合同价和进行工程结算的重要依据，其质量的高低直接影响到施工阶段的造价控制。提高施工图预算的质量可以通过加强对编制单位和人员的资质审查和管理以及加强施工图预算审查等途径来实现。

（1）初步设计概算审查

对初步设计进行审查，有利于提高概算的编制质量，保证设计的技术先进性与经济合理性；有利于核定建设项目的投资规模，合理分配投资资金，有助于合理确定和有效控制工程造价。

初步设计概算审查的内容主要包括：

①审查设计概算编制依据的合法性、时效性和适用范围。采用的各种编制依据必须经过国家和授权机关的批准，符合国家的编制规定，未经批准的不能采用。不能强调情况特殊，擅自提高概算定额、指标或费用标准。定额、指标、价格、取费标准等，都应根据国家有关部门的现行规定进行；注意有无调整和新的规定，如有，应按新的调整办法和规定执行。各种编制依据都有规定的适用范围，如各主管部门规定的各种定额及其取费标准，只适用于该部门的专业工程；各地区规定的各种定额及其取费标准，只适用于该地区范围内，特别是地区的材料预算价格区域性更强。

②审查概算编制深度和编制范围。一般大中型项目的设计概算，应有完整的编制说明和“三级概算”（即总概算表、单项工程综合概算表、单位工程概算表），并按有关规定的深度进行编制。审查其编制深度是否到位，有无随意简化的情况。审查概算编制范围及具体内容是否与主管部门批准的建设项目范围及具体工程内容一致；审查分期建设项目的建筑范围及具体工程内容有无重复交叉，是否重复计算或漏算；审查其他费用应列的项目是否符合规定，静态投资、动态投资和经营性项目铺底流动资金是否分别列出等。

③审查建设规模和标准。审查概算的投资规模、生产能力、设计标准、建设用地、建

筑面积、主要设备、配套工程、设计定员等是否符合原批准可行性研究报告或立项批文中的标准，如果超过则投资可能增加。如果概算总投资超过原批准投资估算10%以上，应进一步审查超估算的原因。

④审查设备规格、数量和配置。审查所选用的设备规格、台数是否与生产规模一致，材质、自动化程度有无提高标准，引进设备是否配套、合理，备用设备台数是否适当，消防、环保设备是否合理等。此外，还要重点审查设备价格是否合理、是否符合有关规定。

⑤审查工程量。工程量的计算是否根据初步设计图纸、概算定额、工程量计算规则和施工组织设计的要求进行，有无多算、重算和漏算，尤其对工程量大，造价高的项目要重点审查。

⑥审查计价指标。审查建筑工程采用工程所在地区的定额、价格指数和有关人工、材料、机具台班单价是否符合现行规定；审查安装工程所采用的专业或地区定额是否符合工程所在地区的市场价格水平，概算指标调整系数以及主材价格、人工、机具台班和辅材调整系数是否按当时最新规定执行；审查引进设备安装费率或计取标准、部分行业专业设备安装费率是否按有关规定计算等。

⑦审查其他费用。审查费用项目是否按国家统一规定计列，具体费率或计取标准是否按国家、行业或有关部门规定计算，有无随意列项，有无多列、交叉计列和漏项等。

审查初步设计概算的常用方法主要有：

①对比分析法。对比分析法主要是指通过建设规模、标准与立项批文对比，工程数量与设计图纸对比，综合范围、内容与编制方法、规定对比，各项取费与规定标准对比，材料、人工单价与统一信息对比，引进设备、技术投资与报价要求对比，技术经济指标与同类工程对比等，发现设计概算存在的主要问题和偏差。

②查询核实法。查询核实法是指对一些关键设备和设施、重要装置、引进工程图纸不全、难以核算的较大投资进行多方查询核对，逐项落实的方法。主要设备的市场价向设备供应部门或招标公司查询核实；重要生产装置、设施向同类企业（工程）查询了解；引进设备价格及有关费税向进出口公司调查落实；复杂的建筑安装工程向同类工程的建设、承包、施工单位征求意见；深度不够或不清楚的问题直接同原概算编制人员、设计者询问清楚。

③联合会审法。联合会审法是指联合会审前，可先采取多种形式分头审查，包括设计单位自审，主管、建设、承包单位初审，工程造价咨询公司评审，邀请同行专家预审，审批部门复审等，经层层审查把关后，由有关单位和专家进行联合会审。在会审大会上，由设计单位介绍概算编制情况及有关问题，各有关单位、专家汇报初审、预审意见，然后进行认真分析、讨论，结合对各专业技术方案的审查意见所产生的投资增减，逐一核实原概算出现的问题。经过充分协商，认真听取设计单位意见后，实事求是地处理和调整。

通过以上复审后，对审查中发现的问题和偏差，按照单项、单位工程的顺序，先按设备费、安装费、建筑工程费和工程建设其他费用分类整理，然后按照静态投资、动态投资和铺底流动资金3大类，汇总核增或核减的项目及其投资额，最后将具体审核数据，按照“原编概算”“审核结果”“增减投资”“增减幅度”4栏列表，并按照原总概算表汇总顺序，将增减项目逐一列出，相应调整所属项目投资合计，再依次汇总审核后的总投资及增减投资额。对于差错较多、问题较大或不能满足要求的，责成按会审意见修改返工后，重新报批；对于无重大原则问题，深度基本满足要求，投资增减不多的，当场核定概算投资额，并提交审批部门复核后，正式下达审批概算。

（2）施工图预算审查

施工图预算的审查目标是施工图预算不超过设计概算。重点审查编制依据是否合法及定额的时效性，工程量是否准确，预算单价是否正确，取费标准是否符合规定，有无重复计费，费用调整是否真实等。施工图预算的审查是合理确定工程造价的必要程序及重要组成部分。

审查施工图预算的方法较多，主要有全面审查法、标准预算审查法、分组计算审查法、对比审查法、筛选审查法、重点抽查法、利用手册审查法和分解对比审查法 8 种。根据施工图预算的审查对象不同，或要求的进度不同，或投资规模不同，选择的审查方法也不同。

①全面审查法。全面审查法又叫逐项审查法，就是按预算定额顺序或施工的先后顺序，逐一地全部进行审查的方法。其具体计算方法和审查过程与编制施工图预算基本相同。此方法的优点是全面、细致，经审查的工程预算差错比较少，质量比较高；缺点是工作量大。对于一些工程量比较小、工艺比较简单的工程，编制工程预算的技术力量又比较薄弱，可采用全面审查法。

②标准预算审查法。标准预算审查法是对于利用标准图纸或通用图纸施工的工程，先集中力量，编制标准预算，以此为标准审查预算的方法。按标准图纸设计或通用图纸施工的工程一般上部结构和做法相同，可集中力量细审一份预算或编制一份预算，作为这种标准图纸的标准预算，或用这种标准图纸的工程量为标准，对照审查，而对局部不同的部分作单独审查即可。这种方法的优点是时间短、效果好、好定案；缺点是只适用于按标准图纸设计的工程，适用范围小。

③分组计算审查法。分组计算审查法是一种加快审查工程量速度的方法，把预算中的项目划分为若干组，并把相邻且有一定内在联系的项目编为一组，审查或计算同一组中某个分项工程量，利用工程量间具有相同或相似计算基础的关系，判断同组中其他几个分项工程量计算的准确程度的方法。

④对比审查法。对比审查法是用已建成工程的预算或虽未建成但已审查修正的工程预算对比审查拟建类似工程预算的一种方法。

⑤筛选审查法。筛选审查法是统筹法的一种，也是一种对比方法。建筑工程虽然有建筑面积和高度的不同，但是它们的各个分部分项工程的工程量、造价、用工量在每个单位面积上的数值变化不大，把这些数据加以汇集、优选、归纳为工程量、造价、用工 3 个单方基本值表，并注明其适用的建筑标准。这些基本值犹如“筛子孔”，用来筛选各分部分项工程，筛下去的就不审查了，没有筛下去的就意味着此分部分项的单位建筑面积数值不在基本值范围之内，应对该分部分项工程详细审查。当所审查的预算的建筑面积标准与“基本值”所适用的标准不同时，就要对其进行调整。

⑥重点抽查法。重点抽查法是抓住工程预算中的重点进行审查的方法。审查的重点一般是工程量大或造价较高的分部分项工程、补充单位估价表和计取的各项费用（计费基础、取费标准等）。

⑦利用手册审查法。利用手册审查法是把工程中常用的构件、配件事先整理成预算手

册，按手册对照审查的方法。如工程常用的预制构配件（洗池、大便台、检查井、化粪池、碗柜等），几乎每个工程都有，把这些按标准图集计算出工程量，套上单价，编制成预算手册使用，可大大简化预结算的编审工作。

⑧分解对比审查法。一个单位工程，按直接费与间接费进行分解，然后再把直接费按工种和分部工程进行分解，分别与审定的标准预算进行对比分析的方法，叫分解对比审查法。

5. 推行设计索赔及设计监理等制度，加强设计变更管理

设计索赔及设计监理等制度的推行，能够真正提高人们对设计工作的重视程度，从而使设计阶段的造价控制得以有效开展，同时也可以促进设计单位建立完善的管理制度，提高设计人员的质量意识和造价意识。设计索赔制度的推行和加大索赔力度是切实保障设计质量和控制造价的必要手段。另外，设计图纸变更得越早，造成的经济损失越小；反之则损失越大。工程设计人员应建立设计施工轮训或继续教育制度，尽可能地避免设计与施工相脱节的现象发生，由此可减少设计变更的发生。对不可避免的变更，应尽量控制在设计阶段，且要用先算账、后变更，层层审批的方法，以使投资得到有效控制。

7.4 招标投标阶段的造价管理

工程建设招标投标是在市场经济条件下进行工程建设活动的一种主要的竞争形式和交易方式，是引入竞争机制订立合同的一种法律形式。招标人通过招标活动来选择条件优越者，使其力争用优良的质量、合理的低价和规定的工期完成工程项目任务。投标人也通过这种方式选择项目和招标人，以使自己获得更丰厚的利润。

工程招投标阶段是确定工程造价的重要环节，通过招标，业主择优选择了工程承包人，接受了承包人的投标报价，并以合同的形式确定了工程价格，该合同价将作为施工阶段工程造价控制的目标。

7.4.1 建设工程招投标阶段工程造价管理的内容

1. 发包人选择合理的招标方式

《中华人民共和国招标投标法》允许的招标方式有公开招标和邀请招标两种。邀请招标一般只适用于项目技术复杂或有特殊要求的、受自然地域环境限制的、涉及国家安全或国家秘密的，或抢险救灾等情况。公开招标方式是能够体现公开、公正、公平原则的最佳招标方式。公开招标能获得最有竞争力的投标报价，但是招标周期比较长，招标费用支出较多。选择合理的招标方式是合理确定工程合同价款的基础。

2. 发包人选择合理的承发包模式

常见的承包模式包括总承包模式、平行承包模式、联合体承包模式和合作体承包模式，不同的承包模式适用于不同类型的工程项目，对工程造价的控制也体现出不同的作用。

总承包模式的总包合同价可以较早确定，业主可以承担较少的风险；对总承包商而言，总承包模式下总承包商的责任重，风险高，但获得高额利润的潜力比较大。

平行承包模式的总合同价不易短期确定，从而影响工程造价控制的实施。采用平行承

包模式，工程招标任务量大，需控制多项合同价格，从而增加了工程造价控制的难度。但对于大型复杂工程，如果分标段分别招标，可参与竞争的投标人增多，业主就能够获得具有竞争性的商业报价。

联合体承包模式对业主而言，合同结构简单，有利于工程造价的控制；对联合体而言，可以集中各成员单位在资金、技术和管理等方面的优势，增强了抗风险能力。

合作体承包模式与联合体承包模式相比，业主的风险较大，合作体各方之间的信任度不够。

3. 发包人确定合理的工程计量和投标报价方法以及招标控制价

建设项目的发包数量、合同类型和招标方式一经批准确定以后，即应编制为招标服务的有关文件。工程计量方法和报价方法的不同，会产生不同的合同价格，因而在招标前，应选择有利于降低工程造价和便于合同管理的工程计量方法和报价方法。编制招标控制价是建设项目招标的另一项重要工作，而且是较复杂和细致的工作。招标控制价的编制应当实事求是，综合考虑和体现发包人和承包人的利益。

4. 承包人确定合理的投标报价

拟投标招标工程的承包商在通过资格审查后，根据获取的招标文件，编制投标文件并对其做出实质性响应。承包商在核实工程量的基础上依据企业定额进行工程报价，然后在广泛了解潜在竞争者及工程情况和企业情况的基础上，运用投标技巧和正确的策略来确定最后报价。

5. 发包人选择合理的评标方式进行评标

评标方法有很多，合理的评标方法有助于发包人选择到理想的承包人，获得最合理的报价。在正式确定中标单位之前，一般都对得分最高的一两家潜在中标单位的标函进行质询，意在对投标函中有意或无意的不明和笔误之处作进一步明确或纠正，尤其是要对投标人在施工图计量时的遗漏、定额套用的错项、因工料机市场价格不熟悉而引起的失误，以及对其他规避招标文件有关要求的投机取巧行为进行剖析，以确保发包人和潜在中标人等各方的利益都不受损害。

6. 发包人选择合适的合同格式和类型，签订承发包合同

评标委员会依据评标规则，对投标人评分并排名，向业主推荐中标人，并以中标人的报价作为承包价签订合同。合同的形式应在招标文件中确定，并在投标函中做出响应。目前我国的建筑工程合同格式一般采用如下3种：参考FIDIC合同格式订立的合同，按照国家工商部门和建设部推荐的《建设工程合同示范文本》格式订立的合同，以及由建设单位和施工单位协商订立的合同。不同的合同格式适用于不同类型的工程。此外，按计价方法的不同，合同可分为总价合同、单价合同和成本加酬金合同，不同的合同类型，发包方和承包方承担的风险不同，工程计价和结算的方式不同。正确选用合适的合同类型是保证合同顺利执行的基础。

7.4.2　标底和招标控制价

根据2018年修订的《中华人民共和国招标投标法实施条例》，招标人可以自行决定是否编制标底。如果编制标底，一个招标项目只能有一个标底，标底必须保密。接受委托编制标底的中介机构不得参加受托编制标底项目的投标，也不得为该项目的投标人编制投

标文件或者提供咨询。招标人也可以设定招标工程的最高投标限价（即招标控制价），但不得规定最低投标限价。

下面针对实际招标过程中存在的三种做法，即不设标底、设标底或设招标控制价，进行比较。

（1）设标底招标的弊端

①设标底时易发生泄露标底及暗箱操作的现象，失去招标的公平、公正性。

②现在编制的标底价是预算价，较难考虑施工方案、技术措施对造价的影响，容易与市场造价水平脱节，科学合理性差。

③标底在评标过程的特殊地位使标底价成为左右工程造价的杠杆。不合理的标底会使合理的投标报价在评标中得分反而偏低。

④将标底作为衡量投标人报价的基准，导致投标人尽力地去迎合标底，往往招投标过程反映的不是投标人实力的竞争，而是投标人编制预算文件能力的竞争，或者各种合法或非法的“投标策略”的竞争。

（2）无标底招标的弊端

①容易出现围标、串标现象，各投标人哄抬价格，给招标人带来投资失控的风险。

②容易出现低价中标后偷工减料，不顾工程质量，以此来降低工程成本；或先低价中标，后高额索赔等不良后果。

③评标时，招标人对投标人的报价没有参考依据和评判标准。

（3）设置招标控制价的优点

①可有效控制投资，防止恶性哄抬报价带来的投资风险。

②提高了透明度，避免了暗箱操作、寻租等违法活动的产生。

③可使各投标人自主报价、公平竞争，符合市场规律。投标人自主报价，不受标底的左右。

④既设置了控制上限，又尽量地减少了业主对评标基准价的影响。

根据有关规定，当招标人设有最高投标限价时，应当在招标文件中明确最高投标限价或者最高投标限价的计算方法。招标控制价应由招标人负责编制，当招标人不具有编制招标控制价的能力时，可委托具有工程造价咨询资质的工程造价咨询企业编制。招标控制价的编制详见本书6.4节。

国有资金投资的工程在招标过程中，当招标人编制的招标控制价超过批准的概算时，招标人应将超过概算的招标控制价报原概算审批部门进行审核。

7.4.3 投标报价

1. 投标报价的计算和调整

投标报价是指根据招标文件及有关计算工程造价的计价依据，计算出投标报价，并在此基础上研究投标策略，提出更有竞争力的投标报价。这项工作对投标单位投标的成败和将来实施工程的盈亏起着决定性作用。除国家或行业主管部门发布的计价规范等强制性规定外，投标价由投标人自主确定，但不得低于成本。投标价应由投标人或受其委托具有相应资质的工程造价咨询人编制。

我国的工程项目投标报价的方法一般包括定额计价模式和工程量清单计价模式下的投

标报价。采取工程量清单计价模式计算投标报价时，投标人填入工程量清单中的单价是综合单价，由人工费、材料费、机具费、管理费和利润等组成，并考虑风险因素。招标人在招标文件中或在签订合同时，应约定投标人要考虑的风险内容及风险范围或风险幅度。根据我国工程建设特点，投标人应完全承担的风险是技术风险和管理风险，如管理费和利润的多少；应部分承担的风险是市场风险，如材料价格、施工机具使用费上涨等的风险；完全不承担的是法律、法规、规章和政策变化的风险。

工程量清单计价的投标报价由分部分项工程费、措施项目费、其他项目费用及规费和税金构成。将这些费用合价汇总后就可以得到工程的总价（详见本书6.4和6.5节），但是这样计算的工程总价还不能作为投标价格，因为计算出来的价格可能重复也可能会漏算，也有可能某些费用的预估有偏差等，因而必须对计算出来的工程总价进行某些必要的调整。另外，根据工程项目的特点、竞争情况以及投标人自身的情况等，投标人还需采取一些投标报价策略对投标报价进行调整，以争取中标，并在中标后获得最大可能的利润。

2. 投标报价的策略

投标报价的策略是指承包商在投标竞争中的系统工作部署及其参与投标竞争的方式和手段。投标报价的策略对承包人有着十分重要的意义和作用。常用的策略主要有以下几种：

（1）根据招标项目的不同特点采用不同报价

投标报价时，既要考虑自身的优势和劣势，也要分析招标项目的特点。按照工程项目的不同特点、类别和施工条件等来选择报价策略。

遇到如下情况，报价可高一些：施工条件差的工程；专业要求高的技术密集型工程，而本公司在这方面又有专长，声望也较高；总价低的小工程，以及自己不愿做、又不方便不投标的工程；特殊的工程，如港口码头、地下开挖工程等；工期要求急的工程；投标对手少的工程；支付条件不理想的工程。

遇到如下情况，报价可低一些：施工条件好的工程，工作简单、工程量大而一般公司都可以做的工程；本公司目前急于打入某一市场、某一地区，或在该地区面临工程结束，机械设备等无工地可转移时；本公司在附近有工程，而本项目又可利用该工程的设备、劳务，或有条件短期内突击完成的工程；投标对手多、竞争激烈的工程；非急需工程；支付条件好的工程。

（2）不平衡报价法

这一方法是指一个工程项目总报价基本确定后，通过调整内部各个项目的报价，使得某些项目的报价比正常水平高，另一些项目的报价比正常水平低一些，以期既不提高总报价和不影响中标，又能在结算时得到更理想的经济效益，加快资金周转。一般可以考虑在以下几个方面采用不平衡报价：

①能够早日结账收款的项目（如土方开挖、基础工程等）可适当提高报价。

②预计今后工程量会增加的项目，单价可适当提高，这样在最终结算时可多赚钱；将工程量可能减少的项目单价降低，这样工程结算时损失也不大。

③设计图纸不明确，估计修改后工程量要增加的，可以提高单价；而工程内容描述不清楚的，可适当降低一些单价，待澄清后再要求提价。

④暂定项目，又叫任意项目或选择项目，对这类项目要具体分析。因为这类项目要在

开工后再由业主研究决定是否实施，以及由哪家承包商实施。如果工程不分标，不会由另一家承包商施工，则其中肯定要做的单价可高些，不一定做的则应低些；如果工程分标，该暂定项目也可能由其他承包商施工时，则不宜报高价，以免抬高总报价。

值得注意的是，采用不平衡报价一定要建立在对工程量表中工程量仔细校对分析的基础上，特别是对报低单价的项目，如果工程实施过程中工程量增加，将造成承包商的重大损失；此外，不平衡报价不宜调整过多（一般不超过10%）和过于明显，否则可能会引起业主反对，甚至导致废标。

(3) 多方案报价法

这是承包商在工程说明书或合同条款不够明确时采用的一种方法。当发现工程范围不够明确、条款不清楚或不够公正，或技术规范要求过于苛刻时，则要在充分估计投标风险的基础上，按多方案报价法处理。即按原招标文件报一个价，然后再加以注释，如某某条款作某些变动，报价可降低多少，由此可报出一个较低的价。这样可以降低总价，吸引业主改变说明书和合同条款，同时也提高了竞争力。

(4) 增加建议方案

有时招标文件中规定，可以提一个建议方案，即可以修改原设计方案，提出投标者的方案。投标人这时应抓住机会，组织一批有经验的设计和施工人员，对原招标文件的设计和施工方案仔细研究，提出更为合理的方案以吸引业主，促成自己的方案中标。这种新建议方案可以降低总造价或缩短工期，或使工程运用更为合理。但要注意对原招标方案一定也要报价。建议方案不要写得太具体，要保留方案的关键技术，防止招标人将此方案交给其他投标人。同时要强调的是，建议方案一定要比较成熟，有很好的可操作性。

(5) 计日工单价的报价

如果是单纯报计日工单价，而且不计入总价中，可以报高些，以便在业主额外用工或使用施工机械时可多盈利。但如果计日工单价要计入总报价时，则需具体分析是否报高价，以免抬高总报价。总之，要分析业主在开工后可能使用的计日工数量，再来确定报价方针。

(6) 可供选择的项目的报价

有些工程项目的分项工程，业主可能要求按某一方案报价，而后再提供几种可供选择方案的比较报价。但是，所谓“可供选择项目”并非由承包商任意选择，而只有业主才有权进行选择。因此，虽然适当提高了可供选择项目的报价，但并不意味着肯定可以取得较好的利润，只是提供了一种可能性，一旦业主今后选用，承包商即可得到额外加价的利益。

(7) 暂定工程量的报价

暂定工程量有三种。一种是业主规定了暂定工程量的分项内容和暂定总价款，并规定所有投标人都必须在总报价中加入这笔固定金额，但由于分项工程量不很准确，允许将来按投标人所报单价和实际完成的工程量付款。另一种是业主列出了暂定工程量的项目的数量，但并没有限制这些工程量的估价总价款，要求投标人不仅列出单价，也应按暂定项目的数量计算总价，当将来结算付款时可按实际完成的工程量和所报单价支付。第三种是只有暂定工程的一笔固定总金额，将来这笔金额做什么用，由业主确定。第一种情况，由于暂定总价款是固定的，对各投标人的总报价水平竞争力没有任何影响，因而投标时应当对暂定工程量的单价适当提高。这样做，既不会因今后工程量变更而吃亏，也不会削弱投标报价的竞争力。第二种情况，投标人必须慎重考虑。如果单价定高了，同其他工程量计价一样，将会增高总报价，影响投标报价的竞争力；如果单价定低了，将来这类工程量增大，将会影响收益。一般来说，这类工程量可以采用正常价格。如果承包商估计今后实际工程量肯定会增大，则可适当提高单价，使将来可增加额外收益。第三种情况对投标竞争没有实际意义，按招标文件要求将规定的暂定款列入总报价即可。

（8）分包商报价的采用

由于现代工程的综合性和复杂性，总承包商不可能将全部工程内容完全独家包揽，特别是有些专业性较强的工程内容，需分包给其他专业工程公司施工；还有些招标项目，业主规定某些工程内容必须由他指定的几家分包商承担。因此，总承包商通常应在投标前先取得分包商的报价，并加入一定的管理费，而后作为自己投标总价的一个组成部分一并列入报价单中。应当注意，分包商在投标前可能同意接受总承包商压低其报价的要求，但等到总承包商中标后，他们常以种种理由要求提高分包价格，这将使总承包商处于十分被动的地位。解决的办法是，总承包商在投标前找2～3家分包商分别报价，而后选择其中一家信誉较好、实力较强和报价合理的分包商签订协议，同意该分包商作为本分包工程的唯一合作者，并将分包商的名称列到投标文件中，但要求该分包商相应地提交投标保函。这种把分包商的利益同投标人捆在一起的做法，不但可以防止分包商事后反悔和涨价，还可能迫使分包商报出较合理的价格，以便共同争取中标。

（9）无利润算标

缺乏竞争优势的承包商，在不得已的情况下，只好在算标中根本不考虑利润去夺标。这种办法一般在处于以下条件时采用：

①有可能在得标后，将部分工程分包给索价较低的一些分包商。

②对于分期建设的项目，先以低价获得首期工程，而后赢得机会创造第二期工程中的竞争优势，并在以后的实施中赚得利润。

③较长时期内，承包商没有在建的工程项目，如果再不得标，就难以维持生存。因此，虽然本工程无利可图，但只要能有一定的管理费维持公司的日常运转，就可设法度过暂时的困难，以图将来东山再起。

7.4.4 工程合同价款的确定

工程合同价款是发包人和承包人在协议中约定，发包人用以支付承包人按照合同约定完成承包范围内全部工程并承担质量保修责任的价款，是工程合同中双方当事人最关心的核心条款，是由发包人、承包人依据中标通知书中的中标价格在协议书内的约定。合同价款在协议书内约定后，任何一方不能擅自更改。

《建筑工程施工发包与承包计价管理办法》规定，按照计价方式的不同，工程合同可以分为三类：总价合同、单价合同和成本加酬金合同。

1. 总价合同

总价合同是指在合同中确定一个完成项目的总价，承包人据此完成项目全部内容的合同。这类合同仅适用于工程量不太大且能精确计算、工期较短、技术不复杂、风险不大的项目。采用此合同时发包人必须准备详细而全面的设计图纸和各项说明，使承包人能够准确计算工程量。

总价合同又可分为固定总价合同和可调总价合同。固定总价合同以招标时的图纸和工程量等说明为依据，承包商按投标时发包人接受的合同价格承包实施；如果发包人没有要求变更原定的承包内容，承包商完成工作内容后，不论实际施工成本是多少，均应按合同价获得支付工程款。

固定总价合同一般适用于：

①招标时的设计深度已达到施工图设计要求。工程设计图纸完整齐全，项目范围及工程量计算依据确切，合同履行过程中不会出现较大的设计变更，承包方依据的报价工程量与实际完成的工程量不会有较大的差异。

②规模较小、技术不太复杂的中小型工程。承包方一般在报价时可以合理地预见到实施过程中可能遇到的各种风险。

③合同工期较短，一般为一年之内的工程。

可调总价是指合同中确定的工程合同总价在实施期间可随价格变化而调整。发包人和承包人在商订合同时，以招标文件的要求及当时的物价计算出合同总价。如果在执行合同期间，由于通货膨胀引起成本增加达到某一限度时，合同总价则作相应调整。可调合同价使发包人承担了通货膨胀的风险，承包人则承担其他风险。一般适合于工期较长（如1年以上）的项目。

2. 单价合同

单价合同是指在合同中确定各分部分项工程的单价，结算时以实际完成工程量和合同单价为依据进行支付的合同形式。单价合同又分为估算工程量单价合同与纯单价合同。单价合同中的单价也可以根据合同双方的约定，采用固定单价或可调单价的形式。

（1）估算工程量单价合同

估算工程量单价合同是以工程量清单和工程单价表为基础和依据来计算合同价格的，也可称为计量估价合同。估算工程量单价合同通常是由发包方提出工程量清单，列出分部分项工程量，由承包方以此为基础填报相应单价，累计计算后得出合同价格。但最后的工程结算价应按照实际完成的工程量来计算，即按合同中的分部分项工程单价和实际工程量，计算得出工程结算和支付的工程总价格。

采用这种合同时，要求实际完成的工程量与原估计的工程量不能有实质性的变化。因为投标人报出的单价是以招标文件给出的工程量为基础计算的，工程量大幅度地增加或减少，会使投标人按比例分摊到单价中的一些固定费用与实际严重不符，要么使投标人获得超额利润，要么使许多固定费用收不回来。所以有的单价合同规定，如果最终结算时实际工程量与工程量清单中的估算工程量相差超过 ±10% 时，允许调整合同单价。

采用估算工程量单价合同时，工程量是统一计算出来的，承包方只要经过复核后填上适当的单价，承担风险较小；发包方也只需审核单价是否合理即可，因此该合同形式对双方都较为方便。由于具有这些特点，估算工程量单价合同是比较常见的一种合同计价方式。估算工程量单价合同大多用于工期长、技术复杂、实施过程中可能会发生各种不可预见因素较多的建设工程。在施工图不完整或当准备招标的工程项目内容、技术经济指标一时尚不能明确时，往往采用这种合同计价方式。这样在不能精确地计算出工程量的条件下，可以避免使发包或承包的任何一方承担过大的风险。

（2）纯单价合同

采用这种计价方式的合同时，发包方只向承包方给出发包工程的有关分部分项工程内容及范围，不对工程量作任何规定，承包方只需对这类给定范围的分部分项工程做出报价即可，合同实施过程中按实际完成的工程量进行结算。这种合同计价方式主要适用于没有施工图，或工程量不明，却急需开工的紧迫工程或抢险救灾工程。

3. 成本加酬金合同价

成本加酬金合同是由发包人向承包人支付建设项目的实际成本，并按事先约定的某一种方式支付酬金的合同类型。在这种合同中，业主承担了实际发生的一切费用，即承担了全部风险。缺点是业主对工程造价不易控制，承包人也没有动力注意节约项目成本。主要适用于需要立即展开工作的项目（来不及完成完整的设计），新型项目或工作内容及其技术经济指标未确定的项目，风险较大的项目。

成本加酬金合同有多种形式，主要有成本加固定百分比酬金合同、成本加固定费用合同、成本加奖罚合同和最高限额成本加固定最大酬金合同。

具体工程承包的计价方式不一定是单一的方式，在合同内可以明确约定具体工作内容采用的计价方式，也可以采用组合计价方式。

7.4.5　施工合同格式的选择和合同签订注意事项

1. 施工合同格式

合同是双方对招标成果的认可，是招标之后、开工之前双方签订的工程施工、付款和结算的凭证。合同的形式应在招标文件中确定，投标人应在投标文件中做出响应。目前的建筑工程施工合同格式一般采用以下三种格式。

（1）参考 FIDIC 合同格式订立的合同

FIDlC 合同是国际通用的规范合同文本。它一般用于大型的国家投资项目和世界银行贷款项目。采用这种合同格式，可以有效避免工程竣工结算时的经济纠纷；但因其使用条件较严格，因而在一般中小型项目中较少采用。

（2）《建设工程施工合同示范文本》（简称“示范文本合同”）

按照国家工商管理部门和住建部推荐的《建设工程施工合同示范文本》格式订立的合同是比较规范的，也是公开招标的中小型工程项目采用最多的一种合同格式。该合同格式由四部分组成：协议书、通用条款、专用条款和附件。

（3）自由格式合同

自由格式合同是由建设单位和施工单位协商订立的合同，它一般适用于通过邀请招标或议标发包而定的工程项目，这种合同是一种非正规的合同形式。

2. 施工合同签订过程中的注意事项

（1）关于合同文件部分

招投标过程中形成的补遗、修改、书面答疑、各种协议等均应作为合同文件的组成部分。特别应注意的是，作为付款和结算依据的工程量和价格清单，应根据评标阶段做出的修正重新整理和审定，并且应标明按完成的工程量测算付款的内容。

（2）关于合同条款的约定

在编制合同条款时，应注重有关风险和责任的约定，将项目管理的理念融入合同条款中，尽量将风险量化，责任明确，公正地维护双方的利益。其中主要重视以下几类条款：

①程序性条款。目的在于规范工程价款结算依据的形成，预防不必要的纠纷。程序性条款贯穿于合同行为的始终，包括信息往来程序、计量程序、工程变更程序、索赔处理程序、价款支付程序、争议处理程序等。编写时应注意明确具体步骤、约定时间期限。

②有关工程计量的条款。注重计算方法的约定，应严格确定计量内容，加强隐蔽工程计量的约定。计量方法一般按工程部位和工程特性确定，以便于核定工程量及计算工程价款。

③有关工程计价的条款。应特别注意价格调整条款，如对未标明价格或无单独标价的工程，是采用重新报价方法，还是采用定额及取费方法，或是协商解决，在合同中应作出约定。对于工程量变化的价格调整，应约定费用调整公式；对工程延期的价格调整、材料价格上涨等因素造成的价格调整，是采取补偿方式，还是变更合同价，应在合同中约定。

④有关双方职责的条款。为进一步划清双方责任，量化风险，应对双方的职责进行恰当的描述。对那些未来很可能发生并影响工作、可能增加合同价款及延误工期的事件和情况加以明确，防止索赔、争议的发生。

⑤工程变更的条款。应在合同中规定工程变更的程序、变更引起的费用调整的计算方法和支付时间等。

⑥索赔条款。明确索赔程序、索赔的支付、争端解决方式等。

除此之外，承发包双方还应在合同条款中，对预付工程款的数额、支付时间及抵扣方式，工程款的支付，发生工程价款争议的解决方法及时间，承担风险的内容、范围以及超出约定内容、范围的调整办法，工程竣工价款结算编制与核对、支付及时间，工程质量保证（保修）金的数额、预扣方式及时间等作出约定。

合同中没有约定或约定不明的，由双方协商确定；协商不能达成一致的，按合同中的争议处理条款解决。

7.5 建设项目施工阶段的造价控制

工程施工是建设项目实施的重要阶段，是真正将项目由设想变成实体的过程。从工程造价总体构成上看，这一阶段造价控制的作用明显要小于设计和决策阶段。但对于施工企业而言，这一阶段又是至关重要的，因为施工过程中将造价控制在合同以内并取得合理索赔是获得预期利润的条件。此外，工程款结算的申请、支付、审查也涉及工程双方的利益，应加以关注和重视。

施工阶段工程造价的管理与控制，不论发包方还是承包方，其依据都是工程施工合同，将工程费用支出控制在合同价格内是双方共同追求的目标。这一阶段节省费用的可能性已经较小，但浪费投资的可能性很大，所以这一阶段不论对发包人还是承包人，工程造价管理的重点在于费用的控制。对于承包人，主要是成本的控制；对于发包人，主要是工程变更的控制和索赔的审查。

在施工阶段，建设单位应通过编制资金使用计划、及时进行工程计量与结算、预防并处理好工程变更与索赔来有效控制工程造价。施工承包单位也应做好成本计划及动态监控等工作，综合考虑建造的工期、质量、安全、环保等全要素成本，有效控制施工成本。

7.5.1　施工成本管理流程和施工成本控制措施

施工成本管理是一个有机联系与相互制约的系统过程，施工成本管理的流程如下：

①掌握成本测算数据（生产要素的价格信息及中标的施工合同价）；

②编制成本计划，确定成本实施目标；

③进行成本控制；

④进行施工过程成本核算；

⑤进行施工过程成本分析；

⑥进行施工过程成本考核；

⑦编制施工成本报告；

⑧施工成本管理资料归档。

成本测算是指编制投标报价时对预计完成该合同施工成本的测算，它是决定最终投标价格取定的核心数据。成本测算数据是成本计划的编制基础，成本计划是开展成本控制和核算的基础。成本控制能对成本计划的实施进行监督，保证成本计划的实现；而成本核算又是成本计划是否实现的最后检查，成本核算所提供的成本信息又是成本分析、成本考核的依据。成本分析为成本考核提供依据，也为未来的成本测算与成本计划指明方向。成本考核是实现成本目标责任制的保证和手段。

承包人成本控制的重点应该是事前控制，即通过详细的计划、适当的措施、及时的检查来防止成本的偏差。如果偏差已经发生，则应将纠正偏差的重点放在今后的施工过程中。成本控制（纠偏）的措施包括组织措施、技术措施、经济措施、合同措施。

1. 组织措施

组织措施是从造价控制的组织管理方面采取的措施，这是容易被忽视，但实际上很重要的措施，如将成本控制落实到相关的责任人，建立健全成本管理的机构，明确各级管理人员的责任、权利、职责分工、工作任务，改善造价控制工作流程，从人的角度保证投资计划的正常实施。由于工程造价管理、成本控制的任何一个环节都要由组织和人员来具体实施，因此组织措施是其他措施的前提和保障，而且一般无须增加什么费用，运用得当时就可以收到良好的效果。

2. 技术措施

技术措施是从技术的角度进行成本的控制，一方面是采用先进的技术方法和手段组织施工，提高工作效率，降低成本；另一方面是在发生了偏差后采用一定的技术方法加以纠正。技术措施的重点在于提出多个不同的技术方案，对各方案进行技术经济分析，选择相对最优的方案。

3. 经济措施

经济措施即从经济角度分析与管理成本，是最容易被接受的措施，也是成本控制的主要措施。经济措施包括财务会计角度的资金检查、审核工程计量、工程款支付审核、资金使用计划的编制和检查等。

4. 合同措施

合同措施主要是指以合同为基础的索赔与反索赔管理。施工过程中发生引起索赔的事件是常见的，难以避免。对承包人，要注意索赔机会，尽量在不影响双方关系的条件下，合理争取索赔，增加盈利。对于发包方，则要预测、减少索赔，即尽量使索赔少发生，减少对方的索赔机会。索赔与反索赔是工程施工阶段工程造价管理的重要内容。

下面对施工阶段工程造价工程的一些具体措施，例如工程计量、施工组织设计优化、工程变更和工程索赔等进行详细介绍。

7.5.2 施工组织设计的优化

施工组织设计是指针对拟建的工程项目，在开工前针对工程本身特点和工地具体情况，按照工程的要求，对所需的施工劳动力、施工材料、施工机具和施工临时设施，经过科学计算、精心对比及合理的安排后编制出的一套在时间和空间上进行合理施工的战略部署文件。通常由施工组织设计说明书、工程计划进度表和施工现场平面布置图等组成。施工组织设计是工程施工的组织方案，是指导施工准备和组织施工的全面性技术经济文件，是现场施工的指导性文件。

1. 施工组织设计对工程造价的影响

施工组织设计（或称施工方案）对工程造价的影响主要表现在以下几个方面：

（1）施工方案是否合理是能否中标的重要条件之一。由于通过竞争形成的工程造价即中标价的最后确定受到施工方案的影响，所以在一定程度上施工方案决定了工程造价。

（2）施工方案的设计决定着工程造价中的施工措施费用。措施费用是投标报价中最具有竞争性的费用，其支出高低取决于施工方案的具体安排，所以在这一意义上，施工方案也决定着工程造价。

（3）合理的施工方案能够适当缩短工期，降低费用支出，有利于企业降低成本、增加利润。当然施工组织设计经过发包人批准后一般不得改变，但可以进行优化。

既然施工组织设计的合理性、科学性决定着工程造价，对施工组织设计进行优化以降低费用、缩短工期就是一项重要工作。

2. 施工组织设计的优化途径

施工组织设计的优化是合理安排各项资源，在保证完成合同要求的条件下，适当地缩短工期、降低费用的过程。建设工程项目的主要目标是工期、质量和费用，质量应按照国家的质量验收标准把握，而工期和费用则可以通过科学的方法加以优化，通过科学管理提高企业盈利的潜力。施工组织设计的优化主要是工期和费用的优化。

（1）工期优化

工期优化主要通过网络计划的优化实现。网络计划是工程项目进度管理的重要工具，是能够综合反映施工项目的各工作时间、逻辑关系、关键线路、总工期和各项工作的时间弹性，并可以结合费用完成情况显示工程实际进度的时间管理工具。施工中的工期优化对于企业而言主要是能够合理缩短施工时间，有效利用现有资源。

工期优化是在计算工期不能满足规定工期时，通过压缩关键工作的时间来满足工期要求的过程。在优化过程中，不能改变各项工作之间的逻辑关系，不能将关键工作压缩成非关键工作。一般可按下列步骤进行：

①计算并找出初始网络计划的关键线路、关键工作和总工期；

②按要求工期计算应缩短的时间；

③确定各关键工作可以缩短的时间；

④选择关键工作，压缩其持续时间，重新计算网络计划的计算工期。反复重复这一过程，直到工期能够满足要求为止。

在选择应缩短持续时间的关键工作时应重点考虑以下工作：

①缩短持续时间对工程质量和安全影响不大的工作。

②有充足备用资源的工作。

③缩短持续时间所需增加的费用最少的工作。

（2）费用优化

费用优化是寻求工程总成本最低时的工期安排，或按要求工期寻求总成本最低的计划。工程总成本由直接费和间接费组成，一般情况下，直接费随着工期的缩短而增加，间接费（主要指施工现场的管理费）会随着工期的缩短而减少。进行费用优化首先计算出不同工期下的直接费用，考虑相应的间接费用的影响和工期变化可带来的其他损益及效益增量和资金的时间价值等，通过直接费用和间接费用的迭加求出最低的工程总成本。

费用优化一般按下列步骤进行：

①按工作正常持续时间找出关键工作及关键线路。

②按下列公式计算各项工作的费用率。

在双代号网络计划中：

$$\Delta C_{i-j} = \frac{(CC_{i-j} - CN_{i-j})}{(DN_{i-j} - DC_{i-j})} \qquad (7-1)$$

式中，ΔC_{i-j}为工作 $i-j$ 的费用率；CC_{i-j}是将工作 $i-j$ 持续时间缩短为最短持续时间后，完成该工作所需的直接费用；CN_{i-j}是在正常条件下完成工作 $i-j$ 所需的直接费用；DN_{i-j}是工作 $i-j$ 的正常持续时间；DC_{i-j}是工作 $i-j$ 的最短持续时间。

③在网络计划中找出费用率或组合费用率最低的一项或一组关键工作，作为缩短持续时间的选择对象。

④缩短选择的一项或一组关键工作的持续时间，其缩短值应该符合不能压缩成非关键工作和缩短后持续时间不小于最短持续时间的原则。

⑤计算压缩持续时间后增加的总费用 C_i。

⑥考虑工期变化带来的间接费和其他损益，在此基础上计算总费用。

⑦重复上一步骤，直到总费用最低为止。

费用优化的实质是对压缩时间后费用增加最少的工作时间进行合理压缩，以减少费用支出。但这里的费用以直接费和间接费之和考虑，而且将工期缩短的效益与费用增加的效益综合起来考虑。

工程项目管理的三大目标是造价、进度和质量目标，一般情况下，造价与进度难以同步优化。在实际施工中要将造价和进度联系起来进行管理，或者说以系统的观点，以项目的总目标作为造价控制的目标。

7.5.3　工程计量

工程计量是发承包双方根据合同约定，对承包人完成合同工程数量进行的计算和确认。具体地说，就是双方根据设计图纸、技术规范以及施工合同约定的计量方式和计算方式，对承包人已经完成的质量合格的工程实体数量进行测量与计算，并以物理计量单位或自然计量单位进行标识、确认的过程。工程计量是工程价款支付的基础，而工程价款支付又是工程承包合同履行的重要内容。根据合同法定义，建设工程合同是承包方进行工程建设，发包方支付工程款的合同。从合同履行的要求看，一方建设，另一方付款才是合同的实际履行。正常情况下，工程款由三部分构成，即工程预付款、工程进度款和工程结算款，工程进度款占最大比重。法律法规都规定了工程进度款支付的程序和时限。

由于工程量清单招标时在招标文件中列出的工程量清单不一定是十分准确的，而且工程施工过程中也会有工程量的增减，所以工程量清单中所列的工程量仅是对工程的估算量，不能作为承包商完成合同规定施工义务的结算依据。在每一次工程款支付前均需通过测量来核实实际完成的工程量，以计量值作为支付的依据。

工程计量一般应遵循以下原则：

(1) 计量的项目必须是合同（或合同变更）中约定的项目，超出合同规定的项目一般不予计量，即使计量也不予支付。

(2) 计量的项目应是已完工或正在施工项目的完工部分，即是已经完成的分部分项工程。

(3) 计量项目的质量应该达到合同规定的质量标准。

(4) 计量项目资料齐全，时间符合合同规定。

(5) 计量结果要得到双方工程师的认可。

(6) 双方计量的方法一致。

(7) 对承包人超出设计图纸范围和因承包人原因造成返工的工程量，不予计量。

由于工程量是工程款支付的基础和条件，在正常履行合同的情况下，应该按建设工程施工合同示范文本中通用条款规定的时间和程序进行工程计量。

计量方法一般是现场测量，也可以采用图纸计量（包括设计图纸、变更图纸）、仪表测量、按单据测量和按监理工程师批准计量等方法。不论如何测量，结果必须是双方认可，才能作为工程款支付的依据。

7.5.4 工程变更

1. 工程变更的概念及分类

工程变更是指实际施工过程中发生了超出合同要求的变化，导致费用的增加或工期的拖延。工程变更包括工程量变更、工程项目的变更（如发包人提出增加或者删减原项目内容）、进度计划的变更和施工条件的变更等。考虑到设计变更在工程变更中的重要性，往往将工程变更分为设计变更和其他变更两大类。

(1) 设计变更

设计变更可以由发包人提出，或由承包人要求但必须经工程师同意。设计变更图纸由设计单位出具。由发包人提出的设计变更，以及经工程师同意的、承包人要求进行的设计变更，导致的合同价款的增减以及承包人损失，由发包人承担，延误的工期相应顺延。

能够构成设计变更的事项包括：

①更改有关部分的标高、基线、位置和尺寸。

②增减合同中约定的工程量。

③改变有关工程的施工时间和顺序。

④其他有关工程变更需要的附加工作。

在施工过程中如果发生设计变更，将对施工进度和费用产生很大的影响。因此，应尽量减少设计变更。如果必须对设计进行变更，必须严格按照国家的规定和合同约定的程序进行。

（2）其他变更

合同履行中发包人要求变更工程质量标准及发生其他实质性变更，由双方协商解决。其他变更发生的原因是多方面的，有业主原因、施工原因、现场条件原因和设计不明确原因等，发生后要按照合同约定和法律法规规定的程序、时限及时办理相关手续，处理变更。

2. 变更后合同价款的确定

（1）变更后合同价款的确定程序

工程变更发生后，承包人在工程变更确定后 14 天内，提交变更工程价款的报告，经工程师确认后调整合同价款；承包人在确定变更后 14 天内不向工程师提交变更工程价款报告时，视为该项工程变更不涉及合同价款的变更。

工程师收到变更工程价款报告之日起 14 天内，予以确认。工程师无正当理由不确认时，自变更价款报告送达之日起 14 天后视为变更工程价款报告已被确认。

如果工程师不同意承包人提出的变更价款，应按合同约定的争议处理方法处理。

（2）工程变更合同价款的确定方法

变更后合同价款按照下列方法进行调整：

①合同中已有适用于变更工程的价格，按合同已有的价格计算、变更合同价款。如果工程量变更较大，超过了合同中约定的幅度，变更工程量的价款应按照合同中约定的单价调整方法，在合同单价的基础上进行调整（降低或提高）。

②合同中只有类似于变更工程的价格，可以参照此价格确定变更价格，并变更合同价款。

③合同中没有适用或类似于变更工程的价格，由承包人提出适当的变更价格，经工程师确认后执行。

如果双方对于变更工程单价不能达成一致意见，可以到造价管理部门申请调解或按约定的争议处理方法解决。

因变更引起工期变化的，合同当事人均可要求调整合同工期，由合同当事人按照合同约定办法并参考工程所在地的工期定额标准确定增减工期天数。

7.5.5　工程索赔

1. 工程索赔的概念、产生原因及分类

工程索赔是在合同履行过程中，对于非己方的过错而应由对方承担责任的情况造成的损失，向对方提出补偿的要求。在工程合同履行过程中，合同当事人一方因非己方的原因而遭受损失，按合同约定或法律法规规定承担责任，从而向对方提出补偿的要求。

工程承发包双方虽然处于平等地位，但由于发包方掌握工程款支付的主动权，因此通常情况下，索赔是指承包人在合同实施过程中，对非自身原因造成的工程延期、费用增加而要求发包人给予补偿损失的一种权利要求。当承包人违约或其行为给发包人带来损失时，发包人也可以向承包人提出索赔，一般将发包人向承包人提出的索赔称为反索赔。因为在工程双方关系中，业主处于相对有利的地位（掌握工程款支付权），所以合同条件主要规定承包人索赔的内容和程序等。

工程索赔产生的原因主要包括：

（1）当事人违约

当事人违约常常表现为没有按照合同约定履行自己的义务。发包人违约常常表现为没有为承包人提供合同约定的施工条件、未按照合同约定的期限和数额支付工程款等。工程师未能按照合同约定完成工作，比如未能及时发出图纸、指令等也视为发包人违约。承包人违约的情况则主要是没有按照合同约定的质量、期限完成施工，或者由于不当行为给发包人造成其他损害。

（2）不可抗力事件

不可抗力又可以分为自然事件和社会事件。自然事件主要是不利的自然条件和客观障碍，如在施工过程中遇到了经现场调查无法发现、业主提供的资料中也未提到的、有经验的承包商无法预料的情况等。社会事件则包括国家政策、法律、法令的变更，一些政治性突发事件如战争、罢工等。

（3）合同变更

合同变更表现为设计变更、施工方法变更、提高工程标准、追加或者取消某些工作、合同其他规定的变更等。

（4）工程师指令

工程师指令有时也会产生索赔，比如工程师指令承包人加速施工、进行某项工作、更换某些材料或采取某些措施等。

（5）工程环境变化

如材料价格和人工工日单价的大幅度上涨，货币贬值，外汇汇率变化等。

（6）其他第三方原因

其他第三方原因常常表现为由与工程有关的第三方的问题而引起的对本工程的不利影响。

按索赔目的来分，索赔可以分为工期索赔和费用索赔。

由于非承包人责任的原因而导致施工进程延误，要求批准顺延合同工期的索赔，称为工期索赔。合同一般规定了工程拖期的惩罚条款，如果由于非承包商的原因工期拖延，而承包商不提出索赔，则承包商将承受费用上的损失。一旦获得批准合同工期顺延后，承包人不仅免除了承担拖期违约赔偿费的严重风险，而且可能因提前工期得到奖励，因此工期索赔的提出是必要的。

由于非承包人责任的原因导致承包人增加费用支出，承包人要求发包人对超出计划成本的附加开支给予补偿，以挽回不应由承包商承担的经济损失，即为费用索赔。费用索赔的目的是要求经济补偿。

2. 索赔处理原则

索赔处理的原则包括：

（1）索赔必须以合同为依据。合同中规定了常见的各类事件发生导致工期拖延、费用增加的处理方法，比如施工过程中价格上涨、不可抗力等，如果这些索赔事件发生，按合同执行即可。

（2）及时、合理地处理索赔。国内和国际的合同示范文本中都有关于索赔时限的规定。索赔事件发生后，当事人损失方（一般都为承包商）要及时提出索赔要求，避免超过索赔时限以及索赔累积过多；当事人另一方要及时审核和答复。

（3）加强主动控制，减少工程索赔。不论什么原因引起的索赔，都会引起工程造价的增加或工期的拖延。因此要尽量将可能发生的事项考虑周全，减少主观原因产生的索赔。

3. 索赔的程序

合同一方向另一方提出索赔时，应有正当的索赔理由和有效证据，并应符合合同的相关约定。

根据合同约定，承包人认为非承包人原因发生的事件造成了承包人的损失，应按以下程序向发包人提出索赔：

(1) 承包人应在索赔事件发生后 28 天内，向发包人提交索赔意向通知书，说明发生索赔事件的事由。承包人逾期未发出索赔意向通知书的，丧失索赔的权利。

(2) 承包人应在发出索赔意向通知书后 28 天内，向发包人正式提交索赔通知书。索赔通知书应详细说明索赔理由和要求，并附必要的记录和证明材料。

(3) 索赔事件具有连续影响的，承包人应继续提交延续索赔通知，说明连续影响的实际情况和记录。

(4) 在索赔事件影响结束后的 28 天内，承包人应向发包人提交最终索赔通知书，说明最终索赔要求，并附必要的记录和证明材料。

对于承包人的索赔，发包人应按下列程序处理：

(1) 发包人收到承包人的索赔通知书后，应及时查验承包人的记录和证明材料。

(2) 发包人应在收到索赔通知书或有关索赔的进一步证明材料后的 28 天内，将索赔处理结果答复承包人，如果发包人逾期未作出答复，视为承包人索赔要求已经发包人认可。

(3) 承包人接受索赔处理结果的，索赔款项在当期进度款中进行支付；承包人不接受索赔处理结果的，按合同约定的争议解决方式办理。

4. 工程索赔计算

(1) 费用索赔

工程师在审核费用索赔时，应遵循以下原则：

① 所发生的费用应该是承包商履行合同所必需的，若没有该项费用支出，则合同无法履行。

② 承包商不应由于索赔事件的发生而额外受益或额外受损，即费用索赔以赔（补）偿实际损失为原则，实际损失可作为费用索赔值。

可索赔的费用一般包括以下几个方面：

①人工费。索赔费用中的人工费部分，是指完成合同计划以外的额外工作所花的人工费用、由于非承包商责任的劳动效率降低所增加的人工费用或停工损失费、超过法定工作时间的加班劳动以及法定人工费的增长等。

②施工机具使用费。施工机具使用费的索赔包括：完成合同之外的额外工作所增加的

机具使用费，非承包人原因导致工效降低所增加的机具使用费，由于发包人或工程师指令错误或迟延导致机械停工的台班停滞费。

施工机具使用费的索赔计价比较繁杂，应根据具体情况协商确定：

使用承包商自有的设备时，要求提供详细的设备运行时间和台数、燃料消耗记录、随机工作人员工作记录等。这些证据往往难以齐全准确，因而有时使双方争执不下。因此，在索赔计价时往往按照有关的标准手册中关于设备工作效率、折旧、保养等定额标准进行，有时甚至按折旧费收费标准计价。

使用租赁的设备时，只要租赁价格合理，又有确信的租赁收费单据时，就可以按租赁价格计算索赔款。

施工机械的功效降低或闲置损失费用，一般也难以准确论定，或缺乏令人信服的证据。因此，这项费用一般按其标准定额费用的某一百分比进行计算。

③材料费。材料费的索赔包括两个方面：材料的实际用量由于索赔事项的原因而大量超过计划用量，材料价格由于客观原因而大幅度上涨。在这两种情况下，增加的材料费理应计入索赔款。

材料费应包括运输费、仓储费以及合理破损比率的费用。由于承包商管理不善，造成材料损坏失效，则不能列入索赔计价。承包商应该建立健全物质管理制度，记录建筑材料的进货日期和价格，建立领料耗用制度，以便索赔时能准确地分离出索赔事项所引起的建筑材料额外耗用量。

为了证明材料单价的上涨，承包商应提供可靠的订货单、采购单或官方公布的材料价格调整指数。

④管理费。此项又可分为现场管理费和企业管理费两部分。索赔事件的现场管理费是指承包商完成额外工程、索赔事项工作以及工期延长期间的工地现场管理，包括管理人员工资、临时设施、办公费、通信费和交通费等多项费用。企业管理费是工程项目组向其公司总部上缴的一笔管理费，作为总部对该工程项目进行指导和管理工作的费用，它包括总部职工工资、办公大楼折旧、办公用品、财务管理、通信设施以及总部领导人员赴工地检查指导工作等项目的开支。

⑤利润。利润是承包商的纯收益，是承包商施工的全部收入扣除全部支出后的余额，也是对承包商完成施工任务和承担承包风险的报答。因此，施工索赔费用中是可以包括利润的。但是，对于不同性质的索赔，获得利润索赔的成功率是不同的。一般来说，由于工程范围的变更（如计划外的工程或大规模的工程变更）和施工条件变化引起的索赔，承包商是可以列入利润的，即有权进行利润索赔；由于业主的原因终止或放弃合同，承包商除有权获得已完成的工程款以外，还应得到原定比例的利润；而对于工期延误的索赔，由于利润通常是包括在每项实施的工程内容的价格之内的，而延误工期并未影响削减某些项目的实施而导致利润减少，所以一般监理工程师很难同意在延误的费用索赔中加进利润损失。

⑥利息。利息的索赔包括：发包人拖延支付工程款的利息，发包人延迟退还工程质量保证金的利息，承包人垫资施工的垫资利息，发包人错误扣款的利息等。

⑦保函手续费。工程延期时，保函手续费相应增加；反之，取消部分工程且发包人与承包人达成提前竣工协议时，承包人的保函金额相应折减，则计入合同价内的保函手续费

也应扣减。

⑧保险费。因发包人原因导致工程延期时，承包人必须办理工程保险、施工人员意外伤害保险等各项保险的延期手续，对于由此增加的费用，承包人可以提出索赔。

国内工程索赔和国际工程索赔也有区别，在合同环境、索赔意识、执法意识等方面都有所不同，在计算时要根据具体情况分析确定。索赔也是一个协商、讨价还价的过程，要注意策略和方法。

费用索赔的计算常采用实际费用法和修正的总费用法。实际费用法是按照每项索赔事件所引起损失的费用项目分别分析计算索赔值，然后将各费用项目的索赔值汇总，即可得到总索赔费用值。这种方法以承包商为某项索赔工作所支付的实际开支为依据，但仅限于由于索赔事项引起的、超过原计划的费用，故也称额外成本法。修正的总费用法是对总费用的改进，即在总费用计算的原则上，去掉一些不确定的可能因素，对总费用法进行相应的修改和调整，使其更加合理。

(2) 工期索赔

工期索赔计算一般遵循以下原则：工期索赔要分析发生拖延的工作是否在关键线路，关键线路由于影响工期可以索赔；非关键线路则要看该项工作的总时差和自由时差，即使拖延时间在总时差以内，但如果大于自由时差，则超过部分也可以提出工期索赔。

工期索赔的计算主要有网络图分析和比例计算法两种。

网络图分析法是利用进度计划的网络图，分析其关键线路。如果延误的工作为关键工作，则总延误的时间为批准顺延的工期；如果延误的工作为非关键工作，当该工作由于延误超过时差限制而成为关键工作时，可以批准延误时间与时差的差值；若该工作延误后仍为非关键工作，则不存在工期索赔问题。

比例计算法是用来计算增加工作量造成的工期增加，可按以下公式计算：

工期索赔值 = 额外增加的工程量的价格/原合同总价 × 原合同总工期

5. 共同延误的处理

在实际施工过程中，工程拖期很少是只由一种原因造成的，往往是两、三种原因同时发生（或相互作用）而造成的，故称为“共同延误”。在这种情况下，要具体分析哪一种情况的延误是可以索赔工期或费用的，具体原则如下：

(1) 首先判断造成拖期的哪一种原因是最先发生的，即确定“初始延误”者，它应对工程拖期负责。在初始延误发生作用期间，其他并发的延误者不承担拖期责任。

(2) 如果初始延误者是发包人，则在发包人造成的延误期内，承包人既可得到工期延长，又可得到经济补偿。

(3) 如果初始延误者是客观原因，则在客观因素发生影响的延误期内，承包商可以得到工期延长，但很难得到费用补偿。

(4) 如果初始延误者是承包人原因，则在承包人原因造成的延误期内，承包人既不能得到工期延长，也不能得到费用补偿。

6. 合同中止损失的分担原则

合同在实施过程中可能由于一些原因（如不可抗力、工程停建或缓建等）解除。合同解除后，承包人应妥善做好已完工程和已购材料、设备的保护和移交工作，按发包人要求将自有机械设备和人员撤出施工场地。发包人应为承包人撤出提供必要条件，支付以上所发生的费用，并按合同约定支付已完工程价款。已经订货的材料、设备由订货方负责退货或解除订货合同，不能退还的货款和因退货、解除订货合同发生的费用，由发包人承担，因未及时退货造成的损失由责任方承担。除此之外，有过错的一方应当赔偿因合同解除给对方造成的损失。

【例7-1】某工程施工中由于工程师指令错误，使承包商的工人窝工50工日，增加配合用工10工日，机械台班1个。合同约定人工单价为200元/工日，机械台班为560元/台班，人员窝工补贴费100元/工日，含税的综合费率为17%。计算承包商可得该项索赔费用。

解：由已知条件得，本题按实际发生费用计算索赔：

窝工导致的索赔 $=50\times100\times(1+17\%)=5850$（元）

增加用工和机械台班导致的索赔 $=(200\times10+560)\times(1+17\%)=2995.2$（元）

总索赔额为：$5850+2995.2=8845.2$（元）

【例7-2】某土方工程业主与施工单位签订了土方施工合同，合同约定的土方工程量为8000 m^3，合同工期为16天。合同约定：工程量增加20%以内为施工方应承担的工期风险。挖运过程中，因出现了较深的软弱下卧层，致使土方量增加了10 200 m^3，则施工方可提出的工期索赔为多少天？（结果四舍五入取整）

解：根据题意，不索赔的土方工程量为：$8000\times(1+20\%)=9600$（m^3）

则工期索赔量为：$(8000+10200-9600)\times16/9600=14$（天）

7.5.6 资金使用计划的编制与投资偏差分析

1. 资金使用计划的编制

施工阶段资金使用计划的编制与控制在整个工程造价管理中处于重要而独特的地位，它对工程造价的重要影响表现在以下几方面：

①通过编制资金使用计划，合理确定工程造价施工阶段目标值，使工程造价的控制有所依据，并为资金的筹集与协调打下基础。

②通过资金使用计划的科学编制，可以对未来工程项目的资金使用和进度控制有所预测，避免资金的浪费和进度失控，也能够避免在今后工程项目中由于缺乏依据而进行轻率判断所造成的损失，减少盲目性，增加自觉性，使现有资金充分地发挥作用。

③通过资金使用计划的严格执行，可以有效地控制工程造价上升，最大限度地节约投资，提高投资效益。

施工阶段资金使用计划的编制方法主要有以下几种。

(1) 按子项目编制资金使用计划

一个建设项目往往由多个单项工程组成，每个单项工程还可能由多个单位工程组成，而单位工程总是由若干个分部分项工程组成。按不同项目划分资金的使用，进而做到合理分配，首先必须对工程项目进行合理划分，划分的粗细程度根据实际需要而定。在实际工作中，总投资目标按项目分解只能分到单项工程或单位工程，如果再进一步分解投资目标，就难以保证分目标的可靠性。

一般来说，将投资目标分解到各单项工程和单位工程是比较容易办到的，结果也是比较合理可靠的。按这种方式分解时，不仅要分解建筑工程费用，而且要分解安装工程、设备购置以及工程建设其他费用。这样分解将有助于检查各项具体投资支出对象是否明确和落实，并可从数字上校核分解的结果有无错误。

（2）按时间进度编制的资金使用计划

建设项目的投资总是分阶段、分期支出的，资金应用是否合理与资金时间安排有密切关系。为了编制资金使用计划，并据此筹措资金，尽可能减少资金占用和利息支付，有必要将总投资目标按使用时间进行分解，确定分目标值。

按时间进度编制的资金使用计划，通常可利用项目进度网络图进一步扩充后得到。利用网络图控制时间和投资，即要求在拟定工程项目的执行计划时，一方面确定完成某项施工活动所花的时间，另一方面也要确定完成这一工作的合适的支出预算。

2. 投资偏差分析

（1）偏差的概念和表示方法

投资偏差指投资计划值与实际值之间存在的差异，即

投资偏差 = 已完工程实际投资 − 已完工程计划投资

上式中结果为正表示投资增加，结果为负表示投资节约。与投资偏差密切相关的是进度偏差，如果不加考虑就不能正确反映投资偏差的实际情况。所以，有必要引入进度偏差的概念：

进度偏差 = 已完工程实际时间 − 已完工程计划时间

为了与投资偏差联系起来，进度偏差也可表示为：

进度偏差 = 拟完工程计划投资 − 已完工程计划投资

所谓拟完工程计划投资是指根据进度计划安排在某一确定时间内所应完成的工程内容的计划投资。进度偏差为正值时，表示工期拖延；为负值时，表示工期提前。

常用的偏差分析方法有横道图法、时标网络图法、表格法和曲线法。在实际应用中，时标网络图能综合反映总工期、各工作间的逻辑关系、关键线路、实际进度（结合实际进度前锋线），一目了然；表格法则能通过计算准确地反映工程投资完成情况，资金节约或浪费情况，进度提前或拖延情况。这两种方法是较为有效的偏差分析方法。

（2）偏差形成原因的分类及纠正方法

进行偏差分析，不仅要了解现实偏差情况，而且要找出引起偏差的具体原因，从而有可能采取有针对性的措施，进行有效的造价控制。因此，客观全面地对偏差原因进行分析是偏差分析的一个重要任务。

要进行偏差分析，首先应将各种可能导致偏差的原因一一列举出来，并加以适当分类。一般情况下，引起投资偏差的原因主要有 4 个方面，即客观原因（如自然因素、社会原因、政策变化等）、业主原因（如增加内容、未及时提供场地、协调不佳、投资规划不当等）、设计原因（如设计错误、漏项、设计标准变化、图纸提供不及时等）和施工原因（如质量问题、施工方案不当、赶进度等）。

对偏差原因进行分析的目的是为了有针对性地采取纠偏措施，从而实现投资的动态控制和主动控制，尽可能实现投资控制目标。纠偏首先要确定纠偏的主要对象（如偏差原因），有些是无法避免和控制的，如客观原因，充其量只能对其中少数原因做到防患于未然，力求减少该原因所产生的经济损失。施工原因所导致的经济损失通常是由承包商自己承担的，因此从投资控制的角度只能加强合同的管理，避免被承包商索赔。所以，这些偏

差原因都不是纠偏的主要对象。纠偏的主要对象是业主原因和设计原因造成的投资偏差。

为了便于分析，往往还需要对偏差类型作出划分。任何偏差都会表现出某种特点，偏差结果对造价控制的影响也各不相同。一般来说，偏差不外乎以下4种情况：

①投资增加且工期拖延，这种类型是纠正偏差的主要对象。

②投资增加但工期提前，这种情况下要适当考虑工期提前带来的效益。如果增加的资金值超过增加的效益时，要采取纠偏措施；若这种收益与增加的投资大致相当甚至高于投资增加额，则未必需要采取纠偏措施。

③工期拖延但投资节约，这种情况下是否采取纠偏措施要根据实际需要。

④投资节约且工期提前，这种情况是最理想的，不需要采取纠偏措施。

在确定了纠偏的主要对象之后，就需要采取有针对性的纠偏措施，纠偏可采用组织措施、经济措施、技术措施和合同措施等。

【例7-3】 某工程公司工期为3个月，2018年5月1日开工，5—7月份计划完成工程量分别为500 t、2000 t和1500 t，计划单价为5000元/t；5—7月实际完成工程量分别为400 t、1600 t和2000 t，实际价格为4000元/t。则6月末的投资偏差为多少？

解： 由已知条件得，6月末的投资偏差＝已完工程实际工资－已完工程计划投资

$$=(1600+400)\times4000-(1600+400)\times5000$$

$$=-200\text{（万元）}$$

7.5.7 工程价款结算管理

工程价款结算是指承包商在工程实施过程中，依据承包合同中关于付款条款的规定和已经完成的工程量，并按照规定的程序向建设单位收取工程价款的一项经济活动。

工程价款结算是建设工程合同履行的基本内容。我国《合同法》对建设工程合同的定义是："建设工程合同是承包人进行工程建设，发包人支付价款的合同。建设工程合同包括工程勘察、设计、施工合同。"也就是说，建设工程合同中，包括勘察、设计、施工合同，支付合同价款是发包人的义务。如果没有工程价款的支付，建设工程合同将无法履行。

工程价款结算也是工程项目承包中的一项十分重要的工作，它是反映工程进度的主要指标，是加速资金周转的重要环节，是考核经济效益的重要指标。衡量施工企业经营状况的一个指标是资金流量，如果不能及时收回工程款，企业的经营要受到影响。

正常情况下，工程款由预付款、进度款、结算款三部分组成，如果每笔款项都能得到正常支付，则工程可以顺利进行，承包商也能够及时收回资金，正常经营。

7.6 竣工验收阶段的工程造价管理

竣工验收阶段与工程造价管理相关的内容包括竣工结算的编制与审查、竣工财务决算的编制、保修费用的处理以及针对建成项目技术经济指标的后评价等。在这个阶段，无论是与施工企业的结算，还是建设单位自身的最终决算，都要科学及时办理，否则，将会影响工程竣工验收及交付使用，也会对能否发挥投资的经济效益产生重大影响。

7.6.1　竣工结算审查与处理

竣工结算是指承包方完成合同内工程的施工并通过了交工验收后，所提交的竣工结算书经过业主和监理工程师审查签证，送交经办银行或工程预算审查部门审查签认，然后由经办银行办理拨付工程价款手续的过程。竣工结算是承包人与业主办理工程价款最终结算的依据，是双方签订建筑安装工程承包合同终结的依据。同时，工程竣工结算是核定建设工程造价的依据，也是建设项目验收后编制竣工财务决算、核定新增资产价值的依据。因此，工程竣工结算应充分、合理地反映承包工程的实际价值。工程竣工后，建设单位应该会同监理工程师或委托有执业资格的造价审计事务所对施工单位所报送的竣工结算进行严格的审核，确保工程竣工结算能真实地反映工程的实际造价。我国的《工程价款结算办法》中对竣工结算审查的期限、审查部门等作了规定。

1. 竣工结算的审查程序

（1）自审：竣工结算初稿编定后，施工单位内部先组织校审。

（2）建设单位审查：施工单位自审后编印成正式结算书送交建设单位审查，建设单位也可委托有关部门批准的工程造价咨询单位审查。

（3）造价管理部门审查：建设单位与施工单位协商无法达成一致时，可以提请造价管理部门裁决。

2. 竣工结算的审查方法

（1）高位数法：着重审查高位数，诸如整数部分或十位以前的高位数。

（2）抽查法：抽查建设项目中的单项工程或单位工程，如果抽查未发现大的原则性问题，其他未抽到的就不必再查。抽查的数量，可以根据已经掌握的大致情况决定一个百分率。

（3）对比法：根据历史资料，用统计法编写各种类型建筑物分项工程量指标值。用统计指标值去对比结算数值，一般可以判断对错。

（4）造价审查法：用结算总造价对比计划造价（或施工图预算），一般可以判断结算的准确度。

在实际操作中，竣工结算还应注意以下几个问题：

（1）应严格按照招标文件和合同条款处理结算问题，不得随意改变结算方式和方法。

（2）认真复核施工过程中出现的变更、施工签证、索赔事项及材料、设备的认价单，并将工程实际和市场价格进行对比分析，发现问题，追查落实，保证其公正性。

（3）将招标文件中工程量清单和报价单核对，审查结算编制的依据和各项资金数额的正确性。

按《建设工程价款结算暂行办法》，发包人收到承包人递交的竣工结算报告及完整的结算资料后，应在规定的期限（合同约定有期限的，从其约定）进行核实，给予确认或者提出修改意见，发包人根据确定的竣工结算报告向承包人支付工程竣工结算价款。

3. 工程质量保证金的处理

（1）工程质量保证金的含义

根据《建设工程质量保证金管理办法》（建质［2017］138 号）的规定，建设工程质量保证金是指发包人与承包人在建设工程承包合同中约定，从应付的工程款中预留，用以保证承包人在缺陷责任期内对建设工程出现的缺陷进行维修的资金。其中，缺陷是指建设工程质量不符合工程建设强制性标准、设计文件，以及承包合同的约定。缺陷责任期一般为1年，最长不超过2年，由发、承包双方在合同中约定。缺陷责任期从工程通过竣工验收之日起计。由于承包人原因导致工程无法按规定期限进行竣工验收的，缺陷责任期从实际通过竣工验收之日起计。由于发包人原因导致工程无法按规定期限进行竣工验收的，在承包人提交竣工验收报告90天后，工程自动进入缺陷责任期。

（2）工程质量保证金的预留

《建设工程质量保证金管理办法》（建质［2017］138号）规定：推行银行保函制度，承包人可以银行保函替代预留保证金。在工程项目竣工前，已经缴纳履约保证金的，发包人不得同时预留工程质量保证金。采用工程质量保证担保、工程质量保险等其他保证方式的，发包人不得再预留保证金。发包人应按照合同约定方式预留保证金，保证金总预留比例不得高于工程价款结算总额的3%。合同约定由承包人以银行保函替代预留保证金的，保函金额不得高于工程价款结算总额的3%。

（3）工程质量保证金的管理

缺陷责任期内，由承包人原因造成的缺陷，承包人应负责维修，并承担鉴定及维修费用。如承包人不维修也不承担费用，发包人可按合同约定从保证金或银行保函中扣除，费用超出保证金额的，发包人可按合同约定向承包人进行索赔。承包人维修并承担相应费用后，不免除对工程的一般损失赔偿责任。

缺陷责任期内，实行国库集中支付的政府投资项目，保证金的管理应按照国库集中支付的有关规定执行。其他的政府投资项目，保证金可以预留在财政部门或发包方。缺陷责任期内，如发包人撤销，保证金随交付使用资产一并移交使用单位管理，由使用单位代行发包人职责。社会投资项目采用预留保证金方式的，承发包双方可以约定将保证金交由金融机构托管。缺陷责任期内，承包人认真履行合同约定的责任，到期后，承包人向发包人申请返还保证金。发包人在接到承包人返还保证金申请后，应于14天内会同承包人按照合同约定的内容进行核实。如无异议，发包人应当按照约定将保证金返还给承包人。对返还期限没有约定或者约定不明确的，发包人应当在核实后14天内将保证金返还承包人，逾期未返还的，依法承担违约责任。发包人在接到承包人返还保证金申请后14天内不予答复，经催告后14天内仍不予答复的，视同认可承包人的返还保证金申请。

7.6.2 保修费用的处理

工程项目竣工验收合格之后，即进入保修期。所谓保修，是指施工单位按照国家或行业现行的有关技术标准、设计文件以及建设工程施工合同中对质量的要求，对已竣工验收的建设工程在规定的保修期限内，进行维修、返工等工作。为了使建设项目达到最佳状态，确保工程质量，降低生产或使用费用，发挥最大的投资效益，业主应督促设计单位、施工单位、设备材料供应单位认真做好保修工作，并加强保修期间的造价控制。

根据国务院颁布的《建设工程质量管理条例》的规定，建设工程承包单位在向建设单位提交工程竣工验收报告时，应向建设单位出具质量保修书，质量保修书中应明确建设工程的保修范围和保修期限。《建设工程质量管理条例》规定，在正常使用条件下，建设工程的最低保修期限为：

（1）基础设施工程、房屋建筑的地基基础工程和主体结构工程，为设计文件规定的该工程的合理使用年限。

（2）屋面防水工程，有防水要求的卫生间、房间和外墙面的防渗漏，为 5 年。

（3）供热与供冷系统，为 2 个采暖期、供冷期。

（4）电气管线、给排水管道、设备安装和装修工程，为 2 年。

（5）其他项目的保修期限由发包方与承包方约定。

建设工程的保修期，自竣工验收合格之日起计算。

保修费用是指对建设工程在保修期限和保修范围内所发生的维修、返工等各项费用支出。保修费用应按合同和有关规定合理确定和控制。

建筑工程在规定的保修期限内，因建设、勘察设计、施工、监理、检测等造成的质量问题，由责任方承担相应的质量责任，负担维修费用。基于建筑安装工程情况复杂，出现的质量缺陷和隐患等问题往往是由多方面原因造成的。因此，在费用处理上应分清造成问题的原因及具体返修内容，按照国家有关规定和合同要求与有关单位共同商定处理办法。一般有以下几种情况：

（1）勘察、设计原因造成的保修费用处理。勘察、设计方面的原因造成的质量缺陷，由勘察、设计单位负责并承担经济责任，由施工单位负责维修或处理。勘察、设计人员应当继续完成勘察、设计，减收或免收勘察、设计费并赔偿损失。

（2）施工原因造成的保修费用处理。施工单位未按国家有关规范、标准和设计要求施工，造成质量缺陷，由施工单位负责无偿返修并承担经济责任。施工单位不履行保修义务或者拖延履行保修义务的，责令改正，处以罚款，并对保修期内因质量缺陷造成的损失承担赔偿责任。

（3）设备、材料、构配件不合格造成的保修费用处理。因设备材料、构配件质量不合格引起的质量缺陷，属于施工单位采购的或经其验收同意的，由施工单位承担经济责任；属于建设单位采购的，由建设单位承担经济责任。至于施工单位或建设单位与设备、材料、构配件供应单位或部门之间的经济责任，按其设备、材料、构配件的采购供应合同处理。

（4）用户使用原因造成的保修费用处理。因用户使用不当而造成的质量缺陷，由用户自行负责。

（5）不可抗力原因造成的保修费用处理。因地震、洪水、台风等不可抗力造成的质量缺陷，施工单位和设计单位不承担经济责任，由建设单位负责处理。

7.6.3　竣工财务决算分析

竣工财务决算是指所有建设项目竣工后，业主按照国家规定编制的决算报告。竣工财务决算是反映建设单位实际投资额即工程最终造价的文件，从中能全面反映工程建设投资计划的实际执行情况。通过竣工财务决算的各项费用数额与原计划投资的各项费用数额比较，可以得出量化的具体数据指标，以反映节约或超支的情况。同时，通过对设计概算、施工图预算、竣工财务决算的“三算分析”，能够直接反映出固定资产投资计划的完成情况和投资效果。在分析中，应主要比较以下内容，并总结经验教训，为未来工程计价提供基础资料。

（1）主要实物工程量。对于实物工程量出入较大的情况，必须查明原因。

（2）主要材料消耗量。考核主要材料消耗量，要按照竣工财务决算表中所列明的三大材料实际超概算的消耗量，查明是在工程的哪个环节超出量最大，并进一步查明超耗原因。

（3）考核建设单位企业管理费、建筑及安装工程规费及措施费、利润和税金取费标准。根据竣工财务决算报表中所列的内容与概预算中所列的数额进行比较，依据规定查明是否多列或少列费用项目，确定其节约超支的数额，并查明原因。

竣工财务决算编制完成后，在建设单位或委托咨询单位自查的基础上，应及时上报主管部门并抄送有关部门审查，必要时，应由有关部门批准的社会审计机构组织外部审查。大中型建设项目的竣工财务决算，必须报该建设项目的批准机关审查，并抄送省、自治区、直辖市财政厅（局）和国家财政部审查。

建设项目竣工投产运营后，建设期内的投资，按现行的国家财务制度、企业会计准则、税法相关规定，形成相应的资产。这些新增资产按性质可分为固定资产、流动资产、无形资产、递延资产和其他资产五类。正确核定新增资产价值，不但有利于建设项目交付使用后的财务管理，而且可为建设项目竣工后评估提供依据。

思 考 题

7－1　工程造价管理的含义是什么？

7－2　投资决策阶段影响工程造价的因素有哪些？

7－3　为什么要进行投资估算审查？

7－4　设计阶段工程造价控制的措施和方法有哪些？

7－5　施工图预算的审查方法有哪些？

7－6　招标时设置招标控制价相对于标底来说有何优点？

7－7　常用的投标报价策略有哪些？

7－8　按照计价方式的不同，工程合同分为哪几类？它们各自的特点和适用范围是什么？

7－9　施工阶段工程造价控制的措施有哪些？

7－10　施工组织设计对工程造价有哪些影响？

7－11　工程变更后合同价款如何确定？

7－12　施工索赔的费用由哪些部分组成，如何计算？

7－13　何为工程质量保证金？哪些情况可以不预留工程质量保证金？

7－14　建筑工程在规定的保修期限内出现质量问题，维修费用由谁负担？

第8章　工程造价管理信息化

8.1　工程造价管理信息系统

随着计算机应用技术和信息技术的快速发展，工程造价管理工作也发生了质的飞跃。人们从借助纸笔、计算器和定额编制预算转变为借助预算软件及网络平台来完成询价、报价等工程造价管理工作。要深入理解以工程造价管理信息系统为核心的工程造价管理信息技术的发展及现状，首先必须了解工程造价管理信息系统的含义。

8.1.1　概述

1. 管理信息系统

管理信息系统（Management information system，MIS）是一个由人、计算机等组成的，能进行信息收集、传递、存储、加工、维护和使用的系统，它是一门综合了经济管理理论、运筹学、统计学和计算机科学的系统边缘学科。

一般来说，一个管理信息系统是由信息源、信息处理器、信息用户和信息管理者四大部件组成，如图8－1所示。

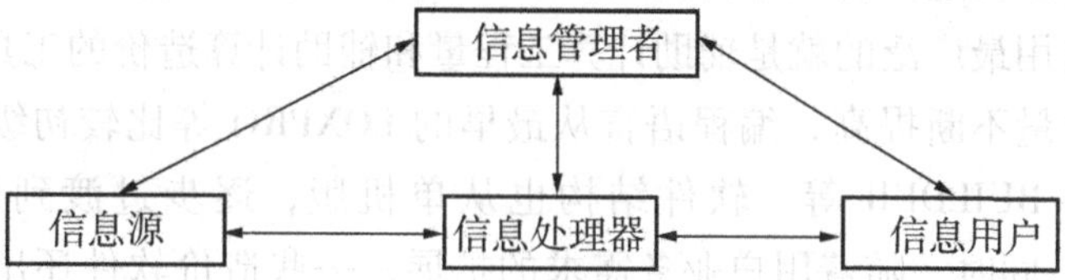

图8－1　管理信息系统组成部件

2. 工程造价管理信息系统

工程造价管理信息系统（Construction cost management information system，CCMIS）是管理信息系统在工程造价管理方面的具体应用。它是指由人和计算机组成的，能对工程造价管理的有关信息进行较全面的收集、传输、加工、维护和使用的系统，它能充分积累和分析工程造价管理资料，并能有效利用过去的数据来预测未来造价变化和发展趋势，以期达到对工程造价实现合理确定与有效控制的目的。

我国推行工程量清单计价体系后，对工程造价管理信息技术提出了十分迫切的要求。

8.1.2　工程造价管理信息技术应用的发展及现状

1. 工程造价管理信息技术应用的发展历程

建筑工程造价文件的编制工作需要处理大量规律性不强的数据，定额子目众多，工程量计算规则繁杂，计算过程单调重复，是一项相当繁琐的计算工作。用传统的手工编制造价文件不仅速度慢、工效低、周期长，而且易出错，往往跟不上造价工作的需要。应用计算机编制工程造价文件和进行工程造价控制，是提高工效、改善管理的重要手段，也是建筑企业实现现代化管理的重要环节之一。

信息技术在我国工程造价管理领域的使用最早可以追溯到1973年，当时著名的数学家华罗庚在沈阳就尝试用计算机编制工程概预算。随后，全国各地的定额管理机关及教学单位、大型建筑公司也都尝试开发概预算软件，而且也取得了一定的成果，但那时多数软件的作用是完成简单的数学运算和表格打印，故没能大规模推广应用。

进入20世纪80年代后期，随着计算机应用范围的扩大，国内已有不少功能全面的工程造价管理软件，但当时计算机价格仍比较昂贵，计算速度慢，操作仍不够方便，有条件使用计算机的企业很少，尚不能得到普及应用；不过该技术已显露出其在工程造价管理领域广阔的发展前景。到20世纪90年代，信息技术的发展使硬件价格迅速下降，企业甚至个人拥有一台计算机已不是难事，计算机的运算速度也比以前有了突飞猛进的提高，操作更方便、直观，而且可供选择的软件种类增多了，功能和人机界面得到了很大的改善。现在，国内大中城市乃至一些边远地区的造价员都能熟练使用计算机进行工程造价管理工作，从计算工程量到完成造价文件，工作时间明显缩短，大大提高了劳动生产率。计算结果的表现形式也多种多样，利用计算机技术可从不同的角度进行造价的分析和组合，也可以从不同角度反映该工程造价的结果。信息技术的进步对造价行业的影响由此可见一斑。进入21世纪以来，我国工程造价管理的信息技术应用进入了快速发展期，主要表现在以下几个方面：

首先，以计算工程造价为核心目的的软件飞速发展，并迅速在全国范围获得推广和深入应用。推广和应用最广泛的就是辅助计算工程量和辅助计算造价的工具软件。而且，软件的计算机技术含量不断提高，编程语言从最早的FOXPRO等比较初级的语言，到现在的DELPHI、C++BUILDER等；软件结构也从单机版，逐步过渡到局域网网络版和Internet网络应用。同时，随着用户业务需求的扩展，一些造价软件还出现了为行业用户提供整体解决方案的系列产品。

其次，随着互联网技术的不断发展，我国也出现了为工程造价及其相关管理活动提供信息和服务的网站。

最后，近年来BIM技术、数据挖掘技术、机器学习技术等在工程造价管理中逐渐得到应用。

8.1.2 工程量清单计价模式下的工程造价管理信息系统

1. 工程量清单计价实施后给企业造价管理带来的影响

《建设工程工程量清单计价规范》（以下简称《清单计价规范》）于2003年开始实施，2008年和2013年相继更新。工程量清单计价模式充分体现了市场形成价格的竞争机制，企业必须要有应对的策略和方法，才能在日益激烈的竞争中不断发展和壮大。

《清单计价规范》实施后，企业面临的一个重要问题就是在投标报价时如何体现个别成本。规范规定企业必须根据自己的施工方案、技术水平和企业定额，以体现企业个别成本的价格进行自由组价，没有企业定额的可以参照政府反映社会平均水平的消耗量定额。企业要适应清单下的计价，必须对本企业的基础数据进行积累，逐步形成反映企业施工工艺水平、用以快速报价的企业定额库和材料预算价格库，对每次报价能很好地进行判断分析，并能快速测算出企业的零利润成本。也就是说，在最短的时间内能测算出本企业对于某一工程以多少造价施工才不会发生亏损（不包括风险因素的亏损），必须在投标阶段要很好地控制工程的可控预算成本。每个企业如何知道自己的个别成本，是所有企业在实行清单计价后的一大难点。

2. 清单计价后计算机应用给企业带来的机遇

在实行工程量清单计价后，企业如果不形成反映自身施工工艺水平的企业定额，不进行人工、材料、机具台班量及价格信息的积累，完全依靠政府定额是无法与他人竞争的。

在建筑工程中需要积累的信息主要包括各类工程项目的企业报价、历史结算资料的积累、企业真实成本消耗资料积累、价格信息及合格供应商信息的积累、竞争对手资料的积累等。对于造价从业人员，要积累以往工程的经验数据、企业定额、行业指标库和市场信息等数据，能充分利用现代软件工具，并通晓多种能够快速准确估价、报价的市场渠道（如厂家联络及网站信息等）。这一切给计算机在工程造价中的应用提供了很好的环境及机遇，只有依靠计算机的强大储存、自动处理和信息传递功能，才能提高企业的管理水平。企业只有选择满足要求的管理软件和管理人才，才能在激烈的竞争中立于不败之地。

3. 工程量清单计价模式下软件和网络的应用

工程量清单计价方式已经在全国范围内广泛推广，新的计价形式要求造价从业人员和广大企业迅速地适应新环境所带来的变革，适应新环境下的竞争，并能够快速地在清单计价模式下建立自己的优势。国内一些工程造价软件公司适时地推出了工程量清单整体解决方案。该类软件针对清单下的招标文件的编制提供了招标助手工具包，主要包括图形自动算量软件、钢筋抽样软件、工程量清单生成软件、招标文件快速生成软件等。

无论传统的定额计价模式还是现在的工程量清单计价模式，算“量”是核心，各方在招投标和结算过程中，往往围绕“量”做文章。国内造价人员的核心能力和竞争能力也更多地体现在“量”的计算上，而“量”的计算是最为枯燥、繁琐的。目前，一些软件公司开发了针对工程量清单计价规范的自动算量软件及钢筋抽样软件，通过计算机对图形自动处理，实现了工程量和钢筋的自动计算，招标人利用软件能计算出十二位编码的分部分项工程量清单数量，并全面、准确地描述清单项目。软件还有能按自由组合的工程量清单名称进行工程量分解等功能，达到详细精确地描述清单项目及计算工程量的目的。另外，软件还对措施项目清单、其他项目清单等具有满足使用要求的编辑功能。

在工程量清单编制完成后，软件既可以打印，也可以生成导出“电子招标文件”。招标文件包括工程量清单、招标须知、合同条款及评标办法。招标文件以电子文件的形式发放给投标单位，使投标单位编制投标文件时不需要重新编制工程量清单，节省了大量的时间，防止投标单位编制投标文件时因不符合招标文件的格式要求等而造成的损失。投标单位利用软件导入了电子招标文件之后，编制投标报价，然后可以生成投标书。

8.2 工程造价管理信息化技术

8.2.1 工程造价计价与计量

计算机技术在工程造价计量计价中的最先应用是在计价方面。计价软件把国标定额、国标清单、省市地方定额、省市地方清单、计价办法、取费规定、省市造价管理部门的价格信息等内置到软件中，计价从业人员选择相应的地区清单或定额后，把基本以及必要的工程信息输入进去；把计价的项、量输入后，进行必要的定额换算以及市场价格换算后，选择相应的费用模板，当前工程的工程造价即可快速准确地统计出来，并能快速进行人、材、机的统计分析。计价软件的开发与应用得到了广泛的重视，取得了良好的经济效益。

工程计价软件不仅能够完成概预算的编制工作以及结算的审核工作，还可以对概预算的定额进行编制，并能完成单位估价表的编制。在信息技术未应用到工程计价领域之前，编制定额只能依靠人工完成，需要对成千上万条定额子目进行算价，只能用计算器辅助进行，估计表根据计算结果手工填写完成，最后再进行繁琐的人工校对和复核，工作量相当庞大。人工编制估计表不但耗费大量的时间和人力，而且还容易出现很多失误之处，使用者在使用过程中会遇到很多不便之处。计价软件较好地解决了这些问题，计算机根据计价规则自动计算，结果准确无误，计算迅速。

随着计价规范不断完善，计价模式也有不同的要求。目前工程计价处于清单计价模式和定额计价模式并存的时代，国内的计价软件都同时具有清单计价模式和定额计价模式，支持招标形式和投标形式。用户在使用计价软件时需要选择合适的计价模式，选取相应的费用模板和市场价格信息，输入工程量、项后快速组价，完成工程造价的计算及其造价分析。

工程量计算是编制工程计价表的基础工作，具有工作量大、繁琐、费时、易错等特点，其工作量约占工程计量计价总工作量的50%～70%，计算的精确度和速度也直接影响着工程造价文件的质量。20世纪90年代初，随着计算机技术的发展，出现了利用软件表格法算量的计量工具，代替了手工算量的计算工作量，之后逐渐发展到目前广泛使用的自动计算工程量软件。自动计算工程量软件按照支持的图形维数的不同分为两类：二维算量软件和三维算量软件。自动计算工程量软件内置了工程量清单计算规则，通过计算机对图形自动处理，实现工程量自动计算，可以直接按计算规则计算出工程量，全面准确体现清单项目。

8.2.2 BIM技术与工程造价

建筑信息模型（Building information modeling，BIM），目前已经在全球范围内得到业界的广泛认可，它可以帮助实现建筑信息模型的集成，从建筑的设计、施工、运行直至建筑全生命周期的终结，各种信息始终整合于一个三维模型信息数据库中，设计团队、施工单位、设施运营部门和建设单位等各方人员可以基于BIM进行协同工作，提高工作效率、节省资源、降低成本。

BIM具有信息完备性、信息关联性、信息一致性、可视化、协调性、模拟性、互用性、优化性和可出图性等特点。《建筑业发展“十三五”规划》中明确提出了“加快推进建筑信息模型（BIM）技术在规划、工程勘察设计、施工和运营维护全过程的集成应用”。

1. BIM 技术的特点

BIM 技术因使用三维全息信息技术，全过程地反映了建筑施工中的重要因素信息，对于科学实施施工管理是个革命性的技术突破。

（1）可视化。在 BIM 建筑信息模型中，整个施工过程都是可视化的。可视化的结果不仅可以用来生成效果图的展示及报表，更重要的是，项目设计、建造、运营过程中的沟通、讨论、决策等都可在可视化的状态下进行，极大地提升了项目管控的科学化水平。

（2）协调性。BIM 的协调性服务可以帮助解决项目从勘探设计到环境适应再到具体施工的全过程协调问题，也就是说，BIM 建筑信息模型可在建筑物建造前期对各专业的碰撞问题进行协调，生成协调数据，并在模型中生成解决方案，为提升管理效率提供极大的便利。

（3）模拟性。模拟性并不是只能模拟设计出建筑物模型，还可以模拟不能够在真实世界中进行操作的事务。在设计阶段，BIM 可以对一些设计上需要进行模拟的东西进行模拟实验，如节能模拟、紧急疏散模拟、日照模拟、热能传导模拟等；在招投标和施工阶段可以进行 4D 模拟（三维模型加项目的发展时间），也就是根据施工组织设计模拟实际施工，从而确定合理的施工方案来指导施工。同时还可以进行 5D 模拟（基于 3D 模型的造价控制），从而实现成本控制。

（4）互用性。应用 BIM 可以实现信息的互用性，充分保证了信息经过传输与交换以后，信息前后的一致性。具体来说，实现互用性就是 BIM 模型中所有数据只需要一次性采集或输入，就可以在整个建筑物的全生命周期中实现信息的共享、交换与流动，使 BIM 模型能够自动演化，避免了信息不一致的错误。在建设项目不同阶段免除对数据的重复输入，大大降低成本、节省时间、减少错误、提高效率。

（5）优化性。事实上，整个设计、施工、运营过程就是一个不断优化的过程。当然优化和 BIM 也不存在实质性的必然联系，但在 BIM 基础上可以做更好的优化，包括项目方案优化、特殊项目的设计优化等。

2. BIM 技术对工程造价管理的价值

BIM 在提升工程造价水平，提高工程造价管理的效率，实现工程造价目标乃至整个工程全生命周期信息化的过程中优势明显，BIM 技术对工程造价管理的价值主要有以下几点：

（1）提高了工程量计算的准确性和效率。BIM 是一个富含工程信息的数据库，可以真实地提供工程量计算所需要的物理和空间信息，借助这些信息，计算机可以快速对各种构件进行统计分析，从而大大减少根据图纸统计工程量带来的繁琐的人工操作和潜在错误，在效率和准确性上得到显著提高。

（2）提高了设计效率和质量。工程量计算效率的提高基于 BIM 的自动化算量方法，其可以更快地计算工程量，及时地将设计方案的成本反馈给设计师，便于在设计的前期阶段对成本进行控制，有利于限额设计的推行。同时，基于 BIM 的设计可以更好地处理设计变更。

（3）提高工程造价分析能力。BIM 丰富的参数信息和多维度的业务信息能够辅助工程项目不同阶段和不同业务的成本分析和成本控制。同时，在统一的三维模型数据库的支持下，在工程项目全过程管理的过程中，能够以最少的时间实时实现任意维度的统计、分析和决策，保证了多维度成本分析的高效性和精准性，以及成本控制的有效性和针对性。

（4）真正实现了造价全过程管理。目前，工程造价管理已经由单点应用阶段逐渐进入工程造价全过程管理阶段。为保证建设工程的投资效益，工程建设从可行性研究开始到初步设计、扩大初步设计、施工图设计、发承包、施工、调试、竣工、投产、决算、后评估等的整个过程，都围绕工程造价开展各项业务工作。基于BIM的全过程造价管理让各方在各个阶段能够实现协同工作，解决了阶段割裂和专业割裂的问题，避免了设计与造价控制环节脱节、设计与施工脱节、变更频繁等问题。

3. BIM 技术在工程造价管理各阶段的应用

工程建设项目的参与方主要包括建设单位、勘察单位、设计单位、施工单位、项目管理单位、咨询单位、材料供应商、设备供应商等。BIM 作为一个建筑信息的集成体，可以很好地在项目各方之间传递信息，降低成本。同样，应用在工程建设全过程的造价管理也可以基于这样的模型完成协同、交互和精细化管理工作。

（1）BIM 技术在决策阶段的应用

基于 BIM 技术辅助投资决策可以带来项目投资分析效率的极大提升。建设单位在决策阶段可以根据不同的项目方案建立初步的建筑信息模型，结合可视化技术、虚拟建造等功能，为项目的模拟决策提供了基础。根据 BIM 模型数据，可以调用与拟建项目相似工程的造价数据，高效准确地估算出规划项目的总投资额，为投资决策提供准确依据。同时，将模型与财务分析工具集成，实时获取各项目方案的投资收益指标信息，提高决策阶段项目预测水平，帮助建设单位进行决策。BIM 技术在投资造价估算和投资方案选择方面大有作为。

（2）BIM 在设计阶段的应用

设计阶段包括初步设计、扩大初步设计和施工图设计几个阶段，相应涉及的造价文件是设计方案估算、设计概算和施工图预算。在设计阶段，通过 BIM 技术进行设计方案优选或限额设计，设计模型的多专业一致性检查，设计概算、施工图预算的编制管理和审核环节的应用，可以实现对造价的有效控制。

（3）BIM 在招投标阶段的应用

我国建设工程已基本实现了工程量清单招投标模式，招标和投标各方都可以利用 BIM 模型进行工程量自动计算、统计分析，形成准确的工程量清单，这有利于招标方控制造价和投标方报价的编制，提高招投标工作的效率和准确性，并为后续的工程造价管理和控制提供基础数据。

（4）BIM 在施工过程中的应用

BIM 为建设项目各方提供了施工计划与造价工程的所有数据。项目各方人员在正式施工之前就可以通过 BIM 确定不同时间节点的施工进度与施工成本，可以直观地按月、按周、按日观看到项目的具体实施情况并得到该时间节点的造价数据，方便项目的实施修改调整，实现限额领料施工，最大地体现造价控制的效果。

（5）BIM 在工程竣工结算中的应用

竣工阶段管理工作的主要内容是确定建设工程项目最终的实际造价，即竣工结算价格和竣工决算价格，编制竣工决算文件，办理项目的资产移交。这也是确定单项工程最终造价、考核承包企业经济效益以及编制竣工决算的依据。基于 BIM 的结算管理不但能提高工程量计算的效率和准确性，对于结算资料的完备性和规范性也有很大的作用。在造价管理过程中，BIM 数据库也不断修改完善，模型相关的合同、设计变更、现场签证、计量支付、材料管理等信息也不断录入与更新，到竣工结算时，其信息量已完全可以表达工程实体。BIM 的准确性和过程记录完备性有助于提高结算效率，同时可以随时查看变更前后的模型对比分析，避免结算时描述不清，从而加快结算和审核速度。

8.2.3　工程造价管理信息化技术的发展方向

目前在工程造价管理领域，信息化技术已经得到广泛应用，专业的造价管理软件种类众多、造价管理系统集成度增加，大大提高了工作效率，使工程造价计算更加准确和迅速，提高了对工程造价的管理能力。

结合信息化现状和信息技术的发展情况，在工程造价管理领域应用的信息化技术的发展方向主要有以下几个方面。

1. BIM 技术的普及应用

在工程管理领域，随着 BIM 技术的应用，通过自动算量，联动工程量和价格信息等各种数据库，通过数据信息在工程建设全过程中的动态变化调整，能及时准确地调用系统数据库中的相关数据，加快工程计量与计价速度，提高工程计量与计价质量，从而提高工程造价管理水平。随着工程造价管理信息化的进一步发展，BIM 的普及应用将引起建筑工程造价行业革命性变革。

2. 大数据与数据挖掘在工程造价管理信息化中的应用

随着工程造价管理信息化的深入发展，造价信息的收集与存储能力提高，企业内与行业内均会积累大量工程造价相关的数据，这些数据具有很大的利用价值。大数据理念与数据挖掘技术的发展提供了有效的数据分析方法和工具，在工程造价管理信息化的基础上，充分利用这些数据进行挖掘分析，不仅能够为工程建设参与各方提供重要的决策信息，而且能够促进建设领域的发展，加快工程造价管理的改革与进步。

3. 工程造价管理协同工作平台的建立

目前工程造价管理信息化主要体现在应用专业工程造价计算机软件，对原人工操作的工作进行替代与改进，减少人工作业工作量，如建筑工程量的计算、造价信息的收集与录入、定额的补充与更新等，而在工程造价信息资源共享以及不同专业领域的协同工作方面发展滞后。随着互联网技术的发展，特别是云技术的应用，企业内不同专业人员的工程造价协同工作平台以及不同建设相关方的协同工作平台有待进一步发展。

4. 工程造价管理信息化的智能化发展

信息化的发展已经逐步进入新的阶段，即智能化发展阶段。一些大型互联网企业或者软件企业在机器学习方面取得的巨大进步，预示着智能化时代的来临。工程造价管理需要加快信息化发展步伐，同时积极探索工程造价管理信息在智能化发展方向上的进程。

8.3 工程造价数字化信息资源

8.3.1 工程造价信息的特点及分类

工程造价信息是一切有关工程造价的特征、状态及其变动的消息的组合。在工程承发包市场和工程建设过程中，工程造价总是在不停地变化着，并呈现出种种不同特征。人们对工程承发包市场和工程建设过程中工程造价的变化，是通过工程造价信息来认识和掌握的。

在工程承发包市场和工程建设中，工程造价是最灵敏的调节器和指示器，无论是政府工程造价主管部门还是工程承发包双方，都要通过接受工程造价信息来把握工程建设市场动态，预测工程造价发展，确定政府的工程造价政策和工程承发包价。因此，工程造价主管部门和工程承发包双方都要接受、加工、传递和利用工程造价信息。工程造价信息作为一种社会资源在工程建设中的地位日趋明显，特别是随着我国推行工程量清单计价制度，工程价格从政府计划的指令性价格向市场定价转化，而在市场定价的过程中，信息起着举足轻重的作用，因此工程造价信息资源开发的意义更为重要。

1. 工程造价信息的特点

(1) 区域性

建筑材料大多重量大、体积大、产地远离消费地点，因而运输量大，费用也较高。不少建筑材料本身的价值或生产价格并不高，但所需要的运输费用却很高，这都在客观上要求尽可能就近使用建筑材料。因此，这类建筑信息的交换和流通往往限制在一定的区域内。

(2) 多样性

我国社会主义市场经济体制还处在探索发展阶段，部分市场未达到规范化要求，要使工程造价管理的信息资料满足这一发展阶段的需求，在信息的内容和形式上应有多样化的特点。

(3) 专业性

工程造价信息的专业性集中反映在建设工程的专业化上，如水利、电力、铁道、邮电、建安工程等，所需的信息各有它的专业特殊性。

(4) 系统性

工程造价信息是由若干具有特定内容和同类性质的、在一定时间和空间内形成的一连串信息组成的。一切工程造价的管理活动和变化总是在一定条件下受各种因素的制约和影响。工程造价管理工作也同样是多种因素相互作用的结果，并且从多方面反映出来，因而从工程造价信息源发出来的信息都不是孤立、紊乱的，而是大量的、系统的。

(5) 动态性

工程造价信息也和其他信息一样经常变化。为此，需要经常不断地收集和补充新的工程造价信息，进行信息更新，真实反映工程造价的动态变化。

(6) 季节性

建筑生产受自然条件的影响大，施工内容的安排必须充分考虑季节因素，使得工程造价的信息也不能完全避免季节性的影响。

2. 工程造价信息的分类

为便于对信息的管理，有必要将各种信息按一定的原则和方法进行区分和归集，并建立一定的分类系统和排列顺序。因此，在工程造价管理领域，也应该按照不同的标准对信息进行分类。主要分类方式有：

①按管理组织的角度划分，分为系统化工程造价信息和非系统化工程造价信息。

②按形式划分，分为文件式工程造价信息和非文件式工程造价信息。

③按传递方向划分，分为横向传递的工程造价信息和纵向传递的工程造价信息。

④按反映面划分，分为宏观工程造价信息和微观工程造价信息。

⑤按时态划分，分为过去的工程造价信息、现在的工程造价信息和未来的工程造价信息。

⑥按稳定程度划分，分为固定工程造价信息和流动工程造价信息。

8.3.2 工程造价信息的主要内容

广义上说，所有对工程造价的确定与控制起作用的资料都称为工程造价信息，如各种定额资料、标准规范、政策文件等。其中最能体现信息动态性变化特征，并且在工程造价的市场机制中起重要作用的工程造价信息主要有以下三类。

1. 价格信息

价格信息包括各种建筑材料、装修材料、安装材料、人工工资、施工机具等的最新市场价格。这些信息是比较初级的，一般没有经过系统加工处理，也可以称其为数据。

（1）人工价格信息

根据有关规定，我国自2007年起开展建筑工程实物工程量与建筑工种人工成本信息（即人工价格信息）的测算和发布工作，其目的是引导建筑劳务合同双方合理确定建筑工人工资水平，为建筑企业合理支付个人劳动报酬，调节、处理建筑工人劳动工资纠纷提供依据，也为工程招投标中评定成本提供依据。

①建筑工程实物工程量人工价格信息。这种价格信息是以建筑工程的不同划分标准为对象，反映了单位实物工程量的人工价格信息。根据工程不同部位、作业难易并结合不同工种作业情况，将建筑工程划分为：土石方工程、架子工程、砌筑工程、模板工程、钢筋工程、混凝土工程、防水工程、抹灰工程、木作业与木装饰工程、油漆工程、玻璃工程、金属制品制作及安装、其他工程等十三项。

②建筑工种人工成本信息。它是按照建筑工人的工种分类，反映不同工种（例如木工、钢筋工、混凝土工、架子工、砌筑工、抹灰工、油漆工、管工、电工、通风工、电焊工、起重工、金属制品安装工等）的单位人工日工资单价。

（2）材料价格信息

在材料价格信息的发布中，应披露材料类别、规格、供应地区、单价以及发布日期等信息。

（3）施工机具价格信息

施工机具价格信息包括设备市场价格信息和设备租赁市场价格信息两个部分。相对而言，后者对于工程计价更为重要，发布的机具价格信息应包括机具种类、规格型号、供货厂商名称、租赁单位、发布日期等内容。

2. 工程造价指数

工程造价指数是反映一定时期的工程造价相对于某一固定时期的工程造价变化程度的比值或比率。它反映了报告期与基期相比的价格变动趋势，是调整工程造价价差的依据，用于指导承发包双方进行工程估价和结算，分析价格变动趋势及原因，并预测工程造价变化对宏观经济的影响。按照工程范围、类别、用途分类，工程造价指数可分为：

①单项价格指数。单项价格指数是分别反映各类工程的人工、材料、施工机械及主要设备报告期对基期价格的变化程度的指标，如人工费价格指数、主要材料价格指数、施工机械台班价格指数。

②综合造价指数。综合造价指数是综合反映各类项目或单项工程人工费、材料费、施工机械使用费和设备费等报告期价格对基期价格变化而影响工程造价程度的指标，它是研究造价总水平变化趋势和程度的主要依据，如建筑安装工程造价指数、建设项目或单项工程造价指数、建筑安装工程直接费造价指数、其他直接费及间接费造价指数、工程建设其他费用造价指数等。

3. 已完和在建工程造价信息

已完或在建的各种造价信息，可以为拟建工程或在建工程造价提供依据。这种信息也可称为工程造价资料。

工程造价资料是指已竣工和在建的有关工程可行性研究、估算、概算、施工图预算、招标投标价格、竣工结算、竣工决算、单位工程施工成本以及新材料、新结构、新设备、新施工工艺等建筑安装工程分部分项的单价分析等资料。

工程造价资料可以按下述三种方法进行分类：

①按照不同工程类别（如厂房、铁路、住宅、公建、市政工程等）进行划分，并分别列出其包括的单项工程和单位工程。

②按照不同阶段进行划分，一般分为项目可行性研究、投资估算、初步设计概算、施工图预算、工程量清单和报价、竣工结算、竣工决算等。

③按照组成特点划分，一般分为建设项目、单项工程和单位工程造价资料，同时也包括有关新材料、新工艺、新设备、新技术的分部分项工程造价资料。

工程造价资料积累的内容不仅应包括“量”（如主要工程量、材料量、设备量等）和“价”（如人工单价、材料价格和机械设备价格），还要包括对造价确定有重要影响的技术经济条件，如工程的内容、建筑结构特征、建设标准、建设工期和地点等。

工程造价资料是编制和审查投资估算、初步设计概算、施工图预算、招标控制价和投标报价的主要依据，是进行单位生产能力投资分析、建设成本分析、技术经济分析、编制各类定额、测定调价系数、编制造价指数的基础资料，因此全面系统地积累和利用工程造价资料，建立稳定的造价资料积累制度，对于我国加强工程造价管理、合理确定和有效控制工程造价具有十分重要的意义。

8.3.3 工程造价数字化信息资源

1. 工程造价信息网的应用

由于互联网的普及，工程造价领域也广泛地使用了 Internet。互联网上存在着大量的工程造价数字化信息资源，通过网络可以快捷、方便地发布信息和采集数据，从而实现工程造价信息的共享。

在工程造价信息中，有些信息是相对静态的，如一些最新发布的指导性文件、造价刊物和公告新闻等，对这些信息可以采用网页的形式直接发布。有些工程造价信息的特点是数据量大、结构复杂，如定额信息、预算员管理信息，针对这类信息，用户的需求主要是查询相关资料。为了用户能快速便捷地查询到需要的资料，需要采用数据库和 Web 服务器结合的方式来完成。对一些结构特殊的信息，可以根据信息结构的特点，使用特殊的存储访问方式。比如文件汇编这类信息，文本量大，又具有特定的格式，这类信息可以采用将其 HTML 格式的文本直接存储在数据库，并在数据库中记录文件的属性（如文号、发文时间等），用户可以通过查询文件属性或输入关键词的方式查找文件；也可以采用直接做成网页的形式存放，给用户提供查找关键词的全文检索的查询方法。因特网和局域网的建立，为工程价格信息交流创造了条件，通过网络能广泛搜集国内外、省内外和市内外的最新价格信息，存入到大型数据库中，并通过计算机汇总、整理、加工、分析、报送或向社会和公众开放，达到价格信息资料共享的目的。

建立工程造价信息网，将工程造价信息置于 Internet 中，可以实现工程造价资源在全球范围内的共享，可以改变目前工程造价信息缺乏的现状；通过 Internet，将各个部门、地区、单位紧密地联系起来，这样就减少了由于各部门的割裂而造成的信息流失和重复工作现象；并且，通过数据库技术在 Internet 上的应用，用户可以便捷地查询到所要的信息，可以使得信息的收集和加工直接在网上就可以实现，提高了信息采集和处理的效率。

目前，我国的工程造价信息网，主要功能包括：

①发布材料价格，提供不同类别、不同规格、不同品牌、不同产地的材料价格。

②发布价格指数。造价管理部门通过网络及时发布各种造价指数，方便用户的查询。

③快速报价。用户可以从网站上下载工程量清单的标准形式，填写各个工程项目所需的工程量和综合单价，然后将填好数据的文件上传到造价信息网站，网站中相应程序会根据用户提供的数据快速计算出各个工程项目的总造价，并且可以让用户下载计算结果。

2. 我国目前主要的工程造价信息网

(1) 中国建设工程造价信息网（http://www.cecn.gov.cn/）

中国建设工程造价信息网是按照住房与城乡建设部关于全国工程造价信息网络建设规划，在中国工程建设信息网的基础上建立的工程造价专业网站，是全国建设系统“三网一库”（即内部局域网、电子政务网、Internet 网和资源信息库）信息化枢纽框架的重要组成部分。中国建设工程造价信息网由住房和城乡建设部标准定额研究所主办，依托政府系统共建共享的电子信息资源库，面向全国工程建设市场和各级工程造价管理单位提供权威、全面和标准化的信息服务与技术支持；实时公布国家、部门、地方造价管理法律、法规，指引和规范建设工程造价业务与管理工作；承担全国造价咨询行业从业单位、从业人员网上资质申请与审检及其资质、信用公示，并为造价从业人员提供资质认证培训和继续教育；提供全国和地方各专业建设工程造价现行计价依据、实时价格信息及造价指数指标，结合标准造价软件，为建设项目业主、承包商、工程造价咨询单位及其他专业人员创建面向全国统一建筑市场的概预算编制、投标报价的专业工具平台。

(2) 中国价格信息网(http://www.chinaprice.com.cn)

中国价格信息网是由国家发展改革委价格监测中心主办，北京中价网数据技术有限公司具体实施的价格专业网站。该网已联通全国31个省、自治区、直辖市及32个省会城市、自治区首府城市、计划单列市及各地方价格监测机构的网站，构成了覆盖全国的价格监测网络系统；并依托国家发展改革委的价格监测报告制度的实施工作，以分布在全国各地的5000多个价格监测点采集上报的2000余类商品及服务价格数据和市场分析预测信息为基础，经分析处理后形成丰富的信息产品，通过互联网向各级政府部门、社会用户及消费者提供价格信息及相关信息服务。

中国价格信息网于1998年正式运行，包含了1978年至今的价格政策文件及1989年以来的农业、工业、汽车、医药等行业最新及历史价格数据。它是各级政府实施宏观价格调控，抑制通货膨胀的重要决策支持系统；是促进企业调整产品结构，加强经营管理，使企业真正面向市场，推动企业发展的重要服务系统。网站栏目包括最新价格政策、工业品价格、金属价格、能源价格、建材和房地产价格、服务收费、中价国际指数(图形)、行政事业收费公示、价格公报、价格预测、国内市场价格、国际市场价格、地方价格动态等。

3. 工程估价相关的组织与机构

在信息应用水平较高的国家，有大量从事专业的工程造价管理的企业，工程造价管理可视实际情况实现不同软件之间的共享，充分利用互联网技术的便利条件，实现行业相关信息的发布、获取、收集、分析的网络化，为行业用户提供深入的核心应用，以及全方位、全过程管理，而且行业用户对工程造价管理的信息技术应用已经上升到解决方案的高度。

在已完工程数据利用方面，英国的建筑成本信息服务部(Building Cost Information Service, BCIS)是英国建筑业最权威的信息中心。它专门收集已完工程的资料，存入数据库，并随时向其成员单位提供。当成员单位要对某些新工程进行估算时，可选择最类似的已完工程数据估算工程成本。BCIS要求其成员单位定期向自己报告各种工程造价信息，也向成员单位提供他们所需要的各种信息。

价格管理方面，物业服务社(Property Service Agency, PSA)是英国的一家官方建筑业物价管理部门，在许多价格管理领域都成功地应用了计算机，比如在建筑投标价格管理等方面。该组织收集投标文件，对各项目造价进行加权平均，求得平均造价和各种投标价格指数，并定期发布，供招标者和投标者参考。

由于国际工程造价彼此关系密切，欧洲建筑经济委员会(CEEC)在1980年6月成立造价分委会(Cost Commission)，专门从事各成员国之间的工程造价信息交换服务工作。

与造价管理相关的国际组织主要有：

(1) 国际咨询工程师联合会(FIDIC)

FIDIC是由欧洲3个国家的咨询工程师协会于1913年成立的，会员来自60多个国家。

(2)国际造价工程联合会(ICEC)

国际造价工程联合会(ICEC)是由美国造价工程师协会(AACE)，英国造价工程师协会(A Cost E)以及荷兰的DACE和墨西哥的SMIEFC于1976年在波士顿会议上发起成立的。它是一个旨在推进国际造价工程活动和发展的协调组织，为各国造价工程协会的利益而促进相互间的合作。该组织的团体会员已从最初的 4 个发展到目前的 21 个，还有几个造价专业组织正在考虑参加。

（3）英国皇家特许建造师学会（CIOB）

CIOB 是一个主要由从事建筑管理的专业人员组织起来的社会团体，是一个涉及建设全过程管理的非营利性的专业学会。

（4）英国皇家特许测量师学会（RICS）

英国皇家特许测量师学会（RICS）已经有 170 余年的历史，目前有 14 万多个会员分布在全球 146 个国家。RICS 是一个主要由从事建筑管理的专业人员组织起来的社会团体，是一个涉及建设全过程管理的专业学会。

（5）英国土木工程师协会（ICE）

英国土木工程师协会成立于 1818 年。它是由土木工程领域的专家和学生组成的，目前有会员 80 000 多人。

（6）美国土木工程师协会（ASCE）

美国土木工程师协会成立于 1852 年，是美国历史最悠久的国家专业工程师协会。ASCE 已成为全球土木工程界的领导者，所服务的会员有来自 159 个国家近 14 万人的专业技术人员。

8.4　工程造价管理信息化展望

8.4.1　建立工程造价管理信息平台

建立一个完善的工程造价管理信息平台，开展扎实有效的信息管理工作，及时、准确、系统而完整地掌握工程造价信息，是工程造价管理者对项目进行有效的投资控制和合同管理必不可少的基础。工程造价管理信息平台的建立离不开技术支持和系统支持。

1. 建立工程造价管理信息平台的技术支持

从逻辑功能的角度考虑，信息平台的构成系统资源是构成该信息平台的基础。资源包括硬件和软件两大部分。硬件包括计算机及其外部设备，计算机网络及通信设备等。软件包括操作系统、数据库系统、程序设计语言、工程软件等，其中工程软件是保证信息平台加速开发和维护的条件。

2. 建立工程造价管理信息平台的系统支持

（1）建设各阶段系统

工程造价管理工作主要是随工程建设的进程而逐步深入的，因此又可以进一步划分工程造价子系统为 4 个更小的子系统：投资决策系统、设计控制系统、招投标系统、实施控制系统。这 4 个子系统是具体处理各阶段工程造价的确定与控制业务的。

①投资决策系统。投资决策阶段的主要工作在于编制项目建议书、进行可行性研究，并最终形成可行性研究报告。

②设计控制系统。设计控制系统是指在设计阶段造价的确定与控制，既要进行概算和预算造价的确定，更要充分利用估算主动控制初步设计。对拟建项目的估算造价和概算造价作分析与规划，将其分解到各组成工程中，以此分解造价来分别限制初步设计和施工图

设计，达到限额设计的目的。

③招投标系统。招投标系统由招标管理与投标管理两个子系统组成，主要应反映出甲方的招标管理、乙方的投标管理、甲方的评标与甲、乙双方施工合同的签订等信息的处理。

④实施控制系统。工程项目的实施均需甲、乙双方的合作，由双方共同完成，但甲、乙方各自的目的、任务也不同，因此有必要进行“实施控制”，区分“甲方系统”与“乙方系统”。

（2）应用软件系统

工程造价应用软件应通过分析工程造价工作的需求，以人为本进行设计，要充分考虑系统使用的大众性，在保持其全面、强大功能的同时，尽量友好简化界面，方便用户操作；通过所见即所得的界面及操作，最大程度地实现接近手工编制工程造价的习惯，使计算机操作水平相对较低的专业人员也易于学习和掌握，通过自动关联计算实现功能无序化操作，通过一处功能多种实现（即完成同一功能可能有多种方式），顺应应用人员的思维方式及操作习惯。

工程造价应用软件要进一步升级到对价格进行自动分析、判断和比较上。如果通过计算机可以收集到各种竣工工程的各类价格信息，比如工程特征、造价成本、造价指数分析等方面的数据，作为经验数据组成智能化专家系统，在实际的工作中，便可以借助它们对某一新建工程的价格数据进行分析比较，从而判断其是否失常，为各级领导提供决策信息。这样不仅有效地改进了工程审核工作方法，提高审核工作效率，而且还能根据实际情况进行动态调整，使审核的结果更加准确，更具权威性。

（3）信息处理集成化系统

工程造价工作应该将信息处理的范围扩展到相关系统，如企业定额编制系统、投标报价系统、施工管理系统、材机数据收集系统、工程造价数据收集系统、造价指标系统、工程设计的其他设计过程。例如，可以和 CAD 系统融为一体，凡是使用 CAD 系统绘图的工程，可以直接利用 CAD 软件计算出工程量；然后将工程量数据传输到工程造价应用软件上，再根据结构部位及尺寸等方面的要求，自动在价格信息资源库中提取数据进行计算。企业定额直接传给投标报价系统，企业管理系统中的数据又可进入造价信息收集系统，指标系统又可对整个报价工作进行检验和指导。这样不仅确保了设计数据一致性、准确性，而且还大大地提高了招标投标工作的自动化水平，从而实现计算机技术应用的集成化与系统性。

8.4.2 利用信息技术的网络化管理

工程造价信息的有效收集、分析、发布和获取全部用网络来管理。工程造价信息具体指的是与工程造价相关的法律、法规、价格调动文件、造价报表、指标等影响工程造价的信息。网络化信息供应商将在整个工程造价行业中扮演至关重要的角色，例如，通过网络搜集全国乃至全球的建筑市场各类信息，并予以整理和发布，为行业用户提供最准确、及时的商机。还有，网站可以分析各地的造价指标，为建筑市场的行情提供走势预测，为所有的行业用户提供工程造价的参考；可以搜集各地的材料价格行情，为用户提供参考。建立起统一的工程造价信息网，不但有利于使用者查询、分析和决策，更有利于国家主管部门实行统一的管理和协调，使得工程造价管理统一化、规模化、有序化。

（1）建筑市场交易的网络化。现在电子商务已得到广泛应用。网络化的电子招投标环境将有利于工程造价行业形成公平的竞争舞台，而且大幅降低行业用户的交易成本。建筑材料的采购和交易也将通过电子商务平台实现。届时，所有企业都将体会到电子商务的高效。

（2）资源有效利用的网络化。工程造价的每个过程中，用户都可以充分地发掘和利用网络资源。网络的特点就是不受地区限制，可以让用户在全球的范围选择最低的成本和最佳的合作伙伴。例如面向全球的建筑设计方案招标，就可以充分利用网络资源进行全球范围选择，选取最优的设计方案。在工程造价的计算过程中，可以利用网络寻找合适的专业人士，进行远程的服务和协同工作，创造出更好的效果。

（3）信息网与造价软件的结合。当前市场上的造价软件中所需的材料价格大多采用人工录入价格的形式，有的是整体的引入，有的则是一个个输入，大大影响了快速报价的进程，同时也不能及时与市场接轨，无形中削弱了企业的竞争力。信息网和造价软件的整合将消除这一矛盾，在造价软件中直接点击相应引入按钮，输入要引入信息所在地点的详细资料，即可随时得到相应材料的价格。若所引入的材料价格有所变动，软件中的预警系统将自动提醒操作者更新价格。这不但缩短了录入材料价格的时间，还达到了随时更新的目的。

（4）信息网与进度控制软件的结合。工程控制的一个重要目标是成本控制，而成本控制在无形中又影响着进度和质量的控制，同时市场的变动将直接影响着投入的成本和资源的分配，而这必将导致工程进度的变动。所以，工程项目现场的进度控制也应通过成本控制时刻反映市场的变动，信息网与进度控制的整合将成为必然。软件与信息网的整合比起信息网的建立有更大的难度，但这确是建筑业发展的必然趋势，同时也必将带来广阔的市场前景。

8.4.3　利用信息技术的全生命周期的集成管理

建设项目的生命期就是一个集成的过程，应当用集成的思想来理解，用集成的方法来管理。在建设项目的集成场中，项目的目标状态形成集成场的基核。通过基核吸引和聚集各种场元，从而形成集成场。围绕项目对象，项目各参与方运用组织、经济、管理和技术等手段，促使项目从初始状态，经历一系列连续的状态演变，最终达到目标状态，即实现建设项目的目标。集成场的结构和功能最终取决于基核与场元之间的交互作用关系，也即基核与场元、场线之间的相互作用协调的程度或称耦合度。项目目标状态是建设项目集成场的基核，围绕这一基核，建设项目经历前期决策、设计与施工及生产运营的过程；同时，建设项目有多个参与方，各个参与方都在实施自己的项目管理，他们之间应该形成有机的协同匹配，从而实现集成体的优势聚变，即最优化地实现建设项目的目标。因此，建设项目的集成管理体现在纵向过程的集成和横向各参与方及政府主管部门的管理集成。

工程项目集成管理的研究应包含两方面的内容，即建设过程的集成与管理的集成，其中管理的集成又分为项目参与方项目管理的集成和业主方项目管理的集成。建设过程的集成致力于寻找建设期与运营期的平衡，项目全生命期管理不仅仅从建设项目实施阶段的角度，还应从项目建成后的运营角度，综合地考虑、分析，建立项目全生命期的目标，并在满足法律法规的前提下，寻求各个参与者均能满意的实施方案。

信息是从事与建设项目相关活动的依据，是项目参与各方进行决策的基础，是建设项目组织要素之间沟通的主要内容，是项目实施过程中各种活动之间逻辑关系的桥梁。为了实现项目全生命期内建设项目管理过程的有效集成，信息在全过程中有效、正确地传输是必不可少的，项目全生命期内信息的共享是必要的。因此，通过建设项目管理信息集成系统可以建立信息共享机制，实现项目组织间的信息共享、项目管理不同领域的信息共享和建设项目全生命期内的信息共享。

建设项目的管理过程，同样是知识的汇集过程。项目管理中的知识集成主要包括两点，一是在项目组外集成项目管理所需的知识和信息，帮项目组进行有效的管理；二是在项目组内集成项目管理所需的和新产生的知识和信息。充分利用信息技术和知识集成技术，建立以知识和信息为基础的知识型组织和知识集成平台，促进知识和信息交流共享，培养项目组成员间的知识共享能力，创造知识和信息共享环境，提高项目组成员知识创新的能力。将项目中积累的知识资源进行整理和规范化，用于以后的类似项目中，可以使项目管理知识得以继承和重用。

8.4.4 利用信息技术的全过程与全方位的造价管理

建设工程全过程是指建设工程前期决策、设计、招投标、施工、竣工验收等各个阶段。工程造价管理覆盖建设工程前期决策及实施的各个阶段，包括前期决策阶段的项目策划、投资估算、项目经济评估、项目融资方案分析；设计阶段的限额设计、方案比选、概预算的编制；招投标阶段的标段划分、承发包模式及合同形式的选择、招标控制价的编制；施工阶段的工程计量与结算、工程变更控制、索赔管理；竣工验收阶段的竣工结算与决算等。

随着竞争的日益激烈，工程造价行业内部的相关企业和投资者都必须提升自己的竞争能力。其中，如何提高一个企业的成本控制能力或投资者的造价控制能力是关键因素。信息技术的发展则给全过程动态造价管理的实现带来了可能。

建设工程造价管理不仅仅是业主或承包单位的任务，而且是政府建设行政主管部门、行业协会、业主方、设计方、承包方以及有关咨询机构的共同任务。尽管各方的地位、利益、角度等有所不同，但必须建立完善的协同工作机制，才能实现建设工程造价的有效控制。

随着网络化和全过程的信息技术在工程造价行业的深入应用，整个工程造价行业都将在以互联网为基础的信息平台上工作。

思 考 题

8－1 工程造价管理信息系统的概念。

8－2 工程造价管理的信息化技术有哪些？

8－3 工程造价信息主要包括哪些内容？

8－4 信息技术在工程造价管理中存在的问题有哪些？

8－5 信息技术在工程造价管理中的应用前景如何？

8－6 如何更好地应用网络资源为工程造价管理服务？

8－7 如何建立工程造价管理的信息平台？

参 考 文 献

[1] 中华人民共和国住房和城乡建设部，中华人民共和国国家质量监督检验检疫总局．建设工程工程量清单计价规范：GB 50500—2013. 北京：中国计划出版社，2013.

[2] 中华人民共和国住房和城乡建设部，中华人民共和国国家质量监督检验检疫总局．房屋建筑与装饰工程计量规范：GB 50854—2013. 北京：中国计划出版社，2013.

[3] 广东省住房和城乡建设厅．广东省房屋建筑与装饰工程综合定额 2018. 武汉：华中科技大学出版社，2019.

[4] 中华人民共和国住房和城乡建设部，中华人民共和国国家质量监督检验检疫总局．建筑工程建筑面积计算规范：GB/T 50353—2013. 北京：中国计划出版社，2014.

[5] 中华人民共和国住房和城乡建设部．全国房屋建筑与装饰工程消耗量定额：TY 01－31－2015. 北京：中国计划出版社，2015.

[6] 中华人民共和国财政部．基本建设财务规则：财政部令第 81 号．（2016－4－26）.

[7] 中华人民共和国财政部．基本建设项目竣工财务决算管理暂行办法：财建［2016］503 号．（2016－6－30）.

[8] 中华人民共和国财政部．中央基本建设项目竣工财务决算审核批复操作规程：财办建［2018］2 号．（2018－1－4）.

[9] 全国造价工程师职业资格考试培训教材编审委员会．建设工程造价管理基础知识．北京：中国计划出版社，2019.

[10] 万小华，李延超，伍娇娇．工程建设定额原理与实务．2 版．长沙：中南大学出版社，2016.

[11] 陈贤清，苏军．工程建设定额原理与实务．3 版．北京：北京理工大学出版社，2018.

[12] 陈建国，高显义．工程计量与造价管理．4 版．上海：同济大学出版社，2017.

[13] 曾淑君．工程造价管理．南京：东南大学出版社，2016.

[14] 虞晓芬．工程造价管理．北京：冶金工业出版社，2011.

[15] 胡新萍．工程造价管理．武汉：华中科技大学出版社，2013.

[16] 张友全，陈起俊．工程造价管理．北京：中国电力出版社，2012.

[17] 丰艳萍，邹坦．工程造价管理．北京：机械工业出版社，2011.

[18] 马楠，周和生，李宏颀．建设工程造价管理．北京：清华大学出版社，2012.

附表

项目单位：　　　　　　　　　　建设项目名称：

主管部门：　　　　　　　　　　建设性质：

基本建设项目竣工财务决算报表

项目单位负责人：　　　　　　　项目单位财务负责人：

项目单位联系人及电话：

编报日期：　　　　　　　　　　决算基准日：

项目概况表（1－1）

<table>
<tr><td>建设项目（单项工程）名称</td><td colspan="2"></td><td>建设地址</td><td colspan="2"></td><td rowspan="9">基建支出</td><td>项 目</td><td>概算批准金额</td><td>实际完成金额</td><td>备 注</td></tr>
<tr><td>主要设计单位</td><td colspan="2"></td><td>主要施工企业</td><td colspan="2"></td><td>建筑安装工程</td><td></td><td></td><td rowspan="8"></td></tr>
<tr><td rowspan="2">占地面积（m²）</td><td>设计</td><td>实际</td><td rowspan="2">总投资
（万元）</td><td>设计</td><td>实际</td><td>设备、工具、器具</td><td></td><td></td></tr>
<tr><td></td><td></td><td></td><td></td><td>待摊投资</td><td></td><td></td></tr>
<tr><td rowspan="2">新增生产能力</td><td colspan="3">能力（效益）名称</td><td>设计</td><td>实际</td><td>其中：项目建设管理费</td><td></td><td></td></tr>
<tr><td colspan="3"></td><td></td><td></td><td>其他投资</td><td></td><td></td></tr>
<tr><td rowspan="2">建设起止时间</td><td colspan="2">设计</td><td colspan="3">自 年 月 日至 年 月 日</td><td>待核销基建支出</td><td></td><td></td></tr>
<tr><td colspan="2">实际</td><td colspan="3">自 年 月 日至 年 月 日</td><td>转出投资</td><td></td><td></td></tr>
<tr><td>概算批准部门及文号</td><td colspan="5"></td><td>合计</td><td></td><td></td></tr>
<tr><td rowspan="4">完成主要工程量</td><td colspan="5">建设规模</td><td colspan="5">设备（台、套、吨）</td></tr>
<tr><td colspan="3">设计</td><td colspan="2">实际</td><td colspan="3">设计</td><td colspan="2">实际</td></tr>
<tr><td colspan="3"></td><td colspan="2"></td><td colspan="3"></td><td colspan="2"></td></tr>
<tr><td colspan="3"></td><td colspan="2"></td><td colspan="3"></td><td colspan="2"></td></tr>
<tr><td rowspan="4">尾工工程</td><td colspan="3">单项工程项目、内容</td><td colspan="2">批准概算</td><td colspan="2">预计未完部分投资额</td><td>已完成投资额</td><td colspan="2">预计完成时间</td></tr>
<tr><td colspan="3"></td><td colspan="2"></td><td colspan="2"></td><td></td><td colspan="2"></td></tr>
<tr><td colspan="3"></td><td colspan="2"></td><td colspan="2"></td><td></td><td colspan="2"></td></tr>
<tr><td colspan="3">小 计</td><td colspan="2"></td><td colspan="2"></td><td></td><td colspan="2"></td></tr>
</table>

项目竣工财务决算表（1－2）

项目名称：　　　　　　　　　　　　　　　　　　　　　　　　　　　　单位：

资金来源	金额	资金占用	金额
一、基建拨款		一、基本建设支出	
1. 中央财政资金		（一）交付使用资产	
其中：一般公共预算资金		1. 固定资产	
中央基建投资		2. 流动资产	
财政专项资金		3. 无形资产	
政府性基金		（二）在建工程	
国有资本经营预算安排的基建项目资金		1. 建筑安装工程投资	
2. 地方财政资金		2. 设备投资	
其中：一般公共预算资金		3. 待摊投资	
地方基建投资		4. 其他投资	
财政专项资金		（三）待核销基建支出	
政府性基金		（四）转出投资	
国有资本经营预算安排的基建项目资金		二、货币资金合计	
二、部门自筹资金（非负债性资金）		其中：银行存款	
三、项目资本		财政应返还额度	
1. 国家资本		其中：直接支付	
2. 法人资本		授权支付	
3. 个人资本		现金	
4. 外商资本		有价证券	
四、项目资本公积		三、预付及应收款合计	
五、基建借款		1. 预付备料款	
其中：企业债券资金		2. 预付工程款	
六、待冲基建支出		3. 预付设备款	
七、应付款合计		4. 应收票据	
1. 应付工程款		5. 其他应收款	
2. 应付设备款		四、固定资产合计	
3. 应付票据		固定资产原价	
4. 应付工资及福利费		减：累计折旧	
5. 其他应付款		固定资产净值	
八、未交款合计		固定资产清理	
1. 未交税金		待处理固定资产损失	
2. 未交结余财政资金			
3. 未交基建收入			
4. 其他未交款			
合　　计		合　　计	

补充资料：基建借款期末余额：

基建结余资金：

备注：资金来源合计扣除财政资金拨款与国家资本、资本公积重叠部分。

资金情况明细表（1－3）

项目名称：　　　　　　　　　　　　　　　　　　　　　　　单位：

资金来源类别	合 计		备 注
	预算下达或概算批准金额	实际到位金额	需备注预算下达文号
一、财政资金拨款			
1. 中央财政资金			
其中：一般公共预算资金			
中央基建投资			
财政专项资金			
政府性基金			
国有资本经营预算安排的基建项目资金			
政府统借统还非负债性资金			
2. 地方财政资金			
其中：一般公共预算资金			
地方基建投资			
财政专项资金			
政府性基金			
国有资本经营预算安排的基建项目资金			
行政事业性收费			
政府统借统还非负债性资金			
二、项目资本金			
其中：国家资本			
三、银行贷款			
四、企业债券资金			
五、自筹资金			
六、其他资金			
合　计			

补充资料：项目缺口资金：

缺口资金落实情况：

交付使用资产总表（1－4）

项目名称：　　　　　　　　　　　　　　　　　　　　　　　　单位：

序号	单项工程名称	总计	固定资产				流动资产	无形资产
			合计	建筑物及构筑物	设备	其他		

交付单位：　　　负责人：　　　接收单位：　　　负责人：

盖章：　　　年　月　日　　　盖章：　　　年　月　日

交付使用资产明细表（1-5）

项目名称：　　　　　　　　　　　　　　　　　　　　　　　　　　单位：

序号	单项工程名称	固定资产										流动资产		无形资产	
		建筑工程				设备　工具　器具　家具									
		结构	面积	金额	其中：分摊待摊投资	名称	规格型号	数量	金额	其中：设备安装费	其中：分摊待摊投资	名称	金额	名称	金额

交付单位：　　　　负责人：　　　　接收单位：　　　　负责人：

盖章：　　　　年　月　日　　　　盖章：　　　　年　月　日

待摊投资明细表（1－6）

项目名称：　　　　　　　　　　　　　　　　　　　　　　单位：

项　　目	金额	项　　目	金额
1. 勘察费		25. 社会中介机构审计（查）费	
2. 设计费		26. 工程检测费	
3. 研究试验费		27. 设备检验费	
4. 环境影响评价费		28. 负荷联合试车费	
5. 监理费		29. 固定资产损失	
6. 土地征用及迁移补偿费		30. 器材处理亏损	
7. 土地复垦及补偿费		31. 设备盘亏及毁损	
8. 土地使用税		32. 报废工程损失	
9. 耕地占用税		33. （贷款）项目评估费	
10. 车船税		34. 国外借款手续费及承诺费	
11. 印花税		35. 汇兑损益	
12. 临时设施费		36. 坏账损失	
13. 文物保护费		37. 借款利息	
14. 森林植被恢复费		38. 减：存款利息收入	
15. 安全生产费		39. 减：财政贴息资金	
16. 安全鉴定费		40. 企业债券发行费用	
17. 网络租赁费		41. 经济合同仲裁费	
18. 系统运行维护监理费		42. 诉讼费	
19. 项目建设管理费		43. 律师代理费	
20. 代建管理费		44. 航道维护费	
21. 工程保险费		45. 航标设施费	
22. 招投标费		46. 航测费	
23. 合同公证费		47. 其他待摊投资性质支出	
24. 可行性研究费		合　计	

待核销基建支出明细表（1－7）

项目名称：　　　　　　　　　　　　　　　　　　　　　　单位：

不能形成资产部分的财政投资支出				用于家庭或个人的财政补助支出			
支出类别	单位	数量	金额	支出类别	单位	数量	金额
1. 江河清障				1. 补助群众造林			
2. 航道清淤				2. 户用沼气工程			
3. 飞播造林				3. 户用饮水工程			
4. 退耕还林（草）				4. 农村危房改造工程			
5. 封山（沙）育林（草）				5. 垦区及林区棚户区改造			
6. 水土保持				……			
7. 城市绿化							
8. 毁损道路修复							
9. 护坡及清理							
10. 取消项目可行性研究费							
11. 项目报废							
……				合　计			

转出投资明细表（1－8）

项目名称：　　　　　　　　　　　　　　　　　　单位：

序号	单项工程名称	建筑工程				设备 工具 器具 家具							流动资产		无形资产	
		结构	面积	金额	其中：分摊待摊投资	名称	规格型号	单位	数量	金额	设备安装费	其中：分摊待摊投资	名称	金额	名称	金额
1																
2																
3																
4																
5																
6																
7																
8																
	合　计															

交付单位：　　　　负责人：　　　　接收单位：　　　　负责人：

盖章：　　　　年　月　日　　　　盖章：　　　　年　月　日